设计类研究生设计理论参考丛书

设计社会学

杨先艺　编著

中国建筑工业出版社

图书在版编目（CIP）数据

设计社会学/杨先艺编著.—北京：中国建筑工业出版社，2014.7
（设计类研究生设计理论参考丛书）
ISBN 978-7-112-16680-0

Ⅰ.①设… Ⅱ.①杨… Ⅲ.①设计学－社会学 Ⅳ.①TB21-05

中国版本图书馆 CIP 数据核字（2014）第 068865 号

责任编辑：李东禧 吴 佳
责任设计：陈 旭
责任校对：陈晶晶 张 颖

设计类研究生设计理论参考丛书
设计社会学
杨先艺 编著
*
中国建筑工业出版社出版、发行（北京西郊百万庄）
各地新华书店、建筑书店经销
北京嘉泰利德公司制版
北京市密东印刷有限公司印刷
*
开本：787×1092毫米 1/16 印张：26½ 插页：4 字数：569 千字
2014 年 12 月第一版 2014 年 12 月第一次印刷
定价：**82.00** 元
ISBN 978-7-112-16680-0
（25525）

设计类研究生设计理论参考丛书编委会

序　言

美国洛杉矶艺术中心设计学院终身教授　王受之

中国的现代设计教育应该是从20世纪70年代末就开始了，到20世纪80年代初期，出现了比较有声有色的局面。我自己是1982年开始投身设计史论工作的，应该说是刚刚赶上需要史论研究的好机会，在需要的时候做了需要的工作，算是国内比较早把西方现代设计史理清楚的人之一。我当时的工作，仅仅是两方面：第一是大声疾呼设计对国民经济发展的重要作用，美术学院里的工艺美术教育体制应该朝符合经济发展的设计教育转化；第二是用比较通俗的方法（包括在全国各个院校讲学和出版史论著作两方面），给国内设计界讲清楚现代设计是怎么一回事。因此我一直认为，自己其实并没有真正达到"史论研究"的层面，仅仅是做了史论普及的工作。

特别是在20世纪90年代末期以来，在制造业迅速发展后对设计人才需求大增的就业市场驱动下，高等艺术设计教育迅速扩张。在进入21世纪后的今天，中国已经成为全球规模最大的高等艺术设计教育大国。据初步统计：中国目前设有设计专业（包括艺术设计、工业设计、建筑设计、服装设计等）的高校（包括高职高专）超过1000所，保守一点估计每年招生人数已达数十万人，设计类专业已经成为中国高校发展最热门的专业之一。单从数字上看，中国设计教育在近10多年来的发展真够迅猛的。在中国的高等教育体系中，目前几乎所有的高校（无论是综合性大学、理工大学、农林大学、师范大学，甚至包括地质与财经大学）都纷纷开设了艺术设计专业，艺术设计一时突然成为国内的最热门专业之一。但是，与西方发达国家同类学院不同的是，中国的设计教育是在社会经济高速发展与转型的历史背景下发展起来的，面临的问题与困难非常具有中国特色。无论是生源、师资，还是教学设施或教学体系，中国的设计教育至今还是处于发展的初级阶段，远未真正成型与成熟。正如有的国外学者批评的那样："刚出校门就已无法适应全球化经济浪潮对现代设计人员的要求，更遑论去担当设计教学之重任。"可见问题的严重性。

还有一些令人担忧的问题，教育质量亟待提高，许多研究生和本科生一样愿意做设计项目赚钱，而不愿意做设计历史和理论研究。一些设计院校居然没有设置必要的现代艺术史、现代设计史课程，甚至不开设设计理论课程，有些省份就基本没有现代设计史论方面合格的老师。现代设计体系进入中国刚刚30年，这之前，设计仅仅基于工艺美术理论。到目前为止只有少数院校刚刚建立了现代概念的设计史论系。另外，设计行业浮躁，导致极少有人愿意从事设计史论研究，致使目前还没有系统的针对设计类研究生的设计史论丛书。

现代设计理论是在研究设计竞争规律和资源分布环境的设计活动中发展起来的，方便信息传递和分布资源继承利用以提高竞争力是研究的核心。设计理论的研究不是设计方法的研究，也不是设计方法的汇总研究，而是统帅整个设计过程基本规律的研究。另外，设计是一个由诸多要素构成的复杂过程，不能仅仅从某一个片段或方面去研究，因此设计理论体系要求系统性、完整性。

先后毕业于清华大学美术学院和中国美术学院建筑学院的江滨博士是我的学生，曾跟随我系统学习设计史论和研究方法，现任国家211重点大学华南师范大学教授、硕士研究生导师，环境艺术设计系主任。最近他跟我联系商讨，由他担任主编，组织国内主要设计院校设计教育专家编写，并由中国建筑工业出版社出版的一套设计丛书：《设计类研究生设计理论参考丛书》。当时我在美国，看了他提供的资料，我首先表示支持并给予指导。

研究生终极教学方向是跟着导师研究项目走的，没有规定的“制式教材”，但是，研究生一、二年级的研究基础课教学是有参考教材的，而且必须提供大量的专业研究必读书目和专业研究参考书目给学生。这正是《设计类研究生设计理论参考丛书》策划推出的现实基础。另外，我们在策划设计本套丛书时，就考虑到它的研究型和普适性或资料性，也就是说，既要有研究深度，又要起码适合本专业的所有研究生阅读，比如《中国当代室内设计史》就适合所有环境艺术设计专业的研究生使用；《设计经济学》是属于最新研究成果，目前，还没有这方面的专著，但是它适合所有设计类专业的研究生使用；有些属于资料性工具书，比如《中外设计文献导读》，适合所有设计类研究生使用。

设计丛书在过去30多年中，曾经有多次的尝试，但是都不尽理想，也尚没有针对研究生的设计理论丛书。江滨这一次给我提供了一整套设计理论从书的计划，并表示会在以后修订时不断补充、丰富其内容和种类。对于作者们的这个努力和尝试，我认为很有创意。国内设计教育存在很多问题，但是总要有人一点一滴地去做工作以图改善，这对国家的设计教育工作起到一个正面的促进。

我有幸参与了我国早期的现代设计教育改革，数数都快 30 年了。对国内的设计教育，我始终是有感情的，也有一种责任和义务。这套丛书里面，有几个作者是我曾经教授过的学生，看到他们不断进步并对社会有所担当，深感欣慰，并有责任和义务继续对他们鼎力支持，也祝愿他们成功。真心希望我们的设计教育能够真正的进步，走上正轨。为国家的经济发展、文化发展服务。

目　录

第 1 章　设计与社会

设计是人类为了实现某种特定的目的而进行的人造物活动，设计的伦理属性是设计的本质属性。20 世纪 60 年代末，美国著名设计理论家维克多·帕帕奈克（Victor Papanek）出版了《为真实的世界设计》(Design for the real world）一书，在书中，维克多·帕帕奈克明确地提出了设计的三个主要问题：一是设计应该为广大人民服务，而不是只为少数富裕国家服务，他特别强调设计应该为第三世界的人民服务；二是设计不但要为健康人服务，同时还必须考虑为残疾人服务；三是设计应该认真考虑地球有限资源的使用问题，设计应该为保护我们居住的地球的有限资源而服务（图 1-1)。

图 1–1　维克多·帕帕奈克（Victor Papanek）出版的《为真实的世界设计》

这本书的问世，在设计盲目为消费社会追求利润、为丰裕社会大唱赞歌的喧闹中，显得异常理性与冷静，甚至被视做异端和危言耸听。该著作被翻译成 20 多种语言，在世界范围内广泛传播，对于当代设计的发展和设计伦理的思考，产生了深远的影响。

社会学是一门应用十分广泛的社会科学，是研究人类在社会中的各种社会生活、社会交往、社会工作、社会结构、社会发展等社会现象和社会问题，形成对社会整体的认知的一门学科。

社会性需求应该是实现人类可持续发展的需求，是人的基本需求和社会、环境可持续发展需求的总和，设计的社会属性是以解决社会性需求为目标的设计，这些需求包括发达国家保护环境和资源的需求，发展中国家解决人口、温饱、发展的需要，以及各国老、弱、残等特殊群体的需求等。具体应该包括：注重废旧产品的回收和再利用；开发新的可重复利用的能源；环保节能的公共交通体系；减少不必要的产品包装；为第三世界国家开发廉价的医疗设备；针对弱势人群的设计等。

设计社会学研究的领域包括：生态设计、通用设计、女性设计和社会责任设计等。[①]重点关注可持续发展、社会责任、健康、贫穷、环境、性别平等和社会歧视等问题，其目标体系体现了社会性设计的核心特征，涵盖了与社会相关的几大领域。[②]

帕帕奈克将弱势人群和第三世界民众纳入设计对象的范围，同时也将社会

① Nieusma D. Alternative design scholarship: working toward appropriate design. Design issues, 2004, 20（3）: 13 ～ 24

② 吴瑜 . 社会性设计模式研究 [D]. 武汉：武汉理工大学，2009：28.

和环境问题作为设计关注的对象。设计师的社会职责不再仅限于为大众设计和装饰的伦理问题，而是扩大到关注全人类可持续发展的层面。为了处理、调整、协调人类与环境和地球的关系，解决地球危机，人们正在努力寻求管理环境资源和使人类持久发展的新方法，这种思想观念已经渗透到了人类社会的各个领域中。

设计伦理作为设计艺术在新世纪的新的艺术设计的方向，恰恰解决了现代设计艺术处理综合设计关系的问题，使设计艺术有了时代性的设计理论指导。伦理道德作为整合社会思想观念及价值标准的思想导向，对于重新定位调整秩序化的人的关系有重要作用，伦理道德所明确的核心是人与人、人与物的相互关系的理论思考和总结，塑造了整个社会共同遵从的思想道德观念。

经济的发展也使人们的价值观念发生了根本的转变，在西方社会掀起一系列的广泛深入持久的社会运动，包括消费者运动、劳工运动、环保运动、女权运动、可持续发展运动等。设计师 Dean · Nieusma 利用社会学理论与设计学理论相结合的研究方法，研究了社会设计的领域，包括：生态设计、通用设计、女性设计和社会责任设计等。社会性设计重点关注可持续发展、社会责任、健康、贫穷、环境、性别平等和社会歧视等问题。

设计社会学体现了社会性设计的核心特征，涵盖了与社会相关的四大领域。总结为以下内容：

第一，设计伦理属性：设计要遵循设计伦理的平等性原则，给予贫困人口、低收入人群、残疾人、老人等弱势群体以更多的人文关怀。

第二，设计人文价值：设计学关注设计与人、设计与环境，实现设计的情感交流和人文关怀，设计应注重实现人与人之间良好的沟通与交流，实现彼此的文化认同，从而重新回归到包豪斯所确立的设计原则“设计的目的是为了人”。使设计“以人为本”的设计目的不断深化，使设计如何为社会的老龄化一代服务，为有沉重压力的青年一代服务，设计如何为女性设计服务、为孕妇设计等。

第三，设计生态价值：设计必须认真思考与解决目前地球日益减少的资源与资源浪费等问题，以实现人类社会的可持续发展。

第四，设计社会属性：是关于设计与社会的关系以及设计应承担的社会责任问题的探讨。

1.1 设计社会学的四大属性

1.1.1 设计伦理属性

设计艺术是一门综合性的交叉学科，它是沟通和联系人—产品—环境—社会—自然的中介，直接影响人的生活方式。设计艺术伦理是以道德关系为基础的，其任务是运用一定的伦理学观念与发展规律，基于人因和特定条件与环境，正确设置行为准则与社会规范，通过物质的人工设计，从道德观念上求得人类社会的共同生存、平等、进步、秩序和安全，给予人类社会容易接受的造物实体，并促进整个社会道德教育。①

从某种意义上讲，帕帕奈克强调的真实需求和现代设计强调的设计大众化都属于社会性需求的范畴。社会性需求是随着社会发展不断变化的，社会性需求是实现人类社会和谐发展必须满足的需求，是人的基本需求和社会、环境可持续发展需求的总和，它包括保护环境和资源的需求，发展中国家解决人口、温饱、发展的需要，以及各国老、弱、残等特殊群体的需求等。

帕帕奈克提出的关于为真实的世界设计，其实质就是强调设计的社会伦理责任，帕帕奈克开始呼吁关注有限的地球资源和人类的可持续发展，关注发展中国家民众的基本生存需求和与人类可持续发展密切相关的环境和社会问题，重点关注老年人、残疾人等弱势群体，在世界范围内展开了以解决社会性需求为目的的设计实践探索。

帕帕奈克的设计伦理旨在研究"为人的需求而非欲求设计"，在他看来，消费社会以享乐为主题的生活方式，造成对欲望的不断要求，不惜代价要得到满足。权力与金钱在资本主义的双重矛盾中，最近几十年建立的时尚与时髦的庸俗统治：对文化界来说是"多样性"，对中产阶级来说是享乐，对大众来说是色欲追求。而时尚之本性，正是将文化浅薄化。②

"为第三世界设计"成为设计界的最新课题。二战后的世界格局发生了巨大变化，20 世纪 60 年代的政治困惑与社会变革很快被第三世界的兴起所替代，新兴的民族与国家概念成为关注的对象。第三世界的国家贫穷落后，几乎没有工业化发展，在现有的条件下如何发展和改善人民的生活条件，维克多·帕帕奈克率先提出了"为第三世界设计"的观点。他主张为第三世界的设计应该舍弃政治色彩与商业气氛，切合实际地考虑不发达国家和落后地区的实际情况，去设计符合当地人民生存、生活需要的物品。

另外，《为真实的世界设计》让设计触角延伸到有特殊需求的群体。设计伦理提出了对因某种生理欠缺而行动不便的特殊人群的关注，经济地位、消费能力、自卑心理使他们不能同等享受公共生活和现代化工业带来的舒适与便捷。二战后美国的残疾人权利运动为残疾人争夺了更多的权益，美国国家标准协会首次颁布了适宜残疾人群体的建筑标准，成为建筑宜人性法律和法规的基础，各种有利于残疾人的法令法规陆续出台，加上 20 世纪 60 年代的黑人民权运动、女权运动。

最后，对设计与环境的关注成为人类与"真实世界"最密切的关注对象。使设计界意识到设计需要面对环境污染与能源紧张的问题并承担相应责任。我们今天所倡导的绿色设计和生态设计，正是源于帕帕奈克的设计与环境伦理，使工业发展与自然界的关系，从环境污染、自然资源破坏的对立，走向一种协

① 朱铭，奚传绩．设计艺术教育大事典 [M]. 济南：山东教育出版社，2001.215.
② (美) 丹尼尔·贝尔．资本主义文化矛盾 [M]. 南京：江苏人民出版社，2007. 第 18 页．

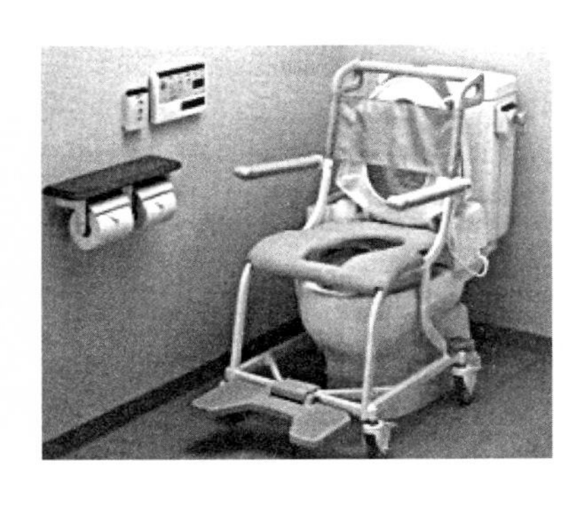

图 1-2 残疾人使用的卫生间

调互动的关系。[①]

从为贵族设计到为资本主义社会的主流“大众”设计，到为“第三世界”人们的基本生存和实际需要而设计，到为老年人、残疾人等特殊群体的生理需求而设计，设计的民主观念和伦理内涵不断延续和扩展，而消费社会和环境问题的讨论是对“真实世界”的关注，也正是对设计问题所处的社会语境的关注，设计伦理的提出，将设计师从对设计作品的关注，引向到更广阔、更富于人文精神的社会领域，开始形成一种能够改变人类生活的社会力量。

设计的人文价值集中体现在人性化设计之中，人性化设计需要充分考虑特殊人群的心理和生理要求，从人道主义出发，实现社会、经济、环境的和谐统一。在设计中，这就要求设计师以高度的责任感，对使用者和设计物进行周密细致地考虑和科学的研究，在设计完善的功能中渗透人类伦理道德的优秀思想，如平等、正直、关爱等，使人感到亲切温馨，让人感受到人道主义的款款真情（图 1-2）。

帕帕奈克认为：“设计师应该对所有的产品负责，因此也就应该对目前我们对环境造成的破坏负有不可推卸的责任。设计师不仅要对设计负责，还要对自己没有尽到责任而负责。”由此不难看出，设计对社会有着直接的影响。设计师具有一种社会责任和义务，为社会大众服务，为社会和时代的需求而设计，只有为社会的设计才能够最终成为优良的设计、好的设计。

设计师在满足社会性需求时还需要考虑经济、社会和环境等各种因素，经济性要素如生产成本和消耗资源等，社会性要素包括社会责任和社会福利等，环境要素则包括材料选择、生产工艺、技术，这些因素的多样性和差异性同时也加大了设计社会属性的复杂性。

社会性需求是以人的需求为中心的需求系统，基础层次是人的需求，包括弱势群体的需求和普通人的需求；次级层次是种族和国家发展的需求，发达国家需要解决社会和环境问题，发展中国家则主要解决经济发展问题；最高层次是人类的发展需求，涉及社会和环境的可持续发展，需要全人类的共同努力去实现。

设计的伦理要求实现了设计的重新塑造，实现了设计向新的趋势发展，使设计被赋予更深的人文内涵和情感内涵。设计从关注设计本身出发，设计与环境两个阶段走向了设计的交流性阶段，实现了设计的情感交流、文化认同和人文关怀三个层次的发展，伴随着更深的设计以人为本的设计目的的不断深化。注重设计本身的思考，以设计为中心，关注设计本身的功能、装饰、材料等。注重设计与环境因素，实现更广的层次的设计内涵的建构。设计要关注环境，与环境相融合，形成一个共融的空间氛围。设计与环境，既注重整个大的区域

① 龚玲玲．设计社会价值的创造和评判 [D]. 武汉：武汉理工大学，2010.

环境的作用，更注重小的区域环境以及民族性区域环境的作用，实现设计以人为本的设计目的。

设计的交流性要求设计更加注重对人的关怀，更加注重人与人、人与自然的交流和沟通，更加注重其情感性。1995 年 10 月在日本的名古屋举行了世界室内设计大会，这是国际室内设计师协会的年会。会上日本室内设计师内田繁就世纪之交、时代更替的问题发表了自己的观点。他认为 20 世纪产生的物质主义的时代观将向物与物之间相联系的柔性的创造性时代转换。这是从“物”向“事”的变化，是“心和关系”的发展，也就是说是从“物质”的时代向“心和关系”的时代转变。

1.1.2 设计人文价值

古希腊哲学家普罗泰戈拉的一句名言“人是万物的尺度”，成为人本主义设计的哲学源头。经过文艺复兴和 18 世纪启蒙运动，“以人为本”的观念成为统领社会政治、经济、文化三方面的核心价值观。设计的人文价值直接体现为“以人为本”的设计理念，设计的出发点和归宿以促进人的全面发展为导向，不断满足人们日益增长的物质和精神的需要。设计的社会属性关注的人，既包括普通人，也包括特殊人群；既包括发达国家的人，也包括发展中国家的民众。

19 世纪末英国工艺美术运动的代表人物威廉·莫里斯就提出，设计的中心是人而不是机器。莫里斯关注中产阶级和下层社会的劳动人民，他认为艺术不应该是小部分贵族的特权，普通大众应该也能分享，艺术不仅应该“从人民中来”(by the people)，也应该“到人民中去”(for the people)。由他发起的英国“工艺美术运动”对社会性设计的最大贡献是认识到了设计的社会属性，强调了设计对社会问题的关注，用艺术设计表现人道主义的社会责任感。[①] 这种设计的民主思想经过德意志制造联盟、包豪斯以及乌尔姆设计学院的代代相承，成为现代设计的主旨。

现代主义在思想上强调设计的民主倾向和社会主义倾向，经过两次世界大战及工业文明的洗礼，平民化的概念逐步影响社会的各个方面，现代主义设计的一个核心内容就是要改变设计为权贵服务的这种数千年的历史，让设计为大众服务。[②]

现代主义设计将普通民众的真实需求作为设计实践和关注的重点，利用设计改变劳苦大众的困苦，促进社会的健康发展，德国的现代主义设计深受人道主义传统的影响，一直以来都非常重视设计的民主性。从穆特修斯到格罗佩斯，一直强调对大众与社会中下层的关注，使普通民众也能享受高品质的产品。

设计作为人类生产方式的重要载体，在满足人类高级的精神需求、协调、

---

① 李乐山．工业设计思想基础 [M]．北京：中国建筑工业出版社，2001：18.

② 王受之．世界现代设计史 [M]．北京：中国青年出版社，2002：46.

图 1–3　刀具　尔格诺米设计公司

平衡情感方面发挥着至关重要的作用。心理学家亚伯拉罕 · 马斯洛在研究人类动机时，提出了著名的“需求理论”，他认为人的需求层次，由低级的需要开始，向高级的需要发展，呈阶梯形。具体可以划分为以下五个层次：生理需求、安全需求、社会需求、尊重需求以及自我实现的需求。

设计是为了满足人们的需要，是为人的设计，设计的出发点和归宿是以促进人的全面发展为导向，不断地满足人们日益增长的物质和精神的需要。设计一直强调以人为中心，特定历史时期设计所关注的人是与当时的经济和社会发展密切相关的。设计的人文价值集中体现在以人为本的设计理念上，“以人为本”中的人是自然属性和社会属性的结合体，人的自然性是指人和自然界的其他动物一样具有本性和生理需求；而人的社会性是人与自然界的动物的重要区别，因为人的社会性，就有了远比动物更高级的需求和精神世界。设计中既要看到人的自然性的一面，也要注重社会性的一面。如果只看到人的自然性的一面，仅仅把人看做自然界的生物，只能看到人的生理需求，那将会忽略了人的更高层次的需求。设计要紧贴时代发展脉搏，用设计语言去表达人文思想，满足人的精神需求，真正体现出设计中的人文价值。

设计需要促进与人相关的社会和环境的可持续发展，需要考虑能源、材料的节省和对环境的影响，有利于拓展人的全面发展的空间。设计的出发点和归宿是以促进人的全面发展为导向，不断地满足人们日益增长的物质的和精神的需要。设计是为了满足人们的需要，是为人的设计，是人需要的产物，设计与人类息息相关，设计的全过程中都有人的因素存在（图 1-3）。

现代社会是一个消费高速增长的社会，当今的设计师为了满足现代人的物质追求而不停的设计，消费者却永远不满足。设计师如何设计出既满足消费者的意愿，又不违背设计伦理道德，由一种“形而上”的伦理学观念出发，做出“形而下”的产品，满足大众物质和精神双重的需求，成为设计实践和理论需要解决的迫切问题。

从某种意义上讲，帕帕奈克强调的真实需求和现代设计强调的设计大众化都属于社会性需求的范畴。社会性需求是随着社会经济发展不断变化的，社会性需求应该是实现人类社会和谐发展必须满足的需求，是人的基本需求和社会、环境可持续发展需求的总和，包括发达国家保护环境和资源的需求，发展中国家解决人口、温饱、发展的需要，以及各国老、弱、残等特殊群体的需求等。

包豪斯强调“设计的目的是人而不是产品”，这一观点所体现的人文思想就是尊重人性，以人为本，维护人的基本价值。设计最根本的服务对象就是人，从一件产品的设计、一个室内空间的营造、一件服装的创意，到一个景观的规划、一栋建筑的拔地而起，这些设计活动中无不体现着以人为本的思想理念，而这所有的一切，为的是创造一个更适宜人们生存与发展的优良环境，使人与物、人与环境、人与人、人与社会之间相互平衡，相互协调，这就是设计的最高境界。

设计的使用者和设计者是人本身，人是所有设计的中心和衡量设计品质的尺度。以工业产品设计为例，设计师将心理学、人体工程学、仿生学等学科引入工业设计领域，为的是能够满足人生理与心理的各种需要。在设计理念上，把工业设计提升到生活方式设计和创意文化设计的层次与境界，使得“人—机—环境”之间实现最大限度的和谐共生。

设计应该面向所有人，不能局限于为少数人服务。当代企业家追逐利润的天性，使得市场设计中 90% 的设计师都在为 10% 的有钱人服务，他们服务的对象是有消费能力的人，因而很少考虑低收入人群、老年人和残疾人等弱势群体的需求。市场性设计把庞大的精力、时间和资源花费在为极少数人创造精美绝伦的奢侈品上，却不顾大部分人的基本需求，正如美国评论家罗伯特·休斯（Robert Hughes）所说 ：“穷人没有设计”。

当代社会是一个逐渐老龄化的社会，有很多具有敏锐观察力和社会责任感的设计师开始进行针对老年人群体的设计工作。老年人专用的日常生活用品、医疗保健用品、科技数码产品等成为新的设计热点。许多国家对老年人的生活健康问题都十分关注，这几年出现了专为老年人设计的手机、轮椅、家居安全防盗系统、座椅式马桶、老年人助听器以及可以调节高度的汽车座椅等。老年人专用产品的设计一般都具有易操作性、安全性、明显的符号指示性和稳重成熟等风格特点。比如公交车上老年人专用座椅，鲜艳的亮黄色、扩大的把手、降低的椅面、座椅离车门距离最短等人性化细节设计，都是设计的人文价值的生动体现。在发达国家，老年人用品市场是未来十大市场之一，相比之下，我国的老年用品市场明显还有很长的路要走。

设计师应以良知和社会责任感关怀现实，服务社会中更多的人，这不仅仅是为了设计自身健康的发展，更重要的是关系到社会的公平与平等，也关系到社会的稳定发展。设计应该关注弱势群体、老龄化社会、环境保护、人类行为规范等各个社会层面的东西，不论产品的使用者其身体有无残疾，是老人或者幼儿，以及存在障碍的程度如何，在产品的形态设计上都要体现出关爱的内容。

设计伦理观念极大地深化了设计的思考层面，推动了设计观念的发展。在人类逐渐进入后工业社会的今天，人们对设计的要求也更加多样化。设计的目的不仅仅是为产品的功能、形式的目的服务，更主要的意义在于设计行为本身包含着形成社会体系的因素。因此，设计包括对于社会的综合性思考，设计应该在可持续发展的原则下，使产品与客观世界、产品与人之间的关系得到协调。

设计伦理学是以道德关系为基础，跨越物质（设计活动）的社会关系与思想的社会关系，展开的物质与伦理观念的矛盾研究，其任务是运用一定的伦理学观念与发展规律，基于人因和特定条件与环境，正确设置行为准则与社会规范，通过物质的人工设计，从道德观念上求得人类社会的共同生存、平等、进步、秩序和安全，给予人类社会容易接受的造物实体，并促进整个社会道德教育。[①]

1.1.3　设计生态价值

我国三十多年的改革开放，经济呈现出快速增长的态势，但人们在生态观念上的轻视和疏忽，使我国的生态系统和自然环境正承受着巨大的发展压力。当人们沉浸在经济增长带来喜悦的同时，却没注意到环境问题已经开始威胁人类的生存，人类赖以生存的生态环境系统受到了严重的破坏：生态环境急剧恶化、全球变暖、温室气体的大量排放、土地沙化和物种灭绝的速度加剧、淡水资源危机、能源短缺、垃圾成灾、有毒化学品污染等。

随着世界的环境污染、资源浪费、生态破坏、能源短缺等一系列全球化问题日益严重，这就迫使人们积极思考如何充分利用大自然提供给我们的有限资源，使整个社会能健康、持续地发展。日益严重的生态危机也要求设计师要采取共同行动来加强环境保护，以拯救人类生存的地球，确保人类社会持续健康发展，面对日益短缺的自然资源和不断恶化的生态环境，设计师应该肩负起应有的社会责任，保护环境、实现可持续发展已成为全世界紧迫而艰巨的任务。

罗马俱乐部发表了名为《增长的极限》的报告，报告中指出：如果全球经济无限制增长，一百年以内，地球上大部分的天然资源将会枯竭。自然环境受到不可修复的污染，不可再生的天然资源被过量开发和滥用，生态系统遭到破坏，酸雨、温室效应、臭氧层破坏、土地沙漠化这些环境问题都是因为人类的无知而造成的恶果。

全球性的生态危机，严重困扰着社会的生存和持续发展，迫使人们重新审视人与自然的关系，以环境资源保护为核心概念的生态设计、绿色设计应运而生，并已成为当今设计艺术发展的主流。“生态设计”成为 21 世纪的一股国际设计潮流，它反映了人们对人为灾难所引起的生态问题的关心。生态设计综合考虑人、环境、资源的因素，着眼于长远利益，取得人、环境、资源的平衡和协调，实现人类和谐发展。

“生态设计”作为解决生态问题的重要手段，引起了人们的广泛关注，它已成为国家可持续发展的重要战略。不少设计师转向从深层次上探索设计与人类之间一种可持续发展的关系，力图通过设计活动，在人—社会—环境之间建立起一种协调机制，这也成为设计发展的一次重大转折。

设计师提倡“生态设计”，降低资源的能耗，使产品易于拆卸、包装和运输，节约成本，使材料和部件循环使用，使更多无污染的绿色设计进入市场，形成一个良好的消费循环和可持续发展的导向。

“生态设计”作为解决生态问题的重要手段，引起了人们的广泛关注，它已成为国家可持续发展的重要战略。进入新世纪，人类社会的可持续发展是一项极为紧迫的课题，在重建人类良性的生态家园的过程中，生态失衡的状况迫

① 朱铭，奚传绩．设计艺术教育大事典 [M]．济南：山东教育出版社，2001：215.

使人们开始反思并力求建立人与自然的和谐空间，共生的哲学观念强烈地呼吁人与生态之间合理的建构。生态设计已成为当今设计的主题，生态设计必然会发挥重要的作用。

1948年12月10日联合国大会通过了《世界人权宣言》（Universal Declaration of Human Rights），宣言提出了现代社会人类的25项基本需求，包括住房、医疗、必要的社会服务等，强调了每个人都有享受健康幸福生活的权利，提出了为弱势群体服务，克服了他们的心理、生理和社会障碍。

1969年在伦敦举办了主题为“设计—社会—将来”的国际工业设计师年会，设计界展开了如何为社会服务的讨论。产品设计开始从针对残疾人和老年人的使用，偏向对人机工程学易用性的研究。20世纪90年代，英国设计委员会开展了一系列的社会性设计项目，包括“改善学习环境运动”（The Learning Environments Campaign）、“设计抑制犯罪”（Design Against Crime）、“为病人安全而设计”（Design for Patient Safety）等。

1972年，在瑞典斯德哥尔摩召开了联合国人类环境会议，这是人类历史上第一次保护人类环境的会议，英国哥伦比亚大学经济学教授芭芭拉·沃德女士（Barbara Mary Ward）和洛克菲勒大学微生物学家、实验病理学家勒内·杜博斯先生（Rene Dubos）为会议提交了一份报告：《我们只有一个地球》（Only One Earth）。会议广泛研讨并总结了有关保护人类环境的理论、历史和现实问题，在报告中提出了“我们已经进入了人类进化的全球性阶段”，呼吁人们关注地球的现状，呼吁各国政府和人民为改善人类环境、造福全体人民、造福子孙后代而共同努力。于是“人类只有一个地球！”的环境保护口号响遍世界，对环境保护的重视，激起了设计师的共鸣。

1987年世界环境与发展委员会发表了的《我们共同的未来》一文，系统分析了全球人口、粮食、能源、工业和人类居住等方面的情况，阐述了人类所面临的一系列重大经济、社会与环境问题，它分为“共同的问题”、“共同的挑战”和“共同的努力”三大部分。强调人类要有能力持续发展下去，这个观念在1992年联合国环境与发展大会上得到了共识。

《我们共同的未来》提出了永续发展的观念。永续发展是一个兼顾共同性（Commonality）、公平性（Fairness）与永续性（Sustainable）的发展策略；是在发展经济，消除贫穷，解决粮食、人口、健康与教育等问题的基础上，研究如何通过技术的创新，提高生活品质，以及关注气候变迁等全球性重大环境问题。是站在全人类持续发展的高度上对设计方向的把握，是解决目前人类面临困境的必由之路。只有走可持续发展的道路才能从根本上阻止人类生存环境的继续恶化，才能保护生态环境，促进人类社会的可持续发展。

1992年6月在里约热内卢召开了联合国环境和发展大会（UNCED），会上通过了《里约环境与发展宣言》、《21世纪议程》、《关于森林问题的原则声明》等文件，100多个国家的首脑共同签署了《里约环境与发展宣言》，把可持续发展作为人类迈向21世纪的共同发展战略。其中《21世纪议程》从社会、经济和资源等方面给出了 2500 余项行动建议，是人类历史上第一次将可持续发展战略落实为全球的行动。其中涉及如何减少浪费和改变消费文化、消除贫困、保护大气层、减少有害物质的使用以及促进农业的可持续发展等方面。

2000 年 9 月联合国千年首脑会议签署了千年发展目标（Millennium Development Goals，MDGs），这个目标强调全世界所有国家要全力以赴来满足全世界贫困人口的需求、消灭极端贫穷和饥饿、普及中小学教育、促进男女平等并赋予妇女权利、与艾滋病和其他疾病作斗争、确保环境的可持续发展能力等。

进入 21 世纪，大规模的设计展在推动社会性设计理念上发挥了很大的作用，如 2005 年在纽约现代艺术博物馆举办了主题为“安全：设计承担的风险”的设计展（Safe：Design Takes on Risk）；2007 年在纽约 Copper-Hewlett 国家设计博物馆举办了主题为“为剩下的 90% 设计”设计展（Design for Other 90%）。这些设计展览展示了社会性设计实践的最新发展情况，展示的项目囊括了第三世界的医疗、卫生、基本生活、农业经济、社会和环境等社会性需求的各个方面。参加这个展览的共有 30 个社会性设计项目，它们都以第三世界人们的基本生活需求为出发点，很好地展示了社会性设计发展现状。

设计社会学体现了设计学和社会学交叉融合，是在社会学及社会协同学相关理论的指导下产生的一种新的设计模式。其观念表现为“社会性设计思想”，它要求设计以解决社会性需求为目标，关注弱势群体，关注人类社会、经济和环境的可持续发展。

1.1.4 设计社会属性

设计伴随着劳动的出现、人类的产生而开始。当远古的先人们用一块石头砸向另一块石头以便打造出有某种功能的工具时，设计就在这一瞬间产生了。从最为广泛的意义上说，人类所有生物性和社会性的原创活动都可以被称为设计。[①]设计艺术几乎涵盖人类有史以来一切文明创造活动，其中它所蕴含的构思和创造性行为过程，也成为现代设计概念的内涵和灵魂。[②]

设计艺术发展至今，已由原来的以个人创作为主逐步走向社会性，成为与社会活动紧密相关的一种方式。设计艺术不再依据艺术家个人喜好而进行创作，由于它传播的过程、影响的层面和以往大有不同，因此，现代设计艺术更多考虑社会责任感和教育意义。设计艺术的社会性可以被认为是设计艺术各种属性中最基本的特性。

1969 年赫伯特·西蒙第一次提出了“设计科学”的概念，他在《设计科学：人工物品的创造》中认为：从某种意义上说，每一种人类行动，只要是意在改

---

① 尹定邦 . 设计学概论 [M]. 长沙：湖南科学技术出版社，2004：40.

② 荆雷 . 设计艺术原理 [M]. 济南：山东教育出版社，2002：3.

变形状，使之变得完美，这种行为就是设计性的。[①]无论是帕帕奈克还是赫伯特·西蒙，他们都将设计抽象为一种人类最基本的创造活动。这种抽象并没有边界，仅仅从“行为”着手，发现设计最基本的特点。这种认识这是传统设计思维所不能发现的理论内涵。

社会性设计模式对以人为本的理解应该从广义和狭义两个角度去理解，考虑与人相关的所有因素——生理方面的、认知心理上的、社会的、文化的。[②]

设计概念本身具有语意的开放性、丰富性与调和性，这使得设计成为最开放也最具有活力的学科之一。设计概念的开放性也恰恰体现了设计行为本身独特的属性。格罗皮乌斯曾说过：“一般来说，设计这一字眼包括了我们周围所有物品，或者说，包容了人的双手创造出来的所有物品（从简单的日常用品到整个城市的全部设施）的整个轨迹。”[③]

1946 年，纽约现代艺术博物馆主办了一次主题为“工业设计作为一个行业的未来”的会议，在这个会议上拉兹洛·莫霍利·纳吉指出：“设计是每个人都应该具有的态度，即进行规划的态度——不管是在处理家庭关系或者劳务关系中，还是在生产有实用价值的产品中，或者在自由的艺术工作中，总之在做任何事情中都少不了要进行计划和规划。而这个过程就是计划、组织和设计。”

维克多·帕帕奈克更是将设计的范围进行了更大程度的延伸。在《为真实的世界设计》1984 年的版本中，帕帕奈克将设计定义为：设计是赋予有意义的秩序所做的有意识的以及直觉的努力。帕帕奈克认为“所有人都是设计师。我们在几乎任何时间也都在做设计，因为设计对所有的人类活动来说都是基本的。为一件期待得到而且可以预见的东西作的计划与方案也就是设计的过程。任何一种企图割裂设计，使设计仅仅为‘设计’的举动，都是违背设计的先天价值的，而这种价值是生活潜在的基本模式。”[④]

社会意识形态是与经济基础相适应的上层建筑，意识形态包括政治、法律、思想、道德、文学艺术、宗教、哲学等其他社会科学等意识形态。历史上各个时期的设计运动和设计思潮都受到了社会因素的影响，同时设计也会对人的意识形态产生直接影响，进而引起社会生活的变化。

在社会相对稳定的时期，人的生活方式变化小，对设计的影响也小，设计的发展以沿用既成设计的现象较多。相反，当社会发生变革时，意识形态方面产生冲击波，生活方式随之变化，这时就需要变革设计使其与之相适应。因此，对于设计思想的探讨应该以更大范畴的社会的思想为基础，设计作为一项社会实践活动，对它的考虑和判断不能脱离其所处的社会环境。

艺术设计是属于上层建筑范畴的，它应该对社会生活作出反映，同时还要

---

① 赫伯特·西蒙．设计科学：创造人造物的学问．选自 [法] 马克·弟亚尼．非物质社会．滕守尧译．成都：四川人民出版社，1998：62.

② 唐林涛．设计事理学理论、方法与实践 [D]. 北京：清华大学美术学院，2004：83.

③ [法] Tufan Orel.“自我——时尚”技术：“超越工业产品的普及性和变化性”. 选自 [法] 马克·弟亚尼．非物质社会．滕守尧译．成都：四川人民出版社。

④ Victor Papanek (1985) , Design for the Real Word[M], London:Thames&Hudson, P.3.

图 1–4　巴克明斯特·富勒和他的圆屋顶

反作用于社会。维克多·帕帕奈克曾说过："设计的最大作用不是创造商业价值，也不是在包装及风格方面的变革，而是创造一种适当的社会变革中的元素。"这种期望通过设计来改造社会的民主思想经过德意志制造联盟、包豪斯以及乌尔姆设计学院代代相承，成为现代设计的主旨。

现代主义设计通过新材料和新形式的运用体现了功能主义倾向，在思想上强调设计的民主倾向和社会主义倾向，经过两次世界大战和工业文明的洗礼，平民化的概念逐步影响社会的各个方面，现代主义设计的一个核心内容就是要改变设计为权贵服务的这种数千年的历史，让设计为大众服务。①

美国结构工程师、建筑大师巴克明斯特·富勒在 20 世纪 20 年代初期就开始从不同角度考虑工业设计对社会的介入程度。例如他提出了"节能多功能房"、"节能多功能浴室"以及"节能多功能汽车"等。最为著名的是他构想的兼有重量轻与强度大的最短线圆顶房屋（图 1-4），这样的圆顶可在任何地方建立，而且可以用几天的时间拆卸，并在另一个地方重新使用，且可以投入批量生产，用极低的造价制造出来。尽管富勒的一些想法永远都不可能实现，他仍然反复证明自己构想的实用性。

另外，约翰·克里斯·琼斯（John Chris Jones）所著的《设计方法》中，也提到对设计所应该发挥的社会功能的看法。他认为，在工业城市，在对由我们人类创造的物质进行使用的过程中，存在大量需要解决的问题，这正是设计和规划大展身手的好机会，比如：交通拥堵、飞机噪声、城市没落，并且一些服务长期短缺，比如：医疗、大众教育和犯罪侦查。②

1992 年，理查德·布坎南在《设计论丛》期刊上发表了一篇题为《设计思考中的风险问题》的文章，这篇文章阐述的中心是：在技术文化中，设计是一门新兴的富有自由主义精神的艺术，从艺术领域到科学领域，它都有能力将其中有用的知识进行联系和整合，而且它所使用的方式适于解决当代许多问题。③布坎南对设计活动所做的系统性、明确的阐述在早期针对拓展设计领域所进行的号召中就开创了先例。

在整个西方现代设计思想史中关于设计社会价值的讨论一直是一个非常重要的议题。约翰·罗斯金和莫里斯受 19 世纪社会主义思潮影响，致力于通过设计来实现社会改良，他们对于设计的讨论与其民主思想和道德言论有着直接的关系。罗斯金创立了"美的社会主义运动"，莫里斯作为工艺美术运动的创始人同样认为现代社会的生活的丑恶是由机械文明和物质文明过度繁荣所导致的必然结果，物质文明使人们的心灵变得荒芜。如果多创造一些美的东西，艺术的东西使人们的心灵得到抚慰，社会问题也就自然而然得到解决。奥地利建

---

① 王受之．世界现代设计史 [M]．北京：中国青年出版社，2002：46.

② John Chris Jones 著，张建成编译．设计方法 [M]．台北：六合出版社，1994.

③ 理查德·布坎南（Richard Buchanan）．设计思考中的风险问题．引自设计论丛第 8 卷，第 2 期，第 5-21 页．

筑家路斯的《装饰与罪恶》直接把建筑设计中的形式问题与阶级社会中的道德伦理问题联系到了一起，并把设计的伦理诉求当作衡量设计价值的重要尺度。柯布西耶也把社会伦理问题作为设计的首要关注点，他的《走向新建筑》讨论的主要是新兴工业城市中的居民住宅设计问题。[①]以格罗皮乌斯为代表的包豪斯设计群体更是把设计的社会道德意义作为主要的关注对象，可以说包豪斯以及现代主义设计的宗旨是围绕着“大众”展开的。[②]

关于设计与社会的关系以及设计所应承担的社会责任问题的探讨，追根溯源都直接受到维克多·帕帕奈克论著的影响。帕帕奈克是活跃于美国战后的著名设计师、设计教育家及设计理论家。在帕帕奈克的所有著述当中，最具有理论研究价值的是《为真实的世界设计：人类生态与社会变革》[③]、《人性化设计》[④]和《绿色律令——建筑和设计当中的生态和伦理》[⑤]这三本。特别是《为真实的世界设计》已经被翻译成了20多种语言，在全世界范围内广泛传播。在这本书中帕帕奈克以一种非常激进的姿态强烈地批判商业利益导向的设计，呼吁设计师专注于那些曾经被他们忽略的人们真实的需求，主张设计师担负起对于社会和生态改变的责任。在这本书中他对设计进行了另一个维度的思考，强调设计应该负起社会道义和生态环保的责任。如果说《为真实的世界设计》解决的问题是“设计什么和为什么去设计”，那么《人性化设计》则进入到下一个逻辑步骤，即在决定了“是什么”和“为什么”之后“怎样做”。《绿色律令——建筑和设计当中的生态和伦理》可以认为是《为真实的世界设计》的“绿色”版，探讨了设计和建筑之间的规律以及对生态环境的关注。这本书将论述范围扩展至建筑和城市规划方面，但是主要思想还是以反对单纯为商业利益而设计为主，强调设计的伦理责任，以及对环境与可持续发展、第三世界的生存状况、设计的精神与设计的未来等重要问题的关注。这本书在西方设计理论界产生了较大的影响。[⑥]

正是由于帕帕奈克的努力，设计所应承担的社会责任问题成为当代西方设计思考的一个重点，也使设计师不再局限于关注设计本身形式与功能等问题，而是把设计思维的触角扩展到了更宽广的社会的范围领域。

在帕帕奈克的影响下，英美有设计学者提出了“为社会设计”的主张，其中包括英国设计理论研究者尼格尔·惠特利（Nigel Whiteley）在其1994年出版的《为社会设计》(Design for society）一书提出的消费者引导设计、绿色设计、责任设计和伦理消费、女权主义者观点以及未来之路等观点论述。另外比

---

① [法]勒·柯布西耶，陈志华译.走向新建筑[M].西安：陕西师范大学出版社，2004.

② 龚玲玲.设计社会价值的创造和评判[D].武汉：武汉理工大学，2010.

③ VictorPaPanek，Design for the Real World:Human Ecology and Social Change（《为真实的世界设计：人类生态与社会变革》），New York，1971，London，1972，1985，Chicago，1985.

④ Victor Papanek,Design for Hunman Scale,New York:Van Nostrand Reinhold Company,1983,第11-12页.

⑤ Victor Papanek，The Green Imperative: Ethics and Ecology in Architecture and Design（《绿色律令：建筑与设计中的伦理学与生态学》）London，1995.

⑥ 龚玲玲.设计社会价值的创造和评判[D].武汉：武汉理工大学，2010：04.

较有代表性的论著还有维克多·马格林（Victor Marsolin）的《为一个可持续的世界设计》（Design for a sustainable world，1998）、《社会设计：科学与技术研究以及设计的社会塑造》（A“social Model”of Design：Issues of Practice and Research，2002）。继续在设计的社会语境中探讨设计在当代文化和经济发展过程中的社会角色，强调设计对环境问题、第三世界、伦理责任、性别、社会公平等问题的关注。他们的讨论事实上也是在可持续发展的框架下展开的，但是更强调一种以设计的社会责任为导向的范式转换。[①]另外，1976 年在英国皇家美术学院召开的“为需要设计大会”也对设计应担负的社会责任问题进行了关注和探讨。[②]论文集方面，1993 年格拉斯哥国际设计大会文集《设计复兴》[③]、理查德·布坎南和维克多·马格林编辑的《发现设计》[④]、维克多·马格林个人的文集《人工物品的政治学》[⑤]都对我们了解和研究目前西方设计界对设计社会价值的思考很有帮助。

近些年来，许多中国设计理论学者也在设计的社会价值问题上进行了一些有意义的思考。涉及设计与人和社会的关系、设计与生态环境、设计师与消费社会、企业中的设计师责任等问题。其中包括王受之在他的《世界现代设计》一书中有专门的小节讨论帕帕奈克思想对设计伦理的贡献[⑥]。章利国在他的《现代设计美学》和《现代设计社会学》中也曾从以人为本设计的角度对设计的社会价值与责任作过分析研究。[⑦]近年来，随着与设计相关的社会问题逐渐受到关注，各种相关观点也经常见诸各种专业或非专业的出版物。

设计史上所有运动都不是孤立的，不是设计系统自身使然，背后都有整个社会因素变迁的“推手”在起着作用。当社会意识形态改变的同时，艺术设计的服务对象也随之改变，设计观念上也必须革新。从事建筑理论研究的陈志华教授在其翻译《走向新建筑》一书的译后序中有这样一段描述：“建筑是一种开放性的社会实践，一部完整的建筑史，应该包括两个组成部分，这就是，建筑社会史和建筑本体史。建筑本体是在建筑的社会环境中发展的，社会史是本体史的前提。只有在建筑社会史和建筑本体史都完备的时候，我们对建筑的发展才能有整体的、系统的认识。”[⑧]

社会关系中的各因素制约和评判着设计本身，同时设计活动也必须遵循所处时代下社会价值评判准则，使之真正地成为了社会系统的一个重要的促进因

---

① 周博．行动的乌托邦 [D]. 北京：中央美术学院，2008.

② 此次大会文集《为需要设计：设计的社会贡献》（J，Bicknell and Liz McQuiston（ed.），Design for Need: The Social Contribution of Design，1977）.

③ 格拉斯哥国际设计大会文集《设计复兴》（Jeremy Myerson，ed.，Design Renaissance，1993）.

④ 理查德·布坎南和维克多·马格林，《发现设计》（Richard Buchanan and Victor Margolin，ed.，Discovering Design，Chicago&London，1995）.

⑤ 维克多·马格林，《人工物品的政治学》（The Politics of the Artificial），Chiecago&London，2002.

⑥ 王受之．世界现代设计 [M]. 艺术家出版社，1997：308-309.

⑦ 章利国．现代设计社会学 [M]. 长沙：湖南科学技术出版社，2005：39.

⑧ 参见陈志华《走向新建筑》译后序，《走向新建筑》，[法] 勒·柯布西耶著，陈志华译，陕西师范大学出版社．

素。因此，确立设计活动根本的价值观念，探讨设计活动如何更好地实现其社会属性，创造更多的社会价值具有十分重要的现实意义。

徐千里在《创造与评价的人文尺度》中论述到："由于设计所服务的对象不是抽象的或单纯生理学意义上的人，而是特定社会、历史和文化中具体的人、生动的人，因此，创造与评价设计艺术的尺度就必然要包含人的历史、人的文化等相关因素的度量。"[①] 这里设计所服务的"人"，不应该仅指向某个单独的个体，而更应该是"社会的人和人的社会"。这样，创造与评价设计艺术的尺度就不能不关照到人与人之间的联系，各种复杂的社会关系网络，以及社会意识形态的方方面面。"如果没有从社会定位和社会的关系对设计有足够的探讨，我们就不免对设计有不少模模糊糊、不得要领的认识。"[②]

历史上各个时期对设计社会价值的关注是由其所处的历史背景决定的，而对于消费时代设计行为的评判也应该放在更为复杂的社会语境中进行。

我们所处的这个消费时代，物质文明高度发达，人们对自己所创造的物质世界的依赖程度日益增加。人类在享受丰富的物质生活的同时，也不断走向自我的"物化"。在今天的"市场"里，存在着鲍德里亚所描述的惊人的"视觉丰盛"现象：各种不同造型的同类产品在货架上进行"视觉的狂欢"，各种造型语言在这"视觉的盛宴"上，吵吵嚷嚷，争抢"眼球"，各种符号携各种"信息"扑面而来，人们徜徉、徘徊、踯躅于此，挑选可实现个人"效用最大化"的产品。[③] 此外，由于网络信息化的不断发展，设计也由物质时代进入了"非物质"时代。但是面对时代的巨变，我们在思考时大多还停留在经济层面，社会物质文明与精神文明的建设往往被政治经济左右或牵绊，缺少富有远见的眼光，以及对于人性的关爱。所引发的社会问题越来越多、越来越严重，不仅出现了资源环境问题、生态问题，而且社会贫富差距也越拉越大。

设计的目的不是为了"物"，而是为了"人"，为了满足"人的需求"。"设计以人为本"是设计最有力的口号之一。但"人"究竟指的什么？在这里"人"既是抽象的人，也是具体社会中的每个个体；既是社会中有能力消费优质产品和奢侈品的人，更是那些没有能力消费优质产品和那些甚至连普通用品都无法拥有的人。但是在当下，设计更多的是在满足前者无止境的欲望，而不是解决后者生活中出现的种种问题。设计必须为社会整体服务。设计的目的不仅是为眼前的功能形式目的服务，更主要的意义还在于设计本身具有社会体系的因素，对设计的考虑必须包括对于社会长期的规划与安排。现代主义提出设计为大众，而从当代设计伦理观念来看，设计还必须考虑为第三世界、为发展中国家人民，以及为生态平衡、为包含自然资源的目的。[④]

---

① 徐千里．创造与评价的人文尺度——中国当代建筑文化分析与批判[M].北京：中国建筑工业出版社，2000.

② 章利国．现代设计社会学[M].长沙：湖南科学技术出版社，2005.

③ [美]赫伯特·西蒙（Herbert A.Simon）．关于人为事物的科学[M].北京：解放军出版社，1988.

④ 龚玲玲．设计社会价值的创造和评判[D].武汉：武汉理工大学，2010：04.

1.2　传统设计伦理对现代设计的影响

1.2.1　从儒家伦理的“仁”看现代设计道德的“以人为本”

图 1-5　龙泉窑刻画梅瓶

儒家所推崇的道德构成了中国传统伦理有关道德学说的主流。儒家伦理思想是以“仁”为主要内容的，强调以“仁学”为核心的道德思想体系。李幼蒸在《仁学解释学》中将“仁”归纳为三个方面，一是具体的品德层面（仁爱）；二是一般价值类别；三是伦理思想总称（仁学）。儒家关于“仁”的外在审美表现在于一个“和”字，“和”体现衍生多样性的包容性。在古代造物上，“和”的观念体现在形式与功能的协调结合与造型的多样性。“和”包含了对人的生理和心理的双重关怀。从生理关怀上来讲，古代工艺产品造型讲究和谐，不善于过分强调设计中的某一方面，表现在造型上不过分刺激人的感官。例如，梅瓶的外观设计，形态匀称，造型古朴，花纹风格含而不露，实现了感官的健康感受（图 1-5）。从心理关怀上来讲，“和”又表现在“天人合一”，即“物以载道”，要求工艺品需要具备一定的人文特征，从而达到熏陶和教化的作用，实现人精神上的需求。

就设计而言，强调“重民”、“以民为贵”的“仁”学含义，符合人们真正的物质和情感需要，满足他们的生理特征和尺度，这便是设计中的成“仁”。在中国古代的造物发展史中，很早就出现强调适用于人体需要的设计理念。比如早先的石器和陶器时期的打磨工具，针对不同用途有不同的样式，但无一例外全都是根据人手的尺度与舒适度而制造的。此外，在明式家具的制作方法中，有明确规定设计的家具必须要符合人体尺度，不论是椅凳、几案、橱柜还是屏座，其长宽高低都基本符合人形体的尺度比例。如椅子的靠背和扶手的曲度等都基本适用于人体的各部位长度及曲线，触感良好。除了满足人们的生理需求，明式家具还考虑到了封建统治阶级的心理。“很多明式家具存在着浓厚的封建士大夫的审美趣味，为封建统治阶级所占有使用。例如有的椅子座面和扶手都比较高宽，这是和封建统治阶级要求‘正襟危坐’，以表示他们的威严分不开的。”[①] 这些家具从各个方面满足了人们的使用要求，整体家居的长宽高比例都符合人体的形体尺度。

儒家的“仁”最终目的是为了关怀人，这与“以人为本”的现代设计是相通的，都是为了更好地服务于人，使人的生活幸福美满，“设计之仁包括设计实用价值和审美价值的达成，产品和设计有益于人的生活，符合经济、安全诸原则，也有益于自然生态的持续和发展”[②]。设计的目的是“以人为本”，设计的道德标准也始终是“为人”，设计是为人服务的，设计师要实现人的终极关怀，

① 杨先艺 . 艺术设计史 [M]. 武汉 ：华中科技大学出版社，2006:19.
② 李砚祖 . 设计之仁——对设计伦理学观的思考 [J]，装饰 .2007，9:10-12.

就需要不断强化这一设计思想在自身道德建设中的作用。

现代设计“以人为本”强调的是设计要满足大多数人的使用要求和生活习惯，摒弃设计的针对性与局限性，从而为所有人使用。对一个健康的人来说，很难理解身体有缺陷者日常生活中遇到的障碍。这款牛奶包装解决了这类人群使用时握力较差所带来的影响，设计者将手握的部分进行特殊化的处理，使握力较差甚至无法手握的人能轻而易举地从瓶子中倒出牛奶，同时不影响普通人的使用习惯（图 1-6）。类似的设计还有为盲人设计的手机（图 1-7），设计者用凸起和凹陷的点来帮助盲人朋友识别按键，这些细节上的改变既有效改善了身体有障碍人士的日常生活，同时又不会对正常人的使用造成任何影响，这便是设计的人性化趋势。

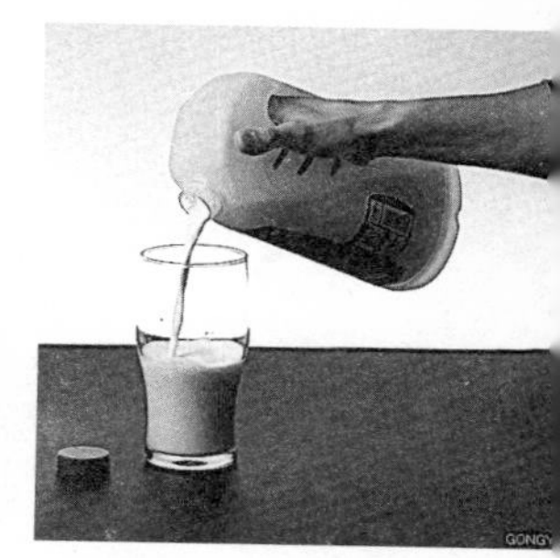

图 1-6　通用设计的牛奶包装

“以人为本”中的“人”既是社会关系中的人，也是人与自然、人与自身关系中的人。“以人为本”的“本”即根本、中心、出发点。设计的“以人为本”，是指设计要以人为中心，综合各方面因素促进人的现在生活条件和长远发展，从长远利益上满足人的各种需求。设计人本主义可以由低至高大致分为人欲、人性、人道三个层次。

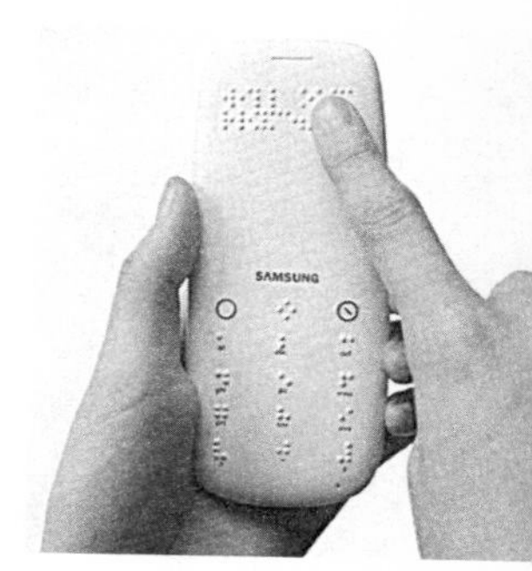

图 1-7　为盲人设计的手机

第一层次是“人欲”的层次，人类所有的设计都源自人对未被满足的欲望的实现动机；第二层次是“人性”的层次，人性包括人类与生俱来内在的感情和理智，也包括在一定的社会和历史条件下形成的人的品性，是人的自然性和社会性的统一；第三层次是“人道”的层次，设计的“人道”即在最大范围内维护人的最根本和最长远利益。当“人欲”和“人性”与之发生冲突时，就必须接受“人道”的引导和约束。“以人为本”的设计，应该首先满足并且更好地满足人的需要，进而不断贴近人的自然性情和人的社会属性，最终实现对全体人类的终极关怀。[1]

图 1-8　首信 S718 老年人专用手机

以上三方面的递进方式从不同层面上反映了人的需求的多层次性。需求是人类发展的动因，为了满足人不同的需求，人们设计出各种各样的设计品，来满足人不同的物质需求和精神需求。如图，首信 S718 老年人专用手机(图 1-8)。由于老年人视力不好而采用超大号字体并具备放大镜功能，同时还支持语音朗读。此外，手机的一键自救功能，可以有效地解决在老人独自生活时因心脑血管疾病的突然发作而无法及时与亲人或医院取得联系的问题，有效地满足老年人对手机的特殊要求。而针对年轻人的可更换外壳的手机——索爱 IT168，除了原配的三种固定颜色的外壳外，厂家还推出了多款时尚外壳来供给消费者选择，用户可在多种场合下根据不同的彩壳体现出独特的个性（图 1-9）。这些成功的手机案例都是在不同程度上满足不同消费群体的相关要求。

人的需求是人类历史发展中不断形成的，设计在满足人的需求的前提下，研究人类不同的历史背景和文化背景。例如，同样一件商品的包装在中国北方和南方有时是不同的，这是源于南北方人们的审美倾向差异。针对不同文化层

① 吕杰锋 . 以人为本：人欲、人性，还是人道？——论设计人本主义的层次及定位 [J]. 美苑 2009，2:34.

图 1-9　可换外壳的索爱 IT168 手机

次以及不同年龄段人群的包装风格也应有所区别，文化层级相对低的人群可能会比较重视包装的产品宣传作用，而文化层次相对高的人群则相对重视包装自身的文化含义。年轻人相对来说更喜欢新奇并潮流的包装，而老年人则对稳健素雅的包装更感兴趣。所以说“设计承载着人们的情感，需要带给人更多、更细致的深切关怀和满足人的情感需求”①,设计应该通过满足这些不同的需求去实现自身的价值。

“以人为本”既是设计的根本目的，也是现代设计道德的核心，把握这个核心的前提基础是在专业道德建设中树立“仁”的思想体系。“仁”作为中国传统美德根植在每个人的心灵深处，在“礼乐”文明的时代，“仁”具有相当的社会基础。设计师应该学习“仁”学体系，挖掘内心深处的“仁”学传统血脉和智慧，然后融合现代设计理论，从设计心理学和设计美学等学科基础上分析人的各种需求特征和心理特征，用现代理论指导“仁”学的释放，把“和”以及“物以载道”这样的审美情操放置在满足人的各种需求之上，这样“以人为本”的设计在中国会焕发出深厚而又智慧的光彩。

1.2.2　从道家伦理看现代设计

以老庄学说为代表的道家学派则提出将“道”作为最高伦理道德原则。道家学派中的“道”是宇宙万物包括人事在内的一切存在的最高最普遍规律，是人必须遵循的必然规则。“道”的特性是自然，老子说：“道法自然”，因此在中国古典美学中，道家崇尚“自然之美”，旨在尊重自然。而在现代设计中，由于严峻的自然资源危机，尊重自然被赋予了新的意义，设计中尊重自然追求“自然之美”的更大目的是为了妥善解决人与环境日益严重的矛盾问题，最终达到可持续发展的目的。由于现代设计与商业亲密关系的原因，设计不可能以道家“无为”的态度进行自我封闭的设计创作，现代设计必须以积极的态度实现商业利益，更重要的要实现商业和环境的协调关系，在协调这两者关系上始终要把“生态文化”的设计观放在首要位置。加强生态设计在现代设计道德中的地位，使其真正被现代设计道德所吸收并指导设计实践，对于可持续发展大背景下的现代设计具有重要意义。

① 凌继尧 . 艺术设计十五讲 [M]. 北京：北京大学出版社，2006:213.

1.“道法自然”与“绿色设计”

伴随着辉煌的工业文明的步伐，人类在不断创造社会经济繁荣的同时也不断干预自然界，这种干预超过自然界的承受力，生态危机在商业文明繁盛的时刻逐渐产生并愈演愈烈，资源短缺、环境污染、生态失衡日益严重，使得人类生存和发展遇到巨大的挑战，“这种生态危机也是文化的危机，它反映了文化发展中存在的盲目性和自发性”。[①]人们逐渐认识到要从生态危机中走出去的唯一办法是协调人与自然之间的关系，充分的尊重自然才能实现人的长远发展。在协调人与自然关系的方法上要变换资源的利用方式，节约有限的资源，实现资源的再利用，通过循环使用等方法减少各种污染，最终使生态效益、经济效益和社会效益协调的统一起来。

早在20世纪80年代，设计界就掀起了绿色设计的浪潮。从建筑、汽车，到生活用品、服装和食品，无一不强调节能减排、回归自然的绿色设计理念。对现代工业设计而言，绿色设计著名的“3R”原则让“道法自然”也有了更深层次的含义。设计不仅要尽量减少对有限资源和能源的消耗，减少有害物质的排放，而且要在设计之初就考虑到产品及其部件的回收再利用问题。在绿色设计中，“小就是美”、“少就是多”有了新的含义。

进入21世纪以来，面对工业大生产引发的环境污染、生态失衡、资源浪费与紧缺的种种矛盾，人类社会的可持续发展已作为一项极为紧迫的课题被人们提上日程。在改善与重建人类生态家园的过程中,“道法自然”与“绿色设计”也发挥着日益重要的作用。随着人们环保意识和生态意识的加强，“绿色产品”成为席卷当代的生活时尚，从无氟冰箱到新能源汽车，从城市规划到小区绿化，从绿色食品到绿色包装，这些都是生态设计的成果。生态设计观指导生态设计和引导绿色消费，把人与自然和谐共生的生态美贯穿在人们的生活趣味之中，创造出新时代的审美风尚。比如近年来日本形成的“轻、薄、巧、小”的设计风格成为流行的美感；世界石油危机期间小型化汽车由于耗油量少在市场竞争中出尽风头；在商业中推广利用包括纸、塑料、玻璃等可再生资源也极大地推动了生态的健康发展。

城市环境的绿色设计关系到整个城市居民的生活质量和环境效益。城市环境伴随着城市人口的增多和严重的大气污染以及垃圾污染而恶化。人口的不断增多造成人口拥挤和交通拥挤，并严重影响人的身心健康。而目前的大气污染主要污染源是风沙、煤烟、汽车尾气等。要改善以上的情况需要增加城市绿地和加强城市建设，这是改善城市生态结构的重要途径。不同的植物类别具有不同的绿化功能，如除尘、吸毒、消声、改善小气候和减弱城市热岛效应等，世界上许多国家都已经进行了城市环境的生态设计。

产品的生态设计所包含的内容很广，涉及产品的设计、生产、管理等各个环节，主要包括减少资源耗用、减少环境污染、材料的再利用这几个方面，尤

① 徐恒醇.设计美学[M].北京：清华大学出版社，2006:101.

图 1-10　通用公司的 EV1 电动汽车（上）
图 1-11　可拆卸的环保自行车（下）

其体现在对能源的利用方法上。

工业社会造成的另一个弊端就是大量机械化产品的出现，以交通工具为例，它们不仅是城市空气和噪声污染的主要来源，并且在生产过程和使用过程中也消耗了大量宝贵的能源和资源。因此交通工具，特别是汽车的绿色设计倍受设计师们的关注。此外，新能源、新技术的不断出现，也为环保节能的汽车的设计与发展奠定了坚实的基础。不少工业设计师在这方面进行了积极的探索，在努力解决环境问题的同时，也创造了新颖、独特的产品形象。在设计师创造力的引导下，许多消费者都以节能减排为消费的首选要求。使得绿色设计不仅成为企业塑造完美企业形象的一种公关策略，也迎合了消费者日益增强的环保意识。减少尾气排放是绿色汽车设计中最重要的问题，这就鼓励设计师在设计过程中要考虑到提高汽车的效率从而减少排污量，同时采用新的清洁能源，如太阳能等。美国通用汽车公司设计的 EV1 电动汽车是最早的绿色汽车（图 1-10），也是世界上节能效果最好的汽车之一。它采用全铝合金结构，流线造型，是汽车绿色设计的典范。

在产品设计中，生态设计需要把握好三个原则：

首先，产品制造材料选择绿色材料。绿色材料大致分为两种，包括可回收、可再生材料和低污染、低能耗材料。在材料原则上要挑选利用回收的低污染材料，同一类产品设计的原材料尽量种类单一，这样可以有效节约产品回收再利用的成本。

其次，产品构造方式选择合理装配设计。合理装配设计指在满足产品使用功能的前提下采用合理的简单有效的结构方式，尽量减少产品的结构组成部分，注意产品废弃后的便宜的拆卸方式，这种装配设计方式可以有效节省资源并减少产品回收的工序。这就要求设计师在设计初期就将产品的可拆卸性作为设计构思的一个重要部分，使所设计的产品易于拆卸，并在产品废弃后能够循环再利用，从而更好地节约资源和能源。如设计师从环保理念出发，设计了一辆全部由塑料制成的自行车（图 1-11）。该车符合绿色设计要求的“可拆卸性”，车体部分可以自由拆卸，当不小心撞坏了车身而其他部分还完好时，只需要拆掉坏的部分再更换新的即可。

最后，产品包装采取绿色包装设计。绿色包装指在满足包装的基本功能的前提下采取节能的绿色材料进行产品的包装。绿色包装主要包括“一、材料最省的包装；二、采用可回收的无毒害的包装材料；三、易回收可循环的包装”[①]。绿色包装需要包装材料的合理和材料使用的合理，如在包装设计时考虑环保材

① 刘志峰，刘光复 . 绿色设计 [M]. 北京：机械工业出版社，1997:53.

料，可以激发设计师更多意想不到的创意。

生态设计观是社会人文化趋向的结果，是尊重自然的有效反映，从现代意义上更好地诠释了“道法自然”的深层含义。生态设计观实际上是从以人为本的中心出发，从人与环境的和谐共生中去指导和实施设计任务，这种设计观不仅创造出合理的绿色设计，更重要的是体现了一种健康文明的生活方式，对于开拓科学研究和人类自身反思具有重要意义。

2. 老子的“少则得，多则惑”与减少主义设计观

在老子的世界观中，强调为人处世的原则：“曲则全，枉则直，洼则盈，敝则新，少则得，多则惑。是以圣人抱一为天下式。”（《道德经》第二十二章）这就是说，在某些时候受了委屈反而可以保全，弯曲反而可以伸直，底下反而可以盈满，破旧反而可以更新，少了反而可以得到，多了反而变得疑惑。

这是老子所得到的为人之道，但我们想想设计是否也是如此呢？“少则得，多则惑”的观念在设计中体现得尤为明显。设计的精髓就是简单实用，老子讲“大道至简”，越是简练的事物，实现起来就越难。正如汉字的书写一般，越是笔画少的字，练好就越有难度，比如“一”、“二”。这是因为人们可以通过丰富的笔画来“掩人耳目”，掩饰某一处的不足之处。设计也是如此，丰富的细节装饰与结构构造也会混淆人们的视线与关注点，使其无法很快抓住设计的本质。当今我们通过手机繁复的功能表只是找寻一项最基本的功能的时候，手机就失去了其最根本的价值意义。因此，我们对产品所赋予的含义与功能不能过多，否则便失去了本心。

老子的道德观体现在设计当中，便是20世纪80年代开始出现的“减少主义”设计思潮。以菲利普·斯塔克为代表的设计师将设计的造型简化到极致，而又不失优雅的感觉，满足人们对其最原始功能的需求。他设计的路易20椅及圆桌（图1-12），椅子的前腿、座位和靠背采用塑料的一体化成型技术，就好似靠在铸铝后腿上的人体，在材料和视觉上都体现出“少则得”的原则。

图1-12 路易20椅及圆桌

日本的设计一直就是道家与禅学思想的追随者。从园林规划、建筑设计到室内设计、家具陈设和工业产品，无一不遵循“少就是多”的设计观念。日本的设计作品中既有静、虚、空灵的境界，又有一种东方式的禅宗情调，无论是何种产品，都具有精炼的功能与简洁的外貌。“对哲学宗理的信仰，使日本形成简朴、单纯、自然的设计文化，并产生非完整、非规则的美学和审美特点。在思想上也推广老庄的无为学说，精神上推崇退隐化、自我控制、自我修养、以小我为中心的内心世界和孔孟的大我、次序、仁人、中庸、外部体系同时并存。”[①]因此，提起日本的现代设计，人们就会联想到其对自然风格和简洁外表的崇拜，并由此形成了整洁、有些精神洁癖的民族习惯与民族文化特征。

① 王受之．世界现代设计史[M]. 北京：中国青年出版社，2002:247.

1.2.3 从墨家伦理的“利天下”看现代设计的“可持续发展”观和“实用主义”

墨家伦理思想的一个重要命题就是“利天下”，墨子在他的著作中频繁提到“利天下”，是指让天下人民得利，是以广大人民利益为出发点提出的。“利天下”是墨家学说的终极目的，更是墨子创建学说、政治观点、活动实践的根本目的。墨子把“利天下”作为检验人的行为以及国家的社会政治活动是否合于道德的重要评价标准，这在现代设计中同样是至为重要的。

墨子认为“利天下”的目的在社会实践中要通过“节用”这一最为基础的生产消费实践来进行，墨子的“利天下”是以人类的短期利益为出发点，主要倾向于使天下人民脱离贫困，得到经济利益或者说是生活水平上的提高，而现代社会要实现“利天下”则需要从人类长远利益出发看待问题，不仅仅满足当前的社会经济繁荣，而要考虑到人类的可持续发展，所以现代设计除了“节用”之外还需通过新材料新科技进行可持续设计，实现资源的可循环利用，达到“利天下”目的。

墨子认为上层阶级以及下层阶级都要“节用”，通过最基本的节约这样才能真正地聚敛社会有用资源，通过这类社会资源的合理利用才能达到“利天下”的目的。在《节用》里，他详细列述了各种有利于百姓的生活、生产手段，并且通过符合“节用”观的生产实践才能真正获政治活动之利。另外墨家学说中非常注重科技的使用，由于科技与设计具有不可分离的关系，所以这对于设计师要学会擅长借助新的科学手段进行可持续设计具有重要启发作用。

墨家提出通过“节用”来达到“利天下”这样学说的原因是由于当时物质文明不够发达、社会资源分配不均。而在如今物质文明高度发达，社会资源分配相对均匀，但是自然资源却将近匮乏，人与自然环境矛盾激化的情况下，这种“利天下”的概念被重新定位，它再不仅仅是通过“节用”手段就能实现目的了。

工业化大生产的繁荣决定了可持续设计的重要性，可持续设计是否被提到一个战略性高度，在设计道德中占据决定人类发展的至关重要作用，这是实现“利天下”的根本。而可持续发展设计观是伴随可持续发展战略的提出而产生的。可持续发展主要包括生态环境的可持续发展、自然资源的可持续发展、经济的可持续发展和社会的可持续发展。

设计师在把握可持续发展观的前提下，在设计实践中要注意为环境而设计。为环境而设计贯穿在整个工业生产的设计、生产、消费、回收各个流程，设计师在开发产品时应充分考虑经济要求与生态要求之间的平衡，设计要体现出资源消耗与生态环境与之间的平衡关系这一基本特征，设计创新点要侧重于如何巧妙形成产品价值与生态环境之间的和谐。“为环境而设计”作为设计的新理念，要求设计过程中选择合理的材料，采用恰当的易于拆卸和回收的工艺，达到“3R”（Reduce，Reuse，Recycling，即少量化、再利用和能源再生）的标准，整个设计制造和产品后期使用过程中要尽量降低能耗，减少生态污染。“为环境而设计”代表了设计的发展方向，也是传统设计伦理中优秀人文特征的自然延续。“这一设计理念在中国本土具有更鲜明的民族性，如中国传统设计中木建筑以及明式家具对生态材料的巧妙利用，汉代长信宫灯在设计过程中对于科学和工艺的巧妙把握等（图 1-13）。优秀的传统设计为现代设计提供了富有价值的参考。”

图 1-13 长信宫灯

中国汉代的长信宫灯，就是古代设计师“人性化”设计的结晶，它满足了席地而坐的人利用光照来进行正常生活的基本需要。又如明式家具，就是将靠背的曲线设计成与人体脊柱相吻合的曲线，将扶手末端设计成向外拐的曲线体，这样一来，不仅大大增加了椅子的舒适感与宜人性，而且增加了椅子的美感。

墨子通过“节用”以达到“利天下”目的，他的“节用”思想与 19 世纪 80 年代兴起的功能主义有着相似的设计理念。功能主义对早期的设计工作者来说，是一种设计方法，而并非只是出于设计风格上的考虑，强调的是用高效、理性的方法解决实际问题。

1896 年，著名设计先驱沙利文就提出了“形式追随功能”的口号。从此，沙利文以他的“20 世纪的功能主义”受到民众的广泛支持。20 世纪上半叶，现代主义的设计师在功能主义中结合理性主义，希望寻求全球化的设计解决方案，密斯·凡·德罗、布鲁尔、柯布西耶等设计大师也都尝试运用了大量新型的工业材料，如钢管、玻璃、混凝土等进行多次功能主义的设计实践。后来，这种“功能主义”思想逐渐发展为形式不仅要追随功能，更要用形式把功能表现出来。这一设计理念，在二战结束后的 20 世纪 50 年代得到进一步激化。大量的设计师开始追求这种强调功能、外观简洁、充满理性的设计风格。

我们不难发现，在当今社会，设计的简洁性似乎已成为优良设计的代名词，比如苹果公司的一系列产品、日本的无印良品、瑞典的宜家家居等，无一例外地都具有简洁的外观和良好的功能。但当今的设计相较墨子的“重利”，更趋于探索设计的功能美，将功能融于美的形式当中，讲求舒适、实用，强调人与周围环境之间的交流，更加适应现代社会的快节奏、多层次的消费模式与生活理念。

1.3　设计“以人为本”的伦理道德

1.3.1　设计“以人为本”

艺术设计是一种按照美的规律为人造物的活动，是一种具有艺术质的造物行为。因此，它所具有的社会目的性是通过作为“人类和世界的调解工具”这一面貌展现的，它具有多种的复合价值。现代设计是一个将产品的使用价值、文化价值和审美价值融为一体的过程，这个过程包含了人文要素的注入。现代的产品设计中不仅仅要使设计出的产品具有某种使用价值，而且要千方百计地为人们提供实用的、情感的、心理的等多方面的享受。

中国当代美学家李泽厚先生曾经说过：“……吃、穿、用等物质需要都有一定限度，比较起来轻易满足。但精神的追求却不是这样，它经常是无限的，不好解决，难以满足。”[①]所以，设计必须在创造物的功能价值的同时考虑到产品的精神内涵。

设计的人文价值集中体现在人性化设计之中，人性化设计需要充分考虑特殊人群的心理和生理要求，从人道主义出发，实现社会、经济、环境的和谐统一。在设计中，这就要求设计师以高度的责任感，对使用者和设计物进行周密细致地考虑和科学的研究，在日臻完善的功能中渗透人类伦理道德的优秀思想，如平等、正直、关爱等，使人感到亲切温馨，让人感受到人道主义的款款真情。设计的最终目的是通过设计师的创造性劳动，能够为大众提供更为舒适更为合理的生存方式，而在这一过程中，设计不仅为人类增加了生存与生活的必需物品，更为重要的是，设计还赋予了这些物品以更加丰富的人文内涵，创造了一个更加人性化的世界。

设计的目的是以人为本，实现设计内涵的建构，设计伦理学站在设计的最高点，它从设计哲学的角度，探讨作为人、物、生态环境之间的基本关系入手，揭示出设计的实质，从而正确把握设计的方向，使人类的设计行为与设计结果避免走上异化的道路。从设计长远的发展趋势来看，我们应该有战略的眼光，不仅仅考虑人类本身，同时也要考虑与人类息息相关的环境，包括人类生存的社会环境和自然环境，运用可持续发展的思想和理念，使设计充满着浓厚的人文关怀。

李砚祖先生在他的《从功利到伦理》一文中明确指出设计有三种境界：一是功利境界；二是审美境界；三是伦理境界。其中，伦理的境界是设计中的最高境界。当今社会是一个物欲横流、奢侈成风的消费社会，也是一个科学技术高速发展的信息社会。现代性变革带给人们的不只是利益，还有无法忽视的众多现实问题：人的孤独感、设计形式的无意义呈现、自然生态环境的恶化等。新时代的设计艺术越来越关注其服务的对象——人。于是“以人为本”的理念

---

① 李泽厚 . 美学四讲 [M]. 天津：社会科学院出版社，2001：46.

开始渗透到设计的各个方面，对人性的尊重和关爱日渐成为当今设计艺术发展所关注的重要课题。

对于现代设计而言，以人为本的原则凸显了设计的民主性，使设计真正地走入了大众的生活。设计要从感性和理性两个方面关注人的发展，这是人本主义设计观的原始起点。设计在于以人为中心，努力通过设计活动来提高人类生活和工作质量，设计崭新的生活方式。设计“以人为本”的设计观，是设计学在导入、发展、成长、发展到成熟期以后而出现的一种设计哲学，设计师在设计产品的同时，不仅设计了产品本身，而且设计或规划了人与人之间的关系，设计了使用者的情感表现、审美感受和心理反应。

设计是为了满足人类的需求，而人的需求是多层次的，既有物质的又有精神的。设计的职责是将人们的需求转化为具体的产品功能。在当今时代发展中人类的需求复杂并且繁多，但对于功能性需求的满足相对轻易实现，且较直观，具有可视性，也比较易于衡量。然而那种在局促焦躁环境中不断增长的精神需求却不是很直观的。满足这种需求就要以一种包含在设计作品中的气质或魅力为载体的慰藉功能来实现。人类由于各种原因，在现代社会物质的高速发展中渐渐失去了一种内心的平衡，而设计则可借助多种手段来平衡人们的内心机制，使其在精神上感到舒适。设计创作应该将实现对目标人群进行心灵安慰及教化作为主旨目标，使设计作品得到社会共鸣，实现其社会价值。

以工业设计为例，从自动化装置、机械设备、交通工具，到家具、服装、文具的设计制作，都必须把“人的因素”作为一个重要条件加以考虑。如在超市手推车车架上设置一个活动翻板，为的就是能够给顾客提供休息时倚靠的工具。又如飞机仪表控制盘的设计就必须符合人机工程学的相关指标和要求。

设计对物质资料的利用和改造，创造了人类赖以生存的物质基础，满足了人类物质生活的需要，也给产品赋予了一种人类生活所需要的文化情感和精神价值，设计师在产品设计中追求人性化设计的一贯宗旨，即为所有人，包括健康人、残疾人、老年人、儿童设计，让他们使用方便又安全的产品。

“以人为本”的设计指的是以人的各种需求和现有条件作为设计的出发点，不仅考虑人物质性的生理需求，也将人精神性的心理需求纳入设计系统。设计的人文价值直接体现为“以人为本”的设计理念，它要求充分尊重人的特点和需要，将产品在人们日常生活中的角色、作用考虑在内。

现代设计“以人为本”的观念，总结为几点因素：其一，设计要注重实现人与人之间的交流，特别是情感的交流，人的自我实现以及文化认同等。其二，面对社会的多样性，如何使设计更加适应社会的需求，设计如何为社会的老龄化一代服务，为有沉重压力的青年一代服务，设计如何为女性、为孕妇服务等，这就要求设计适应社会的现状，实现生活方式的优化。其三，现代社会贫富分化的加剧，如何来平衡这种现状，这就要求设计遵循人与人平等性的原则，平衡设计的阶级差异性。

人性化设计体现了设计师对人文要素的了解，并体现在企业自身的文化中，成为企业生存的要求。在现代设计中，人性化设计体现在整个设计产业中。因此在产品形象的开发过程中，是一个将产品的使用价值、文化价值和审美价值融为一体的过程，这个过程包含人文要素的注入。

我们强调人性化的设计理念就是把人的因素放在首要位置，同时也强调将“物”的特性放到突出的位置上来。从产品设计的角度看，我们需要关注其传递的两种信息：一种是产品的色彩、造型、体量、质感，被称作感性信息；另一种就是产品的功能、材料、工艺等，被称为知识，它是理性的信息。而产品设计就是致力于将两种不同类型的信息有机地整合并与使用者建立好沟通交流的渠道。最终使人与物、人与环境、人与人、人与社会相协调。

从“物”的形成过程看，以产品的工作原理为依据，对产品的性能、结构、功能、造型、色彩、材料等进行的设计，体现了人与物的“实践—认知”关系。从符号的形成过程看，从产品与人的关系出发，对其社会地位、历史作用、文化属性等方面进行表现，体现了人与物的“意义—价值”关系。①

设计要为人民服务，设计的使用者和设计者也是人本身，人是产品设计的中心和尺度。因此，设计要满足人的心理和生理的需要，物质和精神的需要。设计把心理学、人体工程学等学科引入设计领域，扩展设计的内涵，使现代设计沟通人与自然的和谐关系，在“人—机—环境”的系统中，为人们创造最佳的劳动空间，从而提高人们的生活质量。

优秀的设计作品，都是“以人为本”的，设计师从消费者市场变化趋势，消费者心理活动规律去策划产品设计，在产品设计中运用对人的心理策略。设计中的“以情动人”就是通过对设计的基本要素如造型、色彩、装饰、材料等进行调节和变化，从而引发人积极的情感体验和心理感受。著名的意大利设计师埃托·索特萨斯设计的电话机，大胆的采用红、蓝、黄色彩，颠覆了传统电话机单调乏味的色彩搭配，使得人与设计之间的联系鲜活生动起来。

1969 年意大利设计大师索特萨斯为奥利维蒂公司设计的便携式打字机，外壳为鲜艳的红色塑料，小巧玲珑而有雕塑感，其人性化的设计风格浪漫而富有诗意。1992 年意大利设计师马西姆·罗萨·亨尼设计了一个带扶手的沙发椅，这一沙发能提供给人以保护感、温暖感和舒适感，使人产生强烈的情感共鸣。

美国著名设计师亨利·德雷福斯在 1955 年推出了《为人的设计》一书，介绍了人体工程学。

人机工程学，在美国称之为人类工程学“HUMAN ENGINEERING”，在欧洲称之为“ERGONOMICS”、人因工程学“HUMAN FACTORS”等，日本称之为“人间工学”。人体工程学充分体现了“人体科学”与“工程技术”的结合。1960 年他又出版了一系列《人体尺寸测量》图表，详细标出了人体各部位尺寸和活动范围之间的数据，使设计可以适应人体姿势，创造出更轻便、灵活、高效，更适应生活节奏的产品（图 1-14）。

---

① 张娟．设计的消费 [J]. 清华大学美术学院学报：装饰，2002（11）：12.

现代设计强调以产品的功能来实现设计以人为本，尽可能地使产品的外形符合人机工程学。人机工程学是研究"人—机—环境"系统中人、机、环境三大要素之间的关系，为解决该系统中人的效能、人的健康问题提供理论与方法的科学。人机工程学的建立，从科学的角度为设计中实现人—机—环境的最佳匹配提供科学的依据，并使"为人的设计"落实到实际的设计中，而不仅仅停留在口头上或是理想中。

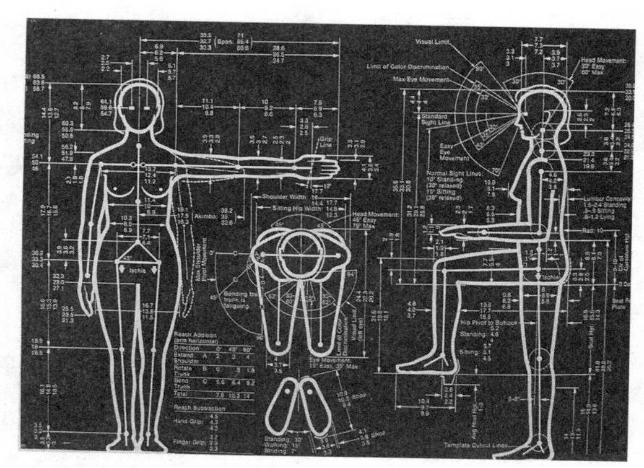

图 1–14 德雷福斯的人体尺寸测量

人机工程学应用人体测量学、人体力学、生理学、心理学等学科的研究方法，对人体结构特征进行研究，它以人体各部分的尺寸、人体结构特征为参数，分析人的视觉、听觉、触觉、嗅觉以及肢体感觉器官的特征，探讨人在工作中影响心理状态的因素。人机工程学是一门综合性的边缘学科，它被引入到现代设计中，是一个极为重要的进步。设计师在设计中考虑使用者的生理和心理因素，为人提供更舒适、安全和科学的产品，寻找人与产品之间的最佳的协调关系。人机工程学创造了一个符合人的生理需求的、高效的"人—机—环境"系统，以便创造出高效率、减少疲劳、有利于心理健康的高质量生活。

在工业设计中，人机工程学的应用十分突出，设计师通过对人体各部位的尺寸、动作范围和功能进行研究，使人的生理尺度与日常使用的物品尺寸协调起来。设计师以人为中心，努力通过设计活动来提高人类生活和工作质量，设计崭新的生活方式。他们在设计产品的同时，不仅设计了产品本身，而且设计或规划了人与人之间的关系，设计了使用者的情感表现、审美感受和心理反应。

设计不仅是设计产品本身，而是设计一种关系，是人与产品的价值关系以及人与人的社会关系。由于人性化设计核心是"以人为本"，因此人性化设计的产品会最大限度地满足人的行为方式，使人感到舒适，提高人们的生活品质。人性化设计的产品不仅给生活带来方便，更重要的是建立起产品与人之间的情感关系。真正优秀的设计能实现使用价值、经济价值、审美价值、人文价值和生态价值的高度统一。

"以人为本"，不单只是一个设计口号，更体现了设计的人性关怀和人文价值。人性关怀的核心在于以人的角度去感受、体验和设计。设计的人文价值不仅体现在个人层面，更体现在社会群体之中，尤其是社会弱势群体。国际工业设计协会联合会主席彼得在 2002 年的一次会议上发言说："作为设计师，我们变得如此精通与先进，我们或许已经远离了那些世界上大多数人实际面临的需要。"①

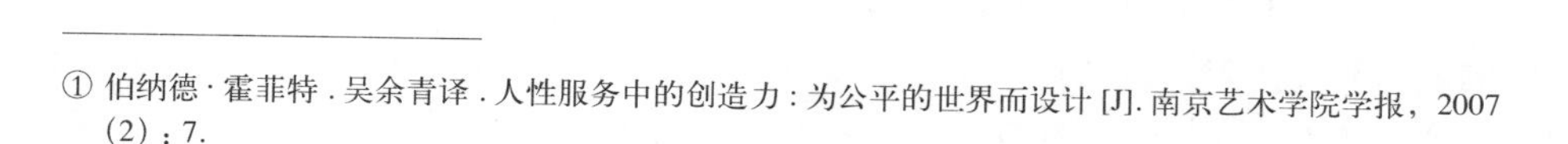

① 伯纳德·霍菲特．吴余青译．人性服务中的创造力：为公平的世界而设计 [J]. 南京艺术学院学报，2007（2）：7.

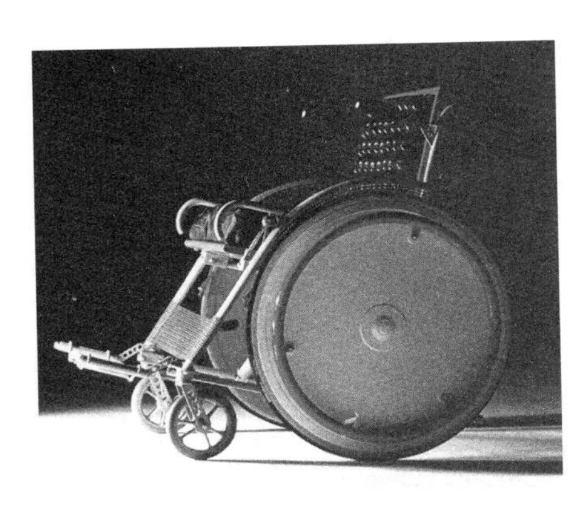

图 1-15 Carna 轮椅

图 1-16 为老年人设计的浴盆

图 1-17 插槽式老年人专用电脑

设计应该关注弱势群体、老龄化社会、环境污染、人类行为规范等各个社会层面，不论产品的使用者其身体有无残疾，是老人或者幼儿，以及存在障碍的程度如何，在产品的形态设计上都可体现出关爱的内容。许多国家对老年人的生活健康问题都十分关注，这几年出现了专为老年人设计的手机、轮椅（图 1-15）、家居安全防盗系统、浴盆（图 1-16）、老年人助听器以及可以调节高度的汽车座椅等。

当代社会是一个逐渐老龄化的社会，有很多具有敏锐观察力和社会责任感的设计师开始进行专门针对老年人群体的设计工作。老年人专用的日常生活用品、医疗保健用品、科技数码产品等成为新的设计热点（图 1-17）。

老年人专用产品的设计一般都具有易操作性、安全性、明显的符号指示性和稳重成熟等风格特点。比如公交车上老年人专用座椅，鲜艳的亮黄色、扩大的把手、降低的椅面、座椅离车门距离最短等人性化细节设计，都是设计的人文价值的生动体现。在发达国家，老年人用品市场是未来十大市场之一，相比之下，我国的老年用品市场明显还有很长的路要走。设计师不仅要为一部分人的需要进行设计，同时也应以良知和社会责任感关怀现实，服务社会中更多的人，包括那些通常被忽视的人。这也许不仅仅是为了设计自身健康的发展，更重要的是关系到社会的公平与平等，也关系到社会的稳定发展。

1.3.2 通用设计

设计要尽最大可能面向所有的使用者，也包括那些在社会群体中处于弱势的阶层，如老人、儿童、残疾人等。设计应对他们有特殊的关注与考虑。目前很多的设计产品大多是为健康的成年人设计，这使得许多特殊的群体在使用的过程中受到限制。如果设计能够消除这些障碍限制，让这些有活动障碍的人也能够自由轻松地享受设计给生活带来的便利，就会使他们减轻自卑意识，感受到生活的美好和社会的关爱。因此，如何让所有人自由而自然地在同一个空间中生活和工作是设计所应担负的一项艰巨任务。

通用设计（universal design）的理念是在 20 世纪 80 年代中期形成。美国、日本以及北欧一些国家成立有推进通用设计的机构。通用设计是从人类的身体共性出发，努力消除人们身体之间的差异。通用设计提倡设计应该适合拥有不同能力的人使用，包括被残疾人和健康人，以及不同年龄、性别的人，不同生理特征的人。通用设计具有某种跨类型接受的特征，是一种体现社会公平与公

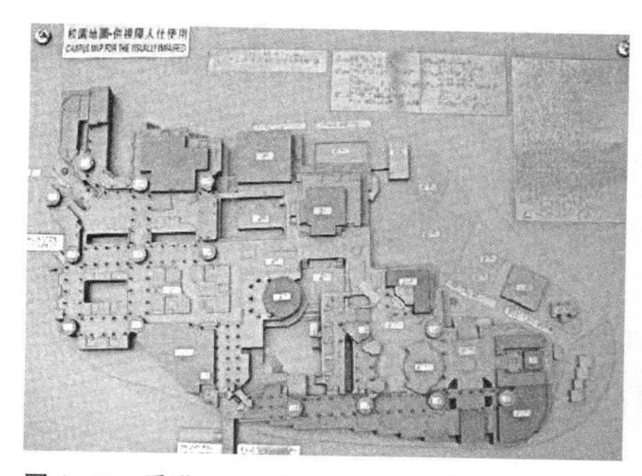

图 1–18 香港理工大学校园内的触摸式地图 为视力有残疾的人士设计

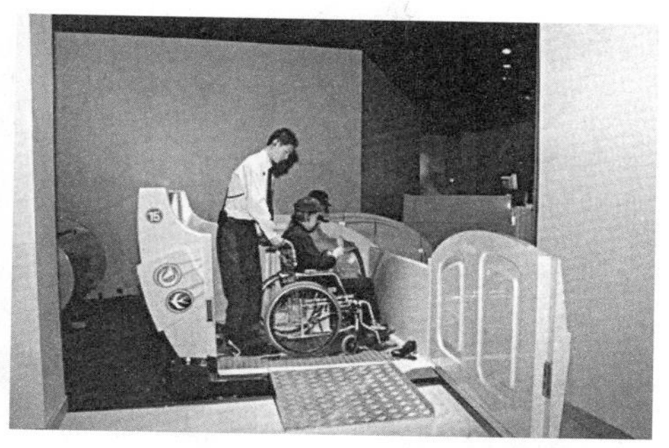

图 1–19 2010 年上海世博会为老人和残疾人设置的无障碍通道

正的设计，强调对社会整体范围的关注（图 1-18、图 1-19）。

“我们则倾向于接受我们生活的世界的不尽完美，对小小的不方便能随遇而安。我们甚至会修正自己的行为以适应科技，直到发现另一个引起惊叹且可以使用的替代品为止，就像左撇子一直适应右撇子的工具一样。”① 弱势群体总是处于被动的地位。我们为弱势群体的设计必须从他们的角度设身处地的为他们设想，否则只能是一厢情愿有时甚至会适得其反。

1995 年成立的“通用设计中心”（the Center of Universal Design）制定了通用设计方针，这些方针提供了在设计中或在对设计的评价中使用的标准：

1. 简单、直接的使用：无论使用者的经验、知识、语言能力或目前的注意力集中程度如何，对通用设计的使用都很容易掌握。

2. 公平的使用：通用设计使任何人群受益，不歧视任何人群。

3. 可感知的信息：无论环境状况以及使用者的感受能力如何，通用设计都能向使用者有效地传达必要信息。

4. 对错误的容忍：通用设计将偶然的非故意的疲劳造成的危险和不利影响降至最低程度。

5. 使用的灵活性：通用设计适应很多不同的个人喜好和能力。

6. 低体力消耗：通用设计能够在最小的疲劳程度下被有效和舒适地使用。

7. 无论使用者的身体尺寸、姿势或灵活性如何，都要为他们的接近、到达、操作和使用提供适宜的尺寸和空间。②

人性化设计是在工业设计经导入、发展、成长，到成熟期以后出现的一种新的设计哲学。人性化设计首先强调的是以人为本，设计的目的主要是通过这种设计活动旨在提高人类现有的生存与生活质量，力图设计一种崭新的生活方式，带给人们全新的生活体验与享受。人性化设计要求设计师在设计过程中既要考虑设计物的尺度问题，同时还必须考虑人的尺度。这里所提到的“尺度”一词不仅包括人的生理尺度，还包含人的心理尺度（即审美心理、文化心理、

---

① [美] 亨利·佩卓斯基．器具的进化 [M]. 丁佩芝，陈月霞译．北京：中国社会科学出版社，1999:252.

② [美] 唐纳德·沃森．建筑设计数据手册（第七版）[M]. 方晓风，杨军译．北京：中国建筑工业出版社，2007:106.

民族心理等)。

设计是连接人与人、人与自然、人与社会之间的情感枢纽，在设计中倾注对人的关怀是人性化设计的最根本要求。人性化的设计不仅体现在对人们思想和精神层面上的关注和理解，最主要的还是体现出一种极其人性化的关怀与关心。例如，在我们的日常生活中可以经常看到公交车上总是设有几排固定的、带颜色的座位，这是专门为老人、弱势群体、伤者病患以及残障人士等这些因身体行动不便或有缺陷，需要大家给予关怀和帮助的人们而特意设计的。这种设计在某种程度上确实为社会中需要帮助的人们提供了一些便利，同时还充分考虑到了这些被帮助人们的自尊与心理情感，这样的设计就是典型的“以人为本”的人性化设计。

人性化设计的基础和宗旨是“以人为本”，它要求设计师将更多的设计思想与情感全部转移到设计产品的使用者的身上，因此要求设计师必须具备高度的社会责任感。设计师在进行人性化产品设计的过程中，不仅仅只是设计了产品本身，更重要的是设计了人与人、人与社会、人与自然之间的关系，所以才使得产品的使用者会有不同的审美感受、情感体验以及心理反应。

目前国际上规定无障碍设计应该遵循以下标准和原则：平等性原则、安全性原则、易识别性原则和易操作性原则等。这些标准和原则，从最大程度上关注了设计的适用性，充分体现出对残疾人的人性关怀和人文主义精神。

1.3.3　关注由贫富差距造成的社会问题

在水资源尤其匮乏的今天，世界上尚有 10 亿人不能保证足够的饮用水，Q 滚筒（图 1-20）就是设计师专为非洲国家设计的远距离运水工具，这个牢固的滚筒一次可以运送 75 升水，极大地减轻了他们的运水负担。此外，设计师还针对落后地区进行能源解决方案。世界上有超过 16 亿人用不上电，设计师使用当地的陶罐制成能冷藏食物的“冰箱”（图 1-21），在不使用电能的情况下，能满足水果长时间保存的需要。

进入 21 世纪，许多大规模设计展的举办推动了对于设计的社会责任的更

图 1-20　Q 滚筒（左）
图 1-21　“冰箱”（右）

大关注，例如"为剩下的90%设计"，简称"为第三世界设计"。占世界总人口90%的第三世界民众，无法享受发达国家人民习以为常的产品和服务，于是一些有责任心的设计师发起名为"为剩下的90%设计"的设计运动，希望寻找简单和低成本的方法解决第三世界人群的住宅、健康、饮水、教育、能源和交通等各方面社会性需求。设计师为落后地区设计了低成本的解决方案，例如瑞士公司Vestergaard Frandsen为非洲贫困地区设计的即时水源净化工具"生命吸管"（Life Straw）（图1-22）已经成功地帮助了数百万人。这是一根长25厘米、直径29毫米的塑料管，里面放置了活性炭等吸附性强的物质和7种过滤器，因此，污水可以即刻被人们饮用。一支"生命吸管"能净化大概700升水，这相当于一个人一年的使用量，而且每支的价格约为3.5美元，相当便宜。在2008年5月份的四川大地震中，北川、汶川等重灾区的供水系统完全毁坏，"生命吸管"为灾区人民的生命延续发挥了重要作用。

图1-22 "生命吸管"

来自麻省理工学院的尼格洛庞蒂（Nicholas Negroponte）发起的"一个孩子一个笔记本"的项目（One Laptop per Child）（图1-23）。这种价格低廉的电脑不仅防水防震还能手摇发电，并且拥有非常可爱的外观。低廉的价格让发展中国家的贫穷家庭也可以负担购买用于儿童的教育。目前，这款电脑已经经过不断的设计改革进化到第三代，在该项目的网站上可以看到不少第三世界的儿童们捧着这款可爱的笔记本电脑。

图1-23 为发展中国家的儿童设计的笔记本电脑

一些用于应对突发自然灾害的生存设计也格外引人注目，如灾后安置灾民的应急避难所。人们遭遇灾害之后至少需要一个临时避难所。这是灾后救援工作接近尾声后将要面对的首要问题。这个紧急庇护所无须任何工具就可快速建成，使用寿命约1年半（图1-24）。另外，使用帐篷也是最快速、最直接的解决办法，但是帐篷的防御性太低，采用移动建筑，成本又过于昂贵，运输也比较困难。来自卡塞尔大学设计的轻便式临时房（图1-25），采用"薄膜+混凝土"结构，用混凝土骨架做支撑，再用预置薄膜包裹，充气完固化包裹在内的混凝土骨架，形成一个坚固的临时房。这个充气的临时房的成本更低，运输也更为方便。

图1-24 灾后紧急庇护所

图1-25 轻便式临时房的薄膜

近年来，许多设计团体将社会问题作为了主要关注

图 1-26　太阳能水消毒

对象，力图通过设计实践与探索来解决社会存在的不和谐与不公平。世界顶尖设计公司青蛙设计公司的上海分部将关注点投向中国的农村以及二、三线城市，并组织成立了非营利组织“Design for the Disadvantaged——为弱势群体设计”，号召各种设计师义务为社会弱势群体做设计，解决现实社会生活中的存在的各种问题。另外，美国马萨诸塞州剑桥市的一家非营利性质的 Design that Matters（紧要设计）公司长期致力于开发创新产品，目的是使发展中国家的企业能够更好地服务社会并更快成长。

发展中国家中特别是非洲至少有 1/3 的人们无法得到安全饮用水的保障，他们的健康受到巨大的威胁，每年 40 亿的腹泻案例中最后有 250 万的人死亡，其中每天有 6000 名儿童因腹泻引起脱水而死亡，由于这些地区无法获取安全的饮用水。通常饮用水的处理方式是煮沸，但由于这些地区燃料的昂贵和紧缺，没经过煮沸的饮用水导致了疾病流行。除了发达国家和联合国的支助改善这些地区的饮水工程，也有一些其他方法和设计从小到大地帮助人们获取健康的饮用水。

太阳能水消毒（SODIS，图 1-26）的特点是廉价且有效，可以马上投入使用，不像大的水利工程需要建设的过程，另外它适合家庭级的应用，这种方式得到了世界卫生组织的推荐，作为一种家庭用的水处理和存储方式，在很多地区得到了应用。

太阳能水消毒顾名思义靠的是太阳能，这在非洲地区是一种可持续的战略资源，使用的设备非常简单，就是一个塑料瓶（PET），处理方式简单说就是“晒水”。通过太阳光中的紫外线和温度升高来杀死水中的细菌。为了处理的效率，使用 10 升以下的 PET 塑料瓶。很多学校和研究机构都致力过这个消毒系统的研究，包括瑞士联邦环境科学和技术学会的 Eawag 等。

这是太阳能水消毒（SODIS）的处理过程，首次使用时将瓶子冲洗干净，然后注水，放在太阳底下暴晒，晴天晒 6 个小时，当温度超过 50°C 的时候，杀菌将会更加有效，处理后每升水中 99.4% 的大肠杆菌都被杀死，可以安全饮用。

太阳能水消毒（SODIS）的消毒过程主要是针对水中的细菌（通常引起传染病的就是这些细菌），而对于一些化学污染物质则无法清除，所以这是一个消毒系统不是一个过滤系统。但是由于它的廉价以及易于使用，并且有着广阔的应用场地，在非洲这些地区是一个不错的家庭处理方式。同样也可作为其他紧急状态下的一种安全保障。

太阳能消毒水袋（图 1-27），其实质和上面说的太阳能水消毒（SODIS）相同。但这个太阳能消毒水袋更关注于实际使用中的效率，太阳能消毒水袋采用了激光切割的 LDPE（塑料）和涂胶尼龙做成，和雨布一样，褶皱的几何结构来自

图 1-27 太阳能消毒水袋

图 1-28 太阳能水消毒设计

于 saguaro（巨形仙人掌）储水结构的启发，这种结构使它可以很方便地卷起来，运输也更方便（可以像披肩一样），能容下 20 升的水。在这些缺水地区，取水同时也是一个问题，这个设计就照顾到了这方面，通过几何结构的设计取得一个完善的方案。

另外一个使用太阳能水消毒的设计，这个水壶的一面为透明的，让紫外线和红外线进入，另外一面为铝质色彩，增强反射和温度。这个低成本的水壶可以容纳 4 升的水，有着高比率的厚度，平坦的外形方便存储，把手可以让人轻松地调整角度，获得最大的太阳照射面（图 1-28）。

1.4 设计中的伦理因素与设计应用

1.4.1 设计心理学在产品设计中的应用

伦理道德在不同程度上影响着设计，伦理观念是人类对自己生活于其中的社会关系和道德现象认识的结果。伦理思想在一定的社会实践中产生，反过来又制约着社会的发展，使社会生活能够在有序化的状态下向前发展。现代工业的发展，把人类生存的环境几乎推到了难以维持的境地，因此，走可持续发展道路、以全人类的共同前途为出发点的生态化设计，自然就成为现代社会理智人类的必然选择。此外，“有计划的废止制”、“一次性产品设计”、“人为寿命设计”等产生于发达国家的现代设计方法与思想，除在某些领域有其一定的合理性外，其他大都是建立在对自然资源的不合理应用及对环境造成的巨大污染之上的，就连这些国家的有识之士都将其谴责为“血腥的创造”。因此，理智的现代人应该本着现代的伦理思想，对这些创造利润极为“有效”的手法进行审视与批判。①

产品的价值一方面取决于生产时所投入的生产资料量，一方面也取决于消费者在心理上所形成的对产品设计的认知度。流行于美国 20 世纪 30 年代的流

① 许喜华 . 论产品设计的文化本质 [J]. 浙江大学学报（人文社会科学版），2002：7.

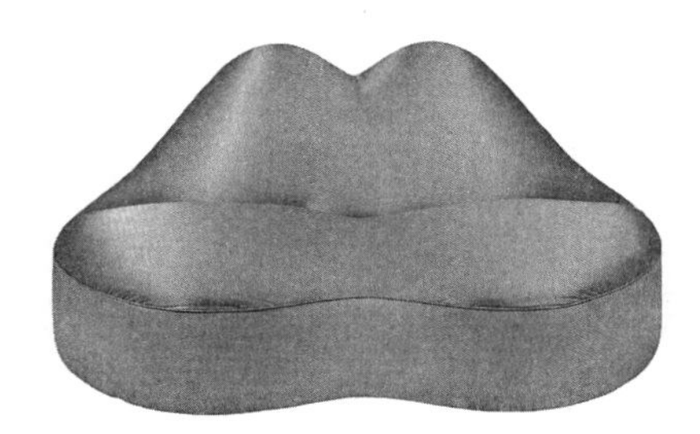

图 1-29　嘴唇沙发

图 1-30　宝马 Mini Cooper

图 1-31　可拆卸磁性订书机

线型风格满足了当时人们的心理，具有现代风格的流线型给经济大萧条中的人民带来希望和解脱。20 世纪 60 年代起源于英国的波普运动，反映了战后成长起来的青年一代的社会与文化价值观，力图表现自我、追求标新立异的心理。波普产品专注于形式的表现和纯粹的表面装饰，如穆多什设计的儿童椅，美国电话公司推出的米老鼠形象的电话机、意大利的嘴唇状沙发（图 1-29）、宝马的 Mini Cooper 系列（图 1-30），这些产品满足了追求新奇的年轻人的心理需要。

物品的可用性与装饰性之间的矛盾一直困扰着设计师。现代设计大师米斯曾问过学生：“如果你遇到了两个孪生姐妹，她们几乎同样聪明，同样富有，同样健康，但是一个丑陋，另外一个美丽，你会娶哪一个为妻子呢？”可见其对一件产品功能与形式（或生理功能与心理功能）同等重要的立场。我们生活在一个张扬个性的时代，越来越多的人崇尚自我的生活方式，从而导致整个社会对情感化设计的需求的增加，因而设计师在设计产品时体现的是个性化、情感化、多样化。情感化设计应考虑到不同消费者的多样化需求，使这件设计作品与使用者之间产生共鸣。

社会心理是一种普遍的社会现象，是自发形成的社会力量。社会心理能够客观地、比较准确地反映出社会生活变化的基本倾向和可能出现的发展趋势，我们称此为社会心理的预告作用。工业设计满足人的多元化需求，应该通过调查研究，了解和掌握社会心理的动向及其变化原因，为产品设计的准确定位提供心理依据。通过对社会心理的综合研究，我们可以了解社会气候的信息、个性发展倾向以及人的价值观念变化趋势，由此可归纳出消费的趋势、社会消费的特点，并由此了解社会生活方式的变化趋势和变化程度。对工业设计来说，这极为重要。

作为成熟的设计师，更应该将自己的情感倾诉出来并引起消费者的共鸣。在优秀作品的背后，我们可以看到设计师用隐喻的手法来表现人情味。如图中的订书机，该订书机下面是磁性可拆卸的。所以就能够摆脱传统订书机的厚度与方向限制，在满足磁性吸附的基础上随意使用，大大增加了订书机的使用范围（图 1-31）。

20 世纪 80 年代由西德人为发育迟缓儿童设计的学步车（图 1-32），与大多数伤残人器械上常使用的那种冰冷的铝合金材料不同，它采用打磨光滑的木质材料，涂上鲜亮的红漆，配上一部玩具的积木车。产品制作简单，却受到国际设计界

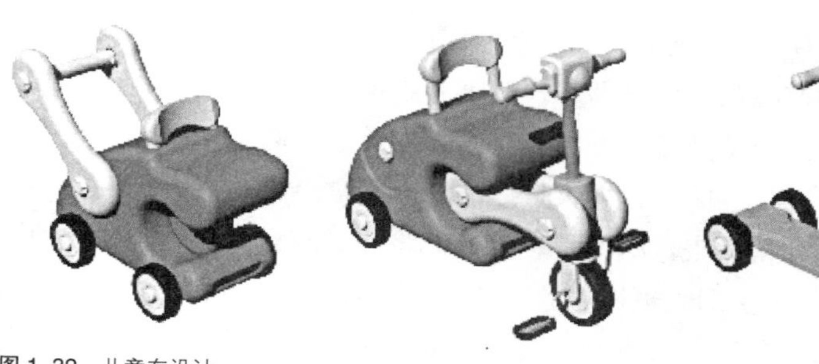

图 1-32 儿童车设计

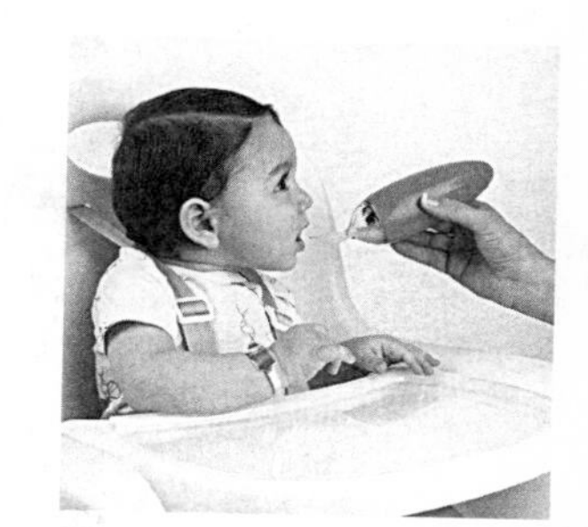
图 1-33 二合一儿童稀饭喂食器

的广泛好评并获得设计大奖。其成功的根本原因就在于设计者通过对材料的研究、色彩的搭配和功能上的充分考虑，体现了一种对人的关怀。让孩子不再感到它是医疗产品，而是一件与他玩耍的玩具，从而打消自卑感，增加生活的信心。

此外，设计师发现年轻的父母要给小孩喂饭不是件容易的事情，所以相关的设计也就层出不穷。“二合一儿童稀饭喂食器”（图 1-33）就是一款非常不错的设计，这款新颖的儿童喂食器将勺子和碗整合到了一起。通过一个气囊来代替碗，气囊的顶端则是勺子。给婴儿喂食的时候只需要提前将稀饭放入气囊内，通过挤压将少量稀饭挤入勺子内即可给儿童喂食稀饭。这样妈妈们就可以单手给孩子喂食稀饭，而且也不容易将稀饭洒到外面，真正考虑到了使用者的需要。

在设计过程中，只要稍下一些功夫，稍多一些关爱，考虑得更加周到一些，就会给更多人的生活带来便利。这就需要设计人员以高度的责任感，做周密细致的考虑和科学的研究。它同时是与设计师的爱心相关联的，它折射出人文主义提倡的“爱他人”的精神光芒。

1.4.2 广告设计中的伦理因素与设计应用

优良设计提倡一种积极、合理的流行趋势或者生活方式，而设计本身是具有道德属性的，但反观现在社会中的设计，大多只是注重设计的表面形态而忽略了设计本身存在的这种道德属性。由于我国目前的广告法并不完善，所以就导致出现了许多违背伦理与道德的广告设计作品，其中像暴力、黄色或者血腥等内容都对人们的身心健康造成了恶劣的影响。而对于正处在发育阶段尚未成年的儿童或者青少年，这类低俗的广告更加会刺激他们尚未发育成熟的心智，影响孩子们的健康成长。所以，设计行为中的伦理与道德因素是当代设计中必须引起高度重视的层面。我们在力图实现产品利益最大化的同时也必须关注产品对社会道德风尚的影响，这一点十分重要、必不可少，绝不能因个人的私利而将道德抛于脑后，我们应该清楚地认识到设计伦理和道德观的重要性以及必要性。

首先要关注的是广告的真实性，这是广告最明显也是最重要的特点。所谓真实性就是指广告里所包含的内容是否完全属实，广告里所给的承诺在现实社会中是否能够给予兑现，广告里是否存在着欺诈欺瞒以及虚假不真实的信息等。现如今，各式各样的产品都希望借助广告的媒介或模式来打响其知名度，以此为产品带来更多更好的经济效益和大众影响力，因此许多商家为了吸引消费者的眼球和心理，在设计广告的过程中大量地添加一些过分的、不真实的、与实际不相符的虚假内容和信息来欺瞒消费者。他们将产品的功能和内容肆意地进行夸大或改造，甚至是随意地向满怀期盼与信任的消费者许下欺骗性的承诺，这些都对消费者的情感和利益造成了极大的危害，这种丢弃了广告的真实性特征，将广告作为欺骗消费者以谋取个人私利的行为就是不符合设计道德与伦理的行为。设计的伦理要求设计本身是一种真实的存在，设计行为和设计活动的过程也是真实的，设计之中绝不允许出现虚假的和对人类及社会可能造成危害或损失的内容，否则就是不道德的设计、不人性化的设计，这是与设计伦理的要求背道而驰。

再者，不同的受众群体对于同一则广告可能会产生不同的心理感受或反应。比如对不同的民族、不同的地域、不同的阶级、不同年龄阶层的广告就必须区别设计与对待。相同的一则广告内容，对于不同地区、不同民族的人们来说，他们的理解和接受程度是会大不相同的。如南北的地区差异、民族的特定风俗和禁忌方面等，这些都会造成他们对于广告不同的认知。所以在广告的设计上，设计师也必须考虑到这些因素，使设计出的广告能被大众认知。另外，广告的设计还必须要符合相对应的时间和内容，否则可能会造成对消费者的误导。由于广告中包含的伦理与道德的内容颇多，设计师在设计此类具有争议性质的广告时，应充分认识设计伦理的内容和具体的原则要求，使广告符合设计的伦理和道德。

最后需要重点提及的是有关青少年儿童内容的广告。儿童广告在众多广告中其实占据的范围很大且极其重要，现在我们所看到的儿童广告基本表现在衣服、食品以及学习、生活用具这几个方面。部分生产者为了赚取个人利益，利用孩子们单纯幼小的心理，设计一些儿童喜欢的卡通人物或是周边产品，附于食品的包装袋上或是作为礼物放入食品的包装之中，这种形式的广告不得不说是极其精明的，费用低且抓住了孩子们的童心，十分具有诱惑力。但是这类广告中有的是缺失良心的，因为生产者和制造商都忽略了对人性的关怀，他们只看到了自己眼前的经济利益，生产不合格的食品欺诈儿童，不仅损害了孩子们的身心健康，这种做法也是违背了设计的伦理与道德要求，是极不可取的。

此外，部分内容是低俗、恶劣的，多以“性”为主题的广告，也应当予以制止。青少年儿童基本都是处在 12 岁以下的年龄范围内，他们年龄太过稚嫩，心智发育也还尚未成熟，对“性”的了解大多还都是处在一个十分朦胧、晦涩的状态之中，因而这类广告是非常不适合作为儿童类的广告出现的，它们带给孩子的只会是不良的影响作用，或是还有可能会给儿童造成一定的心理压抑与阴影。这类低俗意义的广告不仅对孩子们的审美观和价值观都产生了消极影响，对他们的身心健康和正常发育、发展都造成了伤害和负面影响，同时也是有悖于设计的伦理要求，我们应该强烈杜绝和制止这类广告的滋长，维护青少年儿童健康成长的良好环境。

1.5 设计的社会责任

1.5.1 设计师的设计道德

“二战以后，社会、经济与技术的飞速发展，为设计师提供了大显身手的机会。1949 年，美国设计师雷蒙 · 罗维上了《时代周刊》的封面，被誉为‘走在销售曲线前面的人’。”(图 1-34) ① 在现代，设计师的身份已经发生转变，已由当初的迎合消费趣味的追随者转变成引领消费潮流的引导者，在整个社会发展中设计师已成为消费、科技、环境各个方面的主要推动力。

图 1-34 流线型火车设计 雷蒙 · 罗维

社会职责是人们在一定的社会关系中所应该选择的道德行为和对社会或他人所承担的责任义务。设计是为社会服务的，设计师作为社会的一员，必须具有高度的社会责任心。要运用自己的知识技能为社会服务，要在主观上认真地选择自己行为的动机，考虑设计行为的后果。

设计师在当今社会的身份地位如此重要，那么设计师的社会职责体现在哪些方面呢？有人认为设计适销对路的产品就是设计师的社会职责，因为设计师接受委托进行以实现商业利润为目的的设计，如果设计产品不能迎合消费者的消费需求，最终实现不了预定的商业目的的时候，那么设计师的设计结果是耗费了巨大的社会资源，形成了资源的浪费，不利于自身、企业以及整个社会。这种观点的出发点在于设计产品能不能实现商业目的，而如果我们从更长远的角度看，假如设计产品成功销售，实现了预期商业目的，但是进入消费者生活的设计产品并没有很好地为消费者的生活服务，例如护目镜不护目、工业安全帽不安全、易燃材料引起火灾等现象产生，那么这样的设计依旧不利于消费者，不利于社会。所以设计师的社会职责不仅仅局限在能不能完成产品的销售，而应该在于能否有效改善人们的生活条件和生存环境，也就是“‘为人类的利益设计’，是社会对设计师的要求，也是设计师崇高的社会职责所在，也只有在实现这个目标的同时，设计师的设计才有意义，设计师才能实现自己的价值”。②

不同种类的设计师的责任感是不同的，但是他们必须承担最基本的社会职责。埃米利奥 · 艾姆巴茨把设计师划分为三种类型：第一种为顺从者，仅仅注意产品的审美特征，而不对设计工作的社会文化背景提出疑问；第二种为

① 尹定邦 . 设计学概论 [M]. 长沙：湖南科学技术出版社，1999:206.
② 尹定邦 . 设计学概论 [M]. 长沙：湖南科学技术出版社，1999:209.

图 1-35　萨伏伊别墅
勒·柯布西耶

改革者，关注到设计者在社会中所起的作用，但有感到自己的这种关注与经济背景下的社会文化和组织实践相冲突；第三种是对抗者，坚信设计的革新来自于深刻和广泛的结构上的改变。这三种类型的设计师都必须要承担基本的设计义务和社会职责，包括：第一，对消费者需要的深入了解和关注；第二，对产品成本的控制和节省；第三，对自然生态环境的爱护；第四，对人文环境的尊重；第五，对消费者趣味的引导；第六，沟通人与物的交流等。①

勒·柯布西耶是现代建筑运动的主要奠基人。他曾提出新建筑的五个特点：一、房屋底层采用独立支柱；二、屋顶花园；三、自由平面；四、横向长窗；五、自由的立面，并认为"住房是居住的机器"，"建筑的首要任务是促进降价一致，减少房屋的组成构件。"他于 1928 年设计建成的萨伏伊别墅是其作品中最能体现他的建筑观点的作品之一（图 1-35）。整个别墅外形简单，平面和空间布局自由，空间相互穿插，内外贯通，柯布西耶设计的别墅原本意图是用简洁的、工业化的方法去建造大量低造价的平民住宅，为平民大众的设计。这一件伟大的作品，表现出设计师柯布西耶的社会责任感，它的现代建筑原则影响了半个多世纪的建筑走向。

现代社会设计行业发展迅速，设计品几乎存在于我们生活的每一个角落。设计师也将因此而承担更巨大的社会责任，所以设计师要从人类长远利于出发，在自己的行业领域中为人民服务，设计师承担着本职业和岗位相联系的职责，承担着权限范围内社会后果的责任。设计师在进行设计中，如果方案构思存在有损于社会公众利益的因素，应该慎重考虑并进行必要的删减和修改。设计师要抱着"己所不欲，勿施于人"的原则，竭诚为消费者和社会服务，为广大人民的利益着想。

1.5.2　企业的设计道德

企业是进行经济创造的主体，经济的腾飞主要依靠企业的发展，企业创造的经济利润是巨大的。正因为企业作用的如此巨大，所以企业需要承担更多的社会责任。把企业作为社会的个人，那么个人和社会的关系问题，是企业承担社会责任必须处理的问题。作为人类及其社会的永恒问题，个人和社会的问题也是实践中的一个重大的理论主题，企业的道德从中表现出来。个人和社会问题，在现实生活中表现为价值观的问题，个人和社会的关系问题是价值观的中心问题。价值观问题的突出实质是个人和社会关系问题的突出。企业的设计道德就体现在企业的社会道德之中，也是价值观的体现。

虽然企业生产经营的目标是实现利润的最大化，但是企业是在社会中存在和发展的，一刻也离不开社会。勇于履行社会职责，承担相应责任的企业，才

① 黄厚石，孙海燕 . 设计原理 [M]. 南京：东南大学出版社，2005:66.

称得上是好企业。以汽车行业中的能源问题为例。大排量的豪华车已经不再是汽车制造商的主流产品，企业已经把目光转向节能环保车型，这是时代所造成的必然约束。设计伦理在企业中能否广泛运用也是取决于企业是否愿意承担社会责任，而企业有追求利润的本性，在此基础上承担一定的社会责任就有可能导致企业的利润下降。实际上，企业创造经济价值为了人类更好的生存，而人类不能仅考虑自身当前价值，还应考虑人与自然共同体的存在，追求经济的利润应建立在从长远目标上考虑人与自然的和谐关系基础上。

在 2008 年米兰国际家具展上一位著名的意大利家具公司总裁说“可持续性创新模式是一种非常重要的发展模式，但要想彻底改变整个生产过程和最终成品，绝非易事，也绝非朝夕之功。”这个家具公司准备开办一个特别工厂，专门负责环保型家具材料和工艺的研发，这样既保证了企业的利益又有利于可持续发展的实施，相信这样的运营方法将代表企业设计创新发展的大方向。

另外，树立企业环境道德是时代对于企业设计道德的必然要求。1980 年 3 月，联合国发表的《世界自然资源保护大纲》指出：“如果要保证达到自然保护的目的，就必须根本改变整个社会对待自然圈的态度，人类社会若要和他们赖以生存和得到幸福的自然界融合共存，就需要新的合乎道德规范的、互相接受的动植物和人。”所以，人类在经济活动中不仅应只考虑自己的当前利益，还应考虑人与自然共同体的存在；不仅要考虑到当代人生存和发展的需要，还要考虑到后代生存发展的情况。尊重自然保护环境，选择符合生态平衡的经济发展途径，越来越成为人类发展的必要条件。

从事生产经营活动的企业不仅处于社会环境之中，还处于自然环境之中。企业在生产经营过程中所需的各种物质材料都是来源于自然界。生产废料和生产成品最终也要归还到自然之中，而企业本身生产运营也要占用一定的自然资源。由此看来，企业保护自然的责任和义务就更加重大。

西方发达国家的企业生产过程中对设计提出了更高的要求，也就是所谓的“生产周期”，即设计产品过程中不仅要设计产品的使用过程，还要为产品使用寿命到达后进行回收设计，考虑产品如何能更好的进行可循环利用，这都是设计道德对于自然环境保护的重大贡献。

设计是企业进行运营生产的重要环节，它直接决定企业对自然资源和环境的影响程度。因此企业在设计产品并将产品运营生产的过程中，必须在关注经济利益的同时，把关注自然作为必备的设计道德原则。为此，企业要树立正确的价值观，把企业发展和保护环境资源相协调作为企业设计理念的重要价值取向之一，把有利于协调人与自然、社会过程与自然过程的关系列为企业的设计道德目标。这不仅有利于企业和人类的道德完善和道德进步，而且有利于整个人类文明的繁荣昌盛和进步发展。

第 2 章　中国古代设计思想

2.1　中国古代造物的“器以载道”思想

朱光潜先生认为，美是一种价值，是通过产品形式创造取得的。这种价值体验又受到民族性、地域性的限制，受到华夏民族共同的内在心理结构的制约，体现出来就是“道”。《易传·系辞上传》有：“形而上者谓之道；形而下者谓之器”，“器物”不仅以形式语言的形式体现古人对形式美的认识，更通过有形之“器”传达无形之“道”，从而突破了“器物”的普遍物质意义，达到追求人生价值的精神意境。

中国传统造物的审美功能是通过产品的外在形态特征给人以赏心悦目的感受，使人获得审美愉悦。中国传统造物艺术是通过形态语言传达出一定的趣味和境界，体现出一种审美愉悦和审美功能。体现在人与人的社会关系中，是社会的和谐有序；体现在人与自然的关系中，是天人合一；体现在人与物的关系中，是心与物、文与质、形与神、材与艺、用与美的统一。

器物设计总是与一定的时代风格、审美风格同步发展，任何一个时代的器物都是该时代特定物质条件和精神条件的结合体。中国传统器物形式一方面要具有美感，让人们感到一种审美愉悦；另一方面，作为功能的载体，要实现某种审美功能。

商周青铜礼器是从日常生活用器演变而来，并按照奴隶主礼乐制度需要而赋予器具以特别宝贵和神圣的含义。例如，鼎是青铜器中最重要的一种礼器，多用来煮牲祭天敬祖，成为一种祭器，古人相信灵魂不死，所以也用来随葬，以便由灵魂享用。此外鼎还是国家政权的象征，《左传》、《史记》中都记载了“定鼎”、“迁鼎”、“问鼎”的史实。历史故事说明鼎作为礼乐制度中的重要象征物，被赋予神圣宝贵的色彩，被视为统治权力的象征。铜鼎政治价值对统治阶级来说如同命根子一样重要，谁占有它就意味着王权，失去它就意味着失去王权。《左传》记载的“问鼎”所叙之九鼎最早属于夏王朝，九鼎象征着九州，夏、商、周王朝政权变更，都以后代夺到了前代的鼎，作为旧王朝的覆灭、新王朝诞生的象征。

中国古代历史上流传的“以玉比德”就是一个典型例子，这里的玉是指经过工艺加工的玉。玉有九德，君子以“九德”作为终身治事的行为准则，不同等级的人执玉器不同，表示的身份属性也不一样。不同的器物造型，表达了人对自然界、对宇宙天地的不同理解，也表达了人们的宇宙观。“以玉作六器，以礼天地四方：以苍璧礼天，以黄琮礼地，以青圭礼东方，以赤璋礼南方，以白琥礼西方，以玄黄礼北方。”

“比德”的审美观代表了“知者乐水，仁者乐山”的含义，儒家思想核心中的“仁政”、“礼教”渗透到造物审美中，是用来比附人的德行。如“岁寒三友”表现人坚贞不渝的高尚情操，器物的装饰形态直接采用松、竹、梅；唐代青瓷以类“玉”的质地为上，以器物为载体，表达正直、乐观向上、积极进取的人生观和追求真、善、美的人生理想。

器物的造型代表了不同时代、不同民族人们的审美情趣与价值取向，因而不可避免的带有各种制度文化与观念文化的烙印，被赋予不同的象征。据《考工记》所载：“轸之方也，以象地也。盖之圆也，以象天也。”大意就是说古人制作车辕时，车厢是方的，以地为象征；车盖是圆的，以天为象征。这种造型的观念与当时人们的一种朦胧的宇宙意识分不开的，而这种“天圆地方”的宇宙意识深深地影响了人类的造型观念。因此这些器物的造型已经不是简单的形式，而是蕴涵了人们的思想观念，形成了一定的形式意味。

中国器物文化的象征性是以中国的传统文化为背景的，器物的形式中凝结了社会的价值和内容，具有一定的象征性：

首先它从形式的产生上来说既不是单纯的描摹自然，也不是毫无意义的抽象，而是结合人们的思想意识对外在自然形态的抽象与升华。如中国传统文化中对龙的崇拜无以复加，龙本身是不存在的。从外形上看它有些像恐龙、鳄鱼和蛇的集合体，面目狰狞，可它却是神的象征，这是因为在以农业为主的封建社会，生产方式很落后。人们最期盼的是风调雨顺，而龙就是一个能呼风唤雨的神化身，只有龙能给人们带来风调雨顺，因此龙是吉祥的，皇帝就以龙自居，中华民族自称是龙的传人。龙的文化体现在建筑、雕塑、家具、手工艺等器物设计中，随处可见龙的身影。作为龙的传人，龙的子孙，龙的应用无处不在，舞龙灯、赛龙舟等。以龙命名的地名、水名、人名不计其数。与龙有关的图案均有吉祥的含义，如“龙马精神”、“龙凤呈祥”、“二龙戏珠”、“云龙风虎”、“鲤鱼跳龙门”等。还有由龙形简化而来的图案，也包含着无限幸福的意义。

其次从器物的功能形式的关系上来看，器物的形式的象征性是在满足使用功能的前提下而赋予器物特定的审美功能。原始的陶器作为主要的生活器具，造型的形式多种多样，鬲的造型，首先决定于它的用途的不同——三个款袋足使器形体稳定，便于加大受热面积，利于煮食，在考虑了器物的使用功能以后，人们再在陶器上绘制一定的形式，表现它们曾经有过的愉悦和对事物的朦胧的理解与猜测，从而在纹样上赋予象征性，由此看来器物是在满足功能的前提下，依据人们的审美要求赋予形式某种象征主义的意境。

“审美需要的产生，是随着人类文化的发展而形成的，它反映了对于人与世界关系的和谐性和丰富性的要求；审美也是人的自我意识的情感化，它把世界作为自己的作品来观照。”

老子曰："人法地，地法天，天法道，道法自然。"中国传统造物器物文化中，有"制器尚象"一说，"制器尚象"经历了两个基本阶段，从直接模拟自然形态，到模拟自然物的内在规律，如古代的锯子是模拟草的锯齿状边缘，这是一个从感性模拟到理性抽象的过程。对中国古人来说，获得器物的形式还远没达到要求，对"器"的认识还要上升到对"道"的关照，要从功利意义上升到哲学意义，即"器以载道"。

中国传统造物的思想重视器物材料的自然美感，造型尊重材料自身的规定性，主张"理材"、"因材施艺"，要求"相物而赋形，范质而施采"，要求"审曲面势"，工艺要"刀法圆熟，藏锋不露"，保存材质的"真"和"美"，充分利用材料的天生丽质，体现造化神奇，自然情趣，使得中国器物展现出自然天真、恬淡优雅的趣味和情致。

中国传统器物的造型是通过线条美表现出来的，具有可塑性、充满了韵律美，成为塑造意境语言的元素。中国古人在制器活动中将器物看作是有生命的个体，通过线这种最单纯也最复杂的形式表现器物的生命力。明代家具就吸收了中国传统用线造型的传统，线条流畅舒展，幽雅大方，使流畅的线条添了许多趣味。交椅（图 2-1）造型简练，突出线形结构，线条纤巧活泼，稳重不失轻巧，匠人主体的生命性在造物上得到充分体现。又如明式家具中的圈椅，造型体现了中国传统艺术以线为主的特征，直中有曲，曲中有直，线条纤巧活泼，背板呈"S"形，与人的脊背曲度相和谐适应。

中国传统器物有深厚神秘的东方风采，丰富神奇的质感肌理，诗情画意的优雅意境，以及细部的精致处理，使得中国器物耐人寻味，美不胜收。中国传统器物艺术是通过形态语言传达和表现出一定的气氛、趣味、境界、格调，以此来满足人们的审美需求，也就是苏东坡提出的"寓意于物"，"意境"作为中国传统艺术的突出特征，显示在器物创作活动中。中国传统瓷器艺术是中国文化讲究完整、圆满、和谐、气韵、意境的体现。在瓷器艺术中，完满和谐，表现为外在的造型之美；而气韵和意境，则体现为瓷器内在的意蕴之美。宋代瓷器是宋代朴素之美的最佳代言人，钧窑尊是宋代钧窑瓷器中的精品，通体施釉，里壁为白色，外壁上部为蓝色，下部为紫红色，色彩自然渐变，形体简洁，富于韵味。

图 2-1　明代家具—交椅

宋瓷艺术的气韵和意境是通过造型、装饰、质地肌理等艺术手段体现出来的，宋瓷的艺术意境，从其造型、装饰和艺术形象中寄托了内在的寓意，如宋瓷的含蓄的造型和釉色，象征着一种空灵、静寂境界，代表了"玉境"的文人风范。宋瓷大量富有诗情画意的装饰画和清新明净、典雅深沉的色调，体现了中国艺术以形写神、寓意深刻的特征和恬淡、含蓄、委婉的东方情调（图 2-2）。

意境说在我国传统器物设计中占有重要地位，意境与意象相联系，"所谓'意境'，实际上就是超越具体的、有限的物象、事件、场景，进入无限的时间和空间，即所谓'胸罗宇宙，思接千古'，从而对整个人生、历史、宇宙获得一种哲理性的感受和领悟。"中国传统器物设计的"外师造化，中得心源"，是强调艺术以现实生活中的存在物为描写对象，在此基础上再进行艺术加工创造。

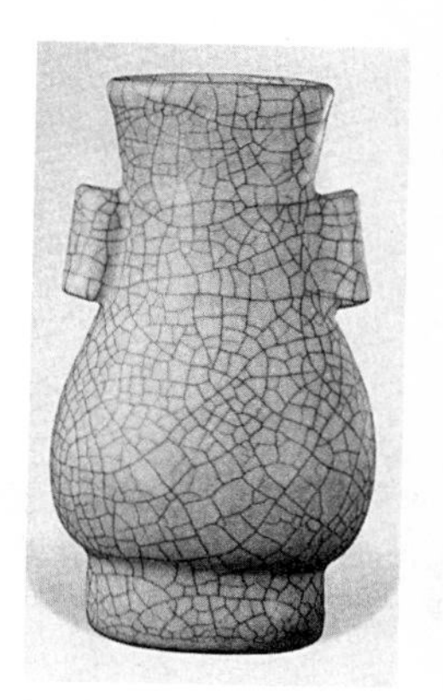
图 2-2 哥窑双耳瓶（宋代）

"和"，本意指歌唱的相互应和，后引申为和谐。"一阴一阳谓之道"，在人思维意识的抽象化过程中，"和"具有辩证统一的属性，充满了生命运动之美。"大乐与天地同和"，显示了生生不息的生命力量。《中膺》曰："致中和，天地位焉，万物育焉。"中国人是"和谐"的世界观，能够以宽厚包容的眼光看待身边的万物，以兼容并蓄的精神将人与天地万物看做合而统一有机的整体，求得自然与人类的和谐共生。

古人认为人在自然中生卒，人的活动、情感都属于自然中的一部分，必须服从这个大系统，应与自然社会以一种稳定的联系。从美学角度看，这"天人"统一系统具有重要意义，它强调了自然感官的享受愉悦与社会文化功能作用的交融统一，形成了中华民族对自然性的塑造陶冶以及它对人性的生成倾向。

孔子强调"乐同和"，乐的目的是社会的和谐，只有上升到伦理道德的境界，才能达到人性的自觉，实现真正的和谐。礼是社会等级秩序，更是一种直接的社会道德规范，"礼乐"中包含了深刻的伦理意识。以至于商周时期出现"物无礼不乐"、"钟鸣鼎食"的景象，而"编钟"代表了不可动摇的威严崇高的伦理精神，这种伦理的道德观深深影响到中国传统造物活动，造物不仅强调功能的满足，形态的审美愉悦，还强调以明喻或暗喻的方式感化人的伦理道德情操。商周的鼎和饕餮纹的象征性追求，是将器物作为代表社会等级制度的伦理道德观念展示出来的。

意匠是器物形式设计的布局构思，讲究"巧而得体，精而合宜"。既满足功能要求，又有鲜明的形式特色。中国传统造物巧夺天工的雕镂和镶嵌装饰工艺，别出心裁的功能展现，意趣横生的形态结构，无不展示华夏意匠的神奇。汉代的多子盒，也称多件盒，内可容纳多个精巧小盒，形态不同，长短各异，构思巧妙，非常和谐。

春秋战国《考工记》揭示了造物的基本原则，"天有时，地有气，材有美，工有巧。合此四者，然后可以为良"，其中"天时、地气、材美"是指自然的规律性，"工巧"是人的主观能动性，只有二者的结合才能创造出"良"物。"天人合一"是中国人和谐自然观的最高境界。"天人合一"，即人们的生产活动和社会生活应当顺应宇宙的自然规律，从而达到人与宇宙自然万物和谐相处，共同发展的目的。"天人合一"，包含着对主体心理情感与外界事物同形同构关系的理念，它对审美及艺术创造有着密切的关系，是几千年来历代艺术家、工匠所遵循的美学原则。

古人认为，宇宙运行、阴阳变化、四时交替，凡此种种，都有内在的自然规律，人们的各种实践活动，从修身到治国平天下，都要顺应自然的规律。《老子》的"人法地，地法天，天法道，道法自然。"指人效法于地，地效法于天，天效法于道，道效法自然。“道法自然”的自然不仅是自然界的意思，还表示世界万物的自然本性和规律性。

中国传统造物第一个层次是从自然界寻找创意的源泉，将宇宙自然万物的形态法则通过模拟的方法运用到器物设计中，可以作为形态的直接模拟，也可以作为装饰母题，模拟自然造化神奇，如“观象制器”；第二个层次是模仿自然万物的运行规律，将这种规律运用到器物设计中，不仅要顺应“天时、地气”，还要“审曲面势”，顺应材质的加工特性；第三个层次是模仿宇宙的生命气息，将宇宙的生命韵律体现在器物活动中。

如果说“意境美”是一种普遍的器物审美价值规范，“雅致”则是这种规范的具体化，代表着中国人传统的审美情趣。雅致指器物形态美观不落俗套，优雅、细致。“雅”是人们的一种审美情趣，是器物带给人具体的审美感受，反映了制作者的审美品位，审美文化是一种观念文化，中国人——尤其是文人士大夫阶层崇尚幽雅清静，博古之风，“宁朴无巧，宁俭无俗”。用朱光潜先生的“移情说”可以解释为，在对器物客体的审美观照中，审美主体的人格价值追求和精神风骨得到升华。因此，造物不仅要“尽其用”，还要“适我性情”。文震亨提出器物设计总的审美标准，即“简”、“精”、“雅”、“宜”，其中“简”主装饰，“精”主工艺，“雅”主品位，“宜”主使用。

同样是追求“雅”，宋代的雅与明代的雅有截然不同的品质。宋代是朴素之雅，重意境轻形式，是“增一分则长，减一分则短”的“清雅”；宋代追求玉的品质，“淡然无极而众美从之”，制瓷讲究“玉境”、“画意不画形”的质朴，做人讲究“淡泊”、“平易”。明代追求君子之风，人文情调，钟情于“质胜文则野，文胜质则史。文质彬彬，然后君子。”明代的意境与形式都达到一个成熟的艺术境界，器物形态端庄舒展、装饰适宜，形重细节、工艺，兼含古朴雅致，整体端庄，局部施采，适宜得体。

《考工记》中“审曲面势”就是指造物要顺应材料的特点，要认识材料的特征品性，从而适当选材用材。漆器，是我国传统工艺材料，漆器专著《髹饰录》书中提出了“巧法造化，质则人身，文象阴阳”的工艺美学法则。通过手工，将人完整而丰富的心灵、人的自由意志表达出来，体现了和谐的生存状态（图2-3）。

图 2-3　雕漆（元代）

中国传统器物思想重视器物材料的自然美感，造型或装饰时尊重材料自身的规定性，主张“理材”、“因材施艺”，要求“相物而赋形，范质而施采”，工艺要“刀法圆熟，藏锋不露”，返璞归真，保存材质的“真”和“美”，充分利用材料的天生丽质，体现造化神奇，自然情趣，使得中国器物展现出自然天真，恬淡优雅的趣味和情致。

木材之美，美在纹理，美在自然。中国建筑室内设计和家具呈现出独特的木质美感，制作木制家具时用材讲究，所用木材具有坚实的质感、厚重的色泽、细密清晰的纹理。明式家具大量采用紫檀木、花梨木、鸡翅木、楠木、红木等高级硬木木材，匠人在制作中不加有色漆饰，充分利用木材的自然色调、纹理的特长，将温润似玉的情调、行云流水的纹理、坚实稳固的特性展露无遗，有"天然去雕饰"的自然美感。

图 2-4 明式家具

中华民族传统哲学观认为，天地万物都是生生不息的生灵，它们之间相互贯穿连通。创造一种"天我为一"的理想和谐状态。《老子·四十二章》有言"道生一,一生二,二生三,三生万物，万物负阴抱阳。"在这万物有无之中，中国人以自身体验去感悟客观世界，以己度物，借物咏志。中国人尚木，有文化因素的重要影响——其物理性质首先奠定了这种基础，并逐渐形成了一种"木道"的文化审美观，木性温而坚专，曲直有度。木在形、色、质上的表现是使用性、和谐性的统一，呈现出独特的形式和价值，在文化上表现为木道，展示了其人文特性（图 2-4）。

择木为材的本质内涵，是人们自由的创造意向和审美理念的表露。自然物中木的质地肌理均以刚健朴素、恒久清高见长，作为审美价值取向，这种观念与中华文化精神高度吻合，使人们对木的感情偏好情有独钟;漫长的耕作实践，又使得人们对木的品质有了更加深刻、细腻的认识，渐渐形成了对木独特的价值评价，进而以木的品质、特性作为审美创造的标准和目标。

"形而上者谓之道，形而下者谓之器。"人类的情感与天地自然是非常具体地相类比而感应，他们之间有一种相等同、相类似、相感通、相对应的关系。追求木道是自然宇宙间的普遍规律和秩序,《乐记》中就有"万物之理，各依类而动"的观点。木材，作为自然物中最典型的代表，自然也就在中国造物中被人们赋予深刻意义。

有了"材美"，还要"工巧"。 工巧指的是对器物形态进行加工制作，代表了人的主观能动性，工巧美是指器物制作精致、式样讲究、别出心裁、高雅、不落俗套。在工艺上，材料的不同性质和特征，往往会决定不同的造物品类和与之相适应的技术构成。中国人的主观能动性"工巧"是与"天时"、"地气"、"材美"结合起来的，是一种尊重自然，尊重材质特性，体现了"天人合一"的观点，即"天工"与"人工"的合一。在这种思想的主导下，中国传统造物观是人与物的合一，物与自然的合一，从而达到人、物、自然的合一。在中国传统造物活动中，追求简洁的造型、天然去雕饰之美，形态符合人的使用习惯（人机工学原理)，充分利用力学、物理、化学原理规律，使人们在器物的合目的性、合规律性中得到审美感受。

中国传统木材的"工巧"正是利用了木材自身的"材美"而发展成的一整套与之相适应的处置技术，木材具有极优的可加工性，其初期工艺以锯、砍、削、劈、刨为主，在民间传统工艺对形体的创造中最重要的有两种：雕镌、削斫，它们都是对原木材的直接加工利用，明式家具具体到结构上最重要的是火弯、榫卯。这二种加工工艺有共同特点，就是利用自然物为媒介来组合自然物本身，或因质而克，或阴阳互补，突破了木材形态的自然限制。

明式家具的"工巧"与"材美"是紧密联系的，工巧的基本造型原则是器物各部分比例恰当，弯曲有度，精巧流畅；各局部连接有序、穿插合理、接口严密；整体组合协调，适于使用，也就是和谐、美观、易用的原则。明式家具的卯榫结构，极富有科学性，是技术与艺术结合的典范，不用钉、胶，采用攒边，接口处严密不露痕迹；局部之间，镶以牙子、圈口等，把连接的结构部件作装饰处理，既美观，又牢固。明式家具将朴素的造物美学体现到了极致，有“精厚简雅”之特点，体现了意匠美、材料美、结构美、工巧美四种境界。

中国传统文化中的“和谐”意识是构筑中国传统造物文化的有机组成部分，反映了和谐的社会观和自然观。中国传统器物创造表现出高度的和谐统一，是实用性与审美性的和谐统一，感性表现与理性规范的和谐统一，材质工艺与意匠美的和谐统一。

2.2　中国古代设计艺术史中的政治思想

中国古代设计艺术最显著的一个特征就是体现出一种强烈的等级思想和传统的东方皇权专制精神。自“国家”产生，君主专制制度就成为贯穿整个中华民族五千年文明的主要政体形式，处处体现“普天之下，莫非王土，率土之滨，莫非王臣”的君主体制。在此基础上建立的，以礼制和等级为代表的宗法制度也一直影响中华民族的各个领域，从城市规划、建筑营造，到造物工艺、服装制式，甚至日常的行为举止，无一不凝结着强烈的等级意识（图 2-5）。

中国的君主专制最早可以追溯到远古时代。当时的中华民族由五大部落组成，每当有重要决议时，各部落的首领黄帝、炎帝、颛顼、帝喾、唐尧、虞舜就会召集各部酋长共同商议。族位也是公众根据各自的贤德推举而继承，这就是所谓的“禅让制”。后来随着生产力的不断提高，剩余财富日渐增多，私有制也越来越普遍，其中部落的首领就成为占有私有财产最多的人，尤其是在启继承了父亲禹的最高地位之后，“世袭制”代替了长久以来的“禅让制”，集权社会开始萌芽。

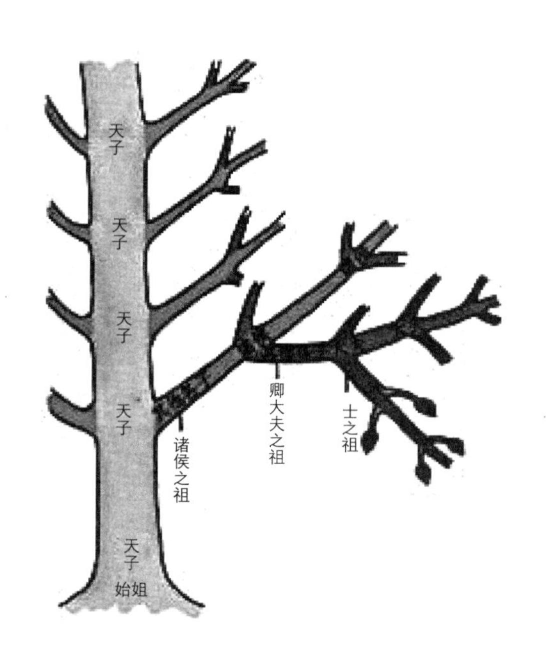

图 2-5　西周宗法制度示意图

2.2.1　先秦的造物工艺与政治意识

以“嫡庶”为中心的宗法制形成于商代后期，这也是中国奴隶制社会产生的标志。“宗法制”的主要特点就是嫡长子继承家族的财产和地位，这就保证了君主和奴隶主贵族地位、权力和财富的巩固。随着集权意识的不断加深，这种在奴隶主家族中实行的宗法制逐渐应用到王位的继承上，逐渐代替了商代一直实行“兄终弟及”制，并完善确立为特定的国家制度，在很大程度上避免了长久以来在王位继承上的诸多矛盾。后来，“宗法制”日益完善，逐步涉及祭祀制度，表现为“对直系先王的重视和先妣王、庶有了明确的区分”。[①]

在《左传》中“宗法制”被描述为：“天子建国，诸侯立家，卿置侧室，大夫有贰宗，士有隶子弟”。可见，奴隶主出于阶级的政治和利益需要，通过血缘关系来掌控自身权力，解决王位问题，发展到后来，下级的诸侯大夫等有产阶级也运用这一制度来确定自己的财产和地位的继承人，继而形成人与人之间的等级尊卑关系。正如我国清末学者王国维所说：“周人嫡庶之别本为天子诸侯继统法而设，复以此制通之大夫以下，则不为君统而为宗统。于是宗法生焉。”[②]但“宗法制”进一步发展为国家体制是在西周时期。“宗法制”规定：整个家族的嫡长子继承大统，并世代均由嫡长子继承，这就是所谓的“大宗”，嫡长子称为“宗主”，为族人恭敬。与“大宗”对应的自然就是“小宗”，即庶子。这一制度运用到王室，即周天子由嫡长子继承，众多庶子分封为诸侯，在各诸侯内部也同样实行这种嫡长子继承制。宗法制使君主和奴隶主贵族在政治和经济上处于绝对统治的地位，并与国家制度相结合，在中国历史上延续了几千年。

《礼记·大传》对周代的“宗法制”有较为详尽的记载：“别子为祖，继别为宗，继祢者为小宗。有百世不迁之宗，有五室则迁之宗。百世不迁者，别子之后也。宗其继别者，百世不迁者也。宗其继高祖者，五室则迁者也。”其中“别子为祖，继别为宗，继祢者为小宗”，就是“宗法制”的根本，可见，“宗法制”十分强调嫡长子的身份地位，即整个大家庭的第一人就是“祖”，嫡长子为“大宗”，其他孩子都是“小宗”，只有“大宗”才可以获得与父亲同等重要的地位（图 2-6）。

在周代，将“宗法制”与“礼制”相结合，将“宗法制”所强调的等级观念上升到“礼制”的地位。至此，影响中华五千年文明的人与人之间的长幼尊卑制度在人们心中根深蒂固。社会地位、等级水平不同的人，其行为规范与礼

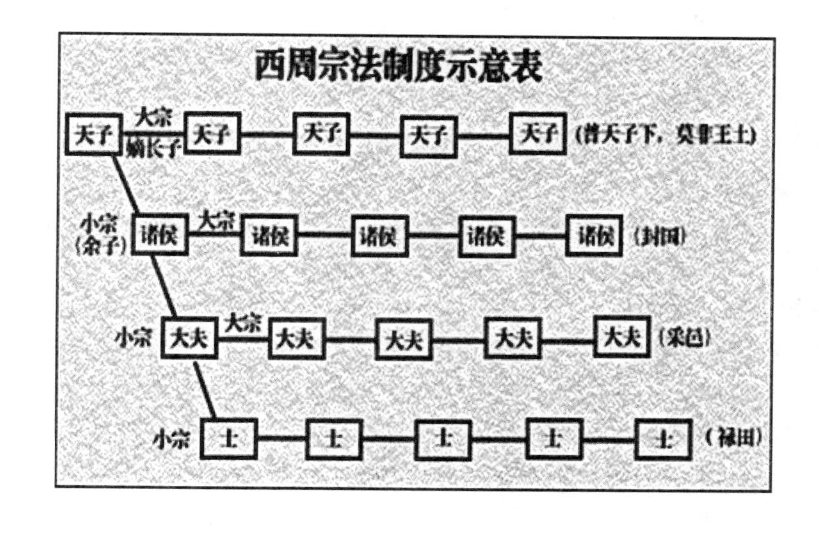

图 2-6 西周宗法制度示意表

① 王娟．神话与中西建筑文化差异 [M]．北京：中国电力出版社，2007:86.
② 王国维．殷周制度论．北京大学百年国学文萃 史学卷 [M]．北京：北京大学出版社，1998:18.

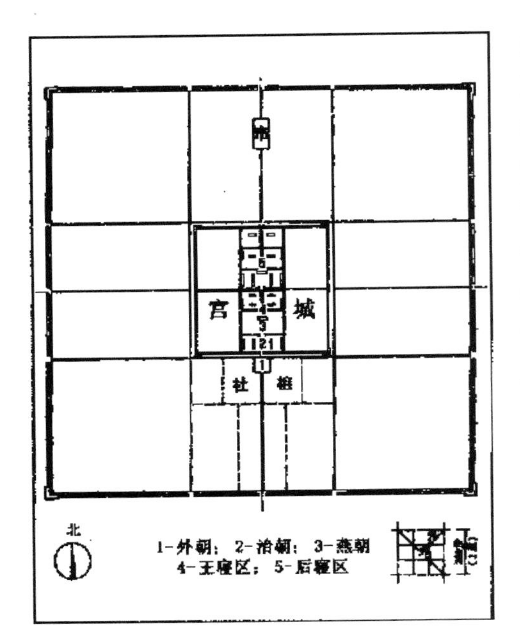

图 2-7 《考工记》的都城规划

仪形式也各不相同，逾越了这些礼制，也就违背了道德，更是触犯了法律。《礼记》就记载了周朝从统治者到普通庶民的各个阶层所应遵循的种种规范，这些规范涉及居室、仪式、礼器、服饰等人们生活的各个领域。关于居室："天子之堂，诸侯七尺，大夫五尺，士三尺。"(《礼器》)；关于丧事："天子死曰崩，诸侯曰薨，大夫曰卒，士曰不禄，庶人曰死。"(《礼器》)；关于婚嫁："天子之妃曰后，诸侯曰夫人，大夫曰孺人，士曰妇人，庶人曰妻。"(《曲礼下》)；关于庙制："天子七庙，三昭三穆，与大祖之庙而七。诸侯五庙，二昭二穆，与大祖之庙而五。大夫之庙，一昭一穆，与大祖之庙而三。士一庙。庶人祭于寝。"(《王制》)

2.2.2　设计艺术与大一统的帝王意识

中国古代长期的君主专政，把君主推向至高无上的地位。特别是在秦统一六国之后，君主大一统的帝王意识空前高涨，并通过"君权神授"、"天人合一"等思想观念将自身幻化为神明在人间的代表，寓意能够主宰天下，而皇权也由此披上了一件神秘的外衣。这种"皇权至上"的观念强烈地影响到设计艺术，反映在城市规划、建筑布局、材料选择、细节装饰、成器之道等生活的各个方面。

1. 城市规划中的政治理想

在中国传统的都城规划中，严谨森严的等级观念深入人心。从城市的整体布局、功能分区，到道路设定和商业活动，无一不蕴含着强烈的等级制度。

在整体布局方面看，皇帝的宫城大都位于都城的核心位置。《考工记》记载了古代宫城的营筑方式（图 2-7）："匠人营国，方九里，旁三门。国中九经九纬，经涂九轨。左祖右社，面朝后市，市朝一夫。"可见，这种"方九里"的城池就是最高等级的都城。出于原始社会对自然的敬畏和对祖先的尊重，人们非常重视宗庙和祭祀建筑，因此也将其布置在王城的中心。此外，"面朝后市"的布局方式是原始社会男性主持生产活动、女性主持内部分配这一传统习俗的延续，也是中国传统伦理观念"男主外，女主内"的反映。

中国古代重大的建筑工程都是官方性质的，包括宗教庙宇在内，历朝历代都有各种建筑的政策，建筑体现出明确的"政策性"，受到官方的严格控制，并被视为"国家"的基本制度。"古代中国建筑并不是仅仅艺术，建筑是由仪式、行政、意识形态构成的帝国的空间结构与核心地点的秩序，是社会空间的结构图像。"①

"从早期商周时代的崇拜鬼神、迷信天命到秦汉时代君主的权力神化，最

① 尹国均．符号帝国 [M]．重庆：重庆出版社，2008：22.

后系统化为以帝王为中心，以政治人物为主干的政治史并成为建筑史的内核”。①宫殿建筑在中国古代建筑中极受重视，无论在技术上还是艺术上，都代表了古典建筑的最大成就，被看做国家的基本制度，历代都有着专门的文献记录。

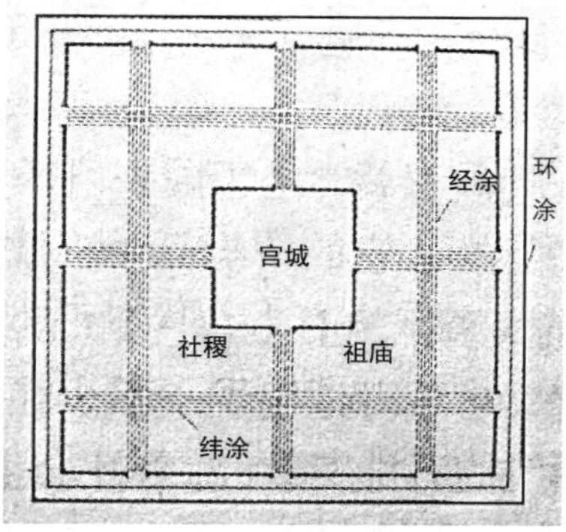

从春秋战国到秦朝的历史时期，中国社会政治形态出现了变革，国家的统治基础从一个由宗族血亲为纽带的政治结合体，逐步转变为彻底由中央统一管理的国家，即由分封制转到君主集权专制。这种社会政治的变革鲜明表现在由宗庙建筑至宫殿建筑的扩张和发展之上，宫殿是皇帝专属的建筑群，宫用来居住，而殿多用于礼仪和处理行政公务。“宫殿与祖庙的分离意味着政治势力正在从禁锢它们的‘家族和宗教背景’中获得释放；宫殿的独立表明政治力量‘越来越明显地被看做一股特殊的势力’；而宫殿对祖庙原来至尊地位的挑战和超越则证实了‘新旧时代的要求之间的斗争’的结果。”②

图 2-8 《考工记》中的都城设计制度

在原则上，“王者受命，创始建国，立都必居中土，所以总天地之合，据阴阳之正，均统四方。”“王者必居天下之中，礼也。”（《荀子·大略》）历代王城的设计建造是以天象观作为指导思想，所体现的正是儒家传统的政治文化“为政以德，譬如北辰，居其所，而众星共（拱）之”，土地与建筑正是通过其符号的能指，所指的是神权政体和君主专制，而择中，是一个重要的内容。

《吕氏春秋》中有：“择天下之中而立国，择国之中而立宫”。在《考工记》当中，明确记载了西周宫殿建筑的形式，而这种基本原则和规范伴随着我国封建制度的推进，直到清代，一直被延续和遵循着。

《考工记》中明确了宫殿位置的选择，那就是全城的中央，其他的城市建筑和规划分区则分布在宫殿的周围。此外，都城的设计也必须体现出鲜明的等级性和统一性。城市的规模分为三个等级，帝王的王城、诸侯城和都城，其他地区的城市建造规划，必须以王城为标准范本，而无论是尺度还是规模，都不能超越王城，复杂的城市网汇成“众星拱之”之势，其中的政治文化也同时体现出统治者的政治抱负和政治野心，即以大一统的礼制来体现出王权的至高无上（图 2-8）。

在形制上，东周、秦汉以后的中国皇家建筑，向高台建筑、楼阁式建筑的发展，直截了当地用高墙和建筑的高度展示统治者的权力。“台”作为一种新兴的建筑形制，由取得建筑物高度的手段发展而来，突出反映了这一时期统治者的喜好与政治权力欲望。汉代墓葬出土的建筑陶器模型中，多层阁楼的造型甚多，反映出当时建造高层楼阁的盛行。史料记载，曹魏之时，也有过构筑“中天之台”的构想，显示了统治者征服宇宙空间的抱负和理想。“登台为帝”，高台建筑的宏伟壮观与居高临下，成为宫殿建筑的主要特征，也主要体现视觉

① 尹国均．符号帝国 [M]．重庆：重庆出版社，2008：4.
② 巫鸿．中国古代艺术与建筑中的纪念碑性 [M]．上海：上海人民出版社，2009：129.

图 2-9　故宫的中轴线对称设计

的象征意义。例如明清故宫的太和殿是整个故宫建筑群中的制高点，巍峨耸立，统揽整个紫禁城，而其中的政治意义是非常明确的，统治者借助高台的恢宏与巍峨，来强化对于自身政治权力的满足，使它的占有者能够“俯瞰”他的国土和臣民，是皇权至高无上的象征，并以强有力的视觉冲击，显示和证明帝国的实力。

门堂之制来源于礼制，门与堂的分立成为建筑的代表形式，作为一项国家制度，规定了宫廷建筑的内容和布局，是中国古代建筑的重要特点。堂是建筑的主体，功能性的空间，而门则逐渐发展为建筑物的外表，承担起中国建筑的主题和标志，在建筑组团环境中，一道道门是一种视觉程序的强调和衔接，连接着变换的封闭空间。“凡宫必有阙”，“阙”就是宫门的形制，“古者宫廷，为二台于门外，作楼观于上，上圆下方，两观相植。中不为门，门在两旁，中央阙然为道。以其悬法为之象，状其巍然高大谓之魏。”[①]“阙”由入口两侧带有防卫性质的岗楼演变而来，使门的形制一直延续到清代。门的种类和形式发展到多种多样，除了城门，还有围墙上的墙门，还有由华表演化出来的牌坊门，直至演化为牌楼，门的存在由空间的区隔和衔接功能逐步演化为纪念碑的性质，是西方人眼里，俨然就是“中国的凯旋门”。

在艺术表现上，以象征手法来表现特定的建筑主题，是中国古代宫殿建筑和宗教建筑的常用手法。宫殿建筑的布局极其讲究中轴对称，一个巨大的中轴线，并有着不断进深的层次，隐含着规范礼仪的过程和步骤。位于线上的建筑高大华丽，轴线两侧的建筑低小而简单，如果单纯去看每一个建筑的单体，似乎是相近似且并无气势可言，然而把整个宫殿作为一个整体去看待，或者是身临其中，那么在空旷的背景和建筑的衬托下，中轴线建筑的宏伟与庄严便被彻底地映衬出来。这种中心的作用力，是一种在空间中被强调的权力的象征，体现了皇权和阶级的原则，因此，以故宫为代表的宫殿建筑中，中轴线就作为一种符号，作为统一的象征，广泛应用于中国古代建筑设计之中，而作为我国保留下来的规模最大的宫殿建筑，故宫也被视为历代宫殿建筑成果的总结，传承了伟大的历史与文化（图 2-9）。

在历史上，皇城的规划无一不考虑到君王的核心地位。如魏晋南北朝时期，曹操营造的邺城就是如此（图 2-10）。据《水经注 · 漳水》记载 ：“（邺城）东西七里，南北五里”，“城之西北有三台，皆因城之为基”。“城市的结构严整，以宫城（北宫）为全盘规划的中心。宫城的大朝文昌殿建置在全城的南北中轴线上，中轴线的南端建衙署。利用东西干道划分全城为南北两大区，南区为居

① 名义考

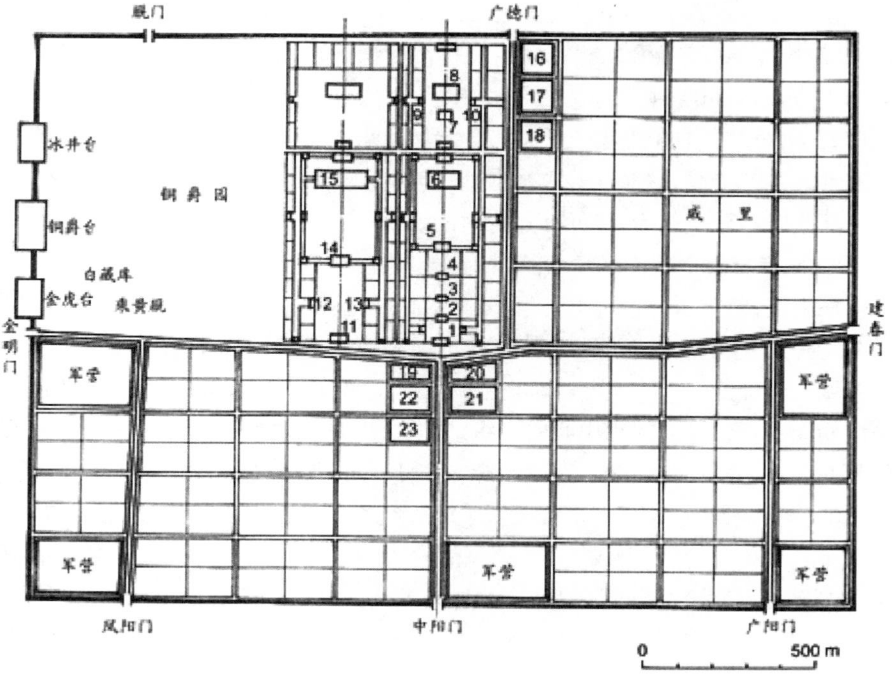

图 2–10 曹魏邺城平面

住坊里，北区为宫禁及权贵府邸。”① 整座城市功能分区明确，并遵循严格的封建等级秩序和君权至上观念。

而元大都（今北京）的规划就在很大程度上吸取了《考工记》的王城规划理念。“全城略呈长方形，除北墙外每面城墙开辟三座城门，宫城居中在前，后为鼓楼、钟楼及什刹海一带的集市贸易场所，太庙布置在东面齐化门内（今朝阳门内），位于宫城之左。社稷坛布置在西面平则门内（今阜成门内）位于宫城之右，城内街道纵横交汇，方整平直，依照周代王城规划的布局方式。”②

明清时期的北京城，严格遵守中轴线对称的布局方式，轴线始于外城的南门永定门，经过内城的南门正阳门，皇城的天安门、端门和紫禁城的午门，而后穿过三门七殿，最后出神武门而止于北端的鼓楼和钟楼。在中轴线的两旁设有天坛、先农坛、太庙和社稷坛等皇家建筑群，色彩金碧辉煌，气势雄伟恢宏，与周边民用建筑的青砖灰瓦形成强烈的对比。作为帝王政治统治的核心，紫禁城位于全城的中心位置，四周有高大的城门环绕，城的四角有华丽的角楼，皇家的宫廷建筑完全布置在大明门—紫禁城—地安门这一轴线上。按照封建社会传统“左祖右社”的宗法礼制观念，宫城的左侧建太庙，右侧建社稷坛，并在内城南、北、东、西外四面分别建造天坛、地坛、日坛和月坛。在城市整体的规划上和各个建筑的设计上都体现出封建帝王至高无上的地位和权威，强调设计上的阶级性与等级特征。

① 周维权．中国古典园林史（第二版）[M]. 清华大学出版社，1999:88.

② 孙大章．中国古代建筑史话 [M]. 中国建筑工业出版社，1987:36.

在道路设定方面，周代天子与诸侯所居的城市也有严格的等级划分与限制。《周礼》中记载："经涂九轨，环涂七轨，野涂五轨。"其中王城的道路是所有道路中规格最高的："轨，为辄广，乘车六尺六寸，旁加七寸，凡八尺，是为辄广。"此外，书中还规定了天子与各诸侯所居住宫城间的规格要求，"宫隅之制七雉，城隅之制九雉。门阿之制，以为都城之制。宫隅之制，以为诸侯之城制。环涂以为诸侯经涂，野涂以为都经涂。"

2. 城市规划中的"里坊制"

在中国传统城市规划的街道制式中，以方直平整的方格网系统最具浓厚的东方特色。这一样式的形成与传统城市规划的"里坊制"，以及与里坊制相对应的城市管理制度——"闾里制"密不可分。"闾里"一词，最早来源于《周礼》，是原始国家行政管理组织中心的一级组织名称，早在战国时期的《管子》、《墨子》中就有以"闾里"命名的住宅区出现。周朝，邻近天子都城的区域称为"郊区"，稍远的称为"甸区"，二者都受王城管辖，统称为"王畿"。其中，郊区的居民以二十五户为一"闾"，成为行政管理的一个基层组织，并按此与田制、军制、赋税制等相互联系，"闾"、"里"就是王畿地区中最小的城邑单位。闾里制度的规格化使得城市规划以方格网形式最为合理，其中每块方格的用地面积均等，这些方格用地就称为"里"或"坊"，"里坊制"由此而产生。

"里坊制"是为封建统治者服务的，有着严格的制度规定，每块里坊四周都有封闭的坊墙围合，除王公贵族的府邸之外，居民一律不得沿街开门设户。夜间坊门关闭，实行夜禁。每个坊内都有独立的管理机构，因此，中国古代城市是集合若干小城而组成的大城。

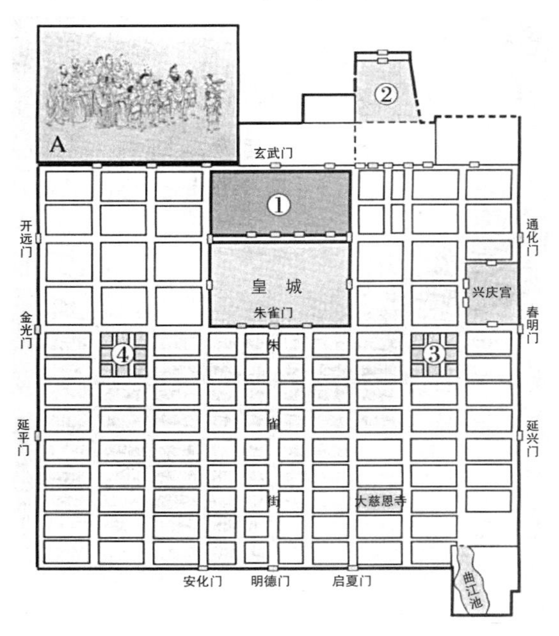

图 2-11　唐代长安城的"里坊制"

唐代的长安城是实行"里坊制"的典范（图 2-11）。城宽 9.72 公里，南北长 8.65 公里，总面积达 84 平方公里。其中，宫城地处大城偏北，中轴线由北至南通过皇城与朱雀门大街直达城之正南门，这也是都城的中轴线所在。皇城紧邻的宫城南部，就是都城的衙署区。宫城和皇城构成城市的中心区，其余则为坊里居住区。此外，"长安城的规划还明显受到当时常见于郡级城市的'子城—罗城'制度的影响，宫城与皇城相当于子城（内城），大城相当于罗城（外城）。"[①]全城的南北道路纵横相交，形成方格网的道路系统。都城的"市"、"坊"严格分隔，"坊"为居住区，共有 108 个，一律用高墙封闭，设坊门供居民进出。"坊"内一概不得设店铺，所有的商业活动均集中于东、西两市。居住区为"经纬涂制"的道路网格，但道路根据功用的不同而宽

① 周维权 . 中国古典园林史（第二版）[M]. 北京：清华大学出版社，1999:123.

窄不一。东西街宽 40 米至 55 米，南北街宽 70 米至 140 米，而位于皇城正门之南、城市中轴线上的朱雀门大街宽达 147 米。大城与皇城之间的横街则最为宽广，甚至成为皇城前的大广场，气势壮观，开阔至极，充分体现君王一统山河的政治抱负与理想。

3．建筑形制中严格的封建等级秩序

在以宣扬皇权至尊、明伦示礼为中心的中国传统建筑中，存在着壁垒森严的等级制度，从建筑的整体布局、选址，到体量大小、结构部件、建筑装饰、材料选择等，无一不凝结着强烈的等级意识与规范。

建筑所体现的等级差异从隋唐时期开始逐渐明朗化。当时的中国社会发展日趋完善，政治稳定、经济繁荣、文化开明，统治者对等级秩序的划分也更为细致，除了对皇家的建筑样式有了较为完备的规定之外，对传统民居的建筑样式也做了明确的描述：职位在王公以下的官员宅邸不得用重栱藻井，屋舍不超过五间九架。四品和五品的屋舍为五间七架，六品以下为三间五架，普通百姓所造房屋，不得过三间五架，而且不得装饰。此外，对门窗涂漆的色彩和门环也有限制，如红漆只限皇家使用，一品二品的官员可设绿色大门，兽面锡环。唐朝的《营缮令》在建筑装饰上有规定：只有宫殿可使用鸱尾的庑殿顶，施重藻井；五品以上官员府邸可施歇山顶，用悬鱼、惹草等装饰；六品以下官员至平民的房屋只可施悬山屋顶，不得装饰。

在宋代，理学的发展与兴盛使得统治者对建筑的等级限制更为严谨与保守。在《营造法式》中，人们按质量高低，将建筑分为三等，依此选择不同的建材，以节省开支。第一类为殿阁，是皇城、府邸和庙宇中最重要的建筑，其中九至十二间的可用一等材，其挟屋则用二等材；第二类是厅堂，等级低于殿阁，但仍是重要屋舍，其中三至五间殿身的建筑可用三等材，殿身三间、厅堂五间的可用四等材，小三间殿身和大三间厅堂的用五等材；第三类是余屋，即次要建筑，包括廊屋、常行散屋、营房、亭榭小厅堂等，可用六等材。如果选材与规定有所出入，皆为违礼之举。

建筑的等级在明清两代表现得更为明显。据明代的《明会典》记载：王城要"王宫门地高三尺二寸五分"，"正门、前后殿、四门、城楼饰以青绿点金"，"四门、正门以红漆、金涂、铜钉"。后来又规定，"亲王宫殿门庑及城门楼，皆覆以青色琉璃瓦"。甚至连门的名称也有具体标准："四城门：南曰端礼，北曰广智，东曰体仁，西曰遵义"。[①]中国封建社会的等级制度在建筑形体中的体现，以屋顶的形式最为显著。《清代营造则例》介绍了清代建筑的等级划分，"按等级的尊卑依次为：重檐庑殿顶、重檐歇山顶、重檐攒尖顶、单檐庑殿顶、单檐歇山顶、单檐攒尖顶、悬山顶、硬山顶、卷棚顶、单坡顶、八角攒尖顶、四角攒尖顶、卷棚顶。"[②]如清代故宫的太和殿的建筑样式就完全按照最高等级来营造，建筑

---

① （明）申时行．明会典 [M]. 北京：中华书局，1989:32.
② 梁思成．清式营造则例 [M]. 北京：中国建筑工业出版社，1981:53.

采用重檐庑殿的屋顶、三层汉白玉台基，屋顶的角兽和斗栱出挑数量也是最多，御路和栏杆上也雕刻了华美的龙凤装饰纹样。此外，像华表、日晷、影壁、铜狮、铜龟等也使故宫充满了浓郁的严肃和神秘气氛。

在中国传统建筑样式中，四合院的庭院式组合布局占有十分重要的地位，这种具有中国特色的独特民居形式更被西方誉为最具中国味道的元素之一。传统四合院式的庭院式布局与中国封建社会的"宗法"和"礼教制"密切相关。根据封建的宗法和等级观念，使尊卑、长幼、男女、主仆之间在居住上体现出明显的差别。以传统的北京三进院式四合院为例，按照传统风水的说法，住宅的大门位于八卦的"巽"位或"乾"位上。因此，路北住宅的大门设在住宅的东南角上，路南住宅的大门设在住宅的西北角上。从大门进入，经过影壁之后是第一进院，坐南朝北的为南房，作为外客厅和储存杂物之用。住宅的中轴线上开二进门，一般为装饰精美的垂花门，进门之后是第二进院，其中坐北朝南的房为正房，是家里长辈起居生活、会客和举行仪礼的地方，因此建筑也是全院最高、质量最好的。正房两侧各有一或两间较为低矮的耳房，通常用作卧室。正房前有左右两边相互对应的厢房，一般当作饭厅、书房或晚辈起居之用，其中东厢房的耳房通常设为厨房。从东耳房的夹道可以直接进入后院，也就是第三进院，这是家里的老年妇女居住的地方，通常也用于存储杂物。由此可见，从第一进院到第三进院，传统家庭中的等级尊卑关系一目了然，充分体现出人们心中根深蒂固的中国封建社会森严的等级观念（图 2-12）。

4．建筑结构与装饰上的等级差异

中国传统建筑的各种结构与装饰要素也体现出浓厚的等级观念。如建筑的门厅进深、数量、屋顶的样式、装饰和色彩等方面，都有严格的限制。此外，中国古代的匠师们还充分运用木结构建筑的特点，创造了屋顶举折和屋面起翘、出翘，形成如鸟翼伸展的檐角和屋顶各部分柔和优美的曲线。尤其是在屋脊的末端都有适当的装饰元素，而这些屋顶上的装饰（即脊兽和角兽）也有着严格的等级秩序。角兽的数量均为单数，且多为 1、3、5、7、9 的数列排列（即阳数），排列顺序按照等级逐次为：龙、凤、狮子、麒麟、天马、海马、鱼、獬、吼、猴。角兽的数量越多，建筑的等级就越高。例如，太和殿是举行朝会大典的地方，是故宫的中心和最重要的建筑，故设角兽 10 个（图 2-13）；乾清宫是皇帝整理朝政和居住的地方，地位仅次于太和殿，设角兽 9 个；皇后居住的坤宁宫地位又次之，设角兽 7 个；东西六宫是妃嫔们的住所，设角兽 5 个；而地位最低的角门，则只设角兽 1 个。

图 2-12　北京四合院布局

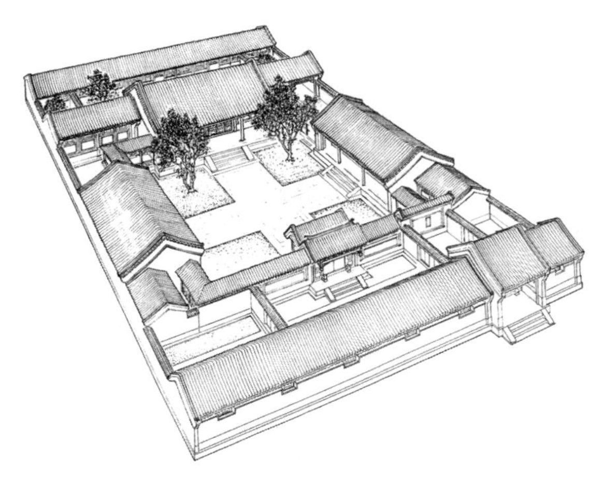

中国传统建筑擅于用台基来衬托建筑的高大威严。它划分等级以级数为准则，级数多的高于级数少的，汉白玉台基高于其他材料修建的，有围栏的高于无围栏的。明清时期，有三种基本的

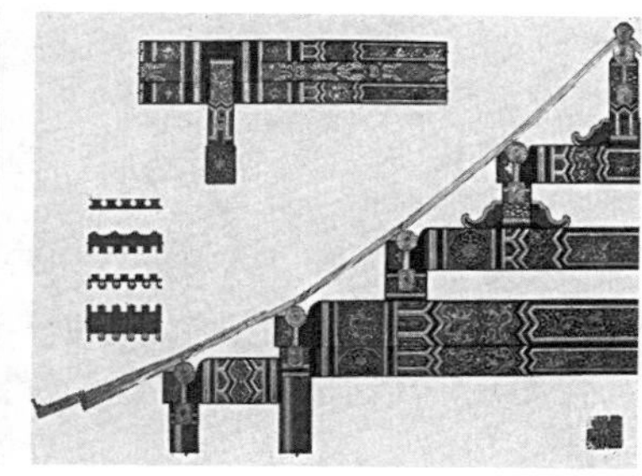

台基形式来象征不同等级。一般台基：座壁平整笔直，由砖石和灰土夯成，表面无装饰，高度也相对较低，多用于大式或小式建筑。较高级台基：台基座壁的壁面平整，用砖石垒砌而成，有一定的高度，基座上有汉白玉石栏杆，多用于宫殿、庙宇建筑中的次要建筑。最高级台基：壁面凹凸曲折，由圭角、下坊、下枭、束腰、上枭和上坊组成，多为汉白玉或琉璃垒砌，壁面有精致的装饰带，台基上有汉白玉栏杆，整体华贵庄重，一般用于皇宫中的最重要建筑和一些寺庙最高级殿堂（图 2-14）。台基的高度按等级不同有高低之分，正如《大清会典》中规定："公侯以下，三品以上，准高二尺；四品以下到士民，准高一尺。"而一般皇家建筑的台基可大 5 尺之高，足见无处不在的等级制度和君王专制观念。

图 2-13 故宫太和殿的屋顶角兽（左）
图 2-14 祈年殿的三层汉白玉台基（中）
图 2-15 抬梁式建筑木构架（右）

斗栱是我国木构架建筑特有的结构构件，由方形的斗、升和矩形的栱，斜的昂组成，在结构上挑出承重。由纵横相叠的短木和斗形的方木相叠而成。向外挑悬的斗栱本是立柱和横梁间的过渡部件，后来逐渐发展成为上下层柱网之间或柱网和屋顶之间的整体构造层，并将屋面的大面积荷载经斗栱传递到柱上（图 2-15）。此外，斗栱还是封建社会森严等级制度的象征，即有斗栱的大于无斗栱的，斗栱多的大于斗栱少的，层次多的大于层次少的（图 2-16）。

除了大的建筑形制，皇家的建筑符号还在构件等细节中体现出鲜明的等级象征性，斗栱作为中国建筑的一种装饰构件，最初的繁复趋于简化，但在其巧妙的法制法则下的符号所指，是充满意识形态和政治色彩的。抬梁式的木构架连同其辅作制度，也是政治因素和文化因素共同作用的结果，是唐宋期间政治中心东移后，官式建筑在北方长期形成与发展的结果，体现了中央集权制度下庞大的地方官僚体系之间的权力制衡与稳定。

门钉也是中国古代建筑特有的结构部件（图 2-17）。除了必要的结构和装

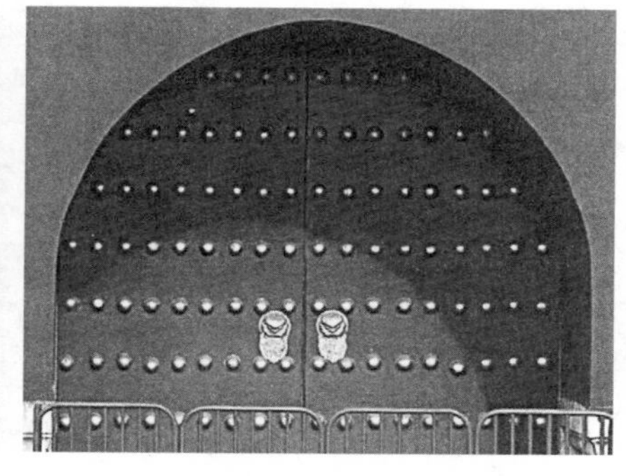

图 2-16 传统建筑构件——斗栱（左）
图 2-17 故宫内的朱漆金钉大门（右）

饰功能外，它也是中国封建政治象征性的重要体现。早在隋唐时期，门钉就已出现在大门上，并一直延续了几千年。门钉起源于为防御外敌入侵在木板上钉的铁钉。在木板上钉铁钉能够防止木板松散，但露出的钉帽有碍美观，于是人们将钉帽制成泡头状，使其兼具装饰性。门钉的数量，直到清代才有了等级划分。《大清会典》规定："宫殿门庑皆崇基，上覆黄琉璃，门设金钉。""坛庙圆丘，外内垣门四，皆朱扉金钉，纵横各九。"[①]皇宫城门的门钉数量最多，每扇门有九排，一排九个，一共是九九八十一个，象征帝王至高无上的地位；亲王府设正门五间，门钉则为纵九横七；世子府设正门五间，门钉数量为亲王的七分之二；郡王、贝勒、贝子、镇国公的门钉数量与世子府相同；公爵门钉的数量纵横皆为七；侯以下男以上的门钉数量纵横皆递减为五五，并且均为铁制。

5. 建筑的等级性对设计艺术的影响

基于政治统治的需要而产生的建筑的等级差异，体现出中国传统建筑独特的时代特征，对中国古建筑的设计体系产生了深远的影响，一方面，它导致中国传统建筑样式的形制化。同一等级的建筑，采用同一形制。如太和殿、乾清宫和太庙的正殿的建筑形制大体相同。另一方面，它导致了中国传统建筑的高度模式化。管理森严的等级制度，将建筑规模、整体布局、结构构成、斗栱和屋顶的具体做法、细节装饰等都纳入等级的规定，形成固定的程式。整个建筑体系也由此呈现出形式和技术上的高度规范化，这种程式化和规范化将传统建筑的持续性与独特性、一致性与协调性并存，确保建筑能够达到规范的水准。

2.2.3　图腾与政治象征符号

1. 原始社会的图腾与造物艺术

在中国传统的造物艺术中，图腾占据了十分重要的地位。所谓图腾，就是原始人类崇拜某种未知自然和动物，并在日常生活和生产中将其当作整个部落的保护神，进而成为本部落的象征。随着各部落之间的融合与吞并，其图腾也必然相互结合。在长期的历史演变过程中，图腾与政治统治相关联，最终成为一种政治上的符号象征。比如中国传统器物上的装饰纹样，起初大多是本民族或部落的图腾符号，如虎纹、鸟纹、鱼纹等；后来与政治相互结合，进而形成一种全新的纹样，如龙纹、凤纹、饕餮纹、 纹等。由此，这些图案产生的政治威严与神秘性骤然增强，逐渐成为奴隶主贵族威慑普通百姓的工具。

饕餮纹、 纹、龙纹、凤纹等这些人类想象中的动物形象，在传统造物的装饰中占有重要地位，其中龙纹和凤纹已经成为中华民族的象征。在《说文》中记载："龙，鳞虫之长，能幽能明，能巨能细，能长能短，春分而登天，秋分而潜渊。""凤，神鸟也，鸿前 后，蛇颈鱼尾，鹳颡鸳思，龙文虎背，燕颔鸡喙，五色备举，出于东方君子之国，翱翔于四海之外。见，则天下大安宁。"后来随着时代发展和等级观念的不断加深，统治者逐渐将龙凤当作自身政治统

① 钦定大清会典 [M]. 长春：吉林出版集团有限责任公司，2005:356.

图 2-18 夔纹（左），饕餮纹（右）

治的工具，逐渐成为其行为和意志的化身，这种象征意义在后来的封建社会达到顶峰。但在商周时期，“在奴隶主祭天敬祖时陈设的礼器上，龙凤形象成为沟通奴隶主与天神之间的神物，它在这一时期的象征意义是很明确的。”①

饕餮纹和夔纹是商周青铜器的主要纹样(图 2-18),常用于礼器的装饰。“饕餮”一词最早出现于春秋时期的《左传》：“缙云民有不才子，贪于饮食，首于货贿，侵欲崇侈，不知盈厌，聚敛积宝，不知其极……谓之饕餮。”《吕氏春秋》亦云：“周鼎著饕餮，有首无身，食人未咽，害及其身，以言报更也。”“夔”一词最早见于《庄子·秋水》中：“夔谓蚿目，吾以一足 踔而行。”又有：“夔，神魖也，如龙一足。”饕餮纹是百兽的综合体现，具有牛、羊、虎、虫、鱼、鸟各种动物的特点。它外貌凶猛而庄重，气氛神秘，充满了神话般的宗教色彩，给人一种威慑恐怖的感觉。从这一角度来看，“所谓饕餮纹和夔纹所表现的想象动物是和龙凤一样的原始图腾，或者就是龙图腾的另一种表现形式。”②通过这种艺术效果显现出当时奴隶主阶级的暴戾和威严，带有明显的阶级特征与等级性。

2．原始图腾的政治化

自从国家产生以来，统治者就将青铜器、礼器等造物工艺当作自身权力合法化的象征。在奴隶制基础上建立的造物文明在整个人类历史上起了重要作用。正如恩格斯所说：“只有奴隶制才使农业和工业之间的更大规模的分工制成为可能，从而使古代世界的繁荣，使希腊文化成为可能。没有奴隶制，就没有希腊国家，就没有希腊的艺术和科学。”③ 而中国青铜器的辉煌也在奴隶制时期。

在“协上下，承天体”的意志下，青铜工艺作为奴隶社会的一面镜子，反映出这一时期在政治、经济、文化、军事各方面的面貌，尤其是政治方面，它充分体现了奴隶主贵族至高无上的绝对统治地位。新型的奴隶主阶级，凭借强大的政治和经济优势，将自己的意志、尊严和信仰物化到青铜礼器之中，使造物工艺成为奴隶主维护自身统治工具和阶级地位象征之一。“在统治者看来，青铜器皿一方面是‘使民知神奸’的工具，具有统治阶级意志的教育和启示功能；一方面‘协于上下以承天体’，统治阶级以此来作为沟通天与地、神与人、上与下之间的特殊工具，作为天赋神权的证明，用于奴役民众和确证其统治的必然性。”④

① 卞宗舜．中国工艺美术史 [M]. 北京：中国轻工业出版社，1993:80.
② 卞宗舜．中国工艺美术史 [M]. 北京：中国轻工业出版社，1993:81.
③ 马克思恩格斯选集（第 3 卷）[M]. 北京：人民出版社，1995:524.
④ 李砚祖．造物之美 [M]. 北京：中国人民大学出版社，2000:134.

在商周时期，由于奴隶制刚从氏族社会脱胎，君王、天子还是自然神，他的神性就依靠这些古老图腾的政治化来象征。后来，随着奴隶制的逐渐发达和中央集权意识的不断增强，君王也逐渐变为最为崇高、统治一切的神明的化身。为了巩固自己的政治地位，当时的奴隶主阶级经常将自封的特权渲染成神灵的安排，将自己的思想意识神化为"秉承天意"，无论是耕种、征战还是举行某种仪式，无一不听命于巫术活动。但是，这种看似听命于上天、传达天意的占卜预言，实际却是为统治阶级推行政策和维护自身统治的工具。正如《史记·龟策列传》记载："自古帝王将建国受命，兴动事业，何尝不宝卜筮以助善。唐虞以上，不可记已，自三代之兴，各具祯祥"。正是得益于这些天意，奴隶主的统治才有了合理性与合法性。而传统青铜器的造型与装饰纹样所蕴含的某种神秘、狰狞与诡异的符号，在统治阶级主观地维护自身统治的同时，也在一定程度上客观地促进了造物艺术的发展。正如鲁迅所说："画在西班牙的亚勒泰米拉洞里的野牛，是有名的原始人遗迹，许多艺术家说，这正是'为艺术而艺术'，原始人画着玩玩的。但这解释未免过于'摩登'，因为原始人没有 19 世纪文艺家那么有闲，他画一只牛，是有缘故的，为的是关于野牛，或者是猎取野牛，禁咒野牛的事。" ①

3．藏礼于器的政治化符号

中国传统造物的工艺的产生大多来自于统治阶级自身的需要。在这样的背景之下，工艺品的样式、装饰也自然在很大程度上受到政治制度、等级观念，甚至是统治阶级的主观意识的影响。从西周开始，统治阶级就通过丰富的政治符号来巩固、衬托自己至高无上的地位，工艺器物的造型、制式、装饰样式也都因此具有强烈的政治象征意义，逐渐成为社会政治制度和封建"礼制"的重要组成部分。"这种关系，在古代艺术家（工匠）那里，主要就是如何把统治阶级的政治含义表现美，即把器物装饰起来以达到政治的目的。" ②

中国传统艺术浓重的"礼教"色彩使东方人的审美思想、设计与艺术都无时无处不受着礼制文化的支配，由礼仪衍生出文化，并由此赋予社会和政治秩序的合法性，是中国政治制度的符号表征。

早在周朝建国之初，夏商以来的各种国家制度、人民的行为规范就被总结成一套完备而标准的制度准则，称之为"礼"。礼最早是人与神灵、人与人之间的关系，后来则演变为社会等级秩序，更是一种直接的社会道德规范。

礼是社会等级秩序，更是一种直接的社会道德规范，"礼乐"中包含了深刻的伦理意识。因此，宗教、政治、军事生产、文化与艺术，都成为了礼的表现方式和外在形式。从周公制定周礼开始，礼的发展逐步演变成为国家的政治制度和意识形态，礼的本质是维护统治阶级尊卑等级秩序的工具。乐，在古代也不单单指音乐，而是诗、乐、舞等艺术的综合。乐，也是礼，"无礼不乐"，

---

① 鲁迅．且介亭杂文·门外文谈 [M]. 上海：上海天马书店，1936:26.
② 宗白华．美学散步 [M]. 上海：上海人民出版社，1981:38.

孔子强调“乐同和”，乐的目的是社会的和谐，只有上升到伦理道德的境界，才能达到人性的自觉，实现真正的和谐。

《礼记·曲礼》中记载：“君子，凡家造，祭器为先，牺赋为次，养器为后。”中国古代青铜时期的设计作品，多是用于祭祀的各种礼器，如樽、豆等，至商周时期更是出现“物无礼不乐”、“钟鸣鼎食”的景象。当人们强制地赋予了器具以意义之后，器具就获得了自身的意义。

中国艺术与建筑的主要形制均蕴含重要的宗教和政治内涵，并以宗庙、礼器，都城、宫殿、墓葬为代表。“陈俎豆、设礼容”，器的材料、器的形态、器的装饰和器的文字，都在不同的角度诠释了礼器艺术的独特地位。祖庙、宫廷宴饮和其他礼仪仪式中使用的礼器更是王权合法性的符号。

礼器的设计还有两个重要特点：“一是对工具和日常用品的‘贵重’模仿——玉斧和薄如蛋壳的陶器，标志着礼制艺术的开端，礼器和用器的区别首先表现为对质地和形状有意识的选择，纹饰随之成为礼器的另一个符号，并进而导致装饰艺术和铭文的产生；另一个重要特点是，每当有新材料或新技术出现，总是毫无例外地被吸收并用于礼器的制作”。①

周代的玉器与礼的仪式、礼的伦理道德有着直接的关系，体现着礼器设计对质地和形状的有意识选择。玉的色彩与纹理，玉的平和与润泽，玉的坚硬与细腻，这些不同寻常的物理性质，赋予玉一定的社会意义。

周代的玉器作为礼器使用，有着不同的种类和用途，大致分为圭、璋、璧、琮、璇玑、玦、璜等几种类型。圭用于各级官员的朝见，天子则用璋来祭祀山川，用璧来礼天，用琮来祭地，即“苍璧礼天，黄琮礼地”。其中，琮的造型设计最具特色，呈圆筒状，且内圆外方，中间贯通，多刻饰有人兽面纹，“琮之言宗也，八方所宗故，外八方象地之形，中虚圆，以应无穷，象地之德，故以祭地。”（图 2-19）

图 2–19　周代兽面纹玉琮

宗白华先生对于礼乐文明对设计艺术思想的影响作出深刻阐述：“礼乐使生活上最实用的、最物质的、衣食住行及日用品，升华进端庄流丽的艺术流域。三代的各种玉器，是从石器时代的石斧石磬等，升华到圭璧等等的礼器乐器。三代的铜器，也是从铜器时代的烹调器及饮器，升华到国家的至宝……表现出民族的宇宙意识（天地境界）、生命情调，以及政治的权威、社会的亲和力。”②

“兴于诗，立于礼、成于乐”，中国古代的政治文化与社会教育是以诗书礼乐作为根基的，礼是社会秩序，乐是打动心灵、陶冶性情、培养人格的重要手段，“礼非乐不履”，“礼者，天地之序也；乐者，天地之和也。”③

中国古代礼仪制度离不开乐声、舞姿和乐器，礼和乐相配合，乐器与礼器一同得到发展，并同样有等级规范。湖北随州出土的编钟，音乐广阔、音色优

---

① 孙长初 . 中国古代设计艺术思想论纲 [M]. 重庆：重庆大学出版社，2010：46.
② 宗白华 . 天光云影 [M]. 北京：北京大学出版社，2005：26.
③ 礼记 · 乐记

图 2-20　虎座凤架鼓

美，代表了威严崇高的伦理精神；战国时期的虎座凤架鼓代表了工艺美术卓越的艺术想象力，在设计中，凤的昂扬造型与虎的温顺，以图腾象征符号的形式，将政治意识与艺术审美联系在一起（图 2-20）。

"礼乐"中包含了深刻的伦理意识，这种伦理的道德观深深影响到传统器物活动，礼器使"礼"具体化，而器物设计不仅强调功能的满足，形态的审美愉悦，还强调以明喻或暗喻的方式感化人的伦理道德情操，"钟鸣鼎食"被赋予文化礼仪色彩，是贵族生活的标志。尽管青铜和玉器等礼器的制造成本巨大，然而这种制作又是不惜成本的，礼器就这样被源源不断的制作，用于赏赐、祭司和墓葬，用以将自身转化为权力的象征符号。

春秋战国时期开始，政治权力开始从宗族血亲为纽带的政治结合体中脱离出来，这种社会政治的变革鲜明表现在由宗庙建筑的地位改变之上。《考工记·匠人》中记载的营造都城的形制："匠人营国，方九里，旁三门，国中九经九纬，经涂九轨，左祖右社，面朝后市"，宗庙建筑作为最重要的都城核心，变成了新的都城建造中的次要元素，可见礼制建筑深度依附于政治制度的亲密关系。

朝礼之外的祭神之礼是礼仪制度的重要组成部分，以祭天和祭地为主。《广雅》有文："圜丘大坛，祭天也；方泽大折，祭地也。"礼制建筑在建筑形制和设计思想的发展中，还表现出以符号的象征来体现政治权力的艺术特色。"王者所以祭天地何？王者父事天，母事地，故以子道事之也"[①]，"设丘兆于南郊，以祀上帝，配以后稷农星，先王皆与食。"[②]封建社会往往把祭祀天地作为一项政治活动，表明帝王"受命于天"的统治权力，汉代明堂的整体设计以"天、人、地"为三重等级，就充分体现了这一理念。

天坛（图 2-21）的文化主题是祭天、崇天，但是在这一主题身后，则是对王权的崇拜与歌颂。因此，天坛的设计构思主要突出于"天"的伟大和"天人相接"的思想，不仅在艺术造型的角度表现出高度的成就，并运用了许多象征的符号来表现它独特的艺术特色。首先在形制上，《淮南子·天文训》："天道曰圆，地道曰方"，"天圆地方"的观念体现于天坛，以寰丘坛、祈谷坛、祈年殿等皆为圆形的建筑形体附和"天"的概念；其次在数字上，祈年殿四根柱代表四季，十二根金柱代表一年十二个月，十二根檐柱代表一日十二个时辰。圜丘部分的建筑构建，包括坛面、台阶甚至栏杆所有的石块，均用以"阳数"（即奇数）为标准，且以"极阳数"——九，代表皇权的至高无上，使用最多。如坛面台分三层，上层径九丈（1×9），中层径十五丈（3×5），下层径二十一丈（3×7），将全部阳数一、三、五、七、

图 2-21　天坛俯瞰图

① 五经通义
② 周书

九暗藏在内。台面铺装石也为九的倍数……类此，祈谷坛的台面、栏板数目也为九的倍数。①

设计与艺术对于"礼乐"的强调和传播，是希望能够借此益于治理社会和"教化补世"，"使民知神奸"，在实用性的基础上，突出设计艺术作为文化意识形态的社会教育功能，移风易俗，使民心向善。自古以来，礼的传播服从于政治教化的需求，是国家政权形象的理论基础，在为统治阶级的统治服务同时，也显示出了积极的能动作用。首先，儒家思想的正统地位，使礼的观念对于设计艺术传统的一脉相传，积淀出悠久的历史和灿烂的设计文化；其次，由于设计与艺术有着"礼"的明示和教化功能，使得古代中国设计的发展一直受到上到帝王下到臣民的极高重视，享有很高的地位，也取得了辉煌的成就；最后，这种礼乐传播观念也促使设计艺术的表现和设计艺术的理论，始终具有关注社会的责任和功能。

青铜文化是奴隶社会的设计代表，到处蕴含着神秘、诡异、狰狞的形式美，既有政权的象征，又有天地沟通的意义。以饕餮纹为代表的装饰纹样，是社会政治关系的真实反映，以超越现实世界的神秘恐怖的形象设计，象征着威严，作为天赋神权的证明，青铜器本身被赋予了统治阶级意志的教育和启示功能。

《左传》里记载"问鼎"的故事，后用来比喻意图篡夺政权。由此可见，以九鼎为代表的礼器同时也见证着政治权力的聚集和更替，鼎作为一种"礼器"，不仅标志着一种王权的合法性和正统性，更是实际拥有这种政治权力的象征符号。

司母戊大方鼎（图 2-22）是我国已发现的最大青铜器，也是礼器重要的代表作。该鼎重 875 公斤，通高 133 厘米，横长 110 厘米，宽 78 厘米，是世界少见的珍品。造型上，司母戊鼎充分体现了中国青铜器的雄浑、厚重、庄严与大方，四足粗壮敦实，长方形的腹部周正雄伟，两耳向上挺拔，装饰纹样以饕餮纹和夔纹为主，腹外的夔纹组成装饰带，两两相对组成饕餮形象，巨大的体量、伟岸的气势和神秘的装饰都体现出统治阶级特有的尊严。

图 2-22　司母戊大方鼎

鼎体现出青铜器与国家政权和礼制的密切关系，正如张光直先生认为"中国王朝从一开始即通过祖先的艺术珍品使其合法化。制造这些铜器最初的目的自然是使统治者和祖先相通，但是，它们后来成为统治者权力和合法性的象征。"②

作为奴隶主阶级统治的象征，"礼器"在青铜器中占有较大比例。如从殷墟妇好墓出土的青铜器中，礼器约占 45%。这些器物大都是祭祖或铭记自己功德的证明，因此上面大都刻有铭文，直接反映了当时奴隶社会的真实状况。因此，铭文也可以说是最初的政治象征符号。"铭文"，又称为钟鼎文，也是我国最早的文字之一。商代的铭文较为简单，一般用几个字概括之，如母毋、武丁等，

---

① 中国建筑出版社主编．礼制建筑 [M]. 北京：中国建筑出版社，2010：34.

② 张光直．中国古代艺术与政治．中国青铜时代 [M]. 北京：生活·读书·新知三联书店，1999：459.

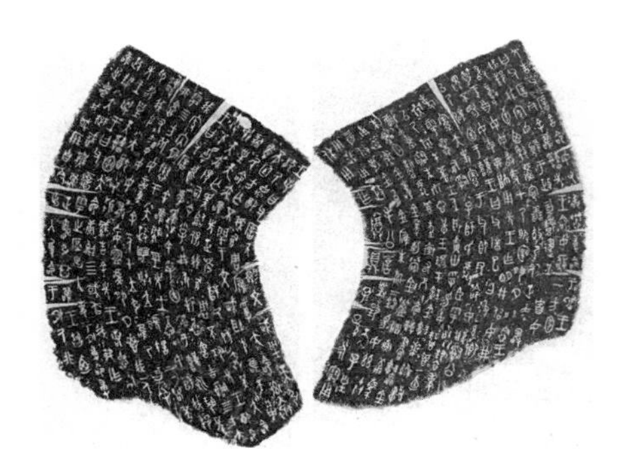

图 2-23　毛公鼎铭文

仅仅表示了青铜器的主人，或是简单的族徽。后来随着统治意识和集权观念的不断增强，再加上文字的发展和铸造工艺的提高，至西周后期出现了长篇铭文，如西周晚期的毛公鼎（图 2-23），共 497 个字，铭文的内容也更为丰富，涉及祭祀、占卜、农耕、征战、契约、诉讼等各方面。此外，很多铭文还事无巨细，详细记载了祭典的规模，残杀奴隶的数量，交换田地以及开垦荒地的情况等。此外，铭文的形制与内容也与当时使用者的社会地位有密切联系。宗白华先生在《美学散步》中引述了郭宝均先生在《由铜器研究所见到之古代艺术》中对铭文形制的观点，他明确指出："同组同铸之器，大抵同铭，如列鼎编钟，亦有互校之益。又有一铭分载多器者，齐侯七钟其适例。"宗白华先生自己也认为："铜器铭刻因适应各器的形状、用途及制造等等条件，变易它们的行列、方向、地位，于是受到迫害而呈现不同的形式，却更使它们丰富多样，增加艺术价值。令人见到古代劳动人民在创制中如何与美相结合。"[①] 除了铜器的铭文规定，青铜器本身就是一本体现中国古代礼制秩序的百科全书。

在奴隶社会，青铜器一直被奉为权力的象征。正如学者张光直认为："每一件青铜容器——不论是鼎还是其他器物——都是在每一等级都随着贵族地位而来的象征性的徽章与道具。青铜礼器与兵器是被国王送到他自己的地盘去建立他自己的城邑与政治领域的皇亲国戚所受赐的象征性的礼物的一部分，然后等到地方上的宗族再进一步分枝时，它们又成为沿着贵族线路传递下去的礼物的一部分。"[②]青铜器的种类繁多，其形制主要可以归纳为：烹饪器、食器、酒器、水器、杂器、兵器、乐器、工具等八类。在西周时期，奴隶主贵族为了巩固自身的统治地位，对从事祭祀和典礼的青铜器的数量和规格都作了明确严格的限制，以使上下有别。根据《周礼》的记载："礼祭，天子九鼎，诸侯七鼎，大夫五鼎，士三鼎。"《左传》也有关于礼器的礼制规定，强调"名位不同，礼亦异数"。

鼎在青铜器中有着特定的政治地位，它本是饮食器，在奴隶社会却演变为权力的象征。传说夏禹时铸九鼎，象征九州，夏、商、周一直尊为国宝，奉为重器。秦攻西周，取九鼎，其一沉入泗水，故派人"泗水捞鼎"成为古代常用的历史题材。《左传》中还记载"问鼎"的故事，后来以问鼎一词比喻图谋夺取政权。鼎也逐渐被当作"明尊卑、别上下"，体现等级差别和王权地位的礼器，其象征功能已远远超过了原来的实用功能。此外，通过器物上的装饰纹样，鼎还体现出了一种强大的阶级力量，是政治权力的象征，是利益斗争中的利器和手段。"全世界古代许多地方有青铜时代，但只有在中国三代（夏、商、周）的青铜器在沟通天地上，在支持政治力量上有这种独特的形式。全世界古代文明中，这三者的结合是透过了青铜器与动物纹样的美术力量。"[③]

---

① 宗白华 . 美学散步 [M]. 上海：上海人民出版社，1981:188.
② 张光直 . 青铜时代 [M]. 北京：三联书店，1983:22.
③ 李砚祖 . 工艺美术概论 [M]. 北京：中国轻工业出版社，2007:204.

4. 玉器中的政治理念

早在原始时代，玉器就已具有宗教和祭祀的性质。《周礼·大宗伯》中记载："以玉作六器，以礼天地四方，以苍璧礼天，以黄琮礼地，以青圭礼东方，以赤璋礼南方，以白琥礼四方，以玄璜礼北方。皆有牲币，各放其器之色。"进入奴隶社会之后，这种充满神秘性的祭祀之器又进一步与礼制规范相结合，使玉器具有了像青铜器一般的礼器性质，并随之产生了更为深刻、明确的政治意义。特别是在商周时期，由于玉器的含义与统治者的政治理念、宗教观念和社会伦理价值观相联系，从而成为君主和奴隶主贵族身份、地位、权力的象征，并有着严格的等级划分。《周礼·春官》"大宗伯"记载："王执镇圭，公执桓圭，侯执信圭，伯执躬圭，子执谷璧，男执蒲璧。以禽做六挚，以等诸臣，孤执皮帛，卿执羔，大夫执雁，士执雉，庶人执鹜，工商执鸡。""典瑞"条记："典瑞掌玉瑞、玉器之藏，辨其名物与其用事，设其服饰。王晋大圭，执镇圭，缫籍五采五就……"可见，不同地位和官职的人所使用的玉器在形制、名称和体积大小上都各不相同，甚至，当时的人们还将玉器当作标准，根据各自的等级高低，进行服饰和其他器物的分配与制作。

"礼玉"（图 2-24）的造型丰富，其核心是"六瑞"，即玉璧、玉琮、玉圭、玉璋、玉玦、玉璜。这些玉器早在石器时代就已出现，但大都只用于装饰，直到商周时期，它才被赋予了礼制和政治观念，而不同的样式用于不同的场所，代表着不同的等级。例如，玉璧主要用于祭天，玉琮主要用于祭地。玉璧多为圆形的薄片，中心有一个圆孔，圆孔的大小有着严格的规定，《周礼》记载"羡度尺好三寸以为度"，也就是直径大概为三寸，上面大多雕琢着大小均匀的圆点或宽窄不一的纵横直线。玉琮则类似一个方柱体，"高矮不一，约 30 厘米左右，底面边长约 7 厘米，上底略小，内部镂空为圆柱状，四面分别雕琢宽窄深浅变

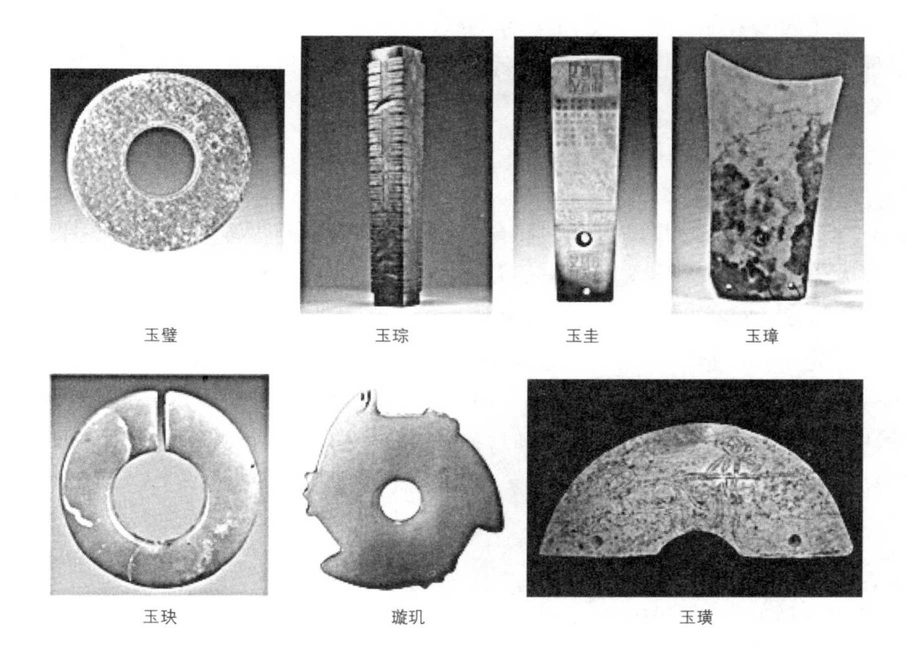

图 2-24 礼玉

化的直线，极具神秘气氛。”[①]这两种玉器的高超制作工艺使其成为礼玉中最重要的部分，即使在后来，在玉器的礼器功能逐渐减弱的情况下，它仍作为国家政权的重要象征，成为各诸侯争权夺势的焦点，春秋时期的“完璧归赵”的故事就说明了这一点。

玉圭和玉璋在礼玉中的重要性稍低于玉璧和玉琮，但仍是奴隶主身份地位的象征。玉圭在尺寸方面有严格的等级划分，《考工记》有记载：“玉人之事，镇圭尺有二寸，天子守之。命圭尺九寸谓之桓圭，公守之，命圭七寸谓之信圭，侯守之，命圭六寸谓之躬圭，伯守之。”又有：“天子用全，上公用龙，侯用瓒，伯用将。”这就说明，礼玉的尺寸有着严格的等级划分，而且，在玉器所选的材料质地上也有明显的差异，天子用纯净的玉做材料，称为“全”；上公的用杂色的“龙”；侯用质地不纯的“瓒”；伯的玉更次之，称为“将”。到了东周时期，身份等级上的差别除了表现在玉器的样式之外，更多的是体现在纹饰上。例如，天子的玉圭多饰有山形纹样，象征君王至高无上的政权。玉璋是奴隶主祭山的礼器，根据山川的规模大小从高到低分为三等。除了祭祀典礼用玉之外，这些礼玉也与当时的宗教礼仪相关联，常作为奴隶主或贵族死后的陪葬品，并且有着严格的摆放位置：“圭在左侧，璋在头部，璜在颈部，璧在背部，琮在腹部。”[②]足见玉器所蕴含的强烈的政治和等级象征性。

礼玉作为君主政治统治的产物和工具，再加上礼制的需要，一直被统治者沿用到封建社会末期，皇帝祭祀用的玉圭、玉璧、玉琮等都是不可或缺的礼仪用玉，也是具有政治象征意味的重要符号。除了这些祭祀用的礼玉之外，佩玉也早已成为实行礼制的需要，但其样式与形制的政治和身份象征性已远远大于礼制功能，并逐渐成为贵族阶级修身养性、治国平定的重要工具。

玉器的功用从原始社会的祭祀，到奴隶和封建社会的政治统治和礼制用具，甚至是作为陪葬品，都反映了中华民族自古以来崇尚玉器的传统文化与文明，这种受制于政治统治、宗教信仰和等级观念的玉器，往往具有精神上和政治上的象征。

5．古代官服的政治化符号

中国的冠服制度始于夏商时期，到周代趋于完善，并逐渐成为体现统治阶级地位、区分等级尊卑的工具，具有权威和政治内涵的服装样式及花纹图案也逐渐成为服饰发展的主流。服装是人们日常生活的必需品，也是不同时代特定文化的体现，它的形制、样式与社会的政治、经济、风俗文化有着密切的关系。而服饰的变更也是新朝改革的重要内容之一。正如《史记》记载：“王者易姓受命必慎始初，改正朔，易服色。”自奴隶社会的商周时期，到明清两代的封建社会晚期，统治阶级的长袍宽袖与普通平民的短衣窄袖之间一直存在着明显的等级差异。

---

① 卞宗舜．中国工艺美术史 [M]．北京：中国轻工业出版社，1993:94.
② 卞宗舜．中国工艺美术史 [M]．北京：中国轻工业出版社，1993:96.

在西周和春秋时期，服装等丝织品与青铜器、玉器一样，都为当时奴隶主贵族所享有，是各诸侯朝见天子，或各诸侯之间交往、结盟等大型活动必备的赠品或贡品，也是统治阶级逝后重要的陪葬品之一，具有严格分明的等级观念和政治寓意。阶级社会统治者的服装，通常称为“冕服”，初步形成于商代。直到西周时期，基本的冕服制度逐渐形成，《周礼》中有规定，举行祭祀典礼或重要朝会的时候，君王和文武百官必须身着冕服。直到秦汉时期冕服才成为定制，并一直沿用到清朝。在这一过程中，各朝统治者对它的形制、色彩和纹样都有极为严格的规定。

图 2-25 深衣样式

周代出现的“深衣制”(图 2-25),自定型之后,就一直沿用到清代。所谓“深衣”就是将“上衣下裳”连接起来，从而成为我国封建社会历朝历代正装的基本样式，甚至是近代的长衫、旗袍、连衣裙都深受“深衣制”的影响。当时君主和奴隶主贵族的地位主要是靠服饰纹样来体现的，《书经·稷篇》记载：“帝曰：予欲观古人之象，日、月、星辰、山、龙、华虫作会，宗彝、藻、火、粉米、黼、黻绣以五彩，彰施于五色，作服汝明。”在这里，“作会”是指前六种形象画于服装上，而“绣以五彩”是说将后六种纹样绣于服装之上。这种涵盖十二种纹样（图 2-26）的服装就是西周统治者的服饰,渗透出浓厚的政治意味。而这十二种纹样也被当作治理国家的根本，而为后来历代帝王所采用，并只为统治者专有，严禁下层人民使用。特别是其中的龙纹样，在十二种纹样中越来越突出，日渐居于核心地位。

帝王的冕服来源于远古的巫术性的仪式,是“假形幻面”的历史演化。“乾天在上，衣象，衣上阖而圆，有阳奇象。坤地在下，裳象，裳下两股，有阴

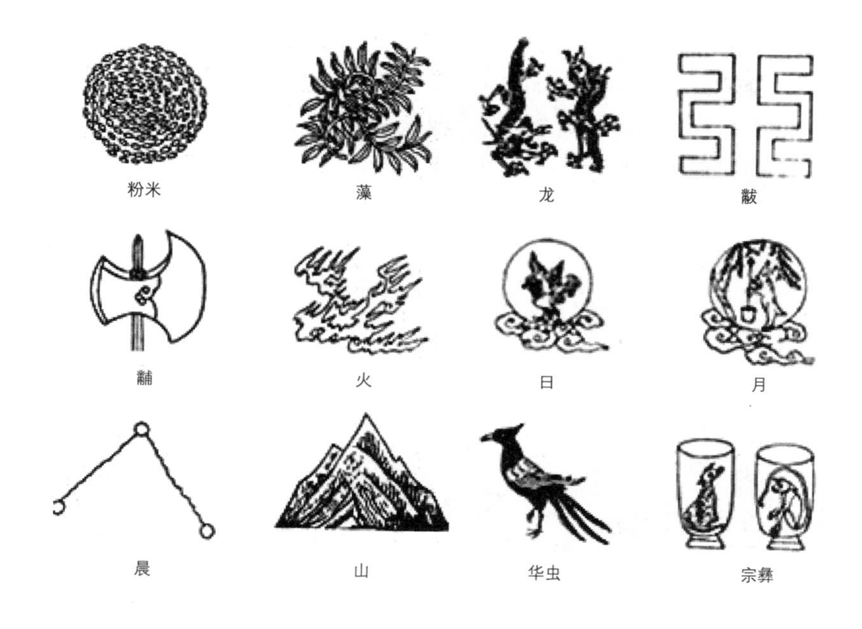

图 2-26 十二章纹样

图 2-27　春秋战国时期的服装样式

偶象。上衣下裳，不可颠倒，使人知尊卑上下，不可乱，则民自定，天下治矣”①。帝王冕服的设计不以身材为唯一标准，服装和衣袖的设计十分宽大，力求通过夸张夸大的服饰面积，在行走时形成袖子与下体衣裳的呼应舞动，在挥臂穿达指令时，突出宏大翩然的王者之气，是权力与设计的完美结合。“天子玉藻十有二旒，前后邃延，龙卷以祭”（《礼记·玉藻》）。帝王的冠冕，装饰以五彩的串玉，长长的冕旒垂坠于面前，如原始幻面一般，增加了皇权的威严；冕服的纹样则替代了原始巫术中的人体纹绘，除了服装的色彩和装饰外，突出纹样等级的要求始终是中国服饰设计的一个突出特征，冕服纹样代表着一种权力和地位，传播着“君权神授”的政治观念。常用于帝王服饰的纹样是“十二章”，也是专属于帝王的图案。

春秋战国时期，整个社会崇尚古礼，上至皇家贵族，下至平民百姓，无一不严格遵循礼制行事。再加上思想上的百花齐放，各地的服饰也出现不同的风格和等级上的差异。但总体来说，春秋战国的服装纹样主要是来源于商周时期的传统装饰花纹，带有奴隶社会所强调的夸张和变形，结构上以几何对称为主，将动植物图案严格控制在构图之中，多为直线，总体表现出一种严整划一、威严狞厉的装饰风格，以象征奴隶主贵族的政治权威与神秘尊严（图 2-27）。到了战国时期，服装上纹饰的象征意义更为明显，如当时最为盛行的龙凤纹样，象征国家昌隆；翟鸟成为后宫妃嫔身份地位的独特标志；以鹿和鹤象征长寿等，充分体现出特定历史条件下所形成的时代风格。

秦统一六国之后，统治者在吸取各诸侯国服饰样式的基础上，制定了一套新的服装制式，并为以后的汉朝遵行并沿用。“秦汉冕服，皆深衣制，为交领右衽，袖宽口圆，上衣下裳由 12 幅连成，腰前饰蔽膝，腰间系革带与大带，革带用以系佩玉，绶带和带钩等，大带用以束腰。”②汉代的统治者在服装样式、装饰和色彩方面也有严格的等级之分。如“汉代皇帝用白玉珠，十二旒；公以上用青玉珠，七旒；大夫以上用赤玉珠，五旒。”③汉代的冠帽是区分不同社会等级和场合的礼帽，《后汉书· 服制》记载其样式有：冕冠、长冠、委貌冠、爵弁、通天冠、远游冠、进贤冠、高山冠、法冠、武冠、建华冠、云山冠、巧士冠、却非冠、却敌冠、樊哙冠十六种之多。不同冠帽的佩戴者在身份和官职上各有不同，其中的冕冠是大夫以上贵族的礼帽；委貌冠和爵弁仅次之；进贤冠为文人所戴等。

从隋唐开始，服装上的等级制度逐渐得到完善，自成体系，并影响后世。唐代的冠帽分为冕、冠、弁、帻，以不同的色彩纹样划分不同等级。三品以上

---

① 古今图书集成 · 礼仪典

② 卞宗舜 . 中国工艺美术史 [M]. 北京：中国轻工业出版社，1993:163-164.

③ 卞宗舜 . 中国工艺美术史 [M]. 北京：中国轻工业出版社，1993：164.

采用紫色，四品和五品为绯色，六品和七品为绿色，八品和九品为青色。并由此创立了文官袍服采用鸟纹，武官袍服采用兽纹的礼制惯例，使传统官服的色彩样式更为丰富，直接影响到明清两代补子和补服的出现。

中国古典服装的政治意味在明代时期达到顶峰。在儒家文化的深刻影响下，明代统治者在服装的改革中，最重要的一项就是恢复汉族的礼仪之邦，采用礼制治国，调整冠服制度，在唐代“品色服”的基础上更加强调等级身份上的差异。在服装的种类中以祭服为最尊，只用于祭祀的特定场合，朝服次之，用于庆典、颁诏等国家性的典礼中。关于明代官员的服装，根据品色、纹样和样式的不同，也有严格的等级之分。除了官服主体的装饰纹样之外，还在胸背点缀补子，这是“一种有固定位置、形式、内容和意义的纹饰，以金线或彩丝织成飞禽走兽的纹样，缀于官服的前胸后背处，以补子上所绣图案的不同，表示官阶的差异。”[①]按照官职不同，文官补子的纹饰从一品到九品依次为：仙鹤、锦鸡、孔雀、云雀、白鹇、鹭鸶、鸿雁、黄鹂、鹌鹑和练鹊；武将由高到低依次为：一二品为狮子、三四品虎豹、五品熊罴、六七品为彪、八九品为犀牛和海马。至于蟒服，只有皇帝所赐的皇亲国戚才能拥有。它与皇帝的龙袍看似相似，实则有着严格的细节上的差异（图2-28）。比如，皇帝的龙袍为五爪，同人手，而蟒服为四爪，还是尚未进化的兽类。古代以“九”为尊，故皇帝的龙袍上绣有九条龙，而蟒服不得与之相同。

图 2-28 龙袍（上）与蟒服（下）的纹饰差异

图 2-29 清代缂丝龙袍中的龙纹

龙作为中华民族的图腾，最早可以追溯到距今 5000 多年的新石器时代。龙的形象最早源于神话传说《山海经》中以女娲形象为代表的神人，“其神皆人面蛇身”，正是这些远古氏族图腾符号的意象化，经过漫长的历史发展，从远古时期逐步发展到文明时期的龙的形象，从类蛇逐步演化成拥有兽类的爪、马的鬃毛、鹿的角、鱼的鳞和须，始终拥有生生不息的强大生命力（图 2-29）。

李泽厚先生在《华夏美学》一书指出，远古神话当中的神（巨大龙蛇）也

① 杨先艺 . 艺术设计史 [M]. 武汉：华中科技大学出版社，2006:34.

许就是我们的原始祖先们最早的“人心营构之象”。在原始先民的心目中，龙具有非凡的能力，龙有鳞有角，有牙有爪，能钻土入水，能蛰伏冬眠，它有自然力，能兴云布雨，又能电闪雷鸣。在农业生产大国的中国，先进的农耕文明，人民最期盼的就是风调雨顺、五谷丰登，自然对能够兴云布雨的龙产生敬畏、崇拜之情，这样就形成了对龙的图腾崇拜。从“烛龙”到“女娲”，这条“人面蛇身”的巨大爬虫，也许就是经时久远悠长、笼罩中国大地上许多氏族、部落和部族联盟的一个共同的观念体系的代表标志吧。①

中国古代历代帝王以天命天理学说强调政权的合法性，就必须造就一个具象而非现实存在的图腾象征。利用龙的神威来树立个人权威，利用中国人对龙的膜拜来巩固自身的统治，这是权力对艺术的占有，也是权力赋予艺术形象以至高无上的地位，也是龙能成为中华民族共同图腾的另一个重要原因。历代皇帝以黄帝为祖，用黄龙、金龙自比，并对黄龙极度美化，以显示至高无上的地位。这时期对龙的使用，已有了严格的阶级界限，非皇帝、皇后和神庙不得使用黄龙造型。

龙图腾作为一种至高无上且不容侵犯的政治符号被历代帝王所推崇，并深深扎根于人民的心中，尤其是在清朝更得到皇帝的重视，比如沈阳故宫，它是以龙为主题的建筑群，金銮殿里盘旋着带有霸气的龙，精美的门柱上雕刻着立体的龙，还有被称为“龙门”的大清门，整个建筑“龙气”逼人，龙的形象对建筑气氛的渲染有极大的作用，给人一种威严肃穆的感觉，充分体现了皇族的内在气度。

清代对传统服饰的变革最为显著，它将数千年的官服制度融为一体，并在此基础上加上满族文化的特色，装饰精致，礼制繁复。这种在北方游牧民族骑射打猎的生活习惯影响下的服装样式，为中华民族的传统服装史添加了浓重的一笔。根据官职高低，服装所用的材料、翎子的眼数、当胸补子和朝珠的数量各不相同。清朝的服装蕴含着深刻的政治寓意，以著名的“黄马褂”为例，这是皇帝对有功之臣的赏赐，它象征皇帝的权威，代表着优厚的特权和无上的身份地位，即使犯罪也能够免于各种惩罚。可以说，清朝统治者将封建等级和礼制观念抬升到无以复加的地步。

2.3　中国传统设计的伦理思想

2.3.1　儒家思想与古代造物的基本关系

“从石器开始，人类就一直不断地在造物，为生命的生存、为生活而制造一切所需要的工具和物品。专业研究中，把这种人工造物的世界指称做‘人工

① 李泽厚 . 美学三书 [M]. 天津：天津社会科学出版社，2003.

界'，又称之为'第二自然'。"[①] 在整个封建社会中贯穿人们衣食住行的等级制度，随着社会的发展愈演愈烈，深入人心，逐渐扩及住宅、陵墓、服装、日常用具，甚至人们的行为举止等各个方面，在宣扬皇权至上，巩固统治者至高地位的同时，也为中华民族创造了丰富的文化成果。

中华民族自古就重视运用礼仪、礼制来约束限定人的行为举止，强调人们举手投足都讲求适度与恰当，以维护良好的社会秩序。但这种礼法并非仅局限于言与行，它更多地渗透到宫室、器物、陈设、服装、车马等方面，从而体现其使用者的社会地位和层次，无时不强调自身的等级意识。正如《坊记》记载："夫礼者，所以章疑别微，以为民坊者也。故贵贱有等，在服有别，朝廷有位，则民有所让。"这就显示了实物所具有的政治特性。

1. 器以载道

儒家是中国诸子百家中最重要的思想学派之一。"在先秦文献中，儒字最早出现在《论语》，因此儒出现不会太早，由于他们属于春秋时才出现的士阶层，故也称儒士"[②]，儒家所推崇的道德品质构成了中国传统伦理有关道德品质学说的主流。儒家伦理思想以"仁"为主要内容，特别注重道德修养。在儒家发展的不同阶段中，其代表人物的思想关注的方面有所不同。孔子以"仁"为核心建构思想体系，其由两部分组成：以求仁为根本的"修己"学说和以行仁为目的的"安人"学说，这标志着儒学的诞生；而孟子从性善论的角度出发，认为人的恶是后天环境的污染，人只有通过道德修养才能成就"善"；荀子则从反面提出道德修养的必要，认为进行道德修养是"性恶论"决定的必要。

儒家主张"己所不欲，勿施于人"、"四海之内，其性一也"，强调要"天下同乐"，这就需要人们对人性给予适当的控制，摒除贪婪、残暴、斗争，进而提出要"乐而不淫，哀而不伤"，做到"无过无不及"这种境界。但要实现这一理想社会，单单靠民众自身的领悟是杯水车薪，所以就要依靠"教化"来进行，所采用的方式就是"礼"和"乐"，这便是"礼乐教化"的由来和含义。

中国传统的礼制观念要求人的情感要得到控制，不能鲁莽暴怒，也不能懦弱怠惰，要时时刻刻以"礼"来规范和修正人们的情感。《礼记·中庸》中有记载："喜怒哀乐之未发，谓之中；发而皆中节，谓之和。中也者，天下之大本也；和也者，天下之达道也。"这就是说，人心中的喜怒哀乐不能表现出来，这便是"中"；即便表现也要有所节制，这便是"和"。"中"是天下的根本，而"和"是为人处世之大道。与此同时，人既然是社会的产物，日常自然离不开一定的精神生活，而对情感影响最为明显和强烈的莫过于"乐"，而且指出只有"德音之谓乐"才能起到教化的作用。这种教育方式，将原本枯燥无味的礼制制度与道德规范寓于音乐当中，使人的情感自然而然地发生改变。通过"礼"规范

---

① 李砚祖．造物之美[M]．北京：中国人民大学出版社，2000:21.

② 马振铎，徐远和，郑家栋．儒家文明[M]．北京：中国社会科学出版社，1999:28.

人们的行为举止和言谈，进而提升内心的修养，正如《礼记》记载："礼者，理也。"这便道出礼制和行为规范对人性的约束和培养；通过"乐"来升华人们内心的德行和修养，这种"内（礼）外（乐）兼修"的分工与合作，虽然方式不同，但最终都是要人在处世的过程中强化内心的信仰，从而服务于封建统治者的政治理想。

儒家强调"礼治"，同时"孔子强调礼在治国中的重要作用，所谓'为国以礼'（《论语·先进》），孔子是儒家中奠定礼治为治国策略的第一位思想家。"[①] 儒家文明被推奉为继中国传统统治思想之后，对政治、军事、艺术、造物等产生重大影响的文明。作为中国古代文明的重要组成部分之一的造物，在当时有着非常繁荣的发展，儒家伦理为中国古代造物作出了独特的贡献，造物也是儒家文明的一个重要的表现方式。

"寓道于器，以器载道"是中国古代哲学思想所在，也是一传统的造物理念。人们将时代的文化、国家制度、思想意识、生活习惯、科学技术以及艺术审美融于庭园建筑、器具典章等一切事物的营建当中，这既是中国传统文化的物质载体和传播媒介，也是中国丰富的物质文化的象征。正如哥特式风格之于欧洲，神话题材之于古希腊，中国传统的"器以载道"造物观就是中国古代文化的表现原则和特色。

儒家对古代造物的影响主要体现在其美学思想上，这种美学思想蕴藏伦理道德精神。中国古代造物思想中的美学思想来源于中国传统文化，而中国传统文化是建设在以"礼乐文化"为传统的儒家美学伦理思想体系之上的。例如儒家的"礼"在古代造物上就具有重大影响，"《周礼》中对于'礼'在器物上的贯彻有着详细的规定。这种规定从阶级上来看，上到天子，下到平民；从器物种类来看，大到皇城，小到碗筷，覆盖了人日常生活的各个方面（图 2-30）。这种设计原则，具有非常明显的宣扬伦理道德的功利性倾向。孔子以古代圣王的礼乐传统为基础，以'礼'规定'美'，赋予美以社会伦理道德的内容"[②]。

图 2-30 主次分明的故宫（上）
图 2-31 江南园林丰富的漏窗样式（下）

园林构景被人们当作一种"传道"的媒介，用以表达时代背景下的社会状态和审美追求。比如，在中国的传统园林中，匠师们都用丰富的图像符号来表达人们对美好生活的追求与向往。在植物配置方面，以松、竹象征子孙兴旺和佛教教义，以菊花与松树的组合象征"益寿延年"等。在传统的漏窗样式方面也有多样的象征性与寓意（图 2-31）。如，表现"善"，就根据扇的形状设计扇形的花窗；表现"圆

① 朱义禄．儒家理想人格与中国文化 [M]. 上海：复旦大学出版社，2006:270.
② 刘和山．周坤鹏．论影响中国古代设计的儒家美学思想 [J]. 装饰 .2005，11:54-55.

满”，就仿照满月的形状做成圆形的月门；表现“平安”，就仿古代花瓶的形状做成园林中的瓶门（图 2-32）；表现“富贵”，就根据古代钱币的形状而设计成双钱形的花窗等。这种以象征性符号来表达美好愿望的传统在“道”的范畴之内为人们广泛运用，使人们将图腾当作祥瑞的生命符号，藉此寻求一种心灵的保护。

图 2-32 上海豫园的“瓶”门

2. 儒家思想中的设计伦理

儒家思想中的设计伦理在古代造物设计中主要表现为三个方面，这三个方面分别从设计的出发点、形式、内容上规范了设计的模式，这种模式符合中国传统的“仁”学体系，这在现代设计中也是可取的，“设计之仁指设计的伦理价值、道德原则和精神品质”[①]，“求仁”应该成为设计师“修己”的根本。

首先，儒家核心思想是“仁”，这也是孔子整个学说体系的理论基础和前提保障。

强调人的自身价值和尊严，尊重人格，是“仁”最基本的含义。通过对人本思想的“仁”的思考，儒家又将“仁”学推广到人与自然、人与人、人与社会和国家的深度，进一步阐述了“仁”的内涵。此外，儒学还继承了西周和春秋时期的重民观，在“仁者爱人”的基础上演化出“重民”、“民贵君轻”的思想。但在阶级社会中，一切思想都是为统治阶级服务的，儒学也不例外。在封建社会的统治者已经意识到原始奴隶主暴戾、残酷的统治方式已不适合当时的时代要求，需要新的思想来调和社会矛盾，缓和人民的反抗情绪。儒家就通过“仁”来将“民”纳入了“人”的范畴，使普通大众感受到为“人”的尊严，并且强调个人的内省、自律，时常克制自己的欲望，遵从社会的道德规范，使自身的言行举止都符合“礼”的要求，这便是“成仁”的最高境界。因此，“仁”就是君主对大众提出的最高标准和处理社会矛盾的工具，既是一种道德准则，更是一项政治制度。

在设计伦理中表现为“真、善、美”统一的美学观念。在造物上要尽美尽善，“美”是外显，“善”是产生“美”的内在原因。“子谓《韶》：尽美矣，又尽善也。谓《武》：尽美矣，未尽善也。”[②]孔子认为艺术必须有倡导高尚道德的功能，孔子的美学思想与道德联系紧密，其核心是主张美和善的统一。这在中国古代造物中影响广泛，古代工艺美术之所以极富魅力是与儒家提倡和坚持的“真、善、美”统一的审美观分不开的。

孔子把“美”的依据放在“善”上。道德上的“善”要成为器物“美”的内容，成为衡量美的一个基础性标准。这种思想的缘由是儒家的“克己复礼是为仁”这一中心体系造成的，以“善”为“美”是为了“复礼”，是达到“仁”

① 李砚祖 . 设计之仁——对设计伦理学观的思考 [J]，装饰 .2007，9:10-12.
② 论语 · 八佾

图 2–33　亭子

这一目的手段。儒家的这一审美情操对古代造物产生深刻的影响，也为我国古代造物中深厚的人文气息奠定了稳固的根基。儒家希望通过以造物来熏陶和规范民众的道德，造物作为影响教化人们思想的手段就必须要承载“德”，认为“德”的表现在器物的设计中极为重要。

其次，儒家“中庸为德”的伦理观念对古代造物形成长久影响。

“中庸之为德也，其至矣乎”[①]，是儒家的中庸之道，儒家的“执两用中”的思维方法是为了“复礼”，《礼记 · 仲尼燕居》中有“礼乎礼，夫礼所以治中也”，执中即是执礼，中庸意即谨守礼制，不过不及，不改不易，不偏不倚。这一伦理观表现在美学上则为“中和之美”，“中和之美”看似是儒家的美学观点，而实际上是更深层的伦理观。“中和之美”表现在古代造物中指在创作形式中应该追求恰当合理的不偏不倚的形式美感，避免极端片面，避免矫揉造作、哗众取宠。例如《左传》中对于《颂》乐美好的描写体现了“中和之美”这一思想，“至矣哉，直而不倨，曲而不屈，迩而不逼，远而不协，迁而不淫，负而不厌，哀而不愁，乐而不荒，用而不匮，广而不宣，施而不费，取而不贪，处而不低，行而不流。五声和，八风平，节有度，守有序，盛德之所同。”[②] 这种论述把和谐恰当的处理方法进行了细致的描述，赞扬了颂乐的尺度把握以及和谐完美的艺术效果。还有例如孔子赞美《诗经》“乐而不淫，哀而不伤”[③]，朱熹的“淫者，乐之过而失其正业；伤者，哀之过而害于和也”的论述都体现了儒家中和之美的审美情操。

儒家认为讲究和谐和节制的“中和之美”有利于对艺术欣赏者产生道德熏陶，使其在精神和心理上达到平和，有助于社会的稳定和谐。虽然古代工艺品工艺复杂，但是整体却和谐朴素，建筑也是一样，例如亭子或者塔的建造，高度增加其宽度也相应加宽，这样看起来比单独的增长一点要和谐很多(图 2-33)，这都得益于制作者对“中和”的把握，这种设计思维是深受儒家“中庸”伦理思想影响而产生的。

最后，儒家“天人合一”的伦理观也对古代造物产生较大的影响。

提到“天人合一”，大多数人的反应是这是道家的主要学说，而实质上，儒家和道家学说都提到过“天人合一”，只是“天人合一”的理论在儒家学说和道家学说中有不同意义。在儒家学说中，“天人合一”重在“以物比德”，如“君子之德，风。小人之德，草。草上之风，必偃。”[④]而道家的“天人合一”

---

① 论语 · 雍也
② 左传 · 季札观周乐
③ 论语 · 八佾
④ 论语 · 颜渊

本质是崇尚自然，“由道家的创始人老子所提出的‘道’论，首先奠定了中国古典美学崇尚自然美的基础。”[①]讲的是人摆脱社会现实去与自然合而为一。儒家的“天人合一”、“天人同构”的重点是用自然来比喻人，其次是通过有为的行为以取法自然的方法达到人与自然和谐相处的目的，《考工记》中提出与自然相融合的设计思想，其中讲：“天有时，地有气，材有美，工有巧，合此四者，然后可以为良”[②]。“天有时”指有时令的变化；“地有气”指有地理条件的差异；“材有美”指有材料性质的不同美感；“工有巧”指人工艺技巧的高低。四者结合则可以产生好的设计作品，这是一种“天人合一”的设计观。《考工记》中“凡为轮，行泽者欲杼，行山者欲侔”，制造车轮根据不同的地形用不同的制轮方法，“行泽”则削薄轮子边缘，“行山”则轮子加厚。关于制轮的标准，体现为设计物要适应自然，达到与自然的和谐。儒家主张应该合理利用自然，自觉维持自然的生态平衡，如在林木的生长期“斧斤不如山林，不灭其长”，在鱼类的繁殖期“不如其泽，不灭其长”，要做到“谨其时禁”，才能“有余材”。[③]

人与自然关系的“天人合一”，在中国古园林的规划设计中体现得尤为明显。中西方园林在规划形制、营造方式和审美情趣上有很大的不同，究其根本就是二者在意识形态上的差异。西方社会坚持“人定胜天”论，因此，在园林规划上就体现出一种强烈的人工性，规整的几何化图形、平如镜面的人工湖、精心雕刻的雕塑式喷泉、装饰精美的建筑立面等，无不显示出浓厚的人工韵味。相对而言，中国古典园林则表现出完全不同的审美风貌，层次丰富的植物配置、自然流淌的河湖堤岸、与周边环境和谐相映的亭台楼榭，充分体现出中国古代与自然和谐共生的生态观和哲学观。通过对园林整体气氛的把握，将意识形态融于具体的物质表象当中。

“天人合一”的伦理观反映在古代造物中，主要表现为要与人的内在道德准则相呼应，使设计物在被使用过程中不仅要关注到人的生理体验，更要照顾人的心理感受。在设计物的材料选择或者造型上要使物与人之间建立情感联系。例如，作为中国传统工艺美术重要材料之一的玉，它在我国因具有特殊的文化涵义而被广泛运用，如用玉碗（图2-34）、玉镯、玉佩等。“玉，石之美有五德，润泽以温，仁之方也；䚡理自外可以知中，义之方也；其声舒扬，专以远闻，智之方也；不挠而折，勇之方也；锐廉而不忮，洁之方也。”[④]这段话将玉的物理属性与人的品德相对应，使人的美德通过器物来承载。

图 2–34 缠枝花纹玉碗

① 崔大华．道家与中国文化精神 [M]. 郑州：河南人民出版社，2003:271.

② 李超德．设计美学 [M]. 合肥：安徽美术出版社，2004:60.

③ 刘湘溶．人与自然的道德对话——环境伦理学的进展与反思 [M]. 长沙：湖南师范大学出版社，2004:44.

④ 说文解字．

2.3.2 道家设计伦理概说

1. 道家思想与古代造物的基本关系

儒家作为在封建社会中占主导地位的思想学派，在政治观上强调建立社会制度和等级秩序，要求以儒家思想教化普通大众，使其顺从于统治；而道家则恰恰相反，它提出统治阶级要抛弃功名观念，顺应民意和自然发展的客观规律，以得民心。儒、道两家的思想除了在政治上出现一显一藏的重大差别外，道家对中国古代文化作出的贡献是与儒家同等重要的。

道家伦理思想在中国历代思潮的形成和发展中发挥重要作用，同时在道家伦理经典著作《道德经》中关于道家美学以及对于设计和造物的思想更是深刻，包含了天人合一、柔美观、有无观、对比观以及朴实观等一系列造物思想。

“道法自然”是道家学派以柔克刚的治世理念，它以“道”为世界一切事物的本源和根本法则。老子的“道法自然”、“小国寡民”，庄子的“天人合一”，无一不体现出崇尚自然、尊重客观规律的政治观与宇宙观。在政治学方面，西方社会有句名言：“管得最少的政府是最好的政府。”道家的“无为而治”与此异曲同工。所谓“无为而治”是指：统治者无需过多的主观意识，只要顺应自然的变化，国家就可以很好地得到治理。庄子在《庄子·天道》中，以虚无、自然来解释“无为而治”：“无为也，则用天下而有余；有为也，则为天下用而不足。”意思就是说，倘若做到真正意义上的“无为”，那就能利用天下，而且游刃有余；反之，如果“有为”，则就会处于被动位置，被天下所利用。

在《庄子·知北游》中，庄子进一步描述了“无为”的原因：“天地有大美而不言，四时有明法而不议，万物有成理而不说。圣人者，原天地之美而达万物之理，是故至人无为，大圣不作，观于天地之谓也。”就是说：“天地有最大的美而不言说，四季有明显的法则而不高谈阔论，万物有已形成道理而不说出。圣人，就是探求天地的美德，通达万物的道理。所以，圣人没有什么作为，不独自搞一套，而是明察和效法天地的道理。”[①] 可见，在庄子看来，真正理想化的社会就是与大自然同在的社会，是“人和自然之间、人和人之间的矛盾的真正解决，是存在和本质、对象化和自我确立、自由和必然、个体和类之间的抗争的真正解决”的社会。[②]

2. 道家思想中的设计伦理思想

道家思想是一种消极的“出世”观，更多地追求个体的淡薄，从现代设计的视角去审视道家设计伦理体系，主要表现为一点，即尊重自然。

《道德经》第二十五章说：“人法地，地法天，天法道，道法自然。”道家

① 冯学成．禅说庄子（四）知北游 [M]. 广州：南方日报出版社，2008:52.
② 马克思．1844 年经济学——哲学手稿 [M]. 北京：人民出版社，2000:103.

图 2-35 苏州园林（左）
图 2-36 说唱俑（右）

文明提倡人要与自然相融，顺乎自然，这实际上是对自然的一种尊重。在中华民族几千年的文明当中，自古就十分重视与自然的和谐相处。我国传统的木结构建筑就与西方社会的石建筑完全不同，木材象征万物的生生不息与自然轮回，这与道家宇宙观的渗透密不可分。此外，古代的农业社会中大量的生活用品和生产工具也都是在自然材料的基础上进一步加工与制作的。如制陶用的天然陶土，制作酒壶的葫芦，各种竹制容器和木制家具等，几乎人们生活各个方面都离不开自然。他所崇尚的"美"必须符合"道"的原则才是真美，后来庄子将其归纳为"天地有大美而不言"，而这一思想在古代园林设计和建筑设计中发挥了重要作用。

中国园林享有极高的声誉，是世界园林艺术中的瑰宝。中国园林的最大艺术特点就是追求自然美，通过把自然或经过人工改造的山水与植物、建筑物有机结合，以达到模拟自然的目的。通过对建筑整体的各个部分的有机结合，达到人工环境与自然风光融合为一体形成的目的（图 2-35）。乾隆曾经总结造园的十六字要诀是"因高造深，傍山依水，相度地宜，构结亭榭。"中国园林的设计师在造园手法上有着别具一格的特点，"中国的艺术家们懂得对照是如何强烈的激动人心，因而不断地采取急剧转变，在形式和色彩阴影方面也施用有力的反面的手法，于是在眺望所及的茫漠的景色中，将恐怖的环境转变为光明的景物，从湖水和河川引向平原、丘陵和森林。"①

由于道家崇尚自然美，善于分析自然中的形态特征，如《道德经》四十五章中所述"大成若缺，其用不弊；大盈若冲，其用不穷。大直若屈，大巧若拙，大辨若讷"，所以道家的伦理思想影响在古代造物中表现为创造出朴实、实用的设计作品，设计作品充斥着一种"质朴美"，古代造物讲究含蓄不张扬，表面看似朴素却内含深厚功底也是道家思想的重要表现。例如，汉代的陶俑形象朴实可爱，但却蕴涵浓厚的生活情趣和高超的造物技巧，尤其以汉代民间题材的说唱俑闻名，形象质朴却很生动地表现了一个说唱艺人情不自禁的表演形象

① [日] 冈大路 . 中国宫苑林史考 [M]. 北京：农业出版社，1988:365.

图 2-37　铜尊

（图 2-36）。

道家美学追求“质朴美”的同时还追求“细节美”，如庄子所说“天下莫大于秋毫之末，而太山为小；莫寿乎殇子，而彭祖为夭”[①]，道家文明崇尚“大”，但是更注重细节。没有细节的表现，那么“大”则显的空洞无神，没有生气。实质上在古代造物设计中，没有大小之分。大固然能体现气势，而小却更能体现设计者的良苦用心，细节更能体现造物之工巧。工匠在造物过程中刻意雕琢细节并将细节的精美掩饰在浑然天成之美中，使细节不独立而是与整体和谐一致。“质朴美”和“细节美”在中国工艺美术中得到了充分的体现，出现了大量细节精美而整体朴素大气的优秀作品，如1977 年湖北随州战国时期曾侯乙墓出土的铜尊，花纹精细且清细，而整体形态大气厚重（图 2-37）。[②]

2.3.3　墨家设计伦理概说

1. 墨家思想与古代造物的基本关系

以墨子为代表的墨家学派形成于战国时期，由于不满于儒家繁琐的“礼”和“爱有差等”，而成立与儒家相对的“显学”，主张“兼爱”与“非攻”。从政治的角度来讲，墨子认为“兼相爱，交相利”，人与人之间不应有亲疏贵贱之别。而“非攻”的思想则体现了当时人民反对战争的理想愿望，强调“官无常贵，民无终贱”。

墨子是他所处时代的先行者，他的思想之深远令后人所不及。但由于时代的限制，墨子的学说不为时代所允许。墨家文明在封建时代只能成为乌托邦，但墨家文明所产生的现实意义是深远的。在当今的社会中，提倡节俭已经成为社会的风尚，自由平等也成为时代的主旋律，社会已允许墨家文明的复兴，“兼爱、尚用、节用、非攻、自由平等”等一系列伦理思想已经与时代的步伐相一致。

墨子首次提出了代表社会民众利益，尤其是代表当时社会下层小生产劳动者利益的思想，“其社会政治效益是‘利天下’，使天下人民得利”[③]，其学说主要集中在著作《墨子》中。墨家的思想体系是以“非攻”和“节用”为手段实现“兼爱”的目的。而墨子在这种思想体系下提出了“非乐”、“非美”、“节用”等设计思想。墨子在造物方面的成就不仅表现在其设计思想上，还表现在其造物实践上。手工匠人出身的墨子，曾经从事过具体的手工艺工作，有着丰富的实践与下层生活的经验，所以墨子的设计思想由于墨子设计实践的切身参与而更具

---

① 庄子 · 齐物论

② 田自秉 . 中国工艺美术史 [M]. 上海：东方出版中心，1985:93.

③ 何锡光 . 论墨子学说 [J]. 周口：周口师范高等专科学校学报 .2002，1.

有务实性和说服性。墨子对天下人民的关怀不是仅附着在理论之上的，而是具体的实践行动，落实在关系到广大人民日常生活的方方面面，所以墨家思想对于古代造物的影响是深远的。

2. 墨家思想中的设计伦理

儒、孔、孟之道强调的是“礼乐教化”的道德感化，在政治方面不免过于感性。而法家又走向另一种极端，侧重于管理的功利性，往往过于强硬，缺乏“晓之以情，动之以理”的中庸之道。而墨家的“兼相爱，交相利”就同时避免了两者各自的弊端，既考虑到社会大众的共同需求，又能够站在道德的高度。正如蔡元培先生所说：“其兼爱主义，同时为功利主义。”①

墨家伦理思想中对于古代造物具有启发意义的主要思想为——“尚用”、“节用”、“平等交流”。墨家设计伦理体系中的这三大成就在现代设计道德中仍然是道德建设的重要方面。“尚用”关系到设计中的形式与功能之间的关系；“节用”关系到设计中资源与人之间的关系；“平等交流”关系到人与人之间的关系以及人与自然之间的关系。

墨家强调“尚用”，所谓“衣必常暖，然后求丽”就是指，在评价物品时，实用性是首要的，其次才是外表的美感。除此之外，墨家伦理中对古代造物的另一重要思想即“节用”。所谓“节用”，与现代设计中的实用主义有着异曲同工之妙，它认为：凡是能有效地实现其实际功能的、好用的器物就是好的。反之，不能切实体现其功用性，并附着对改进其功能毫无作用的装饰要素，即失败的设计。墨子的工艺思想往往是其经济主张物化的体现。“经济上，他主张‘强本节用’，使国家和人民富足。当时的统治者一方面进行连年的侵并战争，另一方面又过着骄奢淫逸的生活。因而，他提出‘节用’和‘节葬’，以反对生活的奢侈和厚葬之风。”② 这一思想体现在造物中即强调事物的最基本的功能需求，除此之外，摒除其他一切不必要的装饰或功能。

《墨子·节用》中对人们日常生活用品的制造原则有这样的记录：

服饰方面：“其为衣裘何以为？冬以圉寒，夏以圉暑。凡为衣裳之道：冬加温，夏加清者；不加者，去之。”

宫室方面：“其为宫室何其为？冬以圉风寒，夏以圉暑雨。有盗贼加固者，芊鲲；不加者，去之。”

兵器方面：“其为甲盾五兵者何以为？以圉寇乱盗贼。若有寇乱盗贼，有甲盾五兵者胜；无者不胜。是故圣人作为甲盾五兵。凡为甲盾五兵，加轻以利，坚而难折者，芊鲲；不加者，去之。”

出行方面：“其为舟车何以为？车以行陵陆，舟以行山谷，以通四方之利。凡为舟车之道，加轻以利者，芊鲲；不加者，去之。”

冬服的保暖舒适、夏装的清凉、房屋的冬暖夏凉、兵器的锋利、甲盾的坚

① 蔡元培．中国伦理学史 [M]．北京：商务印书馆，2004:36.
② 奚传绩．设计艺术经典论著选读（第二版）[M]．南京：东南大学出版社，2005:9.

韧、舟车的耐用等，都体现出墨家对事物实用性的重视。这种实利主义有着坚实的思想基础——“兼爱”、“尚同”的民本思想，这与西方现代主义的民主性相类似，无论是反对装饰，还是排斥享乐，其出发点都是为了保障普通大众的最基本的物质或生存需要。

墨子将政治与人们的衣、食、住、行联系起来，人类的生活用品是古代先民为了和自然界的威胁相抵抗求生存而产生的，因此统治者应该提倡节俭，通过在生活用品上的节俭来实现国力的丰厚。墨子以提倡“节用”来反对贵族阶层的铺张浪费、大办丧事，从而进一步地体现在“节葬”、“非乐”等道德观念中。“节用”伦理思想的建立是在处理功能与装饰关系的理解之上的，墨子在强调功能的基础性的时候，还强调设计过程中“节约”原则。

第 3 章　西方设计思想

3.1　西方奴隶制下的设计思想

古希腊城邦的政治思想与设计艺术的公民文化

1. 古希腊城邦的政治思想

奴隶制国家的统治形式多样，东方古国大多采用君主制，西方古国大多采用贵族制，但它们的实质则是共同的，即奴隶主对奴隶进行的阶级专政。自奴隶主阶级和奴隶阶级的对立形成以来，利益的矛盾就以奴隶社会暴力为主导的强制手段进行控制。正如恩格斯在分析希腊文化时曾说，“只有奴隶制才能使农业和工业之间的更大规模的分工成为可能，从而使古代世界的繁荣，使希腊文化成为可能。没有奴隶制就没有希腊国家，就没有希腊的艺术与科学。”[①]

古希腊是欧洲文明的发源地，以海洋文明为代表的希腊文明具有开放、活跃和多元化的特征。恩格斯曾说过：“我们在哲学中以及在其他许多领域中常常不得不回到这个小民族的成就方面来……他们的无所不包的才能与活动，给他们保证了在人类发展史上为其他任何民族所不能企求的地位。”[②]

大约在公元前 6 世纪，希腊建立起城邦林立的多元政治格局。城邦是西方最早的国家形式，是一种非血缘关系的政治关系联合体，平民获得了比较多的政治权力，甚至在一些城邦开始实行平民共和政体。到了古典时期，也就是希腊文明的极盛时期，虽然奴隶制依然存在，但具有民主性质的城邦制以一种新型的政治社会形式出现，以雅典城邦为代表的古希腊人创造了有组织的管理公共事务、治理国家的方式和方法，政治思想随着城邦民主制度达到鼎盛，自由民主制度日趋完善。

由于自由民主制度在政治上的自由与积极，使得希腊个人价值依附于城邦的特征，呈现出整体主义的政治观，即在个人与国家的关系中，国家永远是第一位，个人没有独立的价值，融于城邦、融于整体，才能够体现出个人的价值，这种以城邦为公民共同体的价值观念，导致城邦主义和爱国精神的自然流露，导致古希腊的设计艺术有着为理想社会服务的自觉觉悟。

---

① 李砚祖 . 造物之美 [M]. 北京：中国人民大学出版社，2000:134.

② 马克思恩格斯选集（第三卷）[M]. 北京：人民出版社，1972：468.

图 3–1 希腊陶罐纹样《阿喀琉斯和埃阿斯玩骰子》

古希腊的手工艺人享有充分的权利，因而对个人艺术的创作有着极大的热情，并通过行业内彼此之间的激烈竞争，使工艺手法和艺术表现力得到极大发展，使设计与艺术高度繁荣，尤其以陶器、青铜器和建筑设计在西方设计艺术史上占有极其重要的地位。可以说，正是自然政治观与整体主义价值观，构成了古希腊艺术繁荣的坚实基础。

陶器是古希腊造物艺术的代表作，从吸收借鉴古埃及和东方特色装饰艺术到建立起希腊风格，体现了古希腊对艺术创造的民族开放性。无论是红绘还是黑绘，陶器作为祭神的祭器和礼器，纹样主题以叙事性的神话故事居多，并体现出人物的世俗性，可以说是“神的人化”，即以现实生活中的人为原形来解释理想中的神的形象。“亚利维斯和伯特列亚”、“阿喀琉斯和埃阿斯玩骰子”（图 3-1）等主题，注重人物外轮廓和结构比例的准确，反映现实生活，体现古希腊人对神话故事的朴素幻想。希腊人做到将政治与宗教、神话区分开来，并将对自然和“神”的研究转向人和社会，“人是万物的尺度”，以人的眼光和立场去考察社会问题，这种源于对政治的理性思考，只有在没有专制社会制度和阶级威严与压迫的环境下，才会有如此的内容反映和原始政治观念的萌芽。

2. 古希腊设计艺术的公民文化

古希腊政治学家以公民的视角解释和认知政治现象，公民对政治的广泛参与、公民对政治思想的广泛辩论是希腊城邦的公民享有自由、民主的政治权利的主要形式。像希腊人说的那样，把政治权力“置于中心”，即把权力从皇宫的封闭世界中转移到集会的市镇广场中，曾经秘密操作的决策过程也被公共辩论取代。①

人民的最高集会被称为“公民大会”，通常在雅典卫城西面的普尼克斯山半圆形的山坡上集会。公元前 5 世纪，普尼克斯山的集会地被设计成半圆形的砖石建筑，它的形状确保每一个参加者都能够看到演讲者，并能相互看到对方，以保证公民日常政治辩论，保证了政治学家对于辩论的总结和理论的整理、升华，保证了希腊政治学的繁荣。直到现代，大多数西方国家的议会大厅和国会大厦设计，依然保留延续了这种格局，以一种符号化的特征，强调政治权力掌握在全体公民的手中。

雅典的民主制度使雅典人的政治生活自由而公开，私人生活因而也自由宽容，而这一时期的建筑设计正充分反映了雅典民主政治和经济文化发展的鼎盛。神庙、元老院、议事厅、剧场、俱乐部等众多公共建筑的建立，多采用开放式的建筑布局，使雅典公民都有机会参与到城邦的政治生活中去，以自由的、与自然和谐一体的建筑特征，表现了民主政治观念下的明朗和愉悦的自由情绪。

最具代表性的自由开放的建筑样式是柱廊，因而发展出多立克、爱奥尼等

---

① [美] 迪耶 · 萨迪奇 . 建筑与民主 [M]. 上海 : 上海人民出版社，2006:7.

图 3–2　雅典卫城（左）
图 3–3　雅典卫城帕提农神庙（右）

不同风格的柱式，成为西方建筑中最重要的建筑构件，延续至今。这其中，以雅典卫城最具代表（图 3-2、图 3-3）。卫城的建造顺应自然的地理环境，建筑群布局自由、主次分明，一种民间的、自由活泼的气息反映了雅典的民主制度。战后的雅典作为全希腊境内大大小小的城邦盟主，也就占有希腊文化与政治的中心地位。与之相适应，雅典卫城的建筑设计自然汇聚和融合了其他城邦的艺术风格，多立克艺术与爱奥尼艺术共同出现在设计中，尤其是爱奥尼柱式，更符合当时共和政体城邦下的手工业者和商人的审美趣味，其中的胜利神庙最具有世俗性。受到自由民积极参与公共社会生活的热情影响，即便是被视为具有女性柔美风格的爱奥尼柱式，在卫城的出现依然自信雄浑、粗壮有力，柱子的比例达到 1∶7.68，在爱奥尼柱式中极为少见。同时，神庙的檐壁雕刻着反波斯侵略战争的浮雕场面，它的选址、它的装饰都在提醒世人，卫城象征卫国战争胜利的永恒纪念碑。

伴随自由民的阶级分化以及民主制度的逐渐瓦解，古希腊民主和谐的建筑风格一去不复返，失去了广泛的公民基础。以多立克柱式为代表的刚劲雄壮的风格逐渐被爱奥尼式取代，因为爱奥尼柱式的华贵与精致，恰好迎合了统治阶级的审美趣味，渐渐失去了古希腊鼎盛时期的理想与自然的美感，导致了文化和艺术品位的下滑。

雅典卫城的建立是用来纪念反波斯的侵略战争的胜利和炫耀雅典成为希腊霸主的地位。卫城继承了传统，又体现了文明进步，是人民保卫独立、民主的纪念碑性建筑，具有特别的政治意义。然而，“雅典卫城建筑群反映着自由民民主制度，表现了平民世界观中先进的、积极健康的因素，但他们仍然体现着阶级社会中建筑发展的片面性和矛盾。”①

古希腊的民主制度、民主观念以及民主理论发达，政治学的基本概念如政体、民主、自由、正义、宪法等，在希腊得到了充分的探究，对西方后来的民主观念产生了积极的影响，并直接创造了文化、艺术、哲学的繁荣。

3．古罗马设计艺术从共和到帝制的过渡

罗马艺术是希腊艺术的直接继承和发展，它们共同奠定了西方文明的基础，成为西方文明的摇篮。与希腊不同的是，罗马是通过自身的扩张而成为庞大帝国的。古罗马的历史可以分为三个大的阶段，王政时代、共和国时代和帝国时期。

① 陈志华 . 外国建筑史 [M]. 北京：中国建筑工业出版社，2004:53.

公元 3 世纪前，罗马作为城邦国，与希腊城邦的政治发展基本平行，公元 509 年爆发的罗马人起义推翻了王权统治，建立了罗马共和国，罗马政治开始从王政转变为共和国家。虽然共和国的实质仍是贵族掌控国家的大部分权利，但罗马人对王权的废除实际上是对个人专政、终身继位和世袭制古代传统政治的否决，这一思想无论是古代和现代都是具有积极意义的，体现了罗马人具有民主性质的政治思想。①

罗马帝国的体制是典型的以官僚和军队为支柱的专制独裁，国家、政府和社会处于分离和对立的状态，在政治体制的影响下，设计艺术出现了帝制转化过程中的独裁和暴力特征。总的来说，早期罗马的设计艺术来源于对希腊艺术的尊崇和效仿，甚至帝制时期，大量复制古希腊时期的优秀作品，但是比较自然形成的希腊文明，建立在无限扩张的军事和政治力量上的古罗马艺术，缺少浪漫的理想主义，更多地追求实际和现世享乐。相比古希腊装饰设计中“神的人化”，古罗马的装饰设计为给帝王歌功颂德，体现出一种豪放雄浑的情绪，为王权服务的目的，使得制作上也更趋于追求奢华、舒展和精雕细琢的美感。例如罗马的家具设计，源于希腊设计，多采用上等木材镶嵌象牙和贵重金属，追求细节的装饰和华丽富贵的艺术效果，在纹饰装饰上追求等级和身份的象征，因而显现出一种威严，失去了古希腊艺术的质朴气息。

祭坛、广场和神殿等大型空间建筑是古罗马设计的突出成就。广场，是城市的社会政治和经济活动中心，是宗教仪式和世俗活动的场所。古罗马的城市中心广场鲜明地体现出在不同的政治制度影响下，建筑设计风格从共和制到帝制的演变过程，随着皇权的不断加强，直至到达神化。共和时期的罗马广场继续继承了希腊的传统，采用完全开放式的形制，罗曼努姆广场长 115 米，宽 57 米，城市的街道从中间穿过，旁边是元老院和政府大厦，是举行选举、演说、辩论，交易、祭祀，甚至国葬、示威的地方。罗马广场的构成和布局以及开放性，鲜明反映出共和制度的特色。

图 3–4　图拉真广场内景复原

而到了共和时期的末期，恺撒广场开始以封闭的形制出现，以一种符号的身份确立了广场的属性，即恺撒家族的纪念性，完全失去了广场的公共性与市民功能，标志着罗马共和制的终结和帝国时代的到来。古罗马的第一位皇帝奥古斯都，击败了共和派的反抗，建立了罗马的独裁统治，全部大块花岗岩砌筑的奥古斯都广场正是他炫耀功德的纪念碑，并以符号的形式记录了罗马帝国的诞生。而后的图拉真广场是古罗马最宏大的广场（图 3-4），是帝王制度下的建筑设计代表。作为强大帝国的皇帝，受到东方君主文化的影响，以神自居的“神化”色彩和君主国的风俗习惯、建筑特色，切合了他对于塑造帝王崇拜的

① 徐新 . 西方文化史 [M]. 北京：北京大学出版社，2007:88.

需求。图拉真广场的形制参照并吸取了东方建筑的诸多特征，例如轴线的对称布局、多层纵深空间的延续、高大的巨柱等，以建筑的空间变化营造帝王“唯我独尊”的皇权形象，使身在其中的人们产生崇敬与敬畏之情。

罗马政治的成就还表现在对于城市的变革和治理。城市不再是有立法、征税、战争等政治主权的实体机构，只是行使管理权的行政机构，由借鉴希腊的城邦制改造成一种具有罗马典范的城市制度，是西方现代城市制度的宝贵遗产。因而，罗马的城市设计，包括道路建设、引水道、浴场等公共实用建筑工程都达到了空前的水平。公元 1 ～ 3 世纪是古罗马帝国最强大的时期，也是文化与艺术最为鼎盛的时期。帝国时期的建筑趋于宏大与华丽，并主要为了满足皇帝奢靡腐朽的生活而服务。剧场是罗马建筑的一个独特类型，最著名的罗马竞技场（图 3-5），从功能、规模、技术和艺术风格各方面来看，都是古罗马建筑设计的代表作。竞技场是一个椭圆形建筑物，能容纳的观众大约八万余人，由三层环形拱廊组成，前三层均有柱式装饰，依次为多立克柱式、爱奥尼柱式、科林斯柱式，充分反映出罗马艺术对希腊艺术的继承，又体现出罗马建筑设计的独创性与超前性，直到今天，现代化的大型体育场都或多或少地保留一些古罗马斗兽场的设计风格。

图 3-5 古罗马竞技场

古罗马城市浴场的设计功能完善，以皇家浴场为代表，除了洗浴之外，还可以举办聚会和演出，图书馆、商场和健身房一应俱全，装修极其华丽。引水道的修建无论是深度还是宽度，规模都十分宏大，连拱砌成，有的长达几十公里，以满足城内众多浴场的大量用水和娱乐游玩的需要，被称为古罗马工程技术的一大奇迹。古罗马城市娱乐场所设计得完备和丰富，一方面是为满足皇帝和贵族腐朽奢靡生活的需要，还有一个政治方面的原因，是为了用热闹甚至血腥的娱乐项目取悦由自由民分化出来的罗马全权公民，他们在奴隶主的争斗中是一股重要的政治力量，对他们的安抚和麻痹也是罗马帝国统治的重要政策。

3.2 西方封建社会的设计思想

3.2.1 设计艺术与中世纪政治、宗教的二元主义

中世纪是指欧洲在西罗马灭亡后到 14 ～ 15 世纪资本主义萌芽期间。这一时期的西欧四分五裂，长期以来，中世纪都被看做是“蒙昧与黑暗”的，古罗马灿烂辉煌的文化和艺术成就很快被遗弃，恩格斯说，“中世纪是从粗野的原始状态发展而来的。它把古代文明、古代哲学、政治和法律一扫而光，以便一切都从头做起。”[①]其实，中世纪毕竟是西方社会重要的历史发展阶段，对于西

① 马克思恩格斯全集·第七卷 [M]. 北京：人民出版社，1959:400.

欧其他未步入文明行列的民族，中世纪更是继承和发展，经过近千年的整合过程，形成了具有集体认同的西方文明。

基督教形成于公元 1 世纪中叶，起初是犹太教的一个分支，是“奴隶和被释放的奴隶、穷人和无权者、被罗马征服和驱散的人们的宗教”[①]。4 世纪初基督教获得合法地位，并以独特的教会组织和与国家间的关系，对西方社会结构和政治生活产生重要影响。

在中世纪的西欧，政治被严重“弱化”，政治权利和政治机构的社会控制能力几乎被降到文明社会的最低限度，整个中世纪政治思想中没有正式的“国家”概念，甚至很难说有真正意义上的政治思想。[②]11 世纪，基督教逐步成为统治西欧意识形态的上层建筑，以罗马教廷为首的基督教教会作为一种有形机构主宰着中世纪，教会有自己的政府、管理自身事务，有财政收入，不仅是一个宗教机构，更是一个教会团体、一个世俗的政权管理机构。梵蒂冈作为教皇所在地，不仅是宗教圣地，更是被称做“教皇国”，成为一个实质上的世俗国家，在与不同世俗统治者争夺权力的过程中，教会的统治力量日益强大，获得政治权力。

基督教成为中世纪维系整个西欧公共生活、加强国家间交流、进化荒蛮民族、巩固社会发展的权威力量。从这个角度，基督教对于欧洲文明史的推动，具有积极的、不可替代的作用。5~10 世纪的西欧，由于宗教的强大力量，整个文化领域都受到教会的控制，出现“万流归宗”的意识形态特征，使一切艺术活动都更为直接地为宗教统治服务。从建筑、装饰以及器物、绘画、雕塑等中都能看到强烈的宗教色彩，用以建立崇拜和传播教义，宗教几乎是艺术与设计的唯一主题。

《圣经》中明确了很多器形的形制、尺寸、比例、装饰甚至色彩。例如在《旧约全书·历代志下》中，所罗门为耶和华建殿后造了一座铜坛，尺寸有严格的标注。作为祭祀沐浴的容器“铜海”，也有严格的规范，“样式是圆的，高五肘、经十肘、围三十肘。海周围有野瓜样式，每肘十瓜，共两行……有十二只铜牛驮海、三只向北、海在牛上，三只向西三只向南、三只向东，牛尾向内海、海厚一掌、边如杯边，又如百合花……”[③]胸牌、造桌、造法柜甚至圣袍，都为中世纪的造物设计规定了严格标准。

基督教的装饰设计是实用和审美需求的结合，从基督教的圣经抄本、十字架装饰到各种宗教礼仪器具和世俗生活的器具，以基督教内容的装饰无所不在，对世俗造物和装饰设计的影响广泛。

12~15 世纪，是中世纪的盛期，诞生了设计艺术中最具典型意义的和最高代表性的哥特式建筑设计，哥特式也因而成为中世纪的两大创新艺术形式之一。德国的科隆大教堂（图 3-6）、法国巴黎圣母院都是哥特式的典型代表。

---

① 马克思恩格斯全集·第 22 卷 [M]. 北京：人民出版社，1959:526.

② 丛日云 . 西方政治文化传统 [M]. 长春：吉林出版集团，2007:345.

③ 倪建林 . 中西设计艺术比较 [M]. 重庆：重庆大学出版社，2007:104.

图 3-6　德国科隆大教堂（上）
图 3-7　教堂彩色玻璃窗（下）

哥特式教堂有别于厚重阴暗的罗马式教堂，以尖角拱门、肋形拱、拱顶和飞拱为符号，以垂直向上的动势为设计特征，使建筑物的重量分布在垂直骨架之上。哥特式建筑运用飞券增加建筑的高度和空间，以高耸的小尖塔、尖角窗直刺青天，造成向上升腾的动势和高耸入云的视觉效果，阴冷的墙面和框架式结构使人敬畏，使教堂体现一种绝弃凡尘的宗教情绪，和一切“朝向上帝的精神”，把人们引向缥缈的天国。“将人类从不确定尘世解脱出来，达到灵魂的永恒，因而它追求的不是写实的效果，而是如何将物质的身体转化为带有神圣感的精神意向”[①]。这实际上表明了基督教徒以追求天国和来世的价值为精神支柱，与国家和政治生活相疏远、疏离的态度，正如《圣经》中所记载，耶稣在死亡之前平静地对门徒说的“我的国不属于这个世界。”[②]因此，基督教统治下的人民不再有城邦公民那种对国家和政治的认同，而是将全部的精力用于关注对上帝的认知和灵魂的拯救问题，脱离了世俗权威的控制。

教堂内部狭长窄高的空间，以及簇柱、浮雕，都带有丰富细腻的装饰，形成一种腾空而上的动感和梦幻感。教堂玻璃窗采用彩色玻璃镶嵌的设计（图 3-7），工匠用铅条将小块玻璃镶嵌拼接，以红、蓝、紫色为主的多达 20 多种颜色的彩色玻璃，配置成《圣经》故事的题材，主要是基督和使徒形象，用以营造浓厚的宗教氛围。科隆大教堂四壁上方的彩色玻璃窗多达 1 万多平方米，艳丽夺目，令人震撼。阳光透过彩色玻璃照耀进来，使教堂内部五彩缤纷，绚烂夺目，赋予教堂一种神性的浪漫气息，让人产生超脱尘世向天国接近的幻觉，体现神权的至高无上。

哥特式教堂的发展与城市的民主政体发展同步，国王依靠市民阶层对抗封建势力。到 15 世纪末期，王权逐步统一，阶级分化日益明显，王权的强大使宫廷文化占据主导地位，哥特式教堂逐渐走向繁琐，垂直的线条被各种繁复的装饰堆砌，图案精美、工艺精湛的装饰成了结构的累赘，完全破坏了代表理性精神的哥特式骨架券，被称为“辉煌式”哥特教堂，也被批评为“疯狂的”哥特式。事实上，这正是在一种全新的政治背景下，新的文化心理对新的艺术设计表现的新的探索阶段。

① 杨先艺 . 设计艺术历程 [M]. 北京：人民美术出版社，2004:102.
② 圣经 · 约翰福音 . 第 18 章，第 36 节 .

3.2.2 设计艺术中的绝对君权与皇家风格

1. 以古典主义和巴洛克风格的融合代表绝对君权的法国

17 世纪，以法国、英国、德国为代表的君主专制政权伴随着欧洲资本主义的原始积累，取代了中世纪封建割据的局面，建立了中央集权的统一国家。法国成为欧洲大陆典型的君主专制国家，资产阶级贵族依附于王权，成为王权的拥护力量，随着统一王权的不断强势，君主和贵族恢复了喜好奢华、炫耀的本性，“伟大的时代”需要“伟大的风格”，颂扬君威成为恒久不变的主题。也正是这一政治背景下，艺术风格需要与 16 世纪一度流行的古典主义、样式主义[1]相区别，追求激情、追求豪华、富于变化、雄壮宏伟的巴洛克风格恰好迎合了统治阶级的审美趣味。

当巴洛克风格传至法国，法国以自己对巴洛克的解释开创了一种符合本国国情的艺术形式——“古典主义”，由于建立在巴洛克风格的基础之上，因此也被称为“古典的巴洛克”。

通过有效的外交和对艺术的高度重视，国王路易十四期间的法国空前强大，成为在欧洲占据领导地位的专制主义国家，路易十四的绝对君权发展出更为严格的封建等级制度，在社会生活的各个方面都要体现出他的绝对权威，以至于在文学、艺术、建筑等领域，更要强化他的统治力量，强调忠君爱国的思想，最典型的表现就是将文化艺术各个领域都树立起严格的规范，这正是专制主义的表现。

拥护王权、崇尚理性、和谐有序的艺术风格，表达出独裁者的权力和强大政治的力量。在这种文化氛围下，以建筑设计为代表，一切的人力物力都力图创造空前宏伟的宫殿，用以“荣耀君主”。正如大臣的上书内容：“如陛下所知，除赫赫武功之外，唯建筑物最足表现君王之伟大与浩气”[2]。卢浮宫被认做新帝王的第一个重要建筑工程而被重新开始建造（图 3-8）。卢浮宫的正面设计有一个罗马样式的中央穹顶，侧翼是双柱柱廊，每个柱廊饰对称的穹顶。巴洛克风格强悍有力，这种建筑语言有一种符号的力量，能够直接地、象征性地将路易十四和罗马帝国的力量连接起来，尤其是同奥古斯都和哈德良皇帝古典风格的、冷静的奥林匹亚之尊贵连接起来。[3]在路易十四的要求下，巴洛克又必须去融合法国的古典主义风格，以“更高雅”

图 3-8 卢浮宫

---

① 样式主义通常指从 1520 年至 16 世纪末在意大利出现的刻意模仿盛期文艺复兴大师而缺少创新的艺术创作。样式主义作为在文艺复兴盛期过后出现的艺术样式，过于强调技巧，过分夸大艺术的某些特征，对样式的强调超过对创造力的强调，没有激情和新的表现力。

② 陈志华 . 外国建筑史 [M]. 北京：中国建筑工业出版社，2004:193.

③ [美] 伊丽莎白 · 巴洛 · 罗杰斯 . 世界景观设计 I [M]. 北京：中国林业出版社，2005:153.

图 3-9 凡尔赛宫鸟瞰图（左）
图 3-10 凡尔赛宫拉托娜喷泉雕塑（右）

的风格去体现卢浮宫的严谨和庄严，迎合法国王室更为苛刻的建筑审美。

凡尔赛宫是国王路易十四借用文化艺术手段宣扬他的绝对君权的典型设计作品（图 3-9、图 3-10）。宫殿占地 600 余公顷，由著名的造园家勒·诺特设计规划。勒·诺特结合了笛卡尔的哲学，将路易十四比喻为遍及凡尔赛园林的太阳神阿波罗，将法国定位成为西方世界的智力领袖。凡尔赛宫以宁静庄严的花园中无限延伸的中轴线设计，以太阳为中心的布局，大比例的几何构图和轴线交汇，以开阔的、强调透视的均匀和谐的整体，阐述绝对君权的政治观念，是集中制王权的符号象征。

凡尔赛宫花园雕塑的设计也暗含有深刻的政治符号寓意，以一种纪念碑的形式，表述了路易十四经历过的政权威胁和国内叛乱，并宣扬了王室的最终胜利。勒·诺特的设计“以一种明确、简单、严肃和精炼的全新形式来取代法国文艺复兴园林的那种井然有序的复杂关系，从而创造了一种有力的建筑秩序的风格，把轴线引向无限的远方，去掉了所有花园的边界。在此过程中，他也拟定了一种新的城市规划。”[①]凡尔赛宫的设计成为整个欧洲、乃至全世界的园林和城市设计的典范。

2. 俄罗斯的绝对君权的力量：从民间建筑到全盘西化

在地理位置上，俄罗斯与西欧相距较远，因而在文化发展上面两者差别较大。俄罗斯在 16 世纪末取得了民族解放斗争的胜利，建立起统一的国家。这是一场属于俄罗斯人民的、历经了几个世纪的英勇战斗而取得的伟大胜利。在这种民族自豪感和民族意识强烈的情绪鼓舞下，俄罗斯人民面向民间，抛弃了宫廷建筑一贯延续的拜占庭帝国的设计传统，也拒绝向外国引进设计的形式，希望从民间传统的设计艺术中寻找一种合适的形制，作为国家统一和民族独立的纪念碑。

17 世纪末 18 世纪初，俄罗斯在彼得大帝的统治下建立了专制政体。彼得大帝大力提倡向西欧学习，发展资本主义经济，而整个西欧以法国为代表的绝对君权下的设计艺术，自然受到彼得大帝的推崇。从此，以建筑设计为代表的俄罗斯设计艺术发生了重大变化。为了尽早与西欧文明接轨，俄罗斯经过长期

① [美] 伊丽莎白·巴洛·罗杰斯.世界景观设计 I [M].北京：中国林业出版社，2005:161.

图 3-11 冬宫

斗争，在涅瓦河注入芬兰湾的口上开始建造新首都彼得堡，而彼得堡的大型建筑设计都是西欧式的。一座拉丁十字式的教堂率先耸立在涅瓦河北岸。在彼得大帝的命令下，先造钟塔来标志一个帝国兴起的，而这座钟塔与莫斯科克里姆林宫内的伊凡雷帝钟塔和象征市民阶层的斯巴斯基钟塔的形制完全不同。

彼得大帝之后，俄罗斯继任沙皇和贵族破坏了彼得大帝改革的内容，向往奢靡的生活，开始追求具有壮丽气魄的巴洛克建筑风格。意大利设计师拉斯特列里设计了彼得堡斯摩尔尼修道院、沙皇叶凯撒玲二世的叶凯撒玲宫和冬宫（图 3-11），这些都是巴洛克风格的代表。其中叶凯撒玲宫是最重要的宫殿，室内的装饰是洛可可风格的。19 世纪初，俄罗斯成为欧洲的强国，在打败拿破仑的进攻后，凯旋门、记功柱各种主体性雕塑设计充满爱国主义情绪，反映着俄罗斯的社会变化。

3．法国的帝国风格与英国皇家风格

法国大资产阶级独吞了法国大革命的胜利果实，拿破仑于 1804 年称帝，实行独裁统治。在拿破仑统治时期，大力发展商业，为资本主义经济服务。在巴黎兴建了各种商业建筑项目和气势宏大的交易所，代表资本主义经济活动场所的交易所，具有特殊的纪念意义，采用方方正正的形体，用科林斯式柱子渲染庄重的气氛，替代了以往社会以庙宇、教堂、宫殿为主流的建筑形制，体现了拿破仑政权的历史使命。

为了纪念和歌颂对外战争的胜利，拿破仑在巴黎建造了很多具有纪念性的建筑，这些建筑都位于市中心最重要的位置。此外，拿破仑帝国抛开了启蒙思想和革命文化，并以新的思想文化和艺术风格来适应新的统治政权，这些纪念性的建筑物形成了一种“帝国风格”（图 3-12）。帝国风格是一种新古典主义设计的形式，即以古罗马帝国的文化和艺术进行装扮，甚至统治阶级的住宅、家具、服饰也都充满“复古”味道。拿破仑的御用建筑师发表言论，“无论在纯美术方面还是在装饰和工艺方面，人们都不可能找到比古代留下来的更美好的形式……我们努力模仿古代，仿它的精神、它的原则和它的格言，它们是永恒的。”① 实际上，古希腊和古罗马设计中的“自由”与“民主”，都成为了空洞的口号，在上层资产阶级心中，罗马帝国的霸权，才具有永恒的魅力，是效仿的榜样。

图 3-12 军功庙

英国是欧洲地区实现统一最早的国家。英国的君主制也具有与法国一样的专制主义色彩，在这一时期古典主义思潮影响下的宫廷建筑最能体现设计艺术与

① 陈志华 . 外国建筑史 [M]. 北京：中国建筑工业出版社，2004:251.

政治的互动，格林尼治的女王宫和泰晤士河畔的白厅都是盛行的帕拉第奥风格，将王权的尊贵与权威赋予王室建筑物。

图 3-13 白金汉宫

英国摄政时期即 1811 ~ 1820 年间，以及摄政王本人乔治四世和其弟威廉四世在位时期，被认为是向维多利亚时代过渡的时期。在崇尚艺术的威尔士亲王的统治时期，摄政风格不但保留了王室的奢侈之风，还使盛行了一个多世纪的古典主义风格达到顶峰，风格艺术主要来源于古希腊、古罗马的古典样式，但其中也混杂了古埃及、阿拉伯、日本、中国等异域文化的元素，还受到部分中世纪艺术风格的影响。该时期的建筑设计的代表作就是至今仍作为英国女王居住的王宫——白金汉宫（图 3-13）。在室内设计上，为了柔化室内石头，石膏和大理石等制品的坚硬，极其重视窗帘、垫子、椅套等织物的软装效果，使用了大量昂贵的丝、绸、缎、天鹅绒等丝织物，颜色倾向于丁香紫与硫化黄、深红与宝石绿的颜色组合，图案纹样较多印花、小花枝图案，并用垂花和边饰装饰，显得富贵华丽。

3.3 近代资本主义时期的设计思想

3.3.1 文艺复兴中的人文主义思潮

西方人文主义思潮孕育了以人为本的思想，人文主义精神在社会各个领域都有明显体现，它不但形成了资产阶级政治统治的理论基础，更为现代设计艺术的发展提供了精神和理论支持，使“为人而设计”的观念被普遍接受，为工业革命初期大众文化的萌生奠定了基础，也为设计艺术的现代发展铺平了道路。

文艺复兴期间，随着资本主义生产关系的确立，在封建割据逐渐为中央集权取代的背景下，新兴的资产阶级为了巩固和发展资本主义生产关系，带动整个新兴市民阶层，在生产技术、自然科学、思想文化等社会意识形态领域里，进行了一场反对封建专制，反对宗教神权统治的革命。新兴资产阶级联合农民和平民，与罗马教廷、封建贵族势力的反封建、反教会斗争，是这一阶段主要的阶级斗争内容。在斗争中，资产阶级将思想领域视为斗争的主要战场，并很快找到新的思想文化作为上层建筑，那就是唯物主义哲学以及古希腊、古罗马的古典文明。古典文化面对真实的世俗世界，饱含人文精神，被教会看做是瓦解政治、宗教的工具，在中世纪被禁锢了千年之久，这让资产阶级看到了前进的方向，努力使古典文化获得再生，并赋予其新的含义，为自己所生活的时代服务，同时也促成了欧洲古典文化被重新审视与发现。因此，文艺复兴运动是人类历史上伟大的思想解放运动。

在文化艺术领域，“人文价值”的确立成为文艺复兴的核心。它强调现实

图 3-14 佛罗伦萨主教堂的穹顶（上）
图 3-15 圣彼得大教堂和广场（下）

生活的意义，强调对古希腊罗马的民主、共和理念以及自我牺牲精神等高尚思想的崇拜。在设计领域中，建筑设计首先与中世纪决裂，佛罗伦萨主教堂的穹顶就是意大利文艺复兴的标志，体现了新时代的进取精神（图 3-14）。13 世纪末，佛罗伦萨商业和手工业行会从贵族手中夺取政权，充满自豪的新兴资产阶级和市民代表，选择建造一座教堂作为建造共和政体的纪念。教堂的建造脱离了宗教意义本身，成为“佛罗伦萨人民以及共和国的荣誉”。尤其是大教堂的穹顶，突破了中世纪教会的禁制，历来被教会视做异教庙宇的集中式平面和穹顶设计，被看做是在艺术设计中突破教会精神专制的开始。以当时的技术水平，建造如此巨大的穹顶是十分困难的，如果工程失败，还要受到“宗教的诅咒”，但是勇敢的工匠们锲而不舍、百折不挠，终于完成了意大利文艺复兴建筑的第一个作品，使文艺复兴运动顺利深入。

意大利文艺复兴中最伟大的设计就是罗马教廷的圣彼得大教堂（图 3-15）。受到人文主义思想的感染后，建筑师们希望在这座整个天主教世界最高的教堂的设计中，表现出进步的文化。为此，人们展开了一场人文主义思想与反对新文化、扼杀新思想的教会之间的尖锐斗争，这场斗争恰恰反映了文艺复兴的曲折，成为全欧洲具有重大意义的历史事件之一。斗争的焦点在于教堂的形制。在不同的政治、社会背景下，教堂不断经历着设计上的变化。

最初，按照文艺复兴的进步美学思想，伯拉孟特以大穹顶为中心的希腊十字式，表现了他缅怀古罗马的伟大光荣、渴望祖国强大统一的情绪，得到当时教皇的同意。随着教皇和伯拉孟特的相继去世，新教皇任命拉斐尔修改设计，必须利用旧拉丁十字式的形制，来象征基督耶稣的受难，营造宗教氛围。施工不久就受到 1517 年德国爆发宗教改革运动和西班牙一度占领罗马的政治影响，教堂的工程在混乱中停滞 20 年，新的主持设计师迫于教会压力，没能恢复成集中式，依然在整体上保持拉丁十字的形制，并在西对立面设计了一对具有哥特式教堂风格的钟塔，表现出人文主义在天主教会反改革运动中的失利。

16 世纪上半叶，是文艺复兴运动的高潮时期，当时最著名的文艺复兴大师米开朗基罗，获得教皇的认可，他以充满人文主义思想的情感，在政治环境复杂、反动势力汹涌的时刻，坚持恢复伯拉孟特的设计，并以更大更饱满的穹顶设计，创造了圣彼得大教堂“比古罗马任何建筑物都更宏大”的壮举。最后，文艺复兴运动随着意大利资产阶级经济发展的严重受挫，逐步被封建势力和天主教会联合镇压下去。17 世纪初，教皇下令拆除已经开始动工的教堂的正立面，加建一座中世纪巴西利卡式的大厅。尽管圣彼得大教堂遭到损害，但它的主体部分，经反复斗争形成的集中式的东部，将文艺复兴时代人文主义思想的伟大创造力表现得空前壮丽。“文艺复兴的第一个纪念物，佛罗伦萨主教堂的穹顶，带着前一个时期的色彩；它的最后一个纪念物，圣彼得大教堂，带着下一个时期的色彩，它们都不是完美无缺的，但它们却同样鲜明地反映着资本主义萌芽时期的历史性的社会斗争，反映着这时代的巨人们在思想原则和技术原则上的坚定性。”①

欧洲文艺复兴运动是资产阶级在政治意识形态领域里，进行的一场反对封建制度、反对神权统治的革命。在这个过程中，资产阶级思想家提出了他们的民主观、平等观、自由观、主权学说、分权学说等政治原则和政治思想。文艺复兴时期的人文主义思潮对欧洲思想启蒙运动有着深远的影响，在人文关怀以及对正义的追求推动下发展起来的现代民主思想，即自由、平等和人权，形成了西方政治文明的核心内容。激励着设计为大众服务的意识，对现代艺术设计的发展起到巨大的推动作用②。

3.3.2　启蒙运动与法国大革命后的新古典主义与浪漫主义

18 世纪末到 19 世纪中期，欧美国家率先完成了资产阶级革命。这一时期是西方政治学的繁荣时期，以法国为中心，伏尔泰、孟德斯鸠等一大批资产阶级启蒙思想家代表资产阶级的各个阶层，从理性和人性论出发，批判宗教迷信和封建制度的永恒论，提出了社会契约论、天赋人权论等民主理论。其核心思想只有一个，那便是“自由”、“平等”、“博爱”的资产阶级人性论，这便是轰轰烈烈的启蒙运动。启蒙运动是西方文明史上的一座里程碑，是继文艺复兴以来，欧洲的一次意义重大的思想革命，文艺复兴的人文主义传统在启蒙运动中得到了继承和发扬，将自由、平等民主观念以理性的方式提升到前所未有的高度，得到更为广泛的传播，使各个阶层的民众受到普遍的思想教育和洗礼，进一步推动了西方社会的民主化进程。

1. 新古典主义设计

18 世纪以前的设计活动主要是基于手工业为中心的活动，服务的对象，也仅仅是权贵和上层贵族阶级。为了满足他们奢华的要求，在设计上自然出现矫揉造作、纤巧华丽的风气，如巴洛克、洛可可风格等。随着资产阶级逐步成为社会政治统治阶级，他们要求在人们心理上扶持起斗争的勇气和对美好社会的向往。繁缛不堪、荒诞不经的洛可可风格引起资产阶级的厌恶，认为它们是专制制度的代表。出于政治上的需要，资产阶级企图利用历史样式，从古代遗产中寻求思想共鸣。

“新古典主义”是一种艺术风格的名称，它所指的是公元 18 世纪末至 19 世纪初在欧洲流行的一种崇尚庄重典雅、带有复古意趣的艺术风格。公元 18

① 陈志华 . 外国建筑史 [M]. 北京：中国建筑工业出版社，2004:172.
② 唐济川 . 现代艺术设计思潮 [M]. 北京：中国轻工业出版社，2007:10.

世纪后半期，已陷于繁缛不堪，甚至荒谬怪诞的洛可可艺术已引起了人们的厌倦。于是，古希腊罗马时期的英雄便成了他们推崇的圣贤和偶像，以至对古希腊罗马时期的一切文化遗产的兴趣都增强了。同时，罗马古城赫克拉尼姆和庞贝重见天日，从而在整个欧洲都掀起了研究罗马古典艺术的热潮。

另外，德国美术史家温克尔曼的理论著作《希腊艺术摹仿论》和《古代美术史》也在法国引起了强烈反响。法国艺术家提出的“高贵的单纯和伟大的静穆”为古典主义的标准，进行了一系列的题材和形式的变革。具体地讲，就是以古典主义的庄重典雅和单纯实用代替了洛可可的那种矫揉造作、纤巧华丽的脂粉气。公元 19 世纪前半期的欧洲工艺美术以新古典主义为主要流行样式。在法国，集中体现在大革命时期；在英国，多指摄政时期；在意大利流行时间较长，几乎反映在整个公元 19 世纪的工艺美术中；在西班牙和德国则以公元 19 世纪初期为主。新古典主义时期工艺美术风格反映了新兴资产阶级的审美意识，对浮华的洛可可风格进行了修正，对古典艺术进行了新的挖掘和揭示。它的出现标志着没落的宫廷艺术即将进入尾声。新古典主义工艺风格的出现，给繁缛奢华并充满着脂粉气的洛可可式工艺风格所笼罩的欧洲，带来了一股清新的装饰风。从某种意义上讲，它也是一种“文艺复兴”。

新古典主义工艺风格的产生，使人们有机会冷静地回顾并温习了古希腊罗马艺术的真谛，从中领悟古典艺术的品位和魅力，体验古典艺术的美学思想和艺术法则。对新兴市民阶层的审美观念和文化意识产生了很大的影响。新古典主义工艺风格的形成，为欧洲现代工艺和现代设计的产生奠定了良好的基础，它以崭新的审美观念和工艺美学思想构筑了通向现代工艺设计的道路，它是欧洲现代工艺与现代设计的前奏。

美国设计家、装饰艺术家路易斯·康福特·蒂法尼（Louis Comfort Tiffany 1848—1933）生于金银首饰制作世家，从小即对装饰艺术产生了浓厚的兴趣。公元 1879 年他成立了以自己的名字命名的装饰艺术公司，以室内和家具设计为主，取得了巨大成功。后曾接受美国总统府的委托，负责部分室内及家具设计。公元 1880 年他对玻璃器皿的设计和制造产生了巨大的兴趣，不久即创制了一种新型玻璃工艺，并取得专利，称为法维列玻璃。利用这种工艺生产的玻璃不仅能在表面形成犹如锦缎般的光泽，而且仿佛将各种美丽的色彩注入了玻璃，形成彩虹般的效果。正如这件孔雀花瓶，虽形似展屏的孔雀，但那流动的线条、梦幻般的色彩绝非自然界那美丽的生灵所能媲美的，立即成为欧美最为流行的玻璃制作工艺（图 3-16）。

图 3-16　孔雀花瓶　路易斯·康福特·蒂法尼

法国是欧洲资产阶级革命的中心，也是古典主义复兴运动的中心。早在法国资产阶级革命的胜利初期，革命者曾向罗马共和国借用英雄的服装，促使服装的款式发生急剧变化。平民男子将裤管加长至踝部，有别于贵族阶级的马裤。

图 3-17　法国大革命时期革命者的服装（左）
图 3-18　美国国会大厦(右)

男子的服饰普遍趋于宽松，改变了欧洲男子紧身裤、长筒袜的历史，体现了划时代的意义（图 3-17）。讴歌贵族文化达三百年之久的华丽、夸张服饰，遭受到革命的平民百姓的唾弃，取而代之的是与他们所理想的社会极为相配的简朴服装，与夸示贵族社会富饶、丰裕、典雅、优美的款式有极大的差异，进而促使注重自由与平等的平民社会，漠视权势，确认了自然之美的价值。[①]

出于鲜明的政治目的，新古典主义在建筑方面的作品较多，主要的建筑类型是作为“政治意图的彰显”和“国家的象征”的国会建筑。其次，是为资产阶级政权与社会生活服务的法院、银行等公共建筑和纪念性建筑。在美国独立战争之后，美国为了摆脱“殖民时期风格”的烙印，在缺少本国历史文化的背景下，也只能向希腊、罗马的古典文明致敬，用象征民主共和的古典文化，去表现自由与民主、光荣与独立，寻求其政治的合法性，使得以罗马样式复兴为主的古典建筑风格在美国得到突出的艺术表现。其中，以美国国会大厦的建筑设计最具代表性（图 3-18）。1792 年乔治 · 华盛顿盛赞建筑设计师威廉 · 桑顿的新古典主义设计“庄重、简单、实用”。1803 年，在当任总统托马斯 · 杰斐逊写给本杰明 · 拉特罗布的信中写道：“我想，当这项工作完成时，它将是我们年轻的共和国永远铭记并值得荣耀的纪念碑，它将和古希腊、古罗马共和国的遗迹一样，共同闪耀着光辉。”[②]事实正如所愿，美国国会大厦作为美国政府体制和美国人民民主观念的象征，被称为“自由的殿堂”，成为世界上最知名的建筑之一，而它的古典主义形式，使华盛顿被称为“第二个罗马”，这种所指具有形式和内容上的双重含义。

新古典主义在古典主义形式下包含的民主理想与民主观念，是新兴资产阶级超越了单一民族的认同、对古希腊民主和古罗马共和辉煌的一种诉求，虽然无法超越文艺复兴艺术成就的高度，但“它还是忠实地代表了启蒙运动的理想，也就是寻求一个由理性和公平来统治的更好的世界和卢梭所表示的回到更加简

① 诸葛铠 . 设计艺术学十讲 [M]. 济南：山东画报出版社，2006:205.
② [美] 迪耶 · 萨迪奇 . 建筑与民主 [M]. 上海：上海人民出版社，2006:32.

朴和纯真去的愿望”。[①] 新古典主义对西方的政治实践和政治艺术表现产生了持久而深远的影响，提醒着西方民主社会的根源。

2．浪漫主义和折中主义符号

18 世纪下半叶到 19 世纪上半叶的浪漫主义的产生有着复杂的社会背景。浪漫主义最早出现于英国，带有反抗资本主义制度与大工业生产的情绪，是 18 世纪席卷欧洲的启蒙运动的直接结果。在哲学和政治领域，浪漫主义导致民主思潮的普及，成为欧洲文化生活的主流。

浪漫主义有着积极的一面，它强调人的个性与人的情感，体现人性的真正解放和自由。但是，浪漫主义也有消极的因素。在新的社会环境下，它反映了小资产阶级和没落贵族对改良社会环境、构建理想社会的探索，也夹杂着对现实社会的逃避。在这种矛盾的情绪下，浪漫主义既有对中世纪传统文化艺术的崇尚，又包含对古典艺术的对立和抗衡。在保持民族传统的同时，还表现为追求东方异域的情调。

而折中主义是一种不折不扣的混合与糅杂主义，在欧洲各个时期的设计风格以及埃及、印度、中国包括伊斯兰文明的设计元素都可以在折衷主义中找到。英国布赖顿皇家别墅的形式参照了印度伊斯兰教的礼拜寺，更有一些建筑在园林设计上出现了东方的建筑小品，营造“写意园”，代笔人物为有着“诗人的感觉和画家的眼睛”的布朗，和宣称在中国园林可以看到“高兴、忧伤及种种幻想”的钱伯斯，尤其是后者在伦敦的丘园（皇家植物园）实施了中国化的园林，甚至在园中建造了一座中国寺庙和一座十层高的宝塔。钱伯斯的作品在国外园林中与洛可可风格相结合，形成了“英中式园林”。

3.4　西方现代设计艺术思潮

社会的流行思潮是纷繁复杂的，它几乎涉及人类社会生活的全部领域。流行思潮反映了艺术设计与社会生活之间紧密互动的关系，是一种颇有特色又普遍存在并持续不断变化的文化现象，是一种不断更新又不断重复的社会群体行为。如果将它视为一种广义的文化现象，流行思潮主要出于三个层面：其一是造物层面的时尚，它包含以衣食住行等诸多与人生活息息相关的造物设计方面的流行时尚；其二是行为层面的时尚，通常是以人的群体行为方式出现；其三是观念层面的时尚，它包括大众思维方式、社会思潮以及接受方式等与流行相关的各种时尚现象。

艺术设计与流行思潮是互为表里的一个整体，艺术设计必须与流行思潮相结合，否则就将失去市场，而流行思潮又必须通过艺术设计的形式予以表达。艺术设计与流行思潮是不可分割的，流行思潮与艺术互为一体，从艺术设计的角度来看，设计师既是时尚的引导者又是时尚的“制造”者，他们的观念和对

① [英] 阿伦 · 布洛克 . 西方人文主义传统 [M]. 北京：生活 · 读书 · 新知三联书店，1997:106.

图 3-19 红屋 莫里斯

事物的态度决定了他们设计风格的取向，而这些风格体现在具体的商品形态上，并通过这些商品的形态特点，影响或决定着流行时尚的风貌和趋势。

西方现代设计艺术思潮总结有下列几种。

3.4.1 英国工艺美术运动

以现代主义设计作为里程碑，19 世纪中叶至第一次世界大战的这段时期是现代主义设计之前的阶段，称为“前现代主义时期”。社会主义最早在 1830 年前后出现于西方，起初是人类摆脱剥削压迫的理想，而后逐步发展成对资本主义批判和对未来社会的描述，由学说发展成为政治理论，并随着时代的变化，内涵不断深化，由空想社会主义发展到科学社会主义。

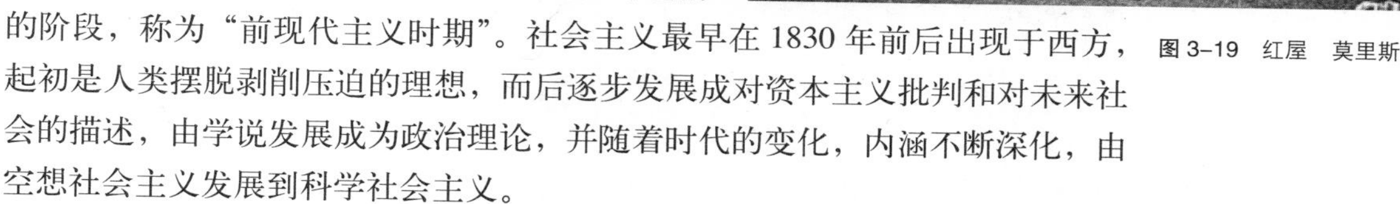

这一时期的有识之士开始对设计一直为权贵服务的思想进行批判和反思，自由、平等的民主思想，使设计开始思考转向为普通民众服务。英国工艺美术运动的理论先驱拉斯金，是一位早期的社会主义者，他的设计理论就具有强烈的社会主义民主色彩。他强调设计的民主特性，强调设计为大众服务，主张美学家转向产品的设计，反对精英主义设计。“以往的美术都被贵族的利己主义所控制，其范围从来没有扩大过，从来不去使群众得到快乐，去有利于他们。与其生产豪华的产品，倒不如做些实实在在的产品为好。请各位不要再为取悦于公爵夫人而生产纺织品，你们应该为农村中的劳动者生产，应该生产一些他们感兴趣的东西。”[①]他对设计提出了一系列要求和准则，主要体现在对简单质朴的自然形态、自然风格的追求和忠实于材料本身的传统上。

莫里斯的设计思想，也受到拉斯金的民主主义、社会主义思想很大的影响，他积极参与英国社会主义运动，为创造“平等的”、“没有剥削和压迫”的社会努力奔走。他在设计上强调设计的服务对象，不希望只为少数人服务的艺术，要“产品设计和建筑设计为千千万万的人服务”，并将设计看做是寻求社会进步和改善劳动者生存状态的重要途径。他说“我所理解的真正的艺术就是人在劳动中的愉快表现，设计作品是为人民所创造、又为人民服务的，对于创造者和使用者来说都是一种乐趣”[②]。在创作中追求质朴清新的艺术风格（图 3-19），并使自己的企业获得了巨大的成功。然而他自己的努力无法去影响社会变革，对工人阶级的权益和保障都没有行之有效的建议，只能去号召摒弃资本主义生产关系，倡导手工业的复兴，到最后，莫里斯对理想社会的向往只能更加具有乌托邦色彩。

从本质上来说，它是通过艺术和设计来改造社会，并建立起以手工艺为主

① 王受之．世界现代设计史 [M]. 北京：中国青年出版社，2002:54.
② 翟墨．人类设计思潮 [M]. 石家庄：河北美术出版社，2007:181.

图 3-20　莫里斯的室内装饰设计（左）
图 3-21　新艺术运动家具设计（右）

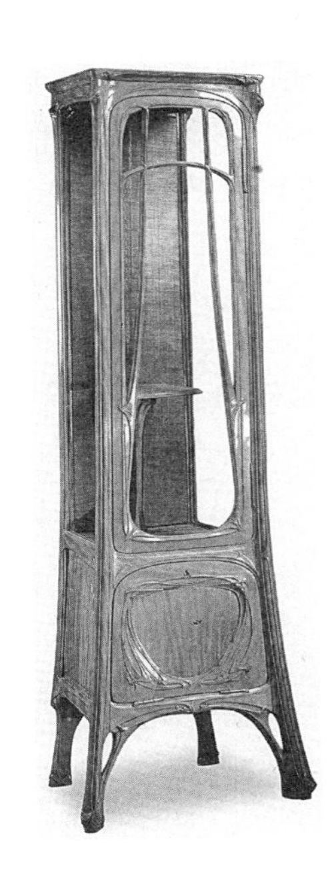

导的生产模式，工艺美术运动不是一种特定的风格，而是多种风格并存。并主张美术家从事设计，提出了“美与技术结合”的口号，主张“师承自然”，反对“纯艺术”，创造出了一些朴素而实用的产品（图 3-20）。

许多美国设计师都受到英国工艺美术运动的影响，并认为这种风格的设计可以展现民族传统的精神，赖特（Frank Lioyd Wright）是运用工艺美术运动理念设计的一位伟大的建筑设计师，他综合应用了东西方影响，并具备利用天然材料的纯熟技巧，使他的设计与周围的环境和谐统一。工艺美术运动在追求质量可靠、形式简练的同时，还追求产品和装饰的道德价值，工艺美术运动代表了一种社会行为，艺术家们都怀着改造社会的理想主义思想。

3.4.2　新艺术运动

19 世纪末 20 世纪初，欧洲艺术家们所创造出来的与人们实际生活相关的新的艺术形式被称为“新艺术”（Art Nouveau）。1896 年巴黎开设了一家名为“新艺术”的商店，专门出售这种新艺术风格的产品，“新艺术”由此得名。这是一种代表着时代特色的新的艺术风格和新的艺术形式。新艺术运动其动机主要有两个方面：一是与历史主义决裂，打破旧传统的束缚，创造出适合时代需要的新形式；二是与自然主义划清界限，针对当时自然主义对自然简单的、生搬硬套的形式模仿，提出设计应该表现自然界所蕴含的内在规律和旺盛的生命力，真正把握自然、理解自然。而这种艺术形式也确实是一种新风格，虽然它带有欧洲中世纪艺术和 18 世纪洛可可艺术的造型痕迹和手工艺文化的装饰特色，但它同时还带有东方艺术的审美特点以及对工业新材料的运用，包含了当时人们对过去的怀旧和对新世纪的向往情绪，成为体现出时代特色的艺术形式。

新艺术运动的内容几乎涉及所有的艺术领域，包括建筑、家具（图 3-21）、服装、平面设计（图 3-22）、书籍插图以及雕塑和绘画，而且和文学、音乐、戏剧及舞蹈都有关系。这一运动带有较多感性和浪漫的色彩，是新的审美观念的产物。新艺术运动从自然界中吸取灵感，采用各种动植物的纹样作为装饰的题材，主张用华美精致的装饰设计来展示新的社会发展和时代精神。新艺术运动在欧洲产生了强大的冲击力，为新的设计形式的萌发和创造开辟了道路。

“新艺术”一词成为描绘 19 世纪末 20 世纪初的艺术运动、以及这一运动所产生的艺术风格的术语，它所涵盖的时间大约从 1880 ~ 1910 年，跨度近 30 年，是指在整个欧洲展开的装饰艺术运动。新艺术运动展示了欧洲作为一个统一文化体的最后辉煌。其产生的社会根源有多方面的因素，最主要的影响是莫里斯倡导的“艺术与手工艺运动”。艺术与手工艺运动中的许多宗旨成为了新艺术遵循的原则，如采用自然的纹样作为装饰的主题，装饰应该适度。新艺术和艺术与手工艺运动不同的是，新艺术运动并不反对机械生产，相反的，它能够逐渐地接受机械化的变革，是新艺术运动成为连接现代设计运动的桥梁。

1890 年至 1910 年，新艺术运动在欧美盛行，这是一种装饰风格的艺术。新艺术运动以英国、法国和比利时为中心，波及德国、奥地利、意大利、西班牙、美国。“新艺术”在各国呈现出不同的特点和风格，这一名词是多种风格的集合体。既有非常朴素的直线或方格网的平面构图，也有极富装饰性的三维空间的优美造型。新艺术在本质上仍是一场装饰运动，新艺术装饰风格的主要特点是崇尚自然，经常运用曲线线条加以自由大胆的想象，这些线条大多取自自然界中具有优美曲线的形体，以表现动植物发展的内在过程。

图 3-22 新艺术运动海报设计（上）
图 3-23 霍塔旅馆 霍塔（下）

比利时和法国是新艺术运动的主要发源地。最著名的设计师是威尔德，主要从事平面和产品设计。他的设计讲究功能性，装饰以曲线为主，考虑了整体的效果。1908 年他出任魏玛工艺学校校长，即包豪斯的前身。在设计中，他坚持以理性为自己设计的源泉，并且借助合理的装饰为功能服务。

比利时另一位新艺术运动的大师是维克多·霍塔。他在建筑与室内设计中经常使用相互缠绕以及螺旋扭曲的线条。1893 年他在布鲁塞尔都灵路 12 号设计了“霍塔旅馆”（图 3-23），设计中到处充满着难以言喻的曲线美，葡萄藤蔓的枝条以及矛盾对立的线条形成了旋风似的装饰，各个小的细节都精心设置，以满足整体风格的延续。在这所建筑中霍塔还探索使用钢材的一切可能性，使结构、材料和装饰融会贯通，从而成为新艺术设计中最为经典的作品。

法国的新艺术设计追求华丽、典雅的艺术效果，这是法国一贯崇尚的古典

图 3-24　银制花篮　霍夫曼（上）
图 3-25　艺术装饰风格运动项链（下）

主义设计传统和象征主义结合的产物。巴黎和南锡是新艺术的集合地，在巴黎最有名的有萨穆尔·宾创建的“新艺术之家”和“六人集团”。“新艺术之家”中的设计师盖德拉设计了一整套的家具和室内陈设并参加了巴黎世界博览会。这套设计结构稳重，以弯曲多变的植物自由纹样作为装饰主题，集中体现了法国的新艺术风格。“六人集团”中最著名的设计师是吉马德（Hector Guimard，1867-1942），他是法国新艺术的代表人物。他作为法国新艺术运动重要成员，进行设计的重要时期正是 19 世纪 90 年代末至 1905 年间。吉马德最有影响的作品是他的巴黎地铁设计——“地铁风格”。他在 1900 ~ 1904 年间为巴黎地铁设计了 140 多个不同形式的出入口，这些出入口均采用金属铸造技术，形成金属结构的植物枝干和卷曲的藤蔓，玻璃的透明顶棚则模仿海贝的形状，是典型的新艺术设计的作品。南希学派在新艺术设计中最具有特色的是家具设计和灯具设计。著名的设计师盖勒以自然作为设计的源泉，在装饰上主要采用动植物作为题材，并且主张家具设计的主题与其功能应该吻合。

作为新艺术风格的代表，奥地利的维也纳分离派具有重要的影响。分离派的设计语言简洁明快，尽量用简单的直线描绘自然形态，注重几何造型的使用，更趋于现代感。设计家霍夫曼是分离派的核心人物（图 3-24），他于 1903 年成立了“维也纳工作同盟”的设计集团。

在整个新艺术运动中西班牙建筑师高迪（Antonio Gauti，1852-1926）是最富天才和创新精神的人物。他极力使雕塑艺术渗透到三维空间的建筑之中去，有浪漫主义的幻想，与比利时的新艺术运动有很多相似之处。

3.4.3　装饰艺术运动

装饰艺术运动是流行于 20 世纪 20 ~ 30 年代的一种折衷主义的艺术风格，它力图使手工艺与大工业生产相结合，既避免机器条件下批量产品的单调和乏味，又避免了过渡繁琐的不适当的装饰，从而创造出符合公众需要的、富有生活情趣的现代产品。

装饰艺术运动它是于 1920 年在巴黎首度出现的。在此之前，这种风格已出现在维纳·威克斯塔（Wiener Werkstatte）和意大利家具设计师卡罗·比加提（Carob Bugatti）的作品中，它使自然形式带有古典主义色彩。它从古埃及文明、部落艺术、超现实主义、未来主义、构成主义、前古典主义、几何抽象主义、流行文化和现代主义运动中汲取了丰富的营养。它既是一种艺术设计运动，又是一种装饰风格，它影响了艺术设计和装饰设计诸多领域，如家具、珠宝、书籍装帧、玻璃陶瓷、金属工艺（图 3-25）等。尤其是在家具设计上，出现了很多优秀的作品。家具设计抛弃了奢华繁缛的装饰，开始倾向于一种简洁明快的风格。在不完全摒弃装饰的情况下，设计日趋单纯与简练，形成了特色。

1900 年的巴黎国际博览会上，新艺术受到了法国人的推崇，很快在整个法国掀起了新艺术风格的狂潮。1905 年，当新艺术逐渐失去了吸引力以后，法国大众对实用艺术的兴趣并未减弱，他们开始到 18 世纪末的艺术中去寻找灵感，并由此酝酿一种新的风格的形成。1910 年，法国的“装饰艺术家协会”成立，协会定期举办秋季展览和沙龙，为设计师和手工艺师提供展览和交流的场所。第一次大战以后，装饰艺术风格在法国得到了飞速的发展，成为了设计中一种时髦的样式。1925 年在巴黎举行了国际装饰艺术和现代工业产品展，包括“新精神之屋”和“赫尔曼收藏旅馆”，使装饰艺术运动发展进入了一个高峰。在这次博览会上，许多设计都采用了具有异国情调的材料和富丽豪华的装饰，并且将现代主义设计中推崇的几何因素糅和在一起，发展出一种新的美学样式，艺术装饰风格成为区别于新艺术的现代标志而广为流传。

图 3–26　洛克菲勒中心的建筑装饰　保罗·富兰克

在欧洲，艺术装饰运动的造型语言表现为放射状的线性装饰和金字塔的阶梯状结构。英国设计师大胆地摆脱了传统设计观念的束缚，采用新的风格和新的设计语言，使得艺术装饰风格在保守的英国大受欢迎。斯波特公司在 20 世纪 30 年代设计生产了一系列颇具艺术装饰风格的餐具、茶具，色彩以银色、米黄色为主调，造型趋向简洁的几何形。设计师克拉里斯·克里夫设计的陶瓷系列，如“花园”系列、“德里西亚”系列、“怪诞”系列，都具有艺术装饰典型的几何语言。20 世纪 30 年代英国著名的维奇伍德陶瓷工厂生产了大量的物美价廉、面向大众的瓷器，采用几何图案，色彩淡雅飘逸。

1925 年后，这种风格在除欧洲大陆外，还在英国、美国等国的设计师的作品中体现出来。艺术装饰运动形成了独具特点的“爵士摩登”风格，它豪华、夸张、迷人、怪诞，传入美国，与美国的大众文化相融合，主要表现在建筑设计和产品设计两方面，尤其受到美国设计师如保罗·富兰克的认可，他的摩天大楼式的家具就是艺术装饰建筑的最佳体现。在建筑设计上，一系列的大型建筑物都是艺术装饰风格的产物，如帝国大厦、洛克菲勒中心大厦（图 3-26）、克莱斯勒大厦等，这些建筑一方面采用了金属、玻璃等新型材料，一方面采用了金字塔形的台阶式构图和放射状线条来处理装饰，如在建筑立面上的棱角和装饰化的细部处理。装饰艺术运动的设计风格喜欢采用带有古典意味的符号、花饰和有凹槽的柱子，装饰化的花卉纹饰和巴洛克式的卷曲花纹取代了新艺术风格中的装饰的奢华和繁缛。

3.4.4 美术革命

立体派产生并形成于第一次世界大战前夕的法国，它主要表现在美术革命中，美术中的立体派把体和面的表现放在艺术表现的首位，这一派的画家，他们要打破传统的时空概念，在艺术中表现不受时间、空间限制的物象，它的基本原则是用几何图形（圆柱体、圆锥体、立方体、球体等）来描绘客观世界，要在平面上表现长度、宽度、高度与深度，表现物体内在的结构，他们把自然形体分解为几何切面，立体主义的代表画家是毕加索（图 3-27）。

图 3-27　"立体主义" 茶壶

未来主义（Futurism）对资本主义的物质文明大加赞赏，是出现于意大利的一个文学艺术思想流派。未来派画家强调表现感情的爆发，对未来充满希望，未来派在画面上表现瞬间的连续性，表现飞速的运动，用无约束的构图、狂乱的笔触、色彩、线条表现"动感"、"力感"、"速度感"。未来派美术的特征在波菊尼的《城市在升起》、《回廊中的动乱》，卡拉的《无政府主义者加利的葬礼》，巴拉的《汽车的速度和光》等作品上都有所表现。

3.4.5　俄国的构成主义

第一次世界大战以前，俄国已经有了抽象艺术的实践，如马列维奇在 1913 年发表了至上主义的纯抽象绘画，其中有一幅作品《白底上的黑色正方形》在艺术界引起极大的反响。后来，一批艺术家和设计师对现代艺术设计的形式进行大胆的探索，他们积极追求符合工业社会精神的艺术语言，歌颂机器生产，对批量生产和现代化的工业材料赞赏不已，提倡用工业精神来改造社会，俄国的构成主义终于诞生了。构成主义者自称艺术工程师，他们热衷于采用钢材、塑料、玻璃等现代材料，用机械的几何形式来展现新时代的主题，从而创造了一种新的艺术形式和新的美学观念。构成主义的设计理念对现代设计产生了巨大而深远的影响，包豪斯的教学方法就深受构成主义的启发，构成主义最有名的作品当属建筑师塔特林创作于 1919 年的第三国际纪念塔。按照设计，这座塔塔高 400 米，比法国的埃菲尔铁塔还要高。纪念塔完全采用钢铁作为主要的结构材料，造型上是简洁的螺旋上升的几何形状，表达了一种坚定向上的政治信念。

3.4.6　风格派

风格派（De Stijl）是活跃于 1917 ~ 1931 年间以荷兰为中心的一场国际艺术运动。这个国际性的艺术设计运动在设计艺术的舞台上占据着重要的地位，它起源于立体主义运动，最终成为一个纯粹的抽象运动，深刻的影响着 20 世纪的建筑设计和产品设计。

1917 年 10 月，一批荷兰的设计师、艺术家出版了一本叫《风格》的杂志，风格派由此得名。这个组织以杜斯博格为领导，最初还包括蒙德里安，是一松散的艺术组织，成员之间主要依靠 1917 年在荷兰莱顿创刊的《风格》杂志来进行艺术思想的交流。主编杜斯博格在比利时、意大利、德国游学时不遗余力地宣传风格派的理念。风格派的艺术主张是绝对抽象的原则，它摒弃了传统的造型形式，力图创造出一种与宇宙精神和规律相契合的抽象语言，它的成员还设计了许多颇具影响力的家具、室内摆设、织物、平面图形和建筑。

风格派认为艺术不应该与自然界的物体发生联系，而应该用几何形象的构图和抽象的语言来表现宇宙的基本法则——和谐。在建筑、产品、室内等各个设计领域，风格派都使用着一种和谐的几何秩序来进行艺术创作，这种抽象的倾向，对后来的艺术和设计有着持久的影响（图 3-28）。风格派号召艺术设计

图 3-28 室内透视图 杜斯博格（左）
图 3-29 红蓝椅 里特维尔德（右）

采用抽象立体主义，注意净化。“风格”艺术年鉴的成员认为对“真诚”和“美”的研究无疑会给人类社会带来和谐和启发。风格派的中坚力量有蒙德里安和里特维尔德。蒙德里安是一位把客观的抽象艺术理论发展到极致的画家，他的绘画深受毕加索、波拉克等立体主义绘画大师的影响，非常重视画面的结构。

蒙德里安在 1915 年结识了通神论哲学家舍恩·马克思，并且拜读了其著作《造型数学原理》和《世界的新形象》。舍恩·马克思关于线条与色彩的象征意义和宇宙的数学结构理论，对蒙德里安绘画风格的发展具有决定性的影响。1917 年他在《风格》杂志创刊号上发表了风格派纲领性的文章《绘画中的新造型语言》，1920 年又在法国发表了重要文章《论新造型语言》，所以风格派又被称为新造型立体主义。蒙德里安认为绘画的本质是线条和色彩，只有用最简单的形式和最纯粹的色彩才能构成具有普遍意义的永恒艺术。蒙德里安的绘画语言仅限于最基本的要素，即在线条上是垂直线和水平线，在色彩上是红、蓝、黄三原色和黑、白、灰三种和谐色系列，他称这种语言为“新造型艺术”。蒙德里安的著名作品《红黄蓝的构图》就是他理论的重要实践。里特维尔德（Cerrit Rietveld）的红蓝椅（图 3-29）揭示了风格运动的哲学精髓，并于 1923 年在包豪斯展出。他的红蓝椅、柏林椅和茶几成为现代设计史上经典之作。红蓝椅是用机器预制的彩色木块做成的，椅子的结构由 13 根互相垂直的木条组成，结构间的连接采用了螺丝以保护结构的完整。座垫为蓝色，靠背为红色，黑色木条的断面被漆成黄色，它引起人的无限想象。整件作品用最简单的形和最原始的颜色表达了深刻的造型观念，它既是一件产品，又是抽象的典范，这个独一无二的形式成为现代主义设计的里程碑。

“风格”的设计师和建筑师都有运用强烈的几何形式和色块来分割空间的特点，线条的应用使风格派富有动感和装饰性，这种精神化的方法极大程度地影响了现代运动的发展。风格派设计出具有特色和普遍的视觉语言，这种颜色丰富、形式新颖的语言出现，极大冲击了传统的纯美术和装饰艺术。

3.4.7 流线型设计

流线型设计风格是随着工业社会科技的发展，以美国为中心流行起来的一种设计风格。这种外形能够符合空气动力学的原理，呈现出一种流线型，在运动中能够得到更快的速度。流线型设计最早是用在 20 世纪交通技术上，它不

图 3–30　美国流线型火车　米斯特 · 史密斯

仅运用于功能改进上，还用在家居产品上，从电熨斗、电冰箱乃至所有的家用电器，都采用了这种表面光滑、线条流畅的形式，这些产品对消费者具有更大的吸引力。新型的塑料材料和金属模压成型方法的运用，使得流线型设计的推广成为可能，流线型设计是对于圆滑和“泪滴形”的语言进行应用。20 世纪初，“泪滴形”已经成为阻力最小的形状而被人们广为接受。1921 年德国的工程师加雷在风洞中试验流线型汽车模型的空气动力学特性，为这种形式的科学性提供了依据。美国的汽车制造业开始广泛采用这种形式，并且使流线型成为了深受大众欢迎的时尚样式。

流线型设计风格在本质上是一种“样式设计”，它之所以大受欢迎，是因为它迎合了消费者追求新奇的心理，与市场的需求相契合，满足了大众多层次的需求愿望，从而对现代设计产生了极大的冲击力。流线型的象征是时代的产物，带有强烈的现代气息。它与现代设计中的未来主义和象征主义一脉相承，通过设计象征了工业时代的精神，表达了对技术和速度的赞美。最典型的设计有赫勒尔设计的订书机，外形像一只蚌壳，宛如一件纯形式的作品。

流线型把设计作为促销的手段，从而迎合了大众的审美趣味，流线型的情感价值超过了其实用的功能价值，具有强烈的商业意味。设计师可以为诸如电冰箱，吸尘器、收音机、照相机、电话等创造出光滑的现代造型。美国的流线型设计最广泛应用在机车工业上（图 3-30）。

1934 年，克莱斯勒汽车公司设计生产了“气流”型轿车，是按照空气动力学的原理设计的。1934 年，奥地利设计师列德文克设计了流线型塔特拉 V8-81 型汽车，被认为是 20 世纪 30 年代最杰出的汽车之一。在飞机设计上，随着金属材料的改进、结构工艺和技术手段的发展，流线型风格为飞机设计带来了革命性的影响，如道格拉斯 DC1、DC2、DC3 的设计，都获得了极大的成功。40 年代流线型设计广受欢迎，许多美国设计师因此而出名，如罗维、盖迪斯、德雷福斯等。

3.4.8　反设计运动

反设计运动拒绝现代运动的理性成分，反设计者尝试在设计中实现个人创造性的表现，超现实主义是反设计者让人看到的第一个例子，它影响了如卡罗 · 莫理洛（Carlo Mollino）这样的反理性设计师，反设计在 1960 年前有几个激进设计小组在意大利成立。这些组织如 ARCHIZOOM、SUPERSTUDIO、UFO、GRUPPO STRUM 等。

在这一段时间，有很多设计师都置身于这项运动中，反设计改革者与阿其米亚工作室（STUDIO · ALCHIMIA）合作，拒绝正在蔓延的保守主义，致力于把自发性、创造性、建设性带回到设计中来。在阿其米亚工作室，设计的功能意识被大众文化、政治内涵所代替。1980 年意大利孟菲斯设计集团和美国现代主义批评者的出现，提倡多样性而非单纯性，反设计向主流设计进军，很多消费者在购买商品时，都把设计师的名字放在首要考虑的地位。

图 3-31 巴黎蓬皮杜中心 皮阿诺和罗杰斯（上）
图 3-32 波普拼贴画 理查德·汉密尔顿（下）

3.4.9 高技术风格

“高技术风格”（High-Tech）是与新现代主义平行发展的一种工业设计风格。高技术风格在设计中采用高新技术，在美学上力求表现新技术。“高技术”风格最先在建筑学中得到充分的发挥，并对工业设计产生重大影响。英国建筑师皮阿诺（Reuzo Piano）和罗杰斯（Richard Rogers）于 1976 年在巴黎建成的“蓬皮杜国家艺术与文化中心”是其中最为轰动的作品（图 3-31）。

“高技术”风格在 20 世纪 60 ～ 70 年代曾风行一时，其影响一直波及到 20 世纪 80 年代初。但由于“最低底线的装饰”和“过度的对技术与时代的体现”，“高技术”风格显得淡漠而缺乏人情味。

3.4.10 波普设计

波普设计出现于 20 世纪 50 年代，又称流行艺术、通俗艺术、新达达主义，代表着流行与大众化的品味，它的鼎盛时期是 20 世纪 60 年代，主要活动中心在英国和美国，它代表着 60 年代工业设计追求形式上的异化及娱乐化的表现主义倾向。波普艺术的设计师在现实社会寻求发展，他们把现实生活中最常见的东西搬入艺术，以大众商业文化为基本特色的波普艺术应运而生。在现代设计师中，第一件波普艺术手法的作品，是英国画家理查德·汉密尔顿剪接拼贴的《到底是什么使得今天的家庭如此不同，如此有魅力？》（图 3-32）。该画表现的是一个现代公寓中的一个场景：一个傲慢的裸体女郎和他的配偶；室内摆放着大量现代生活产品：沙发、电视，台灯、录音机、广告画等，画中所有的东西都用本来毫不相干的印刷品剪接拼贴而成。后来，1961 年，英国的一批青年艺术家举办了《青年同代人专栏》，展出了大量的实物拼贴、综合而成的新型作品，这次展览宣告了波普设计艺术在欧洲流行的开始。

波普艺术的手法是利用现成的工业、商业产品。从饮料、化妆品的广告、商标、电影宣传画，到汽车灯、车窗、家用电器等，把它们加以改造、加工，然后重新组合和拼贴，赋予一定的社会思想意义，由此构成一件新的艺术作品。

艺术家理查德·汉密尔顿（Richard Hamilton）、雕塑家保罗兹（Eduardo Paolozzi）和设计批评家班哈（Eyner Bnham）和建筑师斯密森（Peter · Alison · Smithson），他们是第一批探索和促进美国大众消费文化的设计师。20 世纪 60 年代，美国的艺术家如安迪·沃霍尔（Andy·Warhol 1928-1987）、克莱斯·欧登伯格（Claes · Oldenburg）等人从大众艺术中汲取了大量的灵感，波普艺术

图 3-33 彼特·默多克设计的蓝点椅（上）
图 3-34 钢管椅 密斯·凡·德·罗（下）

更基于年轻人的设计，自然而然地开始向日用品的领域进军。

20 世纪 50 年代的社会环境鼓励“今天用，明天扔”，彼特·默多克（Peter Murdoch）设计的椅子、乌比诺和罗马兹设计的 PVC 摇椅，明显地体现了波普文化的短暂性，大量的媒体也给予越来越多的关注。20 世纪 60 年代，很多新兴的塑料出现，具有波普设计理念的设计师开始大量运用塑料，波普设计受到了经济繁荣以及自由主义的助长，它的彩虹色彩和大胆的形式消除了战后朴素的痕迹，这也反映了 20 世纪 60 年代的乐观主义。波普设计从新艺术、装饰艺术、未来主义、超现实主义、光效艺术、幻觉艺术、东方神秘主义以及太空时代中汲取营养，并在大众传媒的助长下茁壮成长，波普设计的影响深远，也为后现代主义的发展奠定了基础（图 3-33）。

3.4.11 国际风格

机能设计是 19 世纪首次在马金托什（Machintosh）和赖特的建筑设计中出现的，直到 1920 年晚期和 1930 年早期，机能设计的主要提倡者阿尔瓦·阿尔托，在机能设计的人性化以及现代形式语汇方面进行了研究，他革命性的胶合板的流畅线条以及塑压成型的椅子、家具等，与国际主义呆板的几何造型形成了鲜明的对比。

激进设计作为对“优良设计”的回应，在 20 世纪 60 年代的意大利出现。它与反设计相似，但它更重于理性和真实性、政治性，它企图用乌托邦似的处理方法来改变大众对它的看法，他重要的代表者是 ARCHIZOOM 组织。

功能主义对建筑师及设计师来说，是一种方法而非风格，是用逻辑、高效的方法来解决实际问题。19 世纪下叶，英国的设计改革者莫里斯也曾倡导过功能设计，美国建筑师沙利文（Louis Sullivan 1856-1924）在 1896 年创造了“功能决定形式”这一新语汇，从此，沙利文以他的“20 世纪的功能主义”受到民众的广泛支持。20 世纪上半期，现代主义的设计师在功能主义中结合理性主义，希望寻求全球化的设计解决方法。密斯和柯布西耶在德骚都尝试运用工业材料，如金属管、铁、玻璃，以此创造功能家具（图 3-34）。

“国际风格”一词最先由阿尔弗莱德于 1931 年发明，他是纽约现代艺术博物馆的董事长，现代主义者如密斯、格罗乌斯、柯布西耶的一些作品体现了这种风格。因为格罗乌斯移居到美国后，不遗余力地尝试“国际化”，现代主义不仅贯穿于他们的建筑及展示中，同时体现于他们战后在美国教学中的宣扬。战后的设计师，尤其是美国的“诺尔国际”（Knoll）、伊姆斯和尼尔森等人使这个既现代又民主的国际风格与工业大生产相结合，以此制造出符合“优良设计”的作品。在 20 世纪 20 ～ 30 年代期间，建筑及室内设计的国际风格由几何形式主义体现出来，一些工业材料如钢、玻璃被广泛运用。

后来，一些建筑师及设计师，包括沙里宁（Eero Sarinen）和伊姆斯（Charels Eames），相结合雕塑元素、有机元素的方法，使国际风格人性化。尽管20世纪70～80年代后期，后现代主义的出现敲响了国际风格的丧钟，但80年代后期到90年代，一些建筑师如诺曼·福斯特（Noman foster）（图3-35）和理查德·罗杰斯（Richard Rogers）设计的产品赢得广泛赞誉。

图3–35　诺曼·福斯特设计的伦敦地标建筑

3.4.12 后现代主义

所谓“后现代”并不是指时间上处于“现代”之后，而是针对艺术风格的发展演变而言的。“后现代主义”（Post-Modernism）以少建构、多解构的价值取向受到设计界的关心，其特征主要体现在：历史主义、装饰主义、折中主义立场以及其娱乐性。

后现代主义在文学、哲学、批评理论、建筑及设计领域中得到广泛的体现，是反抗现代主义方法论的一场运动。后现代主义首先体现于建筑界，而后迅速波及到其他设计领域。后现代主义最早的宣言是美国建筑师文丘里于1966年出版的《建筑的复杂性与矛盾性》一书。文丘里的建筑理论“少就是乏味”的口号是与现代主义“少就是多”的信条针锋相对的。

后现代主义源于20世纪60年代，查尔斯·穆尔设计的美国新奥尔良意大利广场是后现代主义建筑设计思想的典型体现。文丘里之后，英国建筑师和理论家查尔斯·詹克斯（Charles Jencks）为确立建筑设计的后现代主义理论作出了重要贡献，他是最早在建筑和设计上提出后现代主义概念的人物，他出版了一系列的后现代主义建筑理论著作，如《后现代主义》（*Post Modernism*）、《今日建筑》（*Architecture Today*）、《后现代主义建筑语言》（*The Language of Post-modern Architecture*）。詹克斯在书中详尽地列举和分析了一些建筑新潮，并把它们归于后现代主义范畴，使后现代主义一词开始广为流传。

后现代主义建筑中规模最大、最负盛名的代表作是1978～1983年在纽约的美国电报电话公司（AT&T）纽约总部大厦。此建筑由20世纪享有盛名的建筑大师菲利普·约翰逊（Philip Johnson）设计，是使用了混合的建筑语言的折衷主义作品。这个大楼借用了15世纪意大利文艺复兴教堂的形式，整个摩天大楼造型类似一个高脚柜，古典主义的建筑语言被巧妙地运用于其中。约翰逊把古典风格搬进了现代高层建筑，把巴洛克时代的堂皇与现代商业化的POP风格融为一体，这一系列的后现代主义建筑的矗立使后现代主义理论得到了极好的阐释与传播。建筑领域的后现代主义设计，带动了其他设计领域的后现代设计运动，在经历了一些激进的设计团体的探索和实践后，70年代后期开始酝酿的后现代设计高峰到来。

后现代主义在设计界最有影响的组织是意大利成立于1980年12月的“孟菲斯”（Memphis）的设计师集团。1981年9月，“孟菲斯”组织在米兰举行了

图 3-36　纽约的日落　盖当诺·佩西（意大利）

首次展览会，使国际设计界大为震惊。他们的设计主要是打破功能主义设计观念的束缚，强调物品的装饰性，大胆甚至有些粗暴地使用鲜艳的颜色，展现出与国际主义、功能主义完全不同的设计新观念与设计魄力。

"孟菲斯"设计运动通过在各地各国所举行的展览把他们的设计新观念传播到世界，使之成为 20 世纪 80 年代设计界最引人注目的事件，他们的设计不仅为理论家提供了反思现代主义设计的话题，也激发了设计师创造的灵感。随着这些设计作品渐渐被人们所接受，后现代主义的设计观念和美学原则慢慢深入到设计者和消费者的头脑之中。后现代主义设计以其亮丽夺目的色彩和轰动的展示效果成为传播媒介的热点（图 3-36）。

3.4.13　解构主义设计思潮

解构主义的哲学根源比较复杂，自 20 世纪 60 年代后期由法园哲学家雅克·德里达（Jacques Derrida）在其《论语法学》一书中确定，"解构"（Deconstruction）在哲学、语言学和文艺批评领域译做消解哲学、解体批评、分解论及解构主义等。"解构"一词，来自海德格尔的名著《存在与时间》，具有"分解"、"揭示"之意。20 世纪 80 年代，晚期现代主义与后现代主义思潮有了新的发展，法国哲学家雅克·德里达提出解构主义哲学。解构主义大胆向古典主义、现代主义与后现代主义提出质疑，它主张"分解"、"解体"，重视偶然性。

1967 年，德里达发表了三部对哲学和文学理论界产生了巨大影响的著作《声音与现象》、《书写与差异》、《论书写学》。20 世纪 70 年代他继续发表了一系列惊人之作《哲学的边缘》、《播撒》、《立场》等，1974 年发表了文本嫁接和文字游戏的"巨型蒙太奇"——《丧钟》及《马刺——尼采的风格》、《轻浮的考古学——读孔狄亚克》、《绘画中的真理》等。

普遍认为德里达的解构主义哲学对解构主义建筑有极大的影响。例如罗杰斯和皮亚诺设计的法国"蓬皮杜文化艺术中心"被称做是"文化炼油厂"。美国解构主义大师弗兰克·盖里 1994 年设计的巴黎"美国文化中心"是解构主义的代表作。

20 世纪末在世界建筑界掀起了解构主义浪潮，2003 年北京 CCTV 央视总部大楼（图 3-37），经过激烈的国际设计竞赛，由荷兰大都会建筑事务所（OMA）首席设计师——雷姆·库哈斯设计的方案中选。这座高 230 米（56 层），总投资 50 亿人民币的大楼是欧洲解构主义派建筑设计师在北京赢得的又一次胜利，是解构主义流派在北京树立的一个高大的"里程碑"。OMA 的方案之所以被中选，是因为 OMA 近年来领导着欧洲解构主义的潮流。1987 年 OMA 建筑事务所的屈米（Tshumi）借纪念法国大革命200周年之即，设计的“拉·维莱特公园”建造了200个疯狂的解构主义建筑，在世界上掀起了解构主义的浪潮。

保罗·兰德（Paul Rand）作为世界设计大师，他的作品具有极其独特的美国式现代主义风格，他将欧洲现代派莱歇、毕加索的概念以及马蒂斯的色彩体系，通过蒙太奇和拼贴手法运用到设计中。兰德的贡献不单单是创作了一幅解构主义作品，而是把一个新的设计文化提高到了理论上的高度。保罗·兰德设计IBM的招贴（Eye-Bee-M），并不用简单的英文字母来设计这幅招贴，而是把这些元素进行符号意义上的分解，在设计中有了这些信息的符号，就进一步获得了个性和风格的魅力。它能显现出设计的文脉与创造价值，不但合乎科学与艺术的发展规律，而且合乎观众的心理接受力。

图3-37 北京CCTV总部大楼解构主义建筑（上）
图3-38 盖里设计的古根海姆博物馆（下）

无论在平面设计界，还是在建筑界，重视个体部件本身，反对统一的解构主义哲学原理一直被建筑设计师所推崇，实质上，解构主义是从建筑领域开始发展。艾森曼被认为是解构主义建筑理论的重要奠基人，他认为无论是在理论上还是建筑设计实践上，建筑仅仅是“文章本体”，需要其他的因素，比如语法、语意、语音这些因素而使之有意义。

盖里被认为是世界上第一个解构主义的建筑设计家。1962年盖里成立盖里事务所，他开始逐步将解构主义的哲学观点融入到自己的建筑设计中。他的作品反映出对现代主义的总体性的怀疑，对于整体性的否定，以及对于部件个体的兴趣。盖里1991年开始设计的古根海姆博物馆（图3-38），成为盖里解构主义创作境界的重要契机。整个建筑由一群外覆钛合金板的不规则双曲面体量组合而成，在盖里魔术般的设计下，建筑，这一已凝固了数千年的音乐又重新流动起来。

盖里设计的在巴黎的“美国中心”、洛杉矶的迪士斯音乐中心、巴塞罗那的奥林匹亚村都具有鲜明的解构主义特征。盖里的设计把完整的现代主义、结构主义建筑整体打破，然后重新组合，形成一种所谓“完整”的空间和形态，他的作品具有鲜明的个人特征。他重视结构的基本部件，认为基本部件本身就具有强烈的表现特征，完整性不在于建筑本身总体风格的统一，而在于部件个体的充分表达。虽然他的作品基本都有破碎的总体形式特征，但是这种破碎本身就是一种新的形式，是他对于空间本身的重视，使他的建筑摆脱了现代主义、国际主义建筑设计的所谓总体性和功能性细节而具有更加丰富的形式感。如果说保罗·兰德把解构主义的方法运用到极致，那么盖里的设计则充分体现了解构主义的灵魂。

第 4 章　设计与政治

4.1　现代设计史中的政治冲突与政治权力导向

4.1.1　两次世界大战期间的设计运动与设计风格

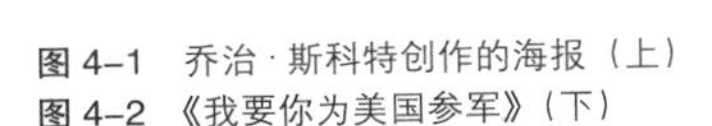

图 4-1　乔治·斯科特创作的海报（上）
图 4-2　《我要你为美国参军》（下）

1. 第一次世界大战中的海报风格与图画现代主义运动

视觉图像在西方文化传统中始终占有重要地位，作为一种视觉符号，图像突破了语言文字的局限，是一种强有力的传播媒介。尤其是战争期间的政治宣传，它是政府确保从大众得到后援的必要手段。在现代媒体没有出现之前，招贴海报具有通俗易懂和大量发行的优势，是最为普遍的传达信息的表现形式。

第一次世界大战期间，以英美为代表的协约国的海报设计，在战争的不同时期有着不同的诉求主题，而文化背景的差异和政府政治需求的不同，造成各国的海报设计在内容和风格上都有较大的差异。法国的艺术多具有浪漫的色彩，图 4-1 是由著名画家乔治·斯科特创作的第一次世界大战期间最经典的海报之一。画面的正中是法国的化身玛丽安，她身着长裙，一只手挥舞着正义之剑，一只手高举法国国旗，在她的召唤下，法国军队向前进发。海报以女神和军队的集合，体现了法国的浪漫主义精神，希望以法国大革命中无畏的革命精神，鼓舞战争中的军民。此外，海报被看做是解决征兵问题的重要途径。在美国政府和国会征兵委员会的共同策划下，征集了 100 种以上的招贴海报设计，其中《我要你为美国参军》的海报设计最为著名（图 4-2），共印制了 250 万张以上。画面中的勋爵用食指指向画面外，从视觉的角度看，这种方式极具感染力与冲击力。招贴的设计通常以口号作为主题，图像以情感化的形象召唤为主，最常见的方式是以速写形式绘制图版，并成为“公式条约”，它以统一管制的方式制作印刷，由被政府控制的“美术部门”制作出来。

第一次世界大战期间的海报还突出了情感诉求，以情动人。长期的战争带来屠杀和死亡，让每个身临其中的人都感受到了恐惧的阴影和失去亲人的伤痛。例如英国国会征兵委员会意识到征兵带来的一些负面影响，为此在宣传活动中，采取了不同以往的话语表达方式。在设计画面中增加了“缅怀过去的田园”式的生活场景和休闲状态，借以减弱人们对战争的恐惧，带给人们一种生活信仰般的希望，唤起人们继续战斗、渴望胜利的决心。再如1917年的战时公债海报，一位白发苍苍、母亲形象的妇女位于海报中心（图4-3），伸出向受众索取的双手，背景是美军在战争中激斗的场面，她的身后飘扬着巨大的美国国旗，国旗上是醒目的标语“妇女！帮助美国的儿子们赢得战争”。相信这种诉求方式是每一位母亲或者是女性都无法抗拒的，这幅招贴同时也强调了女性在社会中的力量，被看做是女性主义觉醒的重要标志。

另一类海报则以丑化、恶化敌军的形式达到抨击敌人、赢得舆论支持的目的。此外，英国的海报设计还特别注重对实际情况的调查，根据数据和比率（例如新兵征集率等）进行战事宣传，将各种图表、插图和解说信息与招贴海报结合在一起，使得宣传的信息具有真实性和可信度，间接地赢得民众对政府的支持，为协助政府和军队赢得战争的最后胜利作出巨大贡献。

图4-3 《妇女！帮助美国的儿子们赢得战争》（上）
图4-4 德国第一次世界大战海报（下）

同盟国的海报设计受到德国伯恩哈特引导的“海报风格”运动的影响，设计风格简洁明快、标语简单、主题突出，具有很强的视觉效果。德国“海报风格”运动是以围绕海报设计为中心的平面设计运动，起初是为了适应德国繁荣的经济发展和商业需求，后来逐步被政治海报的内容取代。其代表人鲁西安·伯恩哈特在设计中运用简单的图形和色彩，配合醒目的文字说明和强烈鲜明的色彩，达到突出商业主题的宣传效果。伯恩哈特在第一次世界大战中为德国设计的政治海报（图4-4），画面中舍弃任何表达战争的图形，只有斜向对角构图的一只穿着甲胄、紧握拳头的手臂，并采用德国中世纪的图案造型，配合直挺坚硬的哥特式字体，表达出简洁但强硬有力的气魄。这种形象隐喻中世纪条顿骑士，表现出作者试图唤起德国民众的民族情绪，以增加战争必胜的信心。

在第一次世界大战期间，各个国家都明确了视觉设计的重要性。印刷技术的进步、摄影技术的提高、各种艺术风格的影响，使战时的海报设计得到充分的发展，发挥出信息传播和视觉传达的作用。从审美和艺术风格的角度讲，同盟国的海报显然更富有知识分子对设计表现方式的探索精神，更具有现代主义风格和美学价值。与之相反，协约国以英美为代表的海报设计则偏向写实主义的表现风格，即“图画风格”，人物表现细腻真实，画面也饱满丰富，与同盟国的海报形成鲜明对比。从视觉传达的角度讲，协约国的设计显然更加通俗有效，更具有劝服力和感染力。在战后的很长一段时间内，战时海报设计的表现形式继续发展，尤其是德国、意大利和俄国，海报作为一种符号语言，成为政治宣传的手段，为不同的政治目的服务。

2. 法西斯主义与纳粹设计

一般认为，法西斯主义和纳粹主义的兴起，是因为自由民主主义和资本主义无法满足某些工业国家的需求。工业化的全面冲击在带来经济繁荣的同时，令文明世界陷入为夺取珍贵物资的残酷屠杀中。“20世纪20年代成为一个对先前的信念感到困惑与愤世嫉俗的年代。即使战后世界重建，也无法恢复他们的信心。虽然战争标志着君主政体为一种重要的政治制度的时代已经结束，取而代之的是民主政治，但是欧洲的新兴环境似乎比古老的秩序更不稳定。”①德国在第一次世界大战战败后，人们对自我治理失去信心，也失去了对民主政治的信仰。而混乱的政治环境为法西斯主义的形成创造了良好条件，希特勒很快成立了国家社会主义德国工人党，并得到了富有企业家的大笔资助，积极组织纳粹活动。之后，纳粹党逐渐干预德国政局，而希特勒也在大选中登上政治舞台，不久纳粹党控制了德国的政权。

法西斯主义和国家社会主义都是反动的意识形态，以非理性主义、种族主义、精英主义、军国主义和帝国主义为特征，拒绝科学与理性，曲解德国哲学家的理论，制造极权主义。极权主义独裁者不仅支配政府和政党，还支配经济、教育、艺术文化的展现形式，并利用其为政治目的服务。希特勒的统治从纳粹的意识形态入手，意图通过设计和艺术来体现个人的权威和民族力量，他反复强调艺术与政治的关系，希望借助设计与艺术，体现日耳曼民族的优越，使德意志民族享受统治世界的地位，借助话语塑造文化，引起国家和社会的结构变迁。

希特勒首先借用古代宗教中代表功德与力量的万字符，设计策划了纳粹的统一形象——倾斜的符号“卐”，并作为纳粹党的党旗标志，以满足他对宗教权威的崇拜、信仰和追求权力的强烈欲望。左旋的万字符在各种场合和活动中的大量使用，使这一标志成为帝国的代表，达到了强化纳粹精神和煽动民族情绪的作用。红白黑三色的旗帜被采用为帝国的国旗，希特勒在《我的奋斗》一书中，阐述了三色的象征意义：借白色的纯洁来象征国家社会主义党所代表的雅利安民族的纯血种族和党的纲领；以红色象征马克思主义的革命斗争精神……如此推断，那么黑色应该是象征着具有侵略倾向的军国主义的冷酷无情。在西方文化中，纳粹标志图形的认知和识别所代表的一种灭绝人性的罪恶和走向死亡的政治制度，永远不会被人遗忘。

军国主义是法西斯的重要武器，战争在法西斯的词典中，“是男人生命中最重要的事情”。因此，决斗、武士精神、纪律等与军事相关的主题和内容，被确定为艺术与设计要宣扬的德国意志和精神。为了更好地控制舆论和思想，希特勒个人确定了平面设计的基本风格和特征，明确提出了海报宣传的目的和意义，要求海报的设计要把感情作为目标，通俗化、大众化，让所有人，包括最没有文化的人，也能够受到海报的感染，以达到宣传的目的。霍尔温是纳粹

---

① [美] 利昂·P·巴拉达特. 识形态起源和影响 [M]. 北京：世界图书出版公司，2010:236.

御用的政治海报设计师，严格执行了希特勒的军国主义设计思想，设计色彩沉重，利用大面积的明暗对比和略加仰视的视角，营造出森严紧张的视觉效果，以强化纳粹政权的强悍，并宣扬出一种充满“民族优越感”的种族主义精神。德国炮兵征兵广告和1936年柏林奥运会招贴设计都体现了鲜明的个人风格（图4-5）。

建筑设计是法西斯意识形态的代言，是纳粹政治的标志。希特勒本身对建筑设计非常关注，他希望借助宏伟的建筑来烘托自己创造的“伟大时代”。在1938年“德国建筑和手工业展览会”的开幕式上，希特勒阐述了他的建筑美学信条：“每一个伟大的时代都企图通过她的建筑物来表达她所确立的价值观。在伟大的时代，人们在内心所经历的东西，也一定会通过外在的东西把这个伟大的时代表述出来。她的语言比人说出的随风而逝的话语更具有说服力：这便是石头的语言！”① 在第三帝国的建筑中，纳粹意识形态无处不在，强烈的政治色彩在整个西方建筑史上空前绝后。纳粹文化局秘书长莫拉勒在1937年对德国建筑师进行讲话：“在每一个伟大的文化时期，建筑艺术总是一马当先……今天，建筑师在所有的艺术家当中无疑坐上了第一把椅子。处处都能看到元首的伟大成就……对建筑师也提出了一项政治和文化任务。”②

慕尼黑作为纳粹的发源地，在政治地位上比柏林更有分量。纳粹德国的主要建筑都集中在慕尼黑，如“慕尼黑火车站”、“慕尼黑歌剧院”、“德国医师大厦”和“德国律师大厦”等。就建筑成本的角度讲，希特勒是不计代价的。被称为设计史上罪人的纳粹建筑师斯佩尔大胆地运用大型灯光照明进行设计，为纳粹的集会和希特勒的演讲创造出最佳的煽动效果，赢得了希特勒的欢心与推崇。此外，斯佩尔还一手设计了效忠纳粹的“柏林新帝国总理府”等许多市政公共建筑物（图4-6），将高大威严的建筑物视为元首的象征，满足了希特勒树立绝对权威的政治意图。

将建筑设计手段用于解决政治问题，符号在其中的隐喻功能非常显著。在1937年的巴黎国际博览会上（图4-7），“德国馆”与“苏联馆”相对坐落，希特勒把这种布局看成是两国之间的较量，而日耳曼人一定要超越斯拉夫人。斯佩尔接手了设计的较量，他以代表德国的雄鹰，同俄国工农兵雕像

图4-5　1936年柏林奥运会海报（上）
图4-6　德国柏林总理府　斯佩尔（中）
图4-7　巴黎世界博览会德国馆　斯佩尔（下）

① 赵鑫珊．希特勒与艺术[M]．天津：百花文艺出版社，2004:140.
② 赵鑫珊．希特勒与艺术[M]．天津：百花文艺出版社，2004:147.

图 4-8 让·卢卡《美国的回答——生产》(上)
图 4-9 《这也是我的战争》美国陆军妇女辅助部队征兵海报(下)

手中的斧头镰刀对抗，进行一场政治符号的较量，并最终赢得了希特勒的金质奖章。

除了依靠委以重任的建筑设计师，希特勒还常常以建筑师的身份自居，亲自参与柏林、慕尼黑、纽伦堡等城市的改建扩建工程，常常与为纳粹服务的建筑师们一起讨论建筑设计的风格问题，想通过建筑把他的故乡林茨变成像巴黎一样的艺术圣地、欧洲的文化中心。在林茨兴建的“元首宾馆”，其风格是他所崇拜的文艺复兴时期的艺术风格，而林茨的一些行政大楼和以希特勒命名的学校设计，则确定了雄浑的巴洛克风格，并在林茨的市政建设中投入了大笔的金钱，甚至不惜引起纳粹党内的非议和争论。然而希特勒为千秋帝国所作出的种种努力，却成为德国艺术设计史上最为耻辱的一页。在集权专制的政权下，设计风格单调冷酷，虽然石头可以拥有永恒的生命，但是希特勒妄想的、赞美纳粹的永恒建筑，或是毁于战火，或是几经更改用途，失去了政治符号的象征意义，毕竟，邪恶的内心无法永远驾驭真善美的艺术世界。

3. 第二次世界大战中的平面设计

第二次世界大战的交战双方涉及范围更为广大，从欧洲到亚洲，从大西洋到太平洋，先后有 61 个国家和地区、20 亿以上的人口被卷入战争，作战区域面积达 2200 万平方千米，历时长达 6 年。在第二次世界战争中，交战双方都把媒体宣传作为战争期间的首要大事，无论是传单、海报等传统媒体，还是报纸、杂志、广播等新兴媒体，都展开了空前规模的斗争。鉴于海报招贴在第一次世界大战中的突出作用和一些现代媒体传播的局限，例如广播媒体需要接收器，报纸、杂志具有时效性等，在第二次世界大战期间，海报再一次成为获得民众支持的重要宣传方式。

战争爆发后，英、美、苏各国政府都有组织地进行宣传活动，利用平面设计等宣传材料鼓舞士气。因此，在第二次世界大战海报设计中除了传统的宣扬爱国主义、募兵和推销战争债券的主题，还有大量鼓励生产的主题，可见交战双方在战争期间也将生产和建设放在重要的位置。在第二次世界大战时期的招贴设计中，以生产建设为主题的作品数量巨大。美国在第二次世界大战早期为英国等盟国提供战略物资，后期本国的参展也使弹药和军备十分紧张，政府和民间组织号召生产的海报大量涌现。让·卢卡设计的《美国的回答——生产！》是第二次世界大战时期美国最为经典的海报设计之一（图 4-8），是受到现代主义设计影响的平面设计作品。图形形象简洁有力，语言符号明确，在战争期间极大鼓舞了美国民众对反法西斯战争的决心，获得 1941 年美国最佳海报奖和纽约“艺术指导俱乐部展”大奖。此外，战时劳动力的急缺让妇女充当起了重要的社会力量，第二次世界大战中号召女性参军和女性参加生产劳动的海报，成为第二次世界大战海报的新鲜主题（女性主要以参军或参加生产劳动的方式为战争服务），女性的力量被不断强化（图 4-9）。

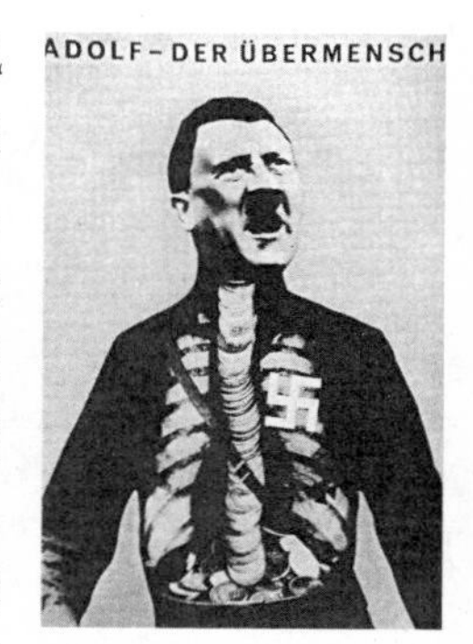

图 4-10 哈特菲尔德的反纳粹海报

第二次世界大战海报的设计风格由第一次世界大战时期的图画现代主义风格，转向以写实的现实主义风格为主，尤其是以苏联为代表的海报设计，从主题到风格都非常写实。以“复仇”为主题的海报往往用悲痛或愤怒的母亲形象，她们怀抱着在战争中夭折的儿童，配合以文字说明，真实的形象更易引起受众的共鸣。个别海报还采用了第一次世界大战时期的现代主义和抽象主义的象征手法，例如丑化法西斯类型的海报，往往以象征主义的手法，将希特勒或法西斯的形象加以毁灭性的打击。在这些海报中，法西斯变成了恶心的爬虫、毒蛇、老鼠、饿虎，希特勒成为嗜血成性的怪物，刺刀或各种尖锐的利器将令人生厌的形象彻底摧毁，富有极强的视觉冲击力，也极大地鼓舞士气，发挥了巨大的号召力和凝聚力。广播和其他平面媒体（如报纸）的普及，平板胶印取代石板印刷，彩色照片技术、喷枪等绘画工具的使用，在一定程度上促使海报设计的风格发生变化。

产生于第一次世界大战期间的达达主义，代表着小资产阶级知识分子强调自我、对政府和社会的不满，进而信奉无政府主义、荒诞和混乱的艺术特征。达达一词本身毫无含义，正如艺术本身的虚无主义特征，更倾向于一种情绪的宣泄，一种对战争的迷茫和对生活充满未知的混乱心绪。“运动的成员明确宣布：运动的目的是要反对第一次世界大战的毫无意义的暴力。他们认为这种暴力的残酷，使得所有现存的道德和美学价值变得毫无意义”①。受到俄国构成主义和蒙太奇的影响，达达主义对日常用品的拼贴和各种荒诞艺术效果的运用，常被视为反艺术、反理性、反秩序的，但是，它们是富有时代精神的。达达主义发展于第一次世界大战战败后的德国，相比诞生于“新社会”的构成主义，达达主义者对于政治的腐败和人民生活的苦难有着更深刻的体会，这些不满和情绪，成为第二次世界大战期间与纳粹斗争的武器。

出身于红色世家的德国艺术家约翰·哈特菲尔德，是达达主义平面设计最有影响力的代表人物，在设计中始终保持着强烈的左倾政治立场和革命的斗争精神。哈特菲尔德著名的第二次世界大战海报都以对德国纳粹的揭露和抨击为主题。例如 1935 年，他以 X 光片半透明和照片的剪贴（图 4-10），拼接出正在演讲的希特勒。在狂热的身体里，投射出一摞高高的金币，一方面暗示希特勒纳粹集团背后的财团力量，另一方面也揭露了战争的真正本质，即世界政治集团要求金钱和利益的重新分配。达达主义是一场无政府主义的革命运动，它与同时期的一系列艺术运动一起，从表现形式到创作手法都对传统艺术与设计进行了革命性的改革，个人风格自由化，思想泛政治化，也没有统一的评价标准。正因为它不受到传统美学和艺术特征的限制，才使得达达主义在海报设计中的符号表现更加尖锐与犀利，成为与纳粹斗争的有力武器。

除了政府行为，第二次世界大战中的许多著名企业，如美国联合化学染料公司、北美航空公司、通用汽车公司等多家企业也纷纷参与战时海报设计，

① 王受之．世界平面设计史 [M]. 北京：中国青年出版社，2002:138.

宣扬民族精神、鼓舞士气。美国集装箱公司是战时美国平面设计发展的主要力量，公司不但积极以海报设计创作协助政府进行宣传，还研发了新型的纸板包装材料技术，来取代金属和木材包装，这样不但减少了军需品运输的成本，还使得政府可以把大量金属和木材用于军备制造，这种包装设计的发明创新，被认为是美国军队胜利的有利因素之一。美国集装箱公司因此开展了"纸板参加战争"的公关宣传，聘请著名设计师设计了一系列体现前线士兵充分利用纸板包装箱运送过来的军需品广告，战场、士兵、纸箱等为广告打造了充分的视觉联想，更为打造集装箱公司积极、爱国的企业形象做出正面宣传。值得一提的是，在中国共产党领导下的抗日海报即"宣传画"，也在抗日战争中被张贴在大街小巷。在物资极具匮乏、印刷器材奇缺的条件下，抗日宣传画多以由艺术家手工雕刻木板等便于复制的艺术形式进行出版，虽然尺幅较小，缺少色彩且制作粗糙，但对日军暴行的揭露和充满爱国热情的宣传，鼓舞了世界人民反法西斯斗争的决心。

4.1.2 俄国构成主义：俄国十月革命的政治符号

1. 构成主义的政治背景与艺术团体发展

在一些西方的设计文献资料中，构成主义被描述成一种主要关注于美学的设计与艺术运动，事实上，构成主义的理论和实践所作贡献和特征涉及范围更广。构成主义产生于 20 世纪世界史上的重大转折时期——世界上第一个共产主义国家苏联诞生，决定了构成主义的政治大环境和对政治的积极参与。"设计作为社会和政治转换过程中的一种潜在的积极参与者"理念，使得构成主义的概念不仅仅停留在设计与艺术领域，还涉及政治学、社会学和哲学层面。

在 20 世纪初，俄国在军事、政治等方面还有很大的封建性。社会的主要矛盾存在于垄断资本主义和封建的专制制度之间，也正是在这样的社会政治背景下，俄国的艺术发生着急速的突变，与当时的政治保持了愈加紧密的联系。1914 年，第一次世界大战爆发，俄国的十月革命取得了巨大的成功，诞生了崭新的国家政权。列宁撰写的《国家与革命》一书是新政权建立所依赖的理论基础，"即成立为生产资料逐步实行公有制的、强调镇压被推翻的剥削阶级的反抗，建立无产阶级专政的新型国家，强调国家机器的重要性，主张完全推翻和摧毁旧国家机器，而建立以工人阶级、无产阶级为中心的崭新的国家机器——包括军队、警察、监狱、官僚机构，也包括国家的经济机构，如银行、企业甚至农业，也应该逐步实现公有化。而强制实现这些工作的是布尔什维克党，也就是俄国共产党，这个党是独一无二的领导党，在俄国再也不存在第二个党派或者对立的政治力量。"①

极度狂热的知识分子们不顾各国列强的干预，怀着坚定的革命信仰自觉参与到经济和政治的革命运动中，并试图在意识形态的层面打造苏维埃政权新的

① 王受之. 世界平面设计史 [M]. 北京：中国青年出版社，2002:159.

视觉形象。“在这一小段时间内，有1250幅海报被授权使用于革命周年纪念；大约有2000幅用于扫除文盲运动，并有280多幅用于不同的经济组织中。”[①]俄国前卫艺术家视他们的新艺术形式为一种革命活动，不仅是形式上的革命，而且是精神意识层面的革命。而此时的俄国艺术运动也在困苦复杂的环境中寻求一种新的形式，从而为革命造势，为革命者鼓舞士气。构成主义的艺术家们相信，立体派和未来主义是艺术中的革命因素，也就是在这样的综合条件下，构成主义的思潮渐渐兴起，随着世界形势的复杂化以及社会矛盾的日益加剧，以构成主义为代表的艺术形式也伴随着民众追求民主的政治诉求发生着根本性的变革。

1918年，俄国共产主义政府建立了文化部，即教育人民委员会。文化部对各种艺术理念都采取了宽容的态度，为勇于探索的艺术家打造了一个乌托邦性质的意识形态实践艺术平台，将抽象艺术与社会主义革命紧密联系起来。同一时期，各种各样的艺术团体纷纷诞生。1918年，马列维奇、李西斯基等设计家和艺术家汇集莫斯科成立了“自由国家艺术工作室”。同年，包括康定斯基、罗钦科等前卫艺术家成立了“因库克”组织。1919年，莫斯科附近的维特别斯克市，成立了激进艺术家组织“宇诺维斯”，在俄国革命的时期内，处于现代设计和艺术发展的领军位置。构成主义以革命为主旨的献身精神迅速赢得了官方的支持，并以构成主义者著名的全体宣言，成为将构成主义转向生产过程中明确的、标志着转折点的事件。1921年3月俄国在艺术文化委员会内创立了构成主义第一工作室。艺术文化委员会对于构成主义的发展起到了巨大的作用，不单单因为艺术家提供争论的场所，而且通过整理了这些争论，进而直接将其发展为构成主义的理论。1923年，“新建筑家协会”成立，同时，围绕着“自由国家艺术工作室”成员、建筑师亚历山大·维斯宁形成了“构成主义集团”，成为俄国规模最大的研究和探讨构成主义的团体，与“左翼艺术阵线”联系密切。尽管对于构成主义的艺术质量和构成主义者在意识形态上的政治性受到很多理论上的批评和非议，甚至还有很多激进的艺术家力图把构成主义设计从政治中剥离，但是构成主义团体的政治性得到了官方的大力支持，确保了团体经济生存和持续发展的基础。

对于设计家和艺术工作者来说，全新的政治环境给予他们更广阔的空间和更自由的表达，马克思主义的文化唯物主义观念是对新社会秩序下的人民需求的最准确表达。“艺术家们应该变成政治活动家”许多俄国构成主义艺术家积极参政，担任了新政权文化部门的要职，以自己的艺术设计创作，为苏维埃政权的文化建设服务，表明了艺术设计对政治对社会的一种态度。据1923年俄国艺术对构成主义活动的一个总结，建议那些已经放弃绘画主义的艺术家们从事现实的、实际的生产工作。在当时的革命形势的压力之下，激进艺术的主要的25个大师也抵制纯粹的艺术形式。他们知道自我满足的纯绘画主义已经过

① Christina Ladder. Russian Constructivism[M].Yale University. Fourth printing 1990:49.

时了，所以他们的活动如果没有用途，也仅仅是会和那些画家一样。新的艺术家举起了他们的生产者大旗，将“生产工作作为艺术活动”。

1920 年，身在莫斯科的艺术家的工作目的明确，关于艺术与政治的讨论非常开放。认为俄国革命是立足在团结城市工人阶级的基础之上以取得胜利，塔特林、罗钦科、李西斯基都赞同以一种“艺术将服务于大众”的观念，进行设计与艺术的变革。构成主义者作为中产阶级知识分子提出要与广大的工人阶级、农民共同享有新的艺术和设计，这种观念和理想对于致力于设计为精英主义服务的欧洲艺术先驱和前卫设计家是一个重大的思想冲击，加上构成主义为无产阶级革命服务的功能性，欧洲不少理论家往往把现代设计与社会主义、无产阶级革命联系起来，认为构成主义就是革命。因此，“构成主义并不像多数人所设想的那样是艺术中的一个派别，而是在革命时期产生于无产阶级俄国的一种意识形态，如同所有意识形态一样，构成主义只有替自己创造出需要者的时候才具有生命力，才有牢固的基础。因此，构成主义的任务是，通过创造构成来组织共产主义生活。”①

在 1921 年，俄国进入列宁领导的“新经济政策”社会实验时期，经济上与西方的合作与交流使得西方各国取消了对俄国的经济封锁，也促进了俄国的文化与艺术同西方世界的交流与沟通；1922 年，俄国文化部在柏林举办的俄国新设计展，构成主义开始被西方广泛了解；1925 年，构成主义设计家联合左翼艺术阵线成员，成立了“当代建筑家联盟”，得以广泛参与苏联的各种重大建筑项目，并且通过一系列交流和合作，把构成主义的观念和设计形式的探索传播到西方，产生很大的影响;1925 年，构成主义设计师们在巴黎成立了“工人俱乐部”，该俱乐部刚刚成立，即被誉为“社会的浓缩剂”，它培养了越来越多的新共产主义者和新苏维埃工作者，并推动了社会主义的再教育与再建设。于是，俱乐部很快便成为当时社会政治生活的聚焦点，并对构成主义产生十分深远的影响。②

1924 年，列宁去世后，构成主义开始以“资产阶级”、“表现资产阶级文化在资本主义总危机时期最深刻的滑坡”罪名遭到批判，20 世纪 20 年代末，构成主义作为革新者的地位被严重弱化。1923 ~ 1932 年，苏联的第一个五年计划导致了政治、经济和意识形态的中央集权，斯大林于 1929 年推翻托洛茨基政权，掌控苏联后，1929 年，“全俄无产阶级建筑师联盟”成立，又极大打击和排挤了构成主义者的地位。最终在 1932 年，政党颁布“关于文学革命和艺术团体”的法令法规，准备建立一个将形式和主旨由统一意识形态控制的艺术家联盟，致使所有现存的构成主义艺术和文学团体全部解散，实际上，构成主义的大部分设计都未能实现，因与政治的紧密关系得到了壮大和发展，最终又被政治干预，受到批判和清洗，但是构成主义“为人民设计”的理念和新颖

---

① 奥尔加·契恰戈娃 . 船舶集 [M].1923:79.

② Christina Ladder. Russian Constructivism[M].Yale University，Fourth printing 1990:157.

的设计形式，对现代设计产生巨大影响，并随着康定斯基等人的定居国外，得以继续传播和实践。

2. 构成主义的政治理念和艺术表现

构成主义是俄国革命的重要组成部分，在形式和内容上都体现了共产主义革命的意义，创造出一种新的逻辑形式。为了完成这些主要工作任务，工作团体认为“从工人工作到艺术实践活动的转变”是至关重要的，认为人应该是完全自由的，劳动分割使一个人成为艺术家同时是另一个工厂的工人，因此一个人可以同时是工人和艺术家。从这方面考虑，艺术和工厂工作的区分就消除了。根据他们的理念，构成主义者的唯一思想体系基础就是“科学共产主义”，将理论基础建立在历史唯物主义之上。构成主义者致力于掌握理想主义世界观、物质主义世界观及科学共产主义的哲学和理论，致力于认识和掌握苏维埃的结构实践，致力于在共产主义生活中掌握社会文化的主动权。他们关于苏维埃社会和物质建筑的理论研究已经推动了这个团体从生活之外的经验工作到了真正的实践中。

构成主义来源于塔特林自 1913 ~ 1914 年的“真实空间真实材料”的实验，通过一些基本材料的拼凑进行几何图形的研究，借此来寻求重新塑造世界以传达美的效果。1922 年，构成主义者发表了自己的宣言“明确批判为艺术而艺术的倾向，主张艺术家为无产阶级政治服务，提出要艺术家走出实验室，参与广泛的社会活动，直接为社会服务。并提出了构成主义的三个基本原则：技术性、肌理、构成。其中，技术性代表了社会实用性的运用；肌理代表了对工业建设的材料的深刻了解和认识；构成象征了组织视觉新规律的原则和过程，三个原则，基本包括了构成主义设计的全部内容特征。”① 构成主义起源于俄国早期的至上主义艺术流派（通过艺术诠释和表达情感，创造艺术中的感觉至上理论），但两者的理论基础和主张截然相反，以马列维奇为代表的至上主义是以追求艺术形式为目的的艺术流派，而构成主义则主张艺术的实用主义，义无反顾地举起为无产阶级政治服务的旗帜，意识形态的基础决然不同。尽管如此，构成主义还是从形式上借鉴了至上主义的艺术特色，即简单的、鲜明的、完全几何抽象化的设计风格，将新艺术与科学技术的象征性联系，主张使用与工业化时代相适应的艺术语言和设计语言（图 4-11）。最早的构成主义设计专题诞生于 1922 年，亚历山大·维斯宁设计了人民宫，这是一个椭圆形的巨大体育馆建筑，其结构被视为构成主义建筑设计的重点，而结构被认为是从共产主义的意识形态产生而来的。结构作为起点，建筑设计代表了这些材料的结构和组成过程，这种观点也成为世界现代建筑设计的基本原则。

图 4-11 装置作品《普朗斯》李西斯基

构成主义艺术的终极目标在于通过一定的艺术手法对结构的单纯性以及单纯结构的功能性进行有益的探索，通过设计艺术的元素，进行“共产主义物质结构的表达”。因此，构成艺术同样强烈反对模仿和任何具象的艺术形式，提

① 王受之. 世界平面设计史 [M]. 中国青年出版社，2002:159.

倡严格理性的审美，试图切断艺术与自然和生态之间的联系，强调了那种来自于机械的严谨与精确，同时由于受到结构、建筑、平面、颜色、空间和光线等构成主义的表现体系影响，包括平面的线、色彩、图形的重组和架构，决定和体现了构成主义设计形式的表现力，都为了体现“真实中特定元素”，并逐渐成为艺术家创作与关注的内容，使得构成主义朝着一种绝对和纯粹的艺术方向，开始新的现实探索。

1923 年，国际构成主义大会和俄国文化部在柏林举办的俄国新设计展，将构成主义的设计观念和新设计探索推向世界，客观上宣传和推动了构成主义的发展，甚至极大影响了德国包豪斯的教学理念和方向。可以说，构成主义为现代主义的发展作出了积极地尝试，奠定了理论和思想基础。

俄国建筑家塔特林把他的设计理念与马克思主义理论紧密联系在一起，牢牢占据着意识形态的官方层面，因此在国际上享有很高的声誉。塔特林本人对社会和政治怀着十分热忱的关注度，这也在其构成主义的创作中有着比较明显的体现。他把现代工艺与机械文明相结合，积极寻求传统纪念碑形式的改造与创新，并致力于创造无产阶级艺术与社会主义艺术。在他眼里，社会主义和无产阶级就是平等且无尊卑之别，一些价格相对低廉的材料，如铁和玻璃，具有这种特性，因而被视为“社会主义材料”。在构思上，塔特林扬弃了传统的表现形式，把构成主义元素应用在纪念碑的设计。他涉及的设计领域十分广泛，有服装设计、家具设计、室内设计、装饰设计、建筑设计以及舞台美术设计等，他定义自己的作品不只是艺术不同分支的综合，还是将它们用技术综合，任务是找到一种可能将分散的形式像建筑的、雕塑的、美术的或其他技术组织综合起来的方式。第三国际纪念碑的设计方案是塔特林的构成主义思想的集中体现，也是构成主义的代表作（图 4-12）。

1918 年列宁提议大规模兴建革命纪念碑，并签署了“纪念碑法令”。作为官方艺术的代表人物、彼得格勒和莫斯利人民教育委员会艺术部的领导人，塔特林接受了设计任务。纪念碑的模型在 1920 年莫斯科召开的苏维埃第八次代表大会现场展出，并切合列宁使俄国实现电气化的计划。塔特林设计的纪念碑高约 1300 英尺（比巴黎的埃菲尔铁塔高 300 英尺），由三个大空间构成，从底端至顶端逐渐缩小，在一个由垂直支柱和螺旋线的复杂系统的帮助下直立起来，三个部分呈现倾斜的角度和无限螺旋旋转、向上升腾的动势，协调一致的形式，代表革命不断深入和向上的斗争精神，表达了一种坚定向上的共产主义信念。纪念碑通过一个特别的机械装置可以使三个部分以不同的速度运动，而非一般静止的状态。塔特林用运动象征着轰轰烈烈的革命，并让人自然地将人类解放运动的意义与宇宙和星球运动的象征意义进行联想，是一种宇宙体系运转的暗示，令人产生崇敬和膜拜的心理。

图 4-12　第三国际纪念碑模型

纪念碑是“实用目的与纯艺术形式的结合”，是以符号化的视觉心理，表现深刻的象征意义，使艺术成为国家政权的宣传方式，实现了艺术形式和政治功能的统一，被视为构成主义设计的权威作品，并代表着一种民主政治的强烈诉求。纪念碑是革命象征，也是时代的象征，“钢铁如无产阶级意志般坚定，玻璃如良心般干净”、“我们的时代是不断变化的，塔特林正在制造螺旋上升的现代标志，这种螺旋式的上升被选做时代和活力的象征。”①然而，由于设计的太过理想化，使得该方案最终并未实施，其原因就在于构成主义这种突变的艺术形式，虽然具有前卫性，但毕竟是一种难以被人们理解的精英艺术。因此本身并不能完成广大受众普遍的民主诉求。

随着构成主义在欧洲的影响和发展，构成主义逐步丧失了它的政治特性，开始朝向几何形、结构、抽象、秩序等形式主义方向发展。而一向强调设计艺术为工人阶级服务的苏联政府，开始批评构成主义的形式主义倾向。穆·波·查宾科在著作《论苏联建筑艺术的现实主义基础》中，认为构成主义已经演变为“结构主义”，并予以强烈抨击：“结构主义是资本主义分崩离析状态的现象……也就是反社会、反人民的反动现象，是直接与堕落腐朽的外国建筑艺术勾结在一起的东西。”②“结构主义的溃灭就象征着由那垂死的资本主义文化的国家传到苏联的艺术上极端反动派的溃灭，也就是反人民的形式主义艺术现象之一的溃灭。”③

事实上，除了平面设计，大部分构成主义作品都没能实现，构成主义设计家希望能在俄国的工业生产中进一步实现构成主义的理想，由于不适于批量生产，构成主义工业设计一直处于社会边缘，设计师们只好寻求更加实际的方式进行设计，这在海报招贴印刷设计和展示设计上体现得更为明显。后期的构成主义集中在城市规划设计上，依然以革命的艺术形式进行放射性或线性的规划设计，创造“共产主义卫星红城”，对社会主义国家的城市规划（包括中国北京）产生了很大影响。此外，更多的设计师则把目光转向在海报、杂志和广告中实践构成主义艺术。即便是如此，随后不断涌现的先锋艺术家们也都在构成艺术的方向继续进行探索并实现了其对于政治以及革命的积极态度。

3. 构成主义平面设计的政治符号

构成主义者将艺术家与大量生产、工业联系起来，致力于界定出新的社会与政治秩序，并利用各种设计艺术形式来支持革命，鼓舞士气。构成主义平面设计最重要的政治符号特征就是以几何学原则抛弃了任何具象的、自然的特征，并尝试在空间和造型上寻求一种理性的几何秩序，借以表现某种抽象的意义和深刻的思想内涵。

苏联的杂志是信息传播的重要渠道，而以具有政治意义的招贴海报、标语和绘画为代表的图像，是革命的助推器，为政治服务、为大众宣传。海报设计的主要内容是革命与斗争，并以红色和黑色的主要色调，进行传达革命的象征和斗争的意义，还要搭配有力的革命口号，使作品的感染力和斗争精神进一步加强。月刊《建设中的苏维埃》在内容上赞扬苏联高速发展的业绩，形式上则

---

① Christina Lodder. Russian Constructivism[M]. Yale University. Fourth printing 1990:65.

② [俄] 金兹堡 . 风格与时代 [M]. 西安：陕西师范大学出版社，2004:161.

③ [俄] 金兹堡 . 风格与时代 [M]. 西安：陕西师范大学出版社，2004:172.

是构成主义平面设计的展示媒介，促进了构成主义坚定不移的革命信念和对于苏维埃新政权的积极拥护。杂志刊登了当时作为一流设计师和艺术家的作品，不仅使用最先进的印刷技术，还发明了很多新的艺术表现技法，版式生动活泼，并发行了英、法、德等不同语言的版本，客观上促进了构成主义的对外交流。

1919 年冬，李西斯基在至上主义绘画的构成主义因素中找到构成主义视觉设计的新探索，将其中的点线面的组合借鉴到设计之中，认为几何形式的语言是所有设计的基础，抽象设计元素有着更直接的政治宣传效果。“他用俄语‘为新艺术’这几个字的缩写‘普朗’来称呼这种新的设计形式，在集合了绘画与建筑艺术特征的同时，将艺术与设计进行有效结合，李西斯基正是通过‘普朗’的设计实践，把至上主义艺术形式直接用于平面设计，在他的海报设计、书籍装帧设计等平面设计作品中，能够明确这种倾向，挖掘了艺术与设计之间的联系。”“他在设计中采用了并置、图像重叠、不同视点的构成组合、画像的切割与重构、强烈的对比和变化取景角度等手段，赋予了原本是静止的摄影作品以特殊的生命力，使其成为利用图像元素进行作品剪贴艺术的先驱之一。”① 他丰富了平面设计的视觉语言，使以抽象几何图形为代表的理性符号成为艺术化探索的新思路，而这种理性的符号被认为是适宜体现政治观念的设计符号。正如他所言：“这种全新的艺术形式不是以主观而是以客观为基础的。这正如科学之所以能被精确地描述，是因为它是建立在自然的基础之上的，它不仅包括纯艺术，也包括屹立于新文化前沿上的所有艺术形式。艺术家既是学者、工程师，也是劳动人民的同行者。”②

李西斯基的海报《红楔子攻打白色》（图 4-13），是完全抽象运用几何图形的招贴设计作品，构图简单，色彩强烈，却有着丰富的政治象征意义。李西斯基认为，没有人会混淆一个圆或者一个三角形，因此几何形体有着最直接有力、最快被识别的符号特征。从符号的角度，他充分利用了几何形体的这一明确而有力的特点，在设计作品中，代表红军的三角形以尖锐的动态深深插入代表反革命势力的白色圆形中，以几何形态和色彩的抽象、概括，在视觉上形成对立冲击的关系，表现出斗争的观念和革命必胜的信心，充满政治观念的隐喻和丰富的政治含义，明确易懂的信息易被理解和接受，强烈的视觉冲击鼓舞了人民大众的士气，是一幅构成主义的经典设计作品，并为现代主义平面设计的发展产生巨大影响。《两个正方形的对话》是李西斯基“普朗”系列作品中的另一个重要代表，真实地反映出了李西斯基对几何结构组织形式的抽象风格探索。依然运用简洁的几何图形，强调一种理性的秩序，并在色彩上强化视觉冲击力，借此在受众心理上产生一种具有力量感的共鸣，以表达自

图 4–13 《红楔子攻打白色》 李西斯基

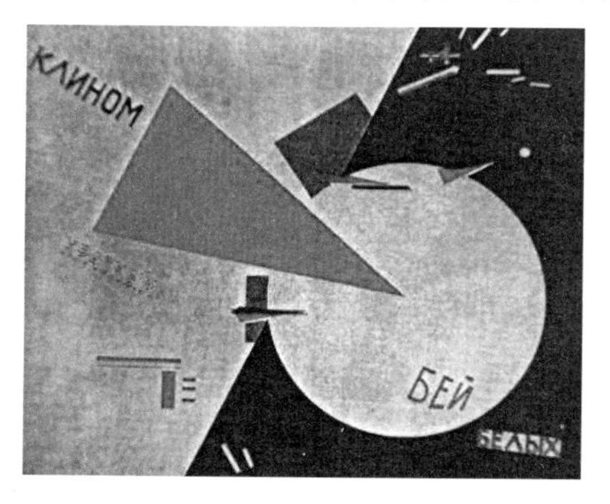

① [日] 白石和也 . 视觉传达设计史 [M]. 北京：机械工业出版社，2010:86.
② [美] 大卫 · 瑞兹曼 . 现代设计史 [M]. 北京：中国人民大学出版社，2007:195.

己的政治思想，象征了革命的力量，也代表了李西斯基作品中强烈的政治倾向。1922 年，李西斯基创办了关于新艺术的国际性期刊《对象》，他的作品在 1928 年科恩举办的印刷展览和 1930 年德累斯顿举办的世界卫生展览中，引起很大反响，剪贴技法的海报设计以强烈的视觉冲击和具有革命斗争精神的醒目标语，突出了构成主义平面设计的符号传播力量，他的设计对德国等西欧国家的影响超越了俄国，扩展到世界范围。

罗钦科也是构成主义平面设计的代表人物，在设计中常常用对角线和图案的对比，创造视觉冲击力。1925 年他为巴黎展览会的俄国展厅所设计的海报，就使用了对角线的构图，以粗大的无衬线字体“URSS”和红、黑、蓝的几何色块，创造了大胆的版式结构，在为俄国航空制造商设计的广告中，依旧借用了对角线的构图，以简洁的字母和同心圆作为视觉元素，创造了特殊的视觉效果。

图 4–14　构成主义海报（上）

图 4–15 《传输工具的发展：5 年计划》 库尔茨斯（下）

蒙太奇的运用被认为是构成主义平面设计另一个突出特征（图 4-14）。在西方，蒙太奇图像被认为是设计艺术的一种表达方式，而在苏联，蒙太奇被视为是内在联系的社会改建活动系统中的一部分。“无产阶级革命用一系列完整的新型的复杂任务展示了空间艺术：设计社会主义城市、公共房屋、文化休闲公园、绿色城镇、农业村庄、工人俱乐部……衣服、大众眼镜和工人房间。新的任务进入了新的种类和艺术作品形式。蒙太奇图像在这其中。”① 在构成主义平面设计中，意识形态元素和更加具体的共产主义政治元素以蒙太奇的技术手段进行图像展示和符号传播，被认为具有关键性的力量，蒙太奇图像的平面化使蒙太奇图像不能被简单地认为是照片的集合，而是包括了政治标语、颜色和绘画元素等一切有利于宣传革命的元素。1928 年，李西斯基为苏联艺术展览会创作的海报，用摄影技术和蒙太奇拼贴进行设计的尝试，画面中一对男女青年的两个四分之三侧面紧密结合在一起，共享了一只眼睛，并意味深长地望向远方，被看做是社会平等和男女平等这两个集体主义的符号隐喻。1929 年，库尔茨斯制作了《传输工具的发展：5 年计划》的海报设计（图 4-15），红色五星的火车头从右侧冲入版面，以强大的冲击力隐喻国家发展的强劲势头和政权的威力，将数字和发展计划的重大意义通过蒙太奇图形的剪贴，表达出清晰的意图和内涵，这种构成和配置的艺术方式也被认为是苏联图像设计艺术成熟的标志。

在 20 世纪 20 ～ 30 年代中创作的政治海报作品，比起绘画文字，摄影和印刷占据了更为主导的地位，这些海报仍然根据之前结构主义的特征组织起来，并且用红色、黑色和白色的混合与蒙太奇图像结合在一起。

20 世纪 30 年代初，斯大林主义和社会主义现实主义迅速统辖了所有的文

① Christina Lodder. Russian Constructivism[M]. Yale University，Fourth printing 1990:65.

化领域，“现实蒙太奇”也迅速被一种塑造“神话的艺术形象”的蒙太奇语言所取代，后者并不关心照片的文献性和他们之间事实的关联性，而是关注革命理想主义的政治宣传，在意识形态上强调党性和人民性，表现在画面上，就是强调构图的整体和综合，崇尚纪念碑式的效果，被宣扬的主体往往被崇高化，领袖人物更是顶天立地。①斯大林以大量神话般的艺术形象出现在蒙太奇政治海报和新闻宣传中，夸大的比例体现了蒙太奇形式语言对于意识形态的探索。“1930-1933 海报”系列，构成了部分第一个五年计划的思想形态。这一系列中印象最深的是《我们会为我们的国家偿还煤炭债务》，在这幅海报中，三个数字和有节律的平行上升的斜对角线位置的腿结合起来，给予一个内在活力的合唱谱。在《男性和女性工人全都进入 1930 苏维埃选举中》这幅海报中，视觉上运用了一条主要的斜对角线和不断上升的三角形手的组合，从小到大，依次变大。字母线放在有差异的斜对角线上，运用首字母变大强调活力效果。这个被称做“最好的评选画报”，因为它的“力量的表达”和“政治现实”。20 世纪 30 年代末期，随着政治局势的变化，对于蒙太奇的批评纷至沓来，人们认为凭借摄影技巧的设计语言是“形式主义”，不符合社会主义宣传事业的要求，蒙太奇技术逐步退出了政治宣传的舞台。

俄国构成主义设计是技术和艺术的最佳结合，同时，也正因为这种最佳结合，使构成主义成为现代主义设计的重要组成部分，推动现代主义成为 20 世纪上半叶最稳定、最具影响力的设计风格，以至在后期发展为风靡全球的“国际主义”风格。但与风格派等其他现代主义风格相区别的是，构成主义中的技术与艺术的探索和尝试，有着深刻的政治目的，并受到意识形态的高度影响，因而构成主义的视觉语言符号，充满象征和隐喻的政治意味。

4.1.3 社会主义国家的平面设计：树立社会主义政治观念与国家形象

社会主义理论是马克思根据西方社会现实条件提出的、具有重大社会革命意义的科学思想，被认为是资本主义发展的必然阶段。然而虽然西方各国建立了许多带有社会主义性质的政党和政治团体，对西方工人阶层争取社会平等和生活条件的改善都起到积极的促进作用，但是社会主义理论在西方发达社会并没有得到实践，反倒是在前苏联、东欧等国家成为社会现实。到 20 世纪 50 年代，涌现出大量的社会主义国家，世界上 1/3 的人口生活在社会主义制度之下，世界政治格局形成了社会主义与资本主义相对立的两大阵营。

国家理论是在摩尔的生产方式、马克思主义理论以及托克维尔理论基础上发展起来的政治理论，研究以政体（主要指国家）为社会运动的主要对象，即国家的政府具有经济引导的积极作用和文化主导的绝对力量，尤其是对文化认同感、话语和意识形态在社会运动中的重要作用。第二次世界大战后诞生了数

---

① Margarita Tupitsyn. The Soviet Photograph[M]. 转引自设计学论坛 · 第 2 卷 . 南京：南京大学出版社，2010:330.

量众多的社会主义国家，这些国家大多不具备马克思理论提出的社会主义实践基础，经济发展相对落后，也缺乏西方主流政体由民主选举产生政权的合法性，加上以苏联为首的社会主义集团和以美国为代表的资本主义国家因政治制度不同进入抗衡。受到冷战等诸多国际政治局势的影响，必然要求唤起民众，以斗争精神为新生政权宣传政治主张和政治观念。以中国为首的社会主义国家对社会主义的认识出现了偏差，夸大了阶级斗争的必然性，在文化与艺术建设上强调为政治服务的功能。具体表现为，以一些标志性的建筑和艺术作为纪念革命胜利的符号，大量需求海报等宣传性的平面设计，并将设计与艺术作为政治宣传的工具和政治斗争的武器。

从设计艺术本身的发展来说，平面设计与其他设计类型不同，并不紧密依附于经济发展。在经济水平相对落后的国家和地区，平面设计往往不会受到现代主义国际风格的干扰，反而更易保留有本民族特有的艺术风格。一旦平面设计与政治主题相结合，视觉传达的本质功能决定了传播目的的明确和传播手段的多样化，在政府的引导和经济保障之下，平面设计往往能够得到快速发展和质量的突破。战后在欧洲美国形成的平面设计新流派——观念形象设计，是世界平面设计史重要的组成部分，而战后以社会主义国家为代表的第三世界国家的平面设计将观念设计与政治目的结合，用突出的视觉传达效果和艺术化的表现力，将平面设计推到了一个巅峰时期，取得了巨大成绩。

4.1.4 战后社会主义国家的设计政策与平面设计发展

在平面设计领域，以政治观念为中心、以树立政治形象为中心的社会主义国家的政治宣传画是 20 世纪平面设计的重要组成部分之一，也是战后平面设计非商业化发展的突出现象。第二次世界大战后，第三世界民族解放运动促成社会主义民族国家的大量独立建国，这些国家的政治宣传画是国家主持的设计项目，与政治目的有着密切的关系，设计为传达某种政治理想与某种政治观念的作用，是特定国家在特定时期的反映。设计方式，基本上是根据文稿内容确定创作设计的倾向，然后交给设计家具体处理，强调视觉传达的准确有力，大部分都有简练的标语口号。“以图形突出思想内容，突出观念，观念和形象的关系因此非常密切，因此，被设计界称为‘观念形象设计’，是战后平面设计的重要组成部分之一。”①

观念形象设计作为战后平面设计新的流派，受到立体主义、象征主义、未来主义、野兽派等现代主义艺术的影响，更加强调视觉形象的传达力度和艺术的表现，是一种融合艺术特征的设计风格，与政治的集合使得观念形象设计为政治目的服务的特性更加明确，是平面设计史上现实意义与时代背景突出的功能性设计风格，也促进了非西方国家平面设计的整体进步。

观念形象设计的政治作用也受到了少数西方国家的重视，其中以美国和德

---

① 王受之 . 世界平面设计史 [M]. 北京：中国青年出版社，2002:269.

国的实践成果较为突出。然而战后各国政府部门的需求不同，方向不同，投入不同，西方国家的设计无论是质量还是数量都远远达不到社会主义国家的设计发展水平。海报的艺术特征则偏向于直观形象的认知，不需要太多的艺术鉴赏能力或是逻辑分析能力，对各种文化层次的受众具有普遍的传播效果。

在 20 世纪 60 年代涌现出的社会主义国家中，社会环境和政治背景都不相同，但几乎每个国家都有大量的海报作品设计出版，以波兰和古巴为代表，具有较高的设计水平和广泛的国际影响力。波兰的政治宣传画更是以其独特的风格和高度的艺术水准受到世界范围的广泛关注。波兰是第二次世界大战在欧洲的最早的受害国，经济在 6 年间都遭受到了长期的破坏，社会和文化事业基本停滞。战后，波兰成为一个社会主义国家，国家的重建是在战后万分艰苦的状况中开始的。国家政府通过海报来宣传各种文化活动，活跃文化气氛，丰富战后波兰的文化生活，成为国家政治形象重建的关心主题之一。波兰战后的平面设计，特别是海报设计，从无到有迅速发展，作为国家宣传工作的重点之一，被看做是共产主义社会的设计，基本上全部是为政府部门的要求而作的。广告设计的行业没有竞争，除了有关政治内容的传达，还有电影、马戏等各种文化活动的海报，使得波兰的电影海报在世界平面设计史上表现形式和内容，独树一帜，每年设计制作约 200 多幅电影海报，都是由政府资助并由国立印刷厅出资发行，成为政府掌控并进行传播的政治文化，是在国家政权管理下设计艺术发展的极少数特例之一。

波兰政府动员设计家参与国家指定的设计项目，平面设计家和电影工作者、艺术家、作家等纳入波兰政府组织的“波兰艺术家协会”。该协会有着严格的入会标准，必须得到华沙和克拉科夫国家艺术研究院的认证。因而波兰政府成立了新的艺术和设计教育体系，主要由华沙和克拉科夫艺术学院两所艺术学院为主，培养新一代的、为无产阶级政治服务的艺术工作者和设计工作者。1964 年，波兰政府举办“首届华沙国家海报双年展”，至今都是世界上最重要的海报艺术盛会之一。在华沙附近建立普拉卡图海报博物馆，也体现出波兰政府对海报的重视程度。

由于相对孤立的政治环境和地理位置，波兰的平面设计没有受到国际化设计思潮的影响。由于物质相对匮乏，波兰平面设计家不再专注于摄影手段，而喜爱传统活泼的手绘插图，设计以观念的艺术表现为特征，独特的语言、隐喻的色彩、抽象震撼和略带幽默的视觉效果，其艺术价值很高。特拉伯克夫斯基是战后波兰最优秀的海报设计师之一，他用自己简洁的设计语言记录了波兰人民在战后遭受的精神打击、悲愤的情绪和对未来生活的渴望。1953 年，他设计了著名的反战海报《不！》，在炸弹的影子中展示了波兰战后荒芜颓败的街道，有力地控诉了战争带来的毁灭性打击。贝尔曼也是波兰一流的设计师，在战争物质匮乏的时期，因缺少摄影器材来记录真实的场景，就运用手绘的插图和手写的字体图案进行设计工作，却以简洁直观的设计形式，确定了波兰海报设计的基本风格。波兰设计师们共同努力继承了战前先锋主义海报风格，使 20 世纪50年代的波兰海报引起世界范围的广泛关注。直到60年代，波兰的政治气氛变得微妙，匈牙利被苏联入侵、苏军大量驻扎于波兰等反映于设计作品中，出现了黑暗阴郁的色彩，体现波兰人民的隐约不安与无声反抗。后来，波兰的海报转向对国际问题的宣传，并始终是政府的喉舌，是政治斗争的工具。海报成为波兰的一种传统，成为波兰人民生活中重要的组成部分，也得到了世界性的广泛认可和喜爱。

图4–16 古巴革命海报 马丁尼兹

1959年元旦，西半球的第一个社会主义国家古巴诞生了。1961年，卡斯特罗政府召集了文艺工作者会议，确立了政府和文艺界的合作关系，提出了古巴作为社会主义国家的艺术原则和立场：即保证文艺创作的自由，并以“为社会主义服务，为人民服务”为前提，一切反革命和政权的创作不允许存在，艺术创作必须保证社会主义意识形态，必须体现为无产阶级政权服务的鲜明立场和创作原则，为革命服务。古巴本没有艺术创作的传统，设计师和艺术家原本也没有任何社会地位，政府的文艺改革政策刺激了古巴设计艺术的发展，文艺工作者的公务员体制保障了艺术创作的物质基础和稳定的生存状态，古巴的平面设计因革命的要求而产生，因古巴革命而在世界设计艺术史中留下深刻的印记。

古巴不存在商业广告，全部的广告招贴全部由政府控制，由具有对话职能的工作室进行设计，主要用于文化活动。广告的文字趋于一致，大多是“争取最后的胜利”之类具有激励性质的口号，并从国外的平面设计中，尤其是捷克和波兰的创作思维，汲取各方面的优秀成果，结合本民族民间艺术的形式，逐渐形成自己的独特风格，带有强烈的革命运动的政治色彩。初期的很多海报由于经济方面的原因多由设计师手绘制作，如马丁尼兹设计的宣传古巴英雄的海报（图4-16），突出主题、人物线条简单、色彩多平涂、字体醒目、色彩明艳，具有粗犷朴实的现实主义风格，充满强烈的民族自豪感和革命胜利的气息。《游击战英雄之日》纪念海报以古巴民族英雄切·格瓦拉红色肖像作为视觉中心，以放射状的构图表现革命波涛汹涌的热潮。1968年古巴革命9周年庆祝活动上，哈瓦那革命广场挂出了18米高的格瓦拉肖像，带着贝雷帽将目光投向远方的切·格瓦拉的形象，成为国际性的革命象征性符号。马丁尼兹和贝特朗等青年设计师受聘于政府，主持政府的政治运动宣传设计项目，并作为古巴政府革命行动委员会的顾问，为古巴的文艺发展和政府形象的塑造作出巨大贡献。

卡斯特罗政府将组织世界人民的反美帝斗争视为己任，特别成立了专门从事对外宣传的政治海报设计部门——“亚非拉团结组织”，为输出目的而设计的海报以宣传共产主义国家为目标，用以促进亚非拉其他国家的革命运动，发动反美帝国主义（包括意识形态）的战争，海报配合政治宣传，以煽动反美情绪为主题，对亚洲等第三世界国家和社会主义国家秘密出口。这一“国际化”的设计任务要求海报具有跨文化传播的特性，因此海报的设计有别于苏联和中国政治海报的现实主义风格，以图形为主体，采用非常具有斗争性、色彩强烈并通俗易懂的视觉形象，文字说明很少或几乎没有。

古巴的革命海报政治目的鲜明，艺术价值较高，带动和促进了其他拉丁美洲国家如尼加拉瓜等国的海报设计发展，引起了世界设计界的广泛关注。

4.2　资本主义的文化矛盾与冲突下的现代设计史

设计的定义伴随着西方工业文明而产生，并在西方科学进步的探索和西方思维方式、思想观念的转化中，逐步成熟。尤其是精神层面对设计的文化、美学的深入研究，对设计的社会效应、政治本质的剖析，对设计的伦理道德和社会责任的思考，深刻影响了现代设计的发展。可以说，现代设计的历史主要是现代欧洲、北美为代表的西方设计的历史。

16 世纪以后，在资产阶级构建的现代社会中，自由竞争的市场经济活动取代了以往以宗教或军事为中心的社会主要内容，资本与市场是资本主义社会进步与发展的巨大推动力。自由资本主义时期，是资本主义发展史上的早期阶段或者说是上升阶段。资产阶级以自由主义的方式统治国家，以开放市场、自由贸易竞争为经济活动的基本方式，在政治生活的基本原则和价值方面，它体现为资本主义国家的公民政治自由、政治权利和政治平等作为政治生活的基础。

法国社会学家布尔迪厄认为，“社会等级制度的两种主要竞争性的原则塑造着现代工业社会的权力斗争：经济资本（财富、收入、财产）的分配——布尔迪厄称之为‘占支配地位的等级制原则’；文化资本（知识、文化、文凭等）的分配——布尔迪厄称之为‘从属性的等级制原则’。对这两种资本的实质性拥有区分了统治阶级和别的社会群体，统治阶级又通过经济资本与文化资本的不平等分配而产生了内部分化。”①

美国政治、哲学家丹尼尔·贝尔则认为，随着资本主义的发展，形成政治、经济、文化之间的根本对立和冲突。自由和人性的解放，是资本主义经济带给现代性文化的思想基础，但这种基础在资本主义的发展过程中，逐渐产生了敌对关系。资产阶级的民主思想的核心，从法律面前人人平等、民权面前人人平等，逐渐转移到经济权利和社会权利的平等，因为资本主义的经济基础，是以私有制为核心的市场经济，资产阶级民主首先以资本和财产的私有为前提，私人资本和财产在资本主义政治中起着决定性作用，政治秩序干预经济和社会领域，以求重新调整新的经济体系之下的社会结构与资产阶级、中产阶级的社会地位，因此，资本主义民主逐步变成“金钱”政治。资产阶级把市场交换法则应用于政治生活，形成政治权利和政治过程表面上的平等，从而掩盖了资本主义私有制形成的社会不平等。同时，资产阶级凭借其掌握的财产和各种政治组织、传播工具，对社会政治产生着决定性的作用，“实质上政权总是操在资本

① [美] 戴维·斯沃茨 . 文化与权力 [M]. 上海：上海译文出版社，2006:221.

手里”。[①]

“左翼前西德艺术和建筑史学家协会”一直致力于鼓励和关注设计的社会政治研究，并认为建筑与设计的形成，是资本主义文化派生的。设计、建筑和艺术的形式被认为在资本主义文化中占据着意识形态的重要地位。在贝尔看来，“在现代资本主义对效率的渴望和现代文化对自我实现的渴望之间存在着矛盾。文化是所有事物中最重要的，这首先是因为艺术一再地寻求‘创新的形式和感觉’（在现代主义的外衣之下）；其次是因为‘文化现在不再是一种权威性道德的源泉，而是一种新的和愉悦感觉的生产者’”[②]。由于文化作为意识形态，成为直接反映生产方式为基础的上层建筑。资本主义经济围绕商品生产建构而成，经济生活主导社会生活，文化基础则以交易和买卖关系逐步渗透到大部分领域。一切物质产品都要遵循着商品与市场的价值规律和基本法则，设计艺术当然也受到资本主义生产关系下，生产和消费的相互影响。生产和消费模糊了阶层和阶级的概念，也成为资本家扩张市场的手段，在这种社会背景下，民主主义与消费社会在本质上相互矛盾，设计理论和设计思潮在人文主义和商业利润的对立中不断探索，构成了厚重而深刻的现代设计史。

4.2.1 现代主义的诞生：资产阶级的“敌人”

马克思主义者认为，资本主义统治之下有着一个文化霸权，即“统治阶级”，在过去的 100 年里，如果有一种占统治阶级地位的影响的话——至少在高雅文化范围内——那就是资产阶级公开宣称的敌人：现代主义。[③]现代主义在长达半个世纪的历史时期内的文化霸权，被看做是具有反抗资本主义社会结构、瓦解资产阶级世界观的先锋力量。

现代主义的定义十分宽泛，从 20 世纪初期直至第二次世界大战结束。在如此之长的时间内，几乎涵盖了哲学、艺术、美学等所有意识形态领域，席卷了社会、文化、生活的方方面面，是归属于大众的文化财产，具有鲜明的革命性和民主主义色彩。现代主义设计是 20 世纪初在欧美产生、发展的最重要的设计运动之一。随着工业化的迅速发展，新材料、新工艺、新科技的推广应用，促成了设计界的重大变革。为在设计中引入民主主义的精神，或者说是为了探索新的政治制度而在设计中作出尝试，以适应当时机械化大生产对艺术设计的内在要求。现代主义首先出现在建筑设计领域，后来延伸到工业、平面等几乎所有的设计领域，作出了对材料、风格、形制等各个方面的探索。现代主义设计运动是一场民主化的理想主义运动，它将之前分散的各种设计思潮融汇在一起。现代主义设计的先驱期望能够改变设计的服务对象，为广大的劳苦大众提供基本的设计服务，把以往设计为上层权贵服务的方向，转变为社会大多数人民服务的目的，体现了民主主义精神。与此同时，他们当中也有不少人“希望

① 王浦劬．政治学基础 [M]. 北京：北京大学出版社，2006:336.
② [英] 彼得·沃森 .20 世纪思想史 [M]. 上海：上海译文出版社，2008:692.
③ [美] 丹尼尔·贝尔．资本主义文化矛盾 [M]. 南京：江苏人民出版社，2007:15.

利用设计来建立一个较好的社会，建立良好的社区，通过设计来改变社会的状况，利用设计来达到改良的目的，而避免流血的社会革命，但是，这种想法显然是乌托邦式的，充满了小资产阶级的理想主义特色。”[1]

1. 形式与功能的阶级分裂

19 世纪以前的设计思考，主要集中在设计形式与设计风格的表现方面。19 世纪 80 年代，芝加哥学派建筑师沙利文率先提出“形式追随功能”的惊人口号，强调在建筑造型上趋向简洁、明快与适用性，在材料上使用高层金属框架和箱型基础，认为建筑设计应该由内而外反映出建筑形式与使用功能的一致性，与当时美国盛行的折衷主义风格，只看重历史文化、强调传统样式设计而不考虑功能的特征形成了鲜明对比。德国、俄国等西欧国家的先进的设计师和设计理论家为改变设计的观念和服务对象，在设计中引入民主主义的精神，开始从设计的形式与功能展开探索，强调设计的功能，否定装饰，并把这种理论从建筑设计蔓延到各种设计形态。

自设计艺术诞生之日起，形式与功能之间关系的问题探索就从未中断，在现代主义设计中，更是达到对立与分裂的状态。实际上，自欧洲的古典艺术理论起，从来不乏对装饰问题的讨论。从美学角度讲，对繁缛装饰的责难，是欧洲古典美学的一贯传统。但是，阿道夫·卢斯在《装饰与罪恶》一文中，把建筑设计的形式与阶级社会的道德伦理联系起来，把对装饰的否定从美学的角度转换到功能的角度，从核心上思考设计的本质目的，并从政治民主的角度体现出对社会的关怀，充满革命精神。“装饰的复活是危害国民经济的一种罪行……装饰的变换使劳动产品过早贬值……损失不但打击消费者，它首先打击生产者。在没有必要装饰的东西上进行装饰意味着浪费劳动和糟蹋材料。如果任何东西在美观上都能像在物理上那么耐久，消费者就会为他们付价，这样，工人就能多挣钱，就能缩短工作时间”[2]。

图 4-17　芝加哥百货公司大楼　路易·沙利文

跳出设计本身，从政治、经济、社会的角度出发，对设计进行批判和制约，否定装饰并强调功能，在某种程度上标志着现代主义设计的开端。现代主义建筑的代表人物柯布西耶等人也纷纷强调设计中功能的要求。功能主义思潮作为一种美学方法，随着工业化的迅速发展和资产阶级民主思想的广泛传播而风行一时。在现代主义设计之中，沙利文的“形式追随功能”论（图 4-17）、卢斯的“装饰即罪恶”论、密斯的“少即是多”还有格罗皮乌斯对“功能第一，形式第二”的强调（图 4-18），都具有鲜明的功能主义立场，都是建立在大工业机器生产上的现代主义设计风格，从而产生了一种

① 王受之 . 世界现代设计史 [M]. 北京：中国青年出版社，2002:108.
② 奚传绩 . 设计艺术经典论著选读——装饰与罪恶 [M]. 南京：东南大学出版社，2005:30 ～ 131.

全新的设计美学观，即“机械化时代的设计美学”。在设计美学观看来，设计的外在形式是内部结构和功能的反映，弱化设计的个性，提高产品的标准化、规范化和效率，产生一种标准、纯粹的形式，追求简洁化、秩序化，并常常以几何风格为特征，强调直线条、空间感，以及比例、体积等要素，排斥附加的装饰，使简洁明快的风格成为20世纪设计的核心。一直以来功能与形式的争论，直到现代主义设计才体现出压倒一切的阶级力量，现代主义使设计真正进入民主化与大众化的时代。

图 4–18 住宅设计 格罗皮乌斯

另一方面，早期的现代主义设计除了对繁缛装饰的摒弃，还体现出对社会民主秩序的向往。19世纪随着贵族社会的进一步衰落，以及以中产阶级为主体的大众社会对设计的民主化要求日益增加，抛弃装饰的实质，正是对于隐藏在古典风格、罗马风格、文艺复兴风格、巴洛克风格等装饰风格背后，对设计始终为贵族统治阶级服务的强烈不满。设计由为权贵服务到为大众服务，体现了民主政治的发展壮大。同时，民主主义和社会主义的理论发展又为设计思潮的发展提供了新的方向和更多的社会学基础，使得现代主义设计强调设计的民主化、强调设计的社会效应，具有深刻责任感和历史使命感。

资产阶级在文化和艺术品位上与在经济上的激进截然不同，而是趋于保守，芝加哥学派的功能主义探索是具有时代进步意义的，但在与资本主义的斗争中，无法摆脱当时的历史局限，有些成就被资本家投机，成为牟利的手段。1893年芝加哥哥伦比亚世界博览会上，在全面复活的折衷主义充分暴露出被资本主义利益驱使下，美国资产阶级置功能于不顾，暴露了借用古典艺术争夺世界市场的野心。在功能主义与资本主义制度的对抗中，新的建筑思潮遭受到了沉重打击。

在现代主义设计中，对于民主化社会新秩序的向往，以及抛开设计本身，从政治、经济与社会角度进行的探索，是一直以来在设计史上功能与形式的不断讨论。终于在现代主义设计中，以功能主义的绝对化优势将形式主义压倒，以理性主义科学主导了设计思潮，并表现出强大的生命力。现代主义设计为大众服务的民主宗旨表现出它对功能主义的强调，正是基于为设计对象减少开支和浪费。以社会利益作为明确的目的性，在设计中真正引入民主主义精神，并为奠定一种新的政治制度和社会秩序而作出巨大努力，在人类设计史上具有划时代的伟大意义。

2. 柯布西耶的民主主义与美国的“民主建筑”

19世纪末到20世纪初，风起云涌的社会主义思潮伴随着社会主义运动引起了设计的道德觉醒，工艺美术运动的先驱、社会主义者威廉·莫里斯对劳动者，尤其是工人阶级的生存状态、生活需求的关注，引起设计界的广泛思考。

图 4–19　巴黎装置艺术展览馆　柯布西耶

改善大众的生活条件、为普通人建造住宅，被看做是设计开始朝向民主化道路前行的标志。卡尔·波兰尼曾把 19 世纪工业革命的巨大成就与资本主义工业化、城市化发展带来底层民众的流离失所紧密联系在一起。恩格斯也在《住宅问题》一文中，将工人阶级、小商人、小手工业者的住宅匮乏现象归结为资产阶级无休止的扩大生产，导致城市化加剧，工人一面大量涌入城市，普通住宅却因城市工业化的建设被大批拆除。现代设计的先驱开始致力于设计一种全新理念的标准化、工业化的低成本住宅，以达到避免流血革命，却能改善大众居住条件的"设计民主化"目的，现代主义设计从建筑设计开始。

被尊为现代主义建筑设计最重要的代表人物之一的法国设计师柯布西耶在建筑设计理论以及实践方面都独树一帜，为现代主义设计作出了巨大的贡献。柯布西耶否定了 19 世纪以来复古主义、折衷主义的因循守旧，主张在新的时代创造新的建筑风格，他试图通过新的建筑形式来为广大民众提供良好的生活方式与条件，解决大众的基本生活需求，并将这一问题赋予道德色彩。他认为"房屋是人类的必需品"、"一切活人的原始本能就是找一个安身之所"。他希望利用现代设计来避免资产阶级与无产阶级的矛盾冲突，利用设计来创造美好社会，并始终坚持他的理想主义探索，从来不认为设计应该具有为特定阶级或者政权服务的目的性。在他的著作《走向新建筑》中写道："为普通的'所有的人'，研究住宅，这就是恢复人道的基础，人道的尺度，需要的标准、功能的标准、情感的标准。就是这些！这是最重要的，这就是一切。这是个高尚的时代，人们抛弃了豪华壮丽。"[①] 对此，翻译者陈志华在序言中进行评价："现代建筑的基本精神是民主和科学，《走向新建筑》就是建筑中民主和科学的宣言"[②]

柯布西耶主张建筑的工业化，打消房屋的固有概念，定位于"住房是居住的机器"。工业时代的建筑，不可避免受到经济法则的支配和影响，首要的任务就是减低造价，大规模制造预制构件，以框架式结构体系解决新时代的住房问题，与机器生产一致，进行大规模建筑生产。他的设计主张在小规模建筑中得到实践，萨伏依别墅和巴黎瑞士学生宿舍都采用了新的建筑形制。外形轮廓简单，内部空间复杂，追求功能的统一。柯布西耶创造的"机器美学"，把建筑的情感因素归结为简洁的秩序和纯粹的形式，希望人与建筑之间产生情感的共鸣（图 4-19）。1927 年为日内瓦国际联盟总部设计的建筑方案，柯布西耶将交通问题、光照问题、通风、停车等实际功能问题放在首位，采用钢筋混凝土结构，结构简洁，形式上突破传统，这个设计方案引起了革新派和学院派激烈的争执，最后依旧没有被官方接受，体现出新的建筑风格取得官方认可的过程

① [法] 勒·柯布西耶 . 走向新建筑 [M]. 天津：天津科学技术出版社，1998: 序言 .
② [法] 勒·柯布西耶 . 走向新建筑 [M]. 天津：天津科学技术出版社，1998: 序言 .

是漫长而充满不确定性的。

柯布西耶还对“现代城市”提出过很多构想和规划，以解决城市人口密集带来的交通和环境等诸多社会问题。按照他的构想，城市的中心可以有巨型的摩天大楼，但也必须铺设整齐密集、立体交叉的道路交通网，中心区的外围要有高层的满足居住的楼房，楼房之间一定要有大量的绿地，既能保证人口的容纳，又能保持相对安静卫生的城市环境。魏森霍夫住宅和马赛公寓大楼实现了他对集合式或经济式住宅的构想。在20世纪20年代后期，他又以这样的理念绘制了许多城市的设计方案和设计蓝图，提出了“巴黎中心区改造方案”（图4-20），对巴黎的城市建设发展起到积极的影响，也推动了现代城市的发展方向，具有前瞻性。

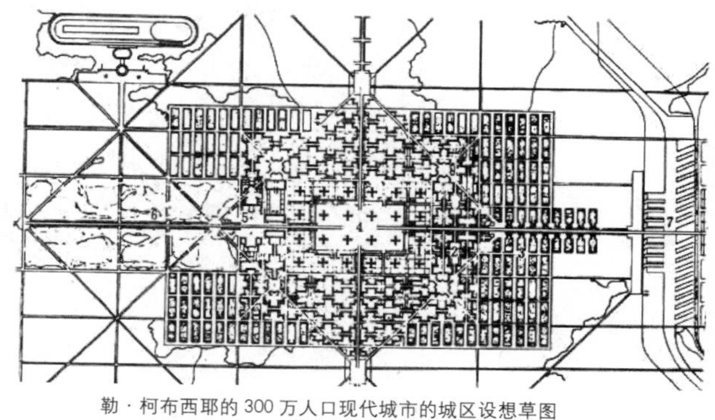

勒·柯布西耶的300万人口现代城市的城区设想草图
1. 中心地区楼群；2. 公寓地区楼群；3. 田园城区（独立住宅）；
4. 交通中心；5. 各种公共设施；6. 大公园；7. 工厂区

图4-20　巴黎中心区改造方案　柯布西耶

柯布西耶早期的设计受到德国现代设计先驱贝伦斯的影响，保留有鲜明的阶级观念痕迹，但是经过战后无产阶级革命和一系列社会主义、共产主义运动后，他改变了立场。与俄国构成主义者充满革命斗争的精神不同的是，他不主张社会革命，认为设计应该为维护社会的稳定而服务，希望利用现代设计来避免社会革命，主张通过新的建筑形式为广大人民提供良好的生活方式与改善他们的居住和生活条件。尽管他的设计思想有时充满矛盾，比如他的城市规划设计具有专制色彩，基于强权领导，招致左派的攻击，但他强调设计的民主化、强调设计为大众服务，甚至用公社化进行设计尝试，都表现出了强烈的民主主义精神。

现代设计先驱对贫民、社会主义和革命的关注集中在民主化的建筑设计之中，这种利用设计来创造美好社会主义、避免暴力流血和革命设计理想，也是现代主义中非常典型的乌托邦主义思想，具有小资产阶级的理想主义色彩。

与有着悠久权贵社会历史的欧洲不同，美国在经历独立战争和南北战争后，建立起了新型的民主政治国家，没有贵族历史、没有贵族血统，自由、民主、平等的观念不仅在政治上，在国家经济、文化等诸多领域，“人人生而平等”的民主思想都深入人心，贯彻美国的历史。为贵族、统治阶级设计的传统和审美趣味，与美国设计无关，民主设计的思想在美国表现得那么理所当然，完全没有欧洲文化环境中的激烈与深刻，正如法国政治思想家托克维尔的调查结果，美国的民主制度使美国设计的发展更易接受设计民主化、大众化的观念，“他们首先要发展的，是使生活可以舒适的艺术，而不是用来点缀生活的艺术。他们习惯上以实用为主，使美居于其次。他们希望美的东西同时也要是实用的”[①]。随着战争期间大批现代主义设计师移民美国，他们的现代主义思想和观念在战

① [法] 托克维尔. 论美国的民主（下卷）[M]. 北京：商务印书馆，1988:567.

争期间和战后的经济发展期间，恰好完成了美国的现代设计转型，并且与民主政治相适应，得到更大的发展空间。

早在 19 世纪，随着城市的扩展，“向空中要空间”的观念，使建筑师注重内部结构和功能，对外立面的造型则趋向于简洁、整齐、实用的新建筑风格，“芝加哥学派”因此产生，是现代建筑的新的里程碑，对美国及世界的现代设计产生了深远影响。美国设计师赖特是 21 世纪最伟大的设计师之一，他的设计作品受到普遍的赞誉，他早年受到英国工艺美术运动的影响，并曾在沙利文的事务所工作，对沙利文的理念十分认同。形式服从功能、对装饰有节制的使用的设计理念在他的作品中得到体现。他早年的设计作品，在形式上保留着工艺美术运动的理念，强调建筑的有机。在他的建筑观念中，有机建筑代表了理想民主的自由建筑，“民主”，是他的有机建筑理念的第十个关键词条。“民主是我们民族的理想，我们的独立宣言把民主视为个性的福音，置于论战和政治之上……我们新的共和国承认这种有助于个性发展的自由的理想”[①]。但他认识到工艺美术运动的局限性，有着对“民主建筑”含义的深刻理解，“建筑作为创造性艺术首先应是我们的基础，因而造福于整个世界……归功于国际式信徒们对国际式的推崇，我们将不仅在我们的民主中，而且在世界各地都会看到那些伟大建筑师们的建筑已经奄奄一息。在那里，危险的是机器正在变成生活方式，而不是生活把机器作为工具来运用”[②]。将机械科技、简约美学和民主艺术联系在一起，强调“民主建筑”只有在机器和科技的参与下才能实现，即“新的秩序应建立在工业化时代新的技术条件基础上”。机械化工业生产减少劳动时间，可以制造具有现代美感和非凡品质的产品。他将简约和必要的科技作为他的美学基础，在芝加哥的一次演讲中强调：“威廉 · 莫里斯非常认同将简约作为所有艺术的基础，让我们来充分认识这个对于艺术至关重要的词汇——简约吧！正是它使机械艺术充满生命力！”[③]这种对机械的情感与柯布西耶在《走向新建筑》中“对机器的感情中含有道德的感情”的观点相一致。

赖特虽然认同“机器是民主的伟大先驱”，但并不认同“住房是机器”的理论，他的作品具有强烈的个人风格，并致力于在设计与周围自然环境中寻求有机的和谐统一。他之所以被认做现代主义大师，更主要的原因是他始终抱有强烈的社会责任感，具有设计为大众服务的民主思想。“为具有常识的制造商建造的房屋或是为满足实际需要的住户建造的房屋不存在卑下和高尚的关系，也没有愚蠢和手执‘文化’荣誉的差别，这些明智的作品为我们所有世人所羡慕、嫉妒和竞争”[④]。19 世纪下半叶，高层建筑随着工业化进程的加速，在美国的各大城市都有大量的需求，人们对于充满机械美感的现代建筑形式逐渐认可，赖特与建筑大师沙利文合作，参与到高层建筑的热潮中，同时成为美国实践现代

① 李砚祖 . 外国设计艺术经典论著选读——有机建筑语言 [M]. 北京：清华大学出版社，2006:221.
② 李砚祖 . 外国设计艺术经典论著选读——有机建筑语言 [M]. 北京：清华大学出版社，2006:221.
③ [美] 大卫 · 瑞兹曼 . 现代设计史 [M]. 北京：中国人民大学出版社，2007:137.
④ 奚传绩 . 设计艺术经典论著选读——给从事于建筑的青年 [M]. 南京：东南大学出版社，2005:209.

主义设计的先驱人物。尽管他的建筑设计中充满反都市化的情绪，厌恶资本主义拜金的本质，提出了很多看起来愤世嫉俗的主张和言论，并进行了很多个人主义的、浪漫主义的建筑尝试，显得与现代主义大师的理性主义格格不入，但是，他对于现代工业化材料的强调和对于先进技术的探索，为现代主义在美国的发展还是作出了很大贡献，起到了巨大的推动作用。

3. 德意志联盟中的人文思想与包豪斯的社会主义理想

图 4-21 通用汽车制造车间 贝伦斯

19 世纪末，德国工业发展水平迅速，赶超了老牌资本主义国家英国、法国，跃居欧洲第一。在设计艺术领域，德国没有经历过深刻的设计文化传统和设计运动，因而没有历史的负担，更容易接受新的设计思潮，并且希望成为工业时代的领袖，使德国制造能够畅行海外市场。为此，在政府支持下，企业家、制造商与艺术家联合，成立了全国性的“德意志制造联盟”，联盟的创始人之一穆特休斯除了建筑设计师的身份外，他还是政府官员与外交使节。另一位创始人诺曼同时也是一名政治家，这注定了联盟的思想高度，及对大工业生产方式带来的社会变革的关注。联盟的设计作品和设计思想，使德国设计形成一种统一化的方法和理念，成为具有强烈民族特质的设计风格，以及现代主义重要的组成部分。

诺曼首先提出来以设计来适应机器时代，在此基础上寻求一种新的机器美学，而不是依靠机器来复制手工艺设计，提出使工业生产逐步统一化、标准化、科学化，以大规模生产保证中产阶级消费群体对设计的要求，并希望设计师共同致力于发展标准或规范化的形式。正如联盟重要的代表人物贝伦斯在制造联盟的刊物中写道“我们没有选择，只能把我们的生活创造得更简单、更实际、更组织化和更范围广泛。只有通过工业，才是实现我们目的的全部希望所在。”[①]

贝伦斯于 1909 年为德国通用电气公司设计的制造车间（图 4-21）成为探索标准化建筑新形式的伟大尝试。建筑材料是混凝土新材质，以通透的大玻璃窗和无遮蔽的金属结构满足工厂机器制造对室内采光和空间上的要求。建筑造型简洁，柱子和大玻璃窗相间，整体没有任何附加的装饰，体现了现代化，被称为第一座真正的“现代建筑”。贝伦斯强调技术与文化的结合，他曾轻蔑地抗拒德意志联盟的标语“一切为了适用性”，因为他觉得建筑与设计必须达到一种文化的融合，在视觉形式中要成为人类文化一部分的，成为人类技术时代的新文化创造。

作为一名富有社会责任感的设计师，贝伦斯还意识到设计对社会的改造作用，在物质匮乏的时代将目光投向社会贫民的基本需求。他探索总结了“经济型建筑”的建造方式，希望最大限度地通过标准化、机械化方式生产建筑材料和结构组件，通过“工厂化生产房屋”降低建造费用。1912 年，他展出了为

① [美] 斯蒂芬·贝利，利普·加纳 .20 世纪风格与设计 [M]. 成都：四川人民出版社，2000:130.

柏林工会最低收入的工人阶级所设计的标准化家具，体现了他富有人文情怀的设计理念。1914 年，德意志制造联盟在科隆举办设计展会，格罗皮乌斯设计的展览会大楼延续了贝伦斯的设计思想，建筑采用平屋顶，除底层入口处采用砖墙外，其他部分都由玻璃窗构成，依然没有多余的装饰。在新旧建筑形式相碰撞、新技术水平和新功能要求的现代主义风格初期，这种尝试大胆而具有时代创新性。满足功能第一、结构构建外露的设计手法成为德国设计的名片，直到今天都在为现代建筑所学习和借鉴。德国建筑师们对用预制构件解决经济住宅的探索，超越了阶级局限，突破了资本主义的经济法则的制约，在设计实践中协调各种冲突和矛盾，并保持了鲜明的民族个性，被认为是现代设计史上具有社会责任感和人文主义精神的伟大尝试。

现代主义在德国的开始还具有强烈的社会主义色彩，明确提出为劳苦大众服务的方向和目的。以包豪斯设计学院（创办于 1919 年，由魏玛艺术学院和魏玛工艺美术学校合并组成）为代表，校长格罗皮乌斯虽然对机械的态度时有矛盾犹豫，但他的设计思想一直具有鲜明的民主色彩和社会主义特征，关注社会的变革，希望设计能够为广大的劳动人民服务，而不仅仅是为少数权贵服务。格罗皮乌斯早期的政治立场鲜明而且左倾，具有典型的革命态度，他在一次讲话中提到："一个社会主义社会的真正任务是消灭商业主义的罪恶，创立为人民建筑的积极精神。"[①]他同时与德国大量左倾的设计家、艺术家、学者等组建左翼组织，希望通过激进的社会改革振兴德意志的文化和经济。"设计的任务先清除社会的混乱"包豪斯重要教员克利与格罗皮乌斯的左倾思想一致，他的个人信件中写道：个人主义艺术是资产阶级奢侈的艺术，新的艺术形式只能通过新的手工艺学校方式达到，而不是象牙塔式的学院派教育结果[②]。从中不难看出，他希望通过教学试验，尽力把艺术发展与政治、意识形态背景结合起来。

包豪斯强调结构本身、材料本身和色彩的搭配，摒弃附加的装饰，符合现代社会对设计的实用需求，格罗皮乌斯提出"我的新建筑要给每个德国工人阶级家庭带来每天起码 6 小时的日照"。在他 1913 年发表的《论现代工业建筑发展》中写到："现代建筑面临的课题是从内部解决问题，不要做表面文章。建筑不仅仅是一个外壳，而应该有经过艺术考虑的内在结构，而不在于多余的装饰。洛可可和文艺复兴那些样式只会把本来很庄重的结构变成无聊情感的陈词滥调，新时代要有它自己的表现方式……这是社会的力量与经济所需要的。"[③]反应了工业社会对建筑的现实要求。

基于这种思想，在 1923 年包豪斯的展览上，乔治·穆赫和阿道夫·迈耶共同设计的霍恩街住宅模型，造价低廉，大量采用建筑预制材料。起居室带有巨大的天窗，四周全是矩形的小房间，厨房的设计用悬挂在墙壁上的碗柜和位于下方的橱柜，大大扩展了厨房的实用空间，体现了对经济适用性的关注，被视

① 王受之．世界现代设计史 [M]. 北京：中国青年出版社，2002:142.
② 王受之．世界现代设计史 [M]. 北京：中国青年出版社，2002:148.
③ 罗小未．外国近现代建筑史 [M]. 北京：中国建筑工业出版社，2004:67.

为现代公寓住宅设计的原型。1927年包豪斯建筑师们在斯图加特商品交易会上把“居民点”设计推向世界，“每天有两万人前来观看这些作品，对平顶屋、白墙、条形窗户及底层架空柱感到惊奇。密斯·凡·德·罗称它们是‘为了一种新的生活方式的伟大斗争’”。[①]包豪斯教员和学生的家具设计作品，一样体现了结构简约、功能实用的理念，摒弃雕刻与色彩等装饰手段，以线面的基础搭接和标准化的构建，形成特有的、机械化大生产下的美学特征（图4-22）。标准化与统一化的机械化大生产在包豪斯看来，象征着美好的社会构想——社会主义与世界大同——只有机械能够消除阶级之间的界限。与之相反，装饰则意味着浪费与奢侈的剥削本质。

图4-22　法古斯工厂　格罗皮乌斯（上）
图4-23　密斯设计的公寓住宅（中）
图4-24　巴塞罗那世博会德国馆　密斯（下）

包豪斯倡导的设计思想和功能至上的风格，由建筑、家具设计延续到灯具、书籍、版式、纺织品等几乎所有的设计领域，贯彻着经济适用的原则，在当时代表了新派艺术家和设计师的新思想、新理念。而当时的德国右派势力则把包豪斯充满民主和革命色彩的设计理念视做异端，借用媒体攻击它是“俄国布尔什维克的颠覆细菌”、“德帝国中假装爱好艺术的犹太民族的赞助人”。当权者取消了包豪斯的财政拨款，格罗皮乌斯被迫离开。继任包豪斯第二任校长的汉斯·迈耶的政治观念更为激进，他以客观的经济标准为基础，以共产党员的身份关注服务于工人阶级的“贫民住宅”，致力于将设计作为满足工业阶级需求的服务。在他看来，人民大众，即广大工人阶级和低收入阶层的需要是“一切设计行为的起点和目标”。他和包豪斯建筑系一起协助格罗皮乌斯完成了德绍托滕地区的贫民住宅设计项目，使其成为世界公认的现代主义设计的典范。

密斯·凡·德·罗是20年代初最激进的建筑师之一（图4-23），1926年任德意志制造联盟的副主席，他依旧坚定不移地坚持功能主义，甚至偏爱俄罗斯构成主义，并提出著名的“少就是多”的设计原则。1926年，他设计了的德国共产党领袖李卜克内西和卢森堡的纪念碑，采用构成主义的形式，以红砖砌成错落的方形体碑身，体现出坚定的信仰和革命性（后被法西斯拆毁）。1929年设计了著名的巴塞罗那博览会德国馆（图4-24），建筑形体坐落在不高的基座之上，屋顶、墙全部用平板构成，没有任何的装饰，直线相接，突出建筑的材料，以灰色、绿色大理石，白色玛瑙石与灰色、绿色、黑色玻璃相联接空间，透露出高贵雅致的美感。整体建筑虽然简单，但布局灵活多变，室内各部分、

① [英] 彼得·沃森.20世纪思想史 [M]. 上海：上海译文出版社，2008:259.

室内室外相互穿插，没有明确界限，成为现代建筑的经典范例。在纳粹分子执政后，密斯继任包豪斯校长，现代主义建筑被披着古典文化外衣的纳粹分子所憎恨，希特勒上台后，包豪斯被关闭。

现代主义是理想主义的、精英主义的，但是现代主义设计强调功能为设计的中心和目的，其追求实用性、为了降低生产成本采用的标准化原则、反装饰主义立场、重视设计对象的费用和开支等经济问题的设计原则，体现了现代主义设计的思想高度和对民主主义社会意识形态的不懈探索。

4.2.2　国际主义风格：现代主义设计对金钱与权力的妥协

到了 20 世纪 30 年代末，受到纳粹打压的现代主义设计师们纷纷迁居美国。在欧洲没有实践完成的现代主义设计，在美国的土壤中继续发展壮大。国际主义设计是现代主义设计在战后的发展，但是，美国的政治、经济、文化背景与欧洲完全不同，现代主义在欧洲的本质是具有民主主义理想和社会制度改革的探索，具有深刻的思想内涵和人文高度。而在中产阶层占主体，国家富裕的美国，逐渐发展成为中产阶级服务的形式主义、式样主义。“设计追随功能”变成“设计追随消费”，“现代主义的思想内容被美国的富裕抽掉了，剩余了一个越来越精练的、越来越形式化的外壳。由于思想的枯萎，因此也逐渐失去了原来生机勃勃的力量，日益走向形式主义的道路”[①]，抛弃和排斥民族性与文化传统，排斥个性，逐渐演变成刻板、理性、冷漠的“国际主义风格”，并伴随着美国的强大，处于垄断地位，在第二次世界大战后 20 世纪 60 ~ 70 年代成为影响全世界的设计主导风格。

现代主义设计在形式上虽然体现出高度理性的崇尚简洁、反对装饰的美学特征，但形式远远不是现代主义的精髓，它的真正目的，是舍弃设计的形式，以追求功能的第一位，进而进行设计的革命，以批量的、大规模的工业生产，来满足社会大众的生活需求。而现代主义在美国演变为国际主义，却走向了追求极致简约、甚至漠视功能的式样主义道路。可以说现代主义的初衷，也是它最难能可贵的本质，被国际主义抛弃并背叛了。包豪斯校长密斯·凡·德·罗在美国的建筑实践富有典型性，德国先锋派大师的理想主义探索在美国经济发展浪潮的冲击下，转化成为赞美资本主义社会的艺术力量。他主持设计的芝加哥湖滨公寓和纽约西格莱姆大厦，表现出他对技术的极度推崇和风格至上的典型趋势，他的“密斯风格”影响了美国大都市的城市面貌。20 世纪 70 年代，纽约世贸中心双塔（9·11 恐怖袭击中被炸毁）、芝加哥西尔斯大厦等建筑设计，将几何形态、表面无装饰、大面积的玻璃幕墙、暴露的钢筋混凝土结构的标准化建筑风格推向顶峰，并随着战后美国资金和技术的全球扩张传播到世界各个国家和地区，世界上的大都市变得几乎一模一样。以都市摩天大楼为代表的国际主义风格被看作一种符号，是国家权利和经济实力的象征，也象征资本主义

---

① 王受之．世界现代设计史 [M]．北京：中国青年出版社，2002:108.

商业与资本主义政治权利的完美结合。尤其在一些发展中国家，国际主义风格以“时代感”、“先进性”的商业形象和权利象征，迅速更替了原国家和民族的传统建筑，成为一些城市的地标，改变了城市的面貌。

“在功能主义盛行的时候，强调标准化，强调形式尽可能服从功能，势必扼杀形式美多样化的追求，同时也扼杀了形式美独立存在的必要。”①

在平面领域，国际主义设计风格在西德和瑞士率先形成，被称为“瑞士的平面设计风格”，以网格化的结构编排、标准化的版式、无饰线的字体和造型简洁的视觉元素为特征，追求简明而准确的传达功能，被认为是代表着新时代的进步，同时也被批评为风格刻板、冷漠、千篇一律、缺乏个性。瑞士国际主义平面设计风格一经进入美国，就与美国商业利益结合起来，美国的工业生产和科学技术的普及都需要把复杂的图形、文字、插图以简单的、通俗易懂的方式进行推广和销售，美国的大型企业也急需以一种统一的、国际化的设计形式完成国际间的交流，以达到全球经济扩张和海外延伸的目的。美国经济的高速发展使国际主义平面设计得到最广泛的应用，同时，美国强大的经济实力又把这一风格推广至全球，在设计界基本形成了全球垄断的态势，限制了设计风格多元化的探索。

图 4–25 纽约西格莱姆大厦 密斯

美国的国际主义设计与战前的现代主义在风格上一脉相承，但是完全背离了现代主义设计的初衷。“少就是多”原本是为了减低设计的造价，是一种设计变革的手段，而在国际主义设计的定义中，这一手段变成唯一的目的，“为追求形式而形式”，甚至舍弃功能，这种本末倒置的设计原则丧失了现代主义设计的民主主义和社会主义色彩，使国际主义设计具有强烈的资本主义商业特征，这种纯粹的形式设计与美国的爵士乐、百老汇、麦当劳一样，体现了一种以商业为主的资本主义的文化特质，成为消费社会的装饰性符号，也是美国商业设计的一种标志性符号（图 4-25）。

4.2.3 现代主义设计之后的设计方向与设计思考

1. 后现代主义对设计民主化的修正

后现代主义是一个复杂又宽泛的概念，包含文学、艺术、电影等几乎所有的文化现象，甚至涉及哲学和政治学的领域，是西方世界对自身创立的工业文明和现代化模式的全面反思，具体以反对和修正现代主义为主要特征。

设计总是与一个时代政治经济和社会文化的变迁同步。经历了资本主义经济的高度增长期，到 20 世纪 70 年代后期，城市问题、生态问题、第三世界问题和能源危机等一系列矛盾，在一片繁荣的社会经济景象下逐步凸显出来。人们意识到 20 世纪西方现代文明的全球扩展，使得国家、地域和民族的差异性不断减弱，这种文化的趋同性是对传统文化的极大打击，对高科技的极度推崇和依赖也造成了个性和人性、情感的忽视与缺失，当工业发展的程度能够做到小批量、多样化，不必受标准化大批量生产的限制，后现代主义开始对现代主

① 诸葛铠 . 图案设计原理 [M]. 江苏美术出版社，1998:80.

义坚不可摧的统治提出质疑和批评。

在精神上，后现代主义设计并没有抛弃现代主义的基本原则，而是对现代主义的理念进行反思，并且表现出对现代主义风格的强烈不满。美国商业设计的全球影响和现代主义的冷漠所带来的一系列社会和文化问题，让全世界感到失望，人们开始思考怎样使设计除了成为资本主义生产和销售的代言，还能让设计与社会、文化重组。设计师肩负的重任并非单纯追求经济利益，还要去设计人性化的产品，用创造力去改变人类生活。除去粗俗、荒诞、哗众取宠的形式主义设计，从设计的批评和人文主义的角度出发，后现代主义设计对现代主义设计的修正和超越，体现了设计史的进步，体现了在复杂政治环境和社会关系的影响下，设计本身勇于自我反思和勇于批判的精神。

在设计艺术形式上，"后现代主义设计并非一种特有的风格，而是旨在超越现代主义所进行的一系列尝试。在某种情境中，这意味着那被现代主义摒弃的艺术风格；而在另一种情境中，它又意味着反对客体艺术或包括你自己在内的东西。"[①]20 世纪的现代主义设计抽象化和几何化的表现，是为了适应机器化大规模生产的需要，为了实现设计的民主化进程，强调功能、为大众设计的理想并没有错，但是随着时代的发展和生活水平的提高，走向极端、千篇一律、高度理性化、单调而缺乏感情色彩的设计风格受到更多的批评。不同的市场反映不同文化群体的需求，大众设计需要满足基本的心理和审美需求，需要赋予设计更多的情感和人文关怀，人文主义思想再次觉醒。因此，后现代主义也被人们称为"第二次文艺复兴"。

多种元素进行融合，"文脉主义"、"隐喻主义"和"装饰主义"成为后现代主义的基本特征。后现代主义设计首先复兴了被现代主义抛弃的、蕴含在设计艺术中的情感和隐喻，一种源于历史，一种源于语境。后现代主义设计的初期对历史与古典文化有着非常明显的继承，重新确立了历史传统的价值，体现出对传承历史文化的使命感和责任感。很多装饰元素虽然经历了变形，但是仍是对传统元素的沿袭，并在后来得到逐步发展。新奥尔良意大利广场是美国后现代主义设计的代表作，是意大利传统文化与美国新潮文化的结合（图 4-26）。古罗马建筑的历史文脉通过古罗马柱式和拱券加以体现，霓虹灯和不锈钢的柱头则代表了美国当代的通俗文化，精美、浪漫又世俗前卫，具有典型的折中主义风格特征。

图 4-26 新奥尔良意大利广场

恢复装饰的地位也是后现代主义设计修正现代主义设计的重要特征，现代主义建筑大师卢斯曾说"文明的进步等于从有用的东西上揭去装饰"，将装饰视为一种浪费，等同于"罪恶"。而后现代主义对装饰的复兴，则体现在为了摆脱现代主义、国际主义风格带来的冷漠和单调，以视觉的审美愉悦心灵，赋予设计更多

① 王岳川 . 后现代主义文化与美学 [M]. 北京：北京大学出版社，1992:4.

的个性色彩与人文关怀。意大利孟菲斯设计团队的作品成为后现代主义设计思潮中最有代表性的设计，他们的设计将美国的大众文化与东方的神秘主义艺术色彩相结合，总会以一些反常态的概念打破传统设计观念的束缚，喜好艳丽的色彩，强调设计的装饰性，甚至与功能主义进行对抗，带有夸张与戏谑的色彩（图 4-27）。著名的博古架上放置书籍的空间显得很不实用，流行文化参与设计，并使设计逐步演变为一种特定文化系统的隐喻符号，富有创造性的索特萨斯把建筑、美学、科技与设计融为一体。他曾说："设计对我而言，是一种探讨社会、政治、爱情、食物甚至社会本身的一种方式。归根结底，它是一种象征社会完美的乌托邦方式。"[①] 孟菲斯设计以设计创作表现"生活的隐喻"，并提出了"反设计"的鲜明口号，即反对功能主义设计观，提倡"形式追随表达"的激进设计风尚，被称为"标新立异的激进主义"，成为意大利艺术设计的标志风格，其革命精神远远超越了风格创新的探索。

图 4-27 博古架 索特萨斯

后现代主义被视为一种空前的文化扩张，首先是高雅文化与通俗文化模糊了界限，全部统一称为大众文化。其次后现代主义学者反对将欧洲的历史、文化、政治传统作为一种标准，并认为没有哪一种传统能够以人文主义的权威自居，也不会因为哪一种传统声称自己是真理而得到统一的尊重。因此，后现代主义设计还表现在对每个民族传统文化的尊重，重新审视了被现代主义设计忽视的地域、民族文化的特征。民族的文化没有优劣之分，不同的民族拥有不同的历史和文化背景，拥有不同的艺术风貌和特征，都是人类社会共同的、宝贵的文化财富。以斯堪的纳维亚设计为代表的现代主义设计独树一帜，在保持悠久民主制度的自由理念中，在接受世界先进科学和工业成果的同时，在传统手工业和现代设计观念的冲击下，仍能恪守本民族的文化，保持鲜明的民族特色，获得整个设计界的推崇和认可，为后现代主义设计的民族化探索带来巨大的启示。

1969 年，埃及建筑师 H·法赛发表了《为穷苦者的建筑》一书，代表了非西方国家对国际主义建筑风格的公然反抗。他以埃及的一个村落为例，说明不同民族的生活方式不能全部适应西方风格的建筑特征，不但不能满足实际生活的需要，而且让传统建筑的模式、技术方法和文化特征统统消失，趋向同化。这部著作使关怀地域特征和民族文化成为全球建筑设计领域的核心课题，使设计师意识到传统的继承比现代技术的模仿更加重要，"不仅使西方世界之外的国家和地区都转向对自身历史传统的挖掘和认识，也使西方世界内部关注到了自身的多样性和差异性"[②]。

以多元化来对抗现代主义的"纯粹"，以现实的复杂性来对抗乌托邦主义的"理想"，以历史的延续性来对抗先锋派的"断裂"，是贯穿在后现代主义设

---

① 翟墨 . 人类设计思潮 [M]. 石家庄：河北美术出版社，2007:188.
② 罗小未 . 外国近现代建筑史 [M]. 北京：中国建筑工业出版社，2004:331.

计思潮中的一条主线。后现代主义思潮的崛起，向西方传统文化提出了挑战，将非西方民族的多民族文化与当代激进文化潮流融为一体，甚至以波普文化为代表，抒发自我情感和美学意识，大胆反抗现代主义传统。尽管在后现代主义思潮影响下的设计艺术受到很多批评和非议，设计师努力在作品中体现内心的愿望和强烈的感情色彩，更加自由大胆、无拘无束的形态构成，使设计艺术的发展一度彷徨失去了方向，但后现代主义设计满足了人们心理上一种特殊的情感需求，也表达了在新的时代背景下，以情感需求代替功能至上的审美需求，同时丰富了设计语言表达的方式，并成功地在大范围内传播了充满斗争精神的设计理念，深度挖掘了设计文化的内涵。

2．20 世纪 60 年代激进的政治文化背景与波普设计的叛逆

在经历了 20 世纪 50 年代政治保守和文化困惑的十年，20 世纪 60 年代是一个政治激进和文化激进的时代，反主流与反传统、反政府运动、反越战和民权运动等，席卷了整个世界。政治上的困惑与矛盾，政治上的革命与斗争，战后消费者的革命，设计的制度化和设计教育的扩张，都促使设计艺术经历了资本主义政治的"转型期"，并以激进的形态强烈表现出对资本主义设计文化的叛逆与批判。

波普设计与这一时期社会的混乱状态相适应，最早在英国得到充分发展。受到美国大众文化的影响，现代主义设计已经不被战后新一代的消费者认可，显得陈旧过时，而且缺乏个性。英国设计界敏锐捕捉到青年一代的心理需求和文化立场，决定发展波普设计形成本民族的设计文化与设计风格，反抗被西方视为正统的现代主义设计和在美国发展壮大到世界的国际主义风格，因此可以说，波普设计自诞生起，就注定了它的反抗与背叛性。

伴随西方社会进入后现代社会，后现代主义文化大众化的代表艺术——波普艺术，迅速成为消费社会和信息时代具有广泛大众基础的商业化艺术形式。波普艺术之父汉密尔顿的作品《是什么使今日家庭如此不同？》和电影《爵士歌手》的海报，把美国消费文化的内涵以光怪陆离的艺术形式淋漓尽致地渲染出来，成为波普艺术的一种标志。波普设计受到波普艺术的极大影响，针对富裕的青少年市场，打破传统束缚，直接借用了波普艺术中的各种通俗的、短暂的或是具有刺激性的元素，体现出鲜明的艺术特征：波普设计具有时代感和潮流感，具有明确迎合大众的商业和娱乐目的，好莱坞明星、汽车、商业广告、摇滚乐队、霓虹灯甚至工业产品，都成为设计与被设计的对象。艳俗迷幻的色彩和花哨、大胆、怪异的装饰手法，为设计而设计，作品具有强烈的视觉冲击和心理刺激，却是商业社会消费刺激下的浮躁心理写照。作品造型的怪诞离奇充满了玩世不恭的游戏色彩，表现出对既往主流文化的叛逆和嘲讽，也被看做是丰裕社会成长起来的年轻一代急于与父辈时代划清界限，宣泄个性的一种方式。

波普设计本身具有矛盾性，它源于大众，被看做是大众文化的一部分，自然具备了迎合大众的亲和力，同时也促进了设计艺术的普及，使大众生活与设计艺术的联系更加紧密。但它的反正统文化的立场和它的意识形态基础，则是代表知识分子、具有精英文化立场的。波普设计是大众文化的代表，而大众文化是后现代社会的主流文化，相对于精英文化和高雅艺术，波普艺术更多被看做泛滥的资本主义消费文化的一种标志符号，是缺乏审美深度、缺乏理性思维和历史联系的当下艺术，被认为是反叛正统的同义词。也正因如此，以大众文化审美为艺术形式的局限性使波普设计注定不能成为经典，更多被看做一种设计的运动，但是它对现代主义、国际主义的公然反抗则旗帜鲜明、个性张扬，代表了新时期的消费观念和新文化的立场，富有斗争精神和时代意义。

在世界的平面设计领域，诞生了非西方国家为政治目的服务的"观念形象海报设计"，并对以美国为首的西方资本主义政权产生了强大冲击。而在 20 世纪 60 年代的美国，激进的青年组成以赫伯特·马尔库为领袖的"新左派"，以青年知识分子反抗后工业社会的压迫为己任，拒绝服从权威、反抗中产阶级价值观和现代文明，"猫王解放了人们的身体，迪伦解放了人们的思想"，以激进的社会意识、叛逆的文化情绪、具有破坏精神的道德观念影响这一时期的文化与艺术，对资本主义政权下的主流文化发出挑战。一种新的文化风格出现了，被称为"反文化"和"迷幻文化"，它尖锐地宣称反对资产阶级价值观和传统生活方式："资产阶级充满贪婪；它的性生活索然无味、假装正经；它的家庭模式俗鄙不堪；它着装打扮上的千篇一律有辱人格；它充满铜臭的生活成规令人难以忍受"[①]。在"反文化"意识形态的浪潮下，形成在设计界被称为"怪诞海报"的海报和其他平面风格，在美国被看做与性解放、吸毒、摇滚等颓废、放荡不羁的内容相一致，以颓废标榜叛逆，被称做"心理变态海报"。

艺术设计与政治的融合，使政治的激进主义通过非政治手段进行表现，是一种革命和反叛的激进主义。它来自愤怒的冲动和文化情绪的反叛，不仅是反政府的，甚至反对政治体制与道德规范，试图建立新的社会秩序以取代旧秩序。归根到底，它是对资产阶级文化和资产阶级价值观的斗争与反抗。

4.3　民族运动与现代设计

4.3.1　民族运动与民族主义

1. 西方国家的民族主义运动

民族运动的形成是资本主义发展的历史结果，资本主义的胜利往往是同民族运动紧密联系在一起的。资本主义工业生产和交换经济对原材料和市场有着无限的需求，因而在政治上产生了权力集中的要求，建立能够满足资本主义需求的民族国家，是民族运动的内在动力。

美国的独立战争是世界史上最有影响力的民族解放运动，实际上就是一

---

① 西奥多·罗萨克．反文化的形成 [J]．转引自丹尼尔·贝尔．资本主义文化矛盾 [M]．南京：江苏人民出版社，2007:75.

图 4-28 弗吉尼亚州议会大厦 美国

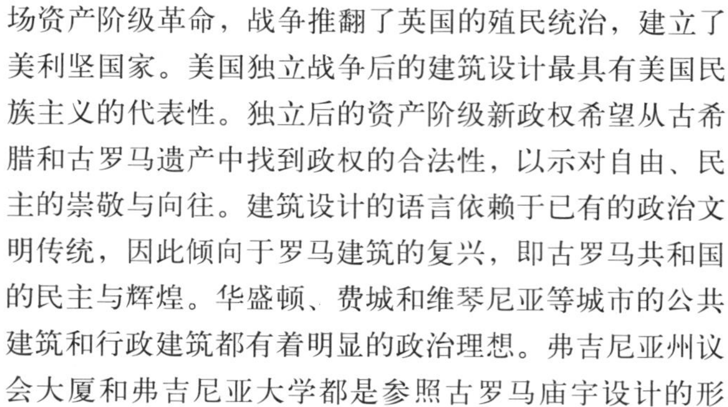

场资产阶级革命，战争推翻了英国的殖民统治，建立了美利坚国家。美国独立战争后的建筑设计最具有美国民族主义的代表性。独立后的资产阶级新政权希望从古希腊和古罗马遗产中找到政权的合法性，以示对自由、民主的崇敬与向往。建筑设计的语言依赖于已有的政治文明传统，因此倾向于罗马建筑的复兴，即古罗马共和国的民主与辉煌。华盛顿、费城和维琴尼亚等城市的公共建筑和行政建筑都有着明显的政治理想。弗吉尼亚州议会大厦和弗吉尼亚大学都是参照古罗马庙宇设计的形制，围廊、穹顶和科林斯柱式，与古罗马万神庙的特征十分相似。19 世纪中叶重建的国会大厦则仿照巴黎万神庙的设计，可见，美国建筑设计包括美国政治的术语都是罗马式的（图 4-28）。

2. 亚洲国家的民族运动

图 4-29 孙中山与"中山装"

中国民主革命的先驱孙中山先生，提出了三民主义的民族主义思想，成为当时民族运动最具影响力的民族主义理论。1911 年辛亥革命虽然没有改变我国半封建、半殖民地的社会性质，但资本主义生产关系得到了一定程度的发展。孙中山号召人民"涤旧染之污，作新国之民"，"剪辫"、"易服"成为国人与旧的封建势力划清界限的标志性动作。"礼服在所必更"，长袍马褂当然不符合民族革命的潮流，西装不能很好代表中国民众开放的革命精神，孙中山就亲自设计了一种融合了西装、南洋华侨企领服和西方军装的服饰，并将自己的政治理想融入其中，被世人称为"中山国服"（简称中山装）（图 4-29）。服装的款式和构件都富有深刻的政治内涵：立领，象征民族的崛起；衣服上的四个口袋代表礼义廉耻，国之四维；前襟五颗纽扣象征行政、立法、司法、考试、监察，五权分立；左右袖口的三颗纽扣代表民族、民权、民生，三民主义，具有鲜明的民族特征。民族主义也带来了女性解放的思想，不但解放了缠足陋习，女装的设计也随之由繁缛变为简约，方便于从事各种社会活动，体现了时代的进步。

4.3.2 种族主义运动

南北战争后的美国社会，黑人的公民权利依然受到种族隔离制度和对黑人的歧视制度的层层制约，种族平等的问题在 20 世纪 60 年代的美国是一个日趋严重的社会问题。美国于 1964 年颁布《民权法》，于 1965 年颁布《选举权法》，给予黑人足够的政治权利与公民权利，解决了黑人与白人的种族对立状态。

1963 年，马丁·路德·金领导 25 万黑人在华盛顿举行反种族隔离大游行，并发表了著名演讲《我有一个梦想》，这场游行成为民权运动史上的转折点，引起美国的高度重视，并扩展到欧洲、非洲和远东其他国家。2011 年 8 月，美国总统奥巴马在《我有一个梦想》演讲发表 48 周年之际，为纪念美国历史上著名的黑人民权领袖，在美国国家广场，在华盛顿纪念碑、杰弗逊纪念堂、林肯纪念堂之间树立了马丁·路德·金纪念碑（图 4-30），以符号的形式纪念马丁·路德·金为美国黑人追求平等权利的伟大贡献。但是这场举世瞩目的运动并没有完全解决种族歧视带来的不平等问题，源于种族观念、生活方式、受教育水平等种种歧视依然存在，随着美国移民人口的急剧增加，导致种族憎恨情绪的不断强化，右翼极端主义在美国也逐渐盛行，居住、犯罪、失业、计生等更多的问题成为美国民权运动要解决的目标，引用鲍勃·迪伦的抗议民谣，“答案依然在风中飘”。

图 4-30　马丁·路德·金纪念碑

民族主义的衍生还表现为对战争的反抗情绪。1961 年美国参加越南战争，在长达 12 年的非正义战争中，美国政府顽固不化地用“为自由和理想去战斗”的口号，将美国士兵送入大洋彼岸的战场，使美国官兵死伤惨重，也给美国人民带来了永远的伤痛。从民族主义理论分析，美国的民族主义缺少天然的族群凝聚力，需要在不断的对立斗争中团结和统一这个民族共同体，体现民族的伟大。与之相对应，世界各国的民族主义运动同样促进了美国国内的反战情绪。1968 年越南战争的正月攻势是国际政治局面和国际关系的重大转折。在美国校园中，学生们有组织游行合唱圣歌，数千名知识分子走向华盛顿街头，抗议者聚集在白宫草坪，公开反对这场“不能打赢的战争”。美国反越战运动正式开始，并在世界范围内掀起了全球性的反战高潮。海报是战争宣传的有力手段，在反战运动中同样具有宣传意识形态的重要功能。什瓦斯特的反越战海报《最后的呼吸》具有突出的个人风格，运用插图和色彩平涂手法，反对美国越南战争中对河内的轰炸。《我想要退出》（图 4-31）借用了第一次世界大战时期最著名的海报《我要你加入美军》的所有元素，只是海报中的山姆大叔头缠绷带，表情疲惫，满身伤痕累累，表达出对战争的强烈不满。

图 4-31　《我想要退出》

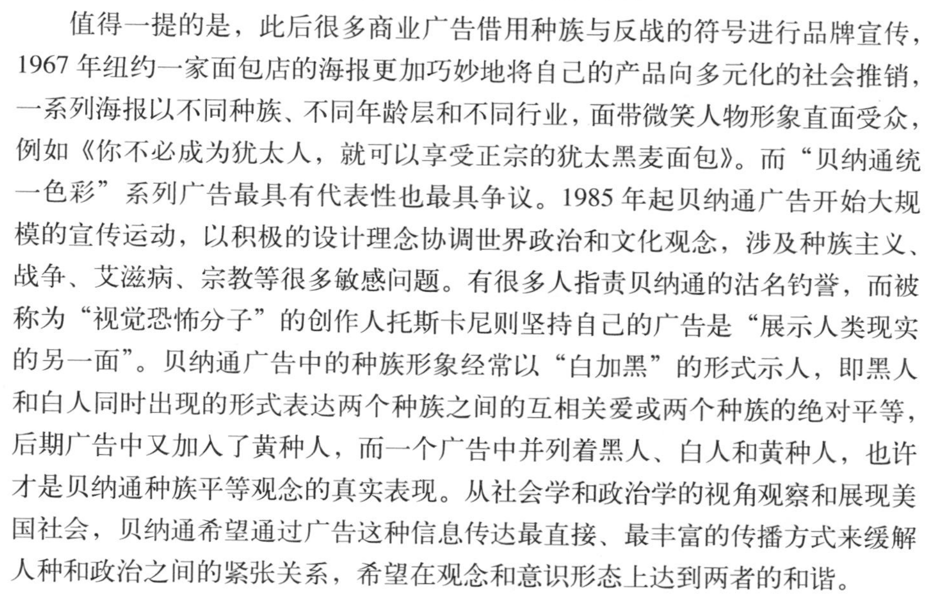

值得一提的是，此后很多商业广告借用种族与反战的符号进行品牌宣传，1967 年纽约一家面包店的海报更加巧妙地将自己的产品向多元化的社会推销，一系列海报以不同种族、不同年龄层和不同行业，面带微笑人物形象直面受众，例如《你不必成为犹太人，就可以享受正宗的犹太黑麦面包》。而“贝纳通统一色彩”系列广告最具有代表性也最具争议。1985 年起贝纳通广告开始大规模的宣传运动，以积极的设计理念协调世界政治和文化观念，涉及种族主义、战争、艾滋病、宗教等很多敏感问题。有很多人指责贝纳通的沽名钓誉，而被称为“视觉恐怖分子”的创作人托斯卡尼则坚持自己的广告是“展示人类现实的另一面”。贝纳通广告中的种族形象经常以“白加黑”的形式示人，即黑人和白人同时出现的形式表达两个种族之间的互相关爱或两个种族的绝对平等，后期广告中又加入了黄种人，而一个广告中并列着黑人、白人和黄种人，也许才是贝纳通种族平等观念的真实表现。从社会学和政治学的视角观察和展现美国社会，贝纳通希望通过广告这种信息传达最直接、最丰富的传播方式来缓解人种和政治之间的紧张关系，希望在观念和意识形态上达到两者的和谐。

4.3.3　文化民族主义与民族主义的设计艺术

设计史在 20 世纪 90 年代进入高度成熟的时期，随着全球一体化的步伐加快，民族的界限在商业市场趋于模糊。各国之间的贸易往来形成了全球性的庞大贸易市场，设计与产品在流通和交换过程中相互繁荣，除美国、西欧国家外，更多地区和国家的设计艺术随着经济发展进入了高速发展时期。现代设计国际化的趋势和国际主义风格在全球市场的泛滥，带来了设计文化的单一和民族文化的缺失。越来越多的设计家、理论家开始意识到国际风格对传统文化的吞噬，开始关注悠久传统的民族主义风格。因此，民族传统风格或者民族主义被认为是反抗国际主义的有力武器。

对每个民族来说，民族传统都是独特的、个性鲜明的，并经过了相当长的历史时期和特定的地理环境、地域文化演变，具有传统的文化韵味和人文情感，是各个民族留给后人的宝贵遗产。全球一体化不能简单理解为以一种文化取代另一种文化，而应该是各个民族的文化多元化共同发展与进步，相互借鉴，取长补短，这样才能保证现代设计文化的多样性与独创性。

历史上，1880 年的民族主义争论启发了斯堪的纳维亚的艺术理论家，设计师们开始追求民族传统与现代主义的创造性融合，以此来增加北欧各国在社会和政治领域的自信。即使在 19 世纪末受到工业革命的严重冲击，北欧各国政府都通过各种有效措施，保障传统工艺在现代化进程中不受损害，并努力发展和完善民间工艺特色。

斯堪的纳维亚地区是包括丹麦、挪威、芬兰等国家和地区，由多种文化、政治、语言和民族传统组成的广大区域，丰富的意识形态和设计哲学，普遍的民族自豪感，形成了北欧设计的独特“风格”。斯堪的纳维亚设计的源泉来自两个方面：“意识传统文化诸如国家精神、种族特征、精湛技艺等；另一个则是现代的民族美学”。[①] 在设计模式上，斯堪的纳维亚设计，善于利用天然材质，有限的运用装饰，体现形式与功能的良好结合，更体现北欧民族的传统价值观念，“使北欧的功能主义显示出对自然与社会的亲和力，使人情化的成分增加到现代设计之中，产生出优雅、友好、亲和的现代美学品位，缓和、调节了现代工业产品中过于理性的僵硬形象，因此它被称为‘人文功能主义’。”(图 4-32)[②]

图 4–32　PH 灯具　汉宁森

在过去的 100 年里，斯堪的纳维亚设计师参与了很多重要的展览，并在世界范围造成巨大影响。美国《美丽之家》杂志对导致斯堪的纳维亚设计取得巨大成功的美学和政治的因素作了如下评述：“为什么他们的家庭都被设计得如此得体，对我们而言也有着丰富的意蕴？因为，这些产品被精心地设计，并具有斯堪的那维亚自身的涵义。针对北欧家居生活，他们的设计体现了自然的美，此观念对我们亦颇具启发，表明斯堪的那维亚人拥有彻底的民

① [美] 戴维 · 里维尔 · 麦克法登 . 斯堪的纳维亚百年设计概况 [J]. 装饰，2000（04）:57.
② 易晓 . 北欧设计的风格与历程 [M]. 武汉 ：武汉大学出版社，2005:174.

主精神。”[①]（图 4-33）

日本设计界的成就最为瞩目，最突出的特点就是传统与现代并行的双轨制。在汽车、家电等现代设计领域，积极吸取西方国家的优秀设计经验，走现代化道路，而对于本国的传统艺术与设计，则一直坚持着对于东方情调和传统文化内涵的展现，深深扎根于民族文化。最终，东西方文化并存的日本设计，形成了与本民族审美观念与审美理想相一致又不失现代性、赢得国际市场高度认同的设计风格。

图 4-33 中国椅 汉斯·维纳

自民族主义举起设计大旗，经历了长时间的观察与考验，对某一民族文化传统和价值观念的继承，不仅能够唤起该民族的历史记忆与民族自豪感，时尚而又富于民族个性的设计，更是受到世界人民的喜爱。20 世纪 80 年代，设计的多元文化观念促使“中国风”潮流的涌现，服装设计中，继洛可可风格之后，中国的图案、色彩和面料款式都进入了国际顶尖时装品牌的视线，最为著名的是迪奥设计师加里亚诺将以来源于中国传统工艺漆器中的红色、中国民族服装旗袍和西方现代成衣技术相结合，将艳丽又奢华的东方风情展现得时光交错、如梦如幻。紧接着，以各个民族优秀文化为灵感的服装设计潮流席卷国际时装界，各大时装品牌都推出以“民族”为主题的时装款式，通过对其他民族优秀历史文化传统的回顾与借鉴，民族文化在时装设计界才真正做到了国际间的交汇与融合。

4.4 现代设计中的种族意识

4.4.1 视觉设计与种族歧视

“种族问题既涉及政治上的民族压迫、经济上的民族剥削，也包括因文化差异导致的认同与否问题，即人们通常所说的‘种族歧视’。”[②]种族主义以德国纳粹为代表，他们视金发碧眼的白色人种为最优秀的人类种族，因此在纳粹的一系列宣传海报中，采用了大量金发碧眼的雅利安人作为创作主体（图 4-34）。

图 4-34 纳粹宣传海报

现如今，种族歧视的表现方式不再是单一的直接挑衅，而呈现出多元化的趋势。在国外，特别是在欧美一些发达国家，种族隔离政策是种族歧视最典型的体现方式，它使得种族偏见成为一种官方的合法政策，并已经根植于当地的不公平历史当中，甚至在公司企业的招聘过程中也存在广泛的种族歧视。为此，在平面设计领域出现大量抵制种族歧视的海报与广告宣传设计，比如丹麦反种族歧视联盟和希腊平面协会设计的系列海报（图 4-35、图 4-36）。

① 易晓 . 北欧设计的风格与历程 [M]. 武汉 ：武汉大学出版社，2005:80.

② [法] 皮埃尔·安德烈·塔机耶夫 . 种族主义源流 [M]. 高凌瀚译 . 北京 ：三联书店出版社，2005:2.

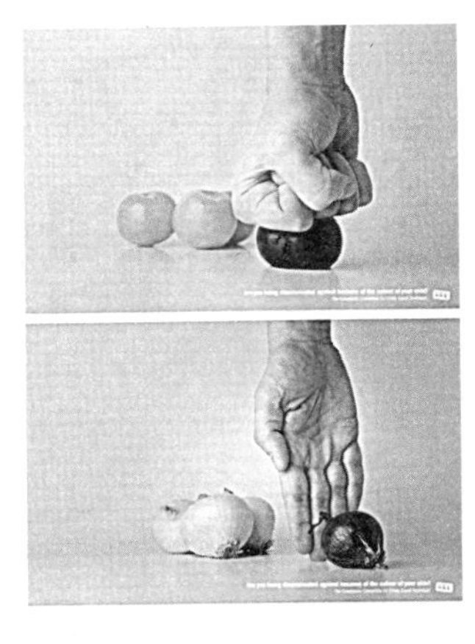

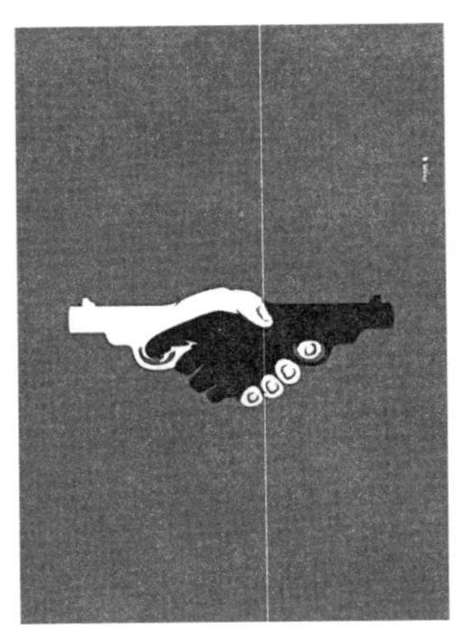

图 4-35　丹麦反种族歧视海报（左）
图 4-36　希腊反种族歧视海报（右）

而妮维雅在 Esquire 杂志刊登的一则平面广告，引起了轩然大波。该广告描述了一个颇有风度的黑人摘掉留有山羊胡和非洲风格的发型的面具，并在旁边写着“让你重新成为文明人”的广告语（图 4-37）。对某些敏感人群来说，它充满挑衅，于是妮维雅因广告涉及种族歧视被控告。这是由于在广告中使用了不合理的符号（黑人的传统发型）来暗示黑人是所谓的“非文明人”。面对排山倒海的指控与谴责，妮维雅迅速采取应对措施，并强调妮维雅代表的是“多元、包容与公平的机会”。

图 4-37　妮维雅涉嫌种族歧视的广告

4.4.2　包豪斯与纳粹的种族主义

第一次世界大战后的德国经济严重衰落，上到社会变革者，下到设计工作者与普通民众都在努力寻找新的出路，做出新的尝试，探索新的发展方向。包豪斯（Bauhaus）设计学校继承传统的手工工艺，同时又坚持工业化的批量生产，将艺术与技术相互结合。但是由于学院在进行现代主义设计的探索过程中聘请了像拉兹洛·莫霍利·纳吉（Laszlo Moholy Nagy）这样的犹太籍教师，与纳粹政治的计划产生矛盾，导致在 1933 年被迫关闭。但包豪斯对德国及世界现代设计的影响仍是无法估计的，甚至直到今天的艺术设计和大多数院校的课程设计都深受其影响。

包豪斯在继承“德意志制造联盟”的基础上于 1919 年成立，该联盟的主要成员之一格罗皮乌斯担任包豪斯第一任校长。学校最早位于德国的魏玛，在传统装饰工艺的基础上加入了建筑、室内、产品等现代主义设计的门类，格罗皮乌斯聘请了大量欧洲艺术流派的艺术家来校教学。如陶斯柏、李西斯基、纳吉等，为学校的发展奠定坚实的基础。此外，他还注重学生对材料的了解与认识，打破了艺术家与手工艺者传统的地位差别，这对现代设计来说无疑是一个巨大进步。

包豪斯于 1925 年搬到德绍，在全新的城市，包豪斯重建新校舍，它包括“教室、行政管理、手工场、交谊、学生宿舍五部分，是当时范围很大的建筑群。它运用现代的设计语言，通过工业化的建筑手法处理民用建筑”[①] 使得建筑

---

① [德] 鲍里斯·弗里德瓦尔德 . 包豪斯 [M]. 宋昆 译 . 天津 ：天津大学出版社，2011:45.

图 4–38 法古斯鞋楦厂厂房与包豪斯校舍 沃尔特·格罗皮乌斯

充满工业化的现代气息。与此同时，格罗皮乌斯还进行课程改革，从魏玛时期的艺术家与手工艺人结合的授课制度改成设计与制作教学一体化，并且与外面的工业生产单位合作，直接将学生的优秀作品实现成真正的商业价值。1928 年，格罗皮乌斯辞职并由建筑系主任汉斯·迈耶（Hanns Meyer）接任，这位共产党出身的建筑师并未将艺术与政治完全分离，将包豪斯的激进主义由艺术领域拓展到政治领域，从此包豪斯面临严峻的政治压力并于 1930 年再次更换校长。

现代主义建筑大师 L · 密斯 · 凡 · 德 · 罗（L Mies Van De Rohr）担任包豪斯的第三任也是最后一任校长职务，面对来自德国纳粹的巨大压力，密斯竭力维持学校的正常运转。但由于包豪斯精神实在与纳粹格格不入，密斯无力回天，于 1932 年宣布永久关闭，最终在 1933 年 11 月正式封闭，结束了 14 年的发展历程。

作为两次世界大战中最具革命性和进步性的设计动力，包豪斯在培养了 1200 名设计师的基础上，还将极具民主精神的设计思潮带入 20 世纪 20 年代的德国。在当时，包豪斯的左倾思潮强调“最低限度的生存”，以极简的空间设计和廉价的材料来降低造价，沃尔特·格罗皮乌斯(Walter Gropius)就是其中最具代表性的建筑师之一(图 4-38)。1927 年，从包豪斯辞职之后，格罗皮乌斯开始关注住宅的设计，在德绍、柏林等地设计了大量的低造价住宅，此外，“他还从理论上关心标准化住宅的建设以及社区居民的无等级住宅的发展，他的关注始终落在社会的种族平等和民主立场。”[①]

在 1929 年的论文《最低限度住宅的社会学基础》中，他明确提出以国家干预来提供住房的社会主义观点，“因为工艺学的实现受工业与财政羁绊，也因为任何降低成本的措施首先要能为私人企业的盈利所利用，因此在住宅建筑中，只有在政府通过增加福利措施从而提高私人企业对住宅建造的兴趣之后，才可能提供较便宜多样的住宅。”[②]1933 年，德国纳粹势力篡取政权后，现代主义的理性和民主之风顿时消失匿迹。

第二次世界大战结束后，纳粹统治下的种族主义趋向逐渐在建筑领域中消除，转而统一采取了“人民的房子”。“成立不久的东德政府在柏林弗里德里希海恩（Friedrichshain）与市中心间修建了纪念性的社会主义大街，大街近 2 公里长，89 米宽，由六位建筑师设计，包括给工人的宽敞豪华的公寓，以及商店、

① [美] 肯尼斯 · 弗兰姆普敦 . 现代建筑：一部批判的历史 [M]. 张钦楠 译 . 北京：三联书店出版社，2004:225.

② [英] 尼古拉斯 · 佩夫斯纳 . 现代设计的先驱者：从威廉 · 莫里斯到格罗皮乌斯 [M]. 王申祜，王晓京 译 . 北京：中国建筑工业出版社，2004:167.

图 4-39　"社会主义"大街（上）
图 4-40　纽约克莱斯勒大厦　装饰艺术运动（下）

咖啡馆、宾馆、巨大的电影院与体育馆。"[①]街边的建筑采用了苏联社会主义建筑的特点，而立面则保留了申克尔式的古典主义风格。这条大街后来成为东德每年举行阅兵式的重要场所，很多建筑大师对其高度赞扬。建筑师菲利普·约翰逊（Philip Johnson）称赞它为"真正意义上的大规模城市规划"，阿尔多·罗西（Aldo Rossi）称其为"欧洲最后一条伟大的街道"（图 4-39）。

4.4.3　族群融合的设计模式

美国是当今世界第一大经济强国，拥有极强的综合实力，其设计在世界范围内也十分发达。然而美国是个由移民组成的国家，并没有相对悠久的发展历史，同时也并不拥有相对统一的民族传统，因此折衷主义成为普遍的设计动机，与强调设计上统一性的德国、荷兰不同，美国的设计主张多元风格，反对设计上的单一倾向。在美国的设计史中，最早的有族群融合含义的设计运动也许是 19 世纪 20 年代风靡美国的装饰艺术运动。

装饰艺术运动既是一次艺术设计运动，又是一种装饰风格。它从古埃及文明、部落艺术、非洲艺术、流行文化和现代主义运动中汲取了丰富的营养。作为两次世界大战期间占主导地位的实用艺术，它包括了艺术设计和装饰设计诸多领域，如家具、珠宝、书籍装帧、玻璃陶瓷、金属工艺等。尤其是在家具设计上，出现了很多优秀的作品。家具设计抛弃了奢华繁缛的装饰开始倾向于一种简洁明快的风格。在不完全摒弃装饰的情况下，设计日趋单纯与简练，形成了特色。

装饰艺术运动形成了独具特点的"爵士摩登"风格。它豪华、夸张、迷人、怪诞。传入美国后，与美国的大众文化相融合，主要表现在建筑设计和产品设计两方面，尤其受到美国设计师如保罗·富兰克(Paul Frank)等人的认可。保罗·富兰克的摩天大楼式的家具就是艺术装饰建筑的最佳体现。在建筑设计上，一系列的大型建筑物都是艺术装饰风格的产物，如帝国大厦、洛克菲勒中心大厦、克莱斯勒大厦（图 4-40）等，这些建筑融合了不同族群的建筑文化与手法：一方面采用了金属、玻璃等现代材料，另一方面采用了金字塔形的台阶式构图和放射状线条来处理装饰。

从历史发展进程来看，"美国建筑经历了 16 世纪到 18 世纪初的殖民地式、18 世纪中叶的浪漫主义式、18 世纪末的维多利亚式、19 世纪上半叶折衷主义式、19 世纪下半叶的现代式、新折衷主义式和当代式等。"[②]随着 19 世纪美国移民数量的骤增，丰富的民族设计与风俗随之而来。因此，这其中的每一阶段都是全球文化和族群交互融合的产物。

---

① 蒲实 . 柏林建筑空间中的秩序——从新古典主义到柏林斯大林大街 [J]. 经略，8.
② [英] 安东尼 · D · 史密斯 . 全球化时代的民族与民族主义 [M]. 龚维斌 译，北京：中央编译社，2002:56.

第 5 章　设计与审美心理

5.1　设计与心理学

5.1.1　感觉与设计

我们对设计心理的考察可以追溯到最早的对审美体验的思辨，即设计师在设计物品时不同于艺术家，不仅要考虑到功能性、适用性而且还要将作品的文化、意义、审美法则和符号寓意考虑到设计中来。一般情况下，心理过程可划分为认识过程、情绪过程和意志过程。其中，认知活动是最基本的心理过程，包括感觉、知觉、记忆、思维、想象等，是情感活动和意志活动的基础。而在认知活动中，感觉和知觉构成了整个认知活动的基础。

感觉是一种最简单的心理现象，但它在受众的心理活动中却起着极其重要的作用。受众凭自己的耳、目、皮肤等各种感觉器官与信息相接触，感受到信息的某种属性，这便是感觉（Sensation）。人们只有通过感觉，才能分辨事物的各个属性，感知它的声音、颜色、软硬、重量、温度、气味、滋味等。感觉是人脑直接作用于感官的外界事物的个别属性的反应。内部感觉：如肌肉运动感觉、平衡感觉等；外部感觉：如视觉、听觉、味觉和触觉等。

感觉是人的认知活动的基础，它使人对周围环境产生现实体验，各种复杂的心理现象如知觉、想象、思维等都是在感觉经验的基础上产生的。同样，感觉也是审美感受中不可缺少的一种基本心理要素，它可以引发人的某些生理快感。

知觉是在感觉的基础上形成的，知觉是人脑对直接作用于感觉器官的客观事物的整体反应。知觉有两方面的特点：一是知觉建立于感觉的基础上，而又不同于各种感觉的总和。二是知觉具有整体性。知觉的主要特点在于它不是反映事物的个别属性，而是把感觉的材料联合为完整的形象，趋向完整性，这是知觉最突出的特征。知觉不仅依赖于刺激物的物理特性，而且依赖于人本身的特点，如知觉经验、人格、情绪状态、态度等。

直觉是形象与意义的有机统一，是审美器官（眼、耳）的成熟与完善，并表现出高度的灵敏性，即马克思所说的：对于没有欣赏美的眼睛来说，最美的绘画是没有意义的，对于没有欣赏音乐的耳朵来说，最美的音乐也是毫无意义的。

人类已经进入了一个感性设计的时代，设计师要比一般人具有更敏感的观察力，才能把用心体验得来的生活点滴化成创意的源泉。在设计过程中融入感性的因素，使产品同人的各种感官和心理需求相协调，使人的视、听、味、触、嗅等感觉进入宜人的“舒适区”，从而让人在劳动、生活中所发生的各种生理心理过程处于最佳状态。比如，产品愉悦人的感官，适应人的感性特质等。

设计产品存在于真实的三维空间中，它构成了人与环境的现实关系，它把人带入生活领域和体验空间。W · 施奈德（W · Schmeider）在《感觉与非感觉》一书中指出：在人与环境的关系中，存在不同类型的感觉。可以区分出三种空间感觉类型：第一类是行为空间的感觉，包括触觉、生命感觉、运动感觉和平衡感觉，这些感觉与人的意志相关联，直接影响人的行为意向在活动过程中实现；第二类是愉悦空间的感觉，包括嗅觉、味觉、视觉和温度觉，它们与人的情感相关联，直接影响到人的愉悦性体验；第三类是认知空间的感觉，包括对比例或色调的感觉、完形感觉、象征感觉和认同感，它们与人的认知活动相关联，直接影响人们对事物意义的体验。

艺术设计本身对于形式美的追求，要求设计师在感觉方面具有特别精细敏锐的感受力和鉴别力。艺术设计师必须具备精细敏锐的感觉能力，能够在他的创造活动中发挥作用。

设计心理学的目的就在于研究消费者潜在的、显在的、共性的、一般性的心理规律，既有对消费者心理的宏观分析，又涉及微观心理分析，进而总结和归纳这些规律和分析结果，最终为设计心理学的发展提供有力的科学依据。

人脑是思维的器官，思维只有依靠人脑才能完成。因此，当人类从类人猿进化成具有思考能力的原始人之后，思维的形式逐渐产生并完善起来。思维是人类特有的一种精神活动，是从社会实践中产生的，设计必须符合各种动态行为（视觉、思维、动作和情绪）的变化过程，设计必须以人为中心，使人机界面的操作符合人的视觉、听觉、触觉等能力和情绪。

《心理学大辞典》中认为：“情感是人对客观事物是否满足自己的需要而产生的态度体验”。情感是人与生俱来的产物，人们希望在设计活动中将自身的感情赋予产品，使其能够作为人类情感的载体。

情感在设计活动中的重要意义在于：一方面，设计师可以通过产品来表达自身的情感；另一方面，社会大众也可根据自己的情感需求选择喜爱的商品。作为设计师，他们将设计作品作为传达自身情绪的载体，并且运用各种不同的形态、色彩等造型语言使得产品具有更深层次社会价值和情感。但是，任何产品的情感不是孤立存在的，它们需要与相应的功能或形态相结合，通过特有的外在形式或者内在含义才能使产品具有更深刻的情感价值。作为消费者，在购买商品时除了能感受到设计师注入产品中的情感，同样也会产生自己对于事物的美丑反应与偏好感受。

因此设计师在进行设计活动的时候，不仅要满足产品的功能实用性，要将设计作品作为传达自身情绪的载体，还应考虑用户的心理需求，尽可能多地为使用者提供情感上、心理上的享受，并且运用各种不同的形态、色彩等造型语言使得产品具有更深层次的社会价值和情感。情感的融入，不仅能够使产品更具有吸引力和生命力，同时能够促使人与物之间的和谐相处。通过情感的作用，使人与产品建立某种“情感联系”，原本没有生命和情感的产品就能表现出真实的情趣和感受，从而使人对产品产生一种喜悦之情。

在这个以信息为主导的时代，随着经济技术的迅猛发展，各种高新技术的不断进步，使得人们的生活变得比以往任何时候都要“多姿多彩”；日益丰富的物质财富，给我们的生产、学习和工作带来了更多的舒适与便利。与此同时，人们忽然发现社会科技的高速发展，固然给我们带来了极大的物质享受，但是人们对精神和情感上的需求似乎显得更为强烈。

产品的形式层面与产品的使用层面都包括功能与情感两个方面，即形式的功能与形式的情感，使用的功能与使用的情感。形式当然也包括情感，如造型情感、材质情感、色彩情感、装饰情感。因此，设计者必须从视觉、触觉、味觉、听觉和嗅觉等方面进行细致的分析，突出产品的感官特征，使其容易被感知，创造良好的情感体验。

后现代主义设计竭力将诗意、情感之类的非物质因素物化在产品中，其主要的表现手段是产品的形式构成和产品的使用层面。只有功能与情感兼备，设计才能走得更远，设计才会给人们提供全面的文化价值。

正如约翰·奈斯比特所说：“无论何处都需要有补偿性的高情感。社会中高技术越多，我们就越渴望创造高情感的环境，用设计软性的一面来平衡技术硬性的一面。”于是乎，在这样一个冷漠、缺乏感情交流的时代，人类经过认真的考虑，决定用情感所呈现的载体作用，重新设计人与人的关系、人与社会的关系、人与自然的关系，最终实现大众对于物质和情感的双重享受。

5.1.2 情感化设计

美国心理学家诺曼在《情感化设计》中，将设计明确划分为三个层次，即本能层、行为层和反思层。三种层次对应产品设计的不同特点。本能层对应的是产品的外观；行为层对应的是产品的使用效率；反思层对应的是自我形象、个人满意和记忆。

《心理学大辞典》对情感的解释为：“情感是人对客观事物是否满足自己的需要而产生的态度体验”。情感是指人对周围和自身以及对自己行为的态度，它是人对客观事物的一种特殊反映形式，是主体对外界刺激给予肯定或否定的心理反应，也是对客观事物是否符合自己需求的态度和体验，是人们心理活动的重要内容。一个设计是否能引起人们的注意，其中情感因素是至关重要的。

情感化设计的出发点和目的不再是产品，而是转向作为设计主体的人。在设计活动中，人所发挥的作用愈发强大，设计开始以人为中心，开始重视用户的感受和体验，由从前单纯的追求物质层面的享受，延伸到包括心理、精神、价值层面等，最后不由自主地融入到消费者的生活学习之中，这不仅拉近了设计师与消费者之间的心理距离，并且借以消除隔阂，增强了产品的亲和力。

英国工艺美术运动的奠基人威廉·莫里斯（William Morris）曾经指出：“艺

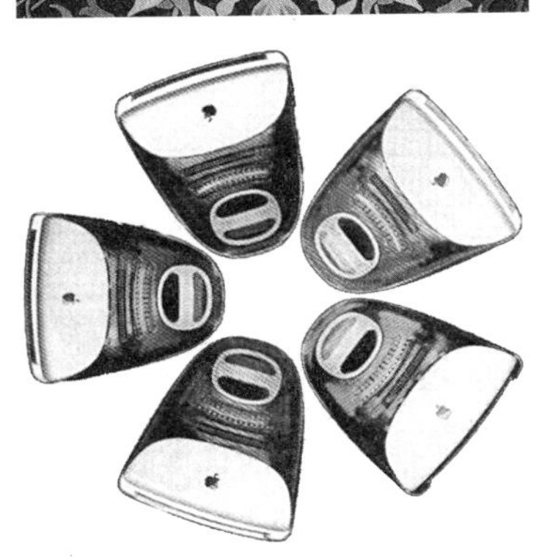

图 5-1　墙纸设计　威廉·莫里斯（上）
图 5-2　苹果 iMac 电脑（下）

术是一个人辛勤工作后的愉快体现，是指作者的使用者的一种喜悦。”情感化设计就是在设计活动中注入设计师的情感因素，通过产品的销售转移到消费者身上，让他们在购买之后能够体验到快乐和愉悦之情（图 5-1）。

设计师在产品中表现自己的情感，就像艺术家通过作品抒发自身的情绪一样。从这个角度来说，设计的过程也可以称之为艺术表现的过程。现代艺术哲学认为，艺术家内心有某种感情或情绪，于是便通过画布、色彩、书面文字、砖石和灰泥等创造出一件艺术品，以便把它们释放或宣泄出来。设计师也是将自己的情绪通过各种形态、色彩等造型语言表现在产品中，产品不仅仅是真实的呈现物，而是包含着深刻的思想和情感的载体。但需要强调的是，只有产品的外观和功能同它们唤起的感情结合在一起时，产品才具有审美价值。

对于设计师而言，形象思维是最常用的一种思维方式。艺术设计需用形象思维的方式去建构、解构，从而寻找和建立表达的完整形式。事实上，不仅艺术家要运用形象思维，科学家、哲学家、工程师等也都需要运用形象思维解决问题；同样艺术家也要运用逻辑思维的方式进行创作活动。诚如乔治·萨顿所说：“理解科学需要艺术，而理解艺术也需要科学”。

设计创意的核心是创造性思维，它贯穿于整个设计活动的始终。“创造”的意义在于突破已有的事物束缚，以独创性、新颖性的崭新观念或形式，体现人类主动地改造客观世界，开拓新的价值体系和生活方式的有目的的活动。

苹果电脑设计的成功，在于设计者强调人的情感需求。苹果电脑设计利用鲜明活泼、富有生机的外形和色彩，打破了传统电脑样式的冷漠外观和单一灰色的印象，使使用者变得充满情趣，给人以全新的使用体验和审美享受。苹果 iMac 个人电脑上市后，给人们带来了全新的概念，使苹果电脑在市场上取得良好的业绩，这是产品引发积极情感的成功案例（图 5-2）。

而社会的精神物质文化水平的提高，文化交流融合的不断加强，科技创新的飞速发展，设计文化的发展会逐渐扭转功能主义下技术性凌驾人情之上的局面，从注重实用转向情感功能并重，情感化设计必定是今后产品设计的发展趋势所在。

5.2　设计的审美

梁思成先生曾说过，在建筑里有一种美的存在，这种美“能引起特异的感觉”，使人“感到一种‘建筑意’的愉快。”同样，作为艺术、工艺和科学的结晶，在诗情画意和‘建筑意’之外，也有设计美的存在，这是一种生活之美、科技之美和艺术之美。

设计的生活之美体现为设计的工艺美、材料美和技艺美。它融于人们的生活方式，以具体的加工工艺、使用材料、生活技艺等体现出具体而又生动的美感。人们在使用、消费设计品的过程中，进而获得了精神上的愉悦感。设计的科技之美由设计的科技属性所决定，随着人类社会进入信息社会，艺术设计中许多新的形式要依靠自然科学的强大表现手段，人类的智能化生存、物联网技术的发展，使艺术设计的科学技术属性越来越凸显，也使设计依附于科技之上的美感愈发突出。设计的艺术之美，体现为设计作品的造型美、形式美、韵律美，显示出设计的精神价值和文化价值。

由于设计和人们的日常生活融为一体，人们对设计具有一种普遍性的评价权利。每个人都可以对设计进行评论和批评，也可以对设计美有不同的感受。这与艺术其他门类的欣赏心理有着很大的不同。例如面对一幅书画作品，没有受过艺术训练的人往往会感觉自己是“外行”而不会发表什么评价意见，但是对于设计的评价就会出现相反的情况。这也是为什么美术批评、音乐批评大多是专业人士在参与，而建筑批评等却有外国语言文学专业或考古专业的知名人士参与其中。因此，如何对设计进行鉴赏的问题就显得十分重要。

5.2.1 设计的审美愉悦

对于设计美的欣赏来说，审美直觉是必要的。中世纪哲学家托马斯·阿奎那曾说：凡眼睛一见到就使人愉快的东西才叫做美的。17 世纪的英国伦理学家夏夫兹博里认为：“眼睛一看到形状，耳朵一听到声音，就立刻认识到美、秀雅与和谐。行动一经察觉，人类的感动和情欲一经辨认出（它们大半是一经感觉到就可辨认出），也就由一种内在的眼睛分辨出什么是美好端正、可爱可赏的，什么是丑陋恶劣、可恶可鄙的。”①康德也曾指出：审美是“凭借完全无利害观念的快感和不快感对某一对象或其表现方法的一种判断力。”②因为设计是一种无处不在的生活方式，人们时时刻刻在感受、评判着设计，要提升人们对设计美的认识能力，就必须要培养和调动人们对设计美的审美直觉。

审美直觉的培养离不开艺术欣赏和审美能力的训练和提升，离不开一定的知识积累和生活阅历。从设计史和设计的发展趋势看，艺术设计越来越呈现出科学性和艺术性相融合的特征，一件产品既体现了科学原理和制造技术，同时又表现出审美意蕴和设计美学。通过对设计作品进行鉴赏，从具体感受出发，实现由感性阶段到理性阶段的认识飞跃，对于公众认识、理解、感悟设计的造型美、科技美、工艺美，进而接受设计具有重要意义。只有公众的鉴赏力提高了，才能正确认识设计、消费设计，推动创新设计的良性发展。因此，在设计批评中，对公众的鉴赏能力进行正确的引导，既需要批评者把握各种设计门类独特的欣赏标准和欣赏角度，也需要对社会公众的审美心理现象和心理规律进

---

① 朱光潜：《西方美学史》上卷 [M]. 北京：人民文学出版社，1994：213.
② [德] 康德：《判断力批判》（上）[M]. 北京：商务印书馆，1985：47.

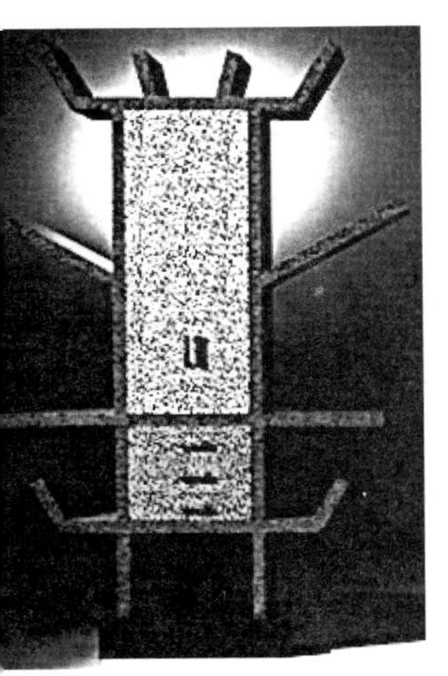

图 5-3 “孟菲斯”设计的家具

行把握。

形态本身无感情，只有当它与人之间有了感应效果，也就是当人自身特定的遗传、习惯、学识、修养等认识与视觉对象所蕴含的意义产生视觉交融时，心理表现可以达到认同与平衡，同时才可获得消费者的认同和良好的市场效应。也是强调产品具有近似生命的语言，从而使环境对人产生不可抗拒的亲和力，而这可能就更加倚重于对人文精神的体现。1981 年 8 月 18 日“孟菲斯”举办了首次展览（图 5-3）。这次展览在设计界形成了一股强大的冲击波，人们被那些造型独特、色彩艳丽、图案奇异的稀奇古怪的家具所震惊。展品带有鲜明亮丽的色彩，看起来轻松活泼、乐观愉快、让人振奋。引人注目以及鲜艳浓丽的“时代精神”明显地反映在这些家具和物品中。

人类的审美活动包含两方面的内容，一方面是指作为主体的自然界或事物本身；另一方面指的是主体结合自身审美需要而产生的审美感受与体验。但是，这两方面并不是各自孤立的，而是辩证的统一在审美活动的具体实践之中。

审美，作为衡量艺术品质的意识活动，它首先是由客观的审美对象和主观的审美经验相互作用而形成的一种再创造活动。为此，美感现象变成了一种难以确定的东西。正如歌德曾经指出过的那样：它是一种犹豫的、游离的、闪耀的影子，它总是躲避着不被定义所掌握。① 从这一意义上说，设计艺术最终造就的对象所激起观者产生的审美情趣，必须在客观对象的基础上依赖于人的审美经验而形成特定美感。

美感是一种特殊、复杂的心理活动，是一种审美意识。美感的含义有广义和狭义之分。广义的美感又称审美意识，它包括审美意识活动的各个方面和各种表现形态，如审美感受，以及在审美感受基础上形成的审美趣味、审美理想、审美观念等；狭义的美感是指审美主体对感性存在的审美对象所引起具体的感受。

美学研究与心理学研究有不可分割的联系。美学的发展离不开心理学的帮助，对美感、审美活动的研究要借助于心理学的研究成果，对美感、审美活动的研究也会补充并丰富心理学的内容，心理学的发展也依赖于美学的分析和思辨。

设计是人类的一种创造性的艺术活动，因此，设计必然带有艺术的一些属性。艺术的审美主要是指通过艺术欣赏活动，使人们的审美需要得到满足，获得精神享受和审美愉悦，愉心悦目、畅神益智，通过阅读作品或观赏演出，使身心得到愉快与休息。② 从这个角度理解，设计的审美应该具有相同或近似的功效。

马克思曾说，人不仅按照自己的尺度来创造世界，也按照美的尺度来创造世界。设计与审美的关系分为两个层次。

一方面，设计创造了审美价值。这种特殊价值的产生机制是通过产品外在的形式美感，或在产品使用过程中所产生的情感认可与依恋。审美价值的体验

① 邢庆华．工艺美术的审美特征 [J]. 景德镇陶瓷：1999，4（1）：9.

② 彭吉象．艺术学概论 [M]. 北京：北京大学出版社，1999：62.

与获得能够带给人心灵的愉悦,并促使使用者身心全面健康的发展。另一方面,审美价值的实现有赖于设计。设计师以设计活动为载体,将精神财富和抽象审美价值转化为个人的精神力量,从而完成从创造审美价值到实现审美价值的飞跃,审美价值不是自在自为的,它依赖于设计的创造。

设计注重于形式美的独立性,其内在根源是由"用"的物质属性决定的,为了清楚地认识到这一点,我们必须看到:当人类第一个尖底瓶产生时,其完美的双重功能便贯穿其中了。随着历史的推进和人们对设计艺术审美本质的深刻认识,它的形式美的要求也更加艺术化和科学化。

形式美感的产生直接来源于构成形态的基本要素,即点、线、面所产生的生理与心理反应,以及对点、线、面形式的理解。然而在设计中谈论纯粹的形式美是毫无意义的,设计师必须看到形式美背后的社会原因与历史背景,只有通过研究市场,研究人,并将设计者的审美体验和人对美的需求相结合起来,才能够创造出既满足基本使用又符合审美需要的形式美来。

材料是构成产品设计形式美的第一要素,因为产品设计的材料所形成的不同肌理与质感能够给人们带来不同的心理感受与体验,恰恰是这些心理感受与体验结合一起构成了复杂的审美心理。与此同时,产品设计的色彩也是激发人们审美体验的重要因素,我们知道人类对色彩的感觉最敏感、最直接,印象也最深刻,而这种生理刺激往往能够给人带来强烈的审美体验,并由此产生丰富的经验联想与心理想象。

在设计和艺术的关系中,人们提到最多的是艺术审美对设计的影响,这种影响的直接表现形式就是审美观念对设计的影响。设计师首先要了解使用者的审美需要和审美趣味,才能设计出符合人们审美心理的形态。审美观念就是人们在特定社会历史条件下,从长期的审美实践中形成的具有理性化特征的美感,在具体的审美活动中,它经常表现为审美者独特的审美趣味和审美理想。

审美情趣是人们追求高层次精神需求的集中体现,而这种审美情趣又是与社会历史发展相适应的,不同的时代背景,审美趣味也是千差万别,这也导致了各个时代的不同设计。如原始奴隶社会时期的青铜器,其圆浑厚重的造型象征着统治阶级的权势与威严;而封建时期的明清家具,其端庄稳定的表现形式则反映出正襟危坐的礼教规范。

审美观念是人类精神活动特有的产物,正如马克思在《资本论》中所说的:"最蹩脚的建筑师从一开始就比最灵巧的蜜蜂高明的地方,是他在用蜂蜡建筑蜂房以前,已经在自己头脑中把它建成了。劳动过程结束时得到的结果,在这个过程开始时就已经在劳动者的表象中存在着,即已经观念地存在着。"因此,无论是艺术家的艺术作品,还是设计师的作品,它们都是在一定审美观念的指导下完成的,只是这种审美观念有时是以无意识的形式表现出来的。

审美观念对设计的影响,不仅是由于审美观念是历史积淀物,自发作用于任何精神活动,还由于设计需要审美观念的指导。因为设计师从事设计活动的最终目的是为人服务,因此他必须考虑到人的全面需求,既包括物质需求,也包括精神需求。所以，艺术设计不可避免地要满足人的精神需要，迎合消费者的审美需求，这也决定了设计师需要从艺术中汲取审美要素，将审美要素应用于设计中。

5.2.2　设计的审美教育

当今社会正处在全球化、信息化的时代，人们的日常生活也因此发生了翻天覆地的变化。与此同时，人们的审美观念也随之发生着剧变。现代设计不再仅仅是人们审美趣味的集中反映，同时，它作为一种媒介，积极的影响和改变着人们的审美需求与审美观念。

马克思曾经说过："动物只按照它所属的物种的尺度来造型，但人类能够按照任何物种的尺度来生产，而且能够从适用的内在尺度到对象上去，所以，人类也按照美的规律来造型。"[①]

设计的审美性是指设计艺术产品满足人的审美需要、给人带来美的享受。设计作品以美的外形、结构和色彩向大众传播审美信息，满足、激起和发展人们的审美需要，并促使审美需要变成消费需要。人们需要越来越多的新产品，这不仅是为了这些产品的新属性，而且是为了满足审美需要。设计越来越关心大众的审美需要和审美趣味，设计通常以不断的改变设计的形式以及内容的创新来满足大众的审美需要。

产品设计的材质感和肌理美作为其重要构成要素，能够对使用者的触觉或视觉产生感应和刺激。这些不同程度的感应和刺激，就会使人产生不同的生理和心理反应，从而产生对美或不美的感受。

设计不能只是理性工具的设计，还必须是美的设计。设计不仅要满足人的物质需要，也要满足人的精神需要，特别是对美的需要。然而，美或丑的问题并不是认识范畴，而属于价值范畴。在美学领域，设计的价值突出表现为审美价值。如果说实用价值和经济价值反映了设计的理性特质，那么审美价值则体现了设计的感性气质。

设计的审美价值是指产品超脱了既定的实用功能和经济属性，由形式的美感在使用过程中产生的情感依恋，它带给人的心灵愉悦，由此促进人的身心全面健康的发展。

图 5-4　座椅设计

在设计审美活动中，产品以其内容的功能美和形式的造型美（图 5-4）、色彩美、材质美、工艺美、结构美，使人忘却日常生活的喧嚣和琐碎，进入到纯粹空灵的意境中，在审美活动中，人得以超越自身的生理性局限，超越现实，得到心灵的洗礼。黑格尔曾说，审美能够解放人性，他将审美价值的精髓表达得淋漓尽致。审美价值对人的全面发展和完善是不可缺的，是设计价值的重要组成部分和主要表现形态。

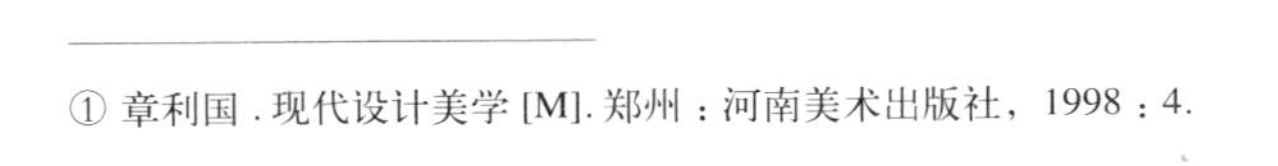

① 章利国．现代设计美学 [M]．郑州：河南美术出版社，1998：4.

设计的审美价值有两种基本的存在方式。一种是静态的，其存在方式就在于设计艺术作品本身。另一种是动态存在，即存在于观赏者的接受过程之中。

价值观念是在“效用”、“功效”的基础上形成的，离开主体的需求，就谈不上价值。因此，设计艺术审美价值的真正生命力，还得从观赏者的需求与接受中去探寻。艺术作为人们的精神产品，不仅仅是由于艺术家要实现自我，同时也是为了满足社会精神消费的需要。萨特曾经指出：“所有的精神产品本身都包含着它们所确定的读者的形象。”从根本上说，只有这种动态的存在方式，才能使设计作品延续丰富、生生不息，获得长远的艺术生命力。随着设计作品接受过程的不断发展，艺术审美的效用不断演化，并整合为新的审美功能。

审美功能对于设计来讲，有着十分重要的意义。随着社会物质文化生活的日渐丰富，人们对审美有着更高层次的要求。由于不同年龄、不同职业、不同文化背景的消费者对产品的审美趣味各不相同，这就要求设计师在设计产品的实践中，必须考虑到受众的差异性，并针对其审美情趣的多样性，设计出适合各类消费者的产品。

设计的审美教育功能也是艺术的审美教育。艺术之所以具有审美教育的作用，是因为艺术作品不仅可以展示生活的外观，而且能够表现生活的本质特征和本质规律，在艺术作品中总是饱含着艺术家的思想感情，蕴藏着艺术家对生活的理解、认识、评价和态度，渗透着艺术家的社会理想和审美理想，使欣赏者受到启迪和教育。①

教育功能无疑在艺术审美功能系统中有着重要地位，我们应该注意两点：一、艺术的教育作用不具有独立存在的形态，必须依附于审美功能这个中心。二、艺术的教育功能不能仅仅归结为政治教育。当然思想教育、政治教育的确存在，但这不是主要的，更不是全部。艺术的教育功能最终归结为审美教育，即通过艺术净化和升华人的情感意绪、思想境界，使人们自觉地趋善避恶、崇美厌丑，它本质上是对人格的健康全面发展的教育。

艺术教育功能的重要内容之一，是培养观赏者的审美能力，提高艺术修养，形成健康的审美趣味。马克思曾经写道：“艺术创造出懂得艺术和能够欣赏美的大众。”这就是讲，优秀的艺术作品能够培养和提高人们的健康的艺术趣味和审美能力。使人们能够发现美、欣赏美，进而创造美，把美带入每一个人的生活之中，使平凡的生活变得富有诗意、充实、快乐。

艺术的审美教育实际上是一种情感教育，它并不是道德箴言，直接告诫你应该做什么，不应该做什么。它主要是通过对审美情感的陶冶、引导、规范、重建，使人们辨美丑、明善恶，发展人性中一切美好善良的东西，除掉人性中阴暗丑恶的东西，塑造人的美好灵魂。

只有在这个意义上，我们才能正确理解设计艺术家作为“人类灵魂工程师”

---

① 彭吉象．艺术学概论 [M]. 北京：北京大学出版社，1999：62.

的意义。设计艺术把人们从日常生活的平庸和公式化中解放出来，通过对日常生活的批判，使人们摆脱异化，不指向对个体利欲的索求，而迈向更高级的情感和理想的精神境界，实现对现实的审美超越。

5.3　中国设计美学观

中国古代设计美学观源远流长，在古代劳动人民创造的大量工艺产品之中，体现出了丰富的美学思想。《易经 · 系辞传上》有："形而上者谓之道，形而下者谓之器。"虽然自先秦诸子以来，造物的工艺就一直被归于"形而下"的范畴，但从先辈能工巧匠的高度技巧之中仍然表现出他们的设计艺术观和美的理想，即通过有形之"器"传达无形之"道"。古人强调"技进乎道"，这种美学观认为：技艺的神化，进乎道，亦出乎道。道是技的立足根本，技是道的外在表现和激发因素。

中国古代的设计美学是以儒家为基础，道家为主流，以庄子精神为主体呈现于世人的。中国古代设计美学的发展，能够带给我们丰富的美学思想。多元的传统文化促使我们对工艺、设计、美的规律产生进一步认识，并能够提供给我们许多新的思想观。

5.3.1　以和为美

图 5–5　秦代　铜马车

中国传统设计美学观是建立在哲学的整体观之上的。孔子说："礼之用，和为贵。"对"和"的重视是由孔子那里传下来的，这是以孔子为代表的儒家美学观，中心思想就是探讨审美艺术在社会生活中的作用。把"和"的观念应用于造物工艺之上，体现在形式与功能的适度结合（图 5-5）。孔子认为，审美是人们为达到"仁"的精神境界而进行的主观修养中的一种特殊作用，审美和社会的政治风俗有着重要的内在联系，为了使艺术在社会生活中能产生积极的作用，必须对艺术本身进行规范，艺术必须符合"仁"的要求，即艺术要包含道德内容。

孔子提出的"文质彬彬"的命题进一步论证了"美"与"善"的关系。"美"是形式，"善"是内容。孔子认为艺术的形式应该是"美"的，而内容则应该是"善"的。孔子强调好的设计应该不偏不倚，"文"与"质"应和谐统一，相得益彰。《论语》记载，子曰："质胜文则野，文胜质则史。文质彬彬，然后君子。"在这里，"质"指人的内在道德品质，"文"一般指文饰、文采、花纹装饰等。孔子扬弃了"质胜文"和"文胜质"两种片面倾向，将这个命题扩展到审美领域中，"文"和"质"的统一，也就是"美"和"善"的统一。

"文与质"、"用与美"、"美与善"的统一，是中国先秦造物思想的基本精神。充分发挥和利用物的质美，是中国古代艺术设计的基本要求，在中国设计历史中，漆器设计是对这一观点最具代表性的诠释。漆器工艺在秦汉时期就在造型设计、装饰、工艺材料以及技术等诸方面达到了相当高的水平，它具有质轻、形美、耐用和华贵的特点。马王堆出土的漆器（图 5-6），制作精细，装饰华美，将实用功能和审美功能完美地结合在一起，既有良好的实用性，同时又有造型与装饰的特点。这些漆器设计将形式与使用目的和谐统一，创造出了实用和美观高度结合的成功典范。中国传统造物巧夺天工的雕镂和镶嵌装饰工艺，其别出心裁的功能展现、意趣横生的形态结构，无不展示华夏造物的意境美。

图 5–6 马王堆出土的漆器（汉代）

孔子倡导的“和”的美学思想对后世有着深远的影响，中国古代很多艺术家的审美理想、审美趣味都是以这个“和”字为核心的。“以和为美”体现了艺术辩证法的某些原则，如虚实、浓淡、深浅、隐显、疏密、阴阳、刚柔、动静、奇正、曲直、拙巧、朴华等。

中国古代的艺术家始终致力于“以整体为美”的创作，将天、地、人、艺术、道德看做一个生气勃勃的有机整体。只有“和”才有美，因此在中国古代艺术家的心目中，“和”是宇宙万物的一种最美的状态。

5.3.2 意境之美

意境是中国美学的重要范畴，对艺术设计作品意境的感受，可以使人进入一种情景交融、虚实统一的精神境界，使审美主体超越感性具体的物象，领悟到某种宇宙或人生真谛的艺术境界。①

意境的产生表明接受者对产品的感受达到了一种审美境界和状态。这种境界虽然不脱离具体的产品形象，但又不能归结为物象本身，而是一种人的心境和环境氛围。因此，意境这一概念具有超物象和超实体性，体现了审美过程中情景交融、虚实相生和韵味隽永的状态。②

李泽厚在《“意境”杂谈》中说：“意境是意、情、理、境、形、神的统一，是客观景物与主观情趣的统一。”形与神是创造意境的前提：形指可视的形象，意境的产生依赖于形象，对于形象之外的联想也要依据可视的形象来刺激；神指艺术精神的更高境界，艺术品的传神写照能够更好地表现出意境之美。艺术创作的主题并不是完全从画面上表现出来的，将含蓄之美融入意境之中，始终是中国传统造型艺术家追求的目标，这种艺术境界的追求正是具备了情、景、境、形、神多方面因素，综合统一的结果。

中国传统艺术的一个重要特征，就是追求某种“韵外之致”，不是简单的形似，而是追求内在的神似；不是满足于实的意象，而是更重视虚的意蕴；是从有限到无限，从有到无，进而入“道”。在中国山水画作品中我们可以看到，画家们在创作过程中追求自然中的情趣美，将更深层次的美——意境的表现融

① 徐恒醇．设计美学 [M]．北京：北京清华大学出版社，2006：43.
② 徐恒醇．设计美学 [M]．北京：北京清华大学出版社，2006：44.

图 5-7　苏州园林

入到绘画创作中去，使绘画作品显示出更深的内涵和更幽远的意境。

中国的古典园林设计十分强调自然意境，追求人与自然相融合、浑然一体、宛若天开的造园效果（图 5-7）。古代园林大师在造园设计构思时，往往先用诗词勾勒出各景区的主题，然后根据诗意画出草图，仔细体会意境，推敲山水、亭榭、花草树木的位置，使园林景色充分表现出诗意。造园完成后还为园景题名，给游客留下想象的空间。

5.3.3 “重己役物”的造物观

中国传统造物思想中很早就注意到人和物关系中人的主体性问题。先秦思想家荀子提出“重己役物”的造物思想。“重己役物”，也就是重视生命本体，控制人造的事物，追求本我环境，物为我用的境界。它强调任何技艺都是以人为主体的服务，也就是今天所说的“以人为本”，主张用积极的态度来处理人与物的关系，这一点对于中国传统美学思想有极其重要的作用。荀子认为关键不在于有没有物，而在于使用物的人是否从伦理道德的高度来对待物。“重己役物”的思想反映在造物实践上，就是强调人在设计和使用产品时的主体地位，视人为主体，以物相辅助，荀子认为人为万物之灵，“天有四时，地有其材，人有其智”，在对自然物的创造中，重视人与物的关系。中国民间不少农具、家具、纺织器具、交通工具等都是以这种观念造型的，中国传统造物的过程始终离不开以人为中心的法则。

图 5-8　明式家具

中国传统设计提倡以人为本的思想境界，在造物文化中，这一思想得到了充分的体现。中国文人崇尚淡泊宁静、娴雅恬静的审美情趣，器物以简约为美，提倡顺其自然，反对过多的雕琢和纹饰。以明式家具（图 5-8）为例，它在提炼和升华宋元家具古朴风格的基础上进一步发展和提高，风格典雅素净，设计繁简得当，具有极高的艺术价值。在材料上，明式家具多选用紫檀木、花梨木、鸡翅木、红木等天然致密木材，呈现出一派“天然去雕饰”的悠闲气度；在结构上，它不用钉胶，完全采用榫卯结构，显得自然而不失规整；在造型上，明式家具极少装饰，浑厚洗练，线条流畅，体现了中国传统设计美学追求简练淳朴、典雅清新的审美标准。

5.4　西方设计美学观

西方美学史上的主要观点有：一、主张从物质属性中去寻找美，主张这一观点的主要代表人物有亚里士多德、狄德罗、博克等人，这一派理论的贡献在于肯定了美的客观性，看到了美与物的相关属性。二、从精神方面中去寻找美的根源。这一派自古希腊的柏拉图以来，代表人物众多。到了近代，黑格尔则从绝对精神中寻找美的根源，西方现代美学的说法虽然各不相同，但大都把美看成是精神、心理的产物。三、强调美同社会生活的联系。19 世纪俄国车尔尼雪夫斯基提出“美是生活”的理论，强调美同社会生活的联系，认为美的生活是“依照我们的理解应当如此的生活”。四、马克思在《1844 年经济学哲学手稿》一书中，把对美的解释放到人类社会实践中。

图 5–9 古希腊 帕特农神庙

西方的设计艺术源于古希腊罗马，那时许多美学思想对设计的产生作了理论铺垫。早在古希腊时期，柏拉图就已经把审美活动当成是一种“凝神观照”的活动。柏拉图的美学观是“理念论”，他要求人们把目光投往“美本身”。

希腊位于地中海文明发源地，那里阳光明媚，希腊人的思想也徜徉于清晰明确的逻辑与几何学中，他们发现宇宙的秩序、和谐、比例、平衡之美，通过对人体的研究，发现人的比例美。这种美，依存于具体的现实，并以严格的数学公式来表现。古希腊的建筑设计（图 5-9）是举世瞩目的，尤其建筑中的柱式，希腊建筑艺术的神韵美体现在这些石柱上。公元前一世纪的古罗马建筑家维特鲁威在其著作《建筑十书》中说：“当建筑的外貌优美悦人，细部的比例符合于正确均衡时，就会保持美观的原则。”他赞同古希腊美学对数学形式和比例的推崇，运用数学描述建筑物及其细部的比例美。他认为，完美的建筑物的比例应该严格按照美的人体比例来制定。①

哲学家毕达哥拉斯，对数和美的研究开启了美学思想对设计艺术影响的先河。他认为“事物因数而显得美”，美的本质在于比例、均匀、和谐，并将数看做世界的本源。柏拉图将美和尺度联系在一起，他认为美是合乎尺度的，他说：“所有技艺中，一部分技艺是与尺度有关的，以相对的标准来衡量对象：数、长度、高度、宽度、厚度；另一部分技艺是以适度来衡量的：合适、凑巧、需要，以及与之有关的所有词汇。”亚里士多德提出“美的主要形式是秩序、均匀和确定性”。他将尺度、秩序、均匀、数量视为美的事物存在的客观条件，这一观点对设计更实际地向审美的方向前进具有很大的推动作用。②

文艺复兴时期，达芬奇将几何学、透视学的原理运用到绘画中，认为绘画必须掌握几何学的点、线、面和投影的原则；19 世纪中后期以莫里斯、阿什比等人为代表的工艺美术运动拉开了现代设计运动的序幕，虽然这个时期的设计美学思想还较多地带有伦理学的意味，但设计改革的先驱者提出了一些设计与美的关系问题。

到了 20 世纪前期，德意志制造联盟和包豪斯致力推进生活与艺术的统一，并最终形成了 20 世纪最具影响的现代主义设计思潮，产生了所谓的“机器美学”，在设计艺术美学的发展中具有重要的影响。到了 20 世纪 60 年代以后，

---

① 曹田泉．艺术设计概论 [M]. 上海：上海人民美术出版社，2005：80

② 曹田泉．艺术设计概论 [M]. 上海：上海人民美术出版社，2005：80.

图 5-10　法古斯鞋楦工厂　格罗皮乌斯

又出现了“后现代主义”，以其多元化的设计理念丰富了现代设计美学的内容。设计艺术美学的发展与现代设计艺术的突飞猛进是联系在一起的。

西方的设计美学观表现为如下几种。

1. 科技至上的设计观

由于古希腊一开始就研究几何学，并以几何数理公式来表现具体物体的形状、结构、运动习惯，西方设计自始至终沿着科学技术的发展而前进，每一次新技术的发明、新科学的发现，都给设计带来了全面的突破，也使人类在物质与精神享受上得到双重的价值飞跃。尤其是在近现代，工业文明的日新月异，技术革新的步伐越来越快，计算机技术、信息技术、影像技术、生态技术无不影响着设计。西方的设计热衷于不断尝试新的科学技术来实现设计的更高价值，20 世纪上半叶出现的“高技派”认为科学技术可以解决一切问题，不会丧失人性，是技术的乐观主义，乐于采用高技术方法赋予人们对未来的幻想，虽然其观点甚为极端，但可反映出西方设计对科学的重视，对科技文化的信仰。

2. 功能至上的设计观

受务实思想影响，西方设计通常把使用价值作为设计的主要目标，用各种科学技术来创造最合理的功能，可以说是西方设计的最大特征。18 世纪的英国是世界工业革命的发源地，一些思想家力图寻找机器工业的审美价值，哲学家休谟提出了美的效用说。他在《论人性》中写道 ：“美有很大一部分起源于功利和效用的观念。”

功能至上的设计观在西方设计史上占主导地位，20 世纪出现的功能主义流派将其发展到了极致，被称为“芝加哥学派”，它明确指出功能与形式的主从关系，其代表人物沙利文首先提出“形式追随功能”的思想，“哪里功能不变，形式就不变”。他还认为“装饰是精神上的奢侈品，而不是必需品”。这些观点由他的学生赖特进一步发挥，成为 20 世纪前半叶工业设计的主流——功能主义的理论依据。[①]功能主义思潮在 20 世纪 20 ～ 30 年代风行一时，而且作为一种美学方法广泛应用于现代设计的其他领域(图 5-10)。功能性的过度追求，使得设计陷于乏味、单调的同时，更忽视了人的心理需求和多样化个性化的需求，最终促使了追逐个性、多元化的后现代主义风格产生。

虽然西方设计美学思想有着一定的共性，但由于不同的政治状况、地域环境、历史文化传统构成了不同民族的生活方式，因此各民族的思想感情、心理结构、个性气质、审美要求等也各不相同，反映在设计上就形成西方特有的设计美学特征。对德国人来讲，理性原则、人体工程原则、功能原则是德国设计的特征。而美国设计的幽默感与波普商业化形成了这个自由国度的标识。意大利人视设计为一种文化、一种哲学，并把设计作为生活的一个组成部分。日本设计的特点是它的传统与现代双轨并行。由于北欧的自然环境，斯堪的纳维亚的设计富有人情味、舒适、安全、生机勃勃而又个性鲜明。

---

① 曹田泉 . 艺术设计概论 [M]. 上海 : 上海人民美术出版社，2005 ：83.

例如著名设计师格瑞特·杰克（Grete·Jalk）设计的靠背椅，巧妙地将椅背、扶手与椅腿采用曲面连接起来。椅子整体和谐而富有变化，成为家具设计中的杰作之一。椅子的座部和靠背采用曲面设计，腿部采用直面显示挺拔坚韧的体量，各体面之间衔接自然（图 5-11）。

图 5-11 格瑞特·杰克设计的靠背椅

现代设计与人们对生活的审美需求息息相关，设计美学为现代设计的发展提供了强大的理论支持与实践指导。随着人们物质生活水平的不断提高，“以人为本”和“为生活而设计”的美学理念已经渗透到人们生活的各个角落，并为我们创造了巨大的社会价值与文化价值。设计美学的研究探索了现代设计的本质与规律，并以此推动着现代设计不断向前发展。

5.5 设计与美学

设计美学是在现代设计理论和应用的基础上，是结合美学与艺术研究的传统理论而发展起来的一门新兴学科，属于应用美学的范畴，它在美学的研究的基础上，具体地探讨设计领域的审美规律，并以审美规律为设计中的应用为目标，旨在为设计活动提供相关的美学理论支持。作为美学的一个分支，设计艺术美学涉及设计艺术之美的基本定义，以及研究设计艺术之美的形式要素及形式规则和类型。

艺术设计美学认为产品的形态美是由材料层、形式层和意蕴层三个层次构成的。一、材料层是设计品的物质基础，可以说材料的物理属性制约着产品形态的功能及审美属性。设计品的特殊性也决定了材料对于形态美的表现力。二、形式层是针对意蕴层而言的，专指形态的外部呈现形式，也就是我们的视觉和触觉接触到的物象。形式有自己的独立性和审美价值。它更多地服从于产品的效用功能。三、意蕴层深藏于形态内部，是整个形态的核心层。它包含“有意味的形式”，它是在长期的社会文化发展进程中积淀的。[①]

设计美学不断吸收心理学、社会学、人类文化学等研究成果，在对形态审美要素的理性分析和研究过程中，通过运用美学、心理学、艺术与视知觉等相关理论，分析形态元素、形态感觉、具象与抽象形态创造原理，探索和把握设计艺术形态的审美规律与原则。

设计美学不是简单地将设计和美学相加，它是将设计和美学融会贯通，从美学的角度看待设计，把美学的精髓寓于设计当中，可见美学特征在设计中有着十分重要的地位，其研究对象是设计美感的来源和本质，并对设计中各种审美经验进行分析，对美感标准的相对性问题进行解释。

设计本身具有三种属性：功利、审美、伦理。[②]设计和美结合得十分紧密，如在原始的石器时代，人们打制一把石斧，为了功能上的要求和使用上的方便，

① 陈望衡 . 艺术设计美学 [M]. 武汉 ：武汉大学出版社 .2001 ：246-247.
② 李砚祖 . 从功利到伦理 - 设计艺术的境界与哲学之道 [J]. 文艺研究 .2005（10）：101.

必须把其表面打磨得十分平滑，使其面与面之间形成整齐的棱线，这才有了石斧的美的形态；到了大机器时代，人们通过对流体力学的研究，发现在空气或水中高速运动的物体，流线型所受的阻力最小，因此在飞机、汽车、轮船与火箭等产品设计中采用流线型的造型形态，才有了流线型的形态美。

5.5.1　设计与审美

审美观念对设计有着重要的影响，是人们在一定社会历史条件下，在长期的审美实践中形成的具有理性特征的美感判断标准，是人类精神活动特有的产物。因此，无论是艺术家的艺术作品，还是设计师的设计作品，都必然受到审美观念的直接影响，产品设计师也需要从艺术审美中汲取大量的创作营养。

设计艺术对审美有其特殊的要求和标准，设计从生活中来，又服务于生活，是生活的一种体现。设计又与科学技术相关联，所以设计的美学特征又包括科学美、技术美。设计师在进行设计的时候，自觉或不自觉地渗透着主体的审美观念、审美理想以及艺术修养、艺术气质等因素，也就是说设计美离不开艺术美。

艺术美是艺术品特有的属性，以产品设计为例，产品形态是产品功能与信息的基本载体，设计师运用设计美学原理与法则进行产品的形态设计，并在产品中注入自己对形态美的理解，创造出具有和谐美的产品形态，给人们带来美的享受。

图 5-12　椅子设计　皮耶罗·保林

设计师设计出来的产品，表达了设计师个人对事物的看法和个性特征，也唤起人们的审美情感与感受，并与之形成强烈的情感共鸣。以意大利的设计为例，意大利设计师结合自身的浪漫情怀，设计出大量有艺术美的作品（图 5-12）。

设计之美包括自身的形式美和形而上之美。设计师运用点、线、面、体、空间、肌理等形态要素，加上形式、节奏、韵律、对比、调和、变化、统一等构成要素，再结合产品的特定材质、光泽、色彩与肌理，表现出设计产品的独特魅力。古罗马建筑家维特鲁威在《建筑十书》中论述了造物活动中艺术性和功用的关系，他提出建筑的基本原则是坚固耐久、便利适用、美观悦目三位一体。他理解的美有两种含义：一种是通过比例和对称，使眼睛感到愉悦；另一种是通过适用和合目的，使人快乐。[①]现代设计应着重于探讨设计的审美标准和规律，结合现代设计艺术的实践性特点，并遵循现代设计美学的指导思想，为现代设计开阔新的前景。

5.5.2　设计的审美特征

马克思说过："人是按照美的规律来建造。"这种美的规律的实质便是人在实践过程中表现出的合规律与合目的性的统一。人类在长期的认识和改造自然的过程中，实现着外在自然的人化过程，创造着客观美，同时也实现着内在自然的人化，形成了自身的审美感官、心理结构以及审美能力。因此，人类对于

---

① 凌继尧．艺术设计十五讲 [M]. 北京：北京大学出版社，2006：10.

美的创造和追求，是从创造“物”的开始存在的，而设计艺术的美学特征也正体现在对物的创造过程之中。人从无目的的选择到有目的选择，由简单到复杂，由不规律到规律，由粗陋到精细，这一演变过程，体现了人类根据自我意识有目的地从事设计活动的发展历程。

德国古典美学家、哲学家黑格尔认为“美就是理念的感性显现”，他把艺术的本质归结为“理念”或“绝对精神”。哲学家康德认为艺术的本质是“自我意识”的表现，是“生命本体的冲动”。亚里士多德认为，艺术是“照事物应当有的样子去摹仿”。

设计作品的形态美不仅能创造一定的审美价值，还能够帮助企业赢得市场，获取经济效益，拓展并创造企业的文化。除此以外，设计还具有一定的审美教育作用，因为设计服务的对象是人，因此在设计物中也必然被赋予一定的情感元素在里面，而设计中给予人的情感关怀正是审美教育的集中显现。

正如张道一先生所说："审美的作用，是艺术最重要的功能，艺术作品能够影响人、感染人，是靠它自身美的魅力，而不是靠政令和说教。艺术所发挥的娱乐作用、教育作用、认识作用，也都是在审美的过程中完成的。所以说，艺术功能的发挥，不论有哪些方面，与审美的关系不是简单的并列，而是融会在一起”。①

设计的审美教育可以通过设计来培养积极的人生态度，给予人们正确的消费导向，引导人们获得健康和谐的生活方式，审美教育是通过自然界、社会生活、物质产品与精神产品中一切美的形式，对人们以耳濡目染、潜移默化的教育，以达到美化人们心灵、行为、语言、体态，提高人们道德和智慧的目的。如在设计中运用一些环保的无害化的材料，这就与人类保护生态的审美情感相适应，从而教育人们爱护大自然，同时，也在这种良性循环中推进人与人之间的互相关爱与和谐融洽。

我们看待设计艺术的美学特征，应用宏观的、全面的态度和分析方法，把合目的性体现的功能美、装饰艺术传达的形式美，以及多种社会因素、经济因素结合起来，在创造设计对象的过程中，追求物质的实用功能与精神的审美功能高度统一。

设计美的特点就是兼具物质性与精神性。设计美不同于艺术美，它是真实的物质形态的美。有人说艺术美是精神的美，设计美是物质形态的美。设计之美通常表现在结构、材料、技术、肌理等物质方面，正因为设计的美具有这种物质性，其审美就受到许多客观因素制约，设计美受到材料的、结构的、功能的因素的限制和束缚。设计美的精神性体现在设计中是具有情感特征的，设计美是设计师对生活的美好情感的物化的结果，设计美的情感特征不像纯艺术那样显露，它是以物化的形式呈现出来的，设计美既是物质的又是精神的。当今设计广泛与民众生活相联系，普通的大众百姓或许无暇去欣赏纯艺术美，却无

① 张道一．艺术审美的欣赏层次 [J]. 南阳师范学院学报：社会科学版，2002（3）．

图 5-13　POP 椅

时无刻不受到设计之美对他们的影响，设计师是美的创造者和传播者。如果纯艺术的审美是“无目的的合目的性”，那么设计之美就是直接的合目的性，是直接服务于生活的。①

审美是人类的高级情感，审美情趣是人们追求高层次精神需求的集中体现，然而人们的审美能力和审美情趣往往会受到所处社会历史条件的制约与影响。由于审美主体的职业、文化背景、受教育水平、所处阶层、民族、宗教信仰等社会特征千差万别，导致他们对同一个设计物会产生不同的审美情感与审美感受，因此审美主体对设计物的审美有着举足轻重的影响，这就要求设计师充分考虑到审美主体的多元性、复杂性的特点，在设计活动中，以人为本，设计出符合其审美感受的设计作品来。

审美的含义已经不仅仅是一种表面的装饰，而是越来越多地考虑到人的心理感受和生理需求，以创造功能与审美相统一的形式为原则，反映出设计与实用、设计与情感、设计与舒适的和谐统一。设计在满足了人们的物质需要之后，也越来越关注人们精神方面的需求，随着这种关注的不断深化，在设计实践中逐渐表现出一种人性化的关怀，开始追求设计的趣味性和娱乐性，以满足现代人追求轻松、幽默、愉悦生活方式的心理需求（图 5-13）。

5.6　设计美的范畴

5.6.1　功能之美

蒋孔阳在他的《美学新论》中这样写到：“人间之所以有美，以及人们之所以欣赏美，就因为人与现实之间有着审美关系。正因为这样，所以我们认为人对现实的审美关系，是美学研究的出发点。美学当中的一切问题，都应该放在人对现实的审美关系当中，并加以考察。”②他认为，美学就是研究人与现实的审美关系，从中寻找其价值，这是美学的出发点和研究视野。

首先，我们先了解一下设计美的范畴。设计美表现为实用的功能美和精神的审美，设计的美，不仅要体现功能的实用美，而且更要体现在满足使用者审美需求时的艺术美。

实用美主要体现在设计所创造的实用价值之中，实用价值作为一种人类最早追求和创造的价值形态，是设计和造物活动的首要价值。设计实用价值的实现是人类生存与发展的基本前提与保障。在远古时期，我们的祖先为了解决基本的生活需要，开始敲打和磨制出简单的石制工具，这些工具的实用价值体现出实用美的意义。

然而，设计艺术仅仅考虑功能的美是远远不够的，这就要求设计师在设计

---

① 叶郎．现代美学体系 [M]．北京：北京大学出版社，1988.

② 蒋孔阳．美学新论 [M]．北京：人民文学出版社，1993：3-4.

中，必须考虑设计对象的结构、色彩、材质等美学要素以及形式美的相关法则，从而满足使用者内心的审美需求。设计美的构成要素表现在设计所用的材料、结构、功能、形态、色彩和语意上。

在设计中，设计对象的实用价值和审美价值并不是彼此孤立的，相反，两者存在着紧密的内在联系。首先，设计物的审美价值是在其实用价值的基础上产生的，设计物必须具备一定的使用功能，即有效性。其次，实用价值与审美价值是统一在设计对象之中的，两者共同构成了设计对象的综合价值，从而满足人们物质与精神的双重需要。只有这样，设计物的审美价值才有存在的意义。

人类对待功能及功能之美的认识有一个不断深化的过程。在 18 世纪以来的近代美学思潮中，美曾是一个与功能与实用价值无关的纯粹性的东西。康德的美的自律性和艺术的自律性把功能全都排斥在外，美是超越有用性的产物。新康德学派更是强化了美的自律性。在黑格尔以后的德国美学思想中，美是理念性的东西，马克思吸取了黑格尔思想的合理内核，对黑格尔的观点进行了重新阐发，在《1844 年经济学哲学手稿》著作中写道：人类通过自己实践活动，创造出了众多的对象，既包括物质产品又包括精神产品。18 世纪以来的近代艺术与这种美学思潮相适应，实践着“为艺术而艺术”的信条，冲破这种对美的膜拜，是大工业生产实践对实用艺术的迫切需要。当 19 世纪下半叶尤其是进入 20 世纪，机械生产已经能够生产出很好的功能又独具审美价值的产品时，迫使人们重新思考艺术与生活、功能与美的关系；思考的结果，导致了“工业美”、“功能美”等诸多新美学观念的产生与确立，使“功能美”成为现代产品美学、设计美学的一个核心概念。①

“功能美”的另一个代名词是机器美学，它首先设计的不是对象的审美价值，而是实用价值，现代主义创始人格罗皮乌斯认为：“符合目的就等于美”，合用就是美。现代主义的杰出代表柯布西耶也认为：设计是“服从于功能的需要以使造型适应于它所追求的目的”。格罗皮乌斯和柯布西耶等人从理论和实践两方面推进了机器美学的发展。

设计艺术本质是功能性和审美性的双重结合，最早的设计就是从功能角度出发，所以设计艺术是人类有意识的创造活动过程，设计作品是人类有意识地根据功能性和审美性创造出来的产物，设计艺术活动是实用先于审美。设计艺术是以他人的接受信息为归宿点，通过设计作品解决现实生活中存在的问题，解决问题的过程将是有规律、有秩序的实践活动。设计艺术在实用基础上，创造了审美以及审美规律。设计师把解决功能的方法用归纳、整合、加工等艺术手法加以限定，将信息秩序化、功能合理化。随着设计艺术活动的发展，人们开始意识到，在使用基础上具有美的规律的实体，比较容易引起人的关注，能够被大众所接受，并产生良好的印象。

功能价值是设计和造物活动的首要价值形态，它直接关系到人的生存质量。

---

① 李砚祖．论设计美学中的“三美”[J]. 黄河科技大学学报 .2003：5（1）：61.

远古人类设计的工具因为直接关系到他们的生命安全，因此其功能性都非常突出。作为刀具的石器要足够锋利，能迅速割开动物的皮，帮助远古人解决裹腹之需；作为砍砸器具的石器要便于手持把握，并具有足够的重量，能够顺利砸开坚硬的东西。

设计价值中的功能实际上是"生产物质生活本身"原则所决定的。马克思将物质生活看做人类一切历史的前提，他说："为了生活，首先就需要衣、食、住以及其他东西，因此第一个历史活动就是生产满足这些需要的资料，即生产物质生活本身。"其实，功能内在性也反映了设计的必然性和规律性。人类要满足人们衣食住行用各个方面的现实需要，于是以解决问题、满足需要为目的的设计生产活动便开始了。

在进行设计活动时，不管是设计一所别墅、一台相机（图 5-14）、一款电影海报，或者一个虚拟动画人物，实现某种实用功能从而满足人的实际需要都是其首要目标。实用功能在设计与人的关系中表现为实用价值，是设计物作为有用物而存在的本质属性。实用价值是所有设计价值的基础，没有实用价值的设计不具有其他任何价值。

图 5-14　数码相机　Ziba 公司

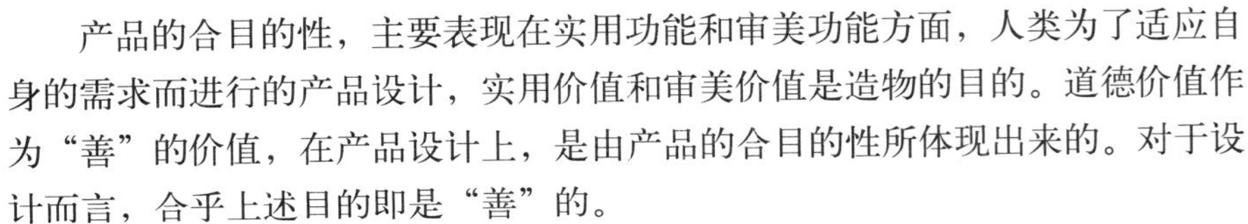

产品的合目的性，主要表现在实用功能和审美功能方面，人类为了适应自身的需求而进行的产品设计，实用价值和审美价值是造物的目的。道德价值作为"善"的价值，在产品设计上，是由产品的合目的性所体现出来的。对于设计而言，合乎上述目的即是"善"的。

建筑师沙利文提出的"形式服从功能"的口号，他认为人使用的产品其形式必然服从功能，几乎所有的产品其形式都是由功能所决定的。这个口号的提出，在当时反对工艺生产和建筑中的虚饰之风，具有积极的意义。一个合理地表达了内在结构或适当地表现了功能的形式应当是一个美的形式，这也是中国古代所提倡的"美善相乐"的思想。我们看到，原始石器工具中的箭镞、手斧、刀等工具功能结构的完善是与对称、光洁的形式联系在一起的。

功能往往指的不仅仅是实用功能，它还具有给人精神上产生愉悦、给人以心理享受的审美功能，功能是一个综合性非常强的概念，一件设计产品，一旦投入市场，进入了人们的生活，它就会对其周围的一切产生一定的功能效应，这其中就既有实用经济方面的价值功能，又有审美教育的社会功能。而这所有的功能都是为人服务的。

功能具有以下几个方面的内容：

第一，物理功能，它包括产品的使用安全性、基本操作性能、结构的合理性等。

第二，心理功能，它包括产品的外观造型、色彩、肌理和装饰要素对使用者产生的心里愉悦等。

第三，社会功能，它包括产品象征或显示个人的社会地位、身份、职业、阶层、兴趣爱好等。

由于产品最主要的功能是将事物由初始状态转化为人们预期的状态，因而产品的结构、工艺、材料等物理功能成为首要考虑的因素。同时产品的设计服务对象是人，因此还应该对产品的心理功能以及社会功能引起充分的重视。

一般而言，人们设计和生产产品，有两个起码的要求，或者说设计产品必须具备两种基本特征：一是产品本身的功能；二是作为产品存在的形态。功能是产品之所以作为有用物而存在的最根本的属性，没有功效的产品是废品，有用性即功能是第一位的。设计的美是与其实用性不可分割的。产品的功能美，以物质材料经工艺加工而获得的功能价值为前提，可以说功能美展示了物质生产领域中美与善的关系，说明对产品的审美创造总是围绕着社会目的性进行的。[①]

功能美的因素，一方面与材料本身的特性联系着；另一方面标志着感情形式本身也符合美的形式规律。功能美作为人类在生产实践中所创造的一种物质实体的美，是一种最基本、最普遍的审美形态，也是一种比较初级的审美形态。借助于功能美，物的形式可以典型地再现物的材料和结构，突出其实用功能和技术上的合理性，给人以感情上的愉悦。[②]也就是说，功能美体现产品的功能目的性，它既要服从于自身的功能结构，又要与它的使用环境相符合。

功能不仅是实用功能，给人精神上的愉悦、享受也是一种功能。[③]在功能美形成过程中，合目的性体现了物的实用功能所传达的内在尺度要求，即构成物的结构、材料和技术等因素所发挥得恰到好处的功利效用，从这一点说，功能美具有一定的功利性特征。“合规律性”则表现了功能美形成的典型化过程。在这个过程中包含着积淀、选择、抽象、概括和建构。如果一件物具有良好的功能，那么这些功能所表现的特殊造型就会逐步演化成一种美的形式，可以说功能美的形成是合目的性与合规律性的统一，也是功利性与超功利性的审美体验的辩证统一。[④]

人们对于功能美的审美体验具有直接性和超功利性特征。时代不同，人们审美意识也会随之各异，而反映在产品上，就会显现出不同风格特点的造型来。如商周凝重的青铜器，代表了当时奴隶主贵族的至上权势；而古朴典雅、简练大方的明清家具则是封建社会正襟危坐的礼教规范的典型象征。

另外，在美学观念形成的初期，人们十分注重美与善以及审美与实用之间的联系，普遍认为，美并不仅仅体现在感官的愉悦和视觉形式的感受，还要受制于社会的功利效应和伦理观念。墨子就是从美与善的关系出发，提出了实用与审美的关系：“故食必常饱，然后求美；衣必常暖，然后求丽；居必常安，然后可以求乐。为可长，行可久，先质而后文。”设计美在对人的基本需要的满足上，把生存的物质需要置于优先地位，把审美需要置于其后是理所当然的。韩非子在论及工艺品实用价值与审美价值的关系的时候，也是把实用放在首位，

---

① 徐恒醇．设计美学 [M]．北京：清华大学出版社，2006：141.

② 荆雷．设计艺术原理 [M]．济南：山东教育出版社，2002：12.

③ 李砚祖．论设计美学中的“三美”[J]．黄河科技大学学报．2003；5（1）：60.

④ 荆雷．设计艺术原理 [M]．济南：山东教育出版社，2002：12.

体现了注重美与善的关系。古希腊的哲学家苏格拉底也坚持美与善统一的观点，他说任何一件东西如果它能很好地实现它在功能方面的目的，它就同时是善的又是美的。①

随着我国社会主义市场经济的发展，人们的消费需求也发生了显著的变化，人们对产品的要求不再是仅仅停留在具备基本的使用功能，而是在此基础上，提出了更高层次的要求，即要求产品的造型设计具有一定的观赏价值与艺术价值，从而满足人们日益增长的审美情趣、精神生活需要。

5.6.2　形式之美

在产品设计中，产品形态的美是从功效技术中产生发展而来的，是建立在实用合目的性基础上的美。因此，形态美本身就是功能与形式的一种反映，功能和形式可以很好地结合在一起并发挥作用。

早在公元前 6 世纪，古希腊的毕达哥拉斯学派就提出了“美是和谐”的思想。这个学派把数与和谐的原则当作宇宙间万事万物的根源，提出了“黄金分割”的理论，将琴弦长短粗细与音律的关系的研究运用到乐器制造中，将美与某种比例的关系研究运用到建筑设计中。

任何审美活动都离不开感性形式，这些感性形式是由体、线、面、质地、色彩组成的复合体。任何一个审美对象都是由内容与形式组成的统一体，其中审美形式既是审美对象的直观形态，又是审美内容的存在方式。但是，设计的形式美并不是孤立的，而是与功能美有着十分密切的联系。为了突出设计的形式美，设计师必须首先从材料和结构的整体出发，实现其功能美。这是因为产品的形式美是功能美的抽象形态。产品的形式总是先具有功能美，然后才转化为形式美的。

图 5–15　扭曲的椅子　盖里

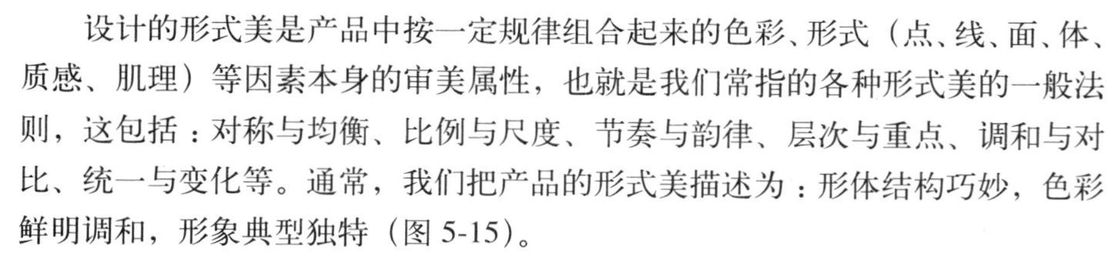

设计的形式美是产品中按一定规律组合起来的色彩、形式（点、线、面、体、质感、肌理）等因素本身的审美属性，也就是我们常指的各种形式美的一般法则，这包括：对称与均衡、比例与尺度、节奏与韵律、层次与重点、调和与对比、统一与变化等。通常，我们把产品的形式美描述为：形体结构巧妙，色彩鲜明调和，形象典型独特（图 5-15）。

设计艺术的美学特征首先表现在形式美的创造和发展上，这是经过漫长的发展岁月，凝练归纳并被人们所接受的美的形式法则。其中，整齐、对称、均衡、规整等美的形式以符合实用性需要的状态而出现并逐渐沉淀下来，形成一种固定的法则，指导着造物活动。

从某种意义上讲，形式美是产品形态与使用者的对话方式，这种对话通过人类直觉的方式，以视觉、听觉、触觉等感觉器官来体验与接收产品形态所承载与传递的信息，以达到产品与使用者情感之间的交流与沟通。

当今人们越来越追求新颖、时髦的外观，追求产品的视觉冲击与感受，产

① 北大哲学系美学教研室主编 . 西方美学家论美和美感 [M]. 北京：商务印书馆，1980：19.

品的形式美已经成为现代产品在市场上能否获得成功的重要因素。另外，作为形状、色彩、造型、肌理等构成产品外观美感的综合因素，产品的形式美还是产品设计中最能体现创造性的因素。设计的本质和特性必须通过一定的形式而得以明确化、具体化、实体化的表达。

形式美是事物形成因素的自身结构所蕴含的审美价值，是对美的形式的抽象和概括，是构成产品外形的物质材料的自然属性（色、形、声）以及它们的组合规律（如整齐、比例、均衡、反复、节奏、多样统一等）所呈现出来的审美特性。形式美是人们经过长期的实践，在更广泛的基础上将各种不同类型产品的某些形式特征，不断加以抽象化、概括化和典型化的结果。

对于形式和色彩，我国古代美学家认为："人之有行、形之有能，以气为之充，神为之使"，"五色之变，不可胜观也"。《淮南子·原道训》指出：事物的形式是与生命内容相关联的，君形者，神、气也。正是精神或生命内容才使形式相映生辉。色彩的幻化更是不可胜数。[①]物质材料的自然属性构成了形式美的基本因素，形式美是形式因素本身所具有的美，是对美的形式的知觉抽象。作为内容的形式因素往往是依附于一定的具体物质而存在的，它不仅再现物的内容，而且还象征并暗示着某些观念，具有相对独立的审美特征。

我们知道，产品的形式是由一些几何形体所构成的一个统一的、完整的语言符号系统，形式是产品体现功能的重要媒介，没有形式的中介作用，产品的功能无法实现。设计师将产品作为信息的载体，并通过产品形式上的隐喻、象征、指代、类比、联想等多种方式来建立起产品和社会、生活层面之间的各种联系，使使用者更容易理解产品的所传达的信息，并达到能够与之进行更深层次的情感交流与沟通的目的。

产品设计中实用功能是为了充分满足人们的物质需求，那么在满足人们日益增加的精神需求中，产品所能表达的美学内涵在设计中愈来愈受到人们的重视。在设计产品的外在形式时，必然会涉及心理学、人机工程学、材料学等方面的内容，而只有将这些内容有机地融合，才能够将产品深层次的美学内涵传达给消费者。

一般的审美形式是与它所反映的物象的具体内容融合在一起的。形式优美的设计并非不注重功能要素，相反，优秀的设计把功能巧妙地掩藏在美的形式之下。因此，杜夫海纳认为："意义内在于形式。"审美中并非所有的形式都是美的，他认为："审美形式只有引起想象力和理解力自由活动时才是美的。"在设计中，形式审美的产生，是审美主体对设计物产生的一定生理与心理的反映，是点、线、面、体、色彩、材质、肌理等构成元素及其所构成的形式关系。

设计的形式美与所有事物的形式美一样，遵守着共同的美学原则。由形式因素组成的形式美，是按照一定的组合规律组织起来的。这种组合规律是形式因素构成美的结构原理，在美学中称为形式美的法则，它是人类的审美积淀，

---

① 徐恒醇. 设计美学 [M]. 北京：清华大学出版社，2006：123.

是社会实践中总结出的形式规律。

设计形式美的法则是对造型美感元素的认识，它包括对点、线、面、体、空间等特征的探讨，对色彩及光线性质的探讨，以及对质地、肌理性质的探讨等；设计形式美的法则是对造型美感原则的认识，这包括了对尺寸比例的探讨，对造型心理与视知觉关系的探讨；设计形式美的法则是对文化造型符号的认识，它包括了以造型表达情感，以造型描述心理意象，以特定文化下的造型符号，来表达细节的方式等。

设计形式美的法则按照质、量、度的关系去研究形式美的规律，它包括：节奏与韵律、统一与变化、比例与尺度、对称和均衡、对比与协调等。

1. 节奏与韵律

在艺术设计中，节奏和韵律是造型美的主要因素之一，优美的造型来自节奏韵律关系的协调性和秩序性，节奏产生韵律，它源于自然界，是自然界普遍存在的自然现象，节奏和韵律在本质上是一致的。

节奏是事物在运动中形成的周期性连续过程，它是一种有规则的反复，产生奇异的秩序感。节奏中的构成要素有规律、有周期性的变化，常通过点或线条的流动，色彩深浅变化，形体大小、光线明暗等变化表达。韵律是指在节奏基础上赋予情调，使其强弱起伏，悠扬缓急，是节奏的深化。两者共同特征是构成要素的重复与变化。现代工业设计要求标准化、系列化及通用化，使得符合基本模数的单元重复使用，从而产生节奏和韵律感。

在造型设计中，节奏感来自于重复的形态。重复也是一种常见的自然规律，就是具有同样性质的东西反复地排列，在大小、方向、形状上基本保持一致。设计中的重复以一定的空间来表达，设计的节奏建立在形的重复的基础上，相同的形态重复排列组合可产生节奏感和韵律感。

2. 统一与变化

统一性是设计形式美的精髓，每一件设计作品必须具有统一性。统一指构成产品的要素具有相似性、一致性。包括形体、色彩各自的统一，功能与形体、功能与色彩之间的统一。统一通常是指全局的，使构成要素具有秩序感。而变化强调构成要素内的差异性，或造成变异引起视觉上的凸显，突出差异避免呆板、单调。一件优秀的作品有赖于设计师在多样的关系中寻求安排，使复杂的东西一致，使单调的东西丰富来取得统一。因此，统一是对立的统一，是在变化中求统一，是把繁杂处理成有序的和谐的统一。

在变化中求统一，在统一中求变化是设计审美的法则之一，也是和谐的本质内容。设计师要在多样中寻求统一，把对立差异降到最低限度，形成有序的、整体的、明显的统一。

3. 比例与尺度

比例是指设计作品本身各部件之间、部件与整体的尺寸关系。比例构成了事物之间以及事物整体与局部、局部与局部之间的匀称关系。世界上并没有独一无二的或者一成不变的最佳比例关系。尺度是一种衡量的标准，通常指产品整体及局部的大小，与使用对象相关的尺寸关联。人体尺度作为一种参照标准，反映了事物与人的协调关系，涉及对人的生理和心理适应性。

各种比例关系中，最常用的以“黄金分割”为代表。古希腊数学家毕达哥拉斯首先发现了黄金分割的比例，其后欧几里德提出了黄金分割的几何作图法。他将一个边长为1的正方形上下二等分，以其一方的对角线作为幅长，沿等分中点向一边延长，由此形成一矩形，其黄金分割比为1:0.618（图5-16）。古希腊的神庙建筑、雕塑和陶瓷制品以及中世纪教堂都采用过黄金分割的比例，在实际产品形态设计中，1:0.618常作为一个参考，而又不完全是按照这个比例确定。

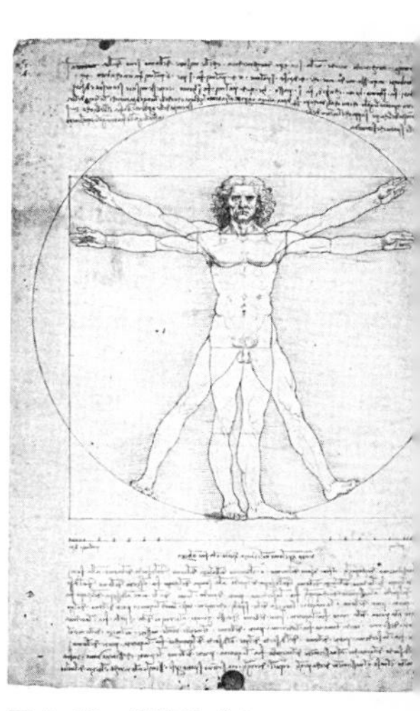

图5-16 维特鲁威人 达芬奇

4. 对称和均衡

对称是事物的结构性原理，是体现事物各部分之间组合关系的最普通法则。对称是指两个以上相同或相似的事物加以对偶性的排列，如一条线为中轴线，轴线两侧图形比例、尺寸、高低、宽窄、体量、色彩、结构完全呈镜像。对称形成的整齐、统一、和谐的整体美能够给人视觉平衡的美感。对称有上下对称、左右对称和旋转对称等。从自然界到人工事物都存在着某种对称性的关系。在现实世界中对称的东西随处可见，首先是我们自身的身体就是左右对称的典型。对称给人一种平衡感和稳定感，这反映了人在实践中的普通心理要求（图5-17）。

均衡与对称有着密切的联系，它是指要素之间构成的均势状态，或称为平衡。它表现为对称双方等量而不等形，如在大小、轻重、明暗或质地之间构成的平衡感觉。它强化了事物的整体统一性和稳定感，均衡可分为对称的和不对称的，均衡与对称相比有一种静中有动的效果。在造型艺术中，为了求得构图或形体的生动，常常用均衡的造型手法。

5. 对比与协调

对比与协调反映了矛盾的两种状态。对比是对事物之间差异性的表现和不

图5-17 故宫的中轴线对称设计

同性质之间的对照，设计中通过不同的色彩、质地、明暗和肌理的比较产生鲜明和生动的效果，并形成在整体造型中的焦点。由于对比造成强烈的感官刺激，容易引起人们的兴奋和注意，形成趣味中心，使形式获得较强的生命力。对比基本上可以归纳为形式的对比和感性的对比两个方面。形式对比以大小、方圆、线条的曲直、粗细、疏密、空间的大小、色彩的明暗等对比吸引视线。感觉的对比是指心理和生理上的感受，多从动静、软硬、轻重、刚柔、快慢等对比给人以各种质感和快感的深刻印象。协调则是将对立要素之间调和一致，构成一个完整的整体，如刚柔相济、动静结合、虚实互补，使不同性质的形式要素联系在一起。协调是使两个以上的要素相互具有共性，形成视觉上的统一效果。协调综合了对称、均衡、比例等美的要素，从变化中求统一，满足了人们心理潜在的对秩序的追求。

设计中采用对比使构成要素差异强烈，从而展现丰富多彩的产品形态。对比可以使形体生动、个性鲜明，成为注视的焦点，是取得变化的重要手段。协调是指同质形态要素形、色、质等诸多方面之间取得相似性，构成要素趋向统一。对比是强调差异，而调和则是协调差异。在产品形态设计中对比与协调实际上是多元与统一的具体体现。

5.6.3　技术之美

材料是具体设计形态表达的物质基础。材料按产生形式，可以分为天然材料和人工合成材料，各种材料有着不同的表现特征，呈现不同的美感。材料的表面特征表现为质感和肌理。质感是材料的自然属性所显示的表面效果，是一种以视觉和触觉为直接感受的材料固有的特性，每一种材料都具有自己的表面质地形象，给人以不同的设计美感。肌理是人为加工出来的表面效果，是材料表面的一种组织构造，属于造型的细部处理。肌理由于其形态、粗细、疏密、材质的光泽、色调的差异，会使人产生如生动、含蓄、活泼、安静、坚硬等不同的设计感觉。

由于材料品种繁多又有多种加工方法，所以材料表面质感和肌理所呈现的形象也是多种多样的。例如，木材给人雅致、自然、舒适的感觉；金属有着坚硬、沉重、冰冷、富丽的质感效果，且具有良好的承受变形的能力，易于加工成型；玻璃材质透明、净亮、优雅（图 5-18）；工程塑料有弹性和柔度，往往给人以亲切柔和的触觉质感。尽管材料的性能各不相同，但是它们都具有相对统一的审美标准和构成依据。

图 5–18　花瓶设计　塔皮奥 · 威卡拉

《考工记》是中国最早的手工艺技术文献，内容涉及先秦时代的制车、兵器、礼器、建筑、水利等手工业技术。成书年代虽不确定，但整体成书不晚于战国初期。书中提出了天时、地气、材美、工巧四种设计审美要素，可以看出古人在造物的过程中十分注重自然材料的性能与特质。①材料可将自身特有的物理性能、结构特征、视觉效果、触觉感受所产生的综合印象，投射到人的心理上从而对应一定的情感。对“材美”的关注说明设计者对于原材料的特性与质量的关注，也体现了材料自身的美感。中国传统造物喜爱用木质材料作为造物的基本元素，木材品种不仅丰富，受自然条件限制较小，又有地域的土质、风水、气候所造就木质的密度、韧性、色泽各不相同等特点。而且，木材在造物设计活动的运用中，还形成了与自然和谐的普遍情结。

如果说功能美展示了物质生产领域中美与善的关系，那么技术美则展示了物质生产领域中美与真的关系，它表明了人对客观规律性的把握是产品审美创造的基础和前提，正是生产实践所取得的技术进步，使人超越必然性而进入自由境界。因此技术美的本质在于它物化了主体的活动形态，体现了人对必然性的自由支配。②

技术美的发展过程是一个随人类科技的历史发展而发展的漫长过程。技术美的结构，与一般美的结构一样，是由对象的材料、形式、内容的关系所规定的。技术美既是一种过程之美，又是一种综合之美，它不仅仅是某个时代的一种审美形态和技术水准，也是人类审美形态发展演变的自然表现。维纳·潘顿（Vermer Panton）是丹麦极负盛名的设计大师，从 20 世纪 50 年代起，潘顿开始对玻璃纤维增强塑料和化纤等新材料进行研究。并于 1959 ~ 1960 年间，研制出了著名的潘顿椅（图 5-19），这是世界上第一把一次模压成型的玻璃纤维增强塑料椅。潘顿椅外观时尚大方，有流畅大气的曲线美，符合人体的身材，且具有强烈的雕塑感，至今享有盛誉，被世界许多博物馆收藏。

图 5-19 潘顿椅
维纳·潘顿

技术美主要指机械工业技术的美，是实用价值的物化。如果从“技术美”的完整意义上看，人类的技术构成是多种多样的，技术美应当包括手工技术之美。在大机器生产时代，应该把手工艺品和手工技术纳入造型艺术的领域，因为手工技术的美常带有个人的情趣，贯穿着个人的精神，使消费者产生美的感受。

技术美不同于功能美，但与功能美密切相关。因为技术美具有很强的功能因素，而这种功能因素不仅与合目的性的价值相联系，而且也与材料特征、造物形式的感性因素相联系。因此，功能美构成了技术美的特征，也是技术美的核心因素。

---

① 戴吾三．考工记图说 [M]. 山东：山东画报出版社，2003：3.
② 徐恒醇．设计美学 [M]. 北京：清华大学出版社，2006：140.

第6章　设计与性别

6.1　女性主义

受到法国大革命自由平等思潮的影响，女性主义运动的第一次浪潮发生在19世纪下半叶到20世纪初，目标是为争取与男性平等的社会公民权利与政治权利，围绕着女性选举权、女性受教育的权利和女性的就业问题三个主要焦点，最终取得了极大的成就，被称为“女权运动”。运动的领袖奥伦比·古日提出了“妇女生来就是自由人”、“妇女有与男人平等的权利”等口号，为女权运动提出了明确的方向。

1848年美国第一届女性权利大会召开，1859年英国成立了促进女性就业协会，并于1915年成立英国女性协会。世界各地的妇女协会纷纷效仿，女性运动开始有组织、有规模地达到高潮。在女性运动的第一次浪潮中，沃斯通克拉夫特的名著《为女性辩护》成为女性运动的宣言，为争取女性的独立，推翻男性对女性的统治，作出理论指导。此时的法国设计师保罗·布瓦列特受到女性独立思想的启发，将围困女性的紧身胸衣从女装设计中除去，也就是将女性从近乎病态的细腰丰臀的审美中解救出来，提倡自然的体态美，成为当时的流行风尚，也体现了设计意识与女性运动的互为影响。

在20世纪60～70年代的第二次女性运动浪潮之后，女性主义在世界各国广泛发展，作为一种边缘话语，女性主义在西方扮演的角色在后工业社会越来越重要。它由单纯的社会运动逐渐渗透到学术研究领域，并对当代思想产生了极大的影响。英国著名的社会学家吉登斯认为，“性别关系问题对于社会学分析来说是如此根本，以至于不能将其简单地归并成为社会学的一个分支学科。”[①]但女性主义的边缘性从未消失，这一双重性的边缘地位——在男性中心社会中的边缘地位和在学术话语圈内的微弱声音，都使得女权主义理论和女性艺术具有更加强烈的挑战性。

“20世纪60年代末，随着‘男性主义’的现代主义的衰落，在西方艺术领域中出现了一个全新的艺术流派——女性主义。在美国和欧洲率先兴起后，女性主义艺术已经迅速发展为一种全球性现象。女性主义者以独特的视角观察生活和世界，运用多样的材料、媒介和手法表达自己的感受、心理和思想，极

---

① [英]安东尼·吉登斯.社会学（第四版）[M].赵东旭等译，北京：北京大学出版社，2003:5.

大地拓展了艺术表现的主题、内容、空间与形式，从而对现代主义艺术的死亡和后现代主义艺术的诞生作出重大贡献。”①

就目前所出版的设计史书而言，人们对设计史研究的方式多种多样，有的是通过对设计类型的选择、分类和优先次序，也有的是通过区分设计师的不同职业、独特的设计风格和运动，甚至根据不同的生产方式等方法进行设计的探讨，但无论哪种方法，似乎都对女性有着与生俱来的偏见，甚至拒她们于历史的大门之外。综合人们对女性的忽视，我们发现在父权社会的大背景下，女性很少有机会参与到设计中来。由于性别原因，她们要么仅仅被视为女性设计师或女性产品的使用者，要么就是在她们丈夫、父亲或兄弟的名下来进行设计。“长期以来，阶级不平等决定性别区分的观点时常成为一种未曾公开论证的假设，但女权主义者的言论以及众多女性的政治经济地位也无可否认地加剧了社会上对这一问题的辩论。”②

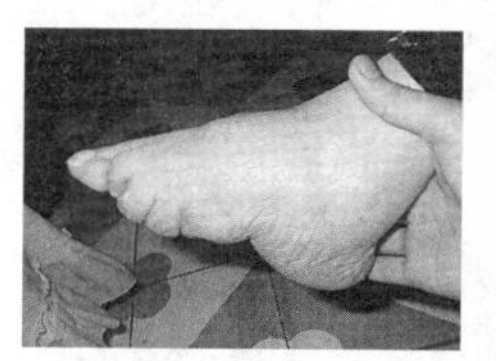

图 6-1　三寸金莲

值得商榷的是，尽管女权主义已经介入并参与到设计与历史的讨论当中，但她们还有待融入主流，女性在设计中的角色和立场问题仍很难解决。例如，在设计史中，人们仍在回避女性的地位问题，而在建筑和设计实践中，女性消费者或用户的需求也常被人们所忽视。当然，这并非暗示女性仍是不幸的受害者，或仍无法挑战父权制的主导地位。

在旧社会中国女性是受害者，我国古代妇女的三寸金莲就是一例，是在宋明理学的观念和文化的影响下，女人不得不穿上一双袖珍小巧的鞋子，这样的鞋子大概只有 10 厘米左右长。既然设计了这种小巧的鞋子，当然得要有与之相适应的脚。可是，按照正常的生理规律，人的脚天生就要长到 30 厘米左右。看来，缠足是唯一的解决方案，不然就不可能穿得上三寸金莲。于是，裹脚以及三寸金莲造就了古代妇女的小脚以及她们几个世纪身体和心灵的痛苦（图 6-1）。

又如缅甸的少数民族“长颈族”以长颈为美。他们相信，人类诞生之初，男人是龙，女人是凤，龙和凤是最尊贵的，人生在世都要追求做龙做凤。于是千百年来形成了这样的习俗：女孩子在从五岁开始骨骼发育时，就在颈上套上铜环，开始时是三五个，然后逐渐增加，一直套到十几甚至二十个铜环，直到将颈项脊椎骨拉得畸形变长为止。这样形成的外在结果是，长且微微前倾的颈项，像鸟类一样，同时她们在手臂和小腿也加了一圈圈的铜环，走起路来像凤凰腾飞一样（图 6-2）。但是，她们的锁骨和肩骨因铜圈的压迫而下陷，颈部肌肉会变得十分脆弱，离开铜圈颈部就有断裂的危险。这个例子也表明，作为人造物的铜环，深刻地改变了“长颈族”女人的身体。

图 6-2　缅甸“长颈族”女孩

从人类文明诞生以来，几乎所有的文化知识、风俗习惯、社会观念都是以男性为准则而形成的，女性则被描绘成男性的附属品。早在原始社会，两性的

① 耿幼壮．女性主义 [M]. 北京：人民美术出版社，2003:1.

② Christine Zmroczek and Pat Mahony. Women and Social Class: International Feminist [M].London: UCL Press，1999:25.

图 6-3 汇丰银行总部
诺曼 · 福斯特

社会分工就已明确：男性出门狩猎，担负家庭的生存责任；女性在家纺织、喂养牲畜、照料后代。发展到农耕时代，这种男女分工逐渐变为“男耕女织”，虽然工作内容发生显著变化，但究其根本仍万变不离其宗。到了近代社会，虽然男女平等一直为人们强调，但根深蒂固的传统观念尚未消除，并逐渐渗透到城市空间的规划当中。

此外，传统的西方社会的城市分区也带有主观上的男性化思维。比如古雅典的城市规划就是如此，最显著的空间组织形式就是将居住区与工作区分离开来，男性希望借此来使自己的休息时间免受打扰，获得最大程度的休息与精神享受。因此，以男性为主的生产活动场所与公共领域和以女性为主的家庭活动场所与私人领域就成为最早的城市空间中的性别差异，公共空间趋于男性化、商业化，私人空间趋于女性化、私密化。特别是在二战之后，城市郊区化的发展趋势使两性间的空间差异变得更为明显。城区被描绘成“轰鸣的机器”，而郊区则成为宁静、安全、放松、温馨的家庭生活的理想氛围的代表，但与此同时却掩盖了把女性束缚在这一领域中的现实，导致女性空间的孤立化与边缘化。

女性花费在家庭生活中的时间与精力都远远超过男性。因此，她们也更关注居住区周围的环境与整体规划，这也导致在城市居住区、公共服务设施中出现的性别差异。对于女性，特别是家庭主妇来说，衡量居住区的环境优劣最主要的元素就是稳定、安全、良好的教育与生活服务条件。出于这种家庭角色与劳动分工以及照料儿童的需要，女性对社区的公共服务设施和交通的便利状况的要求更高。这就导致城市的服务设施需要按照女性的多种需求采用综合而分散的布局形式；与之相反，由于男性的社会分工较为单一和集中，他们需要的城市服务体系则是专业性的集中布局。

随着 19 世纪末 20 世纪初现代主义的发展，以纽约为代表的现代都市高楼林立，这些矗立在城市中心的高层建筑体现出明显的男性气质（图 6-3）。如柯布西耶的“居住的机器”所强调的理性与逻辑性，以及以他为代表的男性建筑师，在当时建立起“有组织的、平静的、有力的、通风的、有序的实体”。① 他们热衷于充满现代感的玻璃摩天大楼，这些庞然大物割裂了多样化的功能分区，将公共空间与私人空间完全分离，换句话说，也就是将男性空间与女性空间充分隔离。可见，城市空间的多种规划模式仍是为男性服务的，这一思维方式取决于传统社会公共空间只为男性活动服务的漫长历史。

在西方社会，经历了 20 世纪 60 年代的婴儿潮和 70 ～ 80 年代的女性主义思潮之后，设计界开始将女性主义渗透到城市的空间规划当中。英国是最早开始女性主义在设计领域实验的国家之一，由于工业化的高度发展环境逐渐恶化，一些受到先进理念影响的学者与实践家离开伦敦，开始了早期的乌托邦社区实验，建立集合、互助和具有女性特质的社区。他们重新考虑了传统的两性设计并消除在父权社会下根深蒂固的性别偏见，反对性别、种族和阶级歧视，在社

① [美] 肯尼斯 · 弗兰姆普敦 . 现代建筑：一部批判的历史 [M]. 上海：三联书店 .2012:217.

区进行了著名的“社区公共厨房”的设计实验，重新肯定女性的家务角色、女性空间，以及集体公共厨房的设计，恢复女性在社区生活中的主角和主导地位。此外，在70年代的美国，许多建筑师也受到女性主义思潮的影响，发起了建造“女性自己的家”这一实验性活动，激发她们的创作想象力，重新肯定了女性特质与女性空间的必要性，从掌握生产工具开始，培养许多拥有建造能力的女性，极大地影响了城市空间规划的设计进程。

女性在城市规划领域的研究一直处于萌芽阶段。直到1980年，在《Sign's Spring》的一份特刊中，有一篇题为“女性与美国城市”的文章，才有对空间的认识和组织给予充分的论述。近几年，跨学科研究已经成为各行业进行理论探索的主要途径，城市规划设计也不例外。在先前研究成果的基础上，城市空间可分为这三大主导层次：一、公私分离，以及如何整合这两个领域；二、环境与行为，把握这种“适宜程度”，使女性更充分地参与到所处环境中；三、公平的环境，特别强调了女性平等使用交通、住房和社会服务等公共设施与服务的权力。[①]

目前，就关注女权主义的实际案例来说，国外尚有几项比较成功的关注这一领域的保护工程，如塞尼卡福尔斯的女权国家历史公园、纽约第五大街的妇女大楼以及伦敦的200多个妇女安全庇护所等，都是女权主义运动在城市规划领域的经典范例。从20世纪90年代开始，城市景观中女性主义史和种族史开始复苏，有越来越多的艺术家开始从事更多的公共项目，以探索空间的存在历史。今天，也有数百名建筑师、园林建筑师、艺术家，以及历史学家和历史保护家，都在迎接这些挑战，寻找不同职业女性的故事，将其融入公共空间，这是创造一种公共政治文化的重要组成部分。

西方社会对女性主义的研究最早出现于社会科学领域，它是基于发达资本主义国家经济危机、生活贫困、阶级歧视等社会问题不断产生而引发的，并很快渗透到政治、经济、文化、历史、设计等诸多学术领域，因此对早期的城市规划和战后重建带来了深刻影响。

“城市空间是社会结构的表现，社会结构是由经济系统、政治系统和意识形态系统组成的。”[②]这一观点揭示了城市空间与社会的关系。从社会学角度来看，城市空间中涵盖种族、性别、阶级等各种不平等现象，并非每个进入城市的人都能够享有它的公共资源。正如列斐伏尔认为的，“空间不是通常的几何学与传统地理学的概念，而是一个社会关系的重组与社会秩序实践性的建构过程；不是一个同质性的抽象逻辑结构，也不是既定的先验的资本的统治秩序，而是一个动态的矛盾的异质性实践过程。空间性不仅是被生产出来的结果而且是再生产者。”[③]

---

① Joan Rothschild and Victoria Rosner. Design and Feminism: Re-visioning Spaces, Places, and Everyday Things [M]. Rutgers University Press, 1999:126.

② 夏建中．新城市社会学的主要理论 [J]. 社会学研究 .1998,（4）: 47-53.

③ 列斐伏尔．空间：社会产物与使用价值 [M]// 鲍亚明．现代性与空间的生产——都市与文化：第二辑．上海：上海出版社，2002.

多立克

爱奥尼

科林斯

图 6–4　古希腊三大柱式

女性主义者由于自身强烈的反思与批判色彩，因而在城市规划领域进行了深入的社会反思。她们认为传统的城市规划都以男性为衡量标准，忽视了女性对空间的感受与需求，存在明显的性别偏见，并由此而导致住房紧张、环境恶化、交通安全、社会暴力等大量的城市问题。因此，要从根本上加以改善或消除，必须要在城市规划过程中考虑女性的视角。所以，女性主义研究本质就在于“改善女性的生活质量，提高女性的社会地位，并提出一个新的看待世界和重新定义社会、政治、经济关系的方式。”[1]

传统的城市空间中就有性别之分。以我国的传统社会为例，由于女性的社会地位较低，基本上“大门不出，二门不迈”，活动区域只限于家庭内部，甚至在家庭中也有女性禁足的区域。“中国传统住居有男性空间和女性空间的区分，男女有各自的活动范围和区域。前堂后室，以‘中门’为界。”[2]在这一制度的严格约束下，女性完全与社会脱节，无论是行为还是思想受到严格的禁锢。

进入现代社会，城市空间的性别化趋势更为明显。随着时代变迁，女性的社会地位得到很大提升，职业女性的数量也大幅提高，有越来越多的女性开始参与社会公共活动。但不可否认的是，城市空间的性别烙印仍未消除。城市扩张和社会变迁的加剧，让女性仍在遭受弱势化和边缘化的排挤，“女性行为较之男性居民受到了越来越多的限制，城市中男女居民的性别差异逐渐显化。其结果，中国城市空间的性别化正逐步形成与强化。”[3]

由于性别差异与性别偏见，不同的性别所处的社会位置以及占据的城市空间也有天壤之别。两性的社会角色与地位决定了所属空间，而城市空间又反映了男女社会差异。比如在各种高档宾馆、高级会议当中，男性的数量远高于女性；而在购物商场与商业区，女性的比例则一般高于男性，这种性别化的城市空间正是两性城市生活轨迹与生活内容差异的体现。女权主义一直致力于在城市中争取更为广泛的活动空间，消除城市空间传统的性别隔离，从而创造与男性平等协调的城市生活。

早在古希腊文明时期，维特鲁威在其著作《建筑十书》中就以柱式间的差别将性别与建筑联系在一起，“譬喻古希腊的三大柱式就是一个典型例子（图 6-4），起先的多立克柱式就在建筑物上显现出男性身体比例的刚毅和精美，而后又把柱子的粗细做成高度的八分之一而成为爱奥尼柱式，再往后将高度和宽度进行进一步拓展，就形成标志少女形象的科林斯柱式。”[4]表现出建筑上的性别差异，“一种是没有妆点的光秃秃的男性姿态，另一种是窈窕而有妆点的平衡的女性姿态。”[5]这种基于抽象化性别生理与形体的差异，使得人们对建筑的尺度与比例的均衡进行推敲，奠定了现代建筑师进一步探索建筑与性别的关系的基础。

① 黄春晓，顾朝林．基于女性主义的空间透视 [J]. 城市规划 .2003，6:43.
② 张宏．性·家庭·建筑·城市——从家庭到城市的住居学研究 [M]. 南京：东南大学出版社，2002:46.
③ 柴彦威，翁桂兰，刘志林．中国城市女性居民行为空间研究的女性主义视角 [J]. 人文地理，.2003，8: 1-4.
④ [古罗马] 维特鲁威．建筑十书 [M]. 高履泰译．北京：知识产权出版社，2001:22-23.
⑤ [古罗马] 维特鲁威．建筑十书 [M]. 高履泰译．北京：知识产权出版社，2001:23.

图 6–5 圣家族教堂 安东尼奥·高迪（上）
图 6–6 雍和宫（下）

纵观整个西方建筑史，从神秘的巨石阵、高耸的钟楼、伟岸的哥特式教堂到现代化的摩天大楼，它们都充满征服自然、直穿天空的阳刚特质。与之相对，以四合院为代表的中国传统建筑则是以水平辐射为主，强调迂回转折的空间布局，这也与女性婉转阴柔的气质相符合，例如以追求向上势头的圣家族教堂和以水平延展的雍和宫（图 6-5，图 6-6）。

从建筑的起源来看，建筑与女性之间有着密切的关系。人类的第一所建筑是作为居住之用，而它所采用的材料是芦苇。著名的艺术史学家戈特弗里德·森佩尔（Gottfried Semper）在《建筑四要素》中曾指出："建筑的源起和编织的开端恰好是同时的，纺织通常是女性的劳作原型，所以建筑似乎应该天然地与女性联系在一起了。"[①]而在 5 世纪的希腊神话中，阿里斯托芬也曾将建筑与女人联系在一起。中国古代封建社会也意识到女性对空间的特殊要求，正如《礼记》记载："天子立六宫，三夫人、九嫔，七十二世妇、八十一御妻。"正是由于女性所遭遇的空间上的明显限制，意味着男女两性所处的公共空间与私有空间的分离。

所以，女性一直是建筑和空间设计所要考虑的重要内容之一。两性间的差异性不仅包含两性基本的生理差异、基本的行为习惯差异，同时也涵盖了社会所赋予的性别和心理差异物化于空间的形式。建筑的内部空间与外部环境如果设计不当，就会对女性的生活产生深刻影响。比如，住宅的内部规划如果设计不当，就会增加女性额外的家务劳动与时间；公共空间的卫生间设计若不合理也会对女性造成众多心理不便；或者由于设计考虑不周，女性需要避免独自在夜晚的街道或小巷行走等。

6.2 女性设计师

女性设计活动的影响

从 20 世纪 70 年代开始，随着女性主义意识的不断发展与深入，在设计领域出现一批深受其影响的设计著作。比如，建筑师苏珊娜·托勒（Susana Torre）的《美国建筑中的女性：历史与当代透视》和多丽斯·科尔（Doris Cole）的《从原始帐篷到摩天大厦：女性建筑史》。此外，女性主义也在当时

① [德] 弗里德·森佩尔. 建筑四要素 [M]. 罗德胤，赵雯雯，包志禹译. 北京：中国建筑工业出版社，2010:189.

介入到设计史的批评与讨论当中，正如谢丽尔·巴克利（Cheryl Buckley）的《父权制的产物：走向女性与设计的女性主义批判》一文中所说："作为实践者、理论者、消费者，还有作为被表现的对象，女性已经以各种各样的方式参与到设计中去了。但是无论是在过去还是现在，设计中的女性参与一直都是被忽视的部分……它天生抱有一种对女性的偏见，所以女性就被排除在历史之外了。在父权制框架下，也有很少一些女性被记录在设计的文本中。她们要么是根据性别特征，作为女性产品的设计者和使用者来区别的；要么就是被列在她们的丈夫、爱人、父亲或兄弟的名下……为此，女性主义设计史家必须要做两个方面的工作：第一，我们必须要分析与女性和设计有关的物质和意识形态方面的父权主义行为……第二，要批判地评价'游戏的规则'，了解为什么设计史家把女性排除在历史文本之外。"①

无独有偶，著名设计史家朱迪·阿特菲尔德在《形式（女性）追随功能（男性）：设计的女性主义批判》一文中也提到了男性与女性，功能与形式之间的联系，呼吁公众要意识到在设计领域也存在性别差异与权力。她认为，只有对那些既定的所谓正统理论加以质疑，女性主义思潮才有参与设计活动、设计批评与设计理论的可能。她在文章中说："女性主义给设计史提供了一系列历史的或批判性的方法，在以下几个方面对主流思想提出了挑战——设计行为如何确定；何种设计产品应该得到研究；在评估中何种评判价值具有优先权；乃至什么人可以被称做设计师。"②

尽管在设计史上并不乏优秀的女性设计师，如新艺术运动中的玛格丽特·麦当娜、弗朗西斯·麦当娜，装饰艺术运动中的艾琳·格雷等，但一个不可忽视的现实却是女性设计师常常成为设计史研究中被忽视、被淡化的部分。无论在设计艺术的哪个领域，男性似乎从来都是主流群体。但自 20 世纪下半叶以来，这种现象已经明显得到改观。在女权运动的推动和社会观念的变革下，女性的教育水平得到了普遍提高，女性对于设计的审美水准和设计实践能力都得到了很大程度上的提升。而随着传统社会观念对女性的限制越来越少，越来越多的女性也开始进入校园学习设计，学业结束后走出校园实践设计。在女性传统擅长的设计领域，如陶瓷、家具、染织、服装等出现了更多的优秀女性设计师。同时也有更多的女性也开始进入到过去男性主导的设计领域，如建筑设计、工业设计、广告设计等。其中，不少女性甚至成为这些行业的佼佼者，如扎哈·哈迪德（Zaha Hadid）、长谷川逸子、妹岛和世、盖·奥兰蒂（Gae Aulenti）、南西·凯丝（Nancy Koltes）、南娜·迪策尔（Nanna Ditzel）。这不仅让人们惊呼"她设计"时代已经来临。

1. 建筑领域的女性角色

女性在建筑领域的第二个角色就是女性建筑师，她们敏锐的思想能够关注

① [英] 谢丽尔·巴克利 . 父权制的产物：一种妇女和设计的女性主义分析 [J]. 丁亚雷译 . 美术馆，2003：4.
② [英] 约翰·沃克，朱迪·阿特菲尔德 . 设计史与设计的历史 [M]. 周丹丹，易菲译 . 南京：江苏美术出版社，2011:173.

到以往男性建筑师所一直忽视的方面。更重要的是，除了具体的建筑实例，女性建筑师更以广泛的视野对建筑文脉提出深刻反思。

总的来看，自女性解放运动开始以来，女性在社会地位和经济状况上已经得到了明显的改观。越来越多的女性受到了更良好的教育，并开始从家庭走向社会，从过去被传统文化观念所限定的私人空间走向过去由男性占主导地位的公共空间。他们活跃在金融、建筑、零售、通讯、教育、军事、设计、医疗等各个行业，成为了一道靓丽的风景线。

作为女性设计师，最为著名的就是普利兹克建筑奖第一位女性获得者——扎哈·哈迪德，她以近乎疯狂的设计方式证明了女性对建筑的贡献。

扎哈·哈迪德出生于巴格达，是伊拉克贵族的后裔，也是当今世界上最引人瞩目的女建筑师之一。她毕业于AA建筑联盟学院，后来加入大都会建筑事务所，与库哈斯一起在母校执教，并逐渐成立自己的工作室。在她设计生涯早期，大多数设计还处于"纸上谈兵"阶段，在香港The Peak Club、柏林Kufurstendamm大街、杜塞尔多夫的艺术和媒体中心等设计竞图中均获得一等奖。直到2004年获得建筑界中有"诺贝尔奖"之美誉的"普利兹克奖"后，她开始真正的建筑设计。扎哈的作品并非全然地男性与现代化，由于特殊的成长经历，使她从小便着迷于精美细致的波斯地毯花纹，进而将这种交错纠缠的丰富世界运用到建筑当中，充满女性意味。正如普利兹克建筑奖评委会对她的评价："作为一名实践型的建筑师，她同时进行着理论与学术的研究，坚定不移地坚持着现代主义精神。她极富创造力，突破了已有的类型学、高技派等的限制，革新了建筑几何学。她的每一件新作品都和以往的作品大不相同，但是其核心的特征却仍然能够保持一致。"①

在男性主导的建筑领域，扎哈凭借自身能力和女性智慧在学术与公众中赢得广泛赞誉，设计了德国莱茵河畔威尔城（Weil am Rhein）的州园艺展览馆、意大利卡利亚里现代艺术博物馆（图6-7）、美国辛辛那提当代艺术中心等一系列著名建筑。在中国，扎哈也获得开发商与大众的深刻认可，继广州歌剧院之后又设计了银河SOHO、望京SOHO和虹桥SOHO三大地标性建筑。盘旋手法与盘绕元素一再出现于扎哈的作品当中，她运用大胆的空间与几何构图，以近乎歇斯底里的方式实现建筑"瞬间的爆发"。正如精神分析学家西格蒙德·弗洛伊德（Sigmund Freud）认为的，"这是多种复杂的心理同常见的动机、目的等因素交互作用的产物，是那些正常的受压抑精神力量与潜意识的自我发泄。"②扎哈采用这一近乎疯狂的方式来表达女性建筑师的内心情感，通过强有力的造型实现都市建筑的繁琐特质。

图6–7 意大利卡利亚里现代艺术博物馆 扎哈·哈迪德

① 刘松茯. 扎哈·哈迪德[M]. 北京：中国建筑工业出版社，2008:2.

② [奥]西格蒙德·弗洛伊德. 歇斯底里症研究[M]. 金星明译. 2000:175.

图 6–8 美国越战纪念碑 林璎

还有另一类女建筑师，如中国的林璎和日本的妹岛和世，她们采用较为婉转的形式，运用简约与含蓄的形式创造柔和近人的建筑空间，表达现代女性建筑师的另一面。林璎毕业于美国耶鲁大学的建筑系，她最著名的建筑作品就是美国越战纪念碑的设计（图 6-8）。这位来自东方的女建筑师将前所未有的纪念与怀念的体验方式带到美国，给当时的业内人士与公众留下深刻印象，直到今天仍被称为纪念性建筑的典范。“林璎将意义复杂的越战纪念碑设计成‘大地上的一道伤痕’，用黑色花岗岩做表面，上面刻满了阵亡者的名字。而当你顺着草坡沿着‘人’形纪念碑下行，当你驻足在碑前，你从被磨光的黑色大理石反射上看到了自己的影子，还有那浮现的一串串名字。”①这种设计方式对早已对高大雄伟的男性化纪念碑习以为常的美国人来说，更能引起内心对亡者的哀痛和对战争的痛恨。林璎通过带有东方意味的含蓄主义设计风格，以及女性特有的细腻手法，运用这种东方神秘化的异国情调与符号学形式，营造出空灵肃穆的哀悼氛围，为人们提供更多的、更自由的思想与默哀空间。

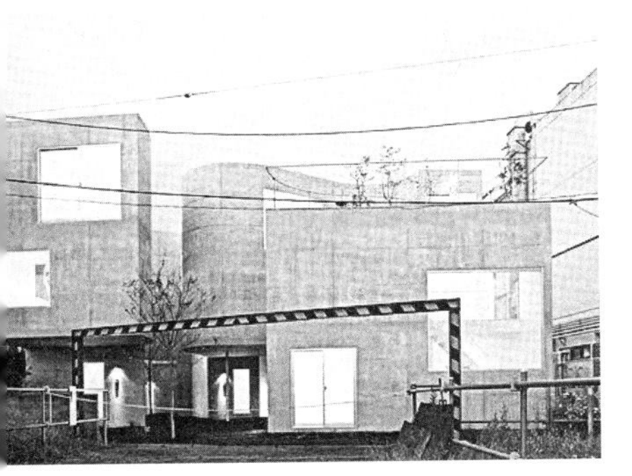

图 6–9 纽约新当代艺术博物馆 妹岛和世

日本建筑师妹岛和世是 2010 年普利兹克建筑奖的获得者，也是继扎哈·哈迪德之后获得此大奖的女性建筑师。在她的建筑里，所谓的结构几乎完全消失于形式当中，内部的公共空间与私人空间也没有显著的界限划分，上下、重量、界面等人们界定空间的元素也十分模糊，充满了不确定性和静静蔓延的美学，而这正是她设计的个性所在——打破传统空间的封闭性与等级性，创造模棱两可的多用空间。妹岛采用半透明的材料与巧妙的空间间隔使得建筑既考虑到私密性，同时又最大限度地获得了自然的力量，简约、冷静、精致与寂静的建筑哲学贯穿其中。

作为一名当代女性建筑师，妹岛和世也将女性主义意识运用其中。在住宅建筑中，她主要探讨了建筑与内外空间之间的关系，强调公共空间与私密空间的相互渗透，这是一种通透、融合的内外交融关系。因此，她选择了单纯的磨砂玻璃、素混凝土和白色系，并且通过平面组织的方法达到非物理形式的通透性。她最常用的方式就是将室外空间纳入整座建筑的平面当中，使其组成一个整体，建筑的内外空间在平面上相互穿透，彼此共存（图 6-9）。正如日本著名建筑大师伊东丰雄对她的评价：“这是一位试图用极简主义风格来串联建筑材料和抽象概念的建筑师。”妹岛和世设计空间的模糊性与简约性，以及优雅轻柔的空间氛围创造出女性建筑师概念中的女性主义思潮。

① 田申申 .“计白当黑”——透视女性主义空间与女性设计师的“她者”表达 [J]. 室内设计，2011，3:52.

2. 女性设计师的职业选择

纵观整个设计史，设计师与理论学家关注的焦点大多局限于以理性的功能主义与机器美学为特征的设计类型，而对传统精美的装饰或手工业则关注极少。在他们眼中，这种对设计类型的划分也是两性间的差异所在，女性仿佛被定义为适合某些设计领域，诸如纺织、陶瓷、刺绣、插画、首饰或服装设计等较为感性和更富装饰性的设计行业，这无疑加剧了业内和社会公众对女性的偏见。

图 6-10 查尔斯与蕾·伊姆斯夫妇

英国学者伊莎贝尔·安斯康（Isabelle Anscombe）在其著作《女性的触痕：1860 年至今的设计中的女性》中记录了现代设计以来世界杰出的女性设计师，如艾琳·格雷（Eileen Gray）、夏洛特·佩里安（Charlotte Perriand）、玛丽·匡特（Mary Quant）等。一方面，这种专门把女性设计师单独列项的记录方式从根本上来说也是一种性别偏见，而且，当看到这些名字时我们不难发现：当时的女性设计师大多局限在所谓的女性设计领域，比如服装设计、装饰品设计、纺织品设计、陶瓷玻璃设计或室内与家具设计等，像工业设计、建筑设计、景观设计与城市规划等传统的男性领域则少有涉猎。另一方面，人们在当时大都只关注那些早已跻身专业领域的女性设计师，而“忽视了那些被男性设计师的光芒所遮蔽的女性，她们往往因为职业或私人的纽带而与某些男性设计师合作。”[①]比如苏格兰设计师查尔斯·麦金托什（Charles Ronnie Mackintosh）的妻子玛格丽特·麦克唐纳（Margaret MacDonald），查尔斯与蕾·伊姆斯（Charles & Ray Eames）夫妇（图 6-10），以及曾与密斯·凡·德·罗合作设计钢管椅的德国包豪斯设计师莉莉·瑞希（Lilly Reich）以及包豪斯的其他女教员等（图 6-11）。

图 6-11 钢管椅 莉莉·瑞希

当然，对女性来说，从事女性生活用品的设计工作是十分重要的。经验表明处于性别角色中的女性设计师往往能够为自身提供独特的观点，比如家庭中厨房的设计就是很好的例子。在厨房设备的设计上，现在大都是一个个的盒子，然后在此基础上安装金属架并称之为橱柜，或者是精心制作一部分橱柜并把它们同其他的厨房设备自由组装。尽管这一设计方式也许并非是这一领域的最佳模式，但迄今为止，相对于我们以往在烹饪、清洗以及食品储藏上所遇到的诸多不便，这的确是一个伟大的进步，因为它给我们提供了更加便捷、卫生的工作流程、更少的浪费和更吸引人的外观。

安娜·凯西琳于 1911 年毕业于康奈尔大学建筑系，并成为宾夕法尼亚州的第一位女性建筑师。她不仅设计了一系列建筑作品，在工业设计领域也取得了很大成就。1924 年，她设计了一款厨房模式，结构上的特色是增加了一个烤箱，这个烤箱一面放置炊具，而另一面是一个蒸箱，使用时放在操作台的后面，从而在前面形成一个可放置食物的工作空间。炉灶采用一排排的对齐方式，大大缓解了使用者的负担。橱柜的设计采用玻璃门，方便使用者清楚地看到内部。距地面较低的位置没有设计架子，“因为这会导致使用者弯腰去拿低架子

① 袁熙旸．当设计史遭遇女性主义批评 [J]. 装饰 .2012，1:32.

图 6-12　家具与室内设计　艾琳 · 格雷

上的物品，而这完全是不必要的。”[1]现在，这些设计特色也都被定义为厨房设计的标准，得到整个电器行业的支持并获得实施。如今，房屋的各种现代设备通常被基本没有操作经验的人所设计，而身为工程师或是建筑师的女性在此拥有巨大的机遇。

3．设计史上的女性设计师

在室内设计领域，女性设计师也在尝试为自己营造理想的居住环境，比如爱尔兰室内设计师艾琳 · 格雷（Eileen Gray）就是其中之一。她是 20 世纪装饰艺术派的重要代表人物，一生所涉及的设计领域广泛，包括漆器、家具、室内装饰摆设以及建筑（图 6-12）。她也是一位开拓者，在 19 世纪晚期的建筑和室内设计与装饰领域很少有女性涉猎，即便有少数女性成为为数不多的佼佼者，也在很大程度上依傍于她们的男性伴侣，比如莉莉 · 瑞克（Lilly Reich）与密斯·凡·德·罗（Mies van der Rohe），夏洛特·毕瑞安德（Charlotte Perriand）与勒·柯布西耶（Le Corbusier）。而艾琳 · 格雷则凭借独特的个性与坚强的性格，使自己的设计作品成为与柯布西耶、密斯、马歇尔 · 布劳耶等几位著名的现代主义大师不相上下的名作。她设计的钢管家具和室内设计，既具备简约现代的设计风格，又摒弃了男性设计师的粗犷与硬线条，通过女性特有的婉约与强烈而独特的个性设计而成为设计经典。

此外，女性在陶瓷设计方面也有出色成就。美国女陶艺家玛丽 · 麦克劳琳（Mary Louise McLaughlin）就是其中代表（图 6-13）。她是 19 世纪 60 年代美国艺术陶瓷运动的倡导者，她认为陶瓷的装饰性远高于实用性。就像英国艺术评论家约翰 · 拉斯金（John Ruskin）所说 ：“美丽的环境能够让人更愉悦。”这一设计法则在女性的设计过程中体现得更为明显。在当时，女性在陶瓷设计中一般承担表面彩绘与装饰工作，而器形成模则主要归于男性，这种设计分工也充分利用了女性的装饰性的直观与心理感受。另一位著名的陶瓷设计师是阿德莱德 · 鲁宾纽（Adelaide Alsop Robineau），在她年轻时曾对中国绘画和手工工艺颇感兴趣。19 世纪末 20 世纪初，她与丈夫创办了陶瓷工作室，并且成为美国工艺美术运动最杰出的设计师之一。与玛丽 · 麦克劳琳不同的是，她模糊了

---

① Joan Rothschild. Design and Feminism [M]. Rutgers University Press.1999:122.

陶瓷制作过程的两性分工，女性也不仅仅限于表面花纹的绘制，而是可以“始于黏土”。阿德莱德深受工艺美术运动的影响，开始尝试用釉和简单的形式凸显材料的质量与设计的单纯，并通过适当地新艺术风格与程式化的自然元素来开创一种全新的陶瓷形式（图 6-14）。

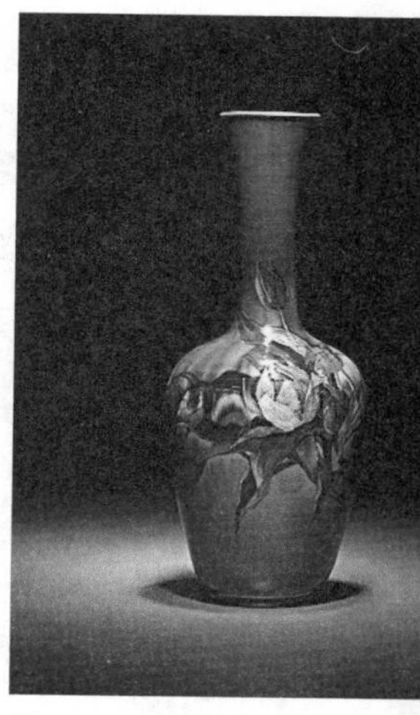

图 6-13 陶瓷设计 玛丽·麦克劳琳

图 6-14 陶瓷设计 阿德莱德·鲁宾纽

除了室内设计与陶瓷领域，刺绣、纺织似乎也成为“女性专利”。著名的艺术历史学家和女权主义者罗兹卡·帕克（Rozsika Parker）在其著作《颠覆之针：刺绣和制造的女性》一书中，重新评价了女性与刺绣之间的互惠关系，倡导女性从私人的家庭生活进入真正的艺术世界。罗兹卡通过女性杂志、信件、小说以及她们自己的艺术创作来追溯历史，探索历史如何将刺绣从手工艺的主要分支转移到女性的边缘化工作。同时，她解释了刺绣为何会成为女性的本职，力图将其提升至主流艺术与设计的行列中来，将女性化意味的传统手工业与充满男性气质的现代设计相互结合，消除设计中的性别偏见。她的这一观点在艺术历史与批评中获得重大突破，促进了工艺美术运动的扩大化与今天的刺绣业的发展。不可否认的是，女性的很多设计活动起先都是由于家庭的需要，并非取决于市场需求，这就导致她们的设计创作缺乏必要的市场导向与销售宣传，从而也在一定程度上削弱了公众对女性设计的认可程度与评价。

由于女性逐渐开始在专业领域中显示出关键性的价值，并不断开创自己的商业模式，所以传统上以男性为标准的审美、舒适和方便性就似乎显得有些过时。在当今的物质环境下，女性设计师需要继续证明自己工作价值，改变人们对生活方式的思考方式，而这种改变是富有创造力和有意义的。

4. 包豪斯的女性

第一次世界大战结束后，世界格局发生前所未有的变化，制造业和设计业的发展最为迅速并逐渐走向成熟。随着经济与技术的发展，思想解放与消费膨胀随之而来，越来越多的消费者开始接受新鲜的事物，需要体现更高层次的产品，但传统的封建思想仍然根深蒂固，男性仍是当时社会的中心。包豪斯设计学校正是在这一背景下在德国创立，它在 1919 年成立之初就倡导男女平等，其创始人沃尔特·格罗皮乌斯（Walter Gropius）向世界宣称学校里将不再存在“漂亮性别与强壮性别的差异”，打破了当时的德国男女不能同校的禁忌，因此学校涌入了大量的女学生，也由此产生了不少著名的女性设计师。据资料显示，学校在成立之初只有 40 名学生，其中女性就占了 1/4，直到学校解散女学生的人数比例增长至 30%，虽仍不到半数，但对当时的女性来说已属难能可贵。

包豪斯的这一招生计划使得当时只能接受家庭辅导才能接触艺术设计的女性，可以进入正规学校自主选择课程，这些早期的女学生在难得的学习与自由的氛围中展现自己最真实的一面。虽然包豪斯对女性打开了大门，但在当时的父权背景下，女性仍未得到足够的重视。它在“现代观念”的外表下，仍保留了传统的男权思维模式。

当然，这种分工的不平等与现实并未削弱包豪斯的女性教师与学生的追逐设计理想的热情。“她们都梳着齐整的‘鲍勃头’，戴着夸张的首饰，崇尚素食，

图 6-15　包豪斯的女性

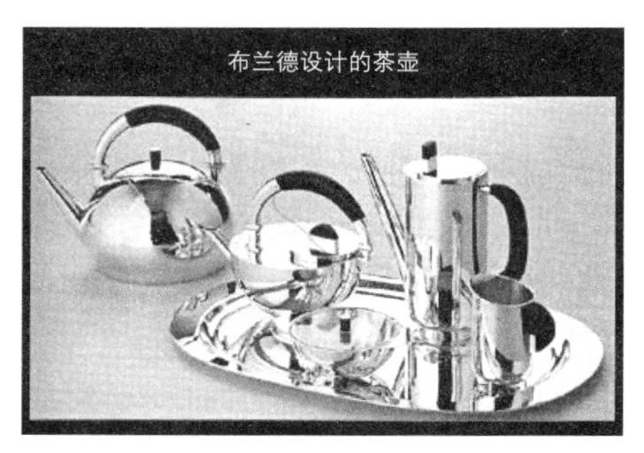

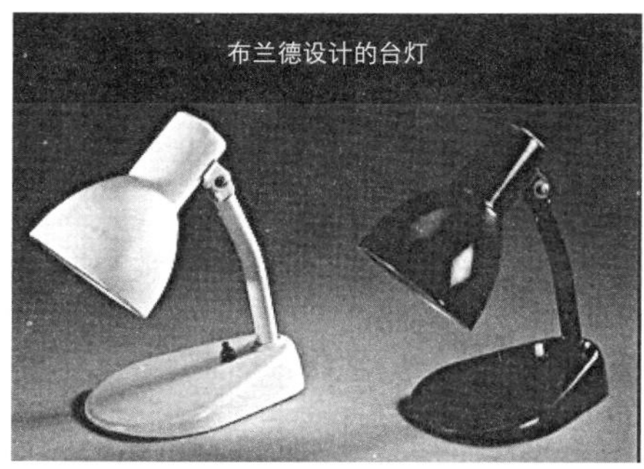

图 6-16　布兰德设计作品

热衷做呼吸练习和玩萨克斯管，看起来跟今天的女性毫无区别（图 6-15）。”[①]在这个充满激情、色彩斑斓的地方，女性们将设计需要的创造力、想象力与严谨的设计手法和谐统一，打破人们认为所谓的男性分工与女性分工的腐朽观念。

在众多的女性教师与学生中，真正在包豪斯打造出个人声誉的就是玛丽安·布兰德（Marianne Brandt)。1923 年，拉斯洛·莫合利·纳吉(Laszlo Moholy Nagy)担任金属系主任，布兰德随后被转入金属系，在包豪斯的金属制品车间学习，她也成为包豪斯历史上唯一在该系学习的女性。可以想象在当时的社会背景下她所面临的艰难遭遇，正如她对这段时期的回忆："一开始，他们都不愿意接受我，因为在金属系里是从来没有女性的。为了表示厌恶之情，他们把所有沉闷累人的活都交给了我。我忍气吞声不知敲打了多少个半圆形的银器。后来，他们终于接受了我。”受到导师纳吉的影响，她将传统与新兴材料相互结合，设计了一系列形式与功能并重的优秀作品。1924 年，她采用现代化的几何形式设计了一款茶壶，通过抽象简洁的外形与不同几何形状的组合来阐述自身的实用价值。1927 年，她设计了著名的“康登”台灯，它具备可随意调节角度的弯曲灯颈、稳健的底座、符合人们的视觉习惯的柔和光线，以及适于批量化生产的简洁造型，这些优良品质使得这只极具革命性的产品在当时经济大萧条时期也取得 5 万只的销售记录，从而成为一个经典设计，也奠定了布兰德在设计史上的地位（图 6-16）。此外，她还设计了一系列影响极大的钢管椅，开辟了现代家居设计的新局面。布兰德的成就不仅仅在于她创造了大量美观耐用的金属制品，更是因为她在男性占主导地位的金属设计领域占有一席之地，成为包豪斯仅有的几名并非出自纺织刺绣设计领域的女性设计师之一，时至今日，她的一些设计作品仍在继续生产。

与玛丽安·布兰德（Marianne Brandt）不同的是，有几位女性设计师的设计生涯是在离开包豪斯之后开始的，纺织工出身的安妮·阿尔伯斯（Anni Albers）就是其中之一。在包豪斯的第一年中，学校禁止女性学习某些学科，尤其是建筑。第二年，她又被玻璃系拒绝，直到未来的丈夫约瑟夫·阿尔伯斯（Josef Albers）建议她到纺织车间，她才极不情愿地开始接触纺织品与丝网印刷方面，但她却很快

① Ulrike Muller，Ingrid Radewaldt. Bauhaus Women: Art，Handicraft，Design [M]. Flammarion，2009:54.

掌握了织造与设计的方法。阿尔伯斯与导师研制出了许多极具独特功能的织品，强调织物的吸音性和耐久性，解决了起皱或翘曲的使用缺陷。她设计的编织作品包括窗帘、壁挂、床罩、桌布等，通过将纺织材料与纸张、玻璃纸等工业原料的结合，创造出极富冲击力的视觉效果。1932 年，在纳粹的压迫下，包豪斯宣布关闭，阿尔伯斯也随丈夫移民美国。起初她接受菲利普·约翰逊（Philip Johnson）的邀请，担任一所高校的讲师，后来又成为诺尔（Knoll）和罗森塔尔（Rosenthal）等著名设计公司的首席设计师。

此外，包豪斯女性设计师的领军人物根塔·斯托兹由于与犹太人结婚，在学校受到亲纳粹分子的迫害，于 1931 年离开包豪斯。但离开学校对她来说并非意味着设计生涯的结束。斯托兹在瑞士创立了手工编织厂，她不仅能够将大量复杂的花纹图案编织成地毯、桌布或窗帘，更能将这些设计作品应用于批量化的机器生产，从而取得巨大的商业与设计成就。如果说包豪斯的男性通过现代化的建筑风格引领人们畅想未来与科技，那包豪斯的纺织与编织则秉持了当年的女性用以与男性功能主义抗衡的美好愿望与初衷。因此，虽然包豪斯的大多数女性设计师并未像男性那样成为举世瞩目的设计大师，但她们的创作与成就却在设计领域和人们的日常生活中占据重要位置。

6.3 女性消费主义与设计

6.3.1 女性消费心理分析

消费心理是消费者在甄别、购买、使用商品的过程中发生的一系列心理活动的总和。消费者在购买商品前的偏好和选择，在进行消费活动时进行的消费决策，以及购买后使用过程中产生的情感、思想、意象、态势都受到消费心理的支配。在日常生活当中，消费者个体的消费心理是千差万别的，这也决定了消费活动、消费行为的差异性，即消费具有鲜明的个性化色彩。消费者决定购买哪种产品、决定购买哪一品牌、如何支付费用、何时购买、何地购买都以消费心理作为基础。

就男女两性的性别差异而言，女性消费者的消费心理通常呈现出以下几个特点：

首先，女性更为重视商品的外观形象，求美消费心理强烈。一般来讲，男性会较多考虑商品的功能、效用，表现出较强的理性消费取向。而女性则恰好相反，女性和男性相比更加注重商品直观化的感官因素和消费过程中的情感性因素。包装、色彩、名称、品牌、造型、材质，乃至消费过程中的气氛、环境等都会对女性购买决策造成较大影响。

其次，女性更为注重商品细节和消费决策的谨慎性。由于女性在家庭生活中通常扮演支配消费支出，主持家庭采购的角色，她们通常会依据日常家庭购物中的经验以及处理家务劳动的经验来做出购买决策。她们在消费商品时，常会反复询问、货比三家，以对商品的各种效用、利益表现出更细致的关切和更强烈的要求。从某种程度上来说，女性消费者把合理的花钱也看做是挣钱。

再次，女性受情感性消费的影响，易发生冲动性购买行为，并易受时尚因素影响发生从众性购买。受情感性消费心理的影响，消费过程中的各种附加体验、视觉暗示，以及环境氛围激发的愉悦感、幻想、联想都会促使女性做出冲动性购买决定。对于女性来说，消费不仅仅是为了获取效用的满足，更是一种获取自我体验的机会。新颖的、好玩的、浪漫的、奇特的事物都容易激发女性的购买欲。

最后，女性消费者的符号消费、炫耀性消费心理突出。符号消费是指在消费者除了消费商品本身以外，还获得这些商品所象征的意义、格调、气氛、档次以及商品所带来的声望、地位、赞誉等。换句话说，符号消费是对商品心情、美感、文化意涵、社会意义进行的消费。女性爱慕虚荣、好攀比的心理通常是促使她们进行符号消费、炫耀性消费的动因。很多女性消费者甚至为了彰显自己过得比身边其他女性跟舒适、更有品味、更富有内涵而一掷千金，去追求高档次、高价格的奢侈产品。

当然，不同社会阶层，分属不同社会群体的女性也会表现出不同的消费心理，如职业女性的消费可能更具有多样性，更加个性化，她们也会出于职场生活的需要追求商品消费的便捷性、方便性。同时，她们还会去美容中心、运动会所放松自己，补偿自己辛劳的工作付出，并会在周末逛书店、听讲座给自己充电，让自己获得内在的提升。而家庭主妇则更加关注丈夫的健康、孩子的成长，她们的节俭消费意识更强，并以家庭生活为中心希望通过购买礼物馈赠父母来维系家庭内和睦的关系和温馨的亲情。因此，设计师也要从这些角度出发，把握分析不同身份归属、不同社会群体的女性消费心理，以做到对女性消费者内部进行更细致的划分和更有针对性的设计。

图 6–17 《我买故我在》芭芭拉 · 克鲁格

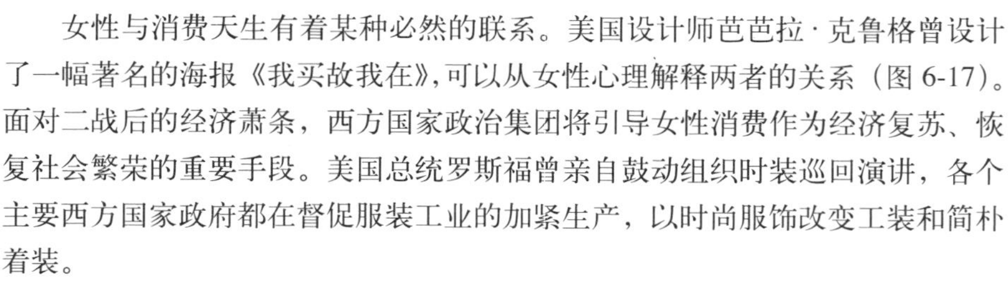

女性与消费天生有着某种必然的联系。美国设计师芭芭拉 · 克鲁格曾设计了一幅著名的海报《我买故我在》，可以从女性心理解释两者的关系（图 6-17）。面对二战后的经济萧条，西方国家政治集团将引导女性消费作为经济复苏、恢复社会繁荣的重要手段。美国总统罗斯福曾亲自鼓动组织时装巡回演讲，各个主要西方国家政府都在督促服装工业的加紧生产，以时尚服饰改变工装和简朴着装。

20 世纪 20 年代，美国经济学家泰勒提出了“裙摆指数理论”，即裙子的长度可以视为经济状况的讯号，裙摆越低股市越低迷，大萧条时期的失业意味着女性无心尝试新潮的设计，而经济复苏之后的裙摆则代表了一种乐观向上的情绪和生活态度。经过一个世纪的考察，“裙摆指数理论”经受住了考验，而在当代韩国，依然存在“如果经济不景气，裙子就会变短”的论调。在西方经济学领域存在“口红效应”理论，也是源于经济大萧条时期，口红作为女性走出家庭，走向工作岗位的必需品。红唇有助于提升魅力和自信，据统计，每当经济危机开始蔓延，欧美的口红销量机会大大提升，并以此可以推断经济发展的走势，同时也希望借助女性形象从经济低迷的压抑状态中找到突破口。女性消费时尚也被定义为社会经济学的折射，而有意识地引导女性消费，也被认为是一种隐性的经济政策。

1989 年出版的《本质观察：女性与设计》一书，对于女性设计领域进行现代研究，从一些设计实践入手，例如手工业与女性高跟鞋的市场营销、英国的艺术与手工艺运动、时尚界的性别差异以及女性在家居设计中的角色定位等问题，对设计的关注使得女权主义者们得以通过一种特殊的视角，来探索女性性别与物质文化之间的关系。时尚领域的文化研究，被以一种跨学科、国际化的方式来探讨物质文化的性别差异。

时尚是各种社会阶层、各种社会角色的人群争相追逐的品位与审美，时尚能够引领消费市场的变化，以商业文化的外衣，为追求奢侈、夸示的消费观念制造卖点。制造时尚、影响女性消费进而引领消费市场变化，已经开始成为商业设计的一种重要手段。时尚消费逐步成为消费增长的关键点。

1931 年 2 月，赫莲娜·鲁宾斯坦、伊利莎白·雅顿等时尚先驱与《Vogue》杂志主编在纽约举办了首次时尚聚会，以此作为推动力来促进妇女在时尚产业的事业，将纽约推向“世界时尚中心”的舞台。每年，巴黎、伦敦、米兰、纽约国际四大时装中心都会举办大规模的发布会，决定了这一年的流行色彩、流行款式甚至是未来的设计主题，再经由几大国际品牌的率先垄断，扩散到其他的中小品牌，最终经过产业链的末端，展示在商场模特身上，吸引消费者（主要是女性）的目光。时尚产业的利润如此巨大，各个国家都明确了它对于经济的拉动作用，传统时尚大国竞争激烈，一些发展中国家也暗潮涌动，将扶植时尚产业作为新的经济增长方式。

随着工业生产的加速，传统农业社会的节俭型生活观念被消费社会转变，批量生产和批量消费的市场经济体系对设计的需求加大，人们的消费观念也开始紧随市场而变化。女性社会分工的转变将女性从耕种、制作饮食和缝制衣服的家务劳动中解放出来；女性走出家门，参加工作，获取劳动报酬，在经济上更加独立，购买力也大大提升；第二次世界大战后商品生产的丰富，消费社会的来临，对于商品的选择和购买具有更多的自主性。因而，女性被普遍定位于主要的消费承担者。

20 世纪 80 年代左右的全球化经济浪潮，促进了第三次世界性商业设计浪潮的发展，各种时髦商品和商品文化充满诱惑，设计也更加重视造型、包装和广告，成为影响生产、销售和消费的直接力量。丰裕的西方中产阶级社会以种种消费作为中产文化的一部分，并认为女性更易认同和追随这种带有炫耀性质的时尚消费。围绕时尚生产和时尚消费，以引导时尚为目的的媒体和杂志携带大量时尚信息，大批量的百货商场、购物中心和品牌专卖店将时尚转化为资本，并在促进女性消费的同时也促进了“为女性设计”的发展。

性别符号来源于性别的文化影响和心理差异两个方面。女性的情感丰富并偏于感性，设计中总有某种表征符号，能够吸引女性消费者在个体与商品之间

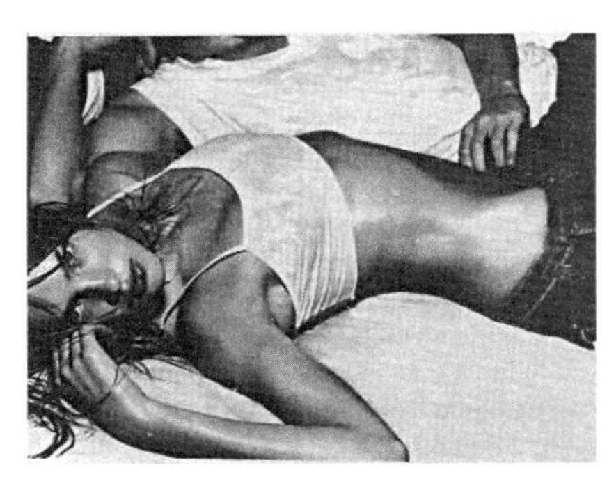
图 6-18 CK 内衣广告

找到某种历史或人文精神的认同，正如高跟鞋代表着女性的财富、地位和权威，比基尼代表了女性对自我身体的展示和对性的认知。但是在男权为中心的大文化背景下，女性首先因“身体”的存在而具有现实的意义，是“被看”的对象。

例如女性服饰的设计强调样式美感，甚于强调它的功能性和舒适性，高跟鞋尺度的不断攀升，造成了女性的噩梦；以模特界流行的身材为服装设计标准身材，客观上引导了女性以瘦为美的心理。当女性被定位于家用电器的主要消费者，有着家用电器选择的决策权，尤其在厨房用具的设计，将女性的使用习惯作为设计的第一要素，并以明确的性别符号进行标注。在《浴室、厨房和消费美学》一书中，作者以一种奇特的视角着眼于家庭的消费系统，而在 19 世纪 30 年代的美国，家居产品的流线型外观就通过消费反映了一种强加给人们的文化观念，这在人们的生理感受和经济活动中都得到具体体现，而这种体现是以女性为主导的消费社会的力量。

现代广告建立在引导消费的立场之上，女性符号的特征和社会属性都是广告用以宣传产品的手段。正如在广告界著名的 3B 理论（Beast、Baby、Beauty）例证，以这三种形象创作广告，就能取得良好的传播效果。为了市场和销售，广告同样以性别的文化影响和心理差异两个方面作为符号引导。一方面，广告中的女性永远是辛勤的母亲和贤惠的妻子形象，女人在做饭和洗衣服的时候，通常都幸福愉悦，面带微笑，在不断重复和潜移默化的教化作用下，强化着社会对女性的固有观念，即将女性的社会角色定位于男性、孩子的服务对象，将女性的社会职位放置于家庭。简·鲁特在《女性图像：性特征》一书中，这样评价电视广告中的女性形象：“女人总是被表现成一副愚蠢地面对一些简单的产品欣喜若狂的形象，就好像一种新品牌的吸尘器或是除臭剂真的能够使她的一生为之不同那样。”[①] 另一方面，诱惑女性的符号或图像契合女性对于自身形象或异性吸引力的想象，甚至在很多女性专有的产品如内衣和香水广告中表现出来（图 6-18）。

6.3.2 女性消费观与女权主义

现代的女权主义者开始从女性自身的角度出发，对女性消费观也不再进行简单的批判或定义，而是强调消费观的“解放”和“民主”。以女性化妆品为例，一方面它作为商品，为女性塑造了更加完美的外在；另一方面，化妆几乎已经成为女性日常生活的必备活动，甚至开始对其有所依赖。因此从这一角度来看，女性可以被理解为是化妆品企业或消费市场的主要目标群体。但不容忽视的一点是，化妆的确在某种程度上提升了女性的个人魅力与自信心，可以通过良好

① （英）谢里尔·巴克利．父权制的产物——一种关于女性和设计的女性主义分析．转引自（德）汉斯·贝尔廷．艺术史的终结？当代西方艺术史哲学文选．北京：中国人民大学出版社，2004：199.

的外在形象获得更多表现自己的机会。所以可以说化妆赋予了女性更多的自由与权力，进而成为女性表达自己的一种方式。

女权主义理论早就指出，在传统的两性分工中女性被完全局限在家庭领域，而消费文化更是强化了这一观念。在大多数的洗衣机或方便食品等其他厨房用品广告里，都会强调设备会大大减轻妻子母亲的负担，影射这些家务活动都是女性的专属，同时强化了男性认为的家务与自身无关的态度。这些新式的消费文化都在潜移默化地深化男女两性之间存在的性别界限。从 16 世纪开始，女性的地位问题就一直是西方社会争论的焦点，特别是在宗教领域，对女性的家庭角色更为看重，将女性完全限制在家庭之中。而之后的消费社会也在某种程度上显示出她们对家庭的付出。因此，当 18 世纪消费社会产生之初，女性起到积极的促进作用，而且"积极消费观对女性有着正反两方面的意义。"①

工业革命之后欧美等国逐渐进入工业社会，特别是美国，凭借高速发展的制造业促进国内消费，这种社会环境也极大地改变了美国女性的生活。在过去，除了少数的上层社会女性，大多数的普通中产阶级妇女都进行繁重的农业劳动，而工业社会大幅提高了普通民众的薪资水平，使得女性无需进行社会劳动也可满足家庭生活的日常开销，这就让她们拿出更多的时间专注于家务、照顾小孩，并有充足的闲暇时间进行购物，进而成为数量庞大的消费人群。与此同时，由于多数女性受到高等教育，以及出版文化的成熟，女性可以从大量图文并茂的出版杂志中了解上层社会流行的服装或家居样式，方便她们模仿上流社会女性的生活，从而更加积极地投身到消费热潮中。

也有学者认为在家庭领域中消费文化的涵义要更为复杂。艾瑞卡·拉帕波特（Erika Rappaport）就曾专门研究传统的家庭女性与销售市场之间的关系，她认为，对于大多数女性来说，"无论是出于社会环境、精神需求，还是身为家庭女性的责任，或是女权主义的要求，购物永远都是一种享受。"②就这一观念来说，商场这些购物场所成为女性的生活乐趣所在。

在女权主义理论中还存在另一种声音——消费社会为女性带来更多的机会和发挥自身能力的空间。通过对早期服装和广告的研究，以詹尼芙·斯坎伦（Jennifer Scanlon）为代表的女性学者认为，在这些新兴领域，女性的工作与传统的教师或护士不同，它们为女性提供了更为丰厚的薪资和来自社会的广泛尊重。与此同时，广告与服装行业所需的创造性与个性也与女性的自身优势不谋而合，使她们从自身角度出发，保持创造的独立性与主体性。

随着时代发展和观念变更，越来越多的学者开始打破传统观念，从正面意义为女性和消费文化辩护。比如美国著名的休闲品牌广告，就一直被视为产品营销的经典。20 世纪 70 年代，Levi's 为拓宽女性市场，专门设计了一系列适合

---

① Kowaleski Wallace. Consuming Subjects: Women，Shopping and Business in the Eighteenth Century [M]. New York: Columbia University Press，1997:102.

② Rappaport Erika. Shopping for Pleasure: Women in the Making of London's West End[M]. Princeton University Press，2001:67.

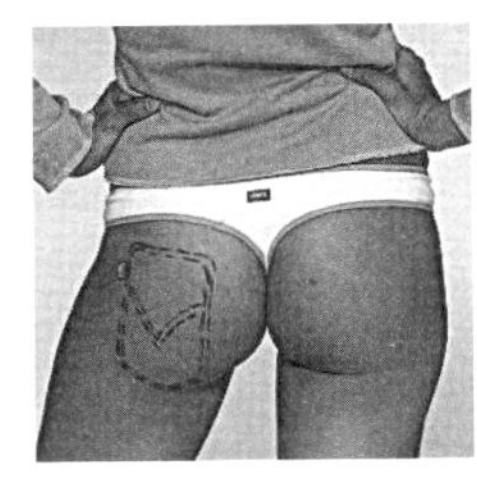

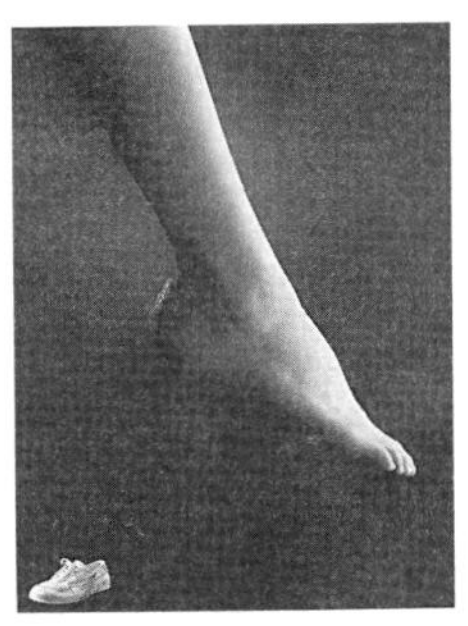

图6-19 Levi′s的牛仔裤和休闲鞋广告

女性的裤装和运动鞋，并推出一系列海报加以推广（图6-19）。海报都采用局部赤裸的女性形象，只在醒目处画了象征牛仔裤口袋的织线和红色的品牌标签，整张海报除此之外别无其他，没有广告词、相关的产品说明或推荐，但其产品特征与销售意图却显而易见——产品非常贴合人体线条，能充分展示女性的曲线美。这种直接运用女性身体作为产品销售手段的方式比以往的任何宣传都更为贴切和传神，并给消费者，特别是女性消费者留下深刻的印象与想象空间。

6.4 为女性群体的设计

6.4.1 产品设计中的女性意识

现代工业的发展使得工作场所与家庭的分离趋势日益明显，独立领域在大众中的态度也逐渐明朗化。历史上曾经有段时间尤其强调：男性花费大部分时间较多地参与政治、经济等外界领域，而女性则与家庭紧密联系，照顾孩子、打扫家务等。在现代主义设计时期，美国的家用电器设计就开始从女性的角度出发，增加她们使用和操作的安全性与便利性，同时还意识到女性的心理和审美差异，逐渐将应用于交通领域的流线型渗透到产品设计中，出现大量的流线型缝纫机、电冰箱、电熨斗、吸尘器、收音机，并广受欢迎，取得重大成功（图6-20）。

但从另一角度来说，即使采用了像吸尘器、洗衣机这样的高效率设备，女性在家庭劳动中所耗费的时间并未明显下降。据调查，在过去的半个世纪中，全职妇女用于家庭劳动上的总体时间变化仍十分稳定。这些设备的确在一定程度上消除了一些较繁重的家务，但又产生了新的麻烦。比如，由于设计问题，很多电器在操作上过于先进，无法让人一目了然，在使用之初出现一些困难甚至安全隐患。或者由于操作需要经验，以往由男性协助的家务不得不由女性全权处理，这也在一定程度上加重了她们的负担。为此，荷兰飞利浦公司就在自己《关于工业设计式样的手册》中明确将使用上的方便性、有效性、耐用性、安全性因素与其他相关的设计规范、标准、要素、总体形象、视觉符号标准同时归为设计的考虑要素，成为设计人员人手一本的必备文件。

在产品设计领域有几项现代探讨成果的案例研究。比如，手工业与女性高

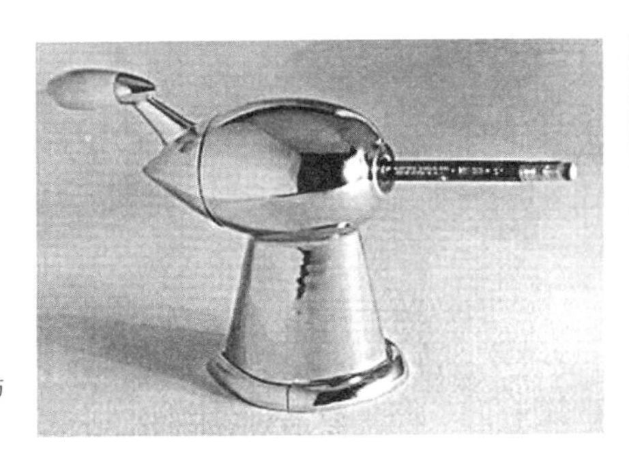

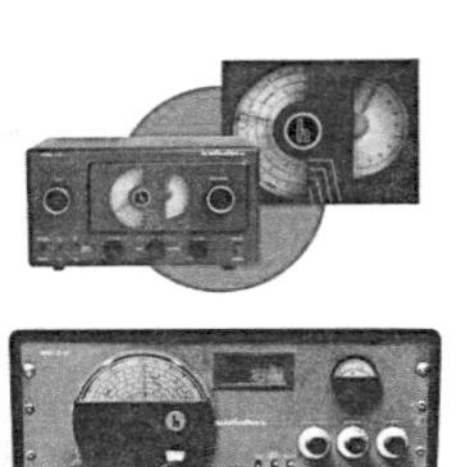

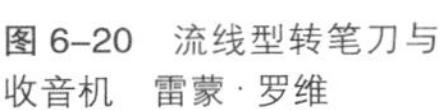

图6-20 流线型转笔刀与收音机 雷蒙·罗维

跟鞋的市场营销，战时的纺织品设计，英国的艺术与手工艺运动，时尚界的性别差异，女性在家居设计中的角色定位，以及像助听器、洗衣机和自行车这类事物在使用方式上的性别差异等。这种对设计的关注使得女权主义者们得以通过一种历史性的特殊方式，来探索性别与物质文化之间的关系，探索“性别是如何通过物质化的产品来变化的”。

图 6–21 Arabesco 桌 卡洛 · 默里诺

卡洛 · 默里诺（Carlo Mollino）是 20 世纪最具传奇色彩的设计师之一。美国的《室内》杂志曾把他的设计描述成“都灵巴洛克风格”。和很多设计师一样，他的大部分家具都是为建筑项目专门设计的，但单独来看也是一件不错的精品。20 世纪 40 ～ 50 年代，默里诺设计了大量家具，其中很多椅子的靠背都让人联想起性感的女装和舌头。另外，他运用低温弯曲技术设计的胶合板家具还获得了技术专利。他的设计充满激情，其中有一款三条腿曲线造型的椅子，以及模仿女人体设计的家具，都是非常优秀的作品。可见，卡洛 · 默里诺不愧是设计界不可多得的怪才（图 6-21）。

图 6–22 高跟鞋的演变

“文化符号”和“游戏规则”经常受到人们的掩盖与忽视，与此同时，女性的这种既是生产者，又是消费者的社会角色也时常受到扭曲。随着关注性别差异的研究的发展，以及人们对男性与男权主义日益增长的关注，都促使设计史对女性的元素加以抹除。因此，为了进一步探索和平衡女性与设计之间的关系，设计者必须采纳女权主义理论在社会和意识形态上的洞察力，倡导女权主义的复兴，同时强调将女性及其工作成果融于社会与历史环境中。

在当今社会，高跟鞋可算是绝对意义上的女性产品，然而它在设计之初却是实实在在的男性专利。它最早起源于 15 世纪欧洲的贵族阶层，当时的高跟是作为让鞋子能够牢靠地放置在马镫上的附加品而出现的，称为特定的骑士靴跟，是男性的专属品。后来法国国王路易十四为了限制宫廷妇女的行动自由，将高跟鞋的外形加以改良，使其成为极具流行感的宫廷时尚品，但由于当时的技术与条件限制，工匠们所设计的后跟高高翘起的高跟鞋采用质地坚硬的软木制作，这对当时的女性来说无疑是一种残酷的刑具。但是经过一段时间的适应与习惯，女性们也逐渐发现这一造型独特的高跟鞋能够帮助她们展现妖娆的体态，更加能够彰显出女性的魅力，此后，高跟鞋迅速开始从凡尔赛宫向欧洲各国蔓延，最终遍布世界，成为女性的专属（图 6-22）。

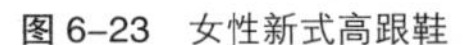

现在有越来越多的女性选择高跟鞋也意味着她们对权力的渴望，以及对周边人群造成的心理威胁。近年来，风靡时尚界的以高跟鞋居多，在像 Prada、Christian Siriano、Dior、Alexander McQueen 等国际知名企业的设计中平底鞋早已不见踪影。但随着观念的不断提升，考虑到女性出行的舒适性与便利性，一些多功能的高跟鞋设计逐渐兴起，设计师们开始考虑如何将高跟鞋的高贵典雅与平底鞋的俏丽可爱完美结合。比如这款“多变”的高跟鞋（图 6-23），将高跟鞋的鞋跟设计为可随意拆卸的模块，使用者可根据需要自由选择

图 6–23 女性新式高跟鞋

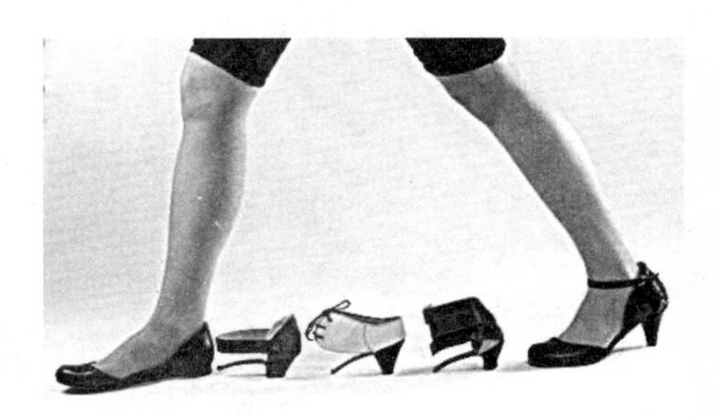

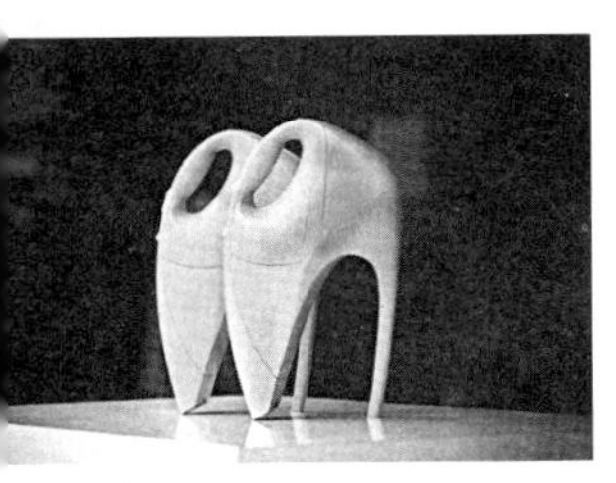

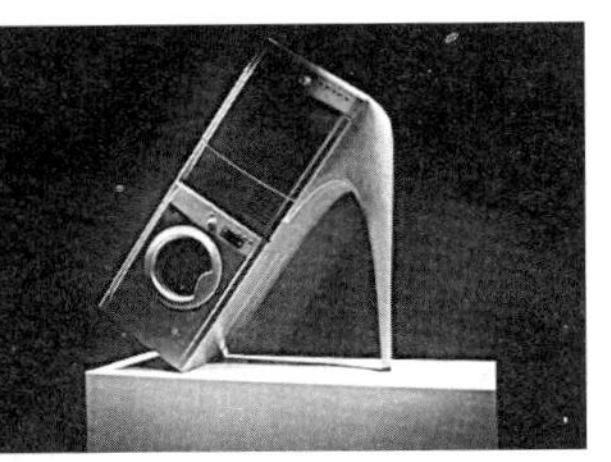

图 6-24　高跟鞋与日常用品的结合

图 6-25　Kenzo 水之恋香水包装

图 6-26　深受女大学生青睐的人体工学鼠标设计

鞋子的高度与风格，满足不同场合的多元需求。除了在鞋跟上增加高度之外，增加靴筒的高度也逐渐成为女性关注的焦点。这些高度到达大腿的靴子，使得“权力着装”的意味更为浓厚，展示了女性铿锵有力的硬朗一面，也体现了女性在社会中的作用与影响力的提升。

现代家庭科技用品也揭示了性别在设计和产品使用中所起到的至关重要的作用，阐述了生产者和消费者之间的关系，展示了性别因素在改变产品设计、市场营销和实际使用情况方面所起的作用。在 19 世纪 30 年代的美国，家居产品的流线型外观就通过成功的市场营销反映了一种强加给人们的文化和审美观念，继而影响到人们生活的方方面面。而女性主义发展到今天，有越来越多的设计师开始关注这一领域。比如，位于伦敦一条繁华街道的高档橱窗设计就采用了“高跟鞋博物馆”的设计模式，设计者将日常使用的家用电器加以改变，化腐朽为神奇地将其改造为女性的高跟鞋（图 6-24），设计者秉着善意的初衷，希望通过这样的作品来缓解女性家务缠身的现实。

在这个背景下，受到商业主义影响的现代设计，也不可避免地注重起女性消费市场的差异化需求。为女性专门设计的手机、汽车、笔记本电脑，乃至牙刷、剃刀、手表等日常生活用品不断涌现，设计师开始更多地从女性视角和女性价值出发来理解这个世界，并为女性提供一种新的生活方式。

就不同年龄段的女性而言，年轻女性通常都崇尚时尚、追求浪漫的气氛，并钟情于新奇、有趣、多变的形态和绚烂的色彩；中年女性更倾向于追求惬意舒适的品味，关注精致的细节，典雅的品味；而老年女性则更容易被自然、简洁、开朗、随性的格调所吸引，色彩喜好方面趋向于明朗温馨。因此，设计师在针对女性进行设计的过程中，就需要认真地把握女性在审美心理上的独特偏好，带给女性消费者独特的审美经验。以香水包装设计为例，日本的 Kenzo 公司（高田贤三公司）曾于 1998 年推出了一款以水为设计主题的香水“Kenzo 水之恋”（图 6-25）。在包装设计上，Kenzo 水之恋强调出了“水”清纯、洁净、柔婉，而没有杂质的特点，香水瓶的造型设计成一滴清澈的水珠状，并以海蓝、冰紫的过渡色调衬托出产品清如水、淡如风的典雅品味。而在香水外包装和平面广告上则使用了水百合、水茉莉等香料花卉作为元素，展现出女性似水般的柔情与浪漫，从而博得女性消费者的喜爱。

基于女大学生有着自身的生理心理特点，针对女大学生的设计研发也就需要和男大学生之间形成一定的差异化。譬如，当下大多数笔记本电脑的设计并没有考虑到女生的需求，因此往往体积庞大笨重而不方便携带，而研发出重量轻、体积小、色彩鲜活的笔记本电脑则无疑会更受到大学女生的青睐。同样的，对于笔记本电脑鼠标的设计也要考虑到女性手掌较窄、手指纤细的特点加以人体工学改良，从而提高女大学生在使用电脑的舒适度，体现出对女大学生的关爱（图 6-26）。

又例如，国内著名企业 TCL 专为女性群体量身打造，对女性液晶电脑市场实施设计细分，于 2005 年推出集时尚、品位、高贵于一身的钻石版女性液

图 6–27 针对女性设计的液晶电脑

图 6–28 为女性设计手机

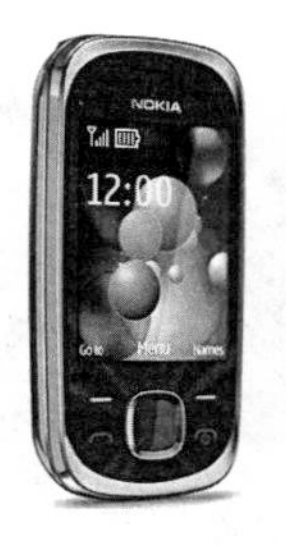

图 6–29 针对男女不同手部尺寸设计的手机

晶电脑，将女性 PC 的美丽个性表现出来（图 6-27）。迎合女性唯美特质偏好的产品正是当前女性群体所热衷的。TCL 女性液晶电脑设计打破同质化的 PC 设计，该产品注入个性、时尚、美丽等差异化元素，引起了喜欢这类产品的女性消费群体的购买欲望，TCL 女性液晶电脑所倡导的“美丽时尚”正迎合了女性消费“PC 也要美丽”的个性主张，所以该产品一上市即热销，获得市场的热烈反响。TCL 充分迎合未来消费产品的形态变化，推出女性 PC 产品，使 PC 电脑设计的特征向女性群体细分化、消费化和时尚化方向发展。

女性手机市场这几年以令人吃惊的速度迅速发展，随着女性手机市场规模的逐年扩大，针对女性量身定做的手机也体现了女性群体的消费趋向，针对女性设计的手机，通常色彩艳丽，纤细轻巧，柔和娇媚，给人以气质非凡的印象。例如镜面式手机、口红式手机、戒指式手机、粉饼盒手机，以及贝壳式手机纷纷亮相。下图的女性手机设计（图 6-28）注重光洁质感，整体造型曲线柔美，使用缤纷的色彩，让手机充满了女性魅力。

又如，诺基亚公司在掌握了男女两性不同人体尺寸的基础上，设计师就能针对不同的性别设计出更好的差异化产品（图 6-29）。其推出的“倾慕”系列手机就是其中的优良典范。这款手机在工业造型设计上运用了大面积的金色、琥珀色材质，以及少量皮革材料加以点缀。同时，大胆地采用莲花图案、蔓延伸展的枝蔓图案作为装饰，为产品设计增添了栩栩如生的活力和富有生命力的动感，也为原本冷漠的设计增添了一份浪漫的异国情调。因此，这款手机也受到了女性消费市场的热捧（图 6-30）。

图 6–30 诺基亚“倾慕”系列手机

而夏普公司推出的 9110C 手机，标新立异地采用了多变翻盖造型设计，充分满足了白领职业女性彰显个性品位、追求特立独行的情感消费需要。在色彩设计方面，夏普 9110C 则运用到了粉色、水果绿、水晶蓝等诸多色彩，给人以浪漫梦幻的联想。而在功能性配置方面，夏普 9110C 手机装配有 320 万像素的摄像头，并支持自动对焦和人脸识别功能，这样就能更好地满足爱拍女性的功能需要。此外，更重要的是该款手机还增设了特

图 6–31　夏普 9110C 手机（上）
图 6–32　铃木雨燕汽车（下）

别的防偷窥功能，如此细心的性别化差异设计，自然使其成为了“为女性设计”的典范（图 6-31）。

近几十年来，随着女性对公共空间和社会活动的逐渐介入，城市中女性的就业率也有了显著提高，紧随其后的就是人们对女性交通空间的关注。研究表明，在欧美等发达国家，相较男性来说，女性的工作地离家更近，她们消耗在交通上的时间也更短。但由于女性在驾驶技术与经济上处于弱势地位，私人驾驶中的女性数量远远少于男性，公共交通成为她们选择的主要方式。譬如 2005 年长安铃木汽车公司推出的“铃木雨燕”汽车，就是一款专门针对“有 2 岁以下孩子或者即将有孩子 30 岁左右的女性而设计”的女性汽车。圆润可爱的车身设计、丰富多彩的色彩计划不仅迅速捕获了众多女士的芳心，也为女性驾驶、泊车带来了更多的方便灵活性。而在传统装置设计方面，则采用了电动助力转向系统，即使是比较柔弱的女性也能轻而易举地准确操纵。在车体内饰部分，铃木雨燕不但增设了儿童座椅固定装置，还对各种操作按钮进行了简化处理，这样一来就能帮助女性车主更快地熟悉车辆的功能操作。毫不夸张地说，铃木雨燕对于都市白领职业女性而言有着不可抗拒的魅力（图 6-32）。

6.4.2　插画设计中的女性意识

在设计史中，女权主义思潮与艺术设计理论相结合的最典型的例子就是源于法国的新艺术运动，这与著名的英国插画大师奥布里·比亚兹莱（Aubrey Beardsley）密切相关。此段历史时期可谓是各种矛盾思潮的对撞与结合——奢华糜烂的价值观与盛世的没落，父权社会的历史背景与女性地位的上升以及实证哲学与反物质享乐主义等，共同确定了 19 世纪中期的道德标准。这种价值观的形成与社会经济、政治、文化、艺术之间的关系密不可分。

当时的英国中产阶级正面临巨大的经济压力，其中一方面是来自国内的“经济大萧条”导致的就业率下降，另一方面则源于在世界贸易竞争中日渐增强的国外势力。另外，随着民主意识的增强，维多利亚时代的权威性逐渐受到威胁，特别是新兴的资产阶级。而在文化上，很多有志之士或知识分子开始对维多利亚这一盛世没落前的死寂感到悲伤与恐惧，这种情绪影响到人们的艺术创作和文化生活，使得当时的精神作品都带有强烈的悲观情绪。在这种背景之下，一些先锋艺术家向这种过时的主流审美情调发起挑战，他们认为文化“不是一个静态的，而是一种生长的和符合人们需要的状态”。[①]这些先锋艺术家坚持探索新的艺术领域，其中影响最大的就是“新女性主义”与新艺术运动。他们受到

① [英] 马修·阿诺德 . 文化和无政府状态 [M]. 韩敏中 译 . 北京：生活·读书·新知三联书店，2008:89.

古典主义与唯美主义的影响，认为艺术并非上层社会表白身份的工具，更可以凭借内在的愉悦性被人们欣赏。这就与当时艺术理念中的实用主义观点形成对比，认为："艺术不能仅仅为了愉悦的缘故存在，它必须服务于某些更高的目的。"

比亚兹莱在新艺术运动时期为大众熟知，他主要从性的角度对维多利亚时期社会的种种弊端给予批判。在当时，他充分意识当时社会的价值体系所面临的挑战并非仅仅源于前卫的艺术观念，在更大程度上来自妇女运动，因为在当时一些地区的女性已经获得受教育和其他社会权力（如离婚分配财产、监护权等）。通过他流传至今的大量插画作品（图 6-33），我们不难发现其中的色情和象征性。

图 6-33 插画作品 比亚兹莱

比亚兹莱以极富冲击力的视觉效果揭示出当时社会的伪善和父权制本质。在他短暂的生命中，他构思了很多看似荒诞并极具幻想的人物形象，同时创造性地描绘出性别模糊的另类世界。在他的艺术形象中，女性不再是柔弱的象征，而是充满力量、富有攻击性的新形象，这也造成很多人认为他的艺术作品中有色情意味。

以这位绘画天才最著名的插画作品——《莎乐美》为例，通过极具动感的线条，比亚兹莱摒弃传统男性物质化的罪恶和对权力大的渴望，开始用女性作为创作的主体。其中一幅《希律王的眼睛》可以说是作者反抗父权制社会中女性弱势地位的体现。图中莎乐美力图牺牲色相来换取圣约翰的头颅，在维多利亚时代，色相是女性获得利益或回报的唯一手段。

6.4.3 女性服装设计

自西方国家步入工业社会，经济发展的速度和规模都有了提升和扩大，人们生活方式、生活节奏、社会地位的改变使得服装开始向简洁、便利和优雅的方向发展，特别是进入现代社会以来，妇女社会地位的提高，女装在设计上的阶级差与性别差异逐渐缩小。战争期间，出于战时和生活的需要，迫使女性走出闺房，参与以往由男人主导的工作，传统的裙装显然不能满足工作、生活的便利性考虑。战后经济复苏带来了巨大的社会变革，使得女性拥有和男性平等的政治、经济地位，成为独立的社会成员。资本主义社会经济的增长和女性地位的不断提高，使得女性有着自己的审美趣味和独特思想，女性服装的流行变化速度逐渐加快。

第一次世界大战爆发，欧洲各国战乱不断，经济状况也不可避免的受到重创，在此期间巴黎的高级时装店几乎都倒闭。男性外出征战，女性走出家庭，参与到社会工作中。此时女装的设计开始注重实用性，束胸衣、撑裙 、细柄小洋伞慢慢消失。1919 年出现了宽腰身的直筒形女装，并在随后的十年大面积流行。这种女装放松腰部线条，腰线的位置也被下移到臀围线附近，丰满的臀部被束紧，变得纤细小巧。考虑到便利性，裙子的离地高度也被上提，整个外形呈现名副其实的"管子状"，这就是风靡 20 世纪 20 年代的 Boylish 服装。

第二次世界大战结束后，女性已经习惯了走出家门开始投身工作和各种社

图 6–34　中性风格女装设计

会活动，女装设计迅速适应了女性的工作要求，出现了职业制服和工作服，也都更加简洁利落，便于活动，并开始流行手提包，携带女性出门必备的随身用品。经历过战争的她们，淡漠了传统女性价值观，消费生活的刺激，鼓励她们快速成为消费社会的中坚力量，也开始了对设计的种种需求。

适应了经济复苏后，女性主义开始了对自我意识的释放与个性的强调。现代社会的女性获得了更多的就业机会，也开始要求更多的社会权利和政治权利，并开始了女性政治运动的步伐。20 世纪 60 年代《体育画报》第一次刊登了女性泳装照片并作为封面，使比基尼合法化；70 ～ 80 年代的女性服饰则流行在肩膀处增加垫肩，突出"大女人"的强悍气魄，西装、高高的发髻、大尺寸手表、高跟鞋，显示出女性与男性在事业上公开公平竞争的决心，展示精明能干、柔中带刚的女性形象。

女性服装设计师可可 · 香奈儿以自创品牌，简洁明快的香奈儿服饰引发了女性对时装需求的重新思考。当上流社会的妇女将身体掩埋于繁复的服装和装饰品中时，香奈儿就提出了"风格就是我"的口号，追求无拘无束的宽松舒适，便于女性骑马、旅行和运动等社会活动，赋予女性行动和精神上的自由；她还颠覆性地将男性时装的元素引入女装设计，赋予女性坚强和独立的气质。她认为女性一定要具有独立的人格，否则就无法摆脱对男性的依赖，她的观点引领了女装潮流的巨大改变，也改变了女装的男性视角。

香奈儿始终坚持自己的设计风格，代表了新时代的女性形象，《时代》评出 100 年来最具影响力的 20 位艺术家，香奈儿排在第二位，杂志并高度评价了她的设计，认为香奈儿改变了人们对女性的看法，并使女性重新审视和认识了自己。如此殊荣既是对一位女性设计师的极大肯定，同时也从一个侧面反映了女性主义设计对于改变和建立女性意识形态的巨大成就。直到今天，中性风格的女性时装依然流行，依然以一种男女真正意义上的平等姿态，体现女性与男性一同参与社会竞争的生活状态（图 6-34）。

女性思潮与近代服装设计的最早联系应源于 19 世纪末的妇女解放运动，越来越多的女性要求参与到社会活动中来。20 世纪初，香奈儿借助妇女运动进行服装的变革，她成功地将传统的维多利亚时期复杂、繁复的着装风格推向简洁、舒适。在香奈儿的服装设计中，最显著的就是男装风格的引入——男性衬衫、腰带和裤装成就了早期的香奈儿风格，并沿用至今。她颠覆传统对女性的约束与审美观，率先穿上男性化的服装，公然向禁忌提出挑战。

随着第一次世界大战的爆发，欧美等地的女性开始担当社会发展的重任。在男性劳动力不足的条件下担任以往由男性从事的工作，这也在很大程度上提高了女性的社会地位。适应职业需要的简洁实用风格也对时装的风格变革与人们的审美标准产生巨大影响。拖沓臃肿的束腰蓬裙的设计明显早已不合时宜，逐渐被适应战时环境的轻便着装所取代。西装与军装便成为战时女装的主要样式。香奈儿设计的简单干练的职业装与男性化女装也成为当时女性最时髦的装扮。战争结束之后，以前正式社交场合受排斥的长裤开始成为正装的一种，设

图 6–35 sailor pants 与 beach pyjamas 系列香奈儿服装

计师们也把长裤作为女装设计的重要元素之一。比如一直秉持简洁利落的设计观的香奈儿，就以裤装的设计最具代表性。她首次为原本只能身穿裙子打球的女性设计了运动型裤装，消除束腰给女性身体带来的潜在伤害，设计了以男装为基础的宽松型上衣，又从水手服中取材设计了“Sailor Pants”和“Beach Pyjamas”系列（图 6-35）。

随着女权运动在世界范围内的不断掀起，女性在政治上获得与男性同等的参与权，并逐渐获得经济上的独立，这就使女性对自己的社会态度与人生价值重新进行考虑。特别是 20 年代的男女同权思想，它进一步促进女性的社会地位与家庭角色的转变。在服饰上，繁琐矫饰既不适应人们的社交活动，也显得尤为滑稽可笑，功能性成为当时女装最为强调的重点，职业女装也应运而生。在此后的十年时间里，西方女装的现代形态得以正式确立，以女装中性化为代表的设计理念也日渐成熟，对整个 20 世纪的服装设计产生重要影响。

追求两性平等是 20 世纪女装男性化趋势的社会基础。进入 20 世纪以来，由于政治、经济、社会、战争等多方面原因，女性逐渐摆脱家庭的束缚而走向社会，用自由奔放的自然之风代之以往的柔弱形象。强硬简洁的男性服装逐渐成为她们有意识或无意识的借鉴对象，从而促成了女装男性化的设计与审美倾向（图 6-36）。女性通过男性化的服装强调自己坚强的一面与追求两性平等的勇气，企图通过掩盖女性的外部特征来取得与男性同等的社会地位，也正是这种女性意识的引导力使得女装男性化的趋势日渐强烈。当然，女装男性化并非意味着女装在性别方面的自我迷惘。随着时代变革，知识经济改变了两性以往的社会分工，女性在体力和生理上的不足已经不再是限制自身发展的障碍，事业的多元选择和经济的坚实保障为女性带来极大程度的自由，从而在服装领域产生更多的风格变化。

图 6–36 男性化的女性服饰

女装男性化也不表明这是女装风格的全部，比如裙装仍在女装领域占有不可取替的地位。

20 世纪 40 年代末，法国设计师克里斯汀 · 迪奥以一系列动感时装“花冠线条”设计震惊世界。迪奥设计的花冠线条时装系列强调流畅的线条，动感的活力，并系上腰带，这就是服装史上著名的“新风貌”时装，也是第二次世界大战结束后最重要的设计，是时装发展史上一个重要里程碑（图 6-37）。

让 · 巴铎是法国早期重要的时装设计师，他的成功设计主要是以运动为主题，他的设计早期追求动感时装的手法和方式，旨在从款式设计上摆脱繁琐的结构方式，以解放身体为主体目标，让·巴铎设计“新艺术”运动风格的时装，这些设计一开始就吸引了不少人的注意和青睐。他最为著名的是为当时网球名将苏珊 · 兰利设计的网球运动服。那白色丝质的打褶裙、白色的开襟羊毛衫和后来著名的白色头带，直至现在都依然有不少网球选手在重大的国际赛场上穿用，成为了动感时装设计的开端。他设计的如著名的“巴铎蓝”和“黑大丽花”图案，在当时都非常时髦和流行（图 6-38）。

女性裙装一直以包裹的形式，表达对身体的遮掩与隐藏，20 世纪 60 年代，女性服装设计师玛丽 · 匡特大胆做出了迷你裙设计的尝试，把之前始终在小腿肚之间的女裙长度，提高在膝盖以上，赋予女性青春的朝气和活力。美国总统夫人杰奎琳 · 肯尼迪率先尝试，结果带动了全美国女性的迷你裙风尚，之后匡特又把裙的下摆提到膝盖以上 4 英寸，彻底打破了女裙长度的传统束缚，使迷你裙在世界范围整整流行了 11 年。

玛丽 · 匡特是 20 世纪 60 年代最著名的时装设计师，其贡献在于她设计了全世界第一条超短裙。1965 年，她设计了连衫裙，造成轰动一时的“迷你风貌”，震惊世界时装界。成为超短裙的创始人，她的创造完全征服了 60 年代的青少年，她所设计的“热裤”、裤装、低挂到屁股上的腰带等，成为了 60 年代的象征。她所塑造的青春活力、动感魅力整整影响了世界十年，她对传统服装的挑战和观念的更新所作出的贡献更超出了设计师的使命，成为服装设计史上又一里程碑（图 6-39）。

图 6–37　迪奥设计的时装（左）
图 6–38　让 · 巴铎设计的网球运动服（中）
图 6–39　超短裙设计（右）

20 世纪 50 年代以后，随着标榜个性、颠覆传统、锐意创新的后现代主义力量逐渐兴起，服装领域也随之产生以机车皮衣、重金属、摇滚朋克为代表的设计风格，特别是 80 年代盛行的女装男性化和硬朗形象，使得“权力着装”又一次达到顶峰。80 年代的职业女性数量大幅上升，在社会各个领域与男性一争上下，这在服装上体现出来的就是棱角分明的垫肩、超大风帽、中性色调与故意做旧的面料等，将女性天然的曲线掩盖以达到与男性一致。因此 20 世纪 80 年代的女装男性化也被称为是真正意义上的男性化。

20 世纪 90 年代的女性服装仍然坚持这一流行倾向，设计师将男装的典型元素加以柔化，使其外形更为柔和，曲线更为明确，色调更为淡雅，充满女性意味。川久保玲是当时女装男性化风格的典范。她从街头文化、男性服装和日本的传统文化中汲取灵感，打破当时女装设计所强调的曲线审美，让服装更加厚重和扭曲。她于 1975 年推出的“Comme des Garcons”（像男孩一样的女孩）系列女装，就是以男性风格为设计导向。两年后，她继续自己的设计理念，进一步挑战女性的身体曲线，设计了惊世骇俗的“隆块装”，在服装的肩部、背部和臀部增加了夸西莫多式的隆起，使服装更大程度上减弱了女性特质（图 6-40）。

图 6-40 “Comme des Garcons” 系列与 “隆块装” 川久保玲

此外，Armani、Dior、Yves Saint Laurent、Rochas、Hermes、Givenchy 等服装品牌也都坚持女装男性化的设计趋势，强调中性、怀旧、自然、舒适的设计情调。“吸烟装”是 YSL 设计的经典（图 6-41），一件简单的黑色夹克，配以带有饰边的女性衬衫和黑素缎带制成的领结，以及侧线镶边极具男性意味的裤装，就是“吸烟装”的完整造型。极富中性化的女装样式一经亮相便震惊时装界。此后，像马甲、领结、粗跟鞋、铅笔裤、修身西装、长筒马靴等男性化元素都成为 YSL 设计的典型。这种设计样式不仅是与男性的着装无限接近，更赋予了女性有别于传统制式的表达，体现新时期女性的独立与自我支配。

2000 年以后，20 世纪 80 年代的女装男性化和硬朗形象趋势得以复兴，流苏、金属、铆钉、皮衣、马靴等男权意识浓重的设计元素与材质大量应用到女装和配饰的设计中。以朋克教母 Vivienne Westwood、Alexander McQueen 为代表的设计大师开始在服装领域向大众展示了一个男性化的英雄主义色彩。

服装设计师在探索女装男性化趋势的同时，也在一直努力平衡两性气息，除了将男性的着装元素引入女装之外，也有越来越多的女性设计师开始将女装的设计元素渗透到男装的设计中，催生出一种男性服装设计的中性风。回顾时装史，男性服装的女性倾向甚至可以追溯到人类文明之初的古埃及时期，而 17 世纪产生的苏格兰裙，以及法国贵族男士服装的蕾丝花边和刺绣更是这一倾向的典范。近代服装也早在川久保玲和 Orji Yamamoto 等早起设计大师的作品中就曾有意无意地使性别差异模棱两可。近年来，像 Alexander McQueen、Raff Simons、Alexander Wang 和 Prada 的设计总监 Marcia Prada 等设计师也开始将男装推向远离硬朗气息的传统男性轨道。低胸、V 领、紧身衣裤、围巾、亮丽色，甚至高跟鞋等女性的传统代表元素纷纷成为男装的

图 6-41 “吸烟装” YSL

图 6-42 追求精致的男装设计

设计来源，注重细节与精致的男装逐渐代替了以往的崇尚粗犷不羁的“英雄主义”风格（图 6-42）。无论是女装的“男权化”还是男装的“阴柔化”，都使得当今的服装界向中性化的方向靠拢。

传统的紧身胸衣大大限制了身体的灵活与自由，这种社会变革大大促进了为女性设计服装，在服装设计方面，孕妇装不仅需要考虑到保暖、舒适的基本要求，还必须具有防静电、防辐射的功能。条件许可的情况下，针对孕妇设计的衣物都可以做成可调节式要素，以为身形不断变化的孕妇提供足够的预留空间和尺寸。而针对孕妇设计的裤装则可以采用背带式设计，这样就能利用肩部来承担衣服重量，减轻腰部系带对腹部的挤压，保证孕妇的舒适和胎儿的安全（图 6-44）。

图 6-43 喇叭裤

图 6-44 妊娠期女性的服装设计

又如现在哺乳期女性为例，现在哺乳期女性常用的哺乳衣就是针对产后妈妈进行“人性化”设计的典范。哺乳衣一般分为外穿式和内穿式两大类，外穿式哺乳衣通常在女性乳房位置设有两个活动的开口，在哺乳期女性在给婴儿喂奶时不需要将整个衣服掀开而只需拨开开口即可。这就避免了哺乳期女性受凉或在公共场合不雅观造成的不便。而内穿式哺乳衣同样在文胸的罩杯上设计了活动开口，罩杯内部还设计有吸水性较强的乳垫，可以防止乳溢弄脏衣物。这种人性化的设计为哺乳期女性带来了极大的便利（图 6-45）。

图 6-45 哺乳期女性的内穿式哺乳衣设计

6.5 伴随女性主义运动浪潮的设计艺术

6.5.1 女性主义海报设计

父权制与设计艺术的内在联系导致设计在价值、意识形态上出现了性别的等级差异。例如维多利亚时期的英国，女性面对暴力的被动无力的特征，在艺术作品中被塑造成为女性的美德，体现了父权体系和特定阶级对妇女“淑女化”举止的强烈坚持，甚至这种坚持不惜以牺牲女性的生命为代价。对女性裸体的“绝对占有权”的幻想，也大量出现在 19 世纪的艺术作品中，将女性身体等同于交易、买卖，将男性权利凌驾于女性之上，女性在两性关系中以一种附属和玩偶的身份出现，而西方艺术公然的情色主题，更是为男性服务的；1952 年美国最大的咖啡品牌，将一个男人正在殴打自己妻子的整版广告，刊登在流通量最大的日刊上（图 6-46），可见，殴打妻子是正常、正确甚至是值得鼓励的行为，透露出 20 世纪 50 年代美国社会对女性的态度。90 年代的艺术与设计，以招贴设计为代表，把女性与商业宣传的象征符号联系在一起，大多以描写女性充满迷人和诱惑的姿态为主题，也使人们意识到女性的不平等地位。总之，父权制作为社会行为规范的准则，女性以一种弱势的姿态对比男性价值观的优势，被排斥在主流意识之外。

20 世纪的 60 ～ 70 年代，设计艺术的发展与女性运动的目标和内容相适应，以强调男女差异，争取女性解放，以实现女性的价值等为出发点，贯穿着女性主义运动的始终。随着女性意识的觉醒，女性运动的发展，女性被赋予了更多的社会尊重，事业与家庭的双重角色，使女性更多地参与到社会权利与政治权利的共享，并引发了性别意识在设计与艺术领域的争论。因此女性主义设计伴随着女性主义运动发展而发展，相应承担着女性对自身权利和社会地位的争取，以及对于女性特征、自身价值的重新定位和思考；反之，作为社会意识形态的重要组成部分，对女性主义运动起到了积极的推动作用。

图 6–46　美国咖啡广告

女性主义设计则是针对女性特征，带有政治倾向，关注历史和社会中的女性境遇，强调男女性别差异的具有意识形态特征的设计作品。女用站式小便池的设计，就是自由女性主义强调男女相等的极端结果（图 6-47）。很多女性设计师通过海报宣传女性主义的斗争宣言，在设计中利用男性身体和形象，成为女性的使用工具或是衬托女性形象的背景，被看做是对男性掌控的女性意识形态的严厉反击。

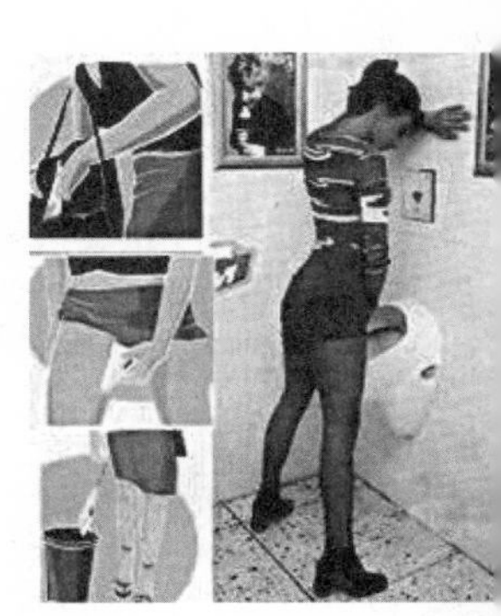
图 6–47　女用站式小便池设计

允许妇女参军是 20 世纪最引人注目的突破之一，第一次世界大战期间，美英两国有 1.1 万妇女在军中服务，主要从事护士、秘书和厨师等非战斗任务。① 海报作为引导和宣传妇女参军的手段，在设计中强调了女性的力量。海报中的女性或是目光坚毅或是满脸灿烂，将女性的柔弱、美丽与战争背景相结合，女性确实是战争期间最好的医护工作者，从“战争让女人走开”的传统观念到“这也是我的战争”、“这也是女人的战争”、“你也将充满快乐（为成为海军志愿紧急服役妇女队的一员而自豪）”（图 6-48）等口号，在女性力量被不断强化的同时，女性的意识也在不断觉醒。

图 6–48 《你也将充满快乐》

美国著名设计师诺曼 · 罗克韦尔在《我们能做到》（图 6-49）的海报中，创作出了妇女罗茜的形象，她系着头巾，穿着与男性工人相同的工作服，通过展示手臂上的肌肉，体现妇女在生产中的激情与力量，这一形象的出现颠覆了女性的传统形象，深受美国大众喜爱。

美国、英国、苏联等国的海报中，也大量表现了女性在工作岗位的辛勤状态，并予以美化和艺术化，以极大的热情赞誉了在战争期间勇于担当的新时代女性。为了鼓舞士气，为阴云密布的战争背景增添亮色，女性被鼓励涂抹大红的口红进入到工厂或军队，美国海军部队甚至要求女性的口红颜色与她们制服上红色臂章和帽子上红色细绳的颜色相搭配，著名化妆品品牌伊丽莎白 · 雅顿为了满足这一需求，特地创造了一种深红色的口红颜色，受到女性的极大欢迎，在美国的第二次世界大战的海报设计中，女性的红唇也因此

① 范大鹏 . 二战海报艺术 [M]. 北京：解放军出版社，2005：67.

图 6-49 《我们能做到》海报

图 6-50 《带胡须的蒙娜丽莎》杜尚

给人留下了深刻印象。

后现代女性主义流派随着西方国家进入后工业时代而产生，一些理论认为后现代主义女性的出现是女性运动的"第三次浪潮"，是颇具颠覆性的女性主义流派，也可以视为女性主义与后现代主义的同构。后现代女性主义催生了女性设计艺术的后现代文化，杜尚的《带胡须的蒙娜丽莎》（图 6-50）是其中的代表作品，温柔圣洁的女性形象加上了两撇小胡子，正是后现代女性主义对于男女模糊性别界限的叛逆概念。

在 20 世纪 80 年代的英国，出现了许多针对女性的设计运动：1983 年，设计史社团在伦敦的"当代艺术协会（ICA）"发起一场名为"设计中的女性"的运动；1985 年，在杜莱斯特举办的"女性与设计"展览；1986 年，在伦敦的圣·马丁斯中心举办的"从事设计的女性"展；1988 年，"当代艺术协会（ICA）"举办的"锋利的刀刃"展；1991 年，在伦敦设计博物馆举办的"人行道的破裂：性别、流行与建筑风格"。通过这种跨学科的视角，来引导一种关注性别差异的设计趋势。[①]随着女权主义的变化与发展，设计环境以及在设计之外所涵盖的文化性，将设计实践与理论相结合，都随之得到了持续性的发展，并为设计研究与实践提供了新的发展方向。

6.5.2 住宅设计与女性主义

Leslie Kanes Weisman 曾将美国的摩天大楼当作"父权符号的最高点，或是男性伟岸的神秘气质的代表"，而将住房当作"母亲的子宫"。她在《设计的歧视——"男造"环境的女性主义批判》的开章就指出男女之间的性别差异（包括身体的行为习惯和思想观念）促进了"空间等级体系"的产生，论证了建筑是如何在此基础上进行规划的，住房空间又是如何划分的，这些都反映出不同人群的地位差异，以及在性别、等级和种族中根深蒂固的不平等性。

由于传统的父权模式在设计象征主义中占据主导地位，从而使得女性客户或设计对象在实际上受到了非比寻常的挑战。作为一个独立群体，她们的特殊需求刺激了极具创新力的规划与设计的产生，无论是整体规划，还是新的设计形式，都是如此。在 20 世纪早期出现的一些著名住房建筑就说明了这一点。比如，弗兰克·劳埃德·赖特于 1919 年在洛杉矶设计的橄榄山住宅和复合剧院；1924 年，在乌德勒支市为施罗德和她的孩子设计的施罗德住宅；1927 年，勒·柯布西耶在巴黎郊外设计的德蒙奇别墅；以及 1947 年至 1951 年，密斯·凡·德·罗在伊利诺伊州布兰诺市设计的范斯沃斯住宅等。尽管这些都是为特殊家庭中的女性所设计，但它们都毋庸置疑地被列为 20 世纪最重要的十大住宅设计。我们需要关注的是，这些住房是如何被人们设计和建造的，以及当时所处环境和历史条件的政治因素等问题。

当然，从功能主义角度来看，住宅最基本的特征就是遮阳、防风和保暖。

---

① Joan Rothschild.Design and Feminism[M].Rutgers University Press，1999:22.

但女性主义所要求的则是要从社会、政治、心理角度去分析个体的独特体验，而后再将两性间的心理和生理差异进行区分，建立一个相对普适性的设计原则。

当女性主义运动在政治和社会生活中与男性一样取得平等地位后，女性开始在文化和思想领域塑造和巩固女性价值体系，并具有了主导文化的力量，具有女性倾向的设计艺术审美开始获得更多的接受。美国设计师沙里宁设计的郁金香椅以优美的曲线改变了传统座椅生硬刻板的形象，一条腿和圆足的结构赋予设计优雅的女性气质；斯堪的纳维亚地区的玻璃器皿设计也具有美丽的自然造型，受到世界设计界的广泛赞誉；甚至女装设计中的时尚元素，也被越来越多地应用到男装的设计当中。2005 年底，诞生在加拿大密西沙加市的玛丽莲·梦露大厦（图 6-51），是马岩松领衔的北京 MAD 建筑师事务所在公开竞标中脱颖而出的方案设计，该方案完全以女性的优美体态作为设计思路，来减少高层建筑和钢筋水泥带给人的压迫感，以美好的视觉引导美好的心理感受与遐想，将人从工业时代的紧张与压迫中解放出来。以女性形象为代表的城市地标性建筑，使具有女性特征的设计摆脱了“低俗”和“肤浅”的标签，树立了城市新形象，具有划时代的伟大意义。

图 6–51　玛丽莲 · 梦露大厦

约瑟夫 · 弗兰克设计的魏森霍夫实验住宅，在室内设计中加入了大量的装饰图案，这一举动让他饱受争议，认为这些装饰的“明显女性倾向”降低了住宅的品味与档次；马格利特 · 麦克唐纳作为女性设计师的身份一直被设计史忽略，而她为丈夫麦金托什创作的室内设计中，经常带有精心设计的装饰性纹样，这些纹样则被认为极大影响了麦金托什的设计，损害了建筑设计的纯粹；韦斯帕设计的踏板摩托车被认为是“阴柔”的妇女产品，与象征阳刚的男性马路文化严重不符，被拒绝“赐予”摩托车的称谓。

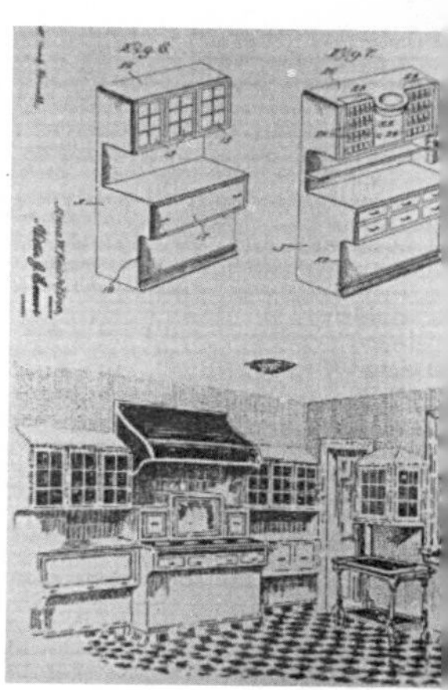

图 6–52　厨房设计

女性设计师为设计提供了多样化的观念和视角，女性设计价值和优势被充分肯定，与男性对立与互补的性别结构，被认为是男性意识的有效补充，使设计的结构更趋完善和丰富。以通用汽车为代表的大型企业开始聘用女性设计师，希望通过女性的设计服务来了解和把握女性消费群体的心理和生理需求，设计出更多女性喜欢的汽车类型。女性设计师大多心思细腻，相对易于沟通，易于体现设计的人文关怀，能够充分考虑消费者的要求，站在消费者的角度思考问题，她们自身的消费体验也能充分理解女性消费者的使用习惯，使设计贴近市场。

尤其在厨房用品和生活家电的设计领域，对比男性设计师，女性设计师有着无可比拟的使用感受和创意源泉，设计出了大量深受好评的经典作品，为现代设计注入了女性意识，丰富了设计文化的内涵（图 6-52）。作为家庭主妇的女性日常事务也是极为繁忙的，对于全职太太而言，客厅、厨房和卧室则更是成为了她们的“职场”，是她们履行家庭职责、处理家庭事务的工作空间。因此，在针对家庭主妇进行设计时，就需要对她们日常生活中点点滴滴倾注更多的关注。从她们的生活方式、劳作方式、情感需求等细节入手，带给她们更好的设计，以减轻她们的作业负担，为她们创造一个更舒适、更宜居的生活空间。

图 6-53　符合家庭主妇人体工学尺寸的厨房工作台设计

如厨房工作台的高度设计，应根据家庭主妇站立时手臂自然下垂后，手指自然触及水盆底部的高度来进行设计。如果工作台设计得过高，家庭主妇在长期的劳作中就容易肩膀疲累，而如果设计得过低，则需要弯腰工作，这样也会引起腰酸背痛。因此，家居空间中的女性从事家务劳动的主要场所，以及家务劳作中女性最常使用的各种工具器皿的设计，如扫帚的长短尺寸、切菜刀的把手设计等，都需要针对女性在人体工学、生理机能方面的基本特质进行差异化考虑（图 6-53）。

“为女性的设计”，是设计人文关怀的体现和设计发展的新需求，在推动设计进步的同时也创造了新的设计艺术思潮。在长期男性占据主导地位的社会价值和文化观念评价体系中，女性价值的自我意识呈现出多元化的趋势，以女性的情感与个性气质研究最具突破性。在传统观念中，女性温柔妩媚，气质柔美，个性特征与男性的阳刚呈二元对立的状态。而在女性主义运动中，性别特征开始模糊化，性别界限开始淡化，具有“中性”倾向的女性审美开始颠覆了男性主体的审美规范，女性开始拥有审美选择的权利和自由。

图 6-54　怀抱婴儿的抱带

在新的时代，女性以各种身份参与到设计实践之中，无论是女性设计师还是针对女性的设计，都体现出了女性自我意识的觉醒。格里赛达·波洛克曾说“我们被卷入了一场占领思想意识战略高地的争斗”，女性主义方法既不是一边倒的方法，也不是一种稀奇古怪的方法，它是一种对当代设计的中性关怀。[①]

女性有爱美的天性，一些公司瞄准女性愿意美化修饰自己和恐惧衰老的心理，为女性设计了大量的美容产品。如飞利浦公司和松下公司很早就研发了电吹风、卷发棒、女性剃毛器等美容产品，并赋予设计更多的女性特征，例如柔和的色彩、优美的造型和舒适的手感等。

除了传统的女性产品，针对女性的设计越来越多。为女性的另一个重要社会身份——母亲，所做的设计充满了对女性的关怀，例如怀抱婴儿的辅助工具、吸奶器等，在一些发达国家的公共环境中，也非常注意对带孩子的女性提供帮助（图 6-54）。例如在卫生间设置有母婴室或是在女性盥洗区，配有可以放置婴儿的安全台，饭店或商场配有婴儿座椅和婴儿车。这些设计，充分考虑到女性日常生活的需求。鉴于女性普遍具有细腻的情感和富于幻想的感性心理，与男性的理性主义相反，为女性所做的设计需要关注于女性丰富的内心情感。

在现代设计中，女性设计师继续证明着她们的设计工作价值，“为女性而设计”则更多体现了设计伦理与道德关怀，引发对生活方式的重新思考，以及对设计观念作出的改变，而这种改变同时有着深刻的女性主义政治意义。

---

① 格里赛达·波洛克．图像、声音与权力：女性主义艺术史与马克思主义．1982，6.5

第7章　设计与经济

7.1　设计的经济属性

7.1.1　设计的经济特征

设计是促进国家、机构或企业发展的有力方式。英国首相撒切尔夫人说："设计是我们工业前途的根本，优秀的设计是成功企业的标志"。日本的企业家松下幸之助从美国考察归来时说："今后是设计的时代。"德国、美国、日本等一些发达国家，从一开始就非常注重把设计和产业密切结合起来，在飞快发展的工业设计方面走在了世界的前面。

从这个角度来说："设计艺术是一种生产力"、"设计就是经济效益"。今天全球化的市场竞争愈演愈烈，为了适应世界经济新的动力带来的国际竞争，许多国家和地区都纷纷增加了对设计的投入，将设计放在国民经济战略的显要位置。

在现代社会中，设计艺术活动经常介入到社会经济活动和商业运作等重要环节，并成为具有影响力的因素。设计艺术的成果并不再只是借助个人的力量得以实现，而是借助商业的力量，形成市场价值。尤其是在现代社会，无论是杰出的创意设计、完美的艺术策划还是精致的效果表达，都离不开商业经济的运作，任何设计产物都是经济资源价值的巨大体现。

从设计到实现设计的全过程中，经济因素在不同的阶段具有不同的形式和作用，完成着从设计到生产和消费的全过程。就设计、生产、消费三者的关系来说，它们可以说是互为衔接的三个不可分离的阶段。设计是先导，设计创造生产与消费；生产是中介，生产是设计的物化过程，是由精神向物质的过渡。消费是转化，没有消费，设计与生产就丧失了价值。消费也激发了新的设计创造的产生，形成下一轮的新循环。可以说经济因素影响和制约了设计的整个过程。

设计的经济因素体现在对原有状态的经济价值分析、市场需求预测以及新方案的经济内容评估等方面。对原有状态的经济价值分析，是设计观念产生的基础，就设计物本身来说，成本、生产流程、生产技术、产量、价格等方面直接影响它的功能因素的发挥，相应的社会经济环境、市场需求和销售策略决定了设计物的实现效果。因此，设计观念的确立，必须通过周密的设计调查和资料分析，全面宏观地把握原有相关状态存在的优势或劣势产生的原因，作为新的设计方案形成和评价的基础。[①]

设计必须针对不同消费层的消费心理和经济状况，开发出适应不同消费者的商品。现代设计艺术作为一种市场行为，是由消费者、设计师和设计客户共同组成的“经济体”。设计师更是被称为“将艺术与市场联系在一起的人”。

设计的实施过程是设计方案由图纸到生产为实体的过程，对于设计来说，是实际制作的过程。虽然在观念形成的过程中已充分考虑了设计生产的诸多经济因素，但是，真正付出实施时，还需要对实体化过程中的许多经济因素进行深入分析。其中从设计物的试产、批量生产和专利保护等多个方面均受到了经济因素的制约。为了取得预期的效果，设计师必须考虑到批量生产带来的成本投资、管理投资和最终的价格、利润之间的关系。

在设计的实现阶段，设计物最终要推向市场实现其经济价值，这个过程主要是通过销售来实现的，当设计物作为商品投放市场，设计师应当及时调查市场反应和销售效果，综合反馈信息以改进产品设计和进行新的设计构思。其中，经济因素不仅体现在设计物的综合经济价值实现的过程中，而且也是改进更新已有方案和促成新的设计方案产生的基础。

设计与社会经济的互动首先体现在设计与制造消费的互动上。马克思在《政治经济学批判导言》中详细论述了“生产和消费”之间的辩证关系，总体来说，没有设计制造就没有设计消费，没有设计产品消费也就没有设计制造。[②]

设计产品消费从两方面推动设计的发展：第一，设计产品只有在消费中才能成为现实的设计。仅仅停留在设计图上的设计或设计师自我欣赏的设计，并不具有现实存在的意义。第二，消费创造出新的需要，为设计指明方向和目标。设计师可通过消费者对商业和文化信息的反馈，了解消费者的需求和欲望，指导自己如何改进产品或进行怎样的产品创新。

设计艺术满足人类的物质和精神需求，带来了人类生活方式的变革，同时推动着社会经济的不断发展。特别是在当今知识经济浪潮中，设计艺术对社会经济的能动作用体现得越来越明显和充分。设计艺术提高了产品的科技和艺术含量，增加了产品的审美附加值，从而创造出更多的经济效益。

7.1.2 艺术设计与市场

阿切尔（Archer）在他的《设计者运用的系统方法》中曾这样定义设计：“设计是围绕目标的求解活动。”一个设计的成功直接取决于设计的目标，即“为何而设计”。任何设计都是以合目的性应用的实现为其价值标准的，而这种应用则是通过市场将设计转化为商品体现的。因此，设计的最终实现与市场紧密相关，并且受到市场的制约。设计艺术通过预测未来市场的需求来确定设计目标和方向，具有强烈的超前性、预测性（图 7-1）。

---

① 荆雷．艺术原理 [M]. 济南：山东教育出版社，2002：20.

② 章利国．现代设计社会学 [M]. 长沙：湖南科学技术出版社，2005：89.

“设计”这个概念在许多场合中，也往往被“策划”等术语代替。这意味着设计与手工艺活动不同，它更偏重于事前的过程。在整个市场营销的组织中，设计占有引导性的地位。因此，一个优秀的设计师必须具备敏锐的市场洞察力，及时把握市场导向，并且要善于运用自己设计的产品去引导市场消费；设计师同时也应该了解市场需求，并积极地通过自己的设计去满足、引导市场需求，不断地寻找新的消费诉求点。

图 7-1 苹果显示器

在“设计—生产—销售—使用”这四个环节中，设计不仅在时间上先于生产、销售活动，而且设计的市场定位合理与否，在很大程度上决定了后两者的成效。因此，设计前的活动往往比设计本身花费的时间、精力更多。如设计前必须进行大量的市场调查，包括对厂家、消费者、竞争对手、媒体的详细调查；调查之后的数据要加以统计分析直至最后提出策划报告和方案；并且还必须根据市场状况及时调整方案，以适应突如其来的变化，这些都要求设计师的思考必须高度理性化、专业化。只有科学地进行市场需求预测，才能使新的设计方案更加准确地适应未来市场。

从企业微观经济学分析：市场 = 消费者（顾客）+ 购买力 + 欲望（需求）。市场在现代设计中就是设计成果的接纳对象，现代市场需求应该成为设计关心的问题。市场的细分作用在于把握艺术设计“为谁而做，为谁而造”，否则艺术设计也就失去其自身存在的基本价值。对市场的认识和把握直接影响着设计的成功与否，不找准目标对象、脱离市场需求的设计是盲目的设计。设计者必须将市场的观念导入设计之中，这是艺术设计的前提保证，同时也是艺术设计能否取得成功、能否为企业开拓市场从而占领市场的决定性因素。

艺术设计是为人服务的，这里的“人”指的不是某一个人，而是整体的社会大众。这就要求艺术设计在一定程度上既要有“精英设计”，另一方面也要满足社会各阶层、各类型的消费群体的需要。设计的风格既要包括“阳春白雪”，同时也要兼顾“下里巴人”，但更多的要满足社会各阶层的“雅俗共赏”。资本主义诞生之前，设计主要服务于特定的个人，而现代设计的目标追求不再只是局限于某个人，而是针对市场。所谓“针对市场”，就是在客观的社会群体中，划分出具有共同心理需求，有消费支出能力，在设计上有相同或相似需求的人组成的市场细分。

市场对设计的制约要求设计适应市场，市场内容的改变必然导致设计内容的改变。例如，海尔集团研发出的新产品，主要是靠市场来识别的。因此，每一次创新，要先研究市场需要什么，再来开发产品。只有得到消费者认可，才能说明产品创新是成功的。设计就是一个创新的过程，是企业和顾客之间创建和谐关系的过程。

图 7-2 雪铁龙汽车

一直以来，法国雪铁龙公司把消费者的审美趣味和实际要求作为改变公司设计风格的主要因素之一（图 7-2）。尽管它不去有意地赶时髦，但消费需求的不断变

化也必然会促使它在设计风格上做出相应的改变。雪铁龙公司强调：产品设计的风格必须注意到消费者需求的内容，它可以去影响消费者的审美趣味和购买欲望。日本索尼公司则最早在设计观念上提出“设计创造市场”的原则，他们认为想要完全准确地预测市场是不可能的，只有根据人们潜在需要去主动开拓市场，才能提高生产的预见性和主动性。

商品的实用性最直接的表现就是一种经济价值，它必须给生产者带来经济利益。经济作为艺术设计需要遵守的原则之一，要求用最少的耗材来实现最大的经济价值。任何设计都是以其满足市场的目的性作为其价值标准的，这种目的性是通过市场这个平台将设计转化为商品而体现的。

近些年，随着我国的市场经济体制不断完善，市场竞争机制也越来越完善。企业的生存，与其产品的销售情况紧密相连。加入 WTO 后，又面临着越来越多的跨国公司的直接进入，原本激烈的市场竞争趋势必更加残酷。同时，在买方市场条件下，众多的企业面临着对于产品越来越苛刻的顾客，这就使企业必须不断地提供优良的产品以满足市场需求，引导市场需求。从某种意义上讲，一个公司只有领先的设计才能够赢得市场。今天无论是国家还是企业无一不把设计列为新世纪的重要战略，世界上规模最大、效益最高的企业无一不是将设计视为提高经济效益和企业形象的根本战略和有效途径，在这样的社会环境下，设计与市场的关系便越发凸显出来。

任何一件艺术产品要想获得理想的市场效益，首先要了解市场发展现状，其次是通过艺术创作技巧来创造出满足市场需要的产品。在艺术设计创作的过程中无论是艺术创作技巧还是艺术生产技巧都仍然离不开相关的经济因素。显然经济效益的好坏决定了艺术生产是否满足市场需要。

设计是人类生物和社会性的生存方式，伴随着“制造工具的人”的产生而产生。早期人类有关设计的经验性总结，如中国古代的《考工记》和古罗马的《博物志》，都可视做设计学作为一门理论的最初萌芽和起点。①

设计，是用具体的物质形态体现出来的。按其过程来分，大致可分为三个阶段：制造、流通、消费。一、制造阶段，主要研究设计得以存在的物质基础，如工艺、材料、结构等因素。二、设计完成之后，要经由流通阶段才能到达服务对象，在这一阶段，设计将综合考虑多方面的因素，如市场学、经济学等。三、设计经制造、流通之后到达预定的服务对象，这时就进入了消费阶段。

设计作为社会再生产系统的环节，其自身的价值必须在社会交换中实现。设计必须被消费者所接受，有使用价值。而在整个环节中，设计需要先实现其经济价值，然后才能在被消费者的使用过程中，实现其社会价值和文化价值。

美国最早的工业设计师雷蒙德·罗维说：对他而言，最美的曲线不是来自产品造型，而是不断上升的销售额曲线。设计师雷蒙德·罗维于 1934 年把“冰点”牌冰箱的外形改得比别的产品流畅之后，这种冰箱在西尔斯商场的销售额曲线

---

① 尹定邦．设计学概论 [M]. 长沙：湖南科学技术出版社，1999:1.

图 7–3 “冰点”电冰箱 罗维

直线上升（图 7-3）。之后，这个观念就成为罗维设计的动力（图 7-4）。因此，在设计过程中，要充分考虑到设计的美感和功能因素，这就要求设计师具有良好的素质和设计修养。

设计的产业化过程实质上是设计成果的商品化和设计意义的社会化的过程。设计产业链条中的创意、造型、生产、包装、宣传、营销、管理、流通和市场开发等所有环节都指向一个最直接的目的——消费。因此，消费是设计最基本目的，也是最主要的目的之一，设计和消费之间的关系是设计与经济关系的具体化表现。我们可以分三个方面来理解：第一，消费是设计的消费；第二，设计创造消费；第三，设计为消费服务。具体的来说：第一层主要解决基本的生活需要，满足人们最基本的要求；第二层就是共同点，满足自己的生活需要；第三层就是从基本的物质需求上升到心理需求，达到自我的满足。

图 7–4 “流线型”汽车设计 罗维

设计营销管理就是设计企业、设计部门借助创新和高技能的营销与管理，开拓设计市场，并将各种类型的设计活动合理化、组织化、系统化，充分有效地发挥设计资源，使设计成果更富有竞争性，不断推动设计业的质量和生产力的提高，从而走向成功发展。①

市场营销是为了解决生产与消费的矛盾，以合适的方式和价格，在合适的时间与地点，使产品顺利的由生产者向消费者转移，市场营销的主要作用是创造和刺激消费者的需求。市场营销组合是为了满足目标市场的需求，企业对自身可以控制的各种市场营销措施进行优化组合。

在设计市场营销过程中，可以控制的因素有：服务、价格、分销和促销，它与传统的营销组合实质上是一致的，各因素间相互影响、相互制约，必须从企业内部资源、外部环境、竞争对手和宏观环境出发，综合运用市场营销手段促使营销的顺利完成。

20 世纪 60 年代，美国密歇根州大学管理学教授麦卡锡提出了“4P 理论”，即以 Product——产品、Price——定价、Promotion——促销、Place——分销为组合的整合营销理论，奠定了现代营销学的基础。进入 20 世纪 90 年代，美国的罗德朋和舒尔兹等人提出了“整合营销传播”的新理念，即 Integrated Marketing Communication（IMC）。1993 年舒尔兹教授所著的《整合营销传播》被认为是整合营销奠基之作，在这本著作里提出了“4C 理论”，即消费者的欲望和需求、消费者所付出的成本、消费者便利、消费者沟通。4C 分别代表：Consumers（消费者），Cost（成本），Convenience（便利性），Communication（沟通）。②而这些都是设计师在设计中要注意的方面。

在目前的设计界中，“色彩营销”的概念被越来越多地应用。20 世纪 80

① 陈汗青，尹定邦．设计的营销与管理 [M]. 长沙：湖南科学技术出版社，2003:58.

② 金安．试论市场整合营销 [J]. 宁波大学学报，2001（02）:111-114.

图 7-5 佳能 IXUS"你好，色彩"系列相机

年代，色彩营销理论由美国的卡洛尔·杰克逊女士创办的 Color Me Beautiful（简称 CMB）公司在企业营销实践中首次提出。该理论的实质是根据消费者心理对色彩的需求，运用色彩组合来促进产品销售，它是把上百种颜色按四季分为四大色彩系列，各系列的色彩形成和谐的搭配群，根据不同人的肤色、发色等自然生理特征以及个人面貌、形体和性格、职业等外表特征选取最合理的色彩系列，从而最大限度地发现美。

在卡片相机越来越同质化的今天，佳能公司将 IXUS 定位在中高端的消费群体中，并通过自身无可撼动的专业品质以及多种颜色的个性外观设计，赢得中高端消费者们的欢迎（图 7-5）。顾客在购买过程中，会对流行色进行追踪寻求，产生一种随潮购买行为。当顾客发现该商品具有自己喜爱的而平时少见的色彩时，会迅速调整购买行为，果断而兴奋地购买。佳能 IXUS 正是通过对色彩的巧妙应用，才取得了产品销售上的巨大成功。其广告语“你好，色彩”也就被越来越多的人们所记忆。

“设计目的是为人服务的，设计的经济性是区别其他艺术活动的首要特征。从市场经济的角度出发理解市场是指对某种产品有需求和有够买能力的人群组成的，从企业微观经济分析市场是：市场 = 消费者（顾客）+ 购买力 + 欲望（需求）的产生，现代市场的欲望（需求）的产生就应该成为设计关心的问题。”①

强调艺术设计的存在价值，实际就要是弄清楚产品到底“为谁而做，为谁而造”。所以说，设计者应该有敏锐的市场嗅觉，将市场的观念导入设计，这也是艺术设计能否取得成功、能否为企业开拓市场并占领市场、能否帮助企业生存与发展的关键所在。

7.1.3 设计创造经济价值

设计作为商品经济价值的创造手段，已成为企业、机构或国家实现发展的有效途径。许多国家和地区纷纷自觉增加对设计的投入，使其成为增强国民经济竞争实力的重要手段。

德国为了改进产品设计，于 1907 年创立了在世界设计史上影响深远的“德意志制造联盟”，德国设计理论家穆特休斯确立了设计理论和原则，为德国和

---

① 刘卷 . 解析设计的经济性 [J]. 企业经济 .2006，11:139.

世界的现代主义设计奠定了基础。第一次世界大战结束后，作为战败国的德国，国民经济凋敝，百废待兴。曾一度中断的“德意志制造联盟”继续运作，在它的影响下，德国大力发展设计，把有限的经济、技术和管理力量充分转化为商品，成功将自己的产品打入已被瓜分的世界市场。

长久以来，英国被看成是全球设计精英的聚集地与创新产业中心。英国前国家首相撒切尔夫人提出本国经济的振兴必须依靠设计，并断言：“设计是英国工业前途的根本。如果忘记优秀设计的重要性，英国工业将永远不具备竞争力，永远占领不了市场。然而，只有在最高管理部门具有了这种信念之后，设计才能起到它的作用。英国政府必须全力支持工业设计。”有了如此明确的经济发展策略，设计推动了英国工业的发展，而且拯救了英国商业，他们为政府、商家和设计集团带来了大量的利润。在英国，人们也越来越相信精良的设计能够提升生活质量，带来效益。

而第二次世界大战后满目疮痍的日本，从20世纪50年代开始引入工业设计，并将其作为国民经济发展的战略，从而涌现出一大批诸如索尼、松下、东芝、佳能、理光、日立、三菱、丰田等这种享誉世界的著名品牌，造就了日本经济在20世纪70年代的发展神话，使其一跃成为可与欧美比肩的经济体。国际经济界也普遍认为：“日本经济 = 设计力”。

虽说韩国的工业设计起步较晚，但是它所取得的成就却是令世人瞩目的。受地域、资源的限制，从20世纪60年代开始，韩国政府实行“出口主导型”经济发展战略，极大地发挥了工业设计人才的作用，使韩国在短短几十年里，从世界上最贫穷落后的国家之一，一跃成为中等发达国家，缔造了举世瞩目的“汉江奇迹”。

早在20世纪50年代初期，韩国的“金星社”公司就开始对其电子产品进行外形设计，但这种设计还只是基于纯美术的应用，还不能称之为真正意义上的产品设计。整个60年代，在“出口主导型”经济发展战略的刺激下，韩国的产品出口比率持续增长，对设计的认识也由先前的工艺美术进化到工业设计的概念。除金星公司外，三星电子、起亚汽车公司、现代汽车这类知名企业开始打造专业设计团队，一些中小型企业也开始雇佣工业设计人员。

自20世纪90年代初以来，韩国工业设计日趋成熟，许多企业从单纯的学习、模仿步入原创阶段，韩国的企业逐渐具有了世界级的设计水平，在国际市场上也具有较强的竞争性。1997年，韩国政府颁布了《设计振兴法案》，并成立了“韩国工业设计振兴委员会”，其战略目标是在2005年将韩国提升为世界级的设计大国。值得一提的是在工业设计领域异军突起的三星公司，公司在国际设计评奖活动中屡获殊荣，大有超过索尼成为亚洲设计领头羊的态势，其会长李健熙也是韩国众企业中最早提出“设计经营”口号的企业家，他甚至提出三星集团“以设计在21世纪决胜负”的管理策略。

设计对经济发挥着越来越重要的作用：首先，设计寻求功能与成本间最佳配比，能够以最小代价获得最大经济效益；其次，设计可以创造商品附加值；

最后，设计是企业以及经济体进行管理的有效手段。而经济的发展对于设计而言，无疑为其提供了坚实的后盾，使更多合理的、有创造性的、符合历史潮流的设计构想得以实现，物化为设计产品，丰富我们的物质生活，提供精神享受。

7.1.4 设计中的经济意识

我们常说，服装是反映社会的一面镜子。哲学家法朗士曾说："假如我死后百年，要想了解未来，我会直接挑一本好的时装杂志，看看我身后一个世纪妇女的着装。"[①]服装不仅和民族文化有着密切联系，也是社会政治、经济、科技等因素的集中体现。并且经济对服装设计的影响尤为突出。

20世纪20年代，宾州大学经济学教授乔治·泰勒（George Taylor）发现：当经济繁荣时，女人爱穿较短的裙子，因为要展露出时髦的丝袜；而经济不景气时，因为没有余钱买丝袜，就只好把裙边放长。这就是著名的"裙摆理论"（The Hemline Theory）。据说，这套理论屡试不爽，有人将"时装潮流"与"股市指数"逐年对照后指出，道琼斯指数的中长期走势跟女性的裙长密切相关。当短裙流行时，道琼斯指数上扬；当长裙风靡时，道琼斯指数下跌。可是，如果仔细推敲的话，就会发现，这种以"实穿性"为依据来论证经济与服装设计的方式，多少有些牵强。服装样式的设计确实与受到经济情况的影响，但并非简单的"裙摆理论"可以阐释清楚的。

从微观上来看，经济状况的好坏直接作用于设计活动。从宏观上来看，经济类型的改变也影响着设计潮流的变更。20世纪90年代以来，欧美经济发展速度减缓。2008年夏天，美国次贷危机引发的经济萧条在美国全面展开，从而引发全球性的金融海啸和经济衰退。新的大规模的经济危机开始上演。在欧洲，受金融危机的影响下，高级时装业受到重创。这些动辄售价上万美金的高档时装业也开始尝受到经济寒冬的冷酷。许多著名的服装品牌公司开始大幅裁员，高级时装发布会的会场也转移到较小场所，模特的出场费由原来的4000美元降到2000美元左右，有的甚至取消了新品发布会。在此时期，大多数品牌开始重新注重服装的实用性。

人类社会经历了工业现代化高速增长期，创造了丰富的物质财富，但与此同时，资源衰竭、环境恶化、生态失衡等问题制约了社会的前进脚步。为了有效缓解经济发展和资源环境之间的矛盾，世界各国进行了不断的探索。到20世纪90年代，循环经济发展模式被越来越多的国家所接纳，发展循环经济已成为国际共识。

循环经济模式的核心是众所周知的"3R"原则，即减量化原则（Reduce）、再使用原则（Reuse）、再循环原则（Recycle），如今的设计行业因此深受启发，开始审视和反思过度商业化的设计方式。正是在这种背景下，极简主义设计、绿色设计应运而生。

---

① 黄亚琴．解读服装设计中的文化因子[J]. 东南文化．2007，5：94.

7.2 设计与产品生命周期

产品有其产生、发展、衰亡的生命过程。自工业革命以来，瓦特的蒸汽机、马可尼的电报机、贝尔的电话、爱迪生的电灯泡、福特的T型车、波音707宽体客机、索尼的walkman随身听、大众甲壳虫汽车、微软视窗系统、苹果的iPod与iPhone（图7-6）等，我们见证了他们的辉煌，体验了它们带给世界的改变，也目睹了它们的更新换代。在这样一个高低起伏的生命曲线里，优良的设计会让产品的生命周期延长，并使之成为历史上的经典之作。

如今所处的全球化时代，产品从入市到退市的各个阶段都要有严谨的步骤规划作为依据，根据不同阶段制定不同的策略与应对办法。对于现代企业来说，不间断的科技研发、优秀的营销策略和强大的设计，是现代企业生存的三大必备条件。作为世界知名高科技企业苹果公司，在最近30年中，一直给我们展现了这三剑合璧带来的巨大能量（图7-7）。

众所周知，独特的产品设计是推动苹果公司不断发展的主要因素，其根源是以史蒂夫·乔布斯为首的领导团队对产品设计的不懈追求。这种追求可以从苹果公司的众多标志性产品中看出来。比如1981年上市的“苹果III”、让人对乔布斯重回苹果印象深刻的第一代“iMac”、大幅改变音乐聆听方式的“iPod”、让触摸屏成为智能手机基本配置的“iPhone”、重新定义人类交流娱乐方式的iphone4等。苹果公司对设计的执着以及重视设计在创新中的地位，证明了优秀设计给产品带来的巨大价值，也表明了设计在现代企业发展中的重要性（图7-8）。

图7-6 苹果iPhone手机

图7-8 苹果公司的手机设计

图7-7 苹果公司产品设计

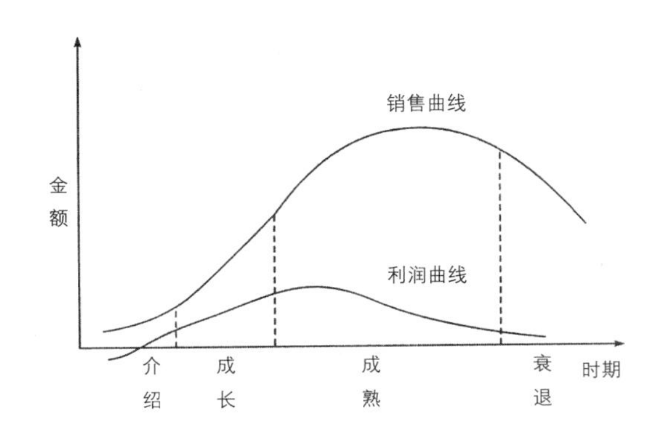

图 7-9　产品生命与利润周期曲线图

美国经济学家雷蒙德·弗农（Raymond Vernon）认为完整的产品寿命周期可分为四个阶段：引入期、成长期、成熟期和衰退期。根据这个理论，我们可以看出，随时间推移，产品的市场生命将经历逐渐增长，然后到一个最高点，而后再逐步下降的过程。

图 7-9 就是根据产品生命周期理论并结合产品的利润变化而制定出的。介绍（引入）期由于需求量低而不能弥补研发成本，又由于用户对产品不熟悉而需求量低等多种原因，使得企业需要在除产品生产以外的其他方面加大投资。但因竞争对手较少，企业在价格上有较大自由度。成长期内市场需要量迅速扩大，产品设计和工艺趋于成熟，企业盈利水平扩大，竞争对手大量涌入。优秀企业会在此时更新产品设计与提高技术水平，以保持领先地位。成熟期内虽然市场需求的绝对值仍可以继续增加，但增长率却已经下降，价格降低压薄利润。如果此时依然没有新的设计或技术提高产品竞争力，则产品就会进一步进入衰退期，市场绝对需求量下降，该产品逐步被其他产品所替代。

（1）第一阶段：介绍（引入）期

介绍期是指产品设计定型后入市进行测试的阶段。此阶段的目的是以获取消费者的使用体验和市场反应数据，来为下一步盈利作必要铺垫工作的。新产品入市，便进入了介绍期。本阶段因为由于产能、原材料的限制，生产产品批量小，制造成本高，广告费用大，产品销售价格偏高，销售量十分有限，企业一般处于微利，甚至不能获利的状态。

（2）第二阶段：成长期

当产品进入稳定期，销售取得成功之后，便进入到了成长期。成长期是指产品经过试销阶段效果良好，消费者认可了产品的设计，在市场上站住脚并且打开了销路。这是需求增长阶段，需求量和销售额迅速上升。生产成本大幅度下降，利润迅速增长。与此同时，竞争者看到有利可图，将纷纷进入市场参与竞争，使同类产品供给量增加，价格随之下降，企业利润增长速度逐步减慢，最后达到生命周期利润的最高点。

（3）第三阶段：成熟期

指产品进入大批量生产并有稳定的渠道进行销售，经过成长期之后，随着购买产品的人数增多，市场需求趋于饱和。此时，产品逐渐普及并日趋标准化与同质化，成本进一步降低，产量进一步加大。销售增长速度缓慢直至转而下降，由于竞争的加剧，导致同类产品生产企业之间不得不加大在服务等方面的投入，在一定程度上增加了成本。同时由于供需关系的变化，售价进一步降低，利润逐渐压薄，进入微利阶段。

（4）第四阶段：衰退期

是指产品进入了淘汰阶段。随着科技的发展以及消费者喜好的改变等原因，

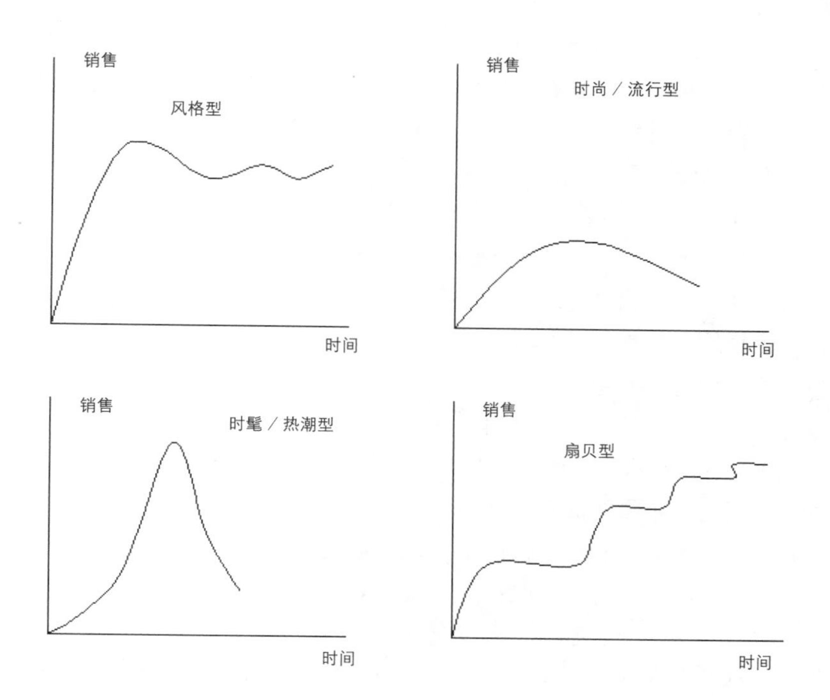

图 7-10 四种不同类型产品生命周期曲线

产品的技术指标和设计水平都已经老化，不再具备市场竞争力，销量、利润持续下降。市场上已经有其他设计新颖、质优价廉的产品，足以满足消费者的需求。此时生产成本依然高居不下的企业就会由于亏损而陆续停止生产，该类产品的生命周期也就陆续结束，以致最后完全撤出市场。

通过细分产品门类我们会发现，各个行业的不同产品生命周期会有十分显著的差异，我们大致可以将产品分为四类，进行比较分析，如图 7-10 所示。

风格型的产品以佳能数码产品为例。佳能数码产品以优良的产品设计和性能表现以及良好的口碑和合理的市场退出机制，使佳能产品推出后能够迅速打开销路，并稳定市场份额。在整个环节中，合理的退出机制保证了产品换代升级的良性更迭。将新的优良设计用于新产品上，可以使产品保持新鲜度，提高产品活力，延长产品生命周期，压制竞争对手的发展。优良的设计还可以培养消费者的品牌忠实度，进而逐渐形成一个牢固的极具风格化的品牌形象，产生稳定的消费群。

时尚流行型产品以 ZARA 服饰产品为例。ZARA 服饰是最接近标准周期与利润曲线图的产品类型。ZARA 服饰每季新品都会在上市时采用当时最新的材料和最潮流的设计，新款上市产量低、铺货少、价格高、销量低。因此，宣传推广成本高，处于微利甚至亏损的状态。在打开市场后，ZARA 服饰卖场会通过打折促销等手段降低价格，扩大销量，大幅降低了生产成本后产品利润会迅速上升并达到最大化。之后，由于市场仿制产品增多，价格竞争，产品时尚性随时间的推移而降低，产品随之进入衰退期并最终退市，完成了其本身的生命周期。

时髦型产品以世界杯期间球迷用品为例，在可预料的时间，以新潮的设计产品为卖点，销量巨大、利润高但周期短，但市场环境不确定因素多，设计难度大，风险较高。时机把握不当可能会遭受较大损失。具有一定投机性。

扇贝型产品以苹果公司的 iPhone 为例。苹果公司的 iPhone 系列手机为大多数工业产品树立了一个典范。iPhone 系列手机自 2007 年 1 月诞生以来，至今已发展到第五代，苹果公司一直坚持每年进行对 iPhone 手机的设计更新，以巩固和扩大自己在市场中的领先地位。苹果公司不断尝试提高整个智能手机的市场需求，其设计的产品改变了人们通讯交流和获取资讯的习惯。苹果公司在 2012 年市值创纪录地达到 6240 亿美元，而这一切都源于区区可数的几款工业产品，这足以令人咋舌。此外，苹果公司以一款产品带动的周边软件、配件行业形成的数千亿美元的产业市场规模，这在人类历史上还是少有的事情（图 7-11）。

如前文所述，苹果的成功即是技术、营销和设计三者有机结合的结果。在企业的资源和技术大致相近的情况下，在营销条件难以拉开差距时，设计作为变量，可以给产品带来价值上的提升，其潜力是难以估量的。

在一些企业里，为了制造“人机交互”的商品，他们纷纷成立了专门的研发部门，但这些企业很难开发出非常理想的商品。而这在很大程度上并不是技术水平问题，关键在于设计的理念。苹果公司之所以能够领先于其他公司推出近乎理想的革新性商品，很大程度上是取决于苹果公司对于设计理念的发展与引领。苹果公司展现的不再仅仅是一部手机，而是全新的交流和获取资讯的方式。

当今世界，企业的发展需要在设计上加大力度，把握产品生命周期规律与特点，并以超前、创新的设计理念来维护产品生命周期的健康的发展状态，延长自身的生命周期。

佳能 EOS 单反产品换代升级具有周期化与规律化

ZARA 具有最典型的产品生命周期与利润曲线

世界杯带火周边产品销售，催生数十亿欧元市场

从 97 年乔布斯回归几近破产的苹果至今，苹果市值从不到 40 亿美元翻升 155 倍，达到创纪录的 6240 亿美元

图 7–11　不同类型产品有着迥异的生命周期

7.3 设计的市场

研究设计市场有二个内容：市场细分和目标市场。简单地说，市场细分是如何将市场分割为有意义的顾客群体；目标市场是选择服务于哪些群体顾客。

7.3.1 市场细分

设计市场根据不同的需求进行市场细分，以满足顾客群的差异性需求。市场细分（Market segmentation）是由美国市场学家温德尔·斯密于1956年总结企业市场营销管理经验而提出的。"所谓市场细分，即根据消费者对产品或服务的不同需求，把产品或服务市场细分为小市场群。"[①]

西方市场营销学的理论认为："由于经济文化的差异，消费者需求、购买能力、行为等不同，市场细分不可能有一个完全统一的标准。每个企业都需要根据自身特点及具体情况确定市场细分的具体标准，根据市场特点间的差异进行设计规划，使顾客不同的需求得到满足。"[②]设计的市场变化直接影响着人类的生活质量，设计的价值分析保证了最大的投入效果，解决了基本上的生活问题之后，提高到一定的生活层次，受到人们的欢迎。

众所周知，任何一家企业没有能力也没有必要满足所有的市场需求，市场细分可以明确目标，有利于公司整合市场资源。细分是市场营销战略能否成功的一个前提，市场细分是否科学合理已经是市场营销战略能否成功的一个前提。

为了更好地进行市场营销，就有必要按照一定的标准把市场进一步细分，因为针对某一类型的产品，顾客的需求是不同的。

市场细分具体有四个标准：

一、人口标准：包括年龄、性别、职业、婚姻、教育程度、收入、家庭、种族、国籍、宗教和社会阶层等多种因素，人口因素是细分消费者的最流行依据，其原因是消费者的需要、欲望和使用率经常紧随人口因素的变化而变化，以及人口因素比其他的因素更容易衡量。如西方人与东方人对同一艺术设计品可能会有着截然不同的评价。

二、行为标准：包括购买时机、追求的利益、使用者情况、品牌忠诚度、购买者准备阶段和态度等。

三、地理标准：指按照消费者的地理位置和自然环境来进行细分，地理因素包括地理位置、市场大小、气候等，因为处于不同地理位置的消费者对设计有着不同的看法和理解，因而会对设计企业采取的市场营销战略有着迥异的反应。例如北方因为气候的干燥，房屋顶部采用平台式的设计；而南方因为多雨的气候特点，人们对房屋顶部的设计倾向于倾斜式的。

---

① 迈克尔·J·贝克，市场营销百科 [M]. 李垣译 . 沈阳：辽宁教育出版社，2001:52.

② 甘碧群 . 市场营销学 [M]. 武汉：武汉大学出版社，2000:54-55.

四、心理标准：主要指个人生活方式及个性等心理因素，生活方式、个性的差异使得消费者对设计也有着不同的认识。

7.3.2 目标市场

目标市场涵盖战略有三种：集中性市场战略、差异性营销战略、无差异营销战略。

1. 集中性市场战略

该市场战略的重点在于只是选择一个或少数几个细分市场作为目标市场，集中设计和营销力量，实行专门化的设计服务和营销。即汇集公司有限的各种资源，着眼于某一细分市场，突出专业优势，实行专门化的运作。

2. 差异性营销战略

在强调个性化的时代，差异性营销战略根据各个细分市场中消费需求的差异性，设计出顾客所需要的个性化设计方案，并制定营销战略去满足不同顾客的需要。设计作为一种商业服务，只有不断寻求自身的独特，做到与众不同才可能在行业竞争中获取优势。

3. 无差异营销战略

采用无差异营销战略是指企业把整个市场看成一个大的目标市场，用统一的市场营销策略，来吸引消费者，它对于产品需求强调共性服务。

7.4 设计与消费的关系

设计与消费间的互动关系是相互辅助、相互影响的。一方面设计出的产品能促进消费市场的繁荣,另一方面消费市场反馈的信息也能促进设计不断进步。因此，设计作为一种经济形态，设计出的产品直接受经济规律的支配，从设计、生产、消费、流通各个环节都必须按经济规律办事，是完成和实现其经济价值的过程。

我们论述现代设计与消费的关系，实际上是探讨设计的经济性质，是设计与经济关系的具体化：

第一，消费决定设计，它是一切设计的动力与归宿，正如经济学中通常所说的市场决定论一样。“消费的真相在于它并非是一种享受功能，而是一种生产功能”[①]只是，它生产的并非具体所在，而是代表着满足消费者需求的产品应该具备的特质，有什么样的消费需求，就会产生相应的设计创意、设计产品。

第二，设计满足消费需求，并为消费服务。设计除了可以帮助消费需求外，还能通过各种手段，促进商品的流通。譬如商品进入市场之前需要进行视觉传达设计、展示设计、交互设计等，才能有效地展示产品的特性，并最终达到刺激销售的目的。

---

① [法] 让·鲍德里亚. 消费社会 [M]. 刘成富，金志钢 译. 南京：南京大学出版社，2001:25.

第三，设计引领消费潮流，激发潜在的消费动机。设计对于消费需求，并不是一味的迎合，很多时候设计是处于主导的地位，引领新的消费趋向。“设计可以扩大人类的欲望，从而创造出远远超过实际物质需要的消费欲。伴随新的设计的不断产生，人们会有意地淘汰旧有的商品，即使它们在物理上还是有效的。这从客观上便扩大了消费需要总量。”①

消费社会的商业模式

从经济学角度来讲，消费是指使用一定的物质资料来满足人们物质、文化、生产、生活的各项所需，它是经济领域中一项必不可少的基本活动。

消费设计的话语实践主要包括两部分：有计划的废止制度的形成和“市场引导设计”模式的形成。这两种制度的形成使现代设计逐渐成为了一种促进销售的营利手段，而设计师则被置身于社会资本链条运转之中。当利润和消费成为设计唯一的追求，设计师只是资本运作链条上的一个零件时，设计就会完全变成一种商业营销技术。特别是当公众的利益和客户的利益发生冲突时，营利的价值取向必然会腐蚀设计师的道德感，设计师就将陷入一种系统的、体制性的盲目之中。第二次世界大战后直到今天，我们的所谓消费社会和商业设计模式在很大程度上还在遵循这种消费设计的话语。

回顾历史我们不难发现，消费现象在很早就已出现。历史学家卡柔·沙玛斯（Carole Shammas）通过对现代产品咖啡、烟草等大众消费品的考察发现，正是这些商品的大众化促进了消费社会与消费文化。他认为消费社会的到来为每个人都带来利益，“种植园主与商人的巨大收益，运输商大批量的运输量，以及商品低廉的价格和消费者购买力的增加。”②到 18 世纪晚期，现代大众消费文化的雏形就已形成。正如消费文化的研究学者丹尼尔·郝若维兹（Daniel Horowitz）所说：“在当时，人们购买商品，物质成为提高社会地位的最具戏剧性的方式，‘以此提高生活标准’这一观念散布在社会的各个阶层中。”③

18 世纪的消费革命扩展到美国，此时正值欧洲开始消化工业革命带来的成果之际，而美国的消费文化迎头赶上。从 19 世纪下半叶开始，消费文化加剧了在欧美等地的发展。随着消费意识的形成与经济规模的不断扩大，多样化的商品形式、新颖的广告用语与宣传方式、大量的商店和商场都体现了这一趋势。与此同时，消费文化也融入了新的观念——性别意识，女性开始通过消费发挥对经济的重要作用。直到 20 世纪 20 年代，在历经将近一个世纪的发展过程中，美国消费社会的主要特点也已发展完备。第二次世界大战后，消费文化更是进入高速发展时期，以雷蒙德·罗维、瓦尔特·提格为代表的美国第一代职业设计师更是通过优良的功能和国际化的审美向世界推广美国的消费观念。

---

① 刘兰．设计概论 [M]. 珠海：珠海出版社，2008:75.

② John Brewer. Consumption and the World of Goods [M]. London: Routledge，1994:177.

③ Daniel Horowitz. The Morality of Spending: Attitudes Towards the Consumer Society [M]. Baltimore: Johns Hopkins University Press，1998:105.

美国是消费社会的后来者，但是后来居上。这一转变主要取决于美国逐渐从农业社会转为工业社会，人口增加和城市化的进程的加深。美国福特汽车创造的流水线的组装汽车生产流程，标志着美国消费文化的发展成熟。这种适应大批量消费的生产模式，大大降低了企业的生产成本，提高了汽车生产的效率和投放市场的速度，使得汽车成为人们继服装、钟表、香水、生活用品、玩具之后的可以为普通人购买的商品。此外，流水线在带来广阔市场的同时，也为工人提供了较其他行业较为丰厚的薪资水平，增加了他们的购买和消费能力，进一步促进了国内市场和消费需求。这种经营模式就是美国消费社会的典型特征——大量的普通民众由于报酬的提高，保证了充足的消费能力，从而成长为社会的消费主体。这种消费意识大大促进了机械化生产和大众消费，形成市场经济的无限循环。

以美国为代表的现代消费社会与以往不同的是，它的消费内容、消费水平和消费范围都大大增加。大型的商场、超市代替了英国式的小作坊式商店，丰富的商品也满足各个阶层消费者的需求。宣传媒介也不再拘泥于海报、画册或邮购目录，出现了广播、电视、网络等大量新兴的信息传播方式，即使在偏远地区，也能很快了解大城市的消费与流行趋势。人们的消费活动也增加了类似休闲、养生、娱乐等精神消费，俱乐部、酒吧、会所、健身等也成为日常消费的一部分，并让人感到习以为常，甚至是生活必需。可以说，消费现已渗透到人们生活的方方面面。

1. 市场调研与消费者的购买决策

设计企业在做出任何决策之前，有必要对设计市场进行一番分析调研，了解该市场的基本状况，为后续的决策做必要的准备。同时，企业的产品需要得到市场的考验，其价值需要在市场上体现出来。调研包括消费者调查、购买决策过程、市场供给状况、市场促销状况。

市场调研是指搜集和提供与设计决策有关信息的科学方法，它是连接设计者与消费者之间的桥梁。市场预测是根据市场调查得到的各种信息与资源，预测未来一定时期内市场对某种产品的需求量及其变化趋势，为设计部门、市场营销部门提供决策依据。

调研是设计的必须阶段，是设计产品具有竞争力的保证。这一阶段，其目标是为企业和设计提供市场资料，以确定产品设计的发展方向。需要设计师、市场人员、企业管理人员共同参与分析工作，通过对市场资料的分析、归纳、整理，找出市场的发展趋势、消费者的爱好及习惯等问题，将市场信息转换成较为抽象的概念与消费者的需求。在设计目标确定之后，下一个步骤就需由设计来完成，设计要实现这些目标，将抽象的概念转化为可视、可触、可感的形象与实体，解决设计难题。

1）消费者调查

消费者是营销的对象，是营销赖以存在的载体。企业如何制定营销策略，关注的重点是消费者，调研包括各种相关因素，如消费水平、消费结构需求量的变化等，从其文化因素、经济因素、群体因素、需求因素等角度出发，找出与之相适应的需求。

影响消费者购买行为的主要因素有：

（1）文化因素

设计从某种程度上来说是设计师的文化背景的一种反映，设计师除了要有相应的专业水平和艺术修养外，还必须与营销者紧密合作，了解潜在目标对象的文化背景，从而使自己的设计服务符合社会的文化价值观。消费者的需求差异在很大程度上由文化差异而导致的，每个社会阶层都有其独特的价值观、爱好、兴趣和审美，文化是某一特定社会生活方式的总和，包括语言、风俗、宗教习惯、信仰等独特现象。①

（2）经济因素

它是决定消费者购买行为的重要因素，它包括消费者的可支配收入、商品价格、经济周期等因素，在消费者收入水平低下的情况下，经济因素影响是首要的。

（3）需求因素

马斯洛的需求层次理论把需求分成生理需求、安全需求、社交需求、尊重需求和自我实现需求五类。②随着人们生活水平的大幅提高，当生理需求和安全需求已得到满足后，尊重需求和自我实现就成为人们所追求的新目标。③

（4）群体因素

主要指能影响消费者态度和购买行为的个人或集体，因为作为人类群体生活的集合体，消费者在选择消费对象时，很自然会受到群体一致性的影响。

2）消费者购买决策过程

（1）问题认识

认识购买行为，首先从认识刺激开始，营销和环境的刺激进入购买者的意识，购买者个性与决策过程导致了一定的购买决策。购买过程从消费者对某一问题或需要的认识开始，内在的和外部的刺激因素都可能引起这种需求。④

（2）信息收集

消费者有了需求，就会去积极寻求更多的信息。

（3）可供选择的方案评价

消费者运用收集到的信息来进行最后选择。具体有四点：

对设计的满意度：每个消费者都希望他所购买的设计包含自己满意的所有属性。在消费者眼中，一个设计是否值得购买是由各个具体的设计特性所决定的。

设计特性：指设计所具有的满足消费者要求的特性。在消费者眼中，设计的好坏表现为一系列设计特性的集合，如设计表达方式、制作技术等设计特色。

---

① 甘碧群．市场营销学 [M]. 武汉：武汉大学出版社，2001:32-34.
② 杨献平．企业特点营销 [M]. 北京：中国广播电视出版社，1999:27-28.
③ 张德，吴剑平．企业文化与 CI 策划 [M]. 北京：清华大学出版社，2000:20-21.
④ [美] 菲利普 · 科特勒．营销管理 [M]. 上海：上海人民出版社 .1999:32.

评价方式：营销人员通过一些具有代表性顾客的购买决策调研，发现消费者对某类产品的评价，营销人员利用该评价，并设法使商品或品牌对消费者更具有吸引力。

品牌形象：消费者对某一品牌所具有的信念称为品牌形象。凡是靠自身属性建立声誉的每一个品牌，消费者对此会发展成为一组品牌信念。

2. 市场引导设计模式

消费的设计话语中包含着一种针对大众欲求，即对消费者购买心理调查研究，继而使设计成为与之相适应的商业技术。消费社会中的设计师具备敏锐的市场洞察力，及时地把握市场导向，并善于运用自己设计的产品去引导市场消费。通过自己的设计去满足、引导市场需求，并不断地寻找新的消费诉求点。

"市场引导设计"模式，往往只看到了眼前的经济利益，却忽视了长远的持续性发展。虽然花样百出的外观设计讨好了消费者，但这种设计模式实际上并没有从实质上解决消费者使用中的问题，反而引起能源的快速消耗。

7.5 有计划的商品废止制

图 7–12 20 世纪 50 年代美国商业性设计时代下的汽车广告

美国的现代设计从诞生之日起就伴随着浓厚的消费主义色彩，设计所营造的商业氛围使得美国成为在战争中受益最大的国家。消费设计为战后的美国创造了一种繁荣的经济景象。有计划的商品废止制(Plannes Obsolescence)是由通用汽车公司的总裁斯隆与设计师哈利·厄尔共同提出的，这项制度主张在设计新的汽车式样的时候，有计划地考虑在以后几年之间不断地更换部分样式，形成一种制度，使汽车式样最少每两年有一次小变化，每三四年有一次大变化，有计划地使样式"老化"。厄尔曾说："我们的工作是加速样式废止。在 1934 年，人们拥有一部车的平均时间是 5 年；现在是 2 年。到了 1 年的时候，我们将会有一个完美的业绩。"[①]美国著名设计师乔治·尼尔森（Gcorge Nelson）也说："我们需要的是更多的样式废弃，而不是更少。"[②]

这种制度表面上是为了满足消费者多样化选择的需求，其实完全是出于商业逐利的考虑，刺激消费者的购买欲望。使消费者为追逐新的流行式样，放弃旧式样从而达到占领市场的目的。最终通用汽车凭借"有计划的商品废止制"超越福特成为世界第一大汽车厂商。有计划的商品废止制不仅打破了原有的勤俭节约的社会风尚，而且对有限的地球资源也造成了极大的浪费。

"有计划的商品废止制"（图 7-12）作为美国商业性设计的核心，根源于美国现代设计的传统。众所周知，美国的设计运动自发端起就带着浓厚的商业气息。第二次世界大战之前，美国的工业设计就持一种未来主义的态度，热情颂

① Whiteley N.Design for society[M]. London: Reaktion Books，1993；P16.
② Whiteley N.Design for society[M]. London: Reaktion Books，1993；P15.

扬工业时代的机器产物。面对激烈的市场竞争，发展了的“流线型”风格（图 7-13）。早期的流线型风格主要出现在汽车、火车、飞机等交通工具的设计上，到了 20 世纪 30 ～ 40 年代，这种风格已经成为社会流行风尚，成为消费者追逐的购买热点。从公共交通工具到家用电器，随处可见流线型风格的身影，这种外形设计给制造商带来高额的销售量，大获成功。也是从这个时期，才开始有了越野车这一概念，并且依照传统，将这种拥有越野性能的车型统称为吉普车。由于美国在第二次世界大战中受到的创伤最小，战争期间的美国释放出惊人的生产力，此外，美国收留了大量来自包豪斯的流亡教师，为战后的美国经济迅速发展并成为当时世界范围的设计中心打下基础。

图 7-13 美国流线型风格汽车设计

20 世纪 50 ～ 60 年代，美国的经济增长出现了一个被西方经济学家称之为“黄金时代”的全盛期，其国民生产总值从之前的 5233 亿美元暴增至 10634 亿美元，这种社会财富的急剧增加带给美国人前所未有的富足感。人们开始相信国家的财力取之不尽、用之不竭。在这种错误观念的误导下，美国社会中消费主义思想开始产生。与此同时，美国国家政策对社会消费的不合理鼓励和推动，也对这种消费主义浪潮起到推波助澜的作用。在西方哲学中，人被认为是一种真正的“理性动物”，人类的使命就是以其体力和智力了解世界进而征服世界的，最终成为世界的主宰。这种哲学思想实际上是把人类与世界的关系看做是征服和被征服的对立关系。那么在消费领域，人类则有权支配已经到手的物质财富，可以通过对资源的无节制消耗，最大限度的满足自身需求。企业为了立足于激烈的商品竞争，前仆后继地加入到商业设计的浪潮中来。商业市场正是抓住了这样一个天时、地利、人合的机会，大力推动了整个消费主义商业设计的进程。在这个过程中，我们可以明确看到市场这只“无形手”的威力，现代主义“形式追随功能”的信条被“设计追随销售”所取代。正如王受之先生所说，约束美国早期工业设计发展的力量并不是知识分子的理想主义，也不是社会民主主义，而是十足的商业竞争。

但是归根到底，“有计划的商品废止制”只是资本主义经济制度的畸形儿，它是在繁荣的经济大背景下，消费者表现出空前高涨的购买热情。我们知道热情都是有时限的，当热情褪去，人们开始冷静、理性思考自己的购买行为时，便会识破“样式主义”商业设计的华而不实，拒绝为之买单。譬如，1965 年一年当中，通用汽车公司的雪弗兰汽车就有 46 种样式、21 种色彩。而为了既实现产品的“换代”，又保证较低的产品开发成本，通用公司在汽车性能、技术等方面改革也只能是浅尝辄止，所谓的更新换代很大程度上只是纯外观的改变，消费者并没有从中受益多少。所以纵使厄尔等人坚定地认为有计划的商品废止制对设计来说有着重大的积极意义，可以刺激消费，推动经济的发展，但仍然有另一群人，他们对有计划的商品废止制持否定的态度，认为它是对社会资源的浪费和对消费者的不负责任，是不合设计伦理规范的，这种依靠人为老化商品式样来促进消费设计理念，注定只是白驹过隙般的存在。

从 20 世纪 30 年代起，这种由设计驱动的消费文化不仅在美国工业界扎根，同时也扩展到了世界许多国家和地区，随着商业活动的密集，直到现在都深刻影响着具体商业设计实践。如今通讯市场上手机的款式日新月异，让人眼花缭乱，滑盖的、翻盖的、直板的，但是不管什么样式他们的基本使用功能都大致相似，真正的技术上的改进微乎其微，商家联合设计师通过造型外观上的推陈出新或稍加改进的功能来吸引喜新厌旧、追逐新潮的消费者，使得他们抛弃现有的产品，投身到更新换代的商业浪潮当中。

从历史的角度来说，“样式主义”设计的发展顺应了时代需求。战后美国求新求异的消费心理很大程度上是为了赶走战争的阴影，过上焕然一新的生活，所以“样式主义”才得迅速风靡。但是从经济发展的长远目标和利益来看，它只能是一个快餐式的短线商业现象，使得它很快被理性、严谨、合理的“优良设计”所取代。

第 8 章　设计与宗教

黑格尔曾说："较早阶段的宗教是一种艺术及其感性表现的宗教。"人类最初对宗教的信仰和与膜拜是设计艺术生长与萌芽的沃土，可以说，设计艺术的发展是根植于宗教文化的土壤之中的。因此，设计与宗教之间有着千丝万缕的联系。

宗教与设计的融合是在潜移默化中将信仰灌注于艺术之中。在一定程度上救赎了功利世界的痛楚，拉近自然与人类生活的距离，将意境之美带入到烟火人生之中。因而，宗教与设计的相互影响在某种程度上即是宗教与世俗的交融，在灵感的碰撞中寻求美感的光华，在信仰的神秘主义色彩下消解现实生活的枯燥与乏味。

宗教活动从人类最初的造物艺术开始，就对设计的发展产生着重要的影响，至今仍有很多设计师热衷于从宗教中获得灵感，创作出令人赞叹的设计作品。另外，宗教作为一种群体性的社会活动，具有很强的传播性，并带有一定的强制性，所以对建筑、装饰、器用等方面的设计发展有着深刻的影响。而宗教的发展则取决于它所处的不同的政治和经济环境下所扮演的角色。例如，在中世纪的欧洲和南北朝时期的中国，宗教成为统治者维护政权的工具，因而宗教设计也成为当时整个设计趋势的主流，特别是在建筑设计上表现得十分明显。

设计对宗教的发展也起到了非常重要的作用，因为宗教需要通过设计来影响受众的心理，使其能够感觉到神的存在和伟大。宗教设计影响了世界不同地域之间的交流与融合，成为传播文化的重要媒介之一。与此同时，不同的宗教之间，设计符号成为辨别宗教派别的最主要途径之一，这也体现出各个宗教不同的审美观念和艺术特色。

8.1　设计与基督教

自罗马帝国将基督教赐封为国教之后，基督教所倡导的宗教观成为西方文化占统治地位的价值观和审美观。在文艺复兴以前的一千多年中，上帝是人类的主宰，人们按传播的教义和价值观念构建社会秩序，使得基督教渗透于人们活动的各个领域中。基督教的发展受到不同时期社会变革的影响，也是整个社会文化艺术的象征，影响着建筑、雕塑、绘画以及工艺美术等方面的设计风格演变。

8.1.1　基督教的“神圣”设计

早期的教堂是由巴西利卡式建筑改进而来。巴西利卡是古罗马的法庭或大商场等豪华建筑，这种建筑可以为群众的大型集会提供场所，同时其设计也符合基督教的人人平等的教义观念。基督教建筑对巴西利卡式建筑进行了符合自身功能的改良，将入口由原来建筑的长边调整为短边，把原有的法官及皇帝室座改为供奉圣坛的位置，利用这种纵深的空间将人流活动的方向和视觉中心都引向神的庇佑所。通过这样的设计布局营造神秘的宗教氛围，使信徒们进入这样的环境之中就能感受到上帝和神灵的伟大。由此，我们不难看出，基督教堂的设计脱胎于当时罗马建筑设计，同时也将基督教的信仰融入到建筑之中，促使建筑设计提出新的观念、产生新的形式。在早期的巴西利卡式教堂中，墙壁和拱顶均采用镶嵌壁画进行装饰。壁画的构图一般为对称式，以基督教内容为题材。壁画中的人物刻画十分严肃，其目的是增强教堂的神秘感，通过视觉感觉作用于信徒的心理，塑造出神圣而威严的宗教内部空间。

罗马帝国在公元 395 年分裂为东西两个帝国，东罗马迁都至原希腊殖民地拜占庭。由于东罗马帝国占领了东欧、西亚、北非等大片领土，因而在古希腊、罗马的艺术理念的基础之上又吸收了东方艺术和基督教信仰，形成了独特的拜占庭风格。而拜占庭风格的教堂建筑是在巴西利卡的基础上融合了波斯、两河流域的建筑特点，将东方建筑风格融入了西方教堂设计。“它从前者那里获得了典雅、对人的形象的关注，以及希腊艺术特有的比例和谐的美感；从后者那里，它学会了赞赏豪华和恢宏。所有这一切都是在基督教世界观的指导下完成的。”[①]拜占庭风格的教堂采用“十字形平面”或“集中式”布局，高大的穹窿顶源自于古罗马教堂，但设计师们创造出了在正方形或长方形上建造穹顶的方法，因而开始将巨大的穹窿作为拜占庭教堂建筑的布局中心。整个建筑内部穹顶因其巨大的向心性、成为视觉的中心，出色地体现了作为宗教建筑所要求的精神感召力量。

在教堂的内部装饰上，东方神秘主义色彩对内部精神空间的塑造起了重要影响作用。建筑师们采用具有东方抽象装饰艺术的镶嵌画装饰，追求豪华和绚烂的色彩。用大量的马赛克镶嵌装饰教堂建筑的墙面、地面、顶面、楼梯等，使整个教堂内部空间与外界尘俗相隔绝。东方古典艺术关注的往往是纯粹的装饰而非真实的描写，他们对色彩的迷恋超过了对外形的关注。拜占庭历史学家洛克比乌斯在描述著名的拜占庭风格建筑——圣索菲亚教堂（图 8-1）时说道：“人们觉得自己好像来到了一个可爱的百花盛开的草地，可以欣赏紫色的花、绿色的花；有些是鲜红的，有些闪着白光，大自然像画家一样把其余的染成斑驳的色彩。一个人来到这里祈祷的时候，立即会相信，并非人力，并非艺术，而是只有上帝的恩泽才能使教章成为这样，他的心飞向上帝，飘飘荡荡，觉得

① [西] 派拉蒙出版社组织 . 拜占庭艺术 [M] 王嘉利译 . 济南：山东美术出版社，2002:19.

离上帝不远。”

在服饰设计方面，拜占庭时期服装的款式设计、颜色、面料图案等皆深受基督教的教义与精神影响，甚至被赋予与基督教有关的象征意义。在受到基督教禁欲思想的影响下，拜占庭时期的女性着装必须将身体包裹得十分严实。而作为拜占庭时期主要流行服饰“达尔马提卡”，出现于罗马帝国末期，在基督教被定为国教后得到了广泛的传播。“达尔马提卡”从肩到下摆的两条红紫色装饰“克拉比”，被认为是基督血的象征。

图 8-1　圣索菲亚教堂(上)
图 8-2　比萨大教堂（下）

在工艺品设计方面，“拜占庭时期的象牙工艺与珐琅工艺占有同等重要的地位，不少作坊直接受宫廷或教会的控制，因此单纯的牙雕摆件较为少见，多是作为圣遗物箱、圣瓶盒、圣书函或二连圣像板、三连圣像板的雕刻装饰。”[①]拜占庭式的家具在古希腊风格上融入宗教色彩而形成的独特风格，宗教人物和宗教故事被大量地运用在床和座椅的装饰设计上。金属工艺中珐琅工艺最为出色，用于装饰圣十字架、圣遗物箱、圣书装帧、圣像障壁。其中最为精美的作品是威尼斯圣马可教堂祭坛金屏风，由 80 多幅描绘基督教画面的瓷片构成，装饰着数量巨大的宝石、珍珠、钻石和水晶。拜占庭被称为基督教帝国，在设计的各个方面都反映出宗教的伦理和权势。

在公元 9 世纪到 12 世纪之间，西欧盛行“罗马式”建筑，这种最初起源于法国的建筑形制融合了多种建筑风格。在政治的分裂及贸易路线开通的过程中，“罗马式”建筑风格在西欧和东欧的国家得到了广泛传播。“罗马式”建筑延续了早期教堂的巴西利卡式建筑风格，整体采用拉丁十字的平面形式，而不是古罗马神庙的“集中式”布局。“罗马式”的教堂建筑一般具有沉重、坚固的外形，它沿用了古罗马式的半圆拱顶及半圆形的门、窗和拱廊，整体看上去更像是一座威严的城堡（图 8-2）。“建筑追求凝重均衡的效果、饱满的力度、疏密均匀的节奏和宏大的体积，以烘托中世纪基督教精神的威严和力量。”[②]这种建筑形式和当时的社会环境有着密切联系。在当时战争不断的欧洲，建筑的厚重墙壁不仅能够有效地抵抗入侵，同时还能够给信徒以心灵上的安全感。

在此时期，罗马式教堂开始使用大量的圆雕和浮雕，以《圣经》中的人物和故事为题材，将基督教力量化为视觉形象加以表现。“罗马式教堂的修道士雕刻家和拿着刻刀的神学家明显无法在这个关闭了千年的世界中去认知，创作出的都是干瘪的图画，描绘的是一个贫乏的、干瘦的、压缩的、跟他们一样痛

① 陈聿东 . 外国美术通识 [M]. 郑州：河南人民出版社，2005:293.
② 张育英 . 中西宗教与艺术 [M]. 南京：南京大学出版社，2003:145.

图 8–3　米兰大教堂

苦的自然。”①雕刻的人物比例被拉长，面部表情令人恐惧，配合着石壁围绕所产生的昏暗环境，这种阴郁的装饰设计能够使人们产生敬畏之感，唤醒信徒们内心的情绪。另外，由于基督教的普及，社会盛行施舍之风，这也对服饰设计产生了一定影响。例如，人们流行在腰带上垂挂一个小口袋（奥莫尼埃尔），用以放零钱、钥匙等物，有时还装些食物，以便随时向贫民施舍。

在罗马建筑艺术风格基础上，富有情感的哥特式建筑发展起来，它与冷漠、刻板的罗马式风格建筑差别甚大。而哥特式建筑的产生有着复杂的社会背景：在当时，西欧很多城市开始摆脱封建社会的束缚，手工业和商业迅速发展，形成了新兴市民阶层。由于基督教神学依然是中世纪欧洲绝对的统治思想，而新兴市民阶层的力量也显然不足以对抗封建势力的禁锢，所以他们只能够通过教堂这个象征神权的建筑来寻找通向世俗的美好愿望。

社会的哲学思想对于设计艺术的影响也是不容忽视的。在 11 世纪，经院哲学逐渐兴起，并逐渐成为中世纪欧洲占统治地位的哲学思想流派。这种哲学的实践方法是，借着传授信徒各种知识，告诉他们与上帝沟通不仅可以依靠信仰，凭借人类的理智同样也可以做到（人们可以利用复杂精细、既严谨又细琐的思维力量来与上帝沟通）。②在经院哲学的直接影响下，哥特式的教堂朝着垂直、精美、繁琐的方向发展，整个建筑都直指天空，给人以腾空的感觉，象征着教徒对于高高在上的上帝的渴望与接近。为了达到这种效果，建筑师们采用尖拱和肋架拱顶来表现上升的趋势，后来还辅以飞扶垛加以支持拱顶。著名的巴黎圣母院、科隆大教堂、米兰大教堂（图 8-3）等都是哥特式建筑的代表。

主教堂成为大多数欧洲城市的中心，街道以其为起点放射布置，并以辐射状的环道将街道连接起来，形成环网状的城市规划布局。高耸的体量使得教堂能够俯瞰整个城市，象征着神权至高无上的地位。“盛期哥特式建筑确实已将内部的体量从外部的空间中界定出来，同时又坚持突出自己，似乎它通过周围的结构来做到这一点。”③以教堂为中心的城市布局，使得教堂与民居连接成为有机的整体。教堂是由市民集资修建的，因而哥特式教堂既保留宗教性，也具有一定的世俗性。随着教堂建筑的发展，教堂不仅是宗教活动的场所，也是节庆、婚礼、集会等世俗的活动中心。此时的教堂不再像是一个庇护所，而是与更大的群体相沟通的空间。

---

① [法] 艾黎 · 福尔 . 法国人眼中的艺术史 : 中世纪艺术 [M]. 张昕译 . 长春：吉林出版集团有限责任公司，2010:127.

② 朱雯 . 从中世纪服装史看宗教文化对服饰设计的影响 [J]. 美与时代 . 2009（12）: 103.

③ E · Panofsky. Gothic Architecture[M]. Latrobe，1951: 44.

哥特式建筑的内部装饰颇为独特。由于哥特式建筑的窗体代替了厚重的墙壁，所以传统建筑中的装饰壁画消失了，玻璃花窗成为了哥特式风格建筑最突出的特点之一。设计师们从拜占庭教堂中的琉璃嵌画中吸收灵感，创造了镶嵌彩色玻璃窗画。即在大窗户上先用铅条组成各种形象的轮廓，然后用小块彩色玻璃镶嵌，其基本色调为蓝、红、紫三色。单纯的轮廓与彩色玻璃的结合，使教堂内部在阳光的照射下呈现出一种色彩斑斓的神秘气氛。而彩绘玫瑰花窗（图 8-4）不仅在视觉上给人们造成强烈的宗教氛围，而且具备宗教神圣所赋予的象征意味。圆形窗中的玫瑰象征着天国中极乐的灵魂，而下方叶状窗中的叶子代表着需要拯救的灵魂，使人们感受到天国的美好，沉浸在一种向往超脱的境界中。可以说，哥特式建筑把建筑艺术中崇高的艺术形态推向了极致，使艺术之美的观念超越实用，进入浪漫的境界。而宗教情感与世俗的华丽装饰在人们看来似乎不能并存，但哥特式建筑中的玻璃窗使得这两者达到完美的和谐统一。

图 8-4 玫瑰花窗

受哥特式建筑风格的影响，当时的男子流行穿着尖头鞋，即“波兰那”。鞋子的鞋尖越长，意味着穿着者的地位就越高，最长的鞋尖可以达到 1 米。王族可长到脚长的 2.5 倍，高级贵族可长到脚长的 2 倍，骑士则为 1.5 倍，有钱的商人为 1 倍，庶民只能长到脚长的一半。当时的男子还戴细而长的管状帽“夏普仑”，帽尖可以披在肩上或垂于脑后，也可缠在头上，最长可达地面。与“夏普仑”相似，女子的“汉宁”帽同样是哥特式建筑的反映。“汉宁”帽呈圆锥状。手工艺人在制作时“首先用浆糊把布粘成圆锥状高筒，然后在这高筒上裱一层华美的面料，如花缎、织锦、平绒等。帽口装饰有天鹅绒，披下来到肩部，帽尖装饰着很长的贝尔——里里佩普。”[①]同样，人们的地位高低可以从帽尖的高低来判断，帽尖越高的人地位越高。宗教刺激服装产生新的形式，而宗教所规定的伦理秩序也植入这些形式之中，这迫使人们在日常生活中保持着对基督信仰的崇拜。“哥特式女装下半身裙子的量因从四个方向加进许多三角形布而大大增加，形成许多纵向的长褶，强调了垂直线感觉，与哥特式建筑那向上升腾的垂直线之特征一脉相承。”[②]哥特式最为典型的壁毯是法国的“安琪启示录”，织造者是巴黎著名的尼克兰 · 维特。壁毯以坚硬的笔触和深暗的色调表现了夏尔五世收藏福音书《约翰启示录》里的内容。

8.1.2 走向世俗的基督教设计

罗丹在《法国大教堂》中说明了基督教教堂转向世俗化的原因所在 ：“世俗社会不可避免地从摆脱教会人士直接影响的艺术家活动中得到好处 ；教会人士要求艺术家们合作，艺术家们却给神秘主义氛围注入漫不经心的思想，带来了与宗教艺术的纯正传统格格不入的考虑与习惯。可以肯定，教会人士与艺术

① 李当岐 . 西洋服装史 [M]. 北京 ：高等教育出版社，2005:64.
② 李当岐 . 西洋服装史 [M]. 北京 ：高等教育出版社，2005:53.

家们之间的分手，是加速哥特风格没落的原因之一。”

文艺复兴运动的兴起对整个欧洲的设计产生了巨大冲击，促进设计艺术的迅速发展。文艺复兴时期的设计从古希腊、古罗马的设计中吸取营养，在建筑风格上追求理性，倡导用科学的态度对待设计问题。由于尊重人性和推崇理性逐渐成为人们思想和行动的指引方向，因而在设计上就开始提倡个性的解放和自由，追求庄严、含蓄和均衡的艺术效果。

15 世纪 30 年代意大利的佛罗伦萨被资产阶级上层所控制，这使得社会环境较为宽松，从而促使众多建筑艺术家们开始敢于挑战宗教权威，寻找科学的、理性的建筑语言，最终创造出与教会神学观念不同的建筑形式。佛罗伦萨大教堂的圆屋顶被誉为建筑领域中突破教会精神专制的标志。13 世纪末行会从贵族手中夺取了政权后，建造了佛罗伦萨圣马利亚大教堂，将其作为共和政体的纪念碑。圆屋顶的设计者是菲利波 · 布鲁内列斯基，他崇尚古典美，专注于研究古罗马的建筑之美，并试图冲破教会的禁制，他创造性地把古罗马的建筑形式与哥特式的结构有机结合起来。佛罗伦萨大教堂的圆屋顶（图 8-5）被人们称颂为欧洲建筑史上建筑的奇迹，气势雄伟，庄重优美，高达 30 多米，直径为 42 米，比罗马万神殿的穹顶还要大。这个穹隆项由上下重叠的两个大圆壳组成，放置在八角形的耳堂上面，是对罗马万神殿的重新塑造。与古罗马的大型穹顶不同的是，佛罗伦萨教堂的大穹顶高高突起，成为整个城市轮廓的中心。由此可见，当时的教堂建筑仍然作为崇高的象征性建筑，但已经突破了基督教严格的建筑形式的限制。

同样闻名遐迩的是佛罗伦萨洗礼堂青铜门饰（图 8-6），系雕刻家基伯尔精心打造，当时著名的艺术理论家瓦萨里评价其“全景设计很好，也极高明，人像窈窕优美，姿态可爱，而且修饰极精，看上去不像是铸造模后打磨而成，倒像是一口气吹出来的。”教堂的金属工艺的设计已经成为华美的视觉装饰，人物的刻画也不再是中世纪古板的、比例失调的形象，艺术家们可以按照自己对美的感知来设计大众所接受的作品。

“文艺复兴时期，反对禁欲主义的人们也开始在服饰上表现人体的造型之

图 8–5　佛罗伦萨大教堂的圆屋顶（左）
图 8–6　佛罗伦萨洗礼堂的青铜门饰（右）

美和曲线之美。”[①]在英国实行宗教改革之后，灰色和黑色也失去了其宗教色彩的象征意味，英国王妃的睡衣就是用装饰着黑天鹅的黑缎子制成，与肌肤能够形成反衬对比，突出女性白皙的皮肤以及优雅的身材。

图 8-7 罗马耶稣会教堂

17 世纪是罗马大力修建巴洛克式教堂的时代，这一时期的罗马虽然仍是天主教的根据地，但经过 16 世纪的宗教改革运动，天主教会的绝对权威几乎被消磨殆尽。新教运动抨击罗马教廷的豪华奢侈，提倡毫无装饰、朴实无华的风格。罗马天主教教廷在这种情境下采取了反宗教改革的改革运动，意在重新夺回教会在民众中的影响力。天主教会发现了灿烂缤纷、富丽堂皇、颇具动感的巴洛克艺术，将其作为天主教会的艺术工具。因为此种特色的建筑风格十分契合教会通过新建教堂来追求神秘感和炫耀财富，达到重新强化和扩大天主教势力的目的。

巴洛克建筑设计的风格是在形式上刻意追求反常出奇、标新立异的效果，外观自由奔放，喜好富丽的装饰和雕刻，线条曲折多变，建筑的构图节奏不稳定，常常不规则地跳跃。“巴洛克风格打破了对建筑理论家维特鲁威的盲目崇拜，也冲破了文艺复兴晚期时古典主义者制定的很多清规戒律，反映了人们向往自由的世俗思想。”[②]意大利文艺复兴晚期，著名建筑师和建筑理论家维尼奥拉所设计的罗马耶稣会教堂（图 8-7），被誉为是巴洛克建筑的第一个标志性建筑。教堂立面借鉴早期文艺复兴建筑大师阿尔贝蒂设计的佛罗伦萨圣玛丽亚小教堂的处理手法。正面为带有柱式的两层，上部两侧有两对大涡卷，正门上面的檐脚和山花被做成弧形和三角形的叠加。因其成为表现巴洛克艺术的动态之美的开端，所以这些处理手法后来被建筑师们广泛仿效。

弗兰西斯科·波罗米尼是巴洛克建筑成熟风格的代表人物，堪称巴洛克建筑之父。他不拘于传统教堂的拉丁十字平面，追求不同寻常的建筑语言，力求每件作品都不雷同，这为教堂设计带来了很多独特的变化。波罗米尼设计的罗马圣卡尔罗教堂以其杰出的正立面设计而著名，他充分运用了正弦弧和反弦弧构成的多变的曲线、多变的外形和天顶上天使的装饰使建筑充满了动感。教堂的平面图呈椭圆形，立面装饰精致繁多，整体明暗变化十分复杂。天顶圆盖综合运用了六角形、八角形和十字形的图案，造成了一种无限深远的错觉感。

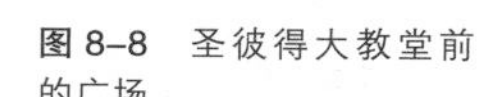

图 8-8 圣彼得大教堂前的广场

贝尼尼曾被任命为教廷的总建筑师，受教皇委托建造圣彼得大教堂前的广场和柱廊（图 8-8）。整个广场为椭圆形，两侧有巨大的柱廊，这两排柱廊如同教皇伸出的两只手，把信徒们拥入教皇仁慈的怀抱。“柱廊采用气魄雄浑的塔司干柱式，柱身有很

① 要彬. 西方工艺美术史 [M]. 天津：天津人民出版社，2006:250.
② 张育英. 中西宗教与艺术 [M]. 南京：南京大学出版社，2003:165.

图 8-9　布罗克汉普顿万圣殿（上）
图 8-10　万圣殿内部（中）
图 8-11　联合礼拜堂（下）

多雕像，柱与柱之间的相互掩映造成了复杂的明暗效果。”①贝尼尼的作品反映了强烈的宗教热情，将情感注入其作品之中，特别是在雕刻中那引人激动的起伏变化，具有很强的视觉表现力。

8.1.3　现代基督教设计

19 世纪末 20 世纪初的基督教设计发生了巨大的变化，这一时期正是教堂建筑发展的探索阶段。当时著名的英国建筑师爱德华·普里奥（Edward Prior）曾说：“教堂建筑，已经不可能再沿着传统的那种绘画似的繁琐的形式发展了，我们的建筑决不应该成为纪念碑式的建筑了”。

在工艺美术运动的影响下，莱什比设计的布罗克汉普顿万圣殿（图 8-9、图 8-10）开创了一个新的纪元。教堂的外形像一个大茅草屋，内部结构由大量的混凝土拱顶组成。三角形的曲弧起到了空间的分割和装饰作用，使得教堂内部空间保持着古老而原始的简朴，人们在其中能够感受到原始的宗教仪式所带来的神圣感。“所有的这些再现了莱什比在《建筑学、神秘主义和神话》一书中所探索的结构：方形标志着力量和世界本身，塔楼构成了穿透屋顶的立方体，而东端的三个尖顶窗户使用了更为传统的基督教雕刻——使构成三位一体真神的三部分同等，一颗星星在它们上方，标志着基督降生和天堂本身。”②

麦金托什是格拉斯哥学派的代表人物之一，他设计的“女皇十字架”大教堂被认为是在传统哥特式教堂上增加了新艺术运动的色彩。教堂的建筑设计十分朴素、实用，利用工字钢将墙壁连接，采用精致浮雕来表现个人主义风格。

现代主义大师赖特设计的位于伊利诺伊州橡树园的联合礼拜堂（图 8-11），开始重新审视教堂建筑的结构和功能，将教堂建筑引入现代主义设计。教堂始建于 1904 年，目的是替代之前毁于大火的木建筑。由于教堂建设的经费太少，赖特采用朴素而简单的表现形式，整体结构采用积木式的组合方式。赖特在他的自传中回忆道：“那么，为什么不建一座神庙，不是为了神——那是感伤而不是感觉——而是为人建一座神庙，把他们安放在一个舒适的集会地点，使他们可以在那里探究他们和自己的上帝的联系呢？一座现代的聚会好去处……这

① 李春．欧洲 17 世纪美术 [M]. 北京：中国人民大学出版社 .2010:69.
② [英] 埃德温·希思科特，艾奥娜·斯潘丝．教堂建筑 [M]. 瞿晓高译．大连：大连理工大学出版社 .2003:13.

样的建筑会是什么样的呢？他们说他们想象不出这样的东西。'这就是你来找我的目的'，我斗胆说道。我可以想象出来并且帮助你把它建造起来。"赖特将教堂视为一种重要的公共建筑，受美国提倡理性和民族的背景环境影响。与其简单的外形相比，不难看出赖特着重表现的是教堂的内部装饰，强调的是在建筑内部的空间感受（图8-12）。特别是在光线的处理方面，赖特在教堂的顶部设计了许多的天窗，营造出了极具现代感的宗教气氛。

图8–12 联合礼拜堂内部装饰（上）
图8–13 朗香教堂（下）

随着20世纪60年代第二次梵蒂冈大公会议的召开，就连当代最为保守的天主教教会也不得不提出了"跟上时代、适应社会、展开对话"等改革口号，重新审视世俗给基督教带来的巨大变化。这时的教堂放弃了传统的形式，接受了世俗领域的建筑观念，因而教堂建筑受到各种建筑思潮的影响，逐渐呈现出多元化和个性化的特点。具有很强影响力的建筑师们也将自己的审美观念融入教堂建筑设计中，创造出许多极具个性、造型独特的宗教空间。

朗香教堂（图8-13）在教堂建筑史上具有划时代的意义，正如设计者勒·柯布西耶所说："从建筑角度讲，我希望将这座教堂设计成一个寂静的场所，一个祈祷者的场所，一个和平的场所和一个内在愉悦的场所。这种神圣的感觉鼓舞了我们，一些事物是神圣的，另外一些则不是，无论他们是否是宗教的。"朗香教堂由于其古怪的造型而被人们称为"上帝的耳朵"，象征着教堂是信徒与上帝沟通的场所，当信徒看到这座教堂时就仿佛听到了来自上帝的声音。也有人认为他看上去像信徒合十祈祷的双手，还能够让人联想到圣经中的诺亚方舟。其屋顶设计为向上翻卷，像一只反扣的贝壳，被称为"上帝的帐篷"。总之，这位现代主义大师并没有将它建造为现代主义的建筑，而是采用了非线性的几何形式，目的是展示其对神圣建筑的构想。教堂厚实的墙体上只开有无序的窗口，从内部看上去只是透光的小洞，营造出神秘的宗教氛围。

水晶大教堂是受电视福音传道者罗伯特·舒勒的委托，由有着建筑界"教父"之称的菲利普·约翰逊所设计建造的。菲利普·约翰逊的教堂设计带有很强的折衷主义色彩。"对教堂外形和历史上的经典形式进行重新构思、博采众长，他的作品包含了多种多样的风格，如哥特式雕刻、拜占庭式和文艺复兴时的几何形造型元素。"①他设计了很多宗教建筑，例如印第安纳州的无顶教堂、德克萨斯州达拉斯市感恩礼拜堂。舒勒希望创造一个能够包容外面世界的透明教堂，而菲利普所设计的类似一颗钻石水晶的形态确实达到了其最终追求。教堂的整体平面为变形的拉丁十字，呈拉长的四角星形（图8-14），这种形式能够将聚

① [英] 埃德温·希思科特，艾奥娜·斯潘丝．教堂建筑 [M]. 瞿晓高译．大连：大连理工大学出版社 .2003:118.

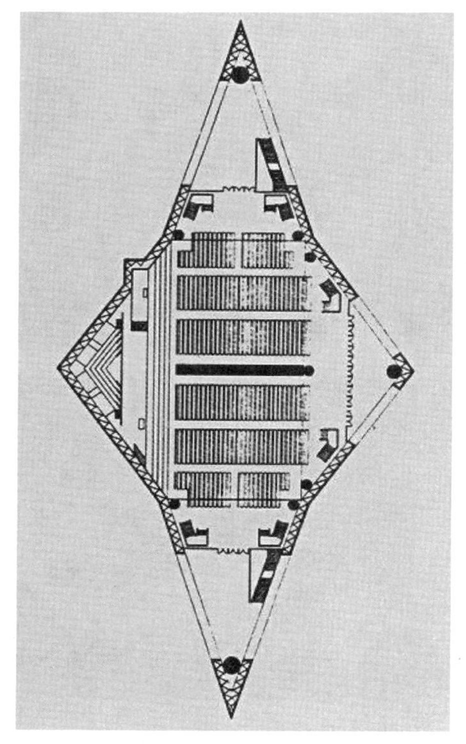

图 8–14　水晶教堂平面（上）
图 8–15　水晶教堂内部（下）

会的焦点落在高坛上。大教堂外观有 10000 多扇柔和的银色玻璃窗，它们被安装在网格状的钢体框架上。“采用遮光处理的外壳只允许 8% 的阳光透射进来，创造教堂内部静谧的氛围，同时也不会使教堂内部温度过高。此外，还有 2 座 27 米高的电动大门可以在讲坛后打开，以使晨光与和暖的微风来烘托朝拜圣礼。”①

整个教堂建筑虽然仍用巨大的外形和宏大的高台来显示上帝的伟大，但更为注重的是建筑本身的功能性，为信徒们提供一个舒适的聚集空间（图 8-15）。在评价这个具有纪念碑建筑意义的教堂时，菲利普·约翰逊说：“我们在这个地球上要做的事情就是修饰它，使它更加美观，从而使晚辈们能够回顾我们在此留下的那些印象，获得如同我们回顾先辈们留下的帕特农神庙和沙特尔教堂同样的激动，这就是我们的责任。”②从中能够看出一个建筑大师对宗教建筑的理解，并非是站在宗教的立场上神话建筑，而是将其建造成能够给人们聚集在一起，享受阳光，共同歌颂生命美好的精神空间。

理查德·迈耶事务所设计的千禧教堂是罗马地区的第 50 座新教堂（图 8-16）。在千禧年来临之际，所有的天主教徒都要来到罗马朝拜圣徒彼得，为此，罗马教廷为了表示欢迎而决定修建千禧教堂。工程从 1995 年开始启动，当时还邀请了安藤忠雄、S·卡拉特拉瓦、彼得·艾森曼、弗兰克·盖里等著名建筑大师参加设计竞赛，要求设计一个“欢迎的场所、集会的场所、教会的场所”。教堂的外形看上去像白色的风帆，与周围环境有机结合，特别是三片弧墙的精妙设计，由三个圆结构演变而来，代表人、上帝与自然神圣的融合。“‘白’是迈耶建筑不可缺少的元素，他之所以选择白色，因为相信白色最能反映建筑结构、层次与光影效果，并且白色建筑在不同的环境、不同的季节以及日暮晨昏的光影变幻中使得这些建筑色调丰富，气质多样。”③教堂通过百叶窗和半透明的玻璃使信徒能够在与世隔绝的空间中沐浴倾泻的日光，而在夜晚灯光又从这个神秘空间中透射而出，形成美好天国的景象（图 8-17）。

---

① 边吉 . 封面故事：水晶大教堂 [J]. 城市 .2007（10）:79.
②《大师》编辑部 . 菲利普 · 约翰逊 [M]. 武汉：华中科技大学出版社 .2007:80.
③ 罗奇，黄俊华 . 浅析伽登格罗芙社区教堂和千禧教堂 [J].2008（34）:32.

图 8–16 千禧教堂（左）
图 8–17 千禧教堂内部(右)

8.2 设计与佛教

宗教具有极强的社会性，其产生、发展的过程都离不开社会变迁的推动，而反过来，宗教也会对社会进步发挥积极作用。佛教源于三千多年前的古印度，慈悲观是佛教教义的核心，佛教主张“无缘大慈”与“同体大悲”，并将这种纯粹普济的慈爱之心和感同身受的怜悯之情扩大到世间万物苍生，不仅“渡已”，而且普度众生。在此思想指导下做到“诸恶莫作，众善奉行”，运用般若大智慧消除苦厄和心中杂念，达到不生不灭之境地，究竟涅槃。

佛教作为世界三大宗教之一，与社会有着千丝万缕的联系。佛教是“出世”的宗教，却有着“救世”的悲悯情怀，它为解救人间疾苦而生，并在社会演进中壮大。我们可以从佛教的教义中对二者相辅相成的关系窥见一斑，也可以从宗教更显性与外在的表现上去探究宗教与社会的关系。其中，佛教建筑发展历程的考察能够更为直观地为我们呈现佛教和社会之间的相互作用，一部佛教建筑设计的发展史，既是一部佛教与社会融合的历史，又是设计社会学中不可或缺的精彩篇章。

纵观整个佛教建筑发展史，不难发现，其中最具典型性、最为我们所熟知的便是佛教传入我国后所经历的“汉化”演变历程。佛教在东汉时期传入我国，中国文化的包容性决定了异域文化传入我国后所受到的接纳与认同，佛教似乎在中国寻找到了契合灵魂的土壤，迅速盛行开来，并逐渐对人们的生产生活产生愈加重要的影响。佛教所描绘的极乐世界的美好图景对帝王鸿儒和布衣百姓都产生了极大的吸引力，这加速了佛教在各个阶层的传播，使得其成为我国人民千余年来的主要信仰。甚至可以说，大到治国平天下，小到衣食住行、言谈举止，佛教都发挥了重要影响。在佛教与我国文化相融合的过程中，设计也毫无悬念地与佛教结合借鉴，诞生了一件件杰出的设计艺术作品。

这一传播与演进的过程，不仅体现了不同文化的汉化对设计产生的影响，还凸显了宗教从神圣走向世俗这一必然趋势。而建筑设计，则以其强大的符号识别与引导作用成为见证这一过程的重要物质载体，并不断地调适其功能以满足新的需求。“佛寺的宗教属性属于神的一方空间，寺院本身既是佛教文化具象的一种，又是具象的佛教文化的集合载体。佛寺的社会属性同一定时代的经济状况、政治局面、建筑工艺、人文风尚相联系。”[①]建筑设计巧妙地折射出佛教的神圣平和，宗教与设计相辅相成。佛教与建筑设计的关系源远流长，不仅佛教建筑本身的设计是一部悠长的发展史，佛教建筑对日常建筑的影响更是渗透到建筑设计的各个环节之中。

8.2.1　汉传佛教建筑设计的“本土化”

佛教和我国建筑设计的融合并非是佛教单方面对我国建筑发挥影响，二者是相互作用的。佛教传入我国之前，汉朝的建筑设计已臻成熟，形成了中华民族独有的设计风格与表现形式。因而佛教是在一个相对稳固的文化基础上移植过来的，这就决定了其必须首先适应环境，否则就会遭到排斥。而在佛教的本土化过程中，佛教建筑也受到我国自有建筑设计文化的影响。总之，佛教并非我国自创的宗教，由于其本身的文化差异性，加上地域性、民族性的差异，导致对不同地区对佛教的吸收改造的结果不尽相同。

我国最早的佛教建筑是廊院式寺庙，它的布局方式是佛塔作为中心，在塔的四周修建廊屋。这种建筑形式由印度传统佛教建筑演变而来，其目的是突出佛塔至高无上的地位，与此同时，形成一个相对封闭的空间以传达超脱尘世的理念。《后汉书·陶潜传》中描绘江苏徐州笮融所建浮屠祠“上累金盘，下为重楼，又堂阁周回，可容三千许人，作黄金涂像，衣以锦采。”佛教建筑没有采用印度的砖石结构，而是顺应中国传统建筑的审美特征，使用木构架为主的建筑结构体系，方便人们从心理上更好地接受。

到了魏晋南北朝时期，由于战乱连连，社会动荡不安，人们只能依靠佛教的“轮回转世”来寻找心灵的慰藉。另一方面，统治阶级为了维护政权稳定，提倡佛教“积善行德”、“因果相报”的引导，于是佛教开始广为盛行。著名诗人杜甫曾感叹“南朝四百八十寺，多少楼台烟雨中”，可见当时佛教的影响范围之大和寺院的数量之多。最为著名的寺庙为北魏洛阳的永宁寺，在《洛阳伽蓝记》中描绘其“中有九层浮图一所，架木为之，举高九十丈，有刹，复高十丈，合去地一千尺，去京师百里已遥见之，……浮图北有佛殿一所，形如太极殿，中有丈八金像一躯……”反映出当时统治阶级修建的寺庙仍采用传统的佛教建筑布局设计。

不仅统治阶级热心于修建寺庙，当时大批的民间宅舍或被收缴用做寺院，或捐献作为寺院，这被称为“舍宅为寺”。“舍宅为寺”一方面对佛教的传播发展起到重大的推动作用，另一方面也促进佛教建筑与中国传统建筑形制相融合。其最主要的转变表现在：建筑布局形式从围绕中心转变为沿中轴线布局。

---

① 张弓．汉唐佛寺文化史·上[M]．北京：中国社会科学出版社，1997:17.

图 8–18 敦煌莫高窟（左）
图 8–19 莫高窟壁画（右）

莫高窟始建于公元 336 年，开凿在鸣沙山东麓断崖上。由于敦煌地处丝绸之路的重镇，它是人们从西域到中国后所进入的第一座城市。正因如此，“经济政治的战略位置，其中包括文化交通通道上的战略位置，才使得中国第一个佛教石窟寺在敦煌凿造起来。”①因此，莫高窟的修建不仅展示出强盛的国力，同时也作为欢迎西域宾客来我国进行贸易交流的标志（图 8-18、图 8-19）。

8.2.2 社会变革与佛教建筑设计

南北朝后期的佛教建筑的形式开始由单组建筑群向多群组合发展。到隋唐时期，国家财力雄厚，所建佛寺规模也更为宏大。长安大慈恩寺“凡十余院，总一千八百九十七间”，西明寺“凡有十院，屋四千余间”，②一个中心院落周围布局多个院落，每个院落均有各自主殿，组成气势磅礴的建筑群。不同院落的组合也使得整个佛寺具有更多的形式变化，也为佛寺内部功能分区提供了现实基础。

唐朝的佛寺不仅在建筑规模上比前朝有所扩大，同样在建筑的高度上也取得突破。由于造像技术的发展，开始出现了巨型的观音塑像，传统的单层殿堂已经不能满足塑像的空间需求，楼阁式的佛殿成为新的佛教建筑形式。这种多层佛殿建筑本身完全为了立像而建造，巨大的佛像充满殿堂内部空间使人产生仰之弥高、佛法无边的感觉。③在唐高宗时期，由道宣撰写的《关中创立戒坛图经》和《中天竺舍卫国祇洹寺图经》中规定了唐代佛教建筑的规划布局。虽然作者们都声称其描述的是印度佛寺的形式，但很明显地能够看出他们实际上深受中国传统城市规划思想的影响。唐代佛寺还呈现出明显的等级划分特点，这与我国古代政治的封建等级制观念有着直接的联系。唐代以前的佛寺，是否已形成严格的等级、性质区别，史料中未见明确记载。但是，唐代佛寺不仅与

① 梁思成 . 中国的佛教建筑 [J]. 清华大学学报 .55.
②《大慈恩寺三藏法师传》. 中华书局排印本，P149，214.
③ 中国建筑工业出版社 . 佛教建筑：佛陀香火塔寺窟 [M]. 北京：中国建筑工业出版社，2010:48.

图 8-20　佛光寺（上）
图 8-21　南禅寺（下）

民众建筑存在着阶级区别，而且在不同的佛寺间也有着地位的等级差别。例如佛光寺（图 8-20）和南禅寺（图 8-21）就存在着明显的等级差别。从两寺的建筑规格来看，佛光寺大殿为单檐庑殿屋顶，符合唐令中对宫殿的级别规定。而南禅寺为单檐歇山屋顶，属于厅堂等级。唐代将佛塔视为佛的象征，因而将塔置于大雄宝殿之前，以强调其地位之高。

中国古代佛教发展在唐宋时代进入鼎盛时期，佛教在不同的地区形成了不同的宗派。“佛教宗派的创立标志着东来佛教已经完成了它的本土化进程，民族化的中国佛教走向成熟。”① 禅宗兴起后，在佛教建筑规划上提倡“伽蓝七堂”制，即建有七种不同用途的建筑物。发展到明代，伽蓝七堂已有定式，即以南北为中轴线，自南向北依次为山门、天王殿、大雄宝殿、法堂和藏经楼。东西配殿则为伽蓝殿、祖师殿、观音殿、药师殿等。寺院的东侧为僧人生活区，包括僧房、香积厨（厨房）、斋堂（食堂）、茶堂（接待室）、职事堂（库房）等。西侧主要是云会堂（禅堂），以接待四海云游僧人居住。② 当时的佛教建筑设计对功能分区有着合理而详细的整体规划，并随着社会的发展而逐渐完善。置身于这种稳定的四合院群体结构中，人们所感受到的是伦理秩序的规范和尘世之外的安逸。而不像希腊的神庙、罗马的圣殿，用完全超出常人想象的巨大规模，强迫人在神的面前、接受灵魂的洗礼；也不像欧洲封建教会时期哥特式教堂那样，以高耸的尖塔、超人的尺度和光怪陆离的装饰，显示宗教的神威。③

唐代统治者实行的土地改革为寺院发展封建经济提供了巨大的便利，寺院拥有很多免于赋税的田地，导致寺院田产经济迅速膨胀。虽然佛教戒律中规定僧人不得从事经营活动，但在丰厚的利益诱使下的寺院成为了当地重要的经济活动中心。随着唐宋市民经济的发展，僧人将多余的房屋出租给商人赚取利益，并在寺院中定期举行庙会以吸引大众进行消费，这就在客观上导致了佛教建筑迅速走向世俗。佛教建筑为了满足经济活动的需求进行功能结构的改变，打破严格的规范、宗教象征意味浓厚的布局形式，朝着大众化、实用化和通俗化的方向发展。在《东京梦华录》中记载了北宋京城大相国寺万姓交易的情景：“相国寺每月五次开放万姓交易，大三门上皆是飞禽猫犬之类，珍禽奇兽，无所不有。第二三门皆动用什物，庭中设踩模露屋羹铺，卖蒲合、望席、屏帷、洗漱、

---

① 任留柱 何森森 . 中国古代佛教建筑设计的思想特色与风格分析 [J]. 郑州轻工业学院学报（社会科学版）.2006（6）:25

② 张育英 . 中国佛道艺术 [M]. 北京：宗教文化出版社，2006:165.

③ 李建敏 . 中国佛教建筑艺术美学思想初探 [J]. 文博，1991（5）:64.

图 8-22 佛香阁（上）
图 8-23 宝石寨寺（下）

鞍辔、弓箭、时果腊脯之类。近佛殿孟家道院王道人蜜煎，赵文秀笔及潘谷墨，占定两廊，皆诸寺师姑卖绣作、领抹、花朵、珠翠头面、生色销金花样帽子、特髻冠子、绦线之类。殿后资圣门前，皆书籍玩好图画及诸路罢任官员土物香药之类。后廊皆日者货术传神之类。”

宋代以后，佛教、儒教、道教在理学的影响下逐渐走向“三教合一”。由以前的互相争斗转变为相互融合而又各司其职。到明清时期，佛教表现得更加民间化，佛教信仰越来越脱离了宗教仪轨系统，与民间宗教信仰及大众的现实需要相结合，成为一种伦理教化与道德约束。在佛教建筑的结构方面，传统式大木结构在明代取得了较大发展。主要表现在梁架结构上的“去繁就简”和装饰细部上的“增繁弄巧”，这两个相反方向上的繁简变化，很能体现明代木构建筑的主要精神。①这与当时的工艺水平和审美情趣有直接的关系。

由于工程技术的进步，清代出现不少巨大体量的佛殿佛阁。如乾隆二十三年（1758 年）北京清漪园万寿山在大延寿寺塔的基础上建造的八角三层佛香阁（图 8-22），包括基座在内高达 41 米，是清代第二大木构建筑。常州天宁寺大殿高达“九丈九尺”，殿内独根铁梨木柱高九丈，宏伟博大。②经咒的回荡、佛像的庄严与大殿自身的恢宏相互辉映，共同营造出一种圣洁而不容亵渎的庄重感和神秘感。四川忠县石宝寨（图 8-23）座落于玉印山陡壁之上，面临长江，系清代附崖建筑的精妙之作，反映当时中国造物的高超技艺和大胆构思。最初在山顶建了一座寺庙，后来由于山势过于陡峭，于是能工巧匠们依山建塔作为通往山顶的途径，既方便了信徒登山敬香，又能够作为人们登高观赏江水景色的观景楼。这些建造者将我国古代造物的意境美运用在佛教建筑的设计中，通过庙宇、楼阁、山崖、江天所组成的巨幅画面表现出和谐而深远的意境。

清代的佛教建筑成为皇家园林中重要的景观，此时的佛教建筑所具备的宗教意义就更加弱化了，更多的是作为符号象征的载体。这种特殊的造景手法，把理想的佛国天堂体现在世俗的皇家园林中，以佛家的出世意识融入世俗的游憩享乐中。③佛教建筑成为一种世俗的建筑语言形式，体现的是中国传统文化的包容性和强大的汉化能力。

佛教的传入对我国的传统设计产生了巨大的影响：一方面佛教将其所固有的设计文化带入我国，为我国设计注入了来自异域的新鲜气息，如佛塔、石窟等在建筑的发展史上留下了宝贵的艺术财富，而这些设计逐渐发展为人们所普

① 潘谷西 . 中国古代建筑史（第四卷）[M]. 北京：中国建筑工业出版社，2009:310.
② 孙大章 . 中国古代建筑史（第五卷）[M]. 北京：中国建筑工业出版社，2009:328.
③ 韩嘉为 . 汉地佛教建筑世俗化研究 [D]. 天津：天津大学，2003:101.

遍接受的建筑形式；另一方面佛教在漫长的演进过程中，必须通过设计对建筑、服装、器用的改变来满足自身的发展需求，并且达到迎合世人审美心理的效果。

8.3　设计与伊斯兰教

“伊斯兰”一词源于阿拉伯语的音译，有“顺从”、“和平”等意。信仰伊斯兰教的穆斯林只崇拜独一无二的真主安拉，不从事偶像崇拜活动。伊斯兰教信奉的经典为《古兰经》和《圣训》。伊斯兰教的创立，使得伊斯兰教的精神迅速与其发源地自身的古老艺术相融合，伊斯兰教的教义渗透进古代阿拉伯地区、两河流域、尼罗河谷、夏姆地区和也门的艺术之中，逐渐发展为伊斯兰艺术。作为世界性宗教之一，伊斯兰教无论在地域上还是在时间上都散发着令人难以忽视的耀眼光辉，伊斯兰艺术也因其宗教自身的独特性而披上了迷人的外衣。

在伊斯兰的艺术与设计相互渗透的过程中，伊斯兰教留下了浓墨重彩的华美篇章。在传说中由天使用以记载真主安拉旨意的伊斯兰教圣典《古兰经》中不乏对伊斯兰艺术的启蒙与表现。他在向先知穆罕默德传达真主旨意的同时，《古兰经》也向穆斯林传递关于善与美的信息。它指导穆斯林如何从安拉的创造中获取善与美，它向人们讲解自然景象中的协调均衡：精妙的结构、绚丽的色彩、神奇的光和影……揭示美的奥秘。[①]

在伊斯兰教的影响下，伊斯兰艺术形成。就伊斯兰艺术的表现形式而言，它华丽而精美；就其内容而言，它包容而多样。宗教与设计之间的密切关系，使得伊斯兰艺术中的诸多文化精神和表现手法被运用于设计之中，设计师通过建筑、服饰等设计造型传达出伊斯兰教的理念与伊斯兰艺术的魅力。伊斯兰教建筑的主要类型包括：清真寺、圣者陵墓、王宫和花园。而在器物设计主要集中在玻璃与陶瓷设计。另外，伊斯兰的服饰也有其独到之处。

8.3.1　伊斯兰教和建筑设计

宗教与艺术最天然的联系之一即表现于建筑之上，建筑是最直观的表达宗教文化和精神的形式之一。伊斯兰教与建筑设计的相互渗透与发展，与伊斯兰教本身的发展进程息息相关，它们的发展经历了以下几个历史阶段。公元 7 世纪中叶至 9 世纪末，在伊斯兰教创始之初，它对艺术的影响尚处于起步阶段，出现了以砖为建筑材料的墙壁及泥塑作品，主要表现在萨马拉宫殿内希腊风格的装饰物。公元 9 世纪至 12 世纪中期，伊斯兰装饰艺术出现了山形花边、植物图案等装饰形式。公元 12 世纪至 15 世纪末，即阿拉伯哈里发帝国瓦解后，清真寺一般设计成具有宽敞的庭院、雕饰的小窗和多个以球状圆顶装饰的宣礼塔。在夏姆地区和埃及，建筑物的突出特点是穹窿形拱顶和有雉堞的宣礼塔。在马格里布和安达卢西亚，建筑式样简洁，仅在方形塔及隆起的屋顶有明显的

---

① 刘一虹，齐前进 . 伊斯兰教艺术百问 [M]. 北京：今日中国出版社，1996.

纹饰。公元16世纪至18世纪，即伊朗奥斯曼时代，伊斯兰教的建筑形制为巨大的穹顶配合圆锥状的宣礼塔，浑圆的穹顶象征和平、安宁、静穆。而直指云霄的宣礼塔则表示对真主独一的明证[①]。

伊斯兰建筑也称为阿拉伯建筑，它是在阿拉伯民族传统建筑形式的基础上，吸收、借鉴两河流域以及世界各地、各民族的建筑艺术精华而形成的建筑体系，以其独特的风格和多样的型制创造了一大批具有历史意义和艺术价值的建筑物，并与印度建筑、中国建筑共同被称为东方三大建筑体系。[②]虽然伊斯兰建筑和印度建筑都富有宗教色彩，但是与印度建筑基于对宗教的狂热而彰显的纯粹宗教色彩不同，伊斯兰建筑在表现形式和设计手法上更具丰富性。由于自然地理环境的原因，伊斯兰建筑多用泥土对石块进行黏合堆叠，而堆叠建造的墙体会自然收紧并由此形成了天然穹窿。因而，伊斯兰教建筑具有鲜明的特色。在造型上，伊斯兰教建筑擅长利用大大小小的穹顶来覆盖主要空间，看似粗犷的穹顶却情趣盎然；在门窗的造型上，伊斯兰教建筑通常采用尖拱、马蹄拱、多叶拱的形式，在次要的建筑部分也会使用正半圆拱和圆弧拱等较为简洁的形式。另外，繁复多样的装饰艺术为伊斯兰教建筑在造型之外更加锦上添花，新鲜的题材、别致的构图与设计奇巧的纹样使阿拉伯的装饰艺术丰富而充满创造力，并对世界装饰艺术产生了深厚的影响。正是基于方圆结合的建筑特色和这些生动而独放异彩的细节，散落世界各地的伊斯兰建筑以其独特的风貌和庄重雅致的气质被烙上了鲜明的标签。伊斯兰教建筑之美具体表现在宫殿、圣人陵墓和清真寺等建筑物之上。

1. 宫殿——伊斯兰教建筑设计的经典之作

宫殿是世俗建筑物中规模最为宏大、最为华丽的建筑物，供阿拉伯国家的哈里发和埃米尔生活之用，以满足其居住、礼拜和娱乐。因此，宫殿往往是包括清真寺在内的庞大建筑群。伊斯兰教的六大信仰之一的“信后世”使得《古兰经》和《圣训》中描绘的“天园胜景”令人神往。根据经文的描述，天园恬静美好而远离世俗之苦，潺潺流水、漫漫树荫、宜人气候、珠宝珍馐、绫罗绸缎与如花美眷、纯洁童仆，这一切简直美好得无与伦比，正如《圣训》所言：“天园弹丸之地，胜似普世界的一切”。然而，现实中的统治者与贵族在有生之年却无法抵达天园，唯有在世俗生活中试图营造天园之氛围，于是以经典中描绘的天园为蓝本的宫殿便应运而生。干旱的自然气候环境和伊斯兰教经典中描绘的景象相距甚远，这使得穆斯林尤爱绿荫水乡。宫殿中的花园、喷泉和水池形成的波光潋滟和潺潺水声营造出轻松生动、远离尘嚣的氛围，还发挥着抵挡风沙、调节湿度及气温的实用功能。

早期的宫殿主要吸收了巴比伦和波斯的建筑形制，大墙环拱，内院宽阔，柱廊回绕，后面是一层或两层的寝宫，门窗虽不多，但建有防御的角楼和瞭望

① 刘一虹，齐前进．伊斯兰教艺术百问[M]．北京：今日中国出版社，1996.

② 赵坤利．穿着绚丽衣裳的建筑——漫游世界最美伊斯兰风格建筑[J]．西部广播电视，2008（9）．

塔。那时的伊斯兰宫殿符合阿拉伯人的生活传统，适应严酷的自然环境，同时融入了拜占庭帝国与波斯萨珊王朝的建筑艺术。[①]宫殿里的建筑物多为木框架与土坯建成，在外层抹灰后施以彩画，并在木构件上作细致雕刻加以装饰，周围是坚固的外墙；美丽而富于变化的几何图案作为窗户的窗格；男女居室通常分别在一层、二层，下层的男子居室有客厅与内外阳台，而上层的女子居室则更注重天花、窗格与门环等局部的精巧装饰。[②]

至倭马亚王朝后期，宫殿建筑受到罗马式宫殿的影响较大，这一时期的宫殿富丽堂皇，哈里发将宫殿建造在远离大马士革城区的沙漠里，过着奢靡自由的生活。无论是倭马亚王朝的首座宫殿穆阿维叶宫，还是由历任哈里发之一的希沙姆建造的希尔宫，抑或是韦利德建造的欧姆拉宫，它们都有柱廊回绕的露天庭院或客厅、奇珍异草的花园、穹窿覆盖的立方体、豪华舒适的殿内配置以及生动华丽的壁画和丰富精彩的纹样。其中，希沙姆建造的希尔宫分为东西两宫，东宫呈矩形，正门居西墙之中，在两边设有塔楼，外墙坚固，其形制后被欧洲十字军传至西方，奉为城防工程的楷模。[③]而同时期希沙姆建造的另一座名为穆夫杰尔宫的宫殿则更堪称倭马亚王朝时期宫殿的代表作，穆夫杰尔宫形似罗马城堡，礼拜堂位于南边的独立建筑之中，旁边是浴室以供沐浴之用，其地铺彩砖的图案与阿尔希尔宫的壁画都带有浓厚的波斯艺术风格。此后的哈里发瓦利德二世兴建了闻名的卡斯塔勒宫、蓝宫和冬宫，其中冬宫的装饰深受拜占庭和波斯艺术双重影响。在伊斯兰教发展过程中，宫殿设计也不断融入外来艺术的精粹而日趋丰富。

图 8-24　阿兰布拉宫（上）
图 8-25　托普卡帕宫（下）

公元 750 年倭马亚王朝灭亡，巴格达的阿拔斯王朝建立，在这个阿拉伯帝国的黄金时代，哈里发们争相建造宫殿，使得巴格达获得了“宫殿城”的美誉。埃及法蒂玛朝也建了众多宫殿，此后的安达卢西亚时期、后倭马亚朝纳斯尔时期等各个朝代都营建了诸多宫殿，可以说宫殿伴随着阿拉伯国家的统治者统治的全过程而存在并不断扩建，但无论如何变化与发展，拱形穹顶、马蹄形卷门、大理石柱廊、几何纹饰、阿拉伯书法等建筑设计细节，都彰显着浓郁的伊斯兰色彩（图 8-24、图 8-25）。

2. 陵墓艺术——伊斯兰教建筑的杰出作品

尽管伊斯兰教反对偶像崇拜，但穆斯林们认为先贤、圣人能够直接和真主沟通，并为教徒带来福祉，将人们的祈祷传达给真主安拉，因此通过陵墓建筑寄

① 齐前进，刘一虹．伊斯兰宫殿艺术 [J]. 阿拉伯世界，1998（2）．
② 张夫也，肇文兵等．外国建筑艺术史 [M]. 湖南大学出版社，2007:157.
③ 齐前进，刘一虹．伊斯兰宫殿艺术 [J]. 阿拉伯世界，1998（2）．

托追思者对先贤的情感并不为伊斯兰教所禁止。陵墓建筑源自于先知穆罕默德，根据其继任者艾布·伯克尔传达的先知遗愿，穆罕默德于公元632年6月去世后要葬于去世之处。故其弟子与家眷在卧床处掘土建坟，先知葬于此后，原卧房便成为穆罕默德之陵墓房。此后两任哈里发均葬于此，分别葬在前任哈里发之墓的下方，首尾相对，面朝南方。随着崇坟现象的日益发展，前来瞻仰膜拜的教徒日益增多，作为集中式纪念性建筑的陵墓建筑越发受到重视，进而发展为独特的建筑艺术形式。随着伊斯兰教建筑的不断发展，陵墓建筑甚至对清真寺的形制产生了重要影响。作为纪念性建筑，伊斯兰教陵墓建筑在世界建筑史上占有一定的重要地位，也保持着它显著的艺术特征。

作为伊斯兰建筑的另一种宏伟建筑物，陵墓建筑是显示伊斯兰建筑工艺水平的典范。根据伊斯兰教陵墓建筑的起源不难了解，丰富多样的伊斯兰教陵墓建筑主要是为安葬伊斯兰教著名教长或领袖而建，也被称为圣墓、拱北或麻扎。陵墓建筑除了具备伊斯兰教建筑的基本特征之外，还具备自身的独特性。一般而言，陵墓建筑的线条简洁，通过明快、肃穆的表达方式营造出庄重典雅的氛围，而用色力求与周围环境和谐统一。墓室通常位于陵园的中心，以墓室为轴心对称布局，以凸显陵墓建筑的重要地位。陵墓建筑简洁大气，通常运用垂直的轴线凸显其厚重朴实的风格。一般在大型陵墓正立面的墙角处会设极具纪念意义的圆形或八角形高塔，显示出陵墓建筑端庄肃穆的气氛。伊斯兰陵墓建筑通常采用伊斯兰建筑中特有的空间形式，即三面有墙，一面朝外敞开，上有拱形，形同龛室，这种形式名为伊旺。陵墓的上部通常为圆顶拱拜形式，一般的陵墓为尖塔形和弯顶形顶，把直角相交的侧壁和穹顶曲线巧妙地结合在一起的方法是利用墙角尖拱衔接，从而使四角的空间显得更加广阔。[①]陵墓中还多在建筑的檐部、突角拱、帆拱或圆顶的内部使用钟乳体，也名蜂窝拱，这种三维的装饰性构建以泥灰、砖、木或石等材料制作，由层层小龛斜向砌拱，在拱形的锯齿形牙子上凿凹坑。柱廊构成的高鼓座之上，砌的是四圆心、火焰状的巨大穹顶。

图8-26 帖木儿墓（上）
图8-27 泰姬陵（下）

在伊斯兰教的陵墓建筑中，比较具有代表性的是帖木儿墓（图8-26）和泰姬陵（图8-27）。中亚建筑通常采用拱形结构和集中式构图，经历了由简单到精巧的发展过程。早期的陵墓建筑通常是穹顶覆盖于方形体之上，四个立面大体相同。11世纪后，随着陵墓艺术的发展，穹顶下设有鼓座，且墓穴建筑逐渐开始强调一个面，并且正面中间部分的檐口

① 苏晓梅，李纶，李楠.浅谈伊斯兰建筑中的装饰艺术[J].黑龙江科技信息，2008（4）.

变高，设大型凹廊，凹廊上部为拱顶、底部是门洞。位于乌兹别克斯坦的撒马尔罕市区内的帖木儿墓是伊斯兰教陵墓艺术的杰出代表之一，该墓穴建于 15 世纪，陵墓的外形壮观，色彩鲜艳，在约 8 米高的八角形鼓座之上是圆形的穹顶，中间被两层薄薄的蜂窝体分隔开来，贴以华丽灿烂的琉璃砖面，散发出浓郁的伊斯兰建筑特色。帖木儿墓位于一座清真寺的圣龛后面，正面墙的中央有高大的凹廊，被凿开的圣龛即为墓穴的门，十角形的墓室与八角形的外廊营造出庄重、肃穆的氛围。

而作为伊斯兰教陵墓建筑经典之作的泰姬陵，则以浪漫而感人至深的爱情故事闻名于世。坐落于印度古城阿格拉城郊叶木那河南岸的泰姬陵，是印度莫卧儿王朝第五代帝王沙杰汗为他的王后泰姬 · 玛哈尔而打造。阿格拉陵园占地约 17 万 m^2，在踏入第一道门迈进的院落尽头是 24 个圆顶的红砂石尖券大门，再往内走，恢宏的泰姬陵便出现在院子后方的白色大理石台基上。方形的陵墓主体被抹去了尖锐的四角，完全一样的四个立面向内形成一个大凹廊，中间略高，外侧与抹角斜面上还有两层小凹廊。中间的鼓座上为巨大的穹顶，四个小穹顶萦绕其旁，下方的拱亭的发券形式与凹廊相呼应。正方形的台基、圆形的穹窿、三角形的门洞、笔直的圆柱、挺拔的呼拜塔等各种几何形体被巧妙地糅合在一起。① 无论是造型的设计、材料的运用，还是色彩的安排和格局的布置，泰姬陵都是堪称完美的陵墓艺术精品。

伊斯兰教传入中国后，我国自有的文化与伊斯兰艺术相交融，形成新的文化氛围。在陵墓设计上，早期的陵墓多是用来安葬来自域外的传教人士或上层知名人士，形式较为简单。根据现存穆斯林陵墓遗址可证明，我国拱北在陵墓建筑的布局上，最初仍遵从阿拉伯的建筑方式。其中最早的伊斯兰教陵墓是来中国传教的斡葛斯位于广州桂花岗的墓穴，墓祠为方形平面，半圆拱顶，砖墙四隅砌菱角子，外墙上部装饰花纹是外国样式。② 此外，东南沿海地区的泉州灵山圣墓也是较具代表性的早期陵墓建筑，该墓未起祠殿，“除半圈柱廊外，双盖露天而卧”，是正方形上罩圆顶的拱北式建筑。③ 而早期伊斯兰教建筑中的圆顶结构形式起源于倭马亚王朝，因而该陵墓应为 8 世纪后的作品，相传为唐高祖武德年间穆罕默德门下四徒来中国传教时“三贤”、“四贤”所葬之处。在此后的发展融合过程中，伊斯兰教陵墓受到我国内地陵墓建筑的影响，采用了前堂后寝的制度，在墓祠的前面设置礼拜殿，以供教民朝拜，并多采用起脊式屋顶，有单檐、重檐等，屋顶多为轿子形。而相比东南沿海，我国西北诸省和新疆地区的伊斯兰陵墓建筑则更加发达。由于教主世袭门宦制度的发展和盛行，西北诸省的拱北建筑规模通常较为宏大，往往由墓祠院、礼拜殿、阿訇住室和客房等多个庭院组成。新疆地区惯于将伊斯兰教陵墓称为麻扎，麻扎内不仅葬

---

① 许政 . 玉宇琼楼泰姬陵 [J]. 世界建筑 .1982（2）.

② 阿依先 . 伊斯兰教圣墓与巴巴寺 [J]. 世界宗教文化 .1997（1）.

③ 陈达生 . 关于元末泉州伊斯兰教研究的几个问题 //《伊斯兰教在中国》[M]. 银川：宁夏人民出版社，1982:163，164.

有教长，还有其家属，因而规模较内地的拱北更大。[1]新疆的陵墓建筑多采用圆拱顶，仍具有浓厚的阿拉伯风格。

3. 清真寺——伊斯兰教建筑的璀璨明珠

清真寺为阿拉伯语“麦斯吉德”的意译，即叩拜之处，因而清真寺又名“礼拜寺”。透过清真寺的词根便不难发现其在伊斯兰教传统建筑中的重要地位。清真寺是信仰伊斯兰教的居民点中必须营造的建筑，对伊斯兰教以及伊斯兰文化、伊斯兰艺术都发挥着深远影响。甚至我们可以这样理解，伊斯兰教的传播史即是一部清真寺的建筑史。清真寺早已不只是对穆斯林精神的寄托与信仰的表达，它还是伊斯兰教的传播媒介，更是一种伊斯兰的文化符号。清真寺“既能将伊斯兰核心思想最大程度地渗透在这一物质空间中，又能把外部影响转译为穆斯林生存空间的内在逻辑，折射出穆斯林‘围寺而居’的生命态势与‘因寺而安’的群体心理，形成‘家寺同构’的文化本色，凸显出伊斯兰物质文化与心理文化品质”。[2]

“建筑可以抽象地表达力量，无数壮观的清真寺宣礼塔，与其说它们是用以召唤人们礼拜，不如说是信仰力量的最好表达。”[3]“清真寺是穆斯林举行宗教仪式、宣达经训思想，甚至分担诸多社会职责的文化场域。”[4]伊斯兰教与佛教遁世的态度不同，它是强调“入世”精神的宗教。因此，清真寺的选址往往在人群聚集、较为热闹的地方。在伊斯兰教发展的初期，清真寺的形式仅仅是满足祈祷场地需求的露天大院，四周有围栏。随着伊斯兰教的发展壮大，伊斯兰世界涵盖的国家、地区越加广阔，清真寺建筑也在宗教的传播过程中吸收波斯、罗马、希腊、印度及中亚诸国的影响。清真寺的建筑形式和风格样式既具同一性，又带有各个地区自身的特点。清真寺的常见布局通常都在封闭型的方形院落中建礼拜殿、沐浴室、教室、宿舍等设施，中心是一座有巨型穹顶的集中式形制大殿，即作为清真寺最主要建筑的礼拜殿。《古兰经》云：“为世人而创设的最古的清真寺，确是在麦加的那所吉祥的天房、全世界的向导。”因此，礼拜殿都朝向圣地麦加的方向，世界各地的清真寺以麦加为中心，呈放射状环绕麦加。礼拜殿的大穹顶周围有若干小穹顶拱绕，通常四座小穹顶代表环绕在穆圣四周的四大“哈里发”，而多座小穹顶则意指穆斯林在先知穆罕默德的带领下走向真主之道。礼拜殿的四角一般有数量不等的高塔矗立，供宣礼员召唤礼拜之用。[5]清真寺作为集中式纪念性建筑，在造型上也热衷于穹顶拱券的运用，礼拜殿的顶上也多是有半月形装饰的穹窿式圆顶。大殿用石柱撑起，柱头和天花板之间

---

① 许政．玉宇琼楼泰姬陵 [J]. 世界建筑 .1982（2）.

② 马丽蓉．清真寺与伊斯兰文明的构建、传播和发展 [J]. 西亚非洲，2009（4）.

③ 孙国栋，王海龙．伊斯兰风格建筑典型施工方法及特性 [J]. 科技咨询，2010（13）.

④ “场域”是法国社会学家皮埃尔·布尔迪厄（Pierre Bourdieu）在社会学中一个关键的空间隐喻，旨在强调“随着文化场域逐步从政治与经济的权力中解脱出来，获得自主性的发展，它们获得了符号权力，亦即把现存的社会安排加以合法化的能力。”[美] 戴维·斯沃茨．文化与权力 [M]. 陶东风译．上海：上海译文出版社，2006:138，147.

⑤ 马麒．大象无形 大道圆通——清真寺建筑风格及其美学思想 [J]. 中国宗教，2005（12）.

图 8-28 大马士革清真寺（上）
图 8-29 伊斯法罕皇家清真寺（下）

的结合以及大殿门窗都广泛应用着各式发券，最为人熟知的是马蹄形发券和花瓣形券。门窗上的木雕窗花，大殿内的演讲台和凹壁都有精美的阿拉伯纹饰，墙壁上会用漂亮的字体写着《古兰经》里的句节。[①]

历史上修建的清真寺种类繁多，按其建筑时代和用途不同，大致有以下几类：一、先知穆罕默德时代建造的清真寺，称圣寺。二、以历代哈里发、苏丹、埃米尔名义兴建的清真寺，称皇家清真寺。三、主麻清真寺。四、地区中心寺，称大寺。五、附属于陵墓主体建筑的清真寺，称陵墓寺。六、一般的清真寺。[②]伊斯兰教的传播和壮大的过程与清真寺建造艺术的发展过程如影随形，各地的清真寺在具备基本形制的同时，也逐渐变得更具地区特色。建于公元 705 年倭马亚王朝时期的大马士革清真寺（图 8-28），是阿拉伯建筑艺术史上举世闻名的杰作。这里在公元前 10 世纪曾是古叙利亚人的阿拉米神庙，公元 1 世纪初成为罗马人在大马士革的朱庇特神庙，4 世纪基督教传入时又成为圣约翰教堂。因而，在遗址上建起的大马士革清真寺具有古希腊罗马建筑的风格。清真寺的礼拜殿长 136 米，宽 73 米，用巨石砌成。屋顶用 40 根合抱粗的大理石柱支撑，近似灰蓝色的圆屋顶被称做鹰顶。殿内四壁和梁柱雕刻着精美纹饰。殿外是宽敞的庭院和走廊，墙上有巨幅彩色壁画，十分美丽壮观。在三个不同的方向建有三座宣礼塔。[③]整座清真寺气势恢宏、华丽异常。建于 1612 年的伊斯法罕皇家清真寺（图 8-29）则是苏菲王朝建筑的典型代表。该寺位于伊斯法罕皇家广场的南端，穿过用突角拱精心砌筑的巨大门廊，清真寺内部是经典的“四座门廊”布局，四座门廊造型各异，整个建筑最高部分是高达 54 米的主穹顶，其内外都做了精心装饰。

中国的清真寺建筑发展史是宗教与设计在社会发展中融合的历史。最初，伊斯兰教通过海上丝绸之路传入中国之后，清真寺建筑保持了阿拉伯建筑及波斯建筑装饰的特点，带有浓郁的伊斯兰艺术气息，这一时期的清真寺一般是用石料堆砌，黏土结合，形成穹窿式屋顶及尖拱券式的门、窗等装饰。随着时间的推移，我国的伊斯兰教建筑受到国内建筑的影响加深，清真寺建筑也经历了一个本土化的过程。我国的古典建筑以木构件为主，建筑整体布局为平面方形或长方形。受此影响，我国的清真寺布局常常采取“千里来龙”的方式，即一条中轴线贯穿整体，空间和线路都围绕中轴线左右对称的布置，重点突出礼拜殿，门口的道路另一侧建有正对大门的照壁，是中轴线的起点。大门通常与古

① 赵坤利 . 穿着绚丽衣裳的建筑——漫游世界最美伊斯兰风格建筑 [J]. 西部广播电视，2008（9）.
② 张伟达，冯今源 . 清真寺建筑艺术 [J]. 中国宗教，1996（6）.
③ 姚维新 . 大马士革古建筑与伊斯兰建筑艺术 [J]. 阿拉伯世界，1995（2）.

典建筑屋顶结合，门上有匾额，多为该寺名，门两侧柱上题有楹联。以礼拜殿为主导，在中轴线两侧布置风格相似的经堂、办公室、水房等设施，形成了中国式的清真寺布局。[①]整个建筑群在空间布置上层次分明，在纵横的调度上曲尽其妙，在主次建筑的安排上错落有致，烘托出礼拜寺的雄伟庄严的同时，营造出清真寺的肃穆，令人慨叹于真主安拉造物之神奇。宗教建筑存在于世俗之中，它们不是与世俗格格不入的，而是要在社会的演进中不断发展，带给更多信徒以信仰的力量和对造物主的崇拜之情。

图 8-30　蓝色清真寺穹顶上的纹饰（上）
图 8-31　伊斯兰建筑上的几何纹样与植物纹样（下）

8.3.2　伊斯兰教和装饰设计

对建筑艺术的研究自然不能忽视其中的装饰艺术，而伊斯兰教的纹样装饰艺术堪称世界之最，伊斯兰教的建筑及其他工艺设计中应用的纹样，其题材、构图、描线、敷彩皆尽显形与线的变化之妙趣。尽管早前的贝都因人并非是热爱艺术的民族，但面对寂寥单调的沙漠，这些阿拉伯人却想方设法地在帐幕的地毯与壁毯之上增添更多生动的色彩与图案，填补眼睛对五颜六色和万千姿态的渴望。在墙面贴砌面砖的传统给富有想象力的阿拉伯人发挥创造力的空间，于是变幻多样的纹饰开始出现在伊斯兰教建筑上。

伊斯兰教严格遵循“认一”论的思想观点，认为安拉是宇宙唯一真实的存在，没有任何可以代表真主安拉的实物。因此，伊斯兰教反对偶像崇拜、排斥具象，这也对伊斯兰艺术的创作产生了深刻的影响，伊斯兰教建筑避免在装饰中出现人或动物的形象。穆罕默德甚至说：“画人像是魔鬼的行为”，“造型者必将在末日审判时遭受严厉的处罚”。[②]但或许在关上一扇门之时，也推开一扇窗，这扇“窗”就是伊斯兰教其他类型的建筑装饰艺术空前发达。穆斯林们把视角从具象的事物和现象中延伸至深层，将自己对艺术的敏锐嗅觉发挥在对具体事物抽象化的过程中，于是交错环绕的植物纹、耐人寻味的几何纹和庄重美观的文字纹在他们手中诞生了（图 8-30）。而且阿拉伯人通过对简单纹饰的加工，以一个纹样进行反复连续地使用，创造了著名的阿拉伯式花样。

穆斯林独特的审美趣味与丰富的几何学知识，使得伊斯兰装饰艺术中的几何纹饰发展到登峰造极的境界(图 8-31)。伊斯兰几何纹样大多以圆形、三角形、方形或菱形为基本图形，通过 90 度或 60 度相互交叉组合，同时运用并列、对称、交错、连续、循环等各种方式形成二方或四方连续的构图，最终构成各种纷杂

① 李琰．中国伊斯兰教建筑艺术研究 [D]. 西北民族大学，2005.
② 王广大．阿拉伯伊斯兰艺术的特点 [J]. 世界宗教文化，2002（2）.

繁缛、结构复杂的几何纹样。与中国传统文化相似，在伊斯兰文化中几何纹样的背后，也蕴藏着玄奥的、神秘的哲学或宗教观念。圆形表示不可分割，象征着真主独一无二、完美无缺；正方形代表着各种多边形，是从圆形中演化出来的，其四条边象征着四季、四方、四种美德等神学思想。[①]通过对这些几何纹样基本图形的循环排列，使信徒们切实感知到周而复始、万物有灵的大千世界的存在。

伊斯兰世界的人们效法自然，将自然中的美好事物进行理想化的艺术加工，将其演绎出难以言喻的形式美。作为艺术品的重要装饰纹样，伊斯兰植物纹样包括缠枝纹、莲瓣纹、卷云纹，其中缠枝纹是伊斯兰植物纹样的代表性作品。在整体构成上，缠枝纹的纹样中植物的花、叶、藤、蔓互相交叉缠绕，形成视觉上螺旋状曲线的律动美感。各式各样的曲线精致细腻地布满整个画面，其形成的效果和给人带来美的感受是难以言喻的。

穆斯林认为阿拉伯语是真主安拉的语言，因此文字的书写艺术备受推崇，随着各种书法体的兴起，聪明的阿拉伯人将其演变为伊斯兰教建筑内部的装饰，文字纹样便由此产生并成为伊斯兰教建筑中独树一帜的装饰艺术。因此，阿拉伯国家是除了中国外也将书法作为一门艺术发展的国家，甚至也分为众多流派与字体，包括：库法体、三一体、誊抄体、波斯体、签署体、公文体、花押体、行书体等八大类。阿拉伯文作为建筑装饰通常单独使用，主要以《古兰经》的章句经文为主要内容。建筑装饰上通常使用的文字纹样是库法体，这种起源于伊拉克库法的书法在公元 8 世纪初到 9 世纪尤为流行。其字体横平竖直，棱角分明，坚挺有力，用在建筑上刚好合适。其他相对较少使用的字体是纳斯赫体、三分体等，这些字体相对活泼，曲线较多。[②]但是发展到公元 10 世纪，在伊斯兰教装饰艺术中，常常在棱角分明的文字纹饰的空白处穿插曲线动人的植物纹样，尽显刚柔并济之美。长此发展，在 12 世纪后的阿拉伯文字纹饰越发重视线形配合，更多地与其他纹样和谐组合，呈现出相得益彰的富丽美感。

装饰艺术使伊斯兰教的建筑具有独一无二的魅力，无论是对建筑物的整体装饰，还是对细节的把握，抑或是色彩的运用，伊斯兰教的装饰艺术都力求尽善尽美。不管是金碧辉煌的宫殿、庄重肃穆的墓穴或神圣大气的清真寺，也不论是主要建筑物还是建筑群中的附属建筑物，它们壁面上绘饰的、地面上镶嵌的、穹顶上粘贴的釉彩瓷砖都绝不含糊，上面的美丽纹饰呈现出富丽堂皇的气派与华贵。在装饰材料上，除了用各种颜色进行几何图形和花卉图案的彩绘外，雕刻艺术也是伊斯兰建筑装饰艺术的重要组成部分。这种富有伊斯兰传统文化特征的装饰艺术所使用的装饰材料通常是烧制的灰泥、砖、石、木头等，自然而然地就创造出富有伊斯兰风格的灰泥浮雕、砖雕、石雕、木雕等。[③]在伊斯兰世界，木雕是宫殿、清真寺和家庭住宅装饰中不可缺少的部分。清真寺的经

① 吕超峰，马良钰 . 浅谈清真寺的装饰纹样 [J]. 大众文艺，2011（2）.

② 萧默 . 华彩乐章——古代西方与伊斯兰建筑艺术 [M]. 北京：机械工业出版社，2007:145.

③ 何芳 . 浅谈伊斯兰建筑中的装饰艺术 [J]. 内蒙古大学艺术学院学报，2002（12）.

坛、隔板和围栏多系精美的木雕，有时壁龛也用木雕，住宅中的门窗也往往是精雕细琢的。优美的木雕常见于埃及、叙利亚和美索不达米亚，后来发展到西班牙和北非。[①]

8.3.3 伊斯兰教和服装设计

由于伊斯兰文化自身的统一性和包容性，伊斯兰服饰也在统一性中呈现出多元化的特点。伊斯兰教义认为服饰的目的是为了遮盖身体、御寒和装饰，《古兰经》说："阿丹的子孙啊！我（安拉）确已为你们而创造遮羞的衣服和修饰的衣服，敬畏的衣服尤为优美。这是属于安拉的迹象，以使他们觉悟。"而根据伊斯兰教的教律，这部伊斯兰教的圣经中所谓的"遮羞"应指服饰要遮住男子从肚脐至膝盖的部位，并禁止敞胸露怀，而女子除脸和手以外均为羞体，应当被服饰遮盖住。对于穆斯林而言，缠头和长袍是伊斯兰教虔诚信徒的身份标志，尤其是传统的阿拉伯女性服饰，通常是头戴面纱、身着长袍，面纱和长袍皆为黑色。即使在远离人群的地方，作为虔诚的穆斯林，也要严格地遵守这样的服饰教律。而对于大部分处在热带沙漠中的伊斯兰世界的人们来说，这种着装方式在一定程度上还发挥遮挡风沙、尘土的保洁作用与保护皮肤的作用。

随着各地外族文化对伊斯兰文化的影响以及伊斯兰教的派别划分，在面纱、长袍的款式、颜色与风格上根据各自习惯的不同也有所区别。伊斯兰教崇尚黑、白、绿三色，有少数其他颜色也是伊斯兰服饰运用的色彩。伊拉克以西的伊斯兰世界，穆斯林一般穿深蓝、深灰或深棕色的长袍，鲜有黑色，内着条纹长衫，头戴饰有蓝色流苏的红色软毡帽，外裹白色缠头；伊拉克以东的逊尼派通常以棕色或黑色驼毛罩袍套在长袍之外，再系以腰带，直接佩戴缠头而不带毡帽，作为穆圣后裔的谢里夫缠头为绿色；什叶派则穿正统的黑色长袍，表达对殉道者侯赛因的悼念，穆圣后代的缠头也为黑色；毛拉维派穆斯林则身穿象征死亡的黑色长袍，戴象征墓碑的驼毛高帽，袍内着象征复活的白色舞蹈服，教长的高帽外裹绿色缠头。[②]

伊斯兰教认为，美包括自然之美与绝对之美，从绝对之美中可以品味自然之美，从自然之美中可以体会到绝对之美。因此，伊斯兰服饰必须符合伊斯兰教的伦理观念。伊斯兰绝对禁止妇女穿着稀薄、透明或半透明的衣服，或者穿戴那种只掩盖身体某些部位的衣服，尤其严禁穿有意突出乳房、腰部、臀部等性感的紧身衣裤。[③]根据《圣训》记载，穆圣曾告诫妇女：不要打扮得花枝招展，芳香扑鼻，去吸引人群的每一双眼睛，"每一双眼睛被她吸引也就有了奸。"伊斯兰教反对伪造、粉饰的行为，也就禁止佩戴假发、描画眉毛等行为，但并不禁止妇女的头巾面纱上带有装饰，无论是清秀神圣的经文文字装饰、抽象别致的几何纹饰，还是缠绕蔓延的植物纹饰，都为伊斯兰

① 朱伯雄．世界美术史 [M]．济南：山东美术出版社，2006:407.
② 赵伟明．伊斯兰服饰点滴 [J]．阿拉伯世界，1991（2）．
③ 丁希凡．伊斯兰服饰的审美特征及其表现形式 [J]．装饰，2005（12）．

图 8-32 麦加朝觐男服（上）
图 8-33 麦加朝觐女服（下）

服饰带来独特的韵味。

此外，伊斯兰教还反对奢侈豪华、铺张浪费的服饰。但值得注意的是，伊斯兰教的教义对奢华的禁止并不意味着对美的反对，伊斯兰教提倡在遮羞并宽裕的前提下追求服饰的干净整洁和美观得体，以体现高尚的信仰和情操。然而过犹不及，伊斯兰教主张衣着服饰要把握好度，过度浮夸或过于在意外表往往使人们变得爱慕虚荣并争相攀比，从而造成浪费与铺张。

同时，除了服饰本身，伊斯兰教还有一些对于服装礼仪的规定。穆斯林进入清真寺或陵墓必须脱鞋，以免自己鞋底的污秽玷污了圣地；礼拜时必须戴缠头或帽子，我国穆斯林的帽子则演变为圆顶小白帽；在麦加朝圣时，男子要穿由两块无缝的白布组成的朝觐服，分别围住下半身和斜披在肩上（图 8-32）；而妇女的传统朝觐服是绿色的长裤、连衣裙和外套，但发展至今，穆斯林妇女一般穿白色长袖长裙，简单朴素（图 8-33）；朝觐期间，男子必须光着头，而女子则应戴上头巾和面纱。[①]

伊斯兰服饰强调简洁大方，与现代人快节奏生活所追求的宽松随意不谋而合。因此，富有想象力的服装设计师也通过大胆的想象将传统的阿拉伯服饰特征与现代设计理念相结合，从而设计出符合现代思潮的作品。开创了 20 世纪以来服装新风貌的伟大设计师保罗·波烈率先在服装设计中借鉴穆斯林服饰风格，他改变了西方传统的突出人体线条的着装方式，开辟了伊斯兰服饰那样宽松随意着装的新风尚，破除了束腰紧身的传统，将女性的身体从束缚中解放出来。保罗·波烈曾将妻子打扮成头裹穆斯林头巾、脚踏伊斯兰式便鞋的波斯皇后，并迅速引起了人们的追捧。1913 年，波烈更是创作了一系列“穆斯林风”的服饰，都不再强调人体曲线毕露的“美”，而去追求身体的自由与轻松。而随后的著名设计师乔治·阿玛尼也从伊斯兰传统上衣中吸取了精髓，无论是在他的时装发布会突出展示的中性色系、便装上衣、短夹克和蒙面造型，还是在裤脚处打摺的宽松长裤，他设计的具有强烈伊斯兰风格的服装都广受好评。此外，到了 21 世纪仍为时尚所追捧的哈伦裤也起源于伊斯兰后宫女子的穿着，所以又名“伊斯兰后宫裤”。其具有伊斯兰风格特有的宽松感和悬垂感，从臀部开始到脚踝处逐渐成喇叭形，在脚踝处扎起。[②]无论是古奇以九分绑脚束口裤为主，融合跆拳道道服绑带的设计，还是迪奥推出的带有工装裤细节的哈伦裤，设计师们都毫不吝惜地表达着他们对伊斯兰服饰风格的热爱。

---

① 赵伟明．伊斯兰服饰点滴 [J]. 阿拉伯世界，1991（2）．
② 王英男．伊斯兰服饰文化对现代服装的影响 [J]. 装饰，2006（4）．

第 9 章　设计与教育

原研哉曾在《设计中的设计》一书中写道："做设计不应该只看短期反应，而应着眼于长远的教育性理想：若每一位设计师都有这样一种追求，市场的品位、对设计的感受性就会不断地提升，社会了解设计意义的所在，设计师才会有更大的发挥。这是一个相互影响的良性循环。"① 设计师要着眼于长远的教育性理想，这样才能使设计走上与社会相互促进，相互推动的良性循环。

设计具有社会教育功能。人们选择设计，使用什么样的设计产品在某种程度上标志着他们的生活方式与生活品质。同时，设计产品中预设的生活态度、功能观念、技术信息以及价值取向，经产品设计作为载体，教育影响了广大社会公众，潜移默化地对社会成员起到了说服和教育的作用，参与唤醒了社会成员的创造力与想象力，从而推动和促进了社会整体文明水平。

在诸多发达国家的发展过程中，国家对于设计艺术教育极为重视。如"英国前首相撒切尔夫人在分析英国经济状况和发展战略时指出，英国经济的振兴必须依靠设计。"② 又如，德国在 20 世纪初就成立了最早的由工业家、建筑家、画家等参与形成的设计组织"德意志制造联盟"，并随后成立了"包豪斯"学院，奠定了现代设计教育的基础。美国同样不甘落后，在一份关于国家科学技术政策的文件中，将设计列入了"美国国家关键技术"，并引入包豪斯的教学方式，发展美国设计教育……从英、德、美三国的发展不难看出，国民经济效益的取得来自于设计教育的发展、国家政策的支持以及设计产业规模的形成。

现代设计教育与现代设计的形成和发展关系十分密切，可以说设计教育从很大程度上决定了设计这一行业的发展。现代设计教育经过了半个世纪的发展，目前已经形成了独立的学科并逐步趋于完善，教学方向和教学目标也比较明确。目前，设计教育的特点在于全世界的设计教育没有一个统一的模式，不同的地区、不同国家、不同民族的设计教育都不尽相同。由于设计行业的服务对象是市场和社会，而设计与国家、民族和地区的发展状况紧密相连。民族风俗的差异，国情的不同直接导致社会状况的不同。目前设计教育的开展只能从实际出发，因地制宜，因国情而立，因市场需求而发展，顺应时代的变迁。

从 1979 ～ 2009 年的改革开放三十年间，我国的设计艺术教育飞速发展，

---

①［日］原研哉．朱锷译．设计中的设计 [M]. 济南：山东人民出版社，2006 年 11 月第 1 版．

② 清华大学美术学院中国艺术设计教育发展策略研究课题组．中国艺术设计教育发展策略研究 [M]. 北京：清华大学出版社，2010:103.

越来越多的高等院校设置了设计学学科，设计教育既然如此重要，我们理应把设计教育的发展与国家的宏观发展紧紧联系在一起，并将培养设计艺术人才和建设优秀的设计师团队作为打造设计大国工作中的重中之重，从而为建设创新型国家输送源源不断的设计人才。

9.1　设计教育的历史回顾

9.1.1　西方设计教育的形成与发展

1. 西方设计教育概述

现代设计的形成经历了半个世纪，但设计教育的产生却可以追溯到 19 世纪。1815 年建筑师桑德尔出版学术著作，致力于推动艺术学院的改革，认为学院式教育中存在大量的从事艺术师徒创作的艺术家过剩的问题，因此提倡将纯美术训练与装饰艺术的教育同时进行。1860 年前后，英国建立了工艺学校，后来逐步发展为伦敦教育的重要组成部分，也是英国最重要的设计学院之一。1862 年，在世界博览会上，英国代表团展示了大量的本国工艺成果，引得欧洲其他国家纷纷效仿。之后，德、意、法、美等国相继创办了美术与实用工艺相结合的艺术院校。

19 世纪末，工业革命促使现代设计的启蒙——工艺美术运动的展开。现代设计的先驱威廉 · 莫里斯提出纯艺术与工艺合二为一的观念，要求艺术家从事产品设计，反对“纯艺术”。当时，法国建立了一系列的地方院校，以适应当地的工业的需要。而德国建立了工艺美术学校，英国也在 1890 年成立了伦敦工艺美术中心学校。早期设计学院都是隶属于美术学院或是建立在纯美术训练基础上的教育类型，设计与艺术的界限不明确。1873 年，美国的普罗维登斯市成立了早期的设计教育学院——罗德岛设计学院。如今，该院校已经发展成为美国排名第一的艺术学院。

图 9-1　格罗皮乌斯和包豪斯学校

1902 年，德国魏玛工艺美术学校成立，成为后来世界闻名的包豪斯的发源地。虽然包豪斯只存在了短短的 14 年，但它却是现代设计教育的先锋，在现代主义设计思想的传播、现代设计教育体系的建立等方面起到至关重要的作用（图 9-1）。1933 年，包豪斯被纳粹政府强行关闭，但包豪斯教育思想却因大批包豪斯教员和学生逃亡到美国而得到更大范围的传播。格罗皮乌斯于 1937 年，开始在美国哈佛大学建筑系主持工作。密斯 · 凡 · 德 · 罗等人任教于伊利诺亚工业技术学院，莫霍利 · 纳吉在芝加哥筹建了新包豪斯，即后来的芝加哥设计学院，成为美国最著名的设计学院之一。现代设计的整套体系也从德国来到了美国，从而影响到全世界的设计教育领域。这一时期所培养的新一代的设计师，为美国第二次世界大战后经济的发展作出重大的贡献。同时，美国上至政府，中至企业家，下至学生，对设计教育产生前所未有的重视。美国的商业化模式和以市场需求为目的的设计教育体系，使美国几乎所有的综合性大学都设立了设计系，以培养能够满足市场需求的专业设计人才，美国设计专业基本包括了设计教育的所有科目，是世界上设计教育体系比较完整的国家。

第二次世界大战之后，德国希望通过提高设计水平来增强德国产品在国际贸易中的竞争力，为重振德国经济服务。而德国设计师们感到德国发起的现代主义设计在美国陷入了商业利益的漩涡，设计行业沦为了简单的商业推广工具。为了改变这一现状，德国的部分设计师希望重新建立包豪斯模式的设计教育中心，重新将设计作为一门具有社会伦理责任的学科来进行科学研究，于是乌尔姆设计学院成立。该学院以理性主义、技术美学思想为核心，大力倡导系统设计原则（The Inception of System Design），培养出许多德国新一代的设计师。

而第二次世界大战后的其他国家的设计行业和教育体系，也有着各自不同的发展，意大利的设计教育体系集中在米兰理工学院建筑系（Milan Polytechnic School of Architecture），相关的设计教育与意大利的企业发展紧密相连，这种模式主要是以企业赞助的方式资助设计大赛和展览，从而促进整体设计水平的提高。

美国的设计教育很早就意识到，从现代设计的教育体系发展情况来看，教育管理结构和教学结构的建立，首先就要将设计学与美术学的体系分开。因为这两种教育方式有着很大的差别，设计讲求的是逻辑思维引导形象思维，而美术则强调艺术家的形象思维能力，这种思维方式上的差异就导致两者在具体问题上必然会发生冲突。经过一个多世纪的发展，设计的教育体系已得到不断的发展和完善，逐渐形成基本的结构框架：结构素描、三大构成、材料分析、设计史论、设计美学、设计心理学、消费心理学、人机工程学、设计伦理学、生态学与环境保护科学等，已成为各个设计专业的必修课程。而随着时代的前进，人们越来越认识到设计对生态环境的重要性，各种新的设计意识和设计理念层出不穷，如绿色设计、低碳设计、仿生设计、交互设计、新能源设计等，都是现代设计教育的内容，并日益得到普通大众的关注与重视。

日本的设计教育在亚洲国家中较为突出，并在国际上有着重要的地位。日本主要是广泛地吸收各个国家设计教育体系的长处，建成以美国体系为中心、欧洲体系为辅助、融汇本国的文化传统的设计教育发展模式，对促进日本工业的发展起到重要推动作用。

2. 包豪斯设计教育体系的形成

包豪斯设计学院是世界上第一所完全为发展设计教育而设立的专业院校。1919 年，包豪斯在原魏玛工艺美术学校的基础上成立，这也是早期理工型设计教育的雏形。它的第一任校长格罗皮乌斯十分注重对学生综合能力与实际设

图 9-2 《包豪斯宣言》的封面插画　利奥尼 · 费宁格（上）
图 9-3　瓦西里椅　马歇尔 · 布劳耶（下）

计能力的培养，投入毕生的精力致力于建立和完善现代设计的教育体系。为了适应现代社会的大机器批量化生产的要求，他提出了“艺术与技术相统一”这一崇高理想，肩负起培养 20 世纪新型的设计家和建筑师的神圣使命，并奠定了现代设计教育体系的基础框架。作为包豪斯设计学院的第一创始人，格罗皮乌斯指出在大机器不断发展、手工业严重衰退的情况下建立新型教育机构已经成为一个迫切的需要，在艺术家、工业企业家的技术人员之间应该建立起合作关系，加强设计艺术教育机构与企业之间的合作，使设计教育机构与工业生产实践得以结合。

包豪斯的成就是巨大的，其影响也是深远的。

首先，包豪斯提出了设计的观点以及设计教育的早期发展模式。在早期的《包豪斯宣言》中就明确地说明了格罗皮乌斯所坚持的“艺术与手工艺、科学技术与艺术的融合与统一”这一核心教育思想，他认为：“艺术不是一门专业职业，艺术家与工艺技术人员之间并没有根本上的区别，工艺技师的熟练对于每一个艺术家来说都是不可缺乏的。”①格罗皮乌斯呼吁传统的建筑师、雕塑家和艺术家们都应该转向实用艺术，“让我们建立一个新的艺术家组织，在这个组织里面，绝对不存在实用工艺技师与艺术家之间树立障碍的职业阶级观念。同时，让我们创造出一栋将建筑、雕塑和绘画结合成为三位一体的新的未来的殿堂，并且用千百万艺术工作者的双手将它耸立在云霞高处，变成一种新的信念的鲜明标志。”②（图 9-2）

在这一思想主张的影响下，由格罗皮乌斯领导下的包豪斯注重教学理论和艺术实践相结合。坚持技术和艺术充分结合的宗旨创建了许多与设计教学相关的实习工厂，做出了“工厂学徒制”和“双轨教学制”等重大教学改革。

包豪斯的教学实行了“工厂学徒制”，指的是从时间的纵轴方向把握教学过程。学生在历时三年半的学习中，最初的半年间接受包括基本造型、材料研究与实习在内的预备教育，然后根据学生的特长，分别进入相关的学校工厂完成三年的“学徒制”教育（图 9-3）。

因此，包豪斯设立了编制工厂、陶瓷厂、木工工厂、金工厂和纺织厂等供学生实践的场所。三年“学徒制”教育通过者会得到“技工毕业证书”，然后再经过实际工作的锻炼，成绩优异者得以进入“包豪斯建筑研究部”参加高级训练，成绩合格者方可获得包豪斯的文凭。包豪斯在短短 14 年的时间内，经历了三次搬迁，也由此产生三个不同的发展时期——魏玛时期、德绍时期和柏

① 王受之 . 世界现代设计史 [M] 北京：中国青年出版社，2002.
② 王受之 . 世界现代设计史 [M] 北京：中国青年出版社，2002:125.

林时期，而在这三个不同的历史时期也产生了不同的设计倾向，即格罗皮乌斯的理想主义、迈耶的共产主义和密斯的实用主义，三者共同形成了包豪斯新型的教育文化特征，其精神内容和教育意义丰富而复杂，带有强烈的、鲜明的时代烙印。

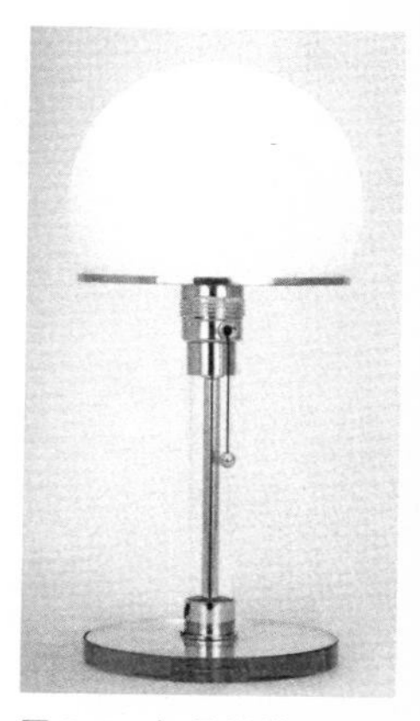
图 9-4 灯具设计 华根菲尔德

所谓“双轨教学制”是指每一门课程都由一位“造型教师”（形式导师，Master of Form）和一位“技术教师”（工作室导师，The Workshop Master）共同承担。这位造型教师主要负责教授绘画、色彩与创造思维训练的课程，而“技术教师”负责教授学生技术手工艺和材料学等方面的知识，了解车间流水线作业的流程。这样双方面的教学方式既让学生掌握基本的艺术技能，接受艺术的熏陶，又学习了技艺与方法。但是这个“双轨制教学”由于“技术导师”对于纯艺术意义上的例如造型规律、色彩规律、抽象思维这些东西缺乏了解，同时“造型导师”对于工厂车间作业也不是很重视，从而导致技术导师和造型导师在实际教学的过程当中缺乏沟通协调，使得“双轨制度教学”在实际教学过程中出现脱节的现象。

图 9-5 包豪斯招贴画设计

其次，包豪斯奠定了现代设计教育的基础结构。根据不同的学生，包豪斯的办学模式包括三个层次：半年制预科、三年制本科和众多的实习工厂，而且每个工厂都由一名艺术家和一名手工艺师担任教师。此外，学校还招聘一批优秀的建筑师、工匠和艺术家担任讲师，将手工艺传统的师徒制与现代化的艺术培养相结合（图 9-4）。

包豪斯开创了平面、色彩和立体三大构成、专业设计课、工程技术课、设计理论课以及与建筑工程课等现代设计的教育课程。在包豪斯的设计课程体系中，基础课程的教学是一个十分重要的环节，而且这些课程的设立对现代设计教育有着深远的影响。直到今天，世界各国几乎所有的设计院系都采用包豪斯教学体系的内容，特别是包豪斯创立的三大构成——平面构成、色彩构成、立体构成，早已成为设计基础课教学的必修和经典课程。课程基本包含了现代设计教育所包含的造型基础、设计基础、技能基础三方面的知识，形成了较成熟的教学体系。即基础课：平面分析、立体分析、材料分析、色彩分析、素描与结构素描和其他基础训练；理论课：设计理论、设计史、艺术史与现代艺术史、哲学、心理学、工程学、美学和其他相关的理论课；专题设计课程。

再次，包豪斯的教育理论对工业生产和现代印刷业也作出了杰出的贡献。在创建现代工业设计基础理论的同时，他们在设计实践上也进行不懈的努力，设计出了许多划时代的优秀作品，并奠定了现代工业设计的基础。包豪斯的具体办法是：把产品的基本元素（如点、线、面、光影、形、色彩等）分别独立起来，然后对其分别进行研究，以工业化要求把这些元素统一化、标准化、功能化，并把它们引入心理学的层面上来。如康定斯基研究的点、线、面，第一次把艺术语义进行科学的抽象概括及心理分析。又如伊顿的色彩学，对色彩进行了一系列的科学研究，制定了一套行之有效的色彩标准化理论（图 9-5）。

最后，包豪斯现代化的设计风格使它成为 20 世纪欧洲，乃至全世界最为激进的设计流派。虽然由于其社会主义和民主主义倾向，包豪斯曾于 1933 年被纳粹政府强行关闭，但它的教育思想在第二次世界大战时并没有停止，格罗皮乌斯与包豪斯的众多讲师先后流亡到美国，在众多设计院校担任了大量重要的教育工作。他们通过在学院中的言传身教，使包豪斯的设计教育思想在美国得到全面的实践和更大范围的发展，后来与美国特有的商业气息相结合，形成一种新的国际主义风格，影响到全世界的设计和设计教育领域。

尽管包豪斯只存在了短短 14 年，但它对现代设计教育的影响不可估量。包豪斯培养了大批既具有艺术修养，又有实践经验和应用技术知识的现代设计师，使包豪斯所创造的设计风格，既能够满足大众基本的使用要求，又发挥了新材料、新技术和新工艺的美学特征，使产品在满足使用的同时，造型又简洁明快，没有一处多余的附加装饰。

在设计教育史上，包豪斯首创艺术与科学技术结合的新精神，创立了在工业化的机器时代艺术设计教育的基本原则和方法，发展了现代设计的新风格，对设计教育和现代设计运动的发展作出重大贡献。

3. 德国乌尔姆设计学院

第二次世界大战后，德国人意识到良好的设计对工业产品，特别是军用产品的重要性，于是开始在全国范围内重振设计产业和设计教育事业。德国人希望能够通过严格的设计教育来提高德国产品的整体水平，以振兴战后凋敝的国民经济和社会服务，使德国产品能够在国际贸易中取得新的地位。1953 年德国成立了乌尔姆设计学院，这是战后欧洲最重要的设计学院，被称为“战后包豪斯”。

图 9-6　剃须刀设计

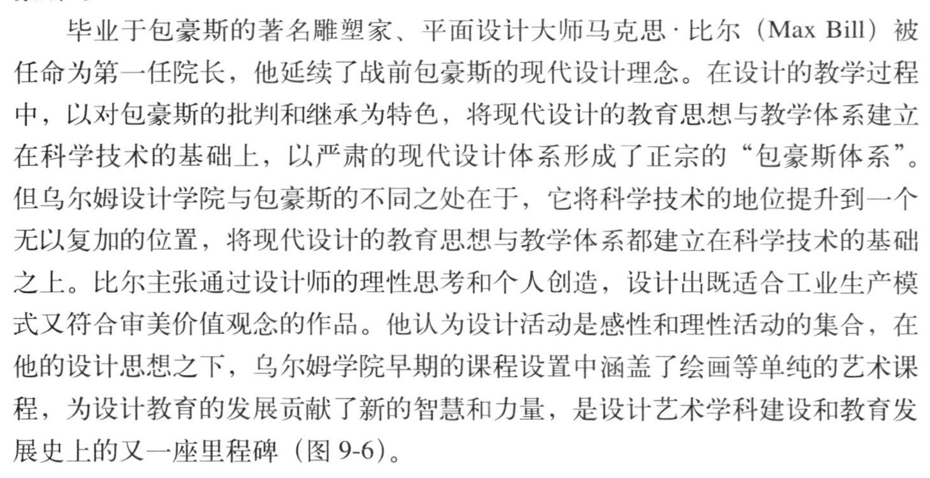

毕业于包豪斯的著名雕塑家、平面设计大师马克思·比尔（Max Bill）被任命为第一任院长，他延续了战前包豪斯的现代设计理念。在设计的教学过程中，以对包豪斯的批判和继承为特色，将现代设计的教育思想与教学体系建立在科学技术的基础上，以严肃的现代设计体系形成了正宗的“包豪斯体系”。但乌尔姆设计学院与包豪斯的不同之处在于，它将科学技术的地位提升到一个无以复加的位置，将现代设计的教育思想与教学体系都建立在科学技术的基础之上。比尔主张通过设计师的理性思考和个人创造，设计出既适合工业生产模式又符合审美价值观念的作品。他认为设计活动是感性和理性活动的集合，在他的设计思想之下，乌尔姆学院早期的课程设置中涵盖了绘画等单纯的艺术课程，为设计教育的发展贡献了新的智慧和力量，是设计艺术学科建设和教育发展史上的又一座里程碑（图 9-6）。

1956 年，托马斯·马尔多纳多（Tomas Maldonado）接任乌尔姆学院第二任院长，他认为设计应该是理性的、科学的、技术的，艺术设计的任务在于“为复杂、功能和结构全新的产品寻找符合它们内部结构的合理形式，这些形式在技术上应该完善，在使用上应该合适。”[①]那么在他的指导思想下，乌尔姆学院

① 王受之. 世界现代设计史 [M] 北京：中国青年出版社，2002.

逐渐成为以科学技术作为基础的设计学院。学院教学由注重形式教学转向与设计学相关的人文及科学技术领域，基本上抛弃了单纯的艺术课程，并且增加了社会科学、数学、符号学等课程。提倡在教学的过程中学生与社会、经济环境相结合，强调经济学、社会学、政治学、心理学以及人体工程学方面的知识。在基础课程方面，也注重学生的理性视觉思维培养。总体来说，乌尔姆设计学院要求学生必须接受科学技术、工业生产和社会政治三大方面的训练，能够进入企业并适应各个部门的要求，成为企业的一个重要部分。

在短短 15 年的设计教学实践过程中，乌尔姆学院形成了独特的“乌尔姆精神”。在设计思想方面，以理性和为大众服务为原则，倡导功能主义。乌尔姆的教学坚定地走向了以科学技术和理性思维为主导的发展道路，它所主张的功能主义风格，比包豪斯的更为彻底、更加务实，以致他们在整个设计活动的始终都秉承“最低消耗，最高成效”的设计原则，这种理念几乎使所有的设计都达到了至简的程度，形成了一种纯粹主义美学风格。[①]

乌尔姆学院采用包豪斯的教学模式，致力于理性主义设计研究，把现代设计彻底坚决地转移到理性的科学技术层面上来，坚持以科学技术为出发点进行设计师的教育和培养，设计了大量著名的工业产品，很多都成为现代主义设计的经典作品。此外，学校还进一步发展了包豪斯的设计思想，建立了“新功能主义”的设计理论体系。后来学院不断改革，逐渐成为德国功能主义、新理性主义和构成主义的设计中心。直到现在，其教育体系、教学思想和设计观念，依然是德国设计理论和设计教育的核心。

乌尔姆学院的贡献还在于确立了设计行业的系统设计原则。这个原则主要是指以高度秩序化的设计改变混乱的环境，使其具有关联性和系统性，其理论核心是理性主义和功能主义。乌尔姆学院认为，设计“不是一种表现，而是一种服务”，这是学校教育模式的核心之一，就是通过一定程度的教学培养，使学生确立一种为人类服务的职业意识和设计责任，认识到设计在工业与美学、技术与艺术的结合过程中，设计师必须具备一种谦逊的创作素质和团队合作意识，最终通过产品功能的设计，完成自己服务社会的使命。

在课程教学方面，乌尔姆充分确立了理性和社会优先的设计原则，它以社会科学和技术科学课程为主体，重视学生的理性视觉思维的培养，以开放的态度，鼓励不同的学术思想和新的理论课题相互碰撞与交流，不断激励师生的创新意识，从而成为理工类型设计教育的典范。

乌尔姆设计学院的产生和发展，标志着现代设计教育拥有了以理工类学科为依托的新方向，形成了理工类型的工业设计、建筑设计和艺术类型的平面设计的共同发展模式。乌尔姆学院对现代设计艺术理论的构建和贡献是巨大的，至今仍值得我们认真学习和思考。

---

① 李砚祖 . 设计之维 [M]. 重庆：重庆大学出版社，2007:207.

9.1.2　中国的设计教育的确立与发展

1. 近代中国的设计教育

早在古代的封建社会，中国的工艺美术创作就具备了令世人惊叹的高超技艺与艺术修养。但在两千年封建思想的束缚下，工艺美术技艺的传承仅仅局限于“师徒式”的作坊模式或“传男不传女”的狭隘观念。直到近代社会，在西方列强不断入侵的过程中，西方先进的设计制作工艺和工艺美术教育体系也输入中国，在一定程度上为中国艺术设计教育的发展创造了契机。对于西方现代科技与设计工艺的仰慕，使得一批批中国的知识分子远赴海外，其中包括：陈之佛、吕彦直、梁思成、童寯、杨士惠等人，他们在受到西方现代设计教育的影响下，不仅为中国的现代设计教育奠定了坚实的基础，更为中国的民族、经济、文化寻求独立自主的发展道路。

20 世纪前期，“图案”作为“Design”的对应学科引入中国。在词语的内涵上，“图案”与“设计”是非常接近的：“图案”的“图”是图样，“案”是方案；“设计”的“设”是设想，“计”是计划。而“Design”一词的中文理解，最早来源于日本。明治十六年（1884 年）日本出版的《水车意匠法》将 Design 翻译为“设计意匠”；明治三十四年（1902 年）东京高等工业学校设立“工业图案科”，将 Design 解释为“图案”。图案学的引入，在继承传统图形和手工艺设计和吸收外来设计文化方面起到了巨大的作用。但由于当时的社会背景和落后的经济技术水平，以及大众对图案一词的狭隘理解，使人们在很长时间内都认为设计就是局限于工艺美术的造型、样式、装饰纹样等视觉方面，注重产品的外部形式和表面装饰，当时的工艺美术家们都只强调了形式，忽略了设计本质的功能性。在学科构建、理论研究方面，图案学科已具有了现代设计学科的显著特征。后来，由于“工艺美术”这一词汇在学科界定、理论研究中的涵盖面要比“图案”更准确、更全面，使得图案学科转变为工艺美术学科。工艺美术学科范围涵盖环境艺术设计、室内装饰设计、装潢设计、家具设计、染织设计、陶瓷设计、漆器设计、服装设计、特种工艺、壁画设计等各个设计专业和领域。

因此，相当一部分学者认为图案的内涵已经不能胜任设计学科宽泛的内容和特性，主张重新修正“Design”的原意。“从图案到工艺美术”标志着中国设计运动的开始。

中国的设计教育可以追溯到 19 世纪末。当时的中国内忧外患，清政府决心通过改革振兴国家，为此开展了轰轰烈烈的洋务运动，全国上下大力兴办各种工厂、引入新式技术、建立新式教育，还开始了新式的美术教育，并于 1902 年在南京创办了中国第一所高等师范学校，设立了图画手工必修课；1906 年，两江师范学堂开设图画手工科。1912 年，国民教育部公布的《专门学校令》中出现“美术专门学校”的名称，并分为私立和公立两类。蔡元培先生发表文章大力提倡推行美术教育，提出“以美育代宗教”之说，主张通过美感教育使现实世界和精神世界达到和谐。同年，刘海粟等人创办了私立上海美术院，并在 1919 年开设了工艺图案科。1918 年，梁启超倡导的第一所国立美术专门学校——北京美术学校成立，其开设了图案科，并有金工、印刷、陶瓷的实习车间，开设传统纹样的临摹、花卉写生的变化、蜡染、漆画、烧瓷等课程，开始了艺术设计教育的萌芽。

20 世纪 20 年代起，中国的有识之士为发展民族工业、参与国际经济与市场竞争，开始注重产品的装饰与设计。一批批学者从海外留学归国而来，积极地投身到艺术设计教育当中。1923 年，陈之佛留日回国，在上海创办尚美图案馆。1928 年，林风眠被任命为首任国立艺术学院建立（后更名为中国美术学院），这是当时最高的艺术学府，也设立了陶瓷科和图案科。

20 世纪 30 年代前后的这段时期，是中国美术教育和艺术设计教育迅速发展的黄金阶段。在此期间各地方的美术院校如雨后春笋般蓬勃发展，如国立中央大学艺术系、私立武昌美术专科学校、私立四川美术专门学校、广州市立美术学校等。中国此时的美术教育仍侧重于工艺和设计教育，强调“纯美术”与“实用美术”的结合。这种教育布局结构相比以前更为合理，其中既有兼备“纯美术”与“实用美术”的美术院校，也有开设了美术学科的综合性大学，如中央美术学院前身国立北平艺术专科学校曾是北京大学的艺术学院。这种注重纯艺术与设计相结合的教育结构，在很大程度上促进了当时中国艺术设计及其教育事业的发展。

2. 新中国的设计教育

20 世纪 50 年代，中国的设计教育开始进入了一个快速发展的阶段。1956 年成立的中央工艺美术学院是我国第一所专业性的现代设计的高等教育院校，是中国现代设计人才培养的摇篮，也为现代设计体系的创建奠定了重要基础。随后，更多的美术院校，如浙江美术学院、四川美术学院、南京艺术学院、广州美术学院等相继设立了工艺美术专业学科。从那时开始，我国逐渐形成了高等工艺美术教育、中等工艺美术教育和职业设计教育相结合的，多层次、相互补充的艺术设计教育体系。①

新中国成立以后中国的设计教育开始进入到一个快速发展的阶段。国立北平艺术专科学校发展成为中央美术学院，徐悲鸿任院长，并于 1950 年创建实用美术系，设有陶瓷、染织、印刷三个科目。“1953 年，由文化部门主办的‘全国民间工艺美术品展览会’在北京举行，党和国家领导人为展览致辞并参观了此次展览。各地相关的民间艺人纷纷来到北京，与专家进行座谈。这段时期的一系列的工艺美术展览的活动，它们奠定了中国艺术设计教育的‘手工业’、‘传统工艺’和‘民间工艺’的基调。”②这一期间，全国美术学院也进行了两次大调整。到 1961 年，全国美术教育单位共有 33 个，设立了最早的几所美术学院，分别为：中央美术学院（1950）、中央工艺美术学院（1956）、浙江美术学

① 曹田泉 . 艺术设计概论 [M]. 上海：上海人民美术出版社，2005：149.

② 清华大学美术学院中国艺术设计教育发展策略研究课题组 . 中国艺术设计教育发展策略研究 [M]. 北京：清华大学出版社，2010:102.

院（1958）、鲁迅美术学院（1959）、西安美术学院（1960）、广州美术学院（1958）、四川美术学院（1959）、南京艺术学院（1959）、湖北艺术学院（1958）。如今，这些艺术院校都是我国艺术设计教育的主力军。需要提到的是 1956 年成立的中央工艺美术学院，它是新中国成立后第一所专门以工艺美术教育为主的院校，“当时设立的系科有：染织美术系、陶瓷美术系、装潢美术系、室内装饰系，在校学生共 99 人，其中本科 82 名，这所学校的建立标志着高等实用美术学科在我国的初步确立。”[①] 1958 年，全国第一种工艺美术综合性学术刊物《装饰》诞生，作为中央工艺美术学院的院刊。此后，全国美术学院开办的工艺美术专业逐渐增多，基本形成了包括本科、专科、职业中专在内的多层次的教育体系。但是，由于认识上的局限，“工艺美术”一直被理解为手工艺与实用美术的混合体，在全国范围内并没有得到足够的认识和理解。

“文化大革命”期间，教学活动基本停顿，中国的设计教育处在停滞阶段。相比之下，此时的西方各国正处在经济复苏阶段，美国、德国、英国、法国、日本等国家的设计已经发展成为一个兴盛的行业。

1978 年 12 月，中国共产党召开第十一届三中全会，会议中提出了“坚持四项基本原则，坚持改革开放，以经济建设为中心”的指导方针，做出把党和国家的工作重点转移到社会主义现代化建设上来的战略决策。自此，我国社会主义建设进入了一个全新的发展时期，工艺美术发展的新局面由此展开。

1979 年前后，以南方的广州美术学院和北方的中央工艺美术学院为先导，从日本和香港等地引入“三大构成”等设计基础的相关课程，并由此形成了延续 20 年的设计基础课程模式。但由于人们普遍对国外的设计发展状况缺乏深入了解，“三大构成”一度被误解为设计的代名词。王受之先生认为，“国内当时的改革，事实上是在基本封闭的状况下重复德国人 50 年前的实验”。[②]

20 世纪 80 年代社会经济刚刚开始恢复，社会生产力水平不高，专业设计实践相对落后，1980 年 12 月，文化部、教育部在发布的《关于当前艺术教育事业若干问题的意见》中，要求全国的美术院校要多培养一些工艺美术的设计人才。中央工作会议也决定，进一步调整国民经济，大力发展轻纺工业。于是，全国的美术院校都开始贯彻执行“日用品要工艺化，工艺品要实用化”的要求，把和广大人民群众生活关系密切的日用工艺美术和装饰性工艺美术作为设计的重点予以重视和发展。随后，提出了发展现代化的高等工艺美术教育，为社会生产服务，为美化人民的生活环境和提高人们的生活质量服务，为社会主义现代化服务的发展理念。

这段历史时期，随着西方现代主义艺术思潮的大量涌入，“包豪斯”的教育体系和西方现代主义设计运动也对中国的艺术设计教育产生深刻的影响。如“在 1977 年全国恢复高考之后，广州美术学院率先建立工业设计专业。中央工

---

① 中央工艺美术学院早期校史 .

② 王受之 . 世界现代设计史 [M] 北京：中国青年出版社，2002.

艺美术学院（现清华美术学院）1981年设立了服装设计系，1984年工业美术系分离为工业设计和环境艺术设计两个系，使工业设计在中央工艺美术学院成为一个独立的科系。"[①]此外还有无锡轻工业学院，它于1960年开设的工业产品美术造型专业，在1984年更名为工业设计系，并随后拓展为涵盖"工业设计"、"展示设计"和"公共设施系统设计"专业的综合科系。之后，全国各地的美术院校和综合类高校也纷纷创办工业设计专业或开设相关课程。工业设计教育的崛起使中国高等艺术设计教育最终摆脱了"工艺美术"的作坊式授课模式，进入了现代化设计教育的新局面。

由于科学技术的进步和电脑的逐渐普及，电脑辅助设计在20世纪80年代对中国的现代艺术设计产生了深刻的影响。国外的设计学者对中国电脑辅助设计的发展起了重要的作用。如"1987年德国卡塞尔综合大学造型艺术学院工业设计系教授德林格来华讲学，在中央工艺美术学院工业设计系讲授'设计方法论与计算机辅助设计'课程；日本筑波大学艺术系工业设计专业教授原田昭来华讲学，在中央工艺美术学院工业设计系讲授'工业设计与计算机辅助设计'课程。"[②]

在早期，这些从事电脑辅助设计的教师在工作条件十分简陋的情况下开始了电脑艺术设计的研究与探索，编著电脑艺术设计的理论用书，探索将电脑技术用于影视剪辑、电视广告、建筑设计，甚至书法和绘画中。他们向全国的设计工作者介绍国外电脑艺术设计的发展方向，并举办了大量电脑辅助设计的作品展览和主题讲座，极大地推动了国内高校在电脑艺术设计方面的教学和科研工作的发展。

1982年，在北京西山召开了新中国成立以来第一次"全国高等院校工艺美术教学座谈会"，代表们组织起工艺美术概论、工艺美术学、中国工艺美术史、外国工艺美术史、消费心理学、材料学、工艺学、生产管理知识等理论课程，试图建立一个完整的中国工艺美术学科体系。这次会议对于进一步开展工艺美术教学研究，提高教学质量产生了积极的推动作用，也为新时期工艺美术教育事业的发展指明了前进的方向。"中国工业协会"在北京的成立被认为是中国现代设计艺术崛起的一个重要的标志之一。

此外，在1995年广州召开的全国设计艺术教育理论研讨会，也具有划时代的意义，它意味着"设计教育"（Design Education）从此可以在中国的艺术教育中作为一个独立的学科领域而存在，同时预示着中国的设计将要进入一个新的发展阶段。

从1982年的"工艺美术教育"到1995年的"设计教育"，这不仅仅是一个名称的改变，而是为了适应社会发展与经济技术发展的新需要，在中国艺术教育中出现一个崭新的独立的学科领域。从本质上看，设计教育就是"训练设

---

① 薛娟．中国近现代设计艺术史论[M]．北京：中国水利水电出版社，2009:220.
② 陈瑞林．中国现代艺术设计史[M]．长沙：湖南科学技术出版社，2003:243.

图 9–7　建筑模型制作

计思维能力和培养设计创造能力"的教育。如果说工艺美术的教育是以工艺美术行业的技艺传统，生产工艺和创作设计的传承、发展为一条教育主线的话，那么设计教育将是以为现代工业生产的设计活动为主线，其内涵是使设计适应现代社会发展的客观需要，以及设计师创造精神的培养。

20 世纪 90 年代，理论上的争论逐渐被蓬勃发展的设计实践所取代。随着改革开放的不断深入，生产力水平不断的提高，政府为了促进对外贸易，开始重视艺术设计。伴随着整个中国工业化进程的加速，象征中国传统手工文明的工艺美术的地位也在一定程度上有所下降，人们转而重视艺术设计的现代性与时代性，强调设计要与西方接轨，走向国际。1992 年邓小平的南巡讲话，对中国的经济改革与社会进步起到了关键的推动作用。不管是国内还是国际，大众对设计的观念都发生了很大变化，特别是随着社会生产力的发展，对设计教育概念的应用和实践逐渐得到真正的推行。例如在中国社会的工业化改造、房地产业的开发、城市居民生活质量的改善、城市环境的规划、绿地面积的扩大等方面，都从真正意义上，将设计教育提高到一个全面拓展时期（图 9-7）。

随着改革开放的深入进行，一些先进工业国家和地区的工业设计理念日益传入中国，像现代主义设计所推崇的三大构成、包豪斯等一时间成为中国设计界研究和讨论的热门话题。中国的现代设计艺术进入了一个全新的发展阶段，普通大众也对设计产生了浓厚的兴趣。设计业的诸多领域，如环境艺术设计、广告设计、服装设计等也得到了迅猛发展，一时间还出现了"广告热"、"装修热"、"时装热"。与此同时，高科技的发展和数字时代的到来也为当时的设计艺术发展起到了推波助澜的作用。

1998 年，国家教委正是改名为教育部，在当年制定的"普通高等学校专业目录和专业介绍"中，以往本科二级目录中的"工艺美术"被"艺术设计"取代，确立了艺术设计学科的独立性。装潢、环艺、装帧、广告、动画设计、金属工艺、陶艺、服装设计、漆画、纤维艺术等专业被纳入新的"艺术设计"学科范围。这种改革无疑是艺术领域的一大变化和进步，它促使了我国高校特别是高等艺术专业教育体制的系统化、完善化，推动了整个中国艺术设计领域全面、有序、健康、完善、稳定地向前发展。在此后的一段时间，一些理工科院校也积极开设设计专业，开始了中国设计教育从工艺美术向设计艺术的转型。在设计的教育课程中也出现了一些新的专业，如环境设计、数码设计等一系列新兴的设计方向。这一变化，标志中国的设计教育，适应了我国工业化的发展进程和市场经济的客观需求，逐渐向世界前沿靠拢。

3. 当代中国设计教育

转型后的中国设计教育与西方设计教育接轨，主要借鉴了包豪斯的教育模式，以艺术与技术相结合的思想为指导，开设了三大构成基础课、设计概论、设计史论等课程，注重设计专业理论的教学。注重设计与心理学、材料学、管理学、传播学、经济学、市场营销学、人机工程学的学科交叉性，充分体现出艺术设计的功能合理性与其审美价值的统一，在学科方向和学科内容上，“艺术设计”比“工艺美术”的概念更为丰富和完善，“艺术设计”理论教学和研究比“工艺美术”更为实用，更贴近市场。

设计人才的培养对中国现代艺术设计的发展具有极其重要的意义。直到今天，中国各地的美术院校和综合类高校中的设计专业的数量仍不断增加。从教育改革后的招生规模来看，自 1999 年全国高校实行扩招政策以来，艺术设计类生源数量直线上升，教育规模急剧扩大。“据有关数据统计，2001 年全国 1166 所普通高校当中，有 400 多所院校开设艺术设计专业。”①到 2004 年，全国有 30 多所独立建制的艺术院校，600 多所综合类高等院校开设了艺术设计的本科和相关专业，“设计艺术学”的硕士和博士授予点也不断在增加。

近几年，在市场需求的催化作用下，艺术设计学学科不断与文科、理科、工科等相互交叉与融合，产生了动画艺术、多媒体艺术、交互设计、用户研究、设计管理等一些新的设计类专业方向。设计学科的综合性特点将进一步得到加强，设计产业逐渐成熟，尤其是在国家提出将我国打造成创意大国的口号之后，各地政府纷纷提出发展文化创意产业，设计行业更加深刻地影响着人们的生活。因而面对不断扩大的人才市场的需求，各大院校积极推行设计教育改革，全国统一的教育模式被各地各具特色的教育制度和教育理念取代。与此同时，在国家相关政策的鼓励引导下，大学办学的自主权有所提高，各地高校会根据各个地区的不同情况制定不同的教学措施，与其他地区高校以及企业展开不同的合作，国际交流也不断增多，国际合作办学成为潮流，为设计教育质量从量变到质变的飞跃奠定了基础。

进入 21 世纪以来，设计艺术学已成为衡量一个城市、一个地区、一个国家经济文化竞争力强弱的标志之一。艺术设计，从 1979 年改革开放到今天不过三十余载，在这段时间内，在它的具体实践活动中不断涌现出新的设计理论，如设计思维、设计观念、设计价值、设计批评、设计风格、设计教育、设计心理学、设计方法学、设计美学、设计材料学等。

改革开放推动了中国的经济发展，经济与商业市场的繁荣加剧了的市场竞争，这就凸显了设计在商品经济中的重要作用。随着知识经济的到来，以及经济多元化和市场竞争力的发展，使设计艺术逐步体现出其附加价值，设计教育在经历初期、发展、成熟等一系列过程中拥有举足轻重的地位。对一个国家来说，当经济发展到一定程度时，必然会带来对设计的需求，从而在客观上大大促进了设计教育的发展。甚至有人说，评论一个国家的经济发展水平和国民的审美品位，可以从这个国家的设计教育水平上看出来。国民经济的发展，造成

---

① 蔡军．适应于转换——高速经济发展下的中国设计教育 [J]. 国际设计教育大会 ICSID 论文，清华大学，2001.

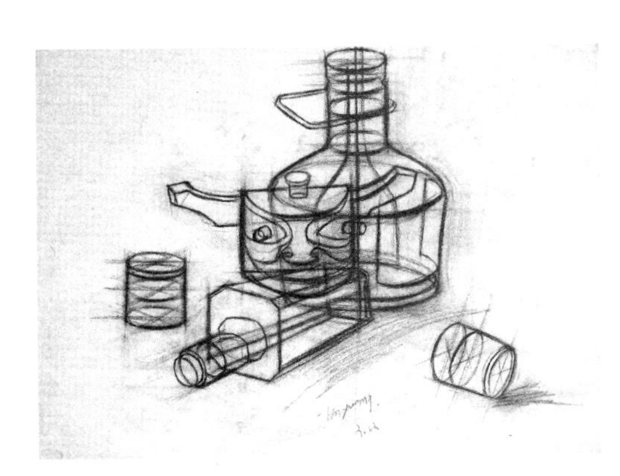

图 9–8 设计素描习作

了设计产业的发达，而设计教育作为为生产部门培养和输送设计人才的主要途径，应得到更多的重视，获得更为持久的发展。

就我国目前的设计教育状态来看，设计教育的类型主要分两大块：一类是综合类院校或工科类院校开设的设计专业，另一类是艺术类院校开设的设计专业。综合类院校或工科类院校注重设计理念与实践，强调设计的实际应用与科学性。而艺术类院校开设的设计专业大多注重设计的艺术表现，强调设计的创意、造型、色彩与美感。两类院校主要是在教育理念、教学模式、课程设置上存在差异，从招生对象、考试内容、考试形式等就决定了两类不同的培养方向（图 9-8）。

总得说来，中国的设计教育的建立和发展是沿着从“图案”到“工艺美术”再到“设计艺术”的轨迹走过来的。自改革开放以来，我国社会主义建设特别是经济建设取得了举世瞩目的成就，30 多年持续的经济增长为中国艺术设计事业提供了巨大的发展空间。在西方近代设计史上，艺术设计发展了上百年才有今天的成就，而我国的现代设计则用了近 30 年的时间就已经飞速发展到今天的成就，在某种程度上讲，不得不视为设计发展的一大奇迹。

9.1.3 现代设计教育体系

从 20 世纪初开始，现代主义设计在德国、法国、俄国、美国等西方国家纷纷起航，在艺术和设计领域进行现代主义实验和大规模的改革，为此后日渐完善的设计教育体系奠定了坚实的基础。其中，德国的包豪斯学院可以说是集大成的中心，对工业化的承认，对设计的重视，艺术上的自我表现，媒介上的改革，艺术观念上变化等，都使传统的艺术设计教育体系发生了翻天覆地的改变。[①]此后，由于政治上的原因，包豪斯学院在欧洲遭受扼杀，大批现代主义大师前往美国，为美国现代设计的发展作出重大贡献。像美国的芝加哥艺术学院、克兰布鲁克艺术学院，纽约的普拉特学院、罗德岛设计学院等，都或多或少的借鉴或采用了欧洲的现代主义设计教育体系。

现代设计的教育起源于西方，对于毫无经验可循的我国设计教育，更多的是照搬西方设计教育的思路和做法，但各个国家由于在社会背景、经济水平、文化意识以及民族个性上的巨大差异，对设计的态度和需求并没有一个统一的标准。因此，我国在全面借鉴西方设计教育的基础上所发展起来的设计教育，就忽视了长远目标的规划和特殊性的考虑，缺乏对于设计教育资源的整合，像包豪斯及西方现代设计教育模式和体系的引入，也并没有真正切入我国制造产业、教育体系和经济制度的深层领域，而只是浮在形式上模仿的表层形态，造成了中国“大一统的设计教育模式”，这显然已不适应 21 世纪的经济竞争。

---

① 王受之 . 世界现代设计史 [M]. 北京：中国青年出版社，2002:44.

我国的现代艺术设计理念与教学模式起步较晚。在新中国成立初期，我国传统的工艺美术是艺术与手工业生产的结合产物。后来随着科技的进步，以及机器大批量生产的发展，设计与生产制作的关系也更为紧密，产品制作生产的流程也有了严密的分工与合作。

我国的设计教育在 30 多年的发展和完善过程中，培养了大批的设计专业人才，为我国的建筑业、工业产品加工业、传媒和服装等专业领域输送了大量优秀人才，为我国的经济建设作出了巨大贡献。但与高速发展的社会经济和文化需求相比，我国的设计教育仍处于滞后阶段，尚不能满足经济的发展和人们的精神需求。

在清醒地认识到中国设计教育的现实之后，就要重新理清现代设计教育发展的新思路，重新思考艺术设计学科的专业设置，以及中国设计院校办学模式和专业特色，重构与中国实际相结合的现代设计教育体系。设计艺术是和社会发展密切相关的学科，中国的设计教育必须意识到这一关联，使设计教育真正成为中国现代制造产业发展的第一推动力。

设计教育的发展，不仅仅只体现在当今开设设计艺术类专业院系数量上的增加，还必须优化设计教育的结构与体系，包括学科的专业结构、层次结构、类型结构和地区结构。人才培养必须以适应中国市场经济发展与制造产业的实际需求为主要目标。值得注意的是，目前设计人才的培养方式与社会产业需求终端之间存在错位。对此，柳冠中先生给予了深刻的评述："与设计教育的'不良性过渡'所形成对照的是设计产业的幼小或畸形，这是一个奇怪的现象。一方面设计人才被大批量、快速地生产着，另一方面巨大的设计需求却不能得到满足，类似经济学的术语：滞胀"。[①]

1. 设计教育的观念

从历史发展来看，早在 19 世纪下半叶产生的英国工艺美术运动，就已经标志着现代设计的出现，而现代设计教育则真正起源于 20 世纪 20 年代的德国包豪斯设计学院的建立，两者相距几十年的时间。然而，当时的整个社会还没有意识到设计教育问题的重要性，设计教育还只仅仅局限于学院内部。当时，格罗皮乌斯对设计的教育问题提出了几点看法：他建议学院尽快建立并加强艺术家、工程师和手工艺人的合作，从而提高整个社会对工业化的认可和设计水平。另外，他还强调集体和团队工作的重要性，认为设计人员要平衡集体与个人的关系，增强团队意识。所以，包豪斯创立之后，格罗皮乌斯按其最初的设想，创立了一种新型的教学体制，由担任技术教育的导师（又称工作室师傅）和担任艺术形式教育的导师（又称形式导师）两个部分的专业人员组成，[②]使艺术与技术、逻辑性的工作方法与艺术性的创造相互结合，对改变当时社会普遍轻视工作室、技术人员的气氛产生了一定影响。

---

① 彭亮．中国当代设计教育反思 [J]. 清华大学美术学院学报，装饰，2007（05）:94.
② 王受之．世界现代设计史 [M]. 北京：中国青年出版社，2002:144.

图 9-9 博朗电动剃须刀 古格洛特

图 9-10 TP1 收音机 迪特·拉姆斯

可以说包豪斯设计学院的建立为以后设计教育，特别是工业设计教育的发展奠定了坚实的基础。格罗皮乌斯一生秉持设计要将“科学与艺术结合”的观点，但设计究竟更趋向于技术还是艺术，一直是设计和设计教育不断探索与追寻的问题。在这方面德国战后建立的乌尔姆设计学院似乎给了一个更为明确的答案。这是德国在战后创立的最重要设计学院，其创始人汉斯·古格洛特（Hans Gugelot）和迪特·拉姆斯（Dieter Rams）对设计教育的发展作出了巨大的贡献，他们坚持认为设计就是科学技术，而并非艺术活动。学校将理论研究与企业生产相结合，并且与德国电子产品生产企业布劳恩公司建立了长期的合作关系，把学生的设计作品变成实实在在的产品设计，对设计教育实践化、设计研究和理性化设计风格的倡导与发展，都起到很大的刺激作用。直到现在，很多院校的设计教育模式仍深受其影响，而这种乌尔姆—布劳恩模式也成为德国战后工业设计的教育体系（图 9-9，图 9-10）。

设计教育的观念一直随着市场经济的发展、社会文化结构的转变而不断提出新的议题。从 20 世纪 50 年代开始，随着各国经济的复苏，整个社会和市场越来越重视设计的舒适度和产品的尺度。因此，以亨利·德累佛斯（Henry Dreyfus）为代表的设计师开始广泛研究人体工程学的数据，使交通工具的座舱设计更加舒适、方便和安全。他曾出版《为人的设计》、《人体度量图表》等人体工程学研究著作，并将人体工程学作为独立的设计课程纳入整个设计教育体系当中，至今仍是工业设计教学的必修课程。

高等院校是为国家和社会培养人才的基地，肩负时代发展和国家复兴的伟大历史使命。经过一个多世纪的发展，各高校已形成了一整套相对完善的教学模式，开始注重将基础知识的培养和讲授与具体的设计项目相结合，逐渐开创了丰富的设计实践活动。设计艺术是综合的、交叉性的学科，涉及自然学科、社会学科和人文学科等诸多领域，应充分认识到设计学科的特殊性与复合性，以及它与技术和经济紧密联系的必然性，建立起有别于美术教育的设计教育观念。

值得注意的是，现代高等设计教育仍存在不重视学科的综合发展，在专业上存在划分过细，缺乏高层次、综合性人才培养手段等问题。在这种艺术设计教育体系下培养的设计师，有很强的模仿能力，能够迅速完成我国在快速发展时期所需要的大量设计任务与目标，但在创新性、知识层面，尤其是文化艺术修养和社会责任感等方面表现出不足，也不能将我国传统的民族文化很好地融于设计当中。因此，进行宽口径教学、强化素质教育，对学生理解设计的真正含义具有重要的意义，也是推进设计教育改革的重大举措。这种观念上的变革，能使学生在短短几年的学习过程中，广泛地学习和了解所有与设计有关的课程，将不同设计专业的特点与属性融会贯通。从基础的素描、色彩、构成训练到专业设计中的服装、平面、产品、室内外环境等专业课程，先对各种设计行业有所了解；到四年级时，再根据个人的喜好和能力选择某一专业方向，如平面设计或室内设计等，作为毕业设计的课题和今后的发展方向。

以日本和韩国的设计为例，他们同样经历了从制造型经济向创意型经济的转型。日本的索尼、松下，韩国的三星、现代汽车等公司都是世界500强企业，他们之所以能够在世界上竞争激烈的商品经济中立足，就是因为这些企业充分认识到设计艺术在创意经济中所处的重要地位，积极投身于设计教育事业，由企业和政府共同出资培养专业型的设计人才，从而带来了企业和社会的双赢。

与上述这两个国家相比，我国目前的制造业对设计教育的投入还显得十分单薄，相对而言，他们更注重技术、设备的先进性。所以，企业应该逐渐转变观念，认识到教育并不完全是政府的事，企业和院校应该是设计教育的共同体和合作者，将设计院校的设计理念与作品与企业的实际生产相结合，这才是解决设计专业学生毕业和实践问题的有效途径。

当然，现在有一些公司，开始为设计专业的在校学生提供更多的毕业实习机会，开展以行业前沿信息为内容的专题讲座，将学生的设计成果与生产技术结合，最终变为具体的产品。同时，院校也需要通过课题的形式来帮助企业解决实际问题。所以，作为企业，无论是本着自身发展、塑造企业文化、树立品牌形象，还是出于肩负应有的社会责任的考虑，都应该密切与设计院校合作。

在现代设计的教育领域，由于经济全球化的影响，创意逐渐成为设计产业的支点和灵魂，而创意产业也日渐成为设计的发展趋势。英国创意产业组对“创意产业”进行如下定义：“创意产业是源自个人创意、技巧及才华，通过知识产权的开发和运用，具有创造财富和就业潜力的行业。可见，只有基于创意产业的设计文化，才会为产业经济提供源源不断的生长动力和精神支持。”①

中国是世界上人口最多的国家，是全球最大的汽车制造与销售大国，同时也是家电、家具、服装、玩具生产与出口的大国。但在人们的日常生活中，优秀的设计作品和成功的品牌形象往往来自国外。特别是在我国的设计产业中，原创产品和民族品牌的缺失，已经引起了专家学者的强烈关注和反思。

设计艺术的根本宗旨和发展动力就在于设计思维的创新。创造性思维的培养和求新观念的强化，需要以文化为基础、艺术为表现、技术为根本，这也是“艺”、“匠”之分。基本的设计理论知识与设计实践能力的培养固然重要，但文化艺术修养、审美判断能力和创造性思维的开发更是决定设计师素质的重要评价标准。

时代的发展、科技的进步，计算机辅助设计的广泛应用，也为设计带来颠覆性的变革，使设计艺术与现代科学得到进一步结合。虽然在现代设计中，计算机体现出其独特的直观形象、信息量大、易于修改等显著性的优势，然而它也为设计教育带来严重的弊端，那就是束缚了学生的创造力。设计师从设计灵感、制作手段、表现技法到设计理念等设计的流程，都过分依赖于电脑科技手段，设计灵感的转瞬即逝性和自由性被计算机束缚，从而让灵感退化。“基于

① 清华大学美术学院中国艺术设计教育发展策略研究课题组．中国艺术设计教育发展策略研究 [M]. 北京：清华大学出版社，2010.

计算机对灵感的束缚和创意的桎梏，现代设计往往成了‘效果优先’。”[①]

无论科技发展到何种程度，计算机都无法取代人脑，无法取代设计师的创作灵感和创造性思维。“在设计的前期，即方案的草图阶段，最初的设计意向或灵感是瞬间的、不定的。通过手绘草稿的方式可以把设计过程中有机的、偶发的灵感，通过图形快速的记录下来。而计算机则要保持精确数据的特点，而且操作起来也更为复杂，扼杀了方案构思阶段设计灵感的自由性和创意的多样性，也不符合设计初始阶段的设计思维方式以及设计表达。”[②]

澳大利亚的调查显示，未来的设计师必须具备的首要的基本素质就是良好的手绘草图能力。因此，在创造性思维的培养上，应注意提高学生的手绘能力，引导学生进行徒手表现，避免被计算机设计的形式所束缚，以求在创作中，探寻自己的表现语言，形成独特的设计风格，进而体现出设计的个性和情感。

由于我国的设计教育和设计行业起步较晚，国内的创意产业的人才数量、知识结构和个人素质还远不能适应创意产业发展的需要，急需大力培养。具体而言，高等院校文化创意产业人才的培养策略，应把培养创新型人才作为发展创意产业和建设创新型国家的重要手段和方式。此外，还要通过设计教育，强调文化创意产业的学科建设，在教学中强化学生创造性思维的开发，加强对创新设计的知识产权保护，这些具体措施对设计创意产业的发展有着至关重要的作用。

2. 课程建设

现代设计教育的整个教学系统可以分为三部分：基础课程（平面构成、立体构成、色彩构成、结构素描、设计速写、材料分析、预想图技法、电脑设计等）；设计理论（设计史与设计理论、材料学、人体工程学、设计伦理学、设计心理学、社会学、设计美学、艺术史等）；专业设计。而现代设计专业也有十分复杂的分类，它包括工业设计（交通工具设计、工业产品设计等）、平面设计（包装设计、书籍及唱片封面设计、企业标准和企业总体形象设计、公共标识设计等）、建筑环境设计、室内设计、展示设计、广告策划与广告设计、插图设计、摄影设计、多媒体设计、服装设计、纺织品设计等诸多门类。这些设计课程和设计学科共同构成一个完善的设计教育体系。

经过将近一个世纪的发展，现代设计教育的课程建设日渐成熟，培养学生的设计能力，提高学生的设计水平也已成为目前设计教育的主要职责和目的。因此，设计教育必须考虑到教学方法、教学观念、教学模式和教学特色等方面的共同影响和相互作用，并对以往教育模式的弊端和落后状况进行全面的革新，从根本上提高设计人员的职业素养，进而满足社会及各个行业对设计不断增长的要求。

目前，设计专业课程分为造型基础、设计基础、专业设计和设计理论四大部分。造型基础课程以训练和培养学生的观察和艺术表现能力为主；设计基础

---

① 凌继尧 . 设计艺术十五讲 [M]. 北京：北京大学出版社，2006:349.

② 凌继尧 . 设计艺术十五讲 [M]. 北京：北京大学出版社，2006:349.

的训练目的，是学习设计的基本技能，认识和理解设计的相关领域；专业设计包括平面、产品、服装、动画、数码、环境艺术设计等按设计类型所分的课程；设计理论以设计概论、设计史论为理论课程，注重培养学生的设计和文化修养。在艺术设计这个大学科内，应该进行包括设计内部系统化、多元化的教学，使学生在各个设计专业课程之间寻找特性与共性，更好地理解设计，培养学生多角度、全方位的设计创造思维与能力。

在设计专业课程体系和教学内容的改革中，要注意处理以下几个关系：各专业的主干、学位课程与其他课程的比例及衔接关系；各专业知识板块的比例关系，如专业课、专业基础课，与其他通识课程的比例。我国目前大多数院校的基础设计教育仍然是传统的技法课程，像素描、色彩、三大构成、设计效果图表现、模型制作等基本的技法训练课程占总课时的80%以上。人文和社会学科、自然学科的课程严重不足，以至于学生本身也更重视技法表现的学习，而社会人文学科的综合素质偏低，最终造成模仿能力强而创造性不足的设计局面。

如果一所设计院校只把目光关注于实践，只片面强调具体的设计表现手法，就等于把设计教学等同于传统作坊式的培养方式，教育出来的是只有技术能力而缺乏思想和内在素养的学生。相比我国的设计教育课程的比例划分，美国洛杉矶设计学院的理论课程约占总课程的一半，香港理工大学设计学院的设计课程中也包含大量的理论课程。

在我国的设计教育中，设计理论教学一直没有得到应有的重视。鉴于设计本身的科学性、系统性和规律性，要求在设计教育的当中，理论课程应占有较大的比例。此外，“理论性教学不仅包括设计史论和人文、社会学科等课程，而且应包括每一门专业课的理论教学，从理论研究的高度出发来加以表述，是设计思想和创造性思维方法的传授。”[①]所以，应该转变设计的教育观念，不断完善科学的教育体系，把培养学生分析和解决设计问题的能力放在设计教学的首要位置。

理论研究、历史研究以及理论和历史的交叉研究是十分宽泛的，张道一先生首先将艺术理论分为由低到高的三个层次：技法性理论（技法的归纳和系统化）；创造性理论（创造方法的总结和提炼）；原理性理论（共性和规律的总结和提炼）。原理性理论包括概念、观念、本质、设计美学、设计思维、风格学等共同的规律；创造性理论包括观念创新、风格创新、功能创新等方面的规律和方法，以及派生出的边缘学科。[②]

此外，设计的产业特征要求在具体的教学过程中，将课堂教学与工作室性质的课题训练结合起来。因此，设计教育既要重视实践教育，使教学与产业需求和企业生产的具体情况快速有效地衔接起来，避免设计教育停留在纸上谈兵、脱离实践的状态，又要同时注重理论的发展，提高学生的内在文化修养与审美

---

① 李砚祖 . 设计之维 [M]. 重庆：重庆大学出版社，2007:213.
② 诸葛铠 . 设计艺术学十讲 [M]. 济南：山东画报出版社，2006:19.

图 9-11 产品电脑效果图

品位，掌握设计的历史文脉，继而在自己的设计活动中融入一定的文化内涵，增强设计的竞争力与文化底蕴。所以，高等院校学生与企业合作，设立创意产业研发中心，是设计教育改革的指导思想之一。

开设不同的设计专题，改进教学方法，提高教学效率。“尽量把所有的专题设计课程与实际的企业或具体的设计项目联系，从而避免纸上谈兵，闭门造车。这种具体专题的设计教育，应该采取循序渐进的教学方式，这就是说，早期采用模拟项目，高年级采用具体的、实际的项目。”①在这一方面，德国战后的乌尔姆设计学校是一个典型的范例，它创立的“乌尔姆—布劳恩”设计模式很好地将学校教育与企业的市场经济相结合。这一方面帮助学生大大提高了创造性的思维能力和实际的设计实践能力；另一方面又使企业很好地与大众的审美观念相契合，为企业创造了巨大的商业价值。

现代设计教育必须充分利用最先进的科学成果，特别是电脑技术、多媒体教学方式来促进教育。在这方面，国外著名的设计院校都是雇佣大量的专业设计人员兼任设计学院的老师，这些设计精英把实践中的最新成果与经验带给学生，同时鼓励学生与兼职的教师共同进行设计，使学生能够较快地了解设计实践的真实情况，从而尽快适应并融入到设计工作当中（图 9-11）。

现代设计教育倡导通过电子演示、多媒体课件、动画展示等现代教育技术进行理论教学，将复杂、枯燥的设计理论通过深入浅出的方法展现出来，并选取设计项目中的实例进行讲解和分析，将理论中难以理解的设计方法简单化和形象化，强调理论与实践的相结合，激发学生的学习主动性并且提高学习的效率。

现代设计教育还应该将设计教材建设与课程建设结合。设计教育的教材规划一直是课程建设中的重要一环，也是实施教学计划和完成教学任务的重要工具。近年来，随着设计教育的发展，艺术设计的各个专业都基本建立了相对完善的，并且适应本行业发展要求的设计教材，它们将新颖的设计理念、设计方法和设计案例相互融合，逐渐形成了一套相对完备的教材体系，大大提高了设计的教学质量和学生的专业素养。一些设计院校还将优秀教育人才的课堂授课过程，通过先进的技术处理，做成电子教案或电子课件，为以后的课程教授提供影像资料，以取得更大的教学成效。

为了适应设计教育快速发展的需要，西方的一些设计院校除了开设设计概论、设计美学、设计心理学等设计基础理论课程之外，又增加了各种新兴的专业设计理论，如符号学、批评学、心理学、设计社会学、设计人类学、设计伦理学等相关理论课程，表现出现代设计强烈的交叉性和高层次的发展方向，从灌输知识到注重创造精神、创造能力的培养，这种变革是一种质的飞跃。

① 王受之. 世界现代设计史 [M]. 北京：中国青年出版社，2002:38.

9.2 设计教育的理论、方法、伦理研究

在1923年魏玛举行的世界博览会上，包豪斯的代表人物格罗皮乌斯的“艺术与技术新统一”的崇高理想一经提出，便成为包豪斯学院的理论基础。早在1919年，格罗皮乌斯就提出“技术与艺术的统一”的观点。他说：“包豪斯强调科学实用的创造性工作……重视学生在手工制作、绘画和科学理论等方面的教育。”[①]我们可以看出，包豪斯倡导的不是简单的从艺术或者技术两个极端的专业方向从事教学，而是从技术、艺术、科学三个领域有机的结合，作为支撑起课程结构的理论基础。

包豪斯设计学院肩负着训练20世纪设计家和建筑师的神圣使命。格罗皮乌斯广招贤能，聘任艺术家与手工匠师授课，形成艺术教育与手工制作相结合的新型教育制度。随后包豪斯在德国德绍重建，并进行课程改革，一个新的课程体系建立起来。“它的‘教学领域’主要包括：(1) 实用教学；(2) 构成教学（包括实用和理论）；(3) 补充教学。”[②]实行了设计与制作教学一体化的教学方法。此时，原来的艺术、科学、技术三方有机结合的教学方式转化成实践和理论相结合的教学方式。

1937年，当莫霍利·纳吉（Moholy Nagy）在芝加哥建立起新包豪斯学院时，他希望继续忠实于原始包豪斯的教学理念。然而，在引进课程的结构和内容上还是发生一些改变。在课程结构上，他非常欣赏哲学家查尔斯·莫里斯（Charles Morris）。莫里斯致力于研究语言符号学的理论研究，并在新包豪斯学院教授《智能积分》这门课程。他致力于向学生们展示艺术、科学，以及技术这三个关于设计的重要因素的关系。简而言之，查尔斯·莫里斯认为“设计行为就如同一种符号现象。符号的语法、语义和实际意义就分别代表了艺术、科学和技术。他将设计的艺术性、科学性同设计的技术性进行了类比。他认为设计中的艺术性、科学性和技术性不存在联系。”[③]

德国乌尔姆设计学院明确强调它是继承包豪斯的理念。然而在随后几年，这个历史性的参考对于学校董事来说只是呆板的模仿。1958年，托马斯·马尔多纳多（Tomas Maldonado）就公然声称“这些理念正受到激烈的驳斥”，“一个新的理论体系正在酝酿之中，它是以科学的操作主义为基础的”。[④]结果，原始课程中关于艺术性的课程越来越不受重视，而科学的内容，尤其是关于人文科学和社会科学的部分被逐渐增多，并被重视起来。“科学和技术的新的统一”成为了乌尔姆的新的口号。从而，“设计应用于美学”这一观念逐渐被“设计

---

① Quoted in H.M.Wingler. the Bauhaus[M].Cambridge: MIT Press，1979:44.

② Quoted in H.M. Wingler. The Bauhaus[M].Cambridge: MIT Press，1979:109.

③ C. Morris. The Intellectual Program of the New Bauhaus[M]. University of Illinois at Chicago Special Collection，1937:409–423.

④ T. Maldonado. Neue Entwicklungen inder Industrie und die Ausbildung des Produktgestalters[M].1958: 25–40.

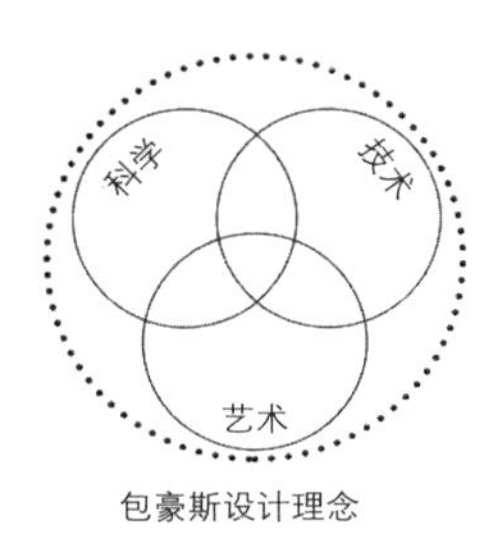

包豪斯设计理念

图 9-12　艺术 - 科学 - 技术三者平衡的教育理念

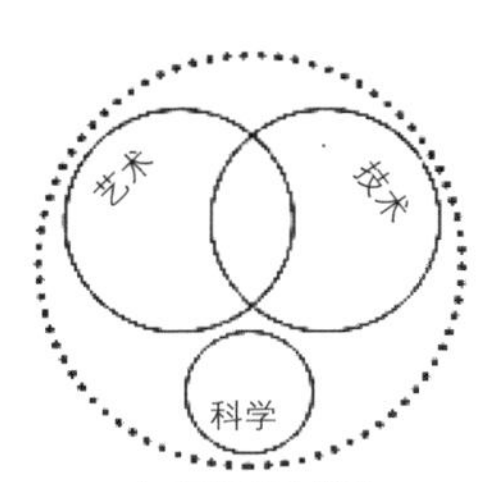

包豪斯设计学院
瓦尔特·格罗皮乌斯
1919—1928
镇玛·德招

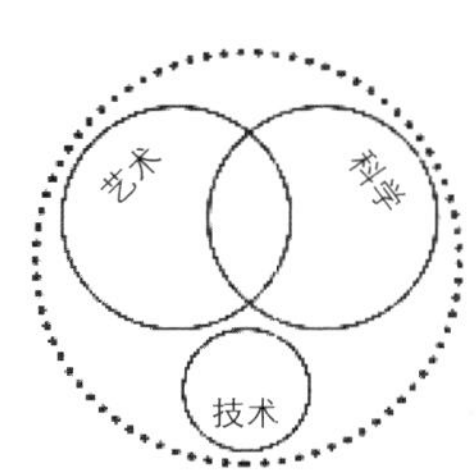

芝加哥设计学院
莫霍利·纳吉，切尔马耶夫
1937—1955
芝加哥

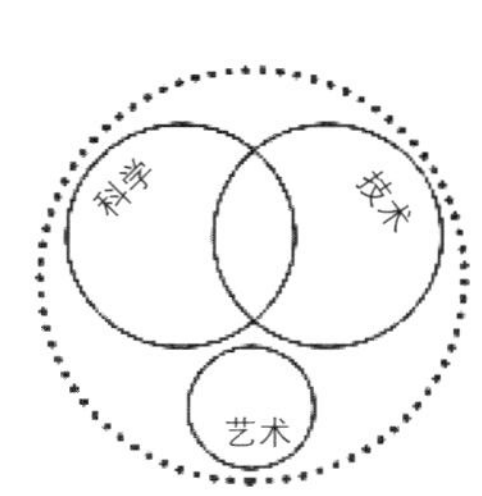

乌尔姆设计学院
托马斯·马尔多纳多
1958—1989
乌尔姆

图 9-13　艺术 - 科学 - 技术三者失衡的教育理念

应用于人文社会科学”这一种新的理论模式所代替。

纵观包豪斯学派的发展进程，我们可以得出以下结论：一个优质精品的设计课程应该是遵照包豪斯传统的理念，把艺术、科学和技术三个方面有机的结合（图 9-12）。从上面举出的三个模仿和继承包豪斯理念办学案例中可以看出，这三个案例的失败之处都在于它们的课程安排没有平衡艺术、科学与技术这三个方面的关系（图 9-13）。

如今，我们每个人都认同艺术、科学与技术在现代设计课程中的必要性。但是分歧也随之出现。一方面，如何分配这三个方向在教学课程中的比例；另一方面，如何在课程中最大化地发挥出这三方面各自的作用，这都是我们值得思考的问题。

在 1947 年发表的一篇文章中，格罗皮乌斯提出一个问题："难道世界上不存在设计科学吗？”尽管他强调设计创造性方面的不可制约性，但是，他还是认为设计行为是一种客观的科学，即可视图形的心理学分析。

20 世纪中期以后，西方发达国家的电子与信息产业迅速发展，带领全球开始了第二次产业革命。[①]“经济全球化”、“地球村”等全球意识的出现，使全球化从理想变成现实，再加上 20 世纪末、21 世纪初高科技的迅速发展，人类社会逐渐进入发达的信息时代，在不同历史文化和地理背景下人们之间的交流日益便捷，计算机技术和生物工程技术正在极大地改变全人类的社会面貌。

“信息化”和“全球化”已成为全球发展的主题，现代艺术设计是文化的延伸，更是经济和市场的产物。因此，在全球努力实现经济全球化过程中造成的经济重组和产业结构的重新排序，都促使一大批新兴产业的诞生，如高新技术产业、各种服务性行业和新兴的设计领域等，再加上人类的生存环境和生态平衡不断遭到破坏，都使各国的艺术设计建立起新的价值观念。整个设计教育也出现相应的应对措施和改革，在原有体系中新增了将交互设计、多媒体设计、为第三世界设计、低碳设计、情感化设计等诸多新兴的设计理念和课程。

值得注意的是，现代的设计教育结构都具有相当的科学性，不少设计学院

---

① 陈瑞林 . 中国现代艺术设计史 [M]. 湖南科学技术出版社，2003:255.

的汽车设计、产品设计、环境设计等专业，都不是文科的学位，而是理科、工科的。设计教育日益科学化，文理科相互结合，改变了以往设计教育或是完全从属于文科，抑或完全是理工科的绝对刻板的划分方式，使之更具弹性和灵活性。

从目前状况看，我国高校的设计艺术教育不管是在课程设计上，还是教学模式上，都具有明显的一致性，这种类似和重复性的缺点，体现了我们不少地方的设计教育尚处于初创阶段，更重要的是反映出设计教育与地方经济发展、生活习惯以及地方文化传统的脱离，这种文化特殊性的丧失，使我国的现代设计在当今国际化的市场竞争中处于劣势。因此，我国的设计艺术教育必须发展有区域特色的专业，充分尊重和运用当地的带有民俗性的传统工艺和设计艺术资源，密切结合当地生产和文化，形成各自独特的教学风格。创建富有地域特色、国家特色和民族特色的设计学科发展模式，形成既有国际化色彩又有地方特色的教学格局，这必将大大促进我国设计艺术教育的百花齐放的生动局面的形成。

设计教育与其他学科的教育有很大的不同，由于设计本身的独特性，设计教育没有一个统一的标准模式，甚至在同一个国家和地区，设计教育的模式和侧重点也各不相同。因为设计的服务对象是市场和社会，而这两个因素因国家地区的差异，显示出各自不同的社会面貌和市场环境，而其他影响设计的因素，比如经济、文化、历史传统、民族风俗等，也因国家和地区而异。对于这样复杂的对象，设计业没有可能形成一个国际统一的教育体系，因此，设计教育只能因地制宜，因国情设立，因市场需求而发展，并且随时都处于一种为应付变化的市场、社会需求而改变的状态之中。①

20 世纪 90 年代初，联合国教科文组织召开了“面向 21 世纪教育国际研讨会”，会议指出：注重发展教育的民族特色、地方特色，这是世界教育发展的大趋势。中国灿烂悠久的历史文化是我国发展设计教育的得天独厚的资源，应积极致力于将传统文化的历史优势转化为实际的文化生产能力，避免将西方现代设计的教育模式作为唯一标准和评价机制，应当建立起基于中国历史文化背景和经济形态的中国设计教育体系。

设计教育的发展，决定了设计师的培养方式，也在某种程度上决定了国家的社会经济面貌和人民的生活状态与审美修养。我国的设计艺术教育正处于历史性的转型期，随着国家的经济发展和整体性的教育改革，设计教育急需建立一个新型的设计艺术教育体系，这是时代发展的迫切要求。

---

① 王受之．世界现代设计史 [M]. 北京：中国青年出版社，2002:31.

第 10 章　设计与城市

10.1　城市与公共空间

城市作为人类聚居最密集的区域，是现实社会的一种存在形式，是生产、消费和服务的区域中心。早期的“城”和“市”是两个不同的概念，“城”是用来政治、军事的防御设施，“市”是由手工业和商业构成的集市贸易场所。[①]“市”作为商品交易的场所在“城”内或“城”郊应运而生，就组成了城市的形态，是社会经济发展的必然结果。刘易斯·芒福德认为：“城市最初是神灵的家园，最后变成了改造人类的主要场所，人性在这里得到充分的发挥，城市的本质便是关怀人、陶冶人。”[②]“城市的发展，实质上就是人类‘居室’日趋完备的过程。没有人的存在，没有人对于自身居住环境的需要，也就无须论及城市的产生。”[③]创立都市社会学的芝加哥学派大师，罗伯特·帕克强调：“城市绝非简单的物质现象，绝非简单的人工构筑物。城市是自然的产物，而尤其是人性的产物。”因而，人性关怀是对城市本质的最好的解释。

马克思曾说“人创造环境，环境也创造人。”城市与人之间密不可分，城市的发展是人主观能动性的体现，是人创造的产物，同时，城市也受到自然环境的影响与制约，改变着人的生活与文化。城市的演变进化要随着人的需求层次的不断变化而变化，要根据现代人和全体人民的不同需求来构建相应的城市环境。而城市以人为本同样也要求研究在城市条件下，人的变化特点，从城市学的角度，科学地探讨、改变人与城市之间不和谐因素产生的根源，进而促进人与城市构成相互促进、相互和谐的关系。

城市的发展受到政治、经济、文化等多种因素的影响，其可以分为两类空间：一类是建筑物或构筑物的内部空间，即室内空间；另一类是由建筑物的外壳界面和自然环境所构成的空间，即开敞空间。[④]敞开空间是向所有城市居民开放的空间，为公众共同使用，具有极强的社会性，也是下文所要探讨的主要方面。而城市化是多种社会要素集聚的产物，城市化的快速发展，使城市人口迅速增加，城市建设迅猛发展，同时也伴随着各种社会矛盾的出现，如：整体与局部

---

① 韩欣，郝传宝，周传洪．中西方城市起源比较浅论 [J]. 石油大学学报（社会科学版），1994，(2).
② 王旭．人文主义的回归，西方城市公共空间特性演变探究 [J]. 城市发展研究，2012(8).
③ 纪晓岚．论城市本质 [D]. 中国社会科学院研究院，2001，（5）.
④ 邹德慈．人性化的城市公共空间 [J]. 城市规划学刊，2006，（165）.

规划不合理、地域文化与人性关怀的缺失、环境污染严重等。这些负面影响加剧了社会的矛盾冲突，阻碍了城市可持续发展的进程。而对于设计学科来讲，能够通过对城市公共空间的规划与建设，来缓和、化解此类矛盾，让城市建设具有更高的回报率。

10.1.1 城市公共空间的演化

公共空间是提供市民进行社会活动的室外场所，包括街道、广场和交通等空间。它最早出现在英国社会学家查尔斯·马奇（Charles Madge）于 1950 年发表的《私人和公共空间》，以及政治哲学家汉娜·阿伦特（Hannah Arendt）的著作《人的条件》中。“公共空间可以分为‘空间’和‘公共’两部分来看，就‘空间’而言，它不仅仅作为城市发展的物质的存在，还表现为社会机构运作的机制，是社会、政治、经济的产物。对于‘公共’而言，由于其自身具有社会和政治领域的概念，赋予了‘公共空间’较一般城市空间更为突出的社会价值属性。”①这也是公共空间与自然环境空间的区别，它蕴含着深厚的人文价值，并伴随社会的发展进程，给居民提供精神、文化和感知方面交流与互动环境。

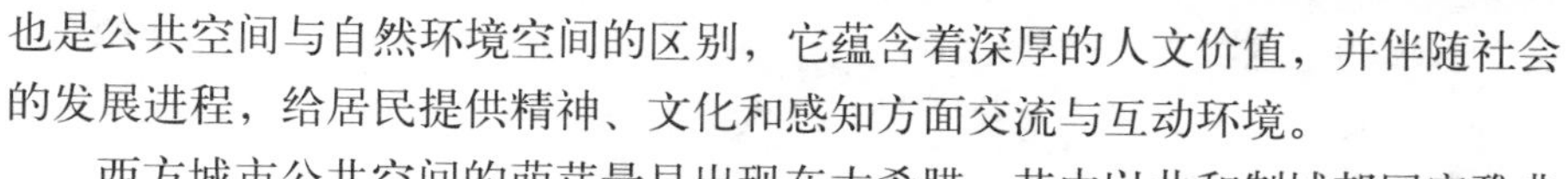

图 10-1 古希腊公民活动的雅典卫城（上）

图 10-2 古罗马供贵族挥霍的斗兽场（下）

西方城市公共空间的萌芽最早出现在古希腊，其中以共和制城邦国家雅典城中形成的一处“随地形变化，场形并不整齐”的建筑外部空间较具有代表性，并被作为市政、宗教、文化性公共空间在城市的中心区域。这一时期古希腊在公民主的政治体制的影响下，市民能够享受活跃的文化氛围，让居民自由参与城市公共事务，实现了居民的社会性需求。之后，在古罗马重物质、轻精神的思想影响下，寄托精神的神庙建筑不再受到重视，取而代之的是斗兽场、宫殿、公共浴场这样世俗公共空间走向城市中心，它们仅仅是为了满足感官性的物质功能需求（图 10-1、图 10-2）。

西欧在罗马帝国的坍塌后，现实世界和精神世界被基督教所占领，城市的中心位置也被教堂所替代。“教堂沉重的墙、墩子和拱顶，狭而高的中厅和侧廊，深而远的祭坛，压抑人的尺度，引起信徒忧郁和内省的情绪。”②而到了文艺复兴时期，在“人文主义”思想的倡导下，人们的精神得到一定程度上的解放，城市的公共空间也成为休闲娱乐的主要场所，社会活动也逐渐丰富起来。此后，工业革命的开展，为社会创造出前所未有的物质财富的同时，也造成了新的社会问题，如环境、交通、文化等，城市空间的环境质量也大不如前，虽然在建筑与建筑之间存在有绿地和公园等休闲空间，但人们却不能真正享受城市空间

① 黄阳，吕庆华 . 城市公共空间创意氛围影响因素实证研究 [J]. 商业时代，2012(1).

② 王旭 . 人文主义的回归，西方城市公共空间特性演变探究 [J]. 城市发展研究，2012(8).

的乐趣和价值。面对物质财富和精神建设不能同步发展时，人们开始反思城市化的进程以及城市公共空间的意义。认识到，只机械化地考虑城市发展与美化并不能给人们生活创造出活力，唯有在延续城市传统空间和营造人性化的场所中实现可持续的发展方能为城市注入不竭动力。

由此可见，城市公共空间是城市政治、经济、文化等多方面的综合体现，具有历史性、社会性，其主体是人。对于城市来说，城市的优良的公共空间不仅是市民户外活动、情感交流和增进理解的场所，同时也向世人展现城市的形象、特色与文化，特色鲜明的空间是城市物质与精神的载体，也是提升城市宜居性的载体。

10.1.2 城市公共空间与景观设计

城市公共空间最重要的特征为大众性，社会大众作为城市公共空间参与的主体，在公共空间中的交流互动，共同构建城市公共空间中的价值体系和社会组织关系结构。“人作为社会与城市的主体，是主要的使用者和受益者，服务于人是景观建设的基本存在价值。”①通过景观的人性化设计，针对不同人群的行为、心理需求，创新城市公共空间设计理念，强调城市文化底蕴、生态绿色体系，能够改善城市公共空间景观环境，提升人居环境的空间活力与空间意象。

在城市公共空间景观设计中，需在“以自然景观的宜居性、生态性和文化特性的前提下，结合地方文化背景，以资源的合理利用为出发点，通过景观规划，解决城市中开放空间体的各个景观要素之间的配置问题。”②同时，针对不同的人群需要做差异化设计。如针对儿童游戏的公共空间，其应建在领域性较强的区域，充分考虑周围的交通以及建筑环境状况。公共空间中的设施要与儿童的尺度相适宜，并便于家长监管儿童娱乐。而针对老年人的公共空间，应符合多样化、社交化、安全化的特性。可以设置动、静两个区域：动态区主要以健身活动为主，而静态区主要以下棋、学习、打牌、社交等活动为主。区域的差异化设计能够给老人以充分的参与空间，增进老人的身心健康。

简·雅各布提出：“街道及其人行步道，是城市重要的公共空间，是城市最具活力的元素。”步行系统在城市空间中充当了人们互动交流的载体，便捷、完善的步行街道能够促使人们进行户外活动和休闲行为，激发不同社交区域的空间关系和发展潜力。狭窄而曲折的城市街道是公认的最适宜的步行尺度和有利于人们互动的交流场所。“对于使用者而言，通道和便道不仅仅是从这一点到那一点的路径而已；步行也是一种生活体验，也具有很多乐趣。”城市空间中的漫步道、健行道、滨水景观栈道越来越多的出现，使原有的城市基础设施变得丰富，吸引更多的群众参与到城市公共空间的互动交流过程中。另外，城市公共空间的景观设计还需要处理好地域特色、历史文脉以及时代文化之间的关系。

---

① 周佳. 浅谈园林景观中的人性化设计 [D]. 西北农林科技大学，2012.
② 荆宝洁. 城市规划矛盾引发“超级城市病”[J]. 今日国土，2011,(2):23

城市公共空间中的景观设计的作用主要集中在以下几个方面。

其一，促进社交。公共空间是社交活动的重要场所，其中的景观设计能够增强空间的吸引力，创造舒适的活动场所，营造良好的活动氛围。如在树下设置棋盘、桌椅，在草坪区域设置互动性雕塑等。其二，提供休闲娱乐。现代景观设计不仅要为游人营造一个自然、生态的景观环境，还要提供可游赏、可参与的休闲活动场所。其三，文化教育意义。公共空间中设置的如纪念碑、历史人物雕塑等景观设计能够对市民及游客起到教育和启示作用。环境与景观的配合，营造出的氛围不但能够突出空间的主题，更能够传达出历史文化信息，使参与者获得知识和启发（图 10-3、图 10-4）。

从总体规划上看，城市公共空间以及景观的设计应与其周围的环境、建筑、自然条件以及人文环境相协调。在规划中，城市公共空间应从宏观上组织好景观体系、人与空间大环境的关系，然后根据特定的目的进行有针对性的设计。如果空间面积较小，则可以突出某一个景观的特点，而在较大的空间布局中，可以进行空间的功能分区，使各个区域处于相对独立的状态。而空间中的植物以及道路等设施的配备、建造需要将空间的功能性、活动的特性以及人的生理、心理特点相结合。以更好地提高城市的服务功能，提高市民生活质量，促进城市经济和社会发展。

图 10-3 互动性雕塑（上）
图 10-4 唐山抗震纪念碑（下）

10.2 城市广场的功能与设计原则

城市广场是一个城市的象征，也是城市历史文化的展现，它是塑造自然美和艺术美的空间。城市广场反映了城市的整体形象，是人们认识城市的镜子。其设计以社会公众为服务对象，社会公众并非一个单一笼统的概念，而是各种参与社会活动的民众集合体的代称。这些群体鲜活复杂，充满生命力，有着各式各样不同需求。正是这些有着相对独立性，统一存在且又相互联系的群体的集合构成了整体的社会公众。社会是有着相互认同、团结感和集体目标的人的集合。①

现代社会是一个公共参与的社会结构和机制，城市广场设计作为社会发展的有机组成部分，它担负着艰巨的社会使命，通过视觉的传播方式和人性化的

① [美] 戴维·波普诺. 社会学（第十版）.[M]. 北京：中国人民大学出版社，2003.

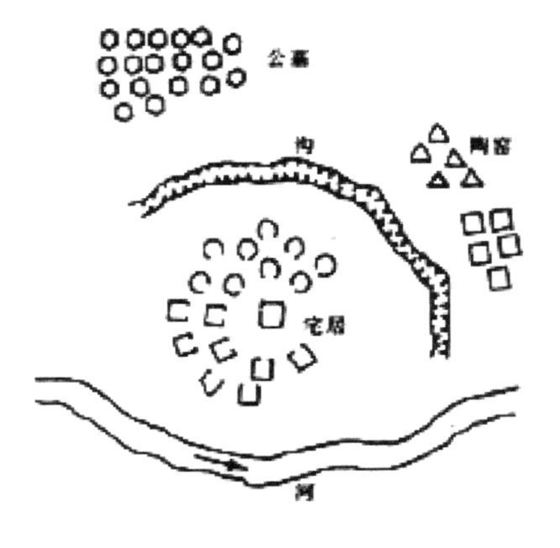

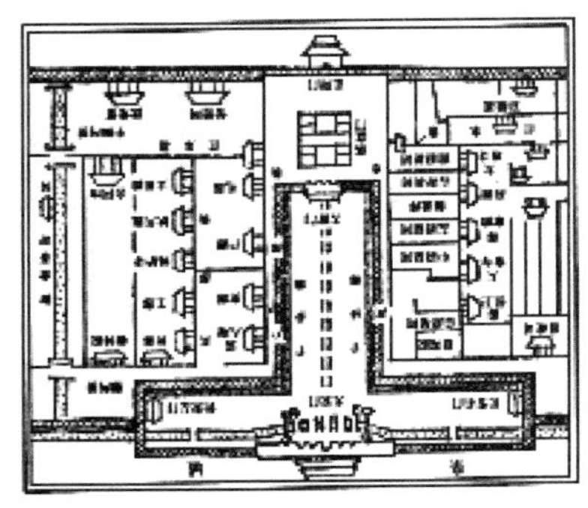

图 10-5　公元前 2 世纪广场平面（上）
图 10-6　半坡村原始村落公共空间（中）
图 10-7　清代天安门广场图（下）

价值取向，体现现代社会的人文关怀，从对功能的满足上升到精神的需求。因此，城市广场设计的公共性价值也越来越明显并趋于必然。

城市的社会特征是指人们的文化水平、受教育程度、居住环境、职业、收入、民族、宗教信仰、所处阶层等，正是由于这些特征的差别，公众被分为不同的社会群体，现代社会的公共性决定了艺术设计的公共性。

城市广场设计是为了满足社会公众的物质生活、精神生活的需要而存在，且通过改善、美化大众的城市环境来确认自身的存在价值。城市广场设计应立足于人类社会共同的、整体的需要和利益，把人类以及社会的和谐及可持续发展作为一切设计活动的根本出发点。

10.2.1　城市广场的功能

“广场”一词在《辞海》中的解释是“1. 面积很大的场地。又指大建筑前的宽阔空地。2. 指人多的场合。”“广”字有广阔的意思，而“场”是指场地。因此，从字面上来理解，城市广场是指城市中的一块广阔的场地。“由于历史、文化等原因的不同，我国城市广场设计的起源可追溯到原始社会，如半坡村民将住宅围绕着圆圈中间形成一块空地，这也是我国广场的雏形。”①（图 10-5、图 10-6）

在我国古代，城市广场的功能主要是进行商品交易。早在春秋战国时期，人们就具有了完整的城市规划思想，之后，逐渐形成了一套特有的布局形式。这种城市规划思想影响着中国古代城市广场的建设。如，长安城沿用中轴线布局，两边有东市、西市；天安门广场也沿中轴线布局，两边有对称的建筑群，而广场与建筑之间形成相互呼应的关系（图 10-7）。

1949 年，中国开始了从一个农业大国向工业国发展的历史转变。从此中国城市开始了历史上的新的发展历程。中国半封建半殖民地社会遗留下的城市还面临着艰巨的城市现代化任务。我国对城市建设的规律性与必然性的认识还十分欠缺。解放初期的大多数城市，工业基础薄弱，布局及其不合理，城市化程度很低，发展也不平衡，根本没有现代工业化设施，更不用说广场建造。此后经过整修城市道路，增加公共交通，改善供水、供电等设施的逐步发展，并重点对大城市的棚户区改造，如北京的龙须沟、天津的墙子河等，城市规划工作和城市广场建设也开始起步。

1953 年到 1957 年是城市规划的引入与发展阶段，也是中国第一个国民经

① 王珂 . 城市广场设计 [M]. 南京：东南大学出版社，1999:52.

济五年计划时期。这一时期奠定了中国城市规划与建设事业的开创性基础，“城市规划”用语得以统一，确立了以工业化为理论基础、以工业城市和社会主义城市为目标的城市规划学科，并建立了与之相应的规划建设机构。在高等学校设置了城市规划专业，积累和培养了一支城市规划专业队伍。随着大规模工业建设及手工业、工商业的社会主义改造而进行的城市建设，是中国历史上前所未有的。“文革”期间，城市建设遭到破坏。而在十一届三中全会以后，城市规划又再一次受到高度重视。进入 90 年代，城市建设进入加速发展阶段，城市广场建设也进入前所未有的繁荣阶段（图 10-8、图 10-9）。

在欧洲，城市广场的发展起源于古希腊。公元前 5 世纪，在希腊一些经济发达的城邦里，出现了工商奴隶主。而之后，小农和小手工业者在这些城邦里获得了更多的政治权利。伴随着生产力的发展、城市的形成和社会分工的出现，小农和小手工业者等居民需要特定的场所进行交易、集会和思想文化交流。由此，广场应运而生。在当时，广场的功能非常丰富，包括：进行商贸交易、举行集会、举办宗教活动等等。而雅典城邦建筑类型非常丰富，有元老院、议事厅、剧场、俱乐部、画廊、旅馆、商场、作坊、船埠、体育场等。但建设的重点是卫城。卫城在雅典城中央一个不大的孤立的山冈上，山顶石灰岩裸露，大致平坦，高于四周平地 70 到 80 米。雅典当时作为全希腊的政治、文化中心，卫城建筑群突破小小城邦国家和地域的局限性，综合了各种艺术形式。[①]

古罗马时期的广场设计在古希腊广场内容和形式的基础之上达到了一个高峰，此时广场的类型呈现多样化的趋势（图 10-10）。进行交易的市场、举行宗教仪式的神庙、市政机构等的建筑被重新强调。此时广场的类型也呈现多样化，不规则、方形、圆形等形状相继出现。欧洲的广场从根本上说源于宗教中心，继而发展成为拥有文化、集会、商贸、休闲、景观、表演等多功能融一体的综合性场所。但是，此时的广场设计中存在着许多不足，包括城市广场与城市空间联系不够紧密等问题。

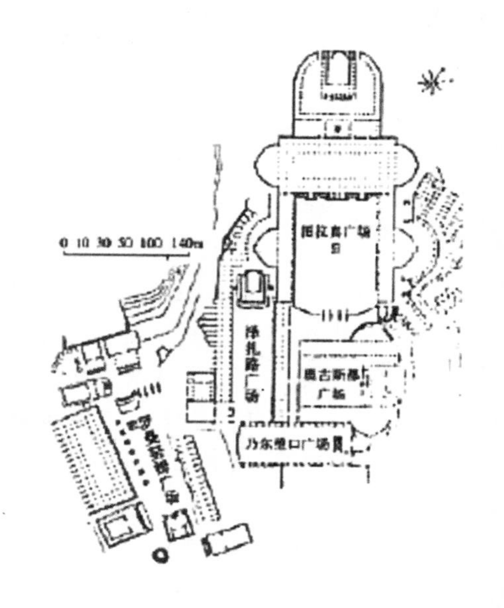

图 10-8 上海人民广场(上)
图 10-9 哈尔滨索菲亚教堂广场（中）
图 10-10 罗马帝国共和广场（下）

到了文艺复兴时期，由于人们的思想更加开放，追求人性、追求人为的视觉秩序和雄伟壮观的视觉效果成为了广场设计的指导思想。此时的广场面积比以往要大。城市规划“利用几何形状、轴线和透视原理来规矩原本不规则的空间，

① 洪亮 . 城市设计历程 [M]. 北京：中国建筑工业出版社，2002:84.

图 10-11　1730 年加纳莱托绘画《圣马可广场》(上)
图 10-12　圣彼得大广场(下)

用柱廊等建筑词汇来统一广场外围的建筑立面，以及用雕像等来建立空间内的视线焦点等”。[①]城市规划空间追求曲线，追求动态感觉的自由、连续空间。对称式是这一时期广场的特征。如威尼斯的圣马可广场(图 10-11)。宏伟而庄严建筑外观的设计以及柱廊和雕塑的排列组合形式从视觉上给人以华美的享受，从心理上给人以浓郁的亲近感，将文艺复兴时期肯定和尊重人的价值，提倡人性，倡导个性解放的人文主义精神传递的淋漓尽致。此外，圣马可广场还处于威尼斯的重要经济地带，是对外贸易的重要关口。经济的发展，使得圣马可广场周围的人也越来越多，文化活动、经济活动、政治活动等也逐渐在此举行。

到了巴洛克艺术风格开始流行的时期，欧洲的城市建设步伐加快，其中广场的公众性被极大强调，为欧洲市民所享有的建筑被大量地设计建造。在这些城市中，作为欧洲教会中心的罗马是最有影响的一个，罗马的城市改造为巴洛克风格广场的出现奠定了坚实的基础。[②]在巴洛克时期，广场的设计理念更加强调空间的动态感觉。广场中央伴有雕塑、方尖碑、喷泉等形式。为了满足交通的便利性，城市广场在设计时充分考虑到，广场出口和城市主干道相互联系，广场不再单独依附建筑群，而是成为城市空间和交通道路的一部分。最具代表性的就是由著名设计师贝尼尼设计的圣彼得大广场。此后，广场的设计追求不再单一，在功能、布局、绿化、空间、环境、理念上相互融合。城市广场的设计也综合了城市规划、建筑学、环境学、生态学、行为心理学等众多学科领域。

“从城市发展的角度上看，城市广场是最早出现的城市空间形态，它既是城市居民聚会的场所，也是能集中反映城市历史文化和艺术面貌的建筑空间。”[③]从更加宏观的角度，即城市形态的角度来观察：各种建筑物聚集在一起形成广场，广场是节点，街道成为广场的延伸，广场与街道成为城市空间的主体。一些重要的公共建筑，如市政厅、剧场、贸易中心等，通常不是排列在街道两旁，而是布置于广场的周围，从而使广场成为城市空间的核心，同时也是城市社会活动的核心。[④]因此，城市广场也可以被看作是最能反映城市文化特征的开放空间，它有着多方面的社会功能。

首先，城市广场是人们生活的容器和市民活动场所。城市广场的修建是城

---

① 叶珉 . 城市的广场 [J]. 新建筑，2002(3).
② [美] 伊丽莎白 · 巴洛 · 罗杰斯 . 世界景观设计 [M]. 韩炳越，曹娟等译，北京：中国林业出版社，2005：52.
③ 藏德奎 . 园林植物造景 [M]. 北京：中国林业出版社，2008：72.
④ 王雪梅 . 意大利的城市广场 [J]. 北京规划建设，2003，(2)：60-62.

市建设中提高城市整体质量的重要途径，它能提高城市景观质量、增强城市活力、塑造有吸引力的城市公共空间，也是最好的公共活动场所、最好的市民休闲空间。广场所具有的功能完善、景观优美、活动形式和内容多样以及信息量大和空间容量大的特点，对城市生活的交往性、娱乐性、参与性和多样性的塑造有着积极作用。同时，城市广场也是城市中最有活力的地方，是城市生活最集中的场所。它能够满足不同年龄、职业的人们的不同活动功能的需求，使人们在“城市会客厅”中能够更加意识到社会的存在，增强人们的社会责任感。此外，城市广场还给市民活动提供了开放空间，这有效地缓解了城市中耸立的高层建筑给市民所带来的压迫感，使人们得到宽敞开放的视觉空间。

其次，城市广场是集中展示城市形象和魅力的场所。一座有魅力的城市，不仅是因为有优美的建筑，更重要的是它们拥有许多吸引人的户外空间，特别是充满活力的城市广场。城市广场是城市的活动中心，城中街道大多是由广场而延伸，这使人感到只有来到城市广场才算是真正抵达城市之中。在现代高密度的城市环境中，城市广场空间就变得更为重要。它为城市的健康生活提供了开放的空间环境和宜人的都市环境，成为体现城市风貌特色的重要场所。提到一些国际著名的大都市，我们会自然地联想到该城市的标志性广场。如巴黎的协和广场、北京的天安门广场、上海的人民广场等。这些广场都因其独特的风格、美好的形象而知名，这些城市中心广场的形象已经成为这些城市的标志和象征，每年吸引无数游客慕名而来，体验和感受城市的独特魅力。

此外，城市广场在展示城市形象之时，也担当起传承城市历史文化传统的重任。城市是人类文明发展到一定程度所创造出的优秀文化成果。城市、社会和人之间的交互作用形成了城市文化，而广场文化作为城市文化的重要组成部分，是城市中多样文化活动的载体，展现了一座城市的生活风貌、政治状况和风俗习惯。一座具有独特文化内涵的广场，是城市中如:休闲文化、商业文化、演出文化、地域民俗、雕塑艺术、宗教文化等多种文化活动的载体。城市广场将风土人情、自然地理、历史传统、价值观念等地方文化特征有机地融入其中，使来到城市广场活动的人们能充分感受到城市丰厚的文化底蕴和悠久的历史，增强对城市广场的归属感。

最后，城市广场具有改善城市生态环境的积极作用。城市广场除了观赏和活动的功能，它还能够改善生态环境。广场中的绿化和水体是城市中自然环境的组成部分之一，在维持城市生态平衡、改善城市局部地区小气候等方面发挥着重要的作用。例如吸收二氧化碳，释放氧气，净化空气；减轻污染如吸滞烟尘和粉尘、降低噪声等。而广场中的水体则起着调节空间环境温度、湿度的作用。

对于城市广场来说，按照其性质，我们可以大致将其划分为：市政广场、纪念广场、交通广场、商业广场以及休闲娱乐广场五大类。

市政广场是市政府和市民进行交流对话和组织集会活动的主要场所之一，是市民参与城市管理的一种象征。它一般坐落于城市的行政中心，与繁华的商业街区有一定的距离，这样可避开商业广告、嘈杂人群等不利干扰因素，有

图 10-13 佛罗伦萨市政广场

图 10-14 爱沙尼亚塔林市政厅广场

图 10-15 阿根廷布宜诺斯艾利斯五月广场

图 10-16 伦敦公园广场

利于广场氛围的形成。同时，市政广场具有良好的流通性和可达性，通向市政广场的主要干道有一定的宽度和道路级别，以满足道路畅通的需求。著名的市政广场包括：佛罗伦萨市政广场、爱沙尼亚塔林市政厅广场等（图10-13、图10-14）。

纪念广场一般是为了缅怀那些在历史上具有重要意义的事件和人物而修建的。广场中心或侧面一般以纪念碑、纪念雕塑或纪念性建筑作为标志物，其主题标志物位于平面构图的中心。纪念性广场一般是突出某一主题，创造出与主题相一致的环境气氛和场所。纪念广场采用相应的标志、象征、碑记、纪念馆等，来感染人、教育人，强化所纪念的对象，产生更大的社会效益。纪念广场的主题纪念物会根据纪念的形式、色彩、材质等，营造出形象鲜明、生动的纪念主体，加强整个广场的纪念效果。例如阿根廷布宜诺斯艾利斯五月广场（图10-15）。

交通广场是城市交通的重要枢纽和有机组成部分，起集散、交通、联系过渡及停车的作用，并有合理交通组织的功能。交通广场分为两大类：一类是城市多种交通会合转换处的广场，如大型火车站前的交通广场。这类广场的首要功能是合理组织交通，以保证广场上的车辆和行人互不干扰，满足通畅无阻、联系方便的特定场所要求。交通广场是进出城市的门户，因此整个广场的空间形态与周围建筑相呼应、相和谐，而富有表现力、丰富城市天际线的交通景观风貌，会给过往旅客留下深刻、鲜明的城市印象。另一类是城市多条干道交汇处形成的交通广场，如伦敦公园广场（图10-16）。这类广场也就是常说的环岛，一般以圆形为主。由于这类交通广场往往位于城市的主要轴线上，所以它的景观设计对整个城市的风貌形成具有极大的影响。因此，除了配以适当的绿化外，广场上常常还设置有重要的标志性的建筑或大型喷泉，以形成道路的对景。

商业广场是城市广场中最为常见的一种，它是城市生活的重要活动中心之一，主要是人们集市贸易、购物、娱乐和休闲的场所，如旧金山联合广场（图10-17）。在商业广场中主要以步行环境为主，内外建筑空间互相渗透、相互辅助。商业活动区应相对集中，这样既便利顾客购物，又可避免人流和车流的交叉，这样能够大大降低交通事故的发生率。而商业广场一般多位于城市的核心区域或区域核心的商业区。广场的布局形态、环境质量、空间特征以及所反映的文化特征等都是人们评价一座城市重要的参照物。商业广场必须在整个商业区规划的整体设计中综合考虑，做到因地制宜，根据不同的空间位置确定不同的空间环境组合，并在广场中设置绿化、雕塑、喷泉、座椅等城市小品和娱乐休闲设施，使人们能够放松休闲，乐在其中，充分感受“城市客厅”的魅力，进而形成一个充满生机，富有吸引力的城市商业空间环境。

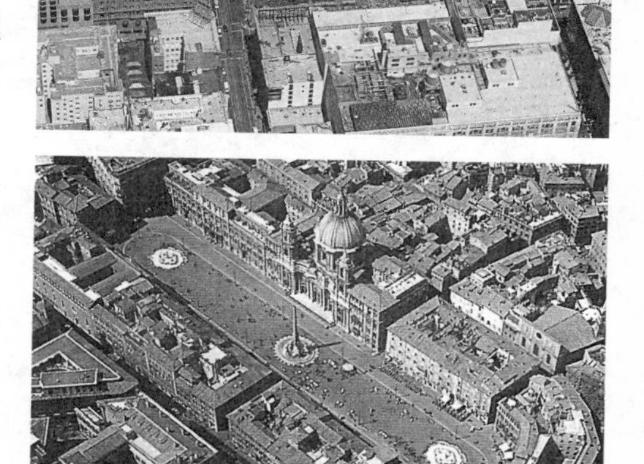

图 10-17 旧金山联合广场（上）
图 10-18 罗马那佛纳广场（下）

休息及娱乐广场是城市中供人们休憩、游玩、演出及举行各种娱乐活动的重要场所之一。广场中常布置一些座椅、台阶、绿荫等供人们休息和放松，花坛、喷泉、雕塑、水池以及其他有创意的城市小品的设计能够供人们观赏玩耍，休息及娱乐广场是最使人轻松愉快的一种广场，人在其中可以“随心所欲”。休息及娱乐广场的设计不像前几类广场，需要有一个中心，所有要素都为此中心服务。休闲及娱乐广场可以是无中心的片断式的，即每一个小空间围绕一个主题，由若干不同主题的小空间联系而成，而整体是“无”的，它向人们提供了一个放松、休憩、游玩的公共场所。因此，无论是整个广场的空间尺度，还是广场内的景观小品、座椅灯都要符合人的环境行为规律及人体尺度，做到人性化设计。同时，广场位置的选择比较灵活，可以是位于城市的中心区，也可以是位于居住小区内，还可以是位于一般的街道旁。如罗马那佛纳广场（图 10-18），其广场的布局就是无中心的片断式的。

除了以上的分类方法外，根据广场平面组合分类可分为单一形态广场和复合形状广场，其中单一形态广场又分为规整形广场和自由形广场，规整形广场包括了正方形广场、长方形广场、梯形广场和圆形和椭圆形广场；复合形状广场则分为有序复合广场和无序复合广场两种。另外，根据广场剖面形式分类还可分为平面型广场和立体型广场。①

10.2.2 城市广场的设计原则

1. 文化内涵原则

文化内涵原则是指，在城市广场设计中要突出丰富深厚的文化底蕴、突出市民的公共空间概念、追求地方特色设计、展现城市广场的特色。

城市广场与其四周的建筑物、街道、四周环境共同构成城市环境风貌。设计文化广场时要尊重和吸收当地的文化，注重设计的文化内涵，将不同文化环

① 梁雪，肖连望 . 城市空间设计 [M]. 天津：天津大学出版社，2000:91.

图 10-19 新奥尔良意大利广场

境的独特差异性和非凡性加以深刻地理解与领悟，才能设计出与该城市、该文化、该时代背景相和谐的文化广场。比如西安钟鼓楼广场，主要突出两座古楼的形象，保持了观赏的通视效果，还采用了绿化广场、下沉式商业街、下沉式广场、传统商业建筑、地下商城等多元化空间设计。为了解决交通组织上的人、车分流问题，以钟鼓楼广场为中心，组成一个步行系统，使钟鼓楼广场成为西安古都文化带的重要枢纽。设计文化广场时，还要考虑城市“夜生活”形象，突出夜间活动的文化内容和绚丽缤纷的城市灯光夜景。

而城市广场设计应该突出当地特色，即要和当地的地形地貌、气温气候等适应。强化当地的地理特征，尽量采用富有地方特色的建筑材料和建筑艺术手法，体现地方特色，以适应不同的气候条件。如北方广场强调日照，南方广场则强调遮阳。一些专家倡导南方建设“大树广场”便是一个因地制宜的例子。

此外，城市广场还应该突出其人文特性和历史特性。城市广场建设应继承和吸收城市的历史文脉，体现独特的地方风情和民俗文化。如 20 世纪 70 年代在新奥尔良市设计“意大利广场”就充分展现出传统设计艺术风格与现代的表达手法相结合的特征（图 10-19）。在主体建筑的风格上，他采用了古典罗马式建筑结构，充分展现罗马拱券，此外，拱门的石柱还混合“拼贴”了爱奥尼、科林斯、多立克等多种柱式。在广场设计表现方面，又将流行的美国文化融入其中，霓虹灯的装点以及绚丽色彩的使用，完美地将古典与现代，技术与艺术融为一体，表达出后现代主义设计对于历史、对于古典的戏谑。另一方面，“意大利广场”的设计也体现出对于传统文脉的重视。新奥尔良市有大量的来自意大利的移民，其广场的设计中心地面图案就是依据意大利西西里岛的样式而抽象化而来的。广场还同时把象征意大利的三条河流：阿尔诺河、波河、台伯河以及意大利临近两个海域：第勒尼安海和亚德里亚海作为主要的构成元素，这让不少当地的意大利移民看到无比的亲切，仿佛自己的国家近在咫尺，设计师莫尔的匠心表达出对他们的欢迎与尊重。“意大利广场”的设计结合了意大利当地居民的审美理想与生活习惯，也充分考虑了与广场所在城市周围环境之间的协调关系，利用折中的处理手法把历史与现在有机地统一，传递出丰厚的文化内涵。莫尔把自己偏爱的舞台设计风格加入其中，又让广场的设计呈现出现代与前卫之感。“意大利广场”成为当地居民举行重大活动以及典礼的最佳选择，也是休闲、娱乐的最佳场所。

2．以人为本原则

城市广场的设计要体现出人性化，要确保广场环境质量不受外界的干扰，适合绿色文化、运动文化、艺术文化、休闲文化、商业文化等文化生活，实现广场的“可留性”。广场的规划要以“人”为主体，使其贴近人的生活，既有舒适度，又考虑艺术美感。一个聚居地是否适宜居住，要看公共空间与当时的城市肌理是否同当地居民的行为习惯相符合。这里的“适宜”指的是得心应手、充分而适合的意思。城市广场在使用的时候应充分体现对“人”的关怀。古典的广场一般极少有绿地，主要以硬地或建筑为主；现代广场则可以出现大片的绿地，并通过巧妙的交通与设施配置，纵向组织，实现广场的“可达性”和“可留性”，强化广场作为公众中心“场所”的人本精神。现代广场的规划设计要求以“人”为主体，体现“人性化”，使其使用最大程度上贴近人的生活。①

从城市的历史发展看，它经历了从中世纪、文艺复兴到工业革命的漫长历程，城市广场的形式及其设计规则也一直伴随着城市社会生活的变迁而不断改变。以往中世纪的宏伟、庄严、象征中央集权政治和寡头政治的“君主权力至上”的设计原则，连同那些具有强烈秩序感的城市轴线系统和由宽阔笔直的大街相连的豪华壮阔的城市广场，都为那些极少数贵族们的生活带来了很大程度上精神的满足，同时也提供了一种前所未有的城市体验，当时的这种设计理念也非常符合贵族和统治者的心理需求。到工业革命大生产化时期，由于城市经济供需的膨胀，“技术至上”的设计理念大行其道，使人们偏向于物质化的城市形态、结构和城市空间而忽视人的生活和情感需求，忽略了城市广场最终是人民的广场。城市广场的设计、布局、规模、设施及其审美性均应以是否能够满足广大人民的需求为根本衡量标准。随着时代的进步，21 世纪新的设计理念更趋向于“以人为本”的设计原则，将尊重人、关心人作为最根本设计指导思想落实到城市空间环境的发展创造中。

在城市广场设计中，应重视人在城市广场的活动给设计带来的影响，体现对使用主体的人文关怀，从而创造出更多满足人们多样化需求的理想空间。因此，在广场的整体设计中，必须对人流的分布、业态的发展进行系统的分析整合，合理规划广场的空间。更好地处理广场空间与周边道路环境的交通关系，通过对不同地形、植被、公共艺术品等景观要素的应用，构筑不同空间尺度、不同封闭或开敞程度的空间，从而满足人们的多样化行为需求。在对其人文历史方面的再设计以及加强广场地域文化的同时，能进一步提高人在城市广场活动中的主导地位。特别强调的是，广场上艺术小品的尺度应在人的生活尺度标准范围内。总之，在整个设计过程中应不断强调“以人为本”的主导思想，才能更好地协助城市广场地域文化性的再现。

此外，我们还需要研究人类日常活动的心理，从心理学的角度处理好城市广场设计中的人与人、人与社会、人与自然之间的关系。

从人与人之间的关系看，人们的日常生活中离不开与人之间的相互交往，无论与陌生人还是与熟人之间都需要保持恰如其分的距离和正确的交往方式，若是有一方首先打破了这种距离，就会令双方感到尴尬和焦虑不安。人类学家赫尔根据人际关系的密切程度与人们的行为表现来划定人际距离。他将人与人

---

① 陈亮．城市广场的人性化设计探讨 [J]. 江苏城市规划，2009(04).

之间的距离划分为：密切距离、个人距离、社交距离和公共距离四种。[①]

密切距离，是指当两人的距离在0~45cm的范围内时，称为小于个人空间，这时相互可以感受到对方的辐射和气味。这种距离的接触仅限于最亲密的人之间，它适合两人之间说悄悄话和相互安慰。如热恋中的情人、夫妻双方、亲人之间的接触。可是在广场中如果两个陌生人处于这种距离时会令双方感到焦躁不安，人们会采取避免谈话、对视或者避免贴身坐在一起，保持距离以求心理的平衡。个人距离，是指两人距离在76~122cm的范围。人与人之间的距离处于该范围内，谈话声音适中，可以看到对方脸部表情的细微变化，也可以避免相互之间不必要的身体接触，常见于熟人之间的谈话。如朋友、师生、上级下属之间的交谈。

而社交距离和公共距离，分别是指社交距离范围在122~214cm和366~762cm或更远的距离。在社交距离范围内，人们可以完全观察到对方全身及周围的环境情况。据观察表明，在广场上人比较多的情况下，人们在广场的座椅休息时相互之间至少保持这一距离范围，如少于这一范围，人们宁愿站立，也不愿意个人空间受到干扰。这一距离通常被认为是正常工作和社交范围。比社交距离更远的公共距离则被认为是舞台上公众人物与台下观众之间的交流范围。

从人与社会之间的关系来看，人在社会活动中具有“领域性”。奥尔特曼认为：“领域表明了个体或群体彼此排他的、独立的使用区域。”奥尔特曼同时也对“领域”一词提出了定义：“领域性是个人或群体为满足某种需要，拥有或占用一个场所或一个区域，并对其加以人格化和防卫性的行为模式。”如人类除了对生存和安全的需要外，更需要进行社会交际活动，得到更多别人的尊重和自我实现。人们愿意与亲人和朋友拥有一个相对安静并且视野开阔的半封闭的空间活动相聚，借以增加亲和的氛围，避免完全暴露在无遮挡的空间领域，被陌生的人影响打扰。同时人们喜欢相互交往，但并不喜欢跟陌生人过于亲密。如果广场中供人们休息的公共设施，如座椅安排的距离过近，没有间隔性，必然会导致产生不好的强迫交往心理。广场的领域性客观的反映了人们的生理、心理需求，所以，我们在设计时要充分考虑到广场的空间层次、人们行为的多样性需求及广场的使用性质，创造出具有“人性化”的层次多样化的广场空间。

而人在环境中的存在并不是均匀的，而是总爱在视线开阔并有利保护自己的地方逗留。如大树下、廊坊旁、台阶上、建筑小品的周围等可依托的地方集聚，这一行为心理应该来源于我们人类祖先，当时在野外活动时一般很少选择安全暴露的空间休息，他们或找一块岩石，或找一个土坡，或以一颗树木作为依靠，以增强安全感。因此，在广场设计中应充分考虑到人对空间“依靠性”的要求。使人们在广场空间中，坐有所依、站有所靠，具有一定的安全感。

从人与自然之间的关系来看，人们的活动环境受到时间、季节、气候等各

① [美] 詹金斯. 广场尺度 [M]. 李哲 译，天津：天津大学出版社，2009:57.

方面的影响，通过持续的观察可发现，人们在空间中一天的活动变化、一周的变化甚至是一年的变化，每个季节的差别都不一样。人对在时间的使用上，受到文化差异的影响很大。据研究显示："在美国文化中并无午睡的习惯，而在西班牙却要午睡几个小时。"时间要素会对人们的活动产生巨大影响，如夏天的广场，骄阳似火，人们尽量避开中午高温时间外出活动，大多都利用早晚的凉爽时间到广场散步和锻炼。在烈日下，人们都躲避在有遮阴的地方休息。相反的在数九严寒的冬季，人们又都愿意逗留在温暖的阳光下。试想忙碌奔波了一天的人们，到了夜晚聚集在广场柔和的灯光下翩翩起舞，是多么放松的享受。

所以，我们在广场设计时，根据人的心理需求，尽可能的使广场同时具备舒适性和安全性，以满足人们在时间上的各种需求。

图 10-20　绍兴人民广场

3．地方特色原则

地方特色包括两方面：社会特色和自然特色。城市广场的设计首先要重视社会特色，把当地的历史文化（包括历史、传统、宗教、神话、民俗、风情等几个方面）融入广场设计构思当中（图 10-20、图 10-21），这样能够适应当地的风土民情，彰显出城市个性，避免千城一面、似曾相识的感觉，与其他城市的广场有所区分，进而增强城市的凝聚力和其旅游吸引力，给人们留下鲜明的个性和印象。其次，城市广场设计还要注意突出其地方自然特色，即适应当地的气温气候和地形地貌等。做到地理特征的强化，尽量运用富有地方特色的建筑材料和建筑艺术手法，体现地方园林山水特点，适应当地气候条件。

图 10-21　罗马贝格广场

城市的发展与大自然之间是不可分割的，自然具有独特性与不可再生性。例如杭州，其丰富多样的自然环境、群山环绕的美丽西湖、充满历史人文气息的京杭大运河以及气势磅礴的钱塘江等给杭州增添了不少色彩。这些杭州独具的自然环境，也为杭州城市广场地域文化的营造奠定了良好的基础。与此同时，加进研究城市的历史人文、民情风俗、空间特色则能够更好地塑造出城市独有的地域意境。城市广场不仅要在形式上做到自我特征的表达，还要借助文化的力量来体现自身的价值。所以说地域文化是城市广场的"精神"。在分析国内城市的个性时，杭州被认为是最柔美和最具女性化的城市。在设计杭州的城市广场上，应更注意对地方历史文脉的传承、集合自然要素、更进一步体现杭州独具的品质之美。在广场设计中，应更加重视将自然环境和历史环境相融合，加强其自然景观与人文因素的综合体现，完善杭州城市广场的地域表达特色。

4．整体协调原则

城市整体协调原则包括两个方面。一方面，城市广场的规划设计要协调城市空间体系分布。城市广场是城市空间的调节器，只有每个城市广场正确把握自身的区位和性质，恰如其分地表达和实现自身功能，才能和整个城市空间体系分布相协调。另一方面，城市广场的建设要同城市的历史文脉相协调。城市是人类文明的产物，人类文明的发展和历史文化的积淀投射在物质空间上，成为城市的空间环境。所以说城市的规划、布局建设、市政设施、建筑生态环境等人文景观构成了城市的面貌和仪容，其中展现了城市的历史和现状、城市的

图10-22 法国巴黎卢浮宫广场

抱负和理想、城市的光荣与骄傲和城市的困惑与失落。

拿破仑广场、巴黎卢浮宫前的玻璃金字塔的设计就是其中的典型。巴黎在人们心中一直是世界的艺术之都，也曾经是毕加索、米罗和科尔德等大师活跃的地方。当前卫艺术的重镇在1950年转移到纽约抽象表现派的时候，全世界便不再向巴黎搜寻令人兴奋的新潮艺术。为了扭转第二次世界大战后不断走下坡路的视觉艺术地位，法国必须重拾往日的光辉，而美籍华裔建筑师贝聿铭设计卢浮宫的扩建工程就做到了这一点。[①]

贝聿铭认为卢浮宫的重心是拿破仑广场。在设计中，为了在解决交通问题的同时，又不会对卢浮宫优美的形体造成破坏，他大胆地引入了玻璃金字塔（图10-22）。这不仅解决了交通进出问题，而且还在古老、优美的卢浮宫建筑群中融入虚与实的强烈对比。玻璃金字塔形既不仿造传统，也不企图压倒过去，高度为卢浮宫立面的三分之二，从而衬托出了卢浮宫的雄伟和壮丽。玻璃金字塔周围的水池和喷泉，在光线下运动，使整个广场空间有了活力，从而使建筑与景观合为一体。贝聿铭将其赋予了“桥”的功能，广场在白天的时候是人群集聚之地，将来自各方的人“引渡”到三个翼殿。夜晚，在灯光照耀下，玻璃金字塔成为都市焦点，让美术馆的生命从白天延续到夜晚。卢浮宫拿破仑广场的玻璃金字塔取代了埃菲尔铁塔，成为巴黎的新地标，让巴黎重拾“艺术之都”的美誉。

5．突出主题的原则

不同的文化，不同的地域和不同时代所孕育的广场，也会有不同的风格内涵。把握广场的主题、风格取向，形成具有鲜明的特色、内聚力和外引力的广场，将直接影响其生命力。作为一种公共文化事业，广场文化对本地文化和各地外来文化起到了传承、开拓和创新的作用，对本地的与外地居民也达到了聚集、交流、引导的目的。[②]无论什么类型的城市广场都会有其特定的主题。不同类型的广场设计主题也不同，按其使用功能也有不同的定位。如纪念广场、休闲广场、交通广场和商业广场等。不同的国家、民族、地域都有其不可替代的广场形态和形式，这归结于其地形地貌、历史文化、风土人情各具特色。我们在定位城市广场之前，首先应该对该城市的自然环境、人文、经济方面进行全面了解，通过提炼和概括后，推敲出能够代表该城市的地域性、文化性和时代性的主题和将要采用的风格。

具有准确定位主题的城市广场，也是具有鲜明个性的广场。在广场特色的

① 诺曼·摩尔．奇特新世界—世界著名城市规划与建筑[M]. 大连：大连理工大学出版社，2002:114.

② 王威．浅论文化与城市广场设计的内因[J]. 经济研究导，2009.

形成中，广场的“符号”，如雕塑、铺装、喷水池、公共设施、亮化、绿化等设计是否成功，同样也起着关键作用。设计的创造灵感应该来自当地的地域、民俗风情、历史文化和经济状况等。成功的广场雕塑不仅具有强大的感染力，而且也体现着广场的主题。不同时期赋予设计者不同的要求和内容。如欧洲中世纪时期的城市广场雕塑，是通过展示君主的个人雕像，宣传君主的统治为主题的雕塑。而现代广场雕塑主题丰富，有体现人间真情的“母子情”，还有追求回归自然和休闲娱乐的“垂钓”、“下棋”等。另外在材质选择上，广场的雕塑、铺装、喷水池、公共设施等应避免重复单一的采用磨光大理石、玻璃钢等。此外，护栏、垃圾箱、电话亭等也可以根据城市广场的主题而设计，从而在造型上达到独创性。

6．自然生态环境建设与保护相结合的原则

21世纪以来，人民凭着先进的生产力创造了有史以来最高的产品积累以及最丰富的物质生活。城市化进程的加快、人口急速增加、资源过度消耗、生活环境逐渐恶化等让人类面临着生存的危机，从而不得不清醒地认识到保护环境的重要性。只有与自然和谐相处，才能为后代提供可持续发展的机会。城市的发展过程其实也是人类居室逐步完善的过程，发达国家也都有从以前的盲目建设到现今进行的以提高城市环境质量为目的的综合性城市设计的过程。我国现今也在对城市向自然生态环境回归的问题进行有益的探讨，广大的城市规划设计者都正在积极地响应，发扬钱学森先生提出的山水城市的主张。

现代城市广场规划设计应该从城市生态环境的整体出发，用环境设计的方法，通过融合、美化、象征等方法和城市现有的绿地公园结合在一起，在点线面不同层次的空间领域中引入自然从而再现自然，并与当地一些特定的生态条件以及景观特点相适应，成为城市真正的“肺”。现代城市广场生态设计要着重强调其生态小环境的合理性，不仅要有充分的阳光，而且要有足够的绿荫，冬暖夏凉，为市民的各种活动创造一个宜人的空间环境。

例如，深圳华侨城生态广场在设计理念上强调人与自然之间的协调，尊重自然，保护生态，传递出可持续发展的生态观。具体来说，广场的设计充分考虑到了当地的地形、地质、气候以及水土资源等自然条件以及周围建筑、居民等人类生存发展的需求。广场中各类绿色植物的选择组合结合了深圳当地的环境以及植物的习性，构建出高低错落，分类有序，易于管理的生态环境。在一年四季中，多种植物之间的搭配使得广场全年都能呈现出生机勃勃、花繁树茂的景致。除了美化环境外，大量的绿色植被的种植，还能够提供一个理想的阴凉环境，给夏季炎热的深圳居民以天然的消暑纳凉的空间。在广场的不同区域设置一定的水域，不但能够增加对空气中热量的吸收，调节生态广场周边的小气候环境，还能够满足居住在城市中人们感受到水所带来的清新与舒适。

华侨城的生态广场的最大的功能在于，它创造了一个胜似自然的人造的生态空间，给人以强烈的自然归属感，尤其是在今天生活节奏加快的城市中，它带给人以放松、休憩、养生的理想空间与自然、舒适、愉悦的心理体验。

人与自然的沟通与互动中，实现与自然的共生与发展。华侨城生态广场的设计提高了居民的当代城市生活质量，其包含的生态观念影响着人们的生活导向与行为方式，展现出设计在改变、创造、优化当今人类生存环境的潜在的巨大力量。

7．追求经济效益，走可持续发展的道路

我们称城市广场为："城市的客厅，市民的起居室。"我们在设计广场时不但要满足人们的需求和生态环境的宜人，还要考虑经济效益。城市广场的成功，不仅能带动广场周边的旅游、生态、商业、交通的发展，为经济发展创造良好的外部环境，创造经济效益，还能提升城市的知名度，利于城市现代化、国际化的进程。据专家统计："上海市规划局对本地园林绿化所带来的产氧、吸收二氧化碳、滞尘、蓄水、调温进行量化，发现每年的绿化效益竟达 89.49 亿元。"因此，在设计时应注意经济效益和社会效益，注重眼前利益和长远利益，注重局部利益和整体利益。不可为了片面追求经济效益而破坏生态环境，应该留给我们的子孙后代一个可持续发展的空间。由此应充分考虑广场的性质和使用功能，万不可将交通广场设计成休闲广场，这样交通不仅不会得到疏导，反而会因人流拥挤而造成交通阻塞，影响货流、物流的运转，导致经济上的损失。广场设计布局要合理，广场不适宜设在远离人烟的城市郊外，人们难以到达的地方，而应该设立在市中心或者街区中心，交通发达的地方。可以在广场的周围设置人们需求的经济项目，来达到经济效益与市民的公共利益相平衡的目的。

而广场并非越大越好，它要根据地区及使用功能的不同来合理规划广场规模的大小，相反若是一味追求规模上的宏大气派，不但不能提升广场的经济效益，还会给人们造成空旷、冷清荒芜，甚至恐惧的感觉。此外，如果已经形成密集的居民区，没有可规划的大量场地来建造大型广场，则不可强迫去建造大型广场，因为这样会造成大量市民被迫动迁到其他地方，带来经济损失和土地资源的浪费，造成自然生态资源的严重破坏。

10.3　城市建筑与城市规划

西方现代城市规划的思潮可以根据韦恩·奥图和唐·洛干编写的《美国城市建筑:城市设计中的触媒》把西方现代城市规划理论分为功能、人文、系统、形式、实用五大方面。这五个方面是相互联系的统一整体，只有相互交织才能更好地符合时代性的要求，才符合城市规划的社会性因素。

著名的现代主义设计师勒·柯布西耶对于城市建筑与城市规划之间的关系有着深入的研究。柯布西耶的城市规划理念基于工业化的发展，且认为城市作为人类的工具，无秩序化的城市结构正慢慢地腐蚀人们的躯体，阻碍人们的精神，正是旧有的城市不适宜工业化的发展，所以为了改变这种城市状况，他提出了自己的城市规划理念。

在城市规划中他倡导技术管理主义，因此在城市规划方案中体现了技术管理至上的思想。具体体现在：第一，城市的心脏是坐落在市中心的摩天大楼，管理着城市和整个国家。柯布西耶实际上所描绘的就是垄断资本，他积极倡导金融寡头及其代理主宰现代城市。他用世俗的权力中心来代替传统城市的宗教结构。勒·柯布西耶继承了空想社会主义者圣西门的理论，主张由工业家、科学家、艺术家组织社会大生产和学习，领导政府。人们称柯布西埃这套主张是“新圣西门主义”。“现代城市”的最大贡献就是柯布西耶的不动产别墅单元，这也是“雪铁龙住宅”形式的一种变形，是高层高密度居住建筑的一种普遍类型。第二，居住区规划设计。柯布西耶同样继承了圣西门的传统，一方面大量建造住宅面积，另一方面房屋的形式不同，根据每个人的地位决定住房的位置和条件。等级高的精英住在城内，而下属人员则住在郊外的花园公寓内，工人则住在郊外，因此居住是按等级划分的。第三，道路交通。柯布西耶规划了一整套现代化交通以及通信体系。因为他认为只有高效、便捷的交通和通信才是现代城市的生命，他认为运动是城市的生命，其中速度是最主要的因素。第四，绿化和城市空间艺术。勒·柯布西耶十分重视绿化，一方面他设计了多层文化服务设施，另一方面整个城市像是一座大花园，城市绿地面积达到85%，因此有人评价柯布西耶的城市设计“不是城市中的公园”，而是“公园中的城市”。

柯布西耶的城市规划理论对印度现代城市的影响是巨大的，他的建筑思想与印度当地文化特色结合之后，给印度的建筑指明了方向。当柯布西耶应邀设计昌迪加尔首府时，与尼赫鲁总理的通信，他认识到印度特有的文化、伦理道德和思想意识，同时还有大量的印度传统建筑。他同时了解到印度的地域特色：一个热带国家，一年两个月的雨季。建筑在暴雨和骄阳的考验下，如何能发挥最大的功能是其考虑的关键问题。他了解到印度本土的建筑元素包括：挑檐、遮阳板、水池、柱廊等结构。同时，他还认为只有在尊重传统和崇敬自然的基础上才能使现代建筑的理念在这里获得生命，于是柯布西耶在建筑上创造了自然冷却系统以及有韵律的建筑形式，并结合当地材料，这些都无不体现了他对印度文明的理解和体会。

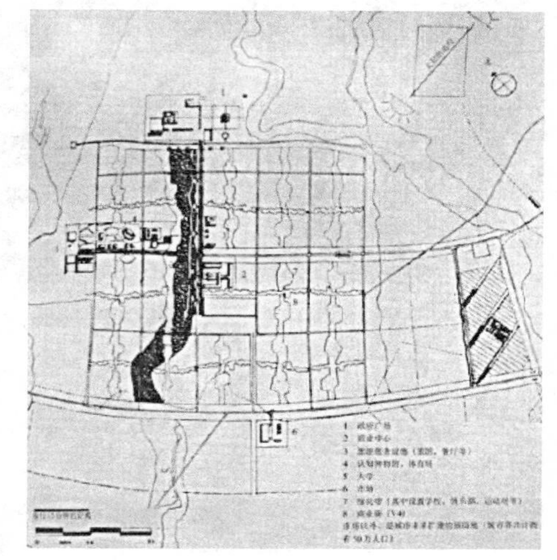

图 10–23 昌迪加尔城市规划平面图
（图片来源：[瑞士] 勒·柯布西耶，博奥席耶，斯通诺霍．勒·柯布西耶全集（第7卷）[M]. 中国建筑工业出版社，2005.）

昌迪加尔市政中心的规划是印度第一个规划设计，它直属于印度政府。1951 年所有人都集结在喜马拉雅山脚下，城市规划随即展开，并以惊人的速度取得进展。[①]在柯布西耶的带领下，这座城市规划正以一种全新的形式呈现。（图 10-23）广场包括议会大厦、法院、秘书处、总督府及一些纪念性建筑。柯布西耶克服了施工、文化差异、地域环境的差异，建筑上结合了水力学，同时考虑到热带的环境将建筑的“遮阳”功能充分发挥。建筑布置中，

① （瑞士）W. 博奥席耶；勒·柯布西耶全集（第 7 卷 .1957—1965 年）. 牛燕芳，程超 译. 北京：中国建筑工业出版社，2005

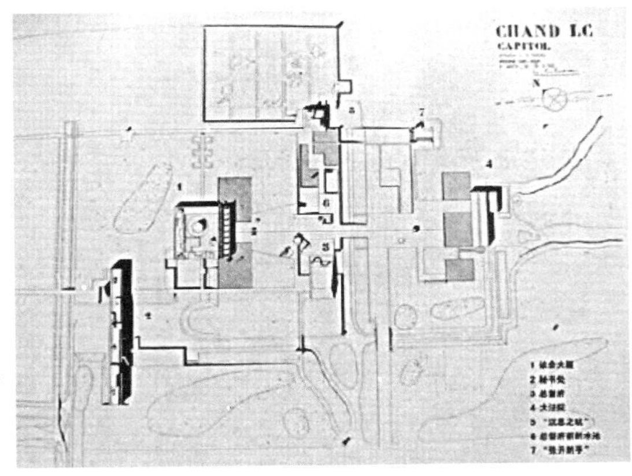

图 10-24　昌迪加尔政府广场平面图
（图片来源：[瑞士] 勒·柯布西耶，博奥席耶，斯通诺霍．勒·柯布西耶全集（第 6 卷）[M]. 中国建筑工业出版社，2005.）

柯布将议会大厦和高等法院做了强有力的并置，之间拉开相当大的距离，为形成良好自然通风创造条件的同时，使其成为喜马拉雅山背景的对照物。同时设计了总督府、阴影之塔与“沉思之坑”以及寓意“接受和给予”的纪念碑——“张开的手”。在如此宽广的规划空间内，柯布西耶巧妙地利用了建筑与建筑之间的尺度关系，使整个广场充满了活力。但是在实际的规划中由于政治、经济上的变动，规划的方案未能如期实现，一旦它们实现，必将成为最美、最震撼的建筑群（图 10-24）。

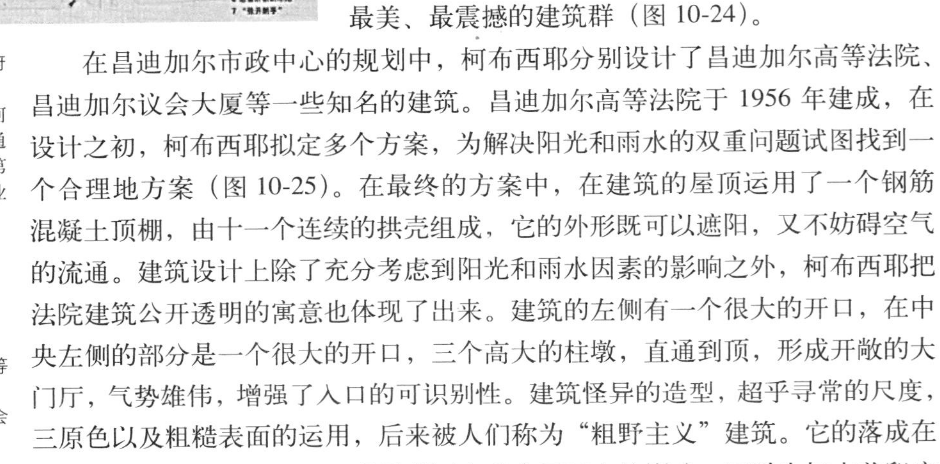

在昌迪加尔市政中心的规划中，柯布西耶分别设计了昌迪加尔高等法院、昌迪加尔议会大厦等一些知名的建筑。昌迪加尔高等法院于 1956 年建成，在设计之初，柯布西耶拟定多个方案，为解决阳光和雨水的双重问题试图找到一个合理地方案（图 10-25）。在最终的方案中，在建筑的屋顶运用了一个钢筋混凝土顶棚，由十一个连续的拱壳组成，它的外形既可以遮阳，又不妨碍空气的流通。建筑设计上除了充分考虑到阳光和雨水因素的影响之外，柯布西耶把法院建筑公开透明的寓意也体现了出来。建筑的左侧有一个很大的开口，在中央左侧的部分是一个很大的开口，三个高大的柱墩，直通到顶，形成开敞的大门厅，气势雄伟，增强了入口的可识别性。建筑怪异的造型，超乎寻常的尺度，三原色以及粗糙表面的运用，后来被人们称为“粗野主义”建筑。它的落成在世界范围内产生了巨大的影响，同时也标志着印度现代建筑的来临。①

图 10-25　昌迪加尔高等法院立面（上）
图 10-26　昌迪加尔议会大厦（下）

在昌迪加尔议会大厦的设计上，建筑的门廊同样也是以“太阳伞”的形式出现，也是考虑到了阳光和雨水的影响，断面像牛角一样，形成美丽的曲线，表明了柯布西耶尊重当地的民俗传统。建筑外观上依然采用了斜坡道，屋顶有一些附加建筑，立面上运用光影来处理空间，具有秩序感，中央议会大厅的圆筒结构是受到印度谷仓结构的影响，顶部曲线的结构在不影响接受自然光的条件下又可以进行通风处理，建筑内部也充分做了通风的设计，建筑周围有大面积的水池，不仅可以产生光影变化而且可以改善小气候（图 10-26）。

此外，开放手是勒·柯布西耶的建筑，标志一个重复出现的主题“和平与和解。它是代表了开放

① （瑞士）W. 博奥席耶；勒·柯布西耶全集（第 6 卷 .1952—1957 年）. 牛燕芳，程超 译. 北京：中国建筑工业出版社，2005

的接受。”勒·柯布西耶所创建的许多开放手的雕塑中最大的是26米高的版本在昌迪加尔，印度被称为开放式手纪念碑。（图10-27）

图 10-27 昌迪加尔开放方面的纪念碑

除了对昌迪加尔新城进行规划设计外，柯布西耶还对印度北端城市行政中心等地区进行设计。但是，在柯布西耶的这些城市建筑设计与城市规划中，也有其局限性。其过分地强调功能和理性，把自己个人的意志全部运用在实际项目中，却忽视了城市的发展是历史延续的结果这一规律。城市的文化是一种继承发展的关系，也是历史演变的过程，建筑师应该起到选择、引导、提炼的作用，而不是在城市规划上过分强调理性和过分追求形式，缺少对社会、历史和文化的考虑，从而使城市缺乏人情味和生活气息。

因此，在城市规划中，应重视城市的文化性建设，我们应该注重城市的文化意象。不仅要注重城市的所有硬件的条件而且还要注重城市的内在特性，这是围合成城市的最基本的元素。在这些元素的基础之上，就更应该关注目前城市规划中缺少的城市意象，包括：城市建筑的文化、城市的自然文化、城市的精神文化、城市的科技文化及制度文化。

而城市建筑的伦理性与城市规划之间存在着密切的关系，分析建筑的伦理问题能够更全面地理解城市规划的社会性。建筑的伦理分为精神、文化、应用三个层次，精神层次是建筑的本质特征，它是我们理解建筑的最高层次，它有助于我们理解建筑的价值和存在的意义，如果缺乏建筑的精神层次，建筑伦理的研究只能空有其表。建筑的文化层次是建筑与历史连接起来，从而更全面的了解建筑文化的伦理内涵。建筑的应用层次，就是运用道德准则来解决建筑中的实际问题。①

建筑是反应一定时期人类文化的“百科全书”，能够反映社会的伦理文化内涵和价值观念，蕴含着教育意义。同时，建筑反映社会的艺术水平，它融汇了绘画、雕塑、音乐等一些艺术的形式，这种隐喻的功能，能够影响人们的情感和品德。因为建筑围绕着我们，作为一种“强迫性”的艺术，无论美与丑，我们都要接受。②而建筑的文化特性、伦理性和艺术性在一定程度上具有教化的精神作用，就好比一座高贵的建筑能够教会人们理解做人的尊严和价值。③最后，建筑能够诱导人的行为和营造特定的教育环境。正如柯布西耶设计马赛公寓，虽然是一个失败的例子，但他希望通过设计能够达到人与人之间的和谐。

① 青红岭.建筑的伦理意蕴[M].北京：中国建筑工业出版社，2005.
② （美）欧文·埃德曼.艺术与人[M].任和（译）.北京：工人出版社，1988：46.
③ 赵鑫珊.建筑是首哲理诗[M].天津：百花文艺出版社，1998：63.

10.4 城市未来发展趋势

优化城市空间结构，创造和谐的生活环境，一直是人们追求的理想，但不同时期人们关注点不同。回顾城市发展的历史，欧洲中世纪盛行的以高直尖塔式的教堂为其主要外在形式的哥特式建筑，对视觉造成很大的冲击，在人与“神”的尺度对比中显示了当时人卑微的社会地位；文艺复兴冲破了人们精神的桎梏，带来人类历史上一场伟大的思想解放，人文主义的倾向反映在城市规划思想上，建筑结构从“神”的尺度降为“人”的尺度；工业革命促使现代建筑的出现，在大城市地价日益昂贵的情况下，为了在有限的土地上建造更多的房屋，现代高层建筑在芝加哥出现风靡全球，而对经济效益的过分追求，忽视了城市的社会效益和环境效益，造成城市空间结构过分集中，使城市充斥着玻璃和混凝土以及高架道路和立体交叉的建筑。①

物质生活的日益富足使得人们对于人际交流的心理需求也越来越高。在人本主义和科学主义两大哲学思潮成为今日西方哲学的背景下，把人的问题作为研究的主要出发点，关心人、对人的本质进行反思成为哲学的根本任务。人们越来越认识到，作为构成城市的主要要素并在城市中起主导作用的人，不仅仅是“经济人”，而且也是“社会人”，他们也需要一个良好的工作、生活环境和良好的人际交往。因而设计要以人为核心就必须在设计中考虑创造一种温暖和谐的人文环境。

被授予第十届“阿尔瓦 阿尔托奖”（Alvar Aalto Medal）的“蒂格内斯图恩·范德昆斯坦公司”（Tegnestuen Vandkunsten），以“为北欧福利社会打造最佳的传统建筑”为公司目标。这家公司总部位于丹麦的哥本哈根，公司在致力于“可更改、集体性、居住参与、高密度低层建筑、可持续性发展”等相关设计方面有着突出成就。公司在1971年设计的廷加顿（Tinggarden）集体住宅小区是体现公司这一设计理念的最具代表性的设计（图10-28）。该项目利用了先进科技和简单的材料尽可能减少施工成本。整个住宅小区由80个出租住宅单元组成，它是规划设计人员结合考虑社会和物质结构两个方面融合而成的一处建筑综合体，这一建筑综合体被分为6个组，每个组约有15户住宅单元和一处公共用房。

图 10-28 廷加顿（Tinggarden）集体住宅小区

“绿色城市是基于自然和人类协调发展所提出的，”②它强调在城市发展中，通过复合化手段改变空间格局。从纵向复合的空间思维去将城市立体化发展，以地下空间使用、屋顶绿化叠合空间的发展，让城市中的生态功能大大增加。整体考虑到未来城市绿化发展，通过水平

---

① 江曼琦，城市空间结构优化的经济分析 [M]. 北京：人民出版社 2000：171.
② 毕光庆 . 新时期绿色城市的发展趋势研究 [J]. 天津城市建设学院学报 ,2005(4).

图 10-29 绿色城市理念下复合式的空间发展模式（图片来源：《江苏建材》2009 年，3 期）

分区模式将城市功能进行细致划分，这有助于城市有序的组织空间分布（图 10-29）。

同时，在城市规划中，应给予社会上的弱势群体以足够的关注，特别是外来务工人员以及留守儿童。这就要求城市规划者尊重普遍大众的需求，不可因经济利益而无视弱势人群的生活需求。例如，在对贫困人口密集区进行空间改造时，权衡经济效益与社会人文环境之间的利益关系，就需要我们对城市的社会性功能加以重视与分析。

城市发展过程中，对旧城区的改造是提升城市整体质量的关键环节。盲目地复制传统符号、外来文化，排斥本地传统，不仅不会提高城市的魅力，更会让原生的历史文明消亡，造成“文化危机”。而“文化危机”不单单是指物质层面，更是价值层面的迷失和制度层面的缺位。人与自然的关系、人与社会的关系以及人与自我的关系是人们面对的主要三种关系。与三种主要关系相对应的就是生存价值所涵盖的三个方面，即物质价值、社会价值和精神价值。“从价值视角研究城市公共空间，也就是分析公共空间作为外在客体满足人们功能需要、社会需要、精神需要的物质价值、伦理价值、审美价值的基本状况。在人的存在过程中，物质价值、社会价值和精神价值交织在一起共同发挥作用。”[①] 从城市空间的客体的属性视角看，它不仅是作为活动的物质载体，更是人们开展公共生活和获得精神体验的社会空间。

此外，城市广场的多样化和个性化是保持城市的生命力和可持续发展的关键。探索未来城市广场的发展趋势是城市空间中的重要课题，城市广场也呈现广场空间多功能复合化和立体化、广场类型多样化和规模小型化、广场空间的绿色生态化以及广场突出城市地域文化的发展趋势。

城市广场是多元化的载体。由于城市空间用地紧张、交通阻塞等问题，人们对舒适度的需求也不断提高，城市空间潜力开发的急迫性越发突显。设计中利用广场空间不同的形态和不同层面的垂直变化，形成多层次复合式立体空间格局的广场，如园林式、草坪式、下沉式、上升式、水景式。从而解决城市空间用地紧张、交通阻塞等问题，使人们在城市空间中获得自由、轻松、

① 刘坤雁．思想政治教育价值意蕴的多重解读 [J]. 黑龙江高教研究，2007(4).

亲切感和活动的安全感，充分的体现对人的关怀。以此解决社会问题，使城市具有较强的吸引力。而在城市规划设计中增加城市广场的数量，能够满足不同地区的文化、不同人群的年龄和不同层次的人的各种需要，真正拉近广场与人们的距离。

由于大量的钢筋水泥土高层住宅和高架桥的修建以及人口密度的提高，使得城市变得拥挤不堪，被钢筋水泥包裹着城市的空间，令人感觉窒息。建筑的比重日益增大，使城市中自然环境的成分越来越少，人们意识到绿色生态化和温馨的人性环境的重要性。城市空间的绿色生态化、人性化已成为人类共同追求的目标。作为城市空间中的“绿肺”——城市广场的规划和设计应努力追求城市空间的绿色生态化。在设计理念上，城市广场设计应该尊重人性，以达到重视自然、再现自然和创造自然的效果。在营造人类适宜的环境之时，还要避免设计中盲目的国际化倾向，注重地域性、民族性和人的情感。城市广场设计中应保护地域历史文化传统特色，并将其融入设计构思中，使之成为城市可持续发展的重要条件，这也是关系到一个城市能否长久繁荣昌盛的关键。

创造优美的城市生态环境、社会环境，提倡群众参与，协调好各种关系和力量，用社会价值决策观念替代优良者价值决策的观念，已成为世界各国城市建筑结构规划的主题。

第 11 章　设计与生态

11.1　生态设计的定义及产生的背景

人类社会进入工业时代后，随着工业的兴盛、科技的进步、经济的发展，人类“高消耗、高投入、高污染、少数人高消费”的生产方式与消费方式异军突起，许多国家不顾地球生态环境，肆意挥霍自然资源。第二次世界大战结束后，西方发达国家为了追求经济发展，采用“高投入”的生产方式，形成了“增长热”，在短短的二三十年时间里，在创造了前所未有的经济奇迹的同时却给人类赖以生存的环境带来重创。

图 11–1　生态破坏与环境污染

当人们沉浸在经济增长带来的喜悦时，却没注意到环境问题已经开始威胁人类的生存，人类赖以生存的生态环境系统受到了严重的破坏：生态环境急剧恶化、全球变暖、温室气体的大量排放、土地沙化和物种灭绝的速度加剧、淡水资源危机、能源短缺、垃圾成灾、有毒化学品污染等。人们开始认真研究如何在保护环境的前提下，改变人类社会的生产和消费方式。设计在为人类创造现代生活方式和生活环境的同时，也加速了自然资源的消耗，对地球的生态平衡造成了极大的破坏（图 11-1）。

进入 21 世纪，工业社会所产生的资源开发与环境保护等方面的问题日益突出，已威胁到人类社会与生物圈的生存与发展。人们不得不关注人类自身与自然生态环境的协调问题，反省人与自然的关系。人类社会面临着人口迅速增长、自然资源短缺、污染严重等问题，自然资源和生态环境因为人类过度地开发利用，造成生存环境的危机。

随着世界的环境污染、资源浪费、生态破坏、能源短缺等一系列全球化问题日益严重，这就迫使人们积极思考如何充分利用大自然提供给我们的有限资源，使整个社会能健康、持续地发展。于是，以环境资源保护为核心概念的生态设计应运而生，并已成为当今设计艺术发展的主流。

20 世纪末，全球生态问题进一步加剧，环境保护引起了国际组织的高度重视。1990 年，欧共体发布了城市环境绿皮书，提出生态环境概念；1992 年，联合国提议多种树，多建花园；1993 年又提出控制私人车，发展无污染的自行车和电车公共交通工具。在设计师的努力下，以环保和健康为主题的设计理念正成为全社会的共识，设计也从过去单纯强调"个体生存行为"转向对"集体生存环境"的关注。

"生态设计"成为 21 世纪的一股国际设计潮流，它反映了人们对人为灾难所引起的生态问题的关心。生态设计综合考虑人、环境、资源的因素，着眼于长远利益，取得人、环境、资源的平衡和协调，实现人类和谐发展。

走可持续发展道路，以全人类的共同前途为出发点的生态化设计，自然就成为现代社会人类的必然选择。设计师在这些问题面前，理应承担起责任，从设计的角度来面对并解决这些问题。

如今中国提倡资源节约型社会、环境友好型社会，从源头上说，设计起着资源节约的调控开关作用，设计应从社会民生的长远发展角度出发，为资源的可循环利用服务，这是设计义不容辞的责任。

11.1.1 生态设计产生的背景

维克多·帕帕奈克（Victor Papanek）认为，设计的最大作用并不是创造商业价值，也不是在包装及风格方面的竞争，而是一种适当的社会变革过程中的元素。当我们在探讨和研究设计社会学的时候，不可忽略的一点就是人与环境的相互作用、相互影响的关系。社会是人类与所生存的环境构成的统一体，社会学是研究社会发展规律的科学，生态是生物与所共生的环境构成的统一体，生态学是研究生物与环境相互之间关系的科学。所以说生态设计的产生有着广泛的哲学、美学及文化背景。

"生态设计"说到底也是以人为本的设计。"以人为本"的设计理念，摒弃 20 世纪的一些片面的观念，要换种角度来进行思考。"以人为本"的观念本身并没有错，但是孤立地讲"以人为本"，就会存在潜在危险，从而产生误导，使人走向与自然的对立。随着人类对自然以及自我认识的深入，人类已经认识到自己是大自然中的一部分，人类自身的力量在大自然面前显得如此渺小和柔弱。所以当我们认识到这一点，我们就知道在设计中"以人为本"的设计理念是对的，但是要看到的不仅是个人或部分人的需求，而是要让设计满足整个人类生存和发展的需求。人类的发展离不开自然，所以这种立体的"以人为本"设计理念就是要将人和自然的关系进行优化，也就是我们所说的可持续发展理念。因此，可持续发展迅速成为设计师们和整个社会所讨论的一个至关重要的问题，是在当前不可持续的文明过程中产生的一个复杂的，关系到生态、社会、文化、经济和心理认知的问题。

虽然"以人为本"的思想是源自西方国家，但是在当今中国，这个词汇毫不陌生，是我们积极弘扬、倡导的理念。与西方的理解不同的是，"以人为本"是中国传统文化的一个重要特征，它强调人与自然的和谐统一，即"天人合一"，这是中国哲学所追求的终极理念。这种理念也是生态学遵循的，换句话说就是协调与和谐各种关系，强调人—自然—环境的平衡性与共生性。

20 世纪人类文明的发展是建立在逐步破坏生态环境的基础上的。从人类文明发展史中，我们可以发现人与自然界之间的关系经历了“一体”、“独立”、“和谐”三个阶段。高度发达的经济为人们创造了更好的生存与发展的条件，而经济高度发展的同时导致了人类生存、发展环境的日趋恶化。“祸兮福所倚，福兮祸所伏。”面对这福祸双至的现实，人们似乎陷入了一个难解的悖论之中。

人类因追求高速的发展生产而导致的环境污染问题、温室效应、不可降解废弃品等问题日益严重，困扰着人的生活。全球气候变暖已成为一个不争的事实，它成为人类面临的生死攸关的挑战。2009 年 12 月 7 日，联合国气候变化大会在丹麦首都哥本哈根召开，旨在为我们生存的这个地球开出“降温”良方。在全球气候变化的大背景下，发展低碳经济正在成为各国决策者和人民的共识。节能减排，促进低碳经济发展，成为救治全球气候变暖的关键性方案。“地球不是我们从父辈那里继承来的，而是我们从自己的后代那儿借来的。”温家宝总理在出席第五届中欧工商峰会的闭幕式时引述《世界自然资源保护大纲》的话，为人类扩展式的发展提出了警示，更提醒了我们对于未来所肩负的责任。

人类是自然的一部分，维护自然生态的循环是人类生存与发展的前提，无限的破坏与无限的索取最终会造成不可逆转的严重后果。人类必须从生态学的角度来规划自己的生产和生活，也需要从生态学的角度重新思考设计与自然社会的关系。设计要符合人类的长远发展，着眼于未来，把人与自然的和谐共存当作设计的最终的方向和目标。

为可持续发展而设计就是指把设计行为的当前利益与长远利益相结合，设计不但立足当下，更要面向未来，可持续性发展的意义也在于此。21 世纪的设计将更多的目光聚焦在了生态环境保护的方面，这就要求设计师在设计时要对自然和人之间关系的整体意识有着明确的认识，设计要更注重人与自然的关系。但是，理想与现实总是有巨大的差别，设计师本身也经常面临着利益与道义责任的冲突。

我们从生态设计产生的社会根源入手，才能较为准确地对它进行定位。人们在对更新、更高效、更高品质的工业产品进行新的思考后，认识到，在后现代社会状态下，我们应从长远的利益视角来分析环境问题，树立环境文化观，形成浓厚的环境伦理文化意识，大力倡导生态文明，努力为人类的生存和发展提供最适宜的生态环境。因此，要实现人类的全面发展，必须确立生态意识与生态价值观。所以设计的目的不再仅仅被局限为提高效率、可用性、市场竞争等方面，而设计应该被看成生态系统的规划途径。生态意识是一种重视和爱护生态，以促使人与生态协调发展，并有利于人的全面发展的自觉责任意识。生态价值观则是一种将生态价值与人的价值相互关联、双向共生的协调发展的思想观念体系。人与生态环境必在保持和睦相处、互利互惠的关系时，才能达到双赢的理想境界。①

将有意图的设计应用到促进可持续发展需要重新定义。如果说设计新产品

① 刘晓陶．生态设计 [M]. 济南：山东美术出版社，2006:54.

的新目标不仅仅是简单地无污染和再利用，而是作为塑造人们生活和价值的工具，那设计师就应当首先了解人们在一个可持续的社会里应该有什么样的特性、价值和行为。更大意义上来说，我们必须要重新认识生态可持续的真正意义，形成一个可以统一引导设计决定的生态设计哲学。而这个设计生态哲学的目的是确保新的人造产品可以以一种环境意识和有益于环境的方式来生产，同时也能确保产品在推进生态可持续社会过程中发挥价值。

一次性产品的设计者和发明者认为人们应该在清洁和储藏产品时减少所耗费的时间和精力，但为此付出的代价是增加污染和浪费。从纸尿布到餐具，至少从经济和市场的观点来看，它创造了巨大的经济效益。但是就可持续性而言，它们是工业创造上的失败。

11.1.2 生态设计的定义

生态设计是 20 世纪 90 年代初出现的关于产品设计的新概念。它指设计师按照生态学原理和生态思想，预先构思设计事物的形式和功能，使所设计的事物蓝图符合生态保护的要求，从而使产品与环境融合，使生态学成设计思想的一部分。因此，也有人将其称为绿色设计、生命周期设计或环境设计，它属于狭义的生态设计。

广义的生态设计（ecological design）是指按生态原理进行人工生态系统的结构、功能、代谢过程和产品及其工艺流程的系统设计。生态设计遵从本地化、节约化、自然化、进化式、天人合一的原则，强调减量化、再利用和再循环。与自然相互作用、相互协调，对环境的影响最小。

无论是“生态”这个词汇，还是“设计”这个词汇，似乎一目了然、极其简单，但是当我们来对其下定义的时候，就会发现它们所包含的语义是很复杂的。就“生态”一词来说，就有五种定义：“一、‘生态学’的词源是由希腊语 Oicos（房子、住所）和 Logos（科学研究）派生而来，由此可推知生态是生物栖息的场所或环境；二、指在一定的自然环境下生存与发展的状态；三、生态是人生存的自然环境；四、也可理解为生物的生活习惯和特性；五、强调各种生命、非生命的普遍联系。”①

生态文明理论认为，人的需求是多方面的，不但有物质和精神需求，还有满足自身生存发展、休养生息、享受自然美、安全、健康、舒适、愉快的生态需求。“设计”一词也涉及较广的范围。微观方面来看，我们可以说设计一个物品，但宏观来说也可以对国家的未来进行设计，同时设计艺术也是一门综合性极强的学科，它涉及社会、文化、经济、市场、科技等诸多方面，它是由于我们社会发展所产生的，因此设计艺术的审美标准也随着社会、文化等的变化而变化。而所谓的生态设计，一方面是设计的思想观念，而另一方面是表现形式及手法。从宏观上来讲生态设计就是一种整体的、全面的、和谐统一的设计构想。从形

---

① 刘晓陶 . 生态设计 [M]. 济南：山东美术出版社，2006:56.

式上来讲就是将艺术的形式、审美观念与社会、文化、经济、市场、科技等诸多方面相结合，使产品不但具有审美功能，还具有使用功能。

生态设计是一个过程，一种整体的设计观。生态设计牵扯到对设计的整体考虑，对设计系统中能量与材料的慎重使用。这种观念也是后现代主义的设计潮流，就是说以多维、复合的设计理念来取代一维的、线性的设计理念。我们要转换思维方式，而不是像某些设计仅仅在名目上打着“生态小区”、“生态城市”等标志的设计。

维克多·帕帕奈克在 1967 年就明确提出设计要认真考虑地球的有限资源问题。接着，罗马俱乐部发表了名为《增长的极限》的报告，报告中指出：如果全球经济无限制增长，一百年以内，地球上大部分的天然资源将会枯竭，在积累了大量物质财富的同时，人类也因此付出了昂贵的代价。自然环境受到不可修复的污染，不可再生的天然资源被过量开发和滥用，生态系统遭到破坏，酸雨、温室效应、臭氧层破坏、土地沙漠化这些环境问题都是因为人类的无知而造成的恶果。

在 20 世纪的思维模式下，人们不断追求更新、更好、更高级的产品，更舒适的生活方式。“有计划的商品废止制度”的提出的确给人们带来了效益，推动了人类经济和社会的发展速度，但在这种价值观念的驱使下，设计的产品往往寿命很短，不把产品的使用寿命放在第一位是普遍存在的现象，仅仅追求经济效益，无视后续的产品生产及使用过程中的资源消耗以及对环境的影响，这些都对环境造成深刻影响。

随着人们环保意识的逐步提高，人们逐渐认识到人不是自然的主宰，了解设计对环保所起的重要作用。因此，环境友好型的生态设计成为关注的焦点，而现在还处在对生态设计的摸索阶段。芬兰设计大师卡伊·弗兰克（Kaj Franck）说：“我不愿意为外形而设计，我更愿意探究餐具的基本功能——用来做什么？我的设计理念与其说是设计，不如说是基本想法。”这种注重产品功能，以人为本的设计思想是生态设计的最初动机，其前提是人与自然的和谐相处。

21 世纪，可持续发展是一个新出现的价值观，是一个全面综合的设计观念。它需要所有的公民都联合设计师来共同创造一个可持续发展的未来。同时设计师也必须敏锐地意识到最终解决方案的不确定性和不可预测的复杂性。可持续性设计不是预测和控制的，但通过适当的参与、灵活变通和不断的学习，也是可以慢慢使之走入正轨的。可持续发展需要的是全体公民参与其中，并且通过跨学科的对话和终身不断的学习。在满足当地的生态系统与生物圈的需要范围内，可持续性必须能够应付和适应全球和当地变化的自然和文化。

设计师们越来越意识到想象的力量和远景思维在设计中的应用，他们认识到自己在某种程度上可以帮助社会，改变以往错误的世界观和价值观。此外，设计师还可以通过改变人们生活方式和资源的利用方式，来推动发展向可持续性转变。而设计，这一跨学科领域，将从不同的学科角度、不同的专业知识帮助人们思考关于健康、幸福和生活等相关问题。

进入新世纪，人类社会的可持续发展是一项极为紧迫的课题，在重建人类良性的生态家园的过程中，生态失衡的状况迫使人们开始反思并力求建立人与自然的和谐空间，共生的哲学观念强烈地呼吁人与生态之间合理的建构。生态设计已成为当今设计的主题，生态设计必然会发挥更为重要的作用。

11.2　生态设计的内容

11.2.1　“极简主义”设计

图 11–2　“Jir-Nature” 电视机

20 世纪 80 年代开始，就出现了一种追求极简的设计流派，将产品的造型简化到极致,这就是所谓的“极简主义”(Minimalism)。在生态产品设计中“小就是美”、“少就是多”具有了新的含义（图 11-2)。

所谓“极简主义”的设计方针旨在将产品设计成简约、微缩的形式。随着微电子技术的发展，产品的尺寸越来越小，越来越薄，在形式上也越来越简约。现在许多电子产品的设计都有这种特点，在手机、电脑、液晶电视等的设计上表现得最为突出。

早在 19 世纪 80 年代，路易 · 沙利文（Louis Sullivan）就提出了“形式追随功能”的口号，后来，“功能主义”思想逐步发展为：形式不仅追随功能，更要用形式把功能表现出来。在 20 世纪，现代主义设计师们用几何、抽象、简洁的形式构成空间，并进行产品设计。这些设计作品适应机械化大批量生产的需要，顺应了历史发展潮流，而这些伟大的现代主义设计师们也在世界艺术设计史上有划时代的意义。艺术设计发展到当代，这种思想则被进一步激化。

“减少主义”或“极简主义”，它与现代主义大师密斯的“少则多”(Less is more)的口号是相一致的,与当代艺术中“最低限艺术”思潮有着密切的关系。“简约主义”排斥再现自然的具象艺术,摒弃曾经流行于新艺术风格的自然主义,以极简的、单一的几何形态连续反复地运用作为其表现手段。这种“无就是有”的前卫意识完全建立在批量化生产的技术的条件下，将当代设计元素简化到不能再简的地步。减少主义的设计师剥去了设计所有外在的装饰，他们认为，设计要表达它的本质和固有的真实美，从而设计了许多造型独特的工业化产品。

减少主义艺术盛行于 20 世纪 60 年代的美国，直到 80 年代开始在设计界中出现。它代表了一种绝不妥协的态度，摒弃设计中丰富多彩的具体内容而偏向极端简洁和几何抽象性的形式。减少主义的设计师用最简单的结构、最节省的材料、最简练的造型、最纯净的表面来表达自己纯粹的设计理念，他们的这种思想受到密斯设计的影响，产品都具有简单的结构，比较单纯的表面处理特点。减少主义的重要代表人物是菲利普 · 斯塔克，以及减少主义集团——宙斯设计集团。

法国著名设计师菲利普 · 斯塔克（Philippe Starck）是一位全才，他涉及建筑设计、室内设计、电器产品设计、家具设计等众多设计领域。他设计的家具非常简洁，基本上将造型简化到了最单纯、最明确但又非常典雅的地步。WW椅是菲利普·斯塔克1990年向德国电影导演Wim Wenders致敬的产品（图11-2），也是斯塔克的重要代表作之一。他用拟人的设计手法表现了植物向上生长的生动形象。简单的椅子，充满魅力的弧线，就像一株静静地生长着的植物，体现了菲利普·斯塔克设计风格强烈的现代感与诗意并存的特征。另外他设计的"Jir-Nature"电视机，采用了一种可回收的材料"高密度纤维纸浆"成型的机壳，以达到节约资源和能源、保护环境的目的（图11-3）。

图11-3 斯塔克设计的WW椅

菲利浦·斯塔克作为法国最著名的创意设计师之一，以其极富想象力和幽默感的设计风格感染着全球的设计活动。从纽约别致的旅馆到欧洲最大的废物处理中心，从全球数十万的灯具到家庭生活中的"外星人"榨汁机，在这些作品身上，"简约"却不失强烈的个人风格。减少繁复，回归简约，用极少的物质实现最大的功能，不同于现代主义的刻板，也不同于后现代主义的繁琐，具有现代而时髦的个人特色，被誉为极简主义的经典作品。①斯塔克强调设计师的作用就是用最少的材料创造更多的"快乐"（图11-4），仅用最简单的物质基础烘托出完满的精神意识，在视觉中形成了简约而不乏个性的特点，他的设计鲜明而不繁琐，简约却不刻板，具有法国传统中热情奔放、浪漫优雅的独特气质。正因为如此，有人曾评价斯塔克的设计为"现代主义设计的刻板面孔上一抹善意的微笑"。

图11-4 方便的孔洞工作台

作为日本极负盛名的产品设计师，深泽直人（Naoto Fukasawa）曾为许多著名公司进行过产品设计，其中包括苹果、爱普生、无印良品、耐克、夏普、东芝等。深泽直人的设计思想，奠定在日本禅宗哲学的基础上，加之个人精神和艺术上的独特情感，最终呈现出极其典雅、附有灵性、意境深幽的艺术作品。

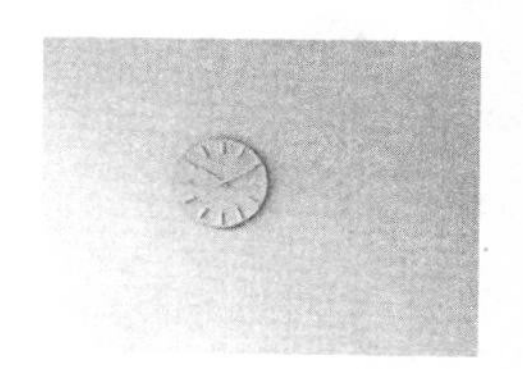

图11-5 深泽直人设计的壁挂时钟

在日本设计中，禅意思想的融入往往为设计作品带来空灵、幽静的感觉，以传统的方式降低观者对于视觉表象的重视，深入对作品文化内涵、思想美学的专注，深泽直人的设计思想正是建立于此。禅宗的文化渗透着万物最本质的初始意识，强调化繁为简。深泽直人曾说："最好的产品应当是轻巧的、幽静的，将最简练的几何造型配以优雅的色彩，给人一种细腻优雅的美感"。如图所示的壁挂时钟，去除了主题本身之外的一切装饰，甚至连常见的数字也被故意抹去，作品围绕设计的本质出发，深泽直人将可能遇见的打扰元素一一排除，剩下的仅仅是最原始的功能、简洁雅致的外形（图11-5）。

在深泽直人的设计作品中，许多人对其壁挂式CD播放器（图11-6）的设计都十分喜爱，难以忘怀，甚至有人称之为"经典中的经典"。平常如家庭生活中随处可见的排风扇造型，通过拉扯动作来实现CD机的开关功能，这种寻常生活中的情绪移植，使大多数的使用者产生了情感的共鸣，其功能的表达、情感的寄托，清晰有力、一目了然。

图11-6 深泽直人设计的CD播放器

① 王受之. 世界现代设计史[M]. 深圳：新世纪出版社，1995：214.

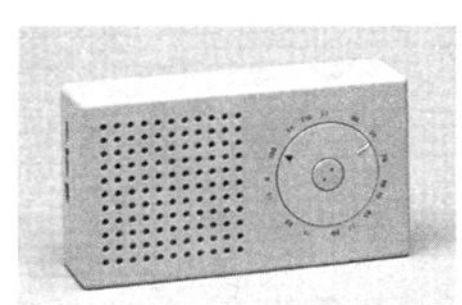

图 11-7　拉姆斯为博朗公司设计的产品

德国著名工业设计师迪特·拉姆斯（Dieter Rams），作为“新功能主义”的代表人物，他提出的设计理念是“少，却更好”（Less，but better）对极简主义乃至整个工业设计界的发展产生了重要影响。

拉姆斯的设计理念，与密斯·凡·德·罗的名言“少即是多”所体现的设计意涵不约而同，除了形式和功能外，拉姆斯更加期望将道德和伦理的范畴作为设计重心，以求创作出“少而精”的产品。“少而精”的产品不仅可以为企业创造更多的生产价值，还能为使用者带来更多的使用价值，使用价值中包含了“好的”和“更好的”产品所具有的“美学质量”。[①]他认为设计的本质是为消除生活中多余而复杂的事物，充满低级趣味的“视觉污染”以及“肤浅的垃圾文化”不应当出现在其作品中，好的设计是从内涵之中所体现的，“大道至简，平淡为归”在精神上好于“复杂和装饰”。由此他强调好的设计（Good design）应具备十项原则，应当饱含谦虚、诚实、细致和简约的设计思想。作为博朗（Braun）公司的总设计师，拉姆斯“少而精”的设计思想淋漓尽致地体现在其产品之中（图 11-7）。简单的代替复杂的；谦逊的代替自命不凡的；持久耐用的代替时尚的；功能的代替经济的；智慧的代替感兴趣的。[②]产品从整体上达到均衡与统一，没有多余的累赘，由始至终地传递着严谨与秩序，这些完全没有装饰的“简约风格”，都是拉姆斯“少而精”设计思想的具体表现（图 11-8）。

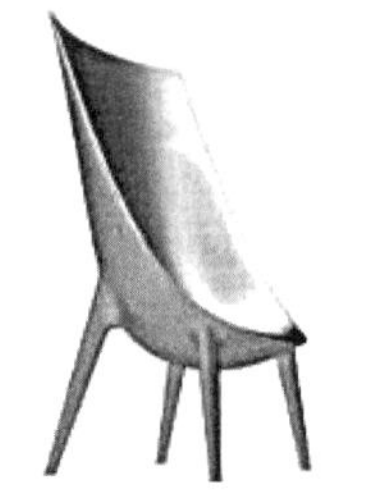

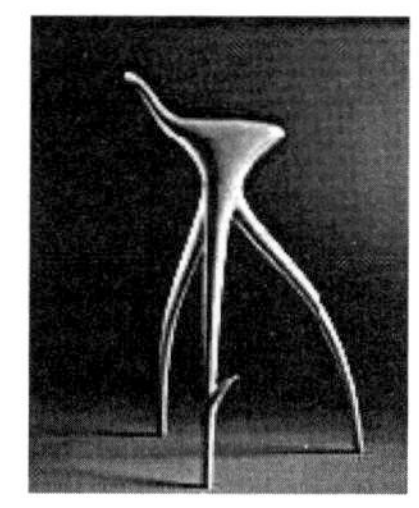

图 11-8　飞利浦·斯塔克设计的极简主义作品

减少主义追求的是用最直接的方式表达设计者的思想，力图通过尽可能简约的手法达到最好的效果，这也一直是各个不同设计领域的创造者的目的。这种设计理念，在 21 世纪的今天，特别是资源紧缺的今天，有着特别重要的意义。

11.2.2　永续设计

永续设计是指一个设计在投入应用后，在保证使用品质的同时，不会对环境造成伤害，在使用周期结束后还能够归回，甚至回馈大自然。永续设计包括了环境、人、材料应用等各个方面，着重强调在设计中注意协调人与环境的关系，在满足当代人需求的同时不损害后代的利益和生存发展的需要。在设计时考虑产品的整个生命周期，考虑了产品整个生命周期各个阶段对环境的影响，把是否具有可拆卸性、可回收性、可维护性、可重复利用性等作为设计目标，系统地进行设计。

采用循环设计或者回收设计，即“3R”理论中的“Reuse”和“Recycle”。在设计中考虑设计产品的零部件能够方便地分类回收并再生循环或重新利用。具体到产品零部件及材料的回收的可能性、回收价值的大小、回收处理方法、回收处理结构工艺性等一系列问题，以达到零部件及材料资源和能源的充分有效利用。

---

① 迪特·拉姆斯．设计的责任——“更少，但更好”[A]．清华国际设计管理论坛专家论文集 [C]．北京：清华大学艺术与科学研究中心，2002：39.

② Fischer V.Design-Now industry or art? [M].Munich Germany：Prestel-Verlag，1989：101-102.

在过去的消费时代，人类对自然的开发利用表现为短期行为，使地球生态遭到严重破坏。2008 年由金融海啸引发的世界性经济危机让使人类产生了价值观和思维方式的变革。人们开始注意到永续设计的价值。全球性生态危机的出现，引发我们对生存与发展以及对未来的反思。

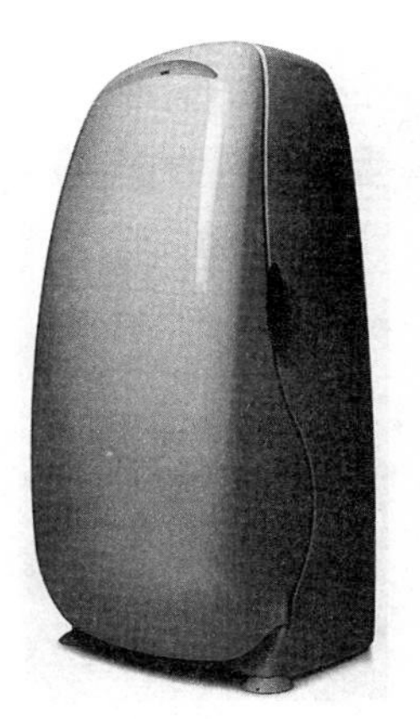

图 11-9 Oz 电冰箱

将永续设计的概念引入企业的生产经营理念中也是非常重要的。目前，一些企业已经开始研发零废弃生产体系的方案，而另一些则加大了研究开发能源替代品以及用更节能的方式生产的比重。许多汽车生产商已将小排量汽车的设计作为品牌发展的重要方向。部分城市已经开始着手将所有的出租车更换成氢动力车。或许这个变化还很微不足道，但这些是迈向可持续的第一步。

新型材料及其相关技术的产生，常常促发新的设计方案的出台。在 21 世纪，我们对于新材料来取代危害人类生存环境的旧材料的渴望日渐增加，再生环保材料的生产成了不可回避的话题。

全球环境的日益恶化，人们越来越重视对于环境问题的研究。人们逐渐意识到：环境问题与生态、资源两大问题有着根本上的联系。它不仅是生态问题产生的根源，又涉及世界有限资源的合理利用。为了从根本上找到解决环境问题的方法，到了 20 世纪 90 年代，在全球经济的产业化调整和人类对环境认识的日益深化之下，以美国为代表，在全球掀起了一股"绿色消费浪潮"。在这股"绿色浪潮"中设计师们以更加理性、负责的态度来反省一个世纪以来的设计发展过程。在此期间，也产生了许多优秀的设计大师，他们的作品有很多被称为"经典设计"。如意大利设计师罗伯特·帕泽塔（Roberto Pezzetta）于 1995 年推出的 Oz 冰箱（图 11-9），它由内到外圆润光滑，外轮廓向外稍微突起，底部的支撑就像一双站立的双腿，整体造型如袋鼠一般，十分有趣。特别需要指出的是，Oz 冰箱是 100% 绿色产品，完全用可回收材料制成，符合世界环保的最高标准。从某种意义上，Oz 冰箱展现出未来的设计的趋向。

展望新世纪的发展方向，设计师们考虑更多的是实际的功能实用，而不再只是追求形式上的创新。而实际上，进入 20 世纪 90 年代，风格上的花样翻新似乎已经走到了尽头，后现代主义和解构主义似乎也已接近尾声，现代设计需要在理论上突破，再加上科技的日异月新，不少设计师转向从深层次上探索设计与人类的可持续发展关系，力图通过设计活动，在人—社会—环境之间建立起一种协调发展的机制，这标志着工业设计发展的一次重大转变。"绿色设计"概念的产生，也是当今现代设计发展的主要趋势之一。

从更深层次的理论上来讲，绿色设计不仅是技术层面上选材的创新，更重要的是一种设计理念上的变革，它要求设计师放弃长久以来的那种过分追求产品外观装饰和设计上标新立异的做法，将设计的重点放在真正意义上的功能与使用上面，以一种更具责任心的方法来设计产品，用一种更为简洁、大方的产品造型来实现批量化生产，并使其可以方便回收，循环再利用。在提倡节约型社会的今天，绿色设计凸显着更为重要的社会价值。

绿色设计要求设计师在设计之初就充分考虑了材料的各种性能和各零部件

图 11-10　电力驱动的概念车

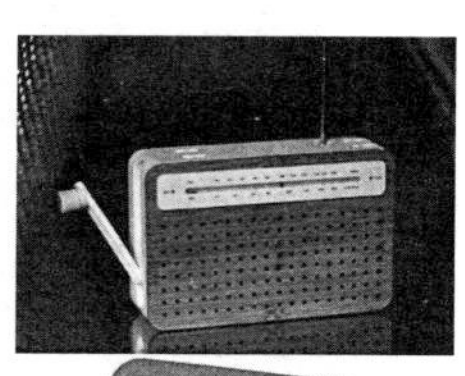

图 11-11　环保节能的电子产品

的包装拆卸，使产品废弃时能将其材料或未损坏的零部件进行回收、再循环和再利用。在造型上尽量做到简洁、明快，但同时也要有细部的精致设计，体现出高雅的设计品位。在包装上避免奢华、过度的装饰，考虑到产品的运输需要及要求，给人清新、简朴的外部感受。

"可回收设计"和"循环设计"是绿色设计思想的实现。可回收设计是指：在产品设计初期充分考虑其零件材料的回收可能性、回收价值大小、回收处理方法、回收处理结构工艺性等一系列问题。

产品的不可拆卸不仅会造成大量可重复利用零部件材料的浪费，而且因废弃物不好处置，还会严重污染环境。可拆卸性要求在产品设计的初级阶段就将可拆卸性作为结构设计的一个评价准则，使所设计的结构易于拆卸、便于维修，并在产品报废后可循环使用，以达到节约资源和能源的目的。绿色设计要求产品设计人员选择材料时，不仅要考虑产品的使用条件和性能，而且应了解材料对环境的影响，选用无毒、无污染材料以及易回收、可重用、易降解材料。

社会可持续发展的要求预示着绿色设计依然将成为 21 世纪设计的热点。随着设计的不断发展，绿色设计将会与更多的设计方法融合、衍生。无论就其自身而言或是与外在的联系，绿色设计都是一门动态的学科，都将在 21 世纪的设计中作出它应有的贡献。在 2009 年 4 月 3 日在韩国国际展览中心正式拉开帷幕的"2009 首尔车展"中，环保汽车成为车展的最大亮点。韩国、日本企业推出了一批环保、节能、高效新车型，展开了一场"绿色环保汽车的较量"（图 11-10）。

"可回收设计"或"循环设计"是绿色设计的精髓。"可回收设计"是实现可持续发展战略的主要手段，它也叫做"循环设计"（Design for Recycling & Recovering）。它是指在进行产品设计时，充分考虑产品各零部件及材料的回收的可能性、回收价值的大小、回收处理方法、回收处理结构工艺性等与回收有关的一系列问题，以达到零部件及材料资源和能源的充分有效利用，是对环境污染最小的一种设计的思想和方法。其宗旨在于节约能源，减少不必要的资源浪费。这就要求设计师在设计的过程中不仅仅考虑产品的美观，并且要结合消费者实际需求，把产品的回收和循环再利用纳入到新产品的设计考虑中，从而使产品更加安全、舒适，这也正是一名优秀设计师的目标所在。

不可拆卸的产品设计不仅会造成可再利用材料的大量浪费，而且如果产品废弃后处理不当，还会对环境造成严重的破坏。如现在的"电子污染"。这就要求设计师在设计初期就将产品的可拆卸性作为设计构思的一个重要部分，使所设计的产品易于拆卸，并在产品废弃后能够循环再利用，从而更好地节约资源和能源。绿色设计要求工业设计师在选择材料时，不仅要考虑产品的使用性能和使用条件，而且还要了解各种材料对环境及生态的影响，选用无污染、易回收、可循环及易降解的材料进行设计（图 11-11）。

11.2.3　新能源在交通领域的应用

在现代社会，由于机动车的发展速度过快，导致能源过度紧缺、燃料价格

图 11-12 快速公交系统（左）
图 11-13 新型环保公交车（右）

昂贵、城市交通拥堵、城市环境恶化等问题。因此，为保护地球有限的自然资源，创造良好的城市生活环境，交通工具的绿色设计自然倍受设计师们的关注。此外，新技术、新能源、新工艺和新观念的不断出现，也为环保汽车的设计创造条件。

倡导乘坐客运公交是解决城市交通拥挤状况最有效的方式之一。但在我们的现实生活中，公交的潜力并没有完全发掘出来。大多数人认为它速度慢，出行线路也不能自由设定。因此，如果让市民选择，他们还是会选择私家车。当然，公交也许永远也比不上私家车那样便捷，但仍有很多方式使它更加有效、方便、快捷。快速公交（Bus Rapid Transit）就是其中的一种（图 11-12），它是一种来源于巴西库里蒂巴，介于快速轨道交通（Rapid Rail Transit，简称 RRT）与常规公交（Normal Bus Transit，简称 NBT）之间的新型公共客运系统，是一种大运量交通方式。这种新型公共客运系统通过开辟公交专用道路，建造新式公交车站，来实现轨道交通运输服务，达到与轻轨服务水准一致的独特的城市客运系统。快速公交系统通过专用道路空间来实现快捷、准时、舒适和安全的服务，被国际公认是应对城市交通问题的有效手段。特别是现在，世界各国各地区都存在城市交通紧张问题。因此，无论是发达国家还是发展中国家都应该加快建设快速公交系统。

随着世界能源问题的日益严峻，越来越多的国家也开始重视电动汽车的研发与生产，越来越多的设计师也开始关注环保汽车的设计。如图 11-13 中的采用了新技术设计的一辆电力的公交车，它除了使用清洁能源对环境没有污染之外，还装配了空气过滤装置，可以一边行驶一边过滤空气中的车辆排放出的有害气体。电力驱动汽车不仅让使用的动力来源更加便宜，而且对环境污染的影响也更小，但电力驱动汽车的发展也对电力系统提出了更高的要求。为了应对这一矛盾，日本丰田工业公司推出了一座太阳能充电站，可以在最大程度上满足电力驱动汽车对电力的需求，保证汽车的运行效率。

除了公共交通工具的设计，在汉堡举行的第 42 次大众公司股东年会上，

图 11-14　大众公司的小型环保汽车

图 11-15　宝马全新电力跑车

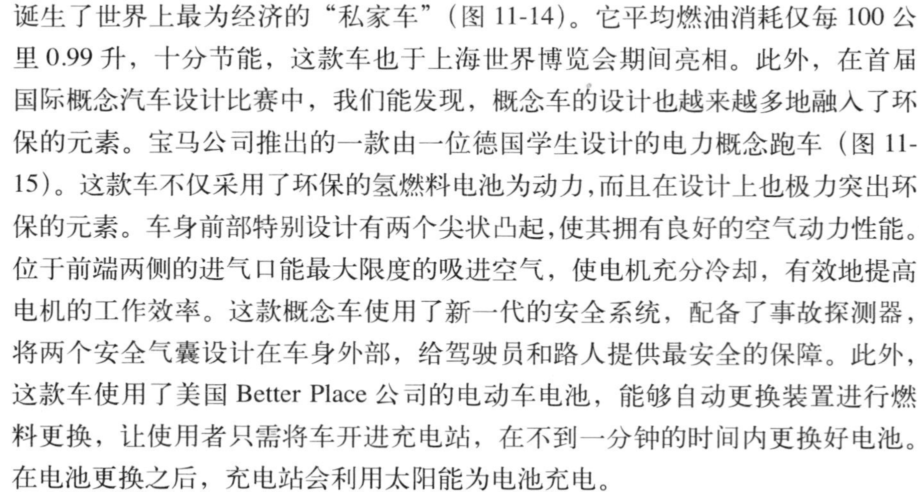

诞生了世界上最为经济的“私家车”（图 11-14）。它平均燃油消耗仅每 100 公里 0.99 升，十分节能，这款车也于上海世界博览会期间亮相。此外，在首届国际概念汽车设计比赛中，我们能发现，概念车的设计也越来越多地融入了环保的元素。宝马公司推出的一款由一位德国学生设计的电力概念跑车（图 11-15）。这款车不仅采用了环保的氢燃料电池为动力，而且在设计上也极力突出环保的元素。车身前部特别设计有两个尖状凸起，使其拥有良好的空气动力性能。位于前端两侧的进气口能最大限度的吸进空气，使电机充分冷却，有效地提高电机的工作效率。这款概念车使用了新一代的安全系统，配备了事故探测器，将两个安全气囊设计在车身外部，给驾驶员和路人提供最安全的保障。此外，这款车使用了美国 Better Place 公司的电动车电池，能够自动更换装置进行燃料更换，让使用者只需将车开进充电站，在不到一分钟的时间内更换好电池。在电池更换之后，充电站会利用太阳能为电池充电。

11.3　绿色设计的应用实例

11.3.1　绿色设计在产品设计领域的应用实例

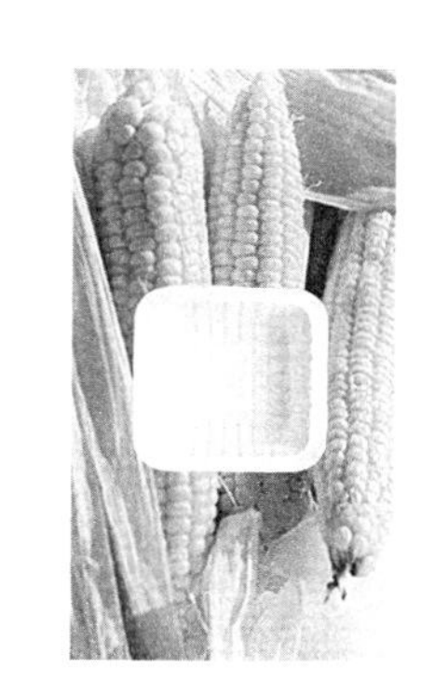

图 11-16　以“玉米淀粉树脂”代替塑料制成的一次性餐具

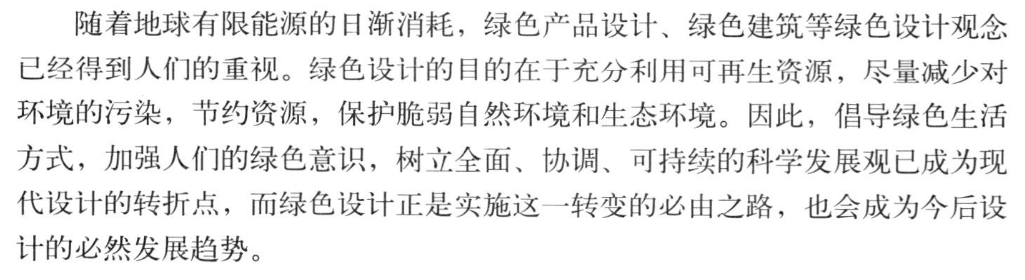

随着地球有限能源的日渐消耗，绿色产品设计、绿色建筑等绿色设计观念已经得到人们的重视。绿色设计的目的在于充分利用可再生资源，尽量减少对环境的污染，节约资源，保护脆弱自然环境和生态环境。因此，倡导绿色生活方式，加强人们的绿色意识，树立全面、协调、可持续的科学发展观已成为现代设计的转折点，而绿色设计正是实施这一转变的必由之路，也会成为今后设计的必然发展趋势。

1.“玉米淀粉树脂”

木料的生长周期较长，过度砍伐会对水土的保持有严重的危害。树木是受保护的自然资源之一。因此，许多需要木头做材料的物品可以用竹子等材料代替。因为，竹子的生长周期较短，且绿色环保。又如，在日本和中国台湾地区研制出的“玉米淀粉树脂”，它可以代替塑料制成一次性水杯、塑料袋等物品（图 11-16），这种材料在用完抛弃后只需要 40 天的时间就可通过生化分解、昆虫食用等方式消失。可口可乐公司在盐湖城冬奥会上就是使用这种材料制成的杯子，有效地避免了塑料造成的白色污染。

2.Ghost 桌子

设计师 Kite 设计的 Radical Plastics 被展示在英国的 Geffrye 博物馆。这是典型的一次性桌子的设计和制造，并有意识地注意了细节。Kite 采用了废物塑料进行混合组合。设计师有很多机会与塑料回收公司进行材料的预定，创造出独特的设计艺术品。Ghost 桌子的另一个例子是具有较长寿命的低环境影响的桌子。它利用的是当地种植的橡树或欧洲、北美硬木，当产品报废的时候，不锈钢腿很容易分离并进行循环再造，木材边角料还可以作为燃料使用（图 11-17）。

3. 纸板媒介

纸板是一种无处不在的包装材料，它的工作非常有效。但它只有当我们密切观赏时，它迷人的特性能够真正被发现。美国设计师 Frank o Gehry 很喜爱纸板。他设计的纸板桌面上运用了一张薄的铝板，用来安装管状的铝腿，这整个桌子是由可再生材料制造的，因此当它的寿命结束时可以进行循环再造（图 11-18）。

图 11-17 Ghost 桌子

4.S 椅

1980 年，在 Tom Dixon 在对一次性材料的运用的实验中设计了这个雅致的悬臂椅。编织的稻草包裹着钢架，形成了一个雕塑的形式。最后，当椅子达到了它的寿命，它就可以作为肥料被利用起来（图 11-19）。

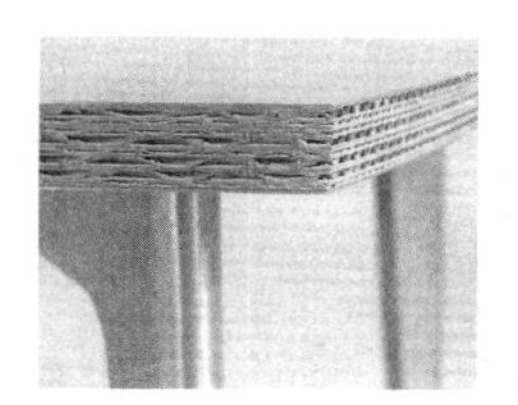

图 11-18 纸板媒介

5. 宜家沙发

宜家一直推行着可持续的产品设计，公司奠定了使用回收塑料生产家具产品和可互换的沙发表面的基础。由于 21 世纪资源的匮乏，制造商不仅要使用可回收材料，而且还要发展可循环材料的商业模式（图 11-20）。

6. 陶瓷椅子

有些传统材料在历史上一直被使用到今天，是十分罕见的。例如：高强度复合材料，形状记忆金属和合成塑料。这是由于这种技术材料在专业设计上有着巨大的刺激感和吸引力。陶瓷椅子给丰富的新生活带来了令人振奋的素质，黏土是一种高度可变的岩石材料，陶瓷椅子的设计，证明了设计师注重生态的平衡（图 11-21）。

7.Wiggle 系列

最初的经济家具设计是 Jack Brocan 于 1972 年在美国完成的，Vitra 公司在 1992 年生产了一把扭曲的椅子。这把椅子的每一个起伏的层次都形成了一个角度，为下一层提供了更强的耐久性（图 11-22）。

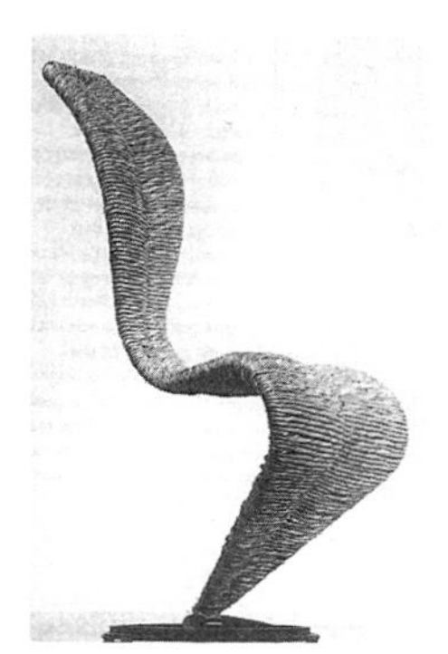

图 11-19 S 椅

8.Garden 长椅

该设计使用花园的植物废料、树叶、被修剪的树木，并用高压挤压成干草长凳。这个座椅的耐久性和寿命取决于固有的原料压缩强度。在自然寿命结束时，这些家具是可以被打破作为花园的肥料从而腐烂掉，其设计代表了目前的最佳做法——可生物降解的家具（图 11-23）。

图 11-20 宜家沙发

图 11-21 陶瓷椅子

图 11-22 Wiggle 系列

图 11-23　Garden 长椅

图 11-24　Yogi Family 椅

图 11-25　Tripp Trapp 椅子

图 11-26　Origami Zaisu 胶合板

图 11-27　Mirandolina 椅子

9.Yogi Family 椅

年轻人依据自己的爱好设计，夹杂着童趣的审美——这种童趣是为成年人群设计的家具。这种方向在人机工程学边缘上创造了一个新的需求，为儿童和大人分别生产单独的塑料家具来满足室内或者室外的使用要求，意味着该塑料当不能履行其功能时可以被回收（图 11-24）。

10.Tripp Trapp 椅子

这一现代经典的设计，为一个孩子的成长提供椅子最初的功能。由坚实的山毛榉木材料制成的 Tripp Trapp 椅子，可以供 6 个月大的婴儿到青少年甚至成年人使用，椅子鼓励良好的坐姿，可以通过桌子的高度来调节座位的高度，只要调节座椅和脚踏板框架的相对高度即可（图 11-25）。

11.Origami Zaisu 胶合板

对一张弯曲的胶合板进行切断处理后，就形成一个简单的席地椅子。在日本文化中坐在地板上是规范的，并且这种方式应该被更加广泛使用，因为没有了腿，比常规的椅子节省了原料和能源（图 11-26）。

12.Mirandolina 椅子

复合技术最早是由设计师 Hans Coray 在 1938 年设计的铝制“Landi”椅上使用的，用一个单一的铝板生产了一个既经济又雅致可堆叠的椅子。它利用铝，这样促进了废物的回收利用，并确保了回收和修理的便利（图 11-27）。

13. 雕塑沙发

塑料仍然是现代生活重要的组成部分，我们可以提高塑料艺术品的文化价值，而不是把它们扔在垃圾堆里。最近几年，意大利制造商 Driade 设计一个创新家具，用单一的合成聚合物制成。设计者和制造商在某种程度上提升了聚乙烯的地位，使其成为了一个有价值的材料，并且出现了作为多功能凳子的雕塑沙发。雕塑沙发是适合在东京流行的室内和户外的家具，室内的沙发可以用水洗的聚酯纤维或羊毛织物覆盖。这些物体本身是持久耐用的，它们代表了人造资源的一种独特形式，即它们注定是流行一段时间的。它提高了大众的环境意识，有一天，它可能成为一个法律要求“追求循环”并且回收塑料来制造未来产品（图 11-28）。

图 11-28 雕塑沙发

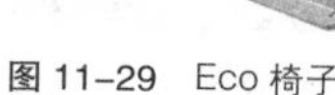

图 11-29 Eco 椅子

14.Eco 椅子

这种可叠放的椅子是用一整块薄木板切割而成的，秉承了斯堪的纳维亚的设计风格，就如 Gerald Summers 在 20 世纪 30 年代为伦敦简易家具制造公司设计的作品一样，简洁、经济、多功能性就是它们的优异之处（图 11-29）。

15.Favela 椅子

每个 Favela 椅子都是独一无二的，它们是用几百种回收的材料手工制作的。它们在挑战我们对于制造业的看法，重拾我们对于手工制作的信心，并提出最后一个问题——我们是否应该做出我们自己的椅子（图 11-30）。

图 11-30 Favela 椅子

16. 瓦楞纸盒

由于地理界限消失在的欧洲联盟国家之间，所以公民有权利工作和生活在欧盟国家中，因此在未来十年中人群之间的迁徙和移动将会增加。这样就会有新一代的文化和经济的移民，而这种要经济解决的生活问题就是移动和储存。盒子除了它自己的用途，还可以很容易转换成架子的组成部分。那些经常搬家的人们将会发现，在迁徙中都可以通过这些再普通不过的盒子来完成。关注一个小细节就可以延长瓦楞纸盒的使用寿命（图 11-31）。

图 11-31 瓦楞纸盒

17. 中国风格的橱柜

把中国的橱柜用瓷制，通过烧制生产出一系列一次性的货架模具组合体。将意想不到的形式和不同寻常材料的运用相结合起来，是追求可持续设计的一个令人兴奋的方面（图 11-32）。

18. 塑料立方体

这些立方体都是数字化工艺的三维化身，是第一次把“真实材料”运用在电脑上，然后通过计算机进行激光切割，最终成为一种产品。这些美丽的结构是可以压缩还原的立方体。装饰性雕塑、座椅、靠垫或玩物，在这个立方体都可以实现。几何结构立方体的每个层面的高度是 45 厘米，由 EVA 泡沫橡胶制成。更大的立方体高度是在 60 厘米左右，由塑料制成。这些聚合物 100% 可回收，是一种对环境低影响的安全的设计（图 11-33）。

19.Quentin 灯罩

设计者受到复杂形式的折叠硬纸板包装和功利的产品——如蛋盒的启发，他与当地的制造商进行合作，利用回收的报纸和造纸厂的废料纸浆来制作产品。这种物体是纸浆在真空状态下的模具中成型而形成的。这些创新的灯罩是半透

图 11-32 中国风格的橱柜

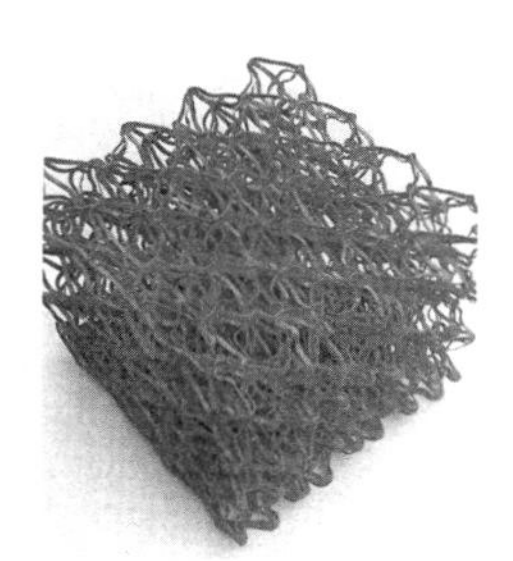

图 11-33 塑料立方体

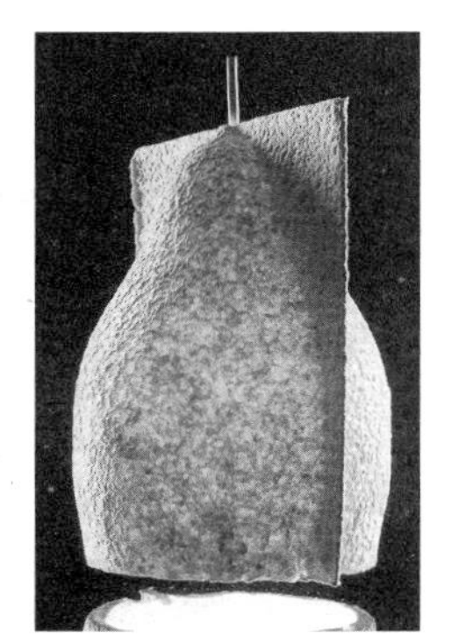

图 11-34 Quentin 灯罩

明的，产生了一个独特的透光效果。在使用寿命结束时，灯罩可以被回收，准备下一次制造使用。此产品可以做到在一个封闭的内循环中，确保最大限度地重复使用纸纤维和尽量减少所需的能量制造产品（图 11-34）。

20. 太阳能炊具

在纸板上涂上一层特殊的反光材料，利用太阳能可以用深色的炊具来做饭。在亚热带和热带地区的家庭中使用这种太阳能炊具是一个典型，它可以节约的热能相当于每年消耗木柴的 30%。该设备为发展中国家的面对薪柴短缺问题的人民提供了必要帮助，让他们拥有消毒过的水和热的食物（图 11-35）。

21.Soul 拖鞋

一次性鞋类似乎是一个奇怪的设计策略，这些拖鞋是由纤维素构造的，很容易进行回收循环。这种鞋是吸水板在铝模板中成型的，在阳光下干燥后产生了一个有起伏波浪的坚硬的鞋底。这些拖鞋将用于家庭、酒店环境，一个星期之后，它们就可以回收了（图 11-36）。

11.3.2 绿色建筑设计的应用实例

随着全球气候的变化，世界各国对绿色建筑的关注程度正日益增加，人们越来越认识到，建筑的能源消耗以及所产生的二氧化碳是造成气候变暖的主要原因。绿色建筑将成为建筑发展的必然趋势。绿色建筑是指在建筑的使用周期内，最大限度地节约能源，保护生态并减少污染，为人们提供健康、适用和高效的生活和办公空间。绿色建筑又可称为可持续发展建筑、生态建筑、回归大自然建筑、节能环保建筑等。它要求设计师尽量减少使用人工材料，充分利用太阳能、风能等可再生能源，结合当地的气候、地理环境，为居住者创造一种接近自然的感觉。在利用天然条件和科技手段创造良好、健康的居住环境的同时，尽可能地控制和减少对自然资源的破坏，实现人、建筑和自然环境的协调发展。

1.BRE 新办公环境

这幢建筑可以容纳 100 人，比联合国目前“最高效”建筑还要节省 30% 的能源，自然通风系统到了晚上就会与地面的水泵系统相连，这样在每输出 1kW · h 的能源便相当于输入了 12 ～ 16kW · h 的通风能源。原木和钢铁是这幢建筑的主要材料，这样做的目的是为了回收资源。这幢建筑将热气流系统、天

图 11-35 太阳能炊具

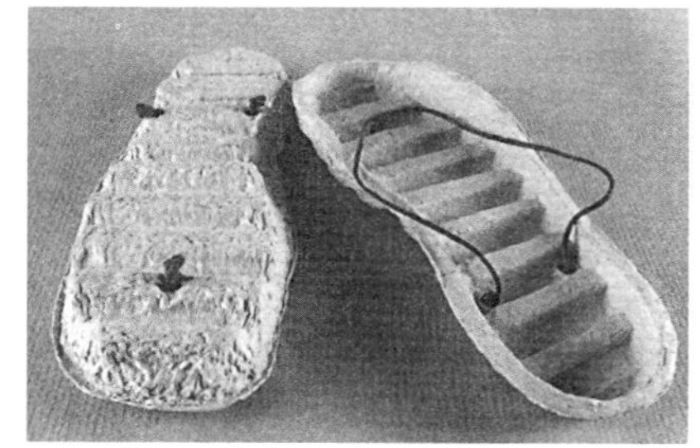

图 11-36 Soul 拖鞋

图 11-37 BRE 新办公环境

图 11-38 微型公寓

然通风系统以及自动监视系统联合在一起，使其有了自己的晴雨表（图 11-37）。

2. 微型公寓

像伦敦一样的欧洲城市，由于其房价的急速上升，许多工薪阶层如护士、教师以及邮政人员都被迫住到边远的郊区，每天上下班都要赶很远的路。微型公寓的设想就是提出了一个人们负担得起，但只是小公寓的概念。它只有普通的一户公寓的三分之二的面积，其空间的布局看起来更像是船舱的内部布局。斜角阳台为居住者提供了一定的隐私感，同时也为居室带来了充足的光照。这种公寓只允许卖给工薪阶层，这项措施已在德国成功推行（图 11-38）。

3. 纸板建筑

折纸艺术和纸板本身所具有的强度为建筑可回收设计提供了灵感，所有建筑板材都是事先装配好的，可回收产品包括橡胶瓦片、废纸板、聚氨酯板材，在使用 20 年之后，其寿命也到了，大部分材料都可回收利用（图 11-39）。

4. 太阳能办公室

这幢办公楼的南面墙壁设计成 60° 的斜角，墙壁上布满了总计 900m^2 的光电电池，这种设计的最大输出功率为 73kW，一年供电 55000kW · h，满足了整幢大楼四分之一到三分之一的用电量。除了太阳能蓄电系统，大楼还配备有自然通风系统，两个系统都由电脑控制和监控，这幢办公楼相比于普通办公楼可节省三分之一的电力（图 11-40）。

图 11-39 纸板建筑

图 11-40 太阳能办公室

图 11–41 Norddentsche Landsbank

5.Norddentsche Landsbank

在汉诺威的旧居民区与历史遗迹中心之间的过渡地带坐落着一幢造型错杂，看起来就像是将一堆钢铁和玻璃摆在一起的建筑物。这个建筑设计的核心就是减少能源消耗，增加日照强度，并且让人们感到舒适。通风系统的设计非常卓越，它利用天然通风系统和烟囱相结合来控制大厦的温度，而不是使用空调。双面玻璃窗的安装有利于增加日照强度，整个控制系统都是由大厦的人自行控制的，所以他们可以根据自身的需求任意调节。这幢建筑向人们完美地诠释了节省能源的功能性与建筑艺术的审美性的结合（图 11-41）。

图 11–42 希望之家

6. 希望之家

希望之家是家庭、办公室、发电厂和娱乐场所的综合体。太阳能利用装置与光电发生器一起工作，就足以维持内外气候平衡。由于可以对雨水进行回收利用，所以其水的消耗也降低到了最低限度。水经过过滤后可重新利用，例如浇灌花园等。这项工程是由伦敦一个慈善机构发起的，主要是为改善英国城市居住环境所做出的努力（图 11-42）。

图 11–43 BedZED 住房系统

7.BedZED 住房系统

BedZED 是一个将住房、工作场所以及公共场所混合使用并发展的开拓实验。它建在伦敦南部的 Beddington 的一座废旧的污水处理厂上，整个计划要求实事求是地满足环境、社会以及财政需要。建筑师建立了一个满足当地需要的完整社区，包括已经获得当地政府批准的绿色运输系统。BedZED 希望通过减少人们日常生活中工作、学习、医疗、购物等活动的出行需要，从而将能源消耗量降为原先的 50%（图 11-43）。

图 11–44 生态之家

8. 生态之家

如果谁敢动用“生态之家”这个名字，那就非日本长岛的生态之家莫属了，它用完美的细节处理和内部连接系统充分诠释了“生态之家”一词。旅馆内所有房子都用天然材料进行装饰，包括木头、日本纸、竹子、石头以及灰泥。对于天然通风系统、太阳能、光电技术、绿皮屋顶的运用都体现了它对能源、水的保护，以及垃圾的高效处理能力，厨房所有用具都是清洁材料制成，绝不含化学成分（图 11-44）。

9. 太阳能建筑

20 世纪 90 年代的德国把新兴的生态科技转换成一种具有新审美情趣的太阳能建筑。建筑师兼城市规划设计师将光电科技与同步接收系统综合起来，从而形成一种现代感十足的生态科技设计，它向世人极力传达着一种低成本、低能耗的建筑思想。

两项工程都经过精心部署，并且安装了循环利用装置，将能耗值降到最低，从而成就了一个本土味极浓的太阳能建筑。它不但能够让我们的生活更有效率，还能降低二氧化碳的排出量（图 11-45）。

图 11-45 太阳能建筑

10. Villa Eila 私人寓所

这是 Eik Kivekas 的私人寓所，它建造于 1995 年，是当地资源和技术展现独特艺术魅力的典范。所有的砖块和瓦片都是用当地的泥土配以 5% 的水泥手工压制，并通过日晒完成。天花板的瓦片也是用这种方法，不过为了增加其强度而相应地加大了水泥含量。竹制屏风挡住大部分阳光以防止内墙遭到曝晒。Villa Eila 私人寓所是一种本土建筑，它充分展示本土建筑利用本土材料的魅力（图 11-46）。

图 11-46 Villa Eila 私人寓所

第 12 章　设计与大众传播

12.1　设计传播中的三要素

设计已经渗透到社会的众多领域之中，几乎无处不在，设计对于人类的生存和发展发挥着重要的作用。在设计传播活动中，设计师、受众和传媒是其三个组成要素。其中设计师作为设计活动的主体，是设计活动的开端，他们对信息进行加工和处理，并通过媒介承载信息，传播给受众。受众，是设计活动中的终端，是设计师信息的接收者。而媒介是信息的载体，也是设计传播活动的中介物质。因此，可以说，设计师构成了设计传播活动的形成基础，受众是形成这一基础的前提条件，而媒介让设计传播活动得以实现。

1. 设计师与受众

"设计是一种创造生活方式的行为，设计师应该起到一个良好的引导作用。"[①] 在社会范围内，设计师通过其设计作品、文字、演讲等形式来传播其理念、主张以及思想。设计师与受众之间存在着双向的沟通——互为制约、互为影响。在传播信息方面，设计师是行为的主体，他们主动将自己的设计思想、理念传播出去，而在信息的选择、解读、接受以及反馈信息方面，受众成为活动的主体，他们自主选择与其相匹配的信息并通过最后的反馈来影响设计师的下一次设计活动。

在历史发展的进程中，设计师从早期的为少数贵族服务的手工艺人发展到如今为人类利益而设计的专业设计师，他们在历史的各个发展阶段所扮演的社会角色不同、服务的社会阶层不同、履行的社会职责不同、传播的思想理念也不同。而受众是个复杂、庞大的群体，他们所处的社会环境、拥有的文化背景以及社会地位等方面的差别使得其对于信息的接受、理解和反馈有所区别，有时甚至差别巨大。所以，设计师需要与目标受众之间具有共通的内容，只有让受众能够选择进而接受和理解设计师的信息之时，设计传播活动才能进行，这是重要的前提条件。为此，设计师与受众的沟通除了在作品方面，更需要与之在情感、思想上得到交流，重视受众的反馈，进而促进新的设计传播活动的开展，做到真正为人的利益而设计。

2. 受众与媒介

受众直接与媒介进行接触，从受众的角度来看，媒介的多样性使得其在设

---

① 杭间 . 设计道 [M]. 重庆：重庆大学出版社，2009:155.

计传播过程中对媒介是有选择性地接触。一方面，媒介的发展也使得受众之间的差别变得更大。美国学者P·J·蒂奇诺等人提出的“知沟”理论认为：“由于社会经济地位高者通常能比社会经济地位低者更快地获得信息。因此，大众传播媒介传送的信息越多，这两者之间的知识鸿沟也就越有扩大的趋势”。[①]说的就是新媒介技术的发展，使得一些生活在经济实力基础强的发达国家的人能够更早地接触到新的信息，并且越是发达的国家其信息的传播速度也越快，方式也越先进。相反，在一些经济基础较弱的发展中国家部分地区以及贫困落后的国家地区，先进的技术的引进就显得缓慢许多，从而导致信息的获取也较为迟缓。

另一方面，受众对于媒介的反馈以及对新的媒介的需求也会在很大程度上促进媒介的发展。例如，在人们对于时事新闻的获取方式从最早的口语传播，到之后的印刷媒介、电子媒介以及当今新兴的网络、手机媒介的变革与发展中可以看到，受众在获取信息的方式方法方面的变化是巨大的，信息的传播速度也逐渐增快，渠道也变得更为广泛。而从口语传播到当今多样化媒介的出现，正体现出受众在设计传播活动中所扮演的重要角色。

3. 设计师、受众与媒介

在设计传播活动中，处理好设计师、受众以及媒介之间的关系非常重要。设计师的设计作品等是设计传播活动得以存在和进行的基础，设计师的思想是设计传播活动的灵魂。设计师在传播设计理念、设计思想的时候必须根据所处的社会环境、文化背景以及受众特征等方面选择最为合适的信息搭载媒介，才能实现良好的效果。设计师为社会受众不仅提供功能上的满足，满足人们对于物质的需要，更从精神层面上影响受众的审美能力、审美习惯以及对生活的追求。“社会公众对设计的接受（包括评价、选择、购买、享用及保管、爱护、推荐等行为），将决定设计产品在社会中的命运。”[②]社会受众对于设计作品的反馈能够提升设计师与受众的交流层次。

在设计传播活动中，应选择合理的媒介与方式，让社会受众能够更好地理解传递的信息，并最终在两者之间产生共鸣和有效的沟通。处理好设计师、受众与媒介之间的互动关系成为设计传播活动成功的关键所在。

12.2 设计与大众传媒

大众传媒即大众传播媒介（mass communication），对于任何的传播活动，媒介是不可缺少的重要组成部分。因此，可以说媒介服务于传播活动，传播活动的进行依赖于传播媒介。设计通过各种媒介来传达信息，而在我们认识和了解设计与大众媒介之间的关系以及理解设计通过媒介来传达信息之前，有必要

---

① P. J. Tichenor. Mass communication and differential Growth in Knowledge [M].Public Opinion Quarterly, 1970,（2）: 158-170.

② 章利国 . 现代设计社会学 [M]. 长沙：湖南科学技术出版社，2005:148.

对设计中的“符号”和“传达”的概念进行了解。

设计师的信息传播过程离不开各类的符号，传播过程的进行需要符号作为信息的载体而进行。因此，传播的成功与否，符号的识别是关键。瑞士语言学家费尔迪南·德·索绪尔（Ferdinand de saussure）提出：符号是能指与所指的关系体。能指说的是符号的外在表现形式，而所指说的是符号的内在表达含义、内容。法国符号学家罗兰·巴特（Roland Barthes）也有过相似的论述：“意指则可被理解为一个过程，它是将能指与所指结成一体的行为，该行为的产物便是符号。”①通常来说，我们将符号分为两大类：信号（signal）和象征符（symbol）。对于设计来说，象征符是设计师的主要研究对象。象征符号是人类在日常活动中发挥主观能动性所创造出来的具有一定含义的符号，其不仅可以指代事物还可以传达观念。法国符号学家罗兰·巴特将符号学理论从语义学扩展到视觉和通俗文化的分析之中。例如，中国古代青铜器上的“饕餮纹”，它是古人想象中的怪兽，采用抽象和夸张的手法，造成一种凶猛而庄重的视觉效果，充满神秘感，传达出商周时代的等级制度观念。

“所谓的传达，是指信息发送者利用符号向接受者传递信息的过程。它既可以是个体内的传达，也可以是个体之间的传达。”②著名的传播学家拉斯韦尔用 5W 模式来描述信息传达的过程（图 12-1）。

图 12–1　拉斯韦尔 5W 模式③

从图中我们可以清晰地看到，在设计传播活动中，传播者是设计师，所谓的信息指的是设计师所表达的设计思想以及理念等精神内容，而报纸、杂志、书刊等印刷媒介以及网络、电视、广播等电子媒介还有新媒介等就是设计师的传播信息的渠道。随着时代的发展，信息传播技术的提高，设计传播的活动影响范围也变得更为广泛，设计师的设计作品以及思想可能会在较短的时间内被不同地区、不同信仰、不同年龄的人所接受。因此，设计活动的接受者也非常不固定，通常同一个设计作品被不同的人接受后其传播的效果是不相同的，这就提醒设计师，在进行设计活动之时，要做到周全的考虑。

12.2.1　平面媒介

在平面媒介上，设计师主要是通过二维的平面来传达设计讯息。设计师通过对图形、文字、色彩、版式等的排列与组合来完成信息的传播活动，他们充分利用这些元素，来引发人们的思考同时引导人们接受、理解他们的思想。在

① [法] 罗兰·巴特 . 符号学原理 [M]. 王东亮 译 . 北京：三联书店，1999:31-39.
② 尹定邦 . 设计学概论（修订版）[M]. 长沙：湖南科学技术出版社，2011:178.
③ [英] 丹尼斯·麦奎尔 . 大众传播模式论 [M]. 祝建华等 译 . 上海：上海译文出版社，1987:17.

社会范围内，设计师通过平面媒介对大众的广泛影响主要以广告设计以及插画设计等形式，而广告设计中海报设计是最为主要的一种影响方式。

19 世纪，近代的平面设计的兴起源于讽刺漫画的兴盛，社会环境的动荡以及政治体制的不断变革，使批判当时的统治阶级成为大多数漫画的主题，这一点在法国尤为突出。“正像拜里 · 卡提斯指出的那样：讽刺漫画的研究，特别重要的是不要局限于政治语言的应用，把这个作为起点去引导读者超越自我达到更高的境界，显示出高品质的风格。”[①]设计师采用象征主义的表现手法通过幽默的教育，使大众受益。讽刺漫画显示出的是作为人民群众的代表——设计师向统治阶层的批判，通过漫画这种形式来表达对当时政治文化环境的不满，希望通过这种视觉文化传播的形式去创造出一个新的时代。

1890 年后，招贴广告开始流行，其主要是以海报设计为主。相比其他的传播媒介，海报的巨大画面、强烈的艺术表现效果和适用广泛的特点使得海报在当时占据重要地位。根据使用的途径区别，我们可以将海报分为：政治性海报、公益性海报、商业性海报以及艺术性海报等。海报通常出现在公共场所展示，如车站、街道、中心广场、公园、展览会、博物馆等人流量大的区域。因此，海报的宣传需要在较短的时间内吸引住受众的眼球并能够让受众快速地、准确地读懂海报所表达的含义及目的。随着社会的进步与发展，海报的制作形式也从早期的手绘发展到如今的印刷，题材与表现效果也极大增强。透过海报中的艺术语言与风格创意，我们可以看到设计师的艺术思想以及政治主张等，还可以通过系统研究海报的发展变化来学习一个国家以及民族乃至世界文化的发展与变迁。可以说，海报用最直观的视觉语言反映出了一个时代的文化精神，在海报设计的深处暗藏着的是世界文化、世界艺术的发展与变迁，是人类思想的视觉呈现。

1．战争、革命与海报设计

政治格局的演变往往也会促进艺术作品的发展，其中具有社会属性的政治海报就是政府和国家的有效的传播方式。在世界范围内，各个国家、地区以及政府团体组织等经常通过海报的方式来传播社会上的焦点问题以及宣传当时国家政府的主要意识。政治海报不但是国家宣传政治主张的一种大众传播方式，还是了解国家设计文化的一种重要的途径。

在第一次世界大战期间，涌现出了大量的征兵海报，其中以英国和美国的海报最为典型。这些征兵海报是国家政府意志的体现，展现出国家兴亡，人人有责的精神。在内容设计方面，放弃使用战争的血腥场面，通过潜意识以及劝说式的诉求方式使得人民的士气得到极大的鼓舞与振兴。其中著名的包括阿尔弗莱德 · 里德（Alfred Leete）在 1914 年用凯臣纳勋爵头像设计的海报“Join Your Country's Army！”（图 12-2）（加入你国家的军队！）（James Montegomery Flagg）根据自己的画像在 1917 年设计制作的山姆大叔形象海报。

图 12-2 《加入你国家的军队！》

① [日] 白石和也 . 视觉传达设计史 [M]. 北京：机械工业出版社，2010:23.

图 12-3 《英国女性的呼吁——向前进！》

这两幅海报在设计方面都非常简洁，文字表达也非常直白，其宣传目的也通俗易懂，表达出了一种抽象的民族情感，因而取得了非常好的政治宣传效果。之后的许多征兵海报也相继模仿，清晰的构图以及配有爱国色彩的图案使得征兵海报能够极大地展现主题，增强感染力，调动人们心中为祖国作出贡献的精神情怀。随着征兵海报的增多以及上两幅海报的流行，使得海报中的两个人物形象具有了相对固定的含义象征。

1915 年，基里（Kealey）设计的“Women of Britain say——GO！”（英国女性的呼吁——向前进！）是一幅典型的与英国女性有关的征兵海报（图 12-3）。在画面中母亲和孩子站在窗前凝望着将要离他们而去的军队，大概在军队中就有这个家庭的主人。由于战争的残酷性使得女性成为英国政府当时需要进行精神安抚的人群；同时，海报也将女性看成是战争取得胜利的一个重要组成部分。尤其是在当时，女性的地位相对较为低下，一般不允许参与政治事务，所以针对女性诉求设计的征兵海报能够唤起女性同胞的爱国精神，并让她们感受到社会对女性的尊重以及对女性社会地位的认可。

图 12-4 《第八回战时公债》

朱里斯·克林杰设计的《第八回战时公债》使用了数字 8、龙以及箭作为海报传达信息的主要元素（图 12-4）。其中数字象征着次数，龙象征着联合国，8 发弓箭象征着第八回战时公债。在画面中，龙的身体被数字束缚，头部中 7 发弓箭，显示出一种挣扎痛苦的表情。暗示着战争中备受煎熬的联合国。与之类似的是，在德国设计师朱里斯·克林杰的《捕获空军飞机》也采用了象征的表现手法来传递信息（图 12-5）。海报画面中是一只雄鹰伫立在一个圆形的徽章上。其中结合当时历史背景分析，黑色的雄鹰代表的是当时的德国，而下面的红、白、蓝三色组成的圆形徽章是英国空军战斗机的标志。而徽章上的弹痕以及裂痕则是采用了留白的表现方式，使海报看上去更为真实，传达的信息更为准确。

图 12-5 《捕获空军飞机》

在第二次世界大战期间海报的宣传与政治联系得更为紧密，这一点在政党竞争中表现得最为明显。“在欧洲，竞选的对手不仅用图像来丑化对方的形象，还美化自己阵营党员的英雄形象，并制作宣传标语和旗帜，制作瞬时即能识别的制服等都是常见的事情。”[①]另外，摄影技术的进步使得海报的制作给人以一种更为真实的、客观的感觉。相对于第一次世界大战期间的征兵海报设计，第二次世界大战期间的海报设计的诉求有所转变，表现战争的残忍以及对和平的渴望的主题更多。西班牙设计师琼·卡尔鲁的海报《要孩子不要武装》就充分利用了摄影技术和剪贴的处理手法，表现出战争给儿童带来的物质以及精神上的创伤，对儿童的成长造成的严重破坏，传达出设计师希望各国放下武器，为下一代健康成长考虑的理想与愿望。

在第一次世界大战和第二次世界大战中的大量海报设计都是为“通过宣传达到改变观众的政治理解、政治立场的目的。这种宣传性是其他的设计范畴所

① [日] 白石和也 . 视觉传达设计史 [M]. 北京：机械工业出版社，2010:163.

没有的。不少第三世界的政治海报具有两方面的基本目的，一是通过海报的设计，来促使国内的人民站到设计者的政治立场方面来，是国内政治运动的有力工具；而另一方面，则是促进外国对于他们国家的政治问题有广泛的了解，争取国际支持的手段。”①

图 12-6 《英雄的游击队之日》

在卡斯特罗的领导下，古巴人民通过武装革命最终取得国家独立，建立了社会主义国家。在殖民统治时期，古巴的艺术家得不到政府的支持，因此社会地位极为低下。在 1961 年，卡斯特罗通过举办艺术会议，将艺术家等文人的创作与政府联系起来，产生合作的关系，使得艺术家得到了国家的重用，产生社会价值。在艺术家创作主体自由的前提下，古巴的艺术家们的创作必须符合古巴社会主义国家的精神，必须体现其政治立场，达到宣传其政治主张的目的。这条原则的提出，使得古巴的海报设计中诞生了大量优秀的以宣传古巴政府的政治海报。

图 12-7 全民抗战

艾里纳·莎拉若（Elena Serrano）设计的海报《英雄的游击队之日》（Day of the Heroic Guerrilla）（图 12-6）宣传了阿根廷裔古巴领袖，在玻利维亚支持反政府游击战争中英勇牺牲的恩涅斯多·切·格瓦拉（Ernesto Che Guevara），他曾经是卡斯特罗的革命伙伴，被人们称为“红色的罗宾汉”。莎拉若在设计海报的时候，没有使用任何的文字，仅使用了格瓦拉的人物肖像作为海报的元素。在海报的表现方面，采用了当时兴起的光效应艺术的方式，使得格瓦拉的人物肖像呈现出一种放射状的效果，这传递出要宣扬格拉瓦的革命精神，让这种革命光辉照耀整个古巴国土的设计思想。另外，采用这种放射状的表现方式创造出一种强烈的视觉刺激，能够很好地吸引受众的注意力。因此，这则海报成为古巴革命海报中的典范之一。

中国在“抗日战争”和“文化大革命”时期涌现出了众多的政治海报。在“抗日战争”期间，大批的政治海报成为中国政府强有力的宣传媒介。在此期间，优秀的艺术家们满怀民族之感、爱国之情创作出的政治海报激励人民奋勇抵抗外来侵略，争取民族独立，为建立独立、民主、富强的国家而奋斗。

在 1926 年 3 月 18 日的“三·一八”惨案后，社会广大民众愤怒不平，国家政府的软弱激起了众多艺术家进行艺术创作。这幅由鲁少飞创作的《全民抗战》的海报就是其中之一（图 12-7）。海报采用了版画的创作方式，充分利用版画的“硬”夸张地展现出坚强有力紧握枪支的手臂。在手臂高举到空中之时，绽放出万丈光辉，显示出革命的坚定信心。整幅海报通过刻画出的大量的人民群众以及版面的设计，渲染出了全民抗战的革命信念，传递出人民获得革命胜利的信心。

在“文化大革命”时期的政治海报，大部分采用了简明的图形语言。相比文字图形语言在视觉传达上面更为直观，尤其是经过创意、夸张之后的图形语言其表现效果得到增强，能够更为充分地传达信息，展现主题。海报《团结起来，

① 王受之．世界平面设计史 [M]．北京：中国青年出版社，2002:83.

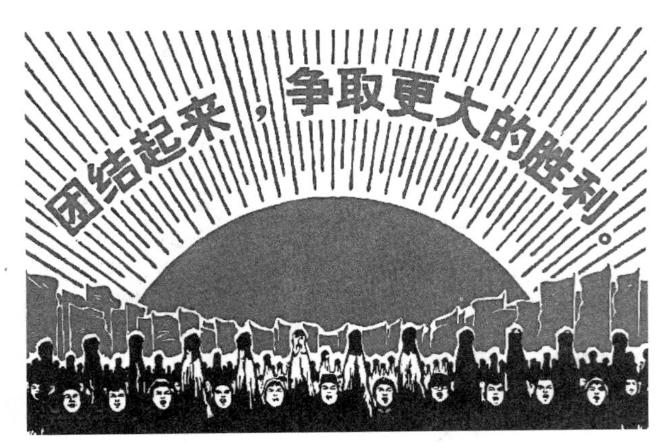

图 12-8《团结起来，争取更大的胜利》

争取更大的胜利》（图 12-8）直接使用了中国共产党的口号作为标题，在海报的图形方面选择了抽象化的太阳、光芒、红旗以及工农兵。色彩只有红、黑两色，形成强烈的对比。海报的版式以及各个元素之间的组合给人一种团结奋进之感，也展现出“文化大革命”时期的图画语言的特色。《团结起来，争取更大的胜利》正是通过图形与色彩的组合，实现了文化的沟通与艺术的审美功能的传递。

2．现代主义艺术与现代主义设计

现代主义艺术（modern art）又叫做现代艺术，起源于 20 世纪初在欧美地区出现的一系列的艺术改革运动，在两次世界大战期间现代艺术的发展尤为迅速。现代主义艺术对旧有的艺术的思想、表现以及创作手段方面进行了巨大的改革，颠覆了之前艺术的创作表现形式以及视觉和传播的内容。

在第一次世界大战期间，一小批小资产阶级知识分子聚集在瑞士的苏黎世，由于他们对社会的发展以及前景感觉渺茫与不满，于是相继在柏林、巴黎以及纽约等地发起一场艺术运动——达达主义运动。“达达”一词其实并没有什么特别的含义，只是知识分子随手在词典中找出的单词，达达主义运动主要针对的是战争所带来的暴力残酷影响，他们强调自我的表现，创作形式往往怪诞且夸张，表达出对当时的社会环境的不满与讽刺。柏林设计师约翰·哈特菲尔德（John Heartfield）和格罗茨（Grosz）在这一时期共同发明了“摄影蒙太奇”技术，并通过平面设计与德国的军国主义抗争。1935 年约翰·哈特菲尔德的拼贴海报《啊！超人希特勒：吃金讲锌》的制作就将摄影技术与医院 X 光片相结合，揭露了当时德国纳粹党受到资本家大量资金支持的事实。此外，约翰·哈特菲尔德的圣诞节海报，将圣诞树的造型进行改变，扭曲枯萎的外表给人一种将要凋零死亡的感觉，传递出纳粹就如同这颗圣诞树，即将死亡。哈特菲尔德还设计了大量的批判、讽刺、与纳粹德国抗争的政治海报，在这些政治海报设计的表现方式方面，哈特菲尔德都采用了隐喻暗示的表现手法，通过特定的象征符号将海报的主题思想与内容传递给广大的受众人群。达达主义的平面设计在排版以及传统设计原则上的突破，对后来的设计运动，包括超现实主义等艺术设计运动产生了重要的影响。

现代主义设计是 20 世纪设计发展的核心，其产生于欧洲、美国等地区，工业技术的迅速发展，新的技术、设备等的出现使生产力的发展得到了极大的提高。这种在工业生产领域出现的迅猛发展对社会以及设计思想也造成了极大的影响。

皮特·茨瓦尔特（Piet Zwart）为荷兰的图像设计方面作出了重要的贡献。在 1923 年，他与荷兰 NKF 电缆工厂之间建立了联系，并在之后为 NKF 电缆厂设计了约 300 幅广告，对设计界以及社会产生了深远影响。皮特·茨瓦尔特一直致力于在达达主义与现代主义设计之间找到一个切合点，力图将这两种相差甚大的设计风格结合起来。此外，他还将传统的设计风格与“风格派”的设计风格相结合，寻求一种最佳的结合。在茨瓦尔特为荷兰 NKF 公司设计的产品宣传册以及广告中，可以发现“风格派”的设计影响以及达达主义、现代主义设计的身影（图 12-9、图 12-10）。宣传册以及广告的设计整体看上去规整，稳重但不失灵动之感，这种设计特点便是设计师茨瓦尔特所要表达和追求的设计理念。在他的一系列设计作品中都贯穿着这种设计观念。具体说来，在他的 NKF 系列平面设计中，我们不难发现“风格派”的配色，但又采用了倾斜的版式设计将“风格派”的呆板打破。此外，文字字体大小的排列与组合形成一种动感，使得他的设计独具特色。皮特·茨瓦尔特的设计作品给人一种轻松愉悦的视觉享受，传达出轻松、快乐的生活与设计理念。

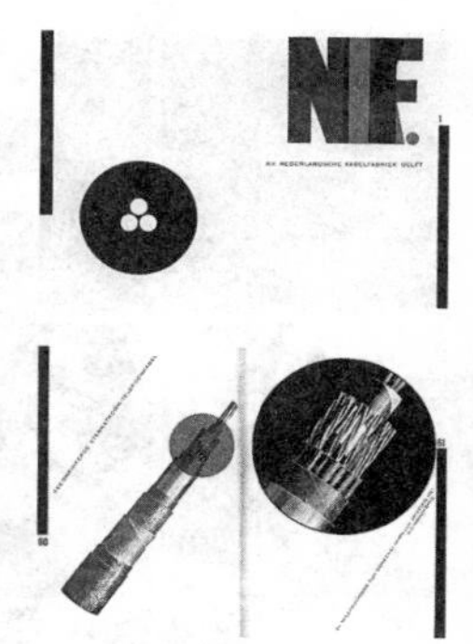

图 12-9 NKF 公司产品目录设计

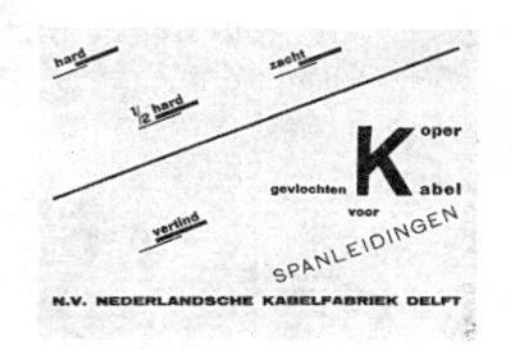

图 12-10 NKF 公司广告

3. 波普艺术

波普艺术（Pop Art）起源于 20 世纪 60 年代的英国，之后影响到欧美国家及地区。Pop 一词是英语单词 popular 的缩写，其含义是通俗、流行文化。对于大众媒体来说，流行文化的发展导致平面设计的视觉传达方式发生改变。“加拿大的信息传播理论家马歇尔·麦克卢翰通过对 1958 年广告的分析得出来‘媒体就是印象’的结论，强调了‘如果说是由于社会信息传播的内容诱发了形态，不如说是人类根据传播信息媒体的性质去创造明确而有价值的形态’”。[①]波普艺术的思想影响到设计上主要表现在英国的波普设计运动，这场设计运动实质上是知识分子发起的一场反现代主义设计的运动。波普设计是在第二次世界大战后产生的，经济的持续发展促使社会上的物质产品日渐丰富，加上年轻的设计师们对于传统的设计观念，包括对于现代主义的传统没有依赖之情，进而转向更加关注个人的性格、习惯以及爱好等方面的内容。波普设计师们根据当时国内外的情况，根据市场上的需求进行设计活动，因而在广大青年人中非常地受欢迎。

在波普设计传到美国之后，对美国人生活影响最大的艺术家是安迪·沃霍尔（Andy Warhol），他的设计作品最大的特点是利用生活中的视觉元素来表现美国的生活与流行文化。在创作时经常采用制版印刷的“复制”的方式进行图像表现，将同一元素变化成不同的配色，整齐地平铺在整幅海报设计作品中。这些被安迪“复制”的元素来源包括影视明星、政治人物、钞票、汽水瓶等，以此形成了安迪·沃霍尔所独特的艺术创作风格，在波普设计运动中极具个人特色。对于他的这种创作方式，美国批评家哈罗德·罗森伯格（Harold Roesnbegr）评论说：“麻木重复的汤罐头，就像一个说了一遍又一遍的毫不幽默的笑话。相同形象一次又一次得到重复，好像要消除它在孤立状态中单独被观察时会产生的特殊的意义。”[②]

① [日] 白石和也 . 视觉传达设计史 [M]. 北京：机械工业出版社，2010:249.
② [英] 尼古斯·斯坦戈斯 . 现代艺术观念 [M]. 侯翰如 译 . 成都：四川美术出版社，1988:247.

图 12–11 《玛丽莲 · 梦露》

图 12–12 《恩涅斯多 · 切 · 格瓦拉》

图 12–13 《二百一十个可口可乐瓶》

安迪 · 沃霍尔的艺术语言表现最大的特点是：通俗化。无论是在图形元素的选择到画面的色彩搭配，都展现给人们一种流行与通俗，传达出的是消费社会的生活文化理念。安迪·沃霍尔最为著名的作品《玛丽莲·梦露》（图 12-11），在作品中，可以明显地看到他的个人创作特色，将鲜艳的色彩搭配，“复制”拼贴以及电影明星的选材组合在一起创造出一种强烈的视觉冲击感。在他的另外的作品如《奥黛丽·赫本》、《恩涅斯多·切·格瓦拉》（图 12-12）中也都采用了较为相同的创作表现方法。又如《二百一十个可口可乐瓶》，在这幅商业广告中（图 12-13），也采用了“复制”来表现。可口可乐是美国流行文化的象征，在广告中，安迪 · 沃霍尔将 210 个可口可乐汽水瓶整齐地排列，形成一种前所未有的商业广告设计方式，这种设计方式将日常的生活与艺术的创作自然地联系在一起，通过通俗化的表现手法来展现广告的主题以及将广告的信息传递给受众。

安迪 · 沃霍尔用这种最为直接的表现方式来展现设计的主题，给人一种轻松、诙谐、娱乐的效果。艳丽的色彩、强调色彩与图形版式的组合以及突出平面视觉效果的表现，使波普设计传达出第二次世界大战之后和平、富裕的年轻一代文化的强烈的通俗性、消费性，以及这一代人对未来生活的乐观态度。

4. 公益海报设计

在信息、科技、经济等高速发展的时代，设计师使用电脑、机器以及新的科学技术进行新的创作早已成为符合时代发展的趋势。设计在创造一个又一个的销售经济奇迹的同时，也不可避免地对自然、生态资源造成破坏与浪费。设计师在引导消费者进行消费的同时也逐渐意识到大气污染、全球气候变暖、生态失衡、水资源缺乏、土地退化等严重的自然问题，从而开始重视设计与人口、资源、生态等之间的关系问题。公益海报，就成为设计师传递信息、引导正确价值观念的一种有效途径。

从社会的健康发展角度来看，公益海报也能起到有效地推进社会和谐与进步的作用。其设计主题来自于社会与生活，关注人与人、人与社会以及人与自然之间的关系。其宣传范围面向广大的社会，能够引起最广泛的人群的关注。其创意表现多以情感诉求为主，充分调动受众对自己、对社会以及对环境的关心。另外，公益海报的简单明了的表现形式，以及用委婉方式对社会问题进行批判和纠正，能为社会营造出一个积极良好的社会文化环境。

在公益广告的表达方式上，也能体现出一个国家的文化特色。设计师在进行公益信息传播时，充分了解本土的文化，拉近与受众之间的距离，能够更为容易地让受众接受并得到其认可。世界自然基金会在中国投放的关于环境保护的公益广告中，就充分地了解并运用了中国传统的绘画艺术——水墨（图 12-14）。海报中，墨的使用是双关的。一方面，用墨线幻化成的动物形象，暗示动物已经受到污染与伤害，青蛙的右前肢和螃蟹的钳子的病变之处巧妙地利用水墨进行表现。另一方面，设计师用水墨艺术表现出一种宁静的气氛，引发出受众对广告主题的思考。同时，“污染的蛙”、“污染的蟹”的广告语更是点明了主题：我们需要保护我们的环境，使其不受污染。

图 12-14　世界自然基金会公益海报

公益海报除了拉近与受众之间的文化距离外，在海报的设计表现方面也离不开好的创意。一幅能够把“旧”元素之间进行“新”的组合，给以出人意料之感的海报可以称得上是具有好的创意。著名广告大师李奥·贝纳（Leo Burnett）曾说“所谓创意，真正的关键是如何用有关的、可信的、格调高的方式，在与以前无关的事物之间建立一种新的有意义的关系之艺术，而这种新的关系可以把商品用某种清新的见解表现出来。”[①]图形，是海报中最为直观的视觉表现。道格拉斯·凯尔纳（Kellner Douglas）曾说“图像频频地优先于叙述，看的感受就变得第一位了，故事线索和叙述的意义常常被转化为了背景。”[②]因此，在视觉传达过程中，有时只需要一幅设计精准的图画便能够与受众之间产生互动与沟通，传递内容。如一则主题为保护地球的海报（图 12-15），其文案是：苹果，没有皮会氧化，腐烂；地球，没有绿色会沙化，渐亡；生命，没有绿色会……设计者在地球和苹果之间找到了相似之处，在图形表现时，把地球的大陆部分用削掉绿色的果皮而氧化变色的部分展现出来，十分形象地表达出大陆如果失去绿色的后果——土地沙漠化。因此，在公益海报的信息传达时，设计师可以通过生动而准确的视觉图像语言来表达信息，将复杂的问题进行简单化的图像符号方面的处理，使其与文字、语言等传播方式相比较而言，能够更好地让受众发现问题之所在，理解其中的宣传内涵，使海报更具有亲和力和说服力。此外，公益海报在图像方面进行的合理创意，还能够让人们在理解、记住信息的同时获得审美的感受，带来较好的社会反响，赢得有效的社会反馈。

图 12-15　保护地球公益海报

12.2.2　网络媒介

互联网被称为“第四媒介”，是继传统三大媒介——报纸、广播、电视之后发展最为迅速的媒介之一，也是目前人们获取信息以及进行交流的重要途径

① 丁俊杰，康瑾．现代广告通论 [M]．北京：中国传媒大学出版社，2007:273.

② [美] 道格拉斯·凯尔纳．媒体文化——介于现代与后现代之间的文化研究、认同性与政治 [M]．丁宁译．北京：商务印书馆，2004:405.

图 12–16 中国网民规模和互联网普及率①

之一。根据中国互联网信息中心（CNNIC）的最新统计表明，“截至 2012 年 6 月底，中国网民数量达到 5.38 亿，互联网普及率为 39.9%。”②而且从趋势走向来看，这个数字还将上升。网民数量的增长表明了网络媒体对于大众的影响范围在扩大，影响力在增强（图 12-16）。

互联网相比传统的媒介具有交互性、全球性、及时性等特征，其交互性的独特传播模式，极大地改变着人们获取信息的方式，也影响社会的政治、经济与文化。在政治领域中，互联网使大众参政议政的方式更为便捷。例如，国家政府政务网站的建设能够与大众之间建立桥梁，提高政府的办事透明度；网络论坛、网络调查等能够快速地统计获取大众的信息等。在经济领域中，网络使得商品的交易更为便捷，交易的市场更为广大，从而促进新的消费文化的构建。同时，网络广告的发展也扩大了消费文化的影响范围。在文化领域中，网络将具有不同地域特色的文化联系在一起，对于不同的价值观念、道德规范准则等都会相互交融、相互碰撞、相互冲突，这使得人们对于文化观念的选择更为多样，互联网的发展影响着人们的思想观念的发展，如何通过互联网来正确引导人们价值观念的构建成为诸多学科领域所关注的问题之一。

1. 网络宣传与政治选举

在政治活动中，充分利用媒体来宣传是美国政治家的传统。例如，罗斯福曾经就充分利用电台广播进行政治演说，肯尼迪也在竞选时充分利用了电视媒体的宣传。为此，美国政治学家西奥多 · H · 怀特曾这样形容美国的政治与媒体之间的关系：“美国的政治与电视现在已经纠结地难解难分，谈政治离不开电视，谈电视离不开政治。所有的政治活动都在为适应这一舞台而变化着”。③针对政府对于传媒的广泛利用，英国传播学者格雷姆 · 伯顿（Graeme Burton）

① 中国互联网络信息中心（CNNIC），CNNIC 第 79 期《互联网发展信息与动态》，2012（06）.
② 中国互联网络信息中心（CNNIC），CNNIC 第 79 期《互联网发展信息与动态》，2012（06）.
③ 端木义万 . 美国传媒文化 [M]. 北京：北京大学出版社，2001:128.

在其著作《媒体与社会：评判的视角》中这么评论分析："无论在何种情况下，政府都可以运用媒体来宣传政策、发动群众、发布信息，也可以通过媒体来检验新近制定的法律法规的效果，最为重要的是在公共领域内，为政府的工作创造一个有力的舆论环境。"[①]由此，我们可以看出，政府利用媒介其最终是要为自己创造一个符合自己发展的政治舆论环境。而在信息时代，奥巴马对于互联网的充分而巧妙的使用，调动了广大的美国民众，创造出属于奥巴马的政治环境，因而能够成功当选为美国总统。所以，我们说不断地使用新的技术与手段，将新的传播媒介运用到政治宣传中，在最广泛的程度上增加选民的支持率、调动选民的积极性成为政治家们成功的关键所在。

对于奥巴马来说，个人网站——My Barack Obama（http://my.barackobama.com/）的建立成为他及时展现形象以及宣传他的政治理念的最为重要的渠道。为了吸引更多的选民的关注，以及获得年轻一代选民的支持，在网站风格设计上，给人一种简洁、大方、富有活力，但不失成熟稳重与政治威严的视觉效果。另外，官网的设计非常人性化，表现出极强的互动性，能够通过官网便捷地链接到视频网站和网络社交等，如 Facebook、You Yube、Twitter、Flickr 等，下载或浏览有关奥巴马的各种多媒体文件。奥巴马的官网本身也是一个开放的平台，选民在网站上得到信息，同时注册后，选民也可以在上面发表自己的意见与看法，还可以参与政治讨论、捐款、加入团队等，让选民能够全方位地融入到奥巴马的世界中。此外，随着当今手机网络的发展与普及，奥巴马的官网也推出了智能手机应用软件，通过手机软件，能够让选民更为及时地获取相关信息。同时，奥巴马的政治宣传也进一步深入到每个选民中间。在奥巴马 2008 年竞选期间，除了上文提到的官方网站和社交网络外，奥巴马的政治宣传还使用到了用电子邮件来传播竞选信息以及在搜索引擎上做广告的网络营销组合的方式。

在所有的奥巴马的政治宣传中，都有一个统一的视觉设计。其中，竞选海报以及竞选徽标所传递出的信念让选民们相信：选择奥巴马就是选择了希望、选择了未来。在竞选徽标设计上，使用了太阳从红白相间的条文之上升起的景象作为主要的图形构成要素（图 12-17）。圆形的徽标设计取自于奥巴马名字的首字母"O"，红白相间的条文象征的是地平线，其设计来源是美国的国旗。蓝色的天空与升起的太阳象征的是党派的更换带来的是希望、活力与光明的未来。竞选徽标的背景色选择了深蓝，给人一种成熟、稳重、可靠的信任感。整体上，奥巴马竞选徽标的设计通过视觉形象传递出的是一种向上、充满希望与活力的信息，让美国选民看到之后，有一种亲切感并能够迅速了解奥巴马传递的讯息，之后让美国选民对他产生信任并进而支持他。

图 12-17　奥巴马竞选徽标

奥巴马在竞选中使用了大量的网络政治海报来宣传。同样，网络海报也是通过视觉的图像来给受众传递信息，其中奥巴马的海报设计非常重视这几个方

① [英] 格雷姆·伯顿．媒体与社会：评判的视角 [M]. 北京：清华大学出版社，2007:18.

图 12–18 《梦想》

图 12–19 《投票》

图 12–20 《改变——我们可以相信》

面之间的关系：社会关系、视觉接触以及传递的态度。在竞选海报《梦想》的设计中，充分使用了“目光”的接触来传递信息（图 12-18）。海报中，奥巴马的双眼充满坚定的信心与平静，直视着受众，让选民看到后立即得到信息：投奥巴马一票。在奥巴马的肖像背后选择了反射状的太阳光辉为衬托，更凸显出奥巴马是一位充满希望与梦想的理想总统。同样是通过奥巴马的“目光”来传递信息，在海报《投票》中的表现方式与《梦想》中就有所差别。在海报《投票》中，奥巴马面带微笑，目光中散发出温和的气息，极富亲和力（图 12-19）。通过海报上的“投票”直接将信息传递给选民，希望选民们将选票投给自己，支持自己。这则海报充分使用了情感诉求来拉近与民众之间心理上的距离，让奥巴马本来高大的政治人物形象瞬间散发出强大的亲民感，在美国选民看后，感觉奥巴马待人非常友好，愿意进入他们的世界。因而，获得美国选民的支持。

与上两幅海报采用“目光”传递信息不同的是，海报《改变——我们可以相信》改变了宣传的方式(图 12-20)。在海报中，选用了竞选徽标作为背景之一，把奥巴马眺望远方的侧面肖像与竞选徽标融为一体，并用航拍地球作为大的背景，创造出一种深远的意境。这种设计仿佛顿时间“拉远”了与美国人之间的距离，让美国人感觉置身于奥巴马的世界之外。 其实不然，这正是海报所想要创造出的效果。标题：“改变——我们可以相信”，说的是我们现在的美国需要改变，改变种族歧视，改变美国的领导方式，而这种改变正是奥巴马能够给美国人带去的。海报的“改变”正是在呼吁美国人的行动，而“我们可以相信”是让美国人相信奥巴马，相信奥巴马的世界能够让美国更加光明。海报使用介绍奥巴马的世界有意与美国人之间“拉开”一定的距离，其实是为了激起美国人心中沉睡的梦想与愿望，使美国人心中充满进入奥巴马世界的意愿，从而在潜意识下实现海报的政治宣传主张的同时，获取众多选民的选票。

2. 网络媒体与消费文化

“在传统社会里，大众文化与精英文化常常是泾渭分明的，美国人类学家雷德菲尔德就曾在他的《乡民社会与文化》中提出‘大传统’与‘小传统’的概念，并予以明确区分。”① 而随着人类文明的发展，科学上的进步推动了传媒技术的发展；与此同时，传媒技术的变化，也反过来影响着人类文明的演变。正如加拿大传播学专家哈罗德·伊尼斯所言“一种新媒介的长处，将导致一种新文明的产生。”②

当今，网络媒介的迅猛发展，一方面是受到消费社会即现代工业社会的影响。在现代工业社会中，强大的社会生产力促使社会上的商品和物质产品极为充足，这就让人类的关注重点不再是物质的短缺与否，不再一味地关注产品的使用价值，而转向关注产品的内在精神层面的价值以及一种消费商品的内在含义，从而导致一系列的消费符号的产生。更为突出的是，网络媒介的发展也推动了消费文化，特别是视觉消费的形成与发展。网络媒介与其他传统媒介相比，

① 蒋晓丽．传媒文化与媒介影响研究 [M]. 成都：四川大学出版社，2009:334.
② [加] 哈罗德·伊尼斯．传播的偏向 [M]. 何道宽 译．北京：中国人民大学出版社，2003:74.

集传统媒介的优点于一体，此外还具有其自身的优点。现代网络传媒的画面、语言、声音、互动性能够极大地吸引消费者，让消费者主动理解其中所包含的价值观念、消费观念以及企业产品所包含的独特的价值特征等信息。

图 12–21 香奈儿"邂逅"香水网络视频广告

网络媒体的这种强大的视觉冲击力能够在最大程度上激发消费者内心的情感，调动消费者的行为活动。与此同时，企业在媒介宣传中所宣扬的个性主张以及新的价值取向等促进了消费者消费观念的改变。网络媒体中，企业巧妙地将自己的产品与塑造出来的理想形象或是理想的环境联系在一起，创造出一个消费社会物质化、符号化、视觉化的世界，吸引消费者的眼球，进而转向消费者的购买行动。消费者在视觉体验中，反复多次的良好消费体验最终形成对产品中的文化价值的记忆与传播，影响周边的人群。所以，网络媒介在某种程度上影响着当今人们人生观、世界观与价值观的塑造，对于我们的日常生活以及行为习惯产生了显性的或者隐性的影响。网络媒介中的消费文化有其特定的发展规律与模式。在香奈儿"邂逅"香水系列网络视频广告中，广告元素只有两个——女演员以及放大了的香奈儿"邂逅"香水（图 12-21）。简短的广告片整体风格简约而唯美，女演员表现出对邂逅香水非常钟爱，依依不舍，描绘出一个散发着清新、淡雅、芬芳的香奈儿世界，突出的是香奈儿"邂逅"香水系列香气的清雅与柔情，展现给年轻一代消费者，尤其是女消费者一个让人神往的意境，传递出的是一个新的简约、时尚、潮流的信息。香奈儿这则视频广告的表现方式正是抓住了年轻消费者的心理变化，在对以往浓香型香水习惯甚至要被淘汰之时，推出的这款清新淡雅的"邂逅"香水正满足了消费者的时尚与心理需求，从而达到了非常理想的传播效果。

网络媒介的传播首先是通过视觉来吸引消费者的注意。美国广告学家 E·S·刘易斯的"AIDMA"消费者行为学理论模式描述了消费者接受广告信息的整个过程。具体包括 Attention（引起注意）、Interest（引起兴趣）、Desire（产生欲望）、Memory（留下记忆）以及 Action（做出购买行动）五个过程。"其中对广告中的各个部分内容的注意力分别为：插图 43%、标题 31%、商标 21.5%、商品 17.8%、文字 12.5%"[①]在之后由电通广告公司针对新的环境情况，即互联网与无线应用时代消费者的具体发展，提出来新的消费者行为分析模型——AISAS，具体为 Attention（引起注意）、Interest（引起兴趣）、Search（主动搜索）、Action（做出购买行动）、Share（进行分享）。无论是哪种消费者行为分析模型，其第一步都是引起消费者的注意力。网络媒介多样化的创作表现手段与技法，综合使用二维、三维，视觉、听觉等来吸引消费者注意。此外，"在新媒介的艺术创作中，艺术家不再是内容和理念的单向传达与表现，而是营造环境、空间，让观众能参与其中，在互动中完成作品"。[②]由此我们可以看出，在网络媒介上的广告宣传是一种综合性的视觉传播方式，能够用视觉符号与消

① 钟强．网络广告 [M]．重庆：重庆大学出版社，2006:72.

② 付志勇．新媒体艺术的建构与观念 [J]．苏州工艺美术职业技术学院学报，2004（03）.

费者之间建立一种互动关系，来主动吸引消费者的注意与兴趣。

其次，网络媒介的人性化、娱乐性宣传使其更具有吸引力。网络媒介信息包罗万象，从日常人们的生活信息，如天气预报、购物、休闲、交通、保健等，到政府部门的政策法规，再到国内外新闻事件，以及视频、社交、网络课堂等，网络媒介的时效性使其成为信息时代人们获取信息、发布信息的一个主要媒介。而在网络媒介上的宣传，已经告别了传统信息传播的单调乏味的方式，转而更加的人性化与娱乐化。在人性化方面来讲，网络媒体上的信息可以根据不同人群的喜好与视觉习惯而推送；同时，消费者可以通过网页设置以及邮箱订阅等方式获取自己关心的信息，以达到不漏掉自己所关心的信息、屏蔽垃圾信息的目的。此外，消费者在不同的网络媒介平台，如博客、社区、论坛、微博等发布信息，不仅自己能够及时地反映、分享信息，同时也让关心自己的人及时地了解最新情况。在娱乐性方面来看，网络媒介上的信息传播往往注重营造一种特定的氛围，以情来感人，把人们对于美好、高品质的生活以及对未来的憧憬等通过画面、声音、文字传递出来，这种信息的传播更重视符号在其中所代表的含义，强调符号的象征性，通过符号来传递出一种愉悦与快乐之感，达到娱乐的目的。除此之外，网络媒介的信息传播还通过网络游戏广告来实现。网络游戏广告主要是利用游戏的互动性，让消费者主动进入游戏中，在潜意识之下对产品产生记忆的一种信息传播方式。将产品的广告宣传融入具有互动性的游戏之中是广告传播的一大创新与发展，往往能够给商家带来良好的宣传效果，同时也不会让消费者产生反感。例如，百事公司就制作了相当多的像《百事蓝色风暴》、《百事木桶发射台》、《弹球突围》、《百事追逐赛》等这样的网络游戏广告（图 12-22、图 12-23）。

图 12-22　百事弹球台网络游戏广告

英国学者阿诺尔德·J·汤因比曾经这样指出："技术每提高一步，力量就增大一分。这种力量可以用于善恶两个方面（来形容）"。[1]网络媒介的传播也

① [英] 汤因比，[日] 池田大作 . 展望二十一世纪——汤因比与池田大作对话录 [M]. 荀春生等 译 . 北京：国际文化出版公司，1986:133.

图 12-23 百事木桶发射台

是如此。网络媒介因其巨大的影响力，在对消费文化进行有利方面的促进之时，有时也会在消费文化的影响之下，传播出不健康的信息与内容。网络媒介上的垃圾信息，包括网络游戏中的暴力、色情等对消费者产生了直接负面的影响。尤其是在网络游戏中常见的“玩家对杀”（即 Player Killing，英文缩写为 PK），是消费者在游戏中扮演其中的一个游戏角色来攻击对方，直至将对方杀死的一种具有强烈对抗性的游戏方式。值得注意的是，在对杀过程中，消费者能够通过各种方式以及各种极端的手段，来达到将对方杀死的目的。因此，在某种程度上，“玩家对杀”能够给消费者带去短暂的放松，缓解压抑的情绪。“玩家对杀”的游戏设计因其能够给消费者带去心理上以及视觉上的刺激，满足消费者暂时的满足感，从而吸引了更多的消费者加入这种游戏之中。从而导致越多的人玩，能够杀死的人也就相应变多，最终对人的心理造成具有暴力倾向的负面影响。这种网络游戏的设计以及其信息思想的传播，是部分商家利益追逐以及消费者获得心理满足所导致的结果。游戏中的设计缺乏对消费者的正确价值导向的引导，缺乏文化底蕴，充斥着暴力与色情。而这种影响一旦表现在真实的生活中，其后果是相当严重的，甚至导致悲剧的产生以及犯罪的结果。除此之外，网络媒介因其能够满足人们对于信息、交流等的需求，因而导致有越来越多的人群沉溺于网络之中，对其身心的发展也产生不利的影响。网络媒介所提供的即时通信、信息获取与发布、娱乐与教育等功能并不能完全取代人与人之间的社交活动。网络媒介中的信息设计以及传播是为了更好地服务于信息时代人们的生活。消费人群如果沉溺于网路，长期上网，将致使身体的不适，严重的将导致猝死，心理上将会缺少真实世界中的人性关怀，导致交流障碍、冷漠少言、性格怪异等问题的出现。在消费文化的影响之下，网络媒体与网络传播的发展需要正确地规范与引导，也需要设计者们对网络媒介进行合理地设计，减少以至避免消极影响的出现以及扩大。

做好网络设计，传播健康信息，不但要遵循社会主义道德准则与网络媒体的特点，更要选择合适的网络传播创意战略，才能引导消费文化朝着积极的方向发展。

例如，在沃尔沃集团企业形象宣传广告设计方面，通过具体的数据，直接而客观地传递出企业的文化与产品的相关信息（图 12-24）。这则广告使用了

图 12-24 沃尔沃集团企业形象网络广告

Flash 做成滚动的动画，分别向消费者展示沃尔沃集团的企业形象（在此仅选取其中两幅分析）。在第一幅画面中，广告语是“为灌溉系统等领域提供动力的沃尔沃遍达发动机，全球超过 200000 台。”广告中文字部分突出了数据，传递出沃尔沃的遍达发动机的销售量之大的信息，从而暗示出，沃尔沃集团的产品质量好，销售好，在全球享有非常好的声誉与口碑，而沃尔沃这个品牌就是优秀的象征。在第二幅画面中，“仅十年，沃尔沃旗下重型卡车污染物的排放已减少 100 倍以上。”广告语的设计采用了同第一幅画面相同的表现方式，非常直观地展现给消费者沃尔沃在节能减排方面所作出的巨大贡献。广告用事实展现出的是沃尔沃集团通过创新、科研加上周全的考虑以及严格的要求，在环境保护方面所取得的成就，使消费者感受到沃尔沃集团是关注社会、富有责任、能够为我们创造价值的企业。从消费文化的影响来看，沃尔沃集团通过企业自身的行为来做榜样，引导消费者建立生态、环保、可持续的消费观念。沃尔沃集团的网络广告通过这种质朴、坦诚的方式展现给消费者，不仅让消费者了解了企业的成就，更自然地在人心中树立起良好的企业形象。

除了采用直接地表达主题的方式，网络传播的设计往往还会采用制造悬念、对消费者发出质疑等说服的策略来吸引消费者的关注。例如，阿迪达斯在为其欧洲冠军联赛系列产品制作的宣传广告上（图 12-25），就使用了“你是欧洲冠军联赛水平吗？”这句极富有挑战性的语句来抓住消费者的注意力，引导消费者的点击。在消费者点击之后，就能看到欧洲联赛的相关信息以及阿迪达斯在赛事中的赞助产品。广告通过短片中增加了实验数据以及科技在产品中的运用等信息，从而增强了广告的说服力，让消费者能够很清晰地看到阿迪达斯的产品是如何增强运动员的能力，以及在激烈的运动中是如何对运动员进行保护的。除此之外，阿迪达斯的广告也充分利用了名人的导向与权威。广告动画首页选择了著名足球明星梅西，在不自觉之中勾起足球爱好者对于球星的热情，“像梅西一样训练”的链接又让人产生对明星成功秘诀的探讨愿望，进一步刺激消费者对广告内容以及产品信息的获取欲望。可以说，阿迪达斯这则网络广告充分结合、运用了多种传播策略，在充分把握消费者心理的情况下，独具匠心地将产品与广告宣传结合，应该说其传播效果是非常理想的。

图 12-25 阿迪达斯网络广告[①]

企业在网络信息传播中，如果能够充分地将产品与文化传统相联系起来，同样能够取得很好的宣传效果。在正大福瑞达润洁眼部护理液网络宣传中，选用了一个广为流传的民间传说——唐伯虎点秋香，并使

① 图片来源：http://www.adidas.com/cn/

用了卡通的形式再现了故事的情节。宣传片中通过夸张以及艺术的表现方式展现出产品——润洁眼部护理液的特点。广告中，对于唐伯虎是如何找到秋香的情节上，设计师巧妙地将润洁眼部护理液与眼睛结合起来，表明了在使用了润洁眼部护理液后，消费者的双眼也能像秋香的双眼一样，闪亮迷人。富有创意的动画表现以及与传统故事的完美结合，使得消费者能够在快乐的氛围中接受广告传达的信息。

图 12-26 当当网 微博网络广告

随着网络互动社区的发展，企业通过网络发布宣传的方式也变得更为多样化、人性化与个性化。利用“微博”平台来传播信息，能够准确地将信息传播到关注自己的消费者群中。例如，当当网在开学前期做的微博网络广告（图12-26）。画面色彩鲜艳亮丽，能够迅速吸引消费者的注意，打折促销的信息放在了非常显眼的区域，能够快速激发消费者的购物心理。广告语“向上吧！少年”一方面是借用了在学生当中非常火热的，由湖南卫视与搜狐视频共同推出的中国少年成长秀“向上吧少年”；另一方面，“向上吧！少年”，也是在激发学生们要努力学习，积极进取的生活态度，也从侧面传递出要广泛阅读才能变得富有才华，具有积极的人生心态。另外，微博的文字部分还留有相对应的当当网网页链接，能够让消费者便捷、快速地找到促销信息，不但提高了消费者获取信息的效率，同时也加快了自己的销售速度。在开学之际，当当网通过微博来传播图书促销广告信息，可谓是“充分利用互联网的优势，使信息传播个性化，让每个接触广告的人都看到这种产品是专门为我准备的。”[①]当当网的微博式网络广告，带给消费者的是亲近感和愉悦感，巧妙地将图书销售与青少年的心理联系在一起，传播出一种健康向上的生活文化理念。

12.2.3 公共艺术

公共艺术的表现形式多种多样，而这些艺术形式是否能被称为“公共艺术”，其最主要的标准就是“公共性”。在《现代汉语词典》中对“公共”的解释是：“属于社会的；公有公用的。”[②]我们可以宏观地将“公共艺术”理解为：属于社会大众的，能够反映社会人文思想的艺术创作。在“公共艺术”的深层次含义探讨上，不同的学者其所强调的侧重点也有所不同。著名画家、教育家袁运甫认为：“公共艺术是指人们集群环境中的艺术综合体，也可以说是园林、壁画、雕塑、建筑、灯光、喷泉、音响等的综合设计的组合艺术。同时，它的设计又必须和城市规划、交通、环境等客观条件取得协调一致并形成整体关系的统一和完善。是艺术与科学、技术与工程紧密配合得以实现的大型艺术。”[③]他在强调公共艺术的公共属性的同时，也注意到公共艺术的

① 于刃刚，魏超．网络广告 [M]. 石家庄：河北人民出版社，2000:99.

② 中国社会科学院语言研究所词典编辑室．现代汉语词典 [M]. 北京：商务印书馆，1996:435.

③ 袁运甫．公共艺术的观念·传统·实践 [J]. 美术研究，1998（01）.

设计必须与所属城市的发展相协调的问题，在这点上，可见公共艺术的艺术理念与价值导向与城市建设、城市文化语境之间有着密切的关系。而艺术家包林认为："所谓公共艺术，不是某种风格流派也不是某种单一的艺术样式，无论艺术以何物为载体表现或以何种语言传递，它首先是指艺术的一种社会文化价值取向，这种价值取向是以艺术为社会公众服务作为前提，通过艺术家按照一定的参与程序来创作融合于特定环境的艺术作品。陶冶或丰富公众的视觉审美经验的艺术。"[①]在他看来，公共艺术不仅仅需要具有公共属性，更需要有具有社会文化价值取向，并且这种价值取向要能够为社会服务，还暗示了公共艺术需要具备与人之间的互动的关系，传递出一种视觉的审美愉悦。而在雕塑家孙振华看来，公共艺术更具有更多的社会政治属性，他认为："公共艺术不是一种艺术形式，也不是一种统一的流派、风格，它是使存在于公共空间的艺术能够在当代文化的意义上与社会公众发生联系的一种思想方式，是体现公共空间民主、开放、交流、共享的一种精神与态度。它体现了社会对公共空间民主化进程的需求和对公共权力的重新审视。"[②]

综合以上学者的观点，我们可以看出，公共艺术区别于其他艺术形式，具有以下几方面的特点。首先，公共艺术是属于整个社会发展的组成部分，它存在于一个开放的空间之中，其与城市的规划、文化、地域等方面息息相关，它展现的是城市的风貌与文明，其发展带有明显的时代性。其次，公共艺术与周围的环境和人之间需要具备良好的互动性。公共艺术作品处于一个公共性与开放性的环境，它通过形态、质感、色彩等视觉方面的变化来传递文化信息，作用于人，人们在自由地欣赏艺术作品的时候，能与艺术作品之间产生一定的沟通、互动与体验，产生对艺术作品在情感及心理上的认同。公共艺术存在于自然环境或者人造环境之中，其反应的精神内涵需要与之相匹配，它不仅传递出环境的文化氛围，同时也影响着人对所处环境的理解。最后，公共艺术对人们视觉、心理、精神、行为等方面都能产生影响，也是政府、国家传播民族民主意识的主要方式与途径。公共艺术让艺术作品走出美术馆，走进人们的生活，不仅遵守着以人为核心的设计理念，给人带去艺术体验，还增强城市环境的人文艺术氛围，宣扬优秀的文化传统，提高当今人们的生活品质。

对于公共艺术作品的传播效果而言，设计师需要将设计理念、人文环境、公众意识等方面的内容相结合，通过合理的造型、色彩、结构、互动关系把视觉愉悦、艺术价值、文化价值以及环境观念传递给人们，使其能够读懂作品中的内容符号。"公共艺术传播是以公共艺术为中心、以人为本的传播活动。传播者需要充分注意到公共艺术与环境和受众之间的互动性，根据受众对公共艺术的认识特点来进行相关的公共艺术规划、组织实施活动。这样才能达到最好

---

① 包林．艺术何以公共仁 [J]. 装饰，2003（10）．

② 孙振华．公共艺术时代 [M]. 南京：江苏美术出版社，2003:25-40.

的传播效果。”[①]

1. 雕塑艺术

雕塑艺术有着悠久的历史。从原始社会采用石、骨、角等材料进行的抽象、装饰性创作，表现图腾与巫术；到古埃及、古希腊以及古罗马时期用雕塑来装饰建筑，强调精神性、纪念性以及表现英雄人物；再到文艺复兴时期，用雕塑作品来表现人文主义、科学性的主题思想，巴洛克、洛可可以及古典主义、新古典主义、现实主义通过雕塑展现样式、表现英雄、抒发情感、反对教条。最后，在工业革命的推动下，雕塑艺术出现了更多的表现形式与表现主题。如立体主义用雕塑来传达认识和表现的关系，未来主义表现的一切事物都是运动、变化、迅速发展的，构成主义展现对工业文明的崇拜以及机械结构与几何形式。可以说，“雕塑作为一种三维空间中的视觉艺术造型，它不仅记录了人们的视觉经验，还记录了触觉性感觉经验。这种触觉性造型感觉就是人们通常说的雕塑感，它包括三种感觉要素：即雕塑表面所唤起的触觉性的感觉意识；雕塑体积所唤起的人的体量感觉意识；体量的外观和重量之间的一致性的感觉。”[②]

雕塑是一种空间艺术，其设计的尺度与所处的环境空间之间具有相应的比例关系。雕塑艺术作品在环境空间的存在，对环境空间产生一定的影响，这种影响可以说是辐射到广大群众之上的。按照雕塑作品的表现主题来看，大致可以将其分为主题性雕塑、装饰性雕塑以及互动性雕塑。对于主题性雕塑而言，它通过具体的艺术形象来表现重大的历史事件以及重要的历史人物，主题鲜明，占据较大的空间，对社会产生的影响面也最广。装饰性雕塑在社会中广泛存在，如公园、商场、街道、车站等，其题材广泛，表现形式丰富而灵活，注重对环境的装饰性以及观赏性，起到美化环境，增强文化氛围的作用。互动性雕塑是一种新形式，是随着现代艺术的发展而产生的强调与公众之间沟通的艺术表现方式，能够很好地与公众产生交流，传递作品的主题思想。可以说现代艺术与雕塑之间存在着密切的关系。“一方面，雕塑艺术作为一种空间艺术形态在更广泛的可能性中探索和表达现代艺术的创造力；另一方面，现代建筑艺术、景观艺术、装饰艺术、视觉艺术、数字艺术的发展也给雕塑艺术的发展创造了更多的交流对象和创作空间。”[③]

德国著名哲学家弗里德里希·黑格尔（Friedrich Hegel）在谈论雕塑时曾说：“艺术家不应该先把雕刻作品完全雕好，然后再考虑把它摆在什么地方，而是在构思时就要联系到一定的外在世界和它的空间形式和地方部位。”[④]黑格尔的这段话强调了雕塑艺术与环境之间的关系。艺术家在创作雕塑作品之时，需要考虑到作品与放置区域环境之间的关系，做到与其相互呼应，方能起到美化环

① 张国良．全球化背景下的新媒体传播[M]．上海：上海人民出版社，2008:88.
② 王红媛．世界艺术史（雕塑卷）[M]．北京：东方出版社，2003:2.
③ 温洋．公共雕塑[M]．北京：机械工业出版社，2006：前言．
④ [德]黑格尔．美学（第三卷）上册[M]．北京：商务印书馆，1981:111.

境、传播艺术，宣传思想的作用。而除此之外，雕塑作品的内在主题思想需要与所处的历史文化环境相协调、统一。不同地区的历史文脉是不尽相同的，艺术家在为社会创作雕塑作品之时，要从客观的环境出发，结合自身的艺术修养，为服务的环境合理地设计雕塑，以传播当地独特的历史人文，丰富社会的文化氛围，才可让受众得到文化的熏陶。所以，在当今社会文化领域中，艺术作品与环境之间的密切联系让“艺术品的范畴越来越不限于架上绘画和馆藏作品的形式，而主动寻求与实际生活发生关系，环境场所恰恰是实际生活的重要组成部分，探索艺术作品与特定场所的结合点，就成为研究环境艺术品的主要任务了。”①

雕塑作品除了美化环境、体现传统文化的作用之外，它还是公众意志与权力的表达。城市的建造与发展其最终目的是服务于社会、服务于大众，公众对于城市空间的评论对于艺术家的公共艺术创作是至关重要的。艺术家在通过艺术作品表达情感与思想的同时，也接受来自社会上公众对其的反馈，并影响着下一次的创作活动,以更好满足社会公众对艺术作品的需求。但是“十几年来，快速的建设使得城市雕塑和公共艺术的创作者们常常唯经济效益马首是瞻，急功近利的状态成为提升创作水平的最大桎梏。与城市雕塑创作相近的各种文化艺术形式综合在一起共同打造着中国现代文化的整体，反过来说，文化的整体构架和水平也影响和局限着文化艺术方面一切相关具体专业的发展空间。”②因此，加强大众对于艺术作品的监督与舆论评价，建立相对合理的城市雕塑艺术的发展模式，才能够充分展现和实现雕塑艺术在城市中的真正作用，成为为社会大众服务的艺术作品。

在世界各个国家中，好的城市雕塑作品已经成为一座城市的文化形象的象征,是城市的一张名片。位于兰州市黄河南岸由著名甘肃雕塑家何鄂创作的《黄河母亲》被称为是以表现中华民族母亲河——黄河为创作主题的艺术作品中最为成功的一尊（图 12-27）。该雕塑整体造型是一位慈祥和蔼的母亲卧在黄河岸边，看护着怀中的黄河儿女。传达出中华民族在母亲河的哺育下生生不息，以及中华民族源远流长的历史文化。雕塑的创作朴实而生动，采用了比喻的手法，分别用“母亲”和“男婴”来象征母亲河——黄河和华夏儿女。基座部分的纹案取自于当地的原始彩陶，反映出甘肃的悠久历史与文明。如今，《黄河母亲》已经成为兰州的形象与标志。与之类似的还有深圳市委大院的《拓荒牛》，比喻着深圳人吃苦耐劳、勤劳勇敢、脚踏实地、奋发向上的形象，展现出深圳这座改革开放后，发展迅速的新建

图 12-27 《黄河母亲》

① 王朋 . 环境艺术设计 [M]. 北京：中国纺织出版社，1998:34.
② 王曜 . 公共艺术日本行 [M]. 北京：中国电力出版社，2008:2.

图 12-28 《拉什莫尔国家纪念碑》（左）
图 12-29 《圣路易斯拱门》（右）

城市的开拓精神。

美国著名雕塑家格桑·博格勒姆（Gutzon Borglum）在美国西部布莱克山区创作的大型纪念性雕塑《拉什莫尔国家纪念碑》向世界展现了美国历史上作出重大贡献的四位总统：乔治·华盛顿、托马斯·杰弗逊、西奥多·罗斯福和亚伯拉罕·林肯（图 12-28）。雕塑作品采用了高浮雕写实的手法，充分利用了挺拔的山势与周围的自然景观，加之尺度巨大，显示出极大的视觉冲击力与震撼力，给人以庄严与崇敬之感。《拉什莫尔国家纪念碑》成为拉什莫尔国家公园的重要景点，传递出美国人民对四位总统的敬爱与怀念，也向世界讲述着美国的创建、政治、独立与扩展历史。又如由建筑师埃罗·沙里宁（Eero Saarinen）设计的象征美国拓荒历史的《圣路易斯拱门》（图 12-29），拱门高达约 200 米，其跨度也近 200 米，整体呈抛物线状，成为美国最高的纪念碑。巨大的拱门如一道长虹，简洁优雅的造型，让人们无不为之感染。在历史上，圣路易斯被美国人看做是通往西部的交通要道，走过这里意味着重新回顾美国拓荒者西进争取独立，谋求生存发展的艰辛历程。《圣路易斯拱门》的修建成为美国人纪念拓荒者的标志，它展现出美国人的文化与政治，也是圣路易市的城市标志。

“艺术必须遵循公共的属性，方能融入公共的群体之中。当代雕塑艺术有必要成为一种文化沟通与精神的鼓励，它表现为对公共想象力的培养和对公众民主性的培养。每个人对公共性的理解是有差异的，但自由和交流是必需的基础。”[①] 1978 年，法国在庆祝美国独立 100 周年之际，派本国著名雕塑家奥古斯特·巴托尔迪（Auguste Bartholdi）为美国创作了《自由女神像》（图 12-30）。雕像放置在纽约贝德洛斯这个长方形的小岛上，这使得人们可以环绕小岛来全方位地欣赏这座纽约地标。雕像身着古典风格的长袍，头顶的冠冕像是放射出的七道光芒，代表着七大洲。女神一手高举着象征自由的火炬，一手捧着刻有 1776 年 7 月 4 日象征着《独立宣言》的法典。《自由女神像》不仅传递出美国人争取独立与自由的国家精神，也代表了美法两国人民之间的友谊，对于美国社会的发展来说，它成为美国人争取独立与自由的精神支柱，是美国文化与精神的光辉代表。而在丹麦，艺术家艾特瓦·埃里克森（Etoile Eriksson）根据本

图 12-30 《自由女神像》

① 广林茂 . 生态雕塑 [M]. 济南：山东美术出版社，2006:18.

图 12-31 《小美人鱼》

图 12-32 《鱼尾狮》

国著名童话作家安徒生《海的女儿》中描述的主人公创作的雕像《小美人鱼》，显示着童话对丹麦人的影响（图 12-31）。《小美人鱼》雕塑塑造出一位安静地坐在礁石上看着哥本哈根海岸的美丽而优雅的美人鱼形象，每当人们路过此处看到她，便会自然地联想到安徒生的童话故事中那位自信、勇敢、勇于追求幸福的小美人鱼，这也是丹麦人性格的象征。如今，这座塑像成为丹麦的名片，成为丹麦童话的象征。与《小美人鱼》类似的还有新加坡的《鱼尾狮》（图 12-32），这座塑像已经成为新加坡的代名词。《鱼尾狮》的设计来自于新加坡的一个历史传说，象征着新加坡的变迁与南迁到此发展的祖祖辈辈的历史。

除了以上的主题性与装饰性雕塑外，在公共艺术发展过程中，出现了一种新型的雕塑——地景雕塑。“对艺术家来说，前瞻性与独创性以及对公共空间的态度是十分重要的。艺术家提供的独特视角与价值观要让更多人接受，必须将公众性与亲和力融入到新的雕塑语言中。”[①]在地景雕塑创作过程中，艺术家通常以大自然作为创作的背景，充分使用自然的材料，如岩石、水、泥土、树木等来创作，其主旨核心是让艺术回归自然本色，在作品中强调对生态的保护以及对环境的合理改造。比如由罗伯特·史密斯森（Robert Smithson）于 1970 年创作的艺术作品“螺旋形防波堤”（图 12-33）。“螺旋形防波堤”建造在美国犹他州大盐湖东北角的岸边，整个雕塑作品是用黑礁石、石灰岩、泥土等自然材料组成，直径达 50 米。巨大的地景雕塑让原本荒芜的小岛具有了艺术的气息，成为众多游人参观之地，也表现出现代艺术在充分利用自然环境、改造自然环境、创造理想世界方面的巨大能力。另外，克里斯托和珍妮·克劳德（Jeanne Claude）在美国东海岸的 11 座小岛也进行了著名的地景雕塑创作——“包裹岛屿”（图 12-34），他们按照小岛的造型，用粉红色的织物将小岛外围包裹住，从空中俯望这群小岛，仿佛是大海中绽放的朵朵美丽莲花，给寂静的海面增添了些许色彩上的跳跃与乐趣。除此之外，克里斯托和珍妮·克劳德夫妇还创作了其他一些以“包裹”表现方式的作品，如“包裹德国国会大厦”、“包裹树木”、“包裹海岸”等，他们用这些“包裹”作品带给人们快乐与美感的同时，也引导着人们对艺术、对于生活的关注与思考。

图 12-33 “螺旋形防波堤”（左）
图 12-34 “包裹岛屿”（右）

① 广林茂.生态雕塑 [M]. 济南：山东美术出版社，2006:18.

2. 建筑性雕塑

从艺术发展的历程来看，雕塑艺术与建筑的发展是不可分割的，在建筑的发展过程中，不断借鉴雕塑艺术的表现形式，从而促使雕塑性建筑的产生。这一类的建筑，从外表上看有着雕塑艺术的外观，内部能够满足人的生活使用。因此，雕塑性建筑在满足人的使用功能的同时，也为人们提供了一件庞大的艺术作品。

在西班牙新艺术运动中，著名的加泰罗尼亚建筑师安东尼·高迪（Antoni Gaudi）的作品呈现出强烈的表现主义色彩。米拉公寓就是其设计生涯成熟时期的著名代表作品（图 12-35）。米拉公寓是受巴塞罗那商人米拉夫妇委托设计建造的。建筑坐落在一个大的街角处，外部看上去波浪起伏，阳台跟窗户像是雕刻在石头之中，建筑顶端的烟囱被色彩斑斓的马赛克覆盖，建筑整体看上去非常特别，独一无二，具有一种早期的有机建筑风格以及雕塑艺术的特征。由勒·柯布西耶（Le Corbusier）设计的朗香教堂同样也展现出建筑中的雕塑性（图 12-36）。教堂的设计摆脱了传统教堂的轴对称性，墙面弯曲，粗糙的墙壁上开有排列不规则的、大小不同的、镶嵌着彩色玻璃的窗户。教堂屋顶向上卷曲，整体上看来非常像一件雕塑作品而不是一座建筑。在朗香教堂的内部，不规则的空间设计以及光透过彩色玻璃窗射入室内所创造出来的效果，营造出一种特殊而神秘的氛围，烘托出教堂的气氛，抓住了人的心。另外，教堂的整体形式与周围山地融合，使其成为山顶上不可缺少的组成部分，与周围环境之间产生共鸣，也充分表现出有机建筑的特色。

图 12-35 米拉公寓 高迪（上）
图 12-36 朗香教堂 柯布西耶（中）
图 12-37 悉尼歌剧院 约恩·伍重（下）

随着现代艺术的发展，建筑艺术与雕塑艺术之间的差别正在缩小。在不少的建筑作品中，雕塑艺术占据了极大的比重，这使得整个建筑成为了具有使用功能的雕塑作品。在澳大利亚的悉尼贝尼朗岬角，一朵“睡莲”在海面绽放开来，而这朵“睡莲”是由丹麦建设师约恩·伍重（Jorn Utzon）设计的悉尼歌剧院（图 12-37）。剧院整体造型抽象而有机，其顶棚镶嵌有白色的瓷砖，在阳光的照射下呈现出迷人的白色，在各个屋顶之间采用了锚索拉紧拼凑而成。悉尼歌剧院的建造花费了 14 年，它展现出澳大利亚的现代、年轻与活力，让悉尼以一种全新的面貌展现在世界面前，成为这座城市精神与文化的象征与代表。和悉尼歌剧院建筑艺术风格不同的是，美国建筑师弗兰克·盖里（Frank Gehry）用解构主义的表现手法打破了现代主义和解构主义的固定模式，加深了建筑艺术与雕塑之间的融合。在迪士尼音乐厅、古根海姆艺术博物馆等作品的设计中，他使用了一些铝、钛、不锈钢等金属材料作为建筑的外表，创造出倾斜扭曲的建

图 12-38　古根海姆博物馆　弗兰克 · 盖里

图 12-39　让 · 马里 · 吉巴乌文化中心

图 12-40　上海世博会　中国馆

筑表现形式，然后把这些独立的弯曲结构有机地拼合在一起，组成建筑的外部，形成一种整体而又支离破碎的视觉效果（图 12-38）。盖里这种对艺术与设计前卫的思考反映出后现代社会的文化、经济和技术对设计的影响，以及对审美价值和个性化的艺术表达的追求。

意大利激进设计师伦佐 · 皮亚诺（Renzo Piano）的设计作品让 · 马里 · 吉巴乌文化中心把雕塑与科技完美结合（图 12-39）。这座位于新喀里多尼亚岛首都努美阿的文化中心的设计，由十座不同大小的独立仿生造型的锤子形建筑构成，反映出卡纳克人村庄的文化与设计传统。十座仿生造型的"锤子"不仅仅是设计观念的表达，更具有实际的功能，这种结构能够更好地抵抗当地的地震以及飓风，并且能够在建筑之间产生有效的通风。让·马里·吉巴乌文化中心的建造中使用的木材取自于当地，在受到当地文化起源的启发之下，皮亚诺的设计充分表现出与环境的共生与融合。高技派的表现方式、人文性的主题表达让这座处于新喀里多尼亚岛的文化中心传递出古朴而传统的生态伦理观。

在 2010 年上海世博会上，也涌现出众多优秀的雕塑性建筑设计，这些建筑有的是融合了先进的科技，有些是贯穿了新的设计理念，但无论是哪种变化与进步，它们都从各个方面反映出当今公共艺术的发展，折射出当代设计理念的更新。中国馆设计完美地将"东方之冠，鼎盛中华，天下粮仓，富庶百姓"的中华传统文化精神传递给每一个人（图 12-40）。场馆的设计选择了"斗冠"的造型，使用了"斗拱"这一中国传统木架建筑中的特有构建来表达。在建造过程中使用了现代的建造方式与材料，将传统的中国元素用一种新的方式传达出来，显示出中国建筑艺术的新发展。建筑的整体使用了红色作为主色，由于中国馆体积巨大，单一的红色会使人产生视觉误差。对此，设计师与中国美术学院的专家借用了故宫城墙的红色，反复试验研究，最后确定使用四种红色渐变的上色方式，成功解决了之前出现的问题。中国馆因此才能在传递情感的同时做到设计上的人性化、科技化与艺术化。此外，在建筑中充分使用了生态的建筑材料以及清洁的能源，实现了建筑的生态化与可持续化，完美地把传统的中华文化与当代中国艺术精神淋漓尽致地展现出来。

西班牙馆在建筑外墙材料的选择上做到了本土化（图 12-41）。场馆的外墙使用了来自山东的藤条编制而成，并利用藤条在热压弯过程中的变色特征，制作出来不需染色的不同颜色藤板，传递出建筑设计中的生态、环保理念。同样，新加坡馆的设计也将节能生态的设计理念融会其中。以“城市交响曲”为主题的新加坡馆外表呈现出音乐盒的造型，水与花园的设置表现出新加坡在发展过程中的可持续发展观念（图 12-42）。展馆中使用了自然的通风系统来调节温度，建筑材料也做到了可回收与再利用。自然与文化的交融，城市与花园的结合，向人们展现出一个和谐、创新、花园般的生活环境，传递出新加坡人的生活态度与精神状态。

纵观各类城市公共艺术，它们是艺术家的精神创造的产物，是社会公共精神的表现，它们在充分做到与人们之间的互动之时，传递出时代的人文理念与价值观念。当今，城市中的公共艺术与城市共同发展，相互影响，相互促进，在为社会广大人群提供休闲娱乐与精神享受的同时，成为城市建设中不可缺少的有机组成部分。

图 12-41　上海世博会　西班牙馆

图 12-42　上海世博会　新加坡馆

第13章　设计与批评

13.1　设计批评的概念

设计批评是现代设计理论不可分割的组成部分，设计批评是对设计实践进行分析研究，进而作出判断和评价的一种科学活动，它着重于评价具体的设计作品、设计文化、设计思潮、设计运动等。设计批评能帮助我们清晰地洞察设计现实，还能帮助我们理解那些著名设计作品的内涵。可以这么说，设计批评能把我们带到设计的前沿，设计批评能赋予我们深刻的分析力、判断力，使我们了解设计的本质、设计的价值和设计的社会问题，设计批评能够提升大众的审美趣味，是对设计的正面直视。

设计批评是一门社会科学，它是在一定的设计艺术理论的指导下，对特定的设计作品、设计现象以及设计思潮进行细致深入的分析，进而得出较为客观的评价与判断。设计批评是站在一定的立场，以一定的角度与标准，对以设计作品为中心的各种设计活动，进行感性的体验、理性的分析，作出判断和评价的科学活动。随着设计艺术的发展，人们为了探究设计作品的成败得失，总结设计实践的经验教训，提高设计艺术鉴赏的能力和水平，设计批评得到了越来越多的关注与重视。

设计批评挖掘设计的创造性思维的过程，它常常从本质上对其行为的对象作一个深层次的透析，设计批评具有广泛的社会性，可以有助于提高特定社会结构中民众的素质和欣赏水平。

按照学术界一般的说法，设计理论、设计史和设计批评是构成设计学的三大主干。可以说，设计批评是反映社会发展的重要标志，是理解社会发展的重要观察点。设计批评推动着设计的发展，同时又深刻地反映了社会思潮。无论是分析设计批评存在的问题，还是思考其未来的发展，以及积极建构设计批评的价值观，都需要落脚在设计社会学的理论视角。

同绘画批评、影视批评、音乐批评、文学批评一样，设计批评是属于艺术批评的一个分支。普希金曾给艺术批评下过这样的一个定义："批评是揭示文学艺术作品的美和缺点的科学，它是以充分地理解艺术家或作家在自己的作品中所遵循的规则、深刻研究典范的作用和积极观察当代突出的现象为基础的。"

"设计批评"这个概念的由来最早可以追溯到威廉·荷加斯（William Hogarth，1697 ~ 1764）的《美的分析》。起源于文艺复兴时期的"设计"一词，是指合理安排视觉元素以及这种合理安排的基本原则。其中的视觉元素包括：线条、形体、色调、色彩、肌理、光线和空间，合理安排是指构图或布局设计。概念发展到19世纪，已成为纯形式主义的艺术批评术语。如果从词源和语义学的角度考虑，"设计"一词本身已含有内在的批评成分。

设计批评的核心词是"批评"。在《现代汉语词典》中，"批评"的解释有三：一是评论、评判；二是对书籍、文章加以批点评注；三是对缺点错误提出意见。与之对应的英文"critique"，牛津高阶词典的解释是：批评性的分析与评论。从"批评"概念的起源看，"批评"是"启蒙"的产物，它源于哲学批判的理性精神。在启蒙运动中，一批新兴资产阶级思想家积极又勇敢地批判专制主义和宗教愚昧，热情地宣传自由、平等和民主，科学的怀疑和批判精神成为社会风尚。在这样的时代背景下，诞生了现代意义上的艺术批评。因此，对"批评学"的阐释，离不开理性和批判精神的核心思想。

我国学者张夫也认为，设计批评"是对具体的设计作品、设计思潮以及设计活动等进行的判断和评价，对设计创造及设计消费具有导向、规范、调控和推动的作用。""设计批评的主要任务是对设计方案和作品的分析、评价，同时也包括对于各种设计现象、设计思潮、设计流派的考察和探讨"。①

章利国认为，设计批评"是指对以设计产品为中心的一切设计现象、设计问题和设计师所做的理智的分析、思考、评价和总结，并通过口头、书面方式表达出来，着重解读设计产品的实用、审美价值，指出其高下优劣"。②

黄厚石认为，设计批评是"设计作品的使用者与评价者对作品在功能、形式、伦理等各个方面的意义和价值所作的综合判断和评价定义，并将这些判断付诸各种媒介以将其表达出来的整个行为过程"。③

刘永涛在其博士论文《中国当代设计批评研究》④中，对"设计批评"概念的界定是：具有一定审美、判断能力和知识基础的个人和集团，通过一定的形式和渠道，依据一定的标准，对设计作品、设计师、设计现象等进行的描述、分析、鉴赏、判断、批判和引领的行为活动。

设计批评是针对设计实物、设计现象和设计问题，给予正确而客观的理论分析与评价指导。设计批评所涉及的对象可以是设计师、设计作品、设计现象，也可以是设计观念、设计思潮。设计批评审视设计意识、设计观念，为设计创新提供强有力的理论支持。

一方面，有效的设计批评能促使广大民众积极主动地去感知设计，激发他们的感知热情，这在客观上能逐步提高民众的艺术素质。另一方面，设计批评能有效地认识、领悟与理解设计作品所蕴含的深刻内涵和意蕴，这也在客观上引导了欣赏者顺利地进行欣赏活动，并获得欣赏的愉悦和满足。尤其是学术性

---

① 张夫也．提倡设计批评 加强设计审美 [J]. 装饰，2001（5）：3-4.
② 章利国．现代设计社会学 [M]. 长沙：湖南科学技术出版社，2005：265.
③ 黄厚石．设计批评 [M]. 南京：东南大学出版社，2009：36.
④ 刘永涛．中国当代设计批评研究 [D]. 武汉理工大学博士论文，2011.

强的设计批评，能有效地升华和提高欣赏者的内在情感和欣赏水平。同时，设计批评往往能引导、启迪和激励设计师对自己的设计观念、设计形式及设计作品的再认识、再思考，从而激励设计师的设计创作。设计批评的目的，有助于提高欣赏者的欣赏水平，有助于升华设计师的设计创造实践活动。

13.2　设计批评的源流

相对于文学批评、艺术批评乃至美术批评，设计批评的发生和发展一直波澜不兴。现代意义上的设计批评理论是从 19 世纪开始的。19 世纪后期，随着生产技术的进步，旧的审美标准逐渐不能够适应时代的发展，早期的设计批评理论表现出将设计与伦理道德结合的思想，焦点集中在装饰问题上，代表人物是威廉·莫里斯，他被誉为“现代设计艺术之先驱”，是工艺美术运动的主要领导者，也是现代设计史的开篇人物。在设计方面，他抨击过多的装饰，反对虚假材料的应用，关于设计道德方面的设计批评为现代主义设计奠定了基础。

工艺美术运动是现代设计史上第一次大规模的设计改良运动，它标志着现代设计史的开端。在这场运动中，莫里斯等人针对当时大工业生产造成的技术和艺术脱节等弊端，倡导造型艺术与产品设计紧密结合，艺术家与工艺匠人合作，通过艺术与手工艺的结合来达到改良日用品的设计目的。他认为，艺术的主体部分应该是实用艺术，他说：“我没有办法区分大艺术与小艺术，这种区分对艺术并无好处。因为一旦如此区分，小艺术就变为无价值的、机械的和没有理智的东西，失去对流行风格或强制性改革的抵抗能力。另一方面，由于没有小艺术的帮助，大艺术也就失去了大众化艺术的价值，而成为毫无意义的附属品或成为有钱人的玩物”。[①]

莫里斯坚决反对脱离社会土壤的唯美主义，他认为“设计师的产品是为千百万人服务的，不是给少数人赏玩的”，“设计工作必须是集体劳动的结果”。[②]此外，他指出“我所理解的真正意义上的艺术就是人在劳动中的愉快表现”，“是为人民所创造，又为人民服务的，对于创造者和使用者来说都是一种乐趣。”[③]

莫里斯还身体力行地与朋友们联合创办了“莫里斯公司”，自行设计、生产各类生活日用品与装饰品，其目的就是为了对抗工业生产的粗俗，挽救手工艺的衰亡。他有一句名言是值得记住的：“不要在你家放一件你认为不美的东西。”

艺术理论家拉斯金更是站在社会改革的高度来审视设计问题，它透过设计在工业化过程中所面临的挑战，发现机械化大生产有剥夺人们创造性的危险，他主张设计是“具有审美价值的产品”，并在手工艺产品的制作中看到人的创造性。

尽管拉斯金对当时工业设计的产品持否定态度，但他在一定程度上预感到

---

① 王受之．世界工业设计史略 [M]．上海：上海人民美术出版社，1987：11.
② 王受之．世界工业设计史略 [M]．上海：上海人民美术出版社，1987：12.
③ 邬烈炎等．外国艺术设计史 [M]．南京：江苏美术出版社，2001：157.

工业与艺术两者必将最终结合的发展趋势。他说："工业与美术现在已齐头并进了，如果没有工业，也无美术可言。各位如果看到欧洲地图，就会发现工业最发达的地方，美术也最发达。"

莫里斯、拉斯金等人对设计学科发展的贡献，他们在设计史上的地位与作用，都是重要而不容置疑的。由于他们重视设计批评，所以他们的观点与理论具有创造价值，也由此推动了设计学科的发展，为进一步探讨设计问题奠定了深厚的理论基础。

13.3 设计批评的主体与对象

13.3.1 设计批评的主体

1. 设计艺术创作者

在设计艺术实践中，设计师是设计作品的生产者和创造者，没有设计师，就没有设计创作，也就没有了设计作品和设计鉴赏。设计创作者应当具有艺术的天赋和艺术的才能，掌握专门的设计艺术技能和技巧，具有丰富的情感和艺术修养，通过自己的创造性劳动来满足人们的物质和精神需要。设计创作者往往比普通人具有更加敏锐的艺术感受、丰富的情感和生动的想象力，他们更为熟悉和掌握一定的设计艺术的基本知识和规律，这就使得设计批评更具有针对性和专业性，而这必然会对设计创作提出更多具有专业性、建设性的意见和建议，并最终推动新的设计创作不断前进与发展。

2. 设计艺术鉴赏者

艺术生产的全部过程应当包括艺术创作、艺术作品和艺术鉴赏这三个环节，它们共同组成了一个完整的艺术系统。设计艺术的鉴赏不同于一般意义上的欣赏，它是与设计创作一样，都是人类的审美创造活动。所谓鉴赏，是指人们对设计作品或设计现象的感受、理解和评判的一系列过程。人们鉴赏的思维活动和感情活动一般都是从设计作品的具体形象感知出发的，经过大脑的思维加工，最终形成一定的设计评判。

例如，当你在欣赏一副招贴画的设计时，其构图、色彩、题材等元素映射在你的大脑之中，并使你对这幅作品作出初步的评价与判断。但是，如果换成另外一个人来评价这幅设计作品，又会得出截然不同的结论来。这是因为，针对同一个批评的设计对象，主体存在较大的差异性，例如主体不同的年龄、性别、文化层次、教育程度，以及所处的社会阶层等因素，都会对设计对象的评判产生完全不同的效果。

设计鉴赏者中还有一个特殊的群体，他们就是消费者。对于设计艺术而言，其价值体现首先必须以其被消费为前提。因此，消费者是艺术设计的第一批评者，他们对设计产品所做出的反映决定了设计产品的市场效益。消费者是艺术设计批评的带有感性色彩的批评者，消费者的消费倾向会使生产厂家加大生产

图 13-1　约翰·拉斯金 (1819-1900)

投入，生产出满足当前市场需求的产品，而产品的适销对路无疑会加大设计产品的经济价值。

3. 专业设计批评者

专业的设计批评者是设计批评的重要主体，他们从专业的角度解读设计所传达的信息，并为设计界和消费者提供自己的专业建议，要让大众了解设计过程，了解设计是如何改变我们的日常生活方式并成为我们生活不可缺少的一部分。他们像特约评论员，像影评人、文学评论家一样，他们往往具有深厚的设计理论基础、敏锐的设计感觉、客观的评判立场，针对设计作品或设计现象，进行更为深入的剖析与判断。

只有专业批评才能把批评提高到学术的层面，而不是像消费者的批评那样停留在感性的层面上。专业批评家的影响超越了个人范围，他们的批评不但会影响到消费者的购买倾向，而且还会直接影响到设计师的工作。如英国的拉斯金（图 13-1）对 1851 年“水晶宫”博览会的批评就在很大程度上影响了当时英美民众的设计趣味，并直接引发了莫里斯领导的英国工艺美术运动。[①]

张志伟在“设计批评与文化”一文中指出：如果没有沙利文“形式追随功能”的批评标准，没有卢斯“装饰即罪恶”的批评口号，没有密斯“少就是多”的批评理念，没有柯布西耶“建筑是居住的机器”的机器美学思想，没有穆特修斯在德意志工业同盟中关于“标准化”问题的辩论，没有这一切现代主义设计精英的专业批评，真正意义上的现代设计就不可能诞生。同样，如果没有罗兰·巴特的《神话学》，没有德里达的“解构”，没有鲍德里亚的“仿真”与“拟像”，没有文丘里的《建筑中的复杂性与矛盾性》，没有詹克斯在建筑领域区分出“现代”与“后现代”，没有后现代主义设计批评，后现代设计恐怕也就难成燎原之势。[②]

由于设计批评涉及的学科与知识十分广博，专业的设计批评家需要具有相当渊博的学识与敏锐的眼光，具有高度的审美能力和判断力，才能以深刻的思考，洞察设计的价值、意义及其历史作用。

美国艺术批评家海勒（Bernard C.Heyl）在他的《美学与艺术批评中的新思想》一书中，论述了批评家的品质。海勒指出：批评家要超越个人在经验和教育方面的局限性，提高判断力，批评家的主要责任是面向大众。因此，所有批评语言都应当尽可能明确，通俗易懂。设计批评家要具有卓越的组织和表达能力，使批评具有感染力。要有全面而又丰富的经验、足够的文化学识和素养、健全的思考能力和洞察能力。除了丰富而深厚的专业知识外，批评家还要有正确的道德观念，不以自己的好恶为标准，不过多地掺杂自己的主观意愿，对设计批评事业要具有宗教信徒般的虔诚和激情。

---

① Michael Collins. Towards Post-modernism，Design Since 1851[M]. British Museum，London，1987：163.

② 张志伟 . 设计批评与文化 [J]. 美术观察，2005（9）.

13.3.2 设计批评的对象

设计作品是一个很大的范畴，它涵盖了平面、环境、数码、产品等一切带有设计元素的实物，具体分为工业设计、工艺美术、生活装饰品、服装、美容、舞台美术、电影、电视、图像、包装、展示陈列、室内装饰、室外装潢、建筑、城市规划等，不一而足，统统可以纳入批评对象的范围。[①]然而，对于不同领域内的设计作品，设计批评的方式与标准又不尽相同。

1. 环境艺术设计批评理论

我们知道，“环境”本身就是一个很大的概念，而环境艺术，更是有着多维的内涵。它所指的范畴除了包括为美化环境而设计的“艺术品”外，还应包括“偶发艺术（Happening Art）”、“地景艺术（Land Art）”，以及建筑界所称的“景观艺术（Landscape）”等（图 13-2）。如自然界的山、水、草、木，人工创造的建筑、市政设施等都是环境中的景致。总之，人们所耳闻目睹的一切事物都是环境构成的要素，都是环境艺术设计研究的对象。

图 13-2 环境设计效果图

环境艺术设计的综合性非常强，是一个大的学科，它包括环境与设施计划、空间与装饰计划、材料与色彩计划、采光与布光计划、使用功能与审美功能计划、造型与构造计划等内容。著名的环境艺术理论家多伯（Richard P · Dober）曾经这样评价环境艺术，他说：“环境设计作为一种艺术，它比建筑更巨大，比规划更广泛，比工程更富有感情，这是一种无所不包的艺术。”环境艺术的独特之处在于：它的表现手法多样，可谓是集众多艺术表现形式为一体的综合性艺术。

环境艺术设计是在第二次世界大战以后，在欧美逐渐受到重视，并迅速发展起来的一门新兴学科，它把设计艺术中的实用功能和审美功能有机地结合在一起，对于设计批评而言，由于环境艺术设计涵盖的内容十分广泛，因此，批评的标准和效果也大相径庭。

---

① 尹定邦 . 设计学概论 [M]. 长沙：湖南科学技术出版社 .2004：215.

图 13–3　无印良品公司设计的三轮车

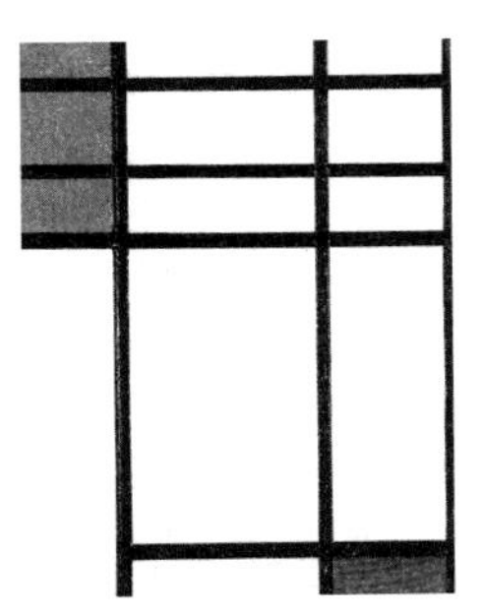

图 13–4　蒙特里安的平面作品

由于环境艺术设计的首要目的是为人们提供适宜的空间和舒适的生活、工作和学习的环境，因此，设计批评所要考察的对象，就必须围绕这些内容而展开。比如，在对一个小区的景观规划进行设计批评的时候，就必须考察该设计的实用性和适用性如何。是否已经满足了小区内居住人们的生活需要？能否提供居住者以优良的环境？除此之外，还要考察该规划设计中是否对安全性的要求进行了考虑等。

2．产品设计批评理论

产品设计是我们人类为了实现某种特定的目的，而进行的创造性活动，它存在于一切人造物的形成过程当中。产品设计（图 13-3）包含产品的外部形式、造型和内部结构、组织的整个过程，对产品的外观和性能，生产技术的发挥，以及产品品牌的建设都产生影响。从大多数发达国家的发展实践中，我们不难发现，产品设计已成为制造业竞争的源泉和动力之一。尤其是在经济全球化日趋深入、国际市场竞争日趋激烈的情况下，产品的国际竞争力将首先取决于产品的设计开发能力。

一般产品开发包括：设计阶段、测试阶段、生产阶段、市场导入、生命周期管理阶段、回收处理监管阶段。产品设计是一项综合性的活动，在不同阶段都对产品开发产生着影响。因此，设计批评对产品设计施加的影响与效用，可能会直接导致该产品设计是成功还是失败。

一件产品在设计规划的初始阶段，就已经在接受设计批评的“关照”了。设计方案的是否合理，选用设计的材料是否得当，花费的成本高低等，这些都在设计批评的职能范围之中。接着是设计进入实质性的阶段，设计批评仍然进行着它的“工作”，对设计产品使用者进行用户分析、对产品投入销售之前进行的市场调查等，这些都要受到设计批评的影响。当产品正式投入市场，设计批评就要根据产品的销售、目标消费者对该产品的接纳程度进行分析与评判，并给设计者和生产厂家提供宝贵的反馈信息以供他们改进与调整。到了这个阶段，设计批评的任务看似完成了，其实不然，设计批评者还要针对产品投入市场后所产生的经济效益以及社会效益进行分析与评估，已得到对该产品最为全面的认识。

当前，随着全球化和经济一体化的加剧，环境恶化、资源枯竭等生态问题也越来越受到世人的关注。因此，对产品设计的生态效益进行科学的分析与评估也是十分必要与紧迫的。

3．平面设计批评理论

平面设计主要在二维空间范围之内，将不同的基本图形，按照一定的规则在平面上组合成图案和画面（图 13-4）。其实，平面设计还有个更为专业的称谓，叫做“视觉传达设计”。这个概念清晰地表述了设计所作用的对象是人，而且是直接刺激人的视觉感知。如今，平面设计的范围十分的广泛，在人们的日常生活中几乎是无处不在。从广义的角度来讲，一切和印刷相关的表现形式都可以归为平面设计的范畴；而从狭义的功能角度来看，即用视觉语言进行传递信息和表达观点的行为表现形式，都可以称之为平面设计。由于平面设计涵盖的内容十分广泛，因此，对平面设计的分类也会显得相对庞杂，如我们熟知的企业 VI 系统设计、字体设计、书籍装帧设计、广告设计、包装设计、海报招贴设计、插画设计等都属于平面设计所研究的对象。

图 13–5 招贴画

当设计批评者在评论一幅招贴画的设计创作时，首先吸引他的一定是这件作品的色彩。色彩的明度和纯度的不同，会使人产生截然不同的心理感受。紧接着就要评判这件作品的画面和构图了，考察作品的构图是否和谐、平衡，比例是否得当，节奏和韵律是否优美。以上这些都是设计批评者对平面设计作品的感性认识，接下来更为重要的是，将这些感性认识经过大脑抽象思维的加工，上升到理性认识的角度，如考察作品的设计构思、创意理念，考察作品的题材与所要表达的主题是否契合等。设计批评对平面设计作品进行的全方位评价与评判有利于设计师发现设计中所存在的问题与缺陷，有助于大众更好地鉴赏优秀的平面设计作品。总之，能够促进平面设计创作的良性循环（图 13-5）。

13.4 设计批评的标准

设计批评不仅会影响到人们对设计价值的认识和判断，而且会引导设计价值追寻正确的目标。由于设计的本质是以人为对象化，因此不同社会、不同的历史阶段、不同的民族以及不同的阶级中的批评者都会有不同的评价标准。如我国在 20 世纪 50 ～ 60 年代，对设计采用“实用、经济、美观”的标准，既是受经济发展要求的需要，也是意识形态的需要。20 世纪 40 年代，英国提出实用主义的设计模式，要求设计做到节约和舒适，这是与当时的经济要求相一致的。

设计批评可以从不同的文化背景或思维方式出发，对作品的主题和形式，通过思考弄清现状及发现存在的问题，从而寻求解决的办法。设计批评是将设计的观念、设计的目的、设计的方法、设计的价值逐个澄清。设计批评既是一种客观的活动，又是一种主观的活动。设计批评对作品的评价有相对的标准，比如形式的完美性、功能的适用性、传统的继承性以及艺术性和时代性。在设计批评活动中有着多元的因素，这种多元的因素对设计的标准，有着历史的、民族的、地域的、时代的诸多因素影响。

13.4.1 功能性标准

在设计批评中，对功能的批评有着极为悠久的传统，设计的功能是为了满足人与社会的客观需求，这集中反映了批评主体与客体的主从关系上。设计批评活动及其结果总是与一定的人、一定的集团、一定的社会利益和审美情趣相联系的。同时我们也认识到，只有从主体出发来评价客体，才能认识客体的价值与意义，才能正确地实现评判内容的客观性。

功能就是事物所发挥的有利作用。简单地说，设计的功能就是设计物的用

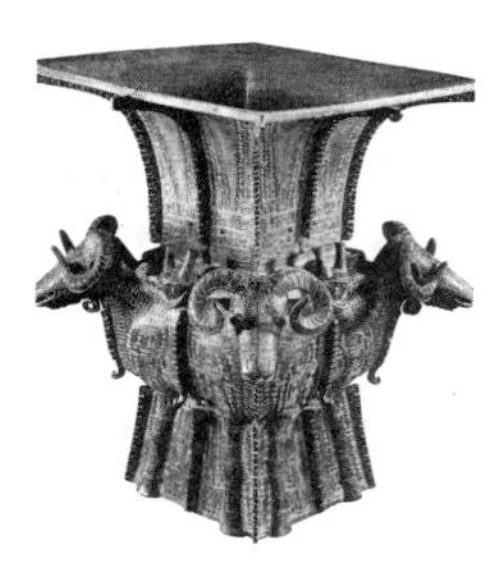

图 13–6　中国传统设计——四羊方尊

途或者称之为效用。“功能是人类的需求客观化”，而所谓“效用”，也是相对于人的需求而言的，这是强调设计是为人们的工作和生活服务的，好的设计首先要达到并清楚地体现出设计者所预期的功能，真切满足使用者的实际需要。

所谓“适用”就是“适合使用”，而“实用”在现代汉语里，是指“有实际使用价值的”，所以，必须将使用和“有效性”联系起来考虑，必须在设计中增加服务的内容，而“适用”则可以很好地凸显这些内涵。

中国的传统设计是一贯坚持适用的，注重“制具尚用”。新中国成立后，借鉴维特鲁威的“实用、坚固、美观”三原则，设计的指导方针确定为“经济、适用、美观”，其中不同的是，将“实用”改为“适用”，这并不是随意的替代，而是明显具有文化上、文脉上的考虑。因此，将“适用”置于功能的中心位置(图 13-6)。

英国工艺美术运动以后，现代设计逐渐建立起“人本主义”的批评体系，即以功能主义为中心，以满足“人的需求”作为唯一目标，人的尺度是衡量一切设计的标尺。虽然许多现代主义的设计符合人体的尺度和科学的精神，但他们的简洁往往是单调的，给人带来了精神的单调，违背人的审美追求。

13.4.2　文化性标准

新世纪的全球设计战略是要突出设计的文化性，有文化内涵的设计才能在世界设计的大舞台上占有一席之地，迎合人们的消费心理。日本东京艺术大学的尾登诚一教授曾说过 :“20 世纪日本的设计是经济的设计，21 世纪的设计是文化的设计。”也就是说“文化性”是设计成功与否的标准，这应当成为设计批评的标准或原则。

其实只要回顾德国包豪斯的课程设置，我们就知道包豪斯早就确定了这一设计方向,只是这一思想在新世纪才被明确地提出来。什么是设计的文化性呢?其实，设计文化就是在设计中要体现出一个民族的历史文化的传承与发展。设计对文化的传播和文化再创造，体现了设计的社会价值，这种价值是艺术设计审美的、精神的价值综合体。

图 13–7　2002 年世界杯足球场

世界上有很多这样的设计经典。例如，韩国世界杯足球场，它是韩国历史和民俗及现代高科技的浓缩。韩国的历史是一部帆船史，韩国人非常好客，只要是家中来了贵客，他们就用八角形的盘子盛上食物来招待客人。于是，设计师把历史与礼俗有机地融合在一起，设计了举办 2002 年世界杯的足球场（图 13-7)，这个设计的外观是八角形的礼盘，内部采用帆船的原理来设计，他们用这个足球场来迎接世界各国的朋友。今天，韩国已经把它作为旅游景点来开发，并获得了相当好

的经济效益。类似这样的经典，还有埃菲尔铁塔、悉尼歌剧院、白宫（图 13-8）等。

设计批评的另一个方面是设计的理论批评。设计的理论批评不仅在于揭示设计表层的因素，诸如色彩、材质、造型等因素，而且更多的是对设计隐性价值的解读和评估，这种解读和评估是对设计的一种文化解读。

图 13–8 白宫

设计在一定意义上成为文化的载体，而批评家对设计的批评，有助于设计文化性的消费及对设计社会价值的重新认识和发掘。对设计价值的重新认识和发掘，对社会又带来积极的影响。如近年设计所出现的关注环境的主题，已将人类价值的实现引导到对人与自然关系的关注上。

13.4.3 价值性标准

设计批评包含着价值的评判。从价值观念来说，作为一种社会意识，它在任何时代都是多元的，并没有一个统一的标准，任何一种设计对于不同的消费群体，它的价值就会发生变化。

设计艺术的价值由其本质所决定，设计既是物质的也是精神的，既是实用的又是审美的。它是物质与精神、实用与审美的统一。它决定了艺术设计价值结构的多层次，如实用的和审美的层次、经济的和文化的层次等。

实用价值是艺术设计的基本价值，也是经济价值的重要体现。价值理论认为，价值是事物满足人的某种需要的属性。艺术设计从多方面为满足人的物质生活和精神生活的需要，将其领域拓展到人们的日常生活中的衣、食、住、行等各个方面。艺术设计作为造物的活动，它直接受到经济规律的制约，从设计、生产到流通、销售、市场反馈等一系列的过程都是如此。涉及材料的选择和利用，对生产技术和工艺的选定，对产品的实用价值和审美价值的双重关注，都与经济规律有关。

“经济”作为艺术设计的原则之一，要求用最少的消耗创造最大的价值。经济价值是艺术设计中最本质的价值，设计必须以物的形态，在人们的生活消费中发挥其作用，才能从本质上实现其价值，经济价值是设计价值的直接体现。因此，设计批评的经济价值标准是衡量一个设计优劣的重要尺度。

随着人的实用需要得到满足，审美的需要也就凸显了出来。人类这种对美的追求成就了人类的设计艺术，设计艺术在满足人的现实生活需要的同时，将艺术的审美融入到人的日常生活中，让艺术之美彰显于人生活中的每一个细节中。同时，设计艺术作为一种艺术传达形式，以有形的表现形式承载着一定的文化传统，传达着不同时期的社会思想。当设计产品作为实物被消费，在其经济价值实现的同时，其精神层面的内涵就通过消费者在消费过程中的感受、解

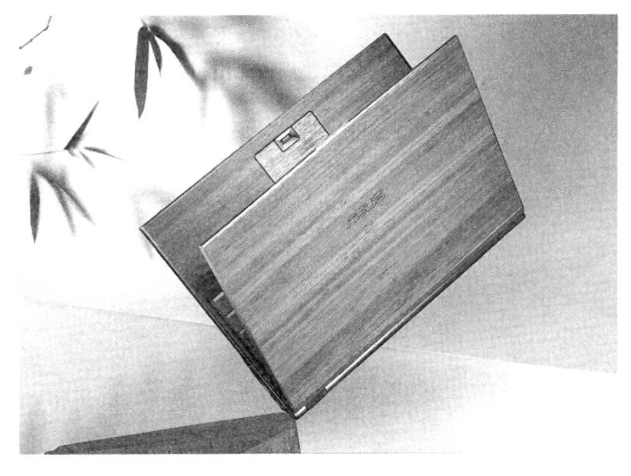

图 13-9　华硕笔记本电脑的设计（上）
图 13-10　水晶宫（下）

读、接受等心理环节，发挥着潜在的作用。

当设计艺术在实现着其经济价值的同时，在人精神层面的作用也引起社会的关注。当物质的满足提升了精神需求时，设计从表层目的“经济效益”走向深层目的“精神关怀”。设计界近年所出现的设计回归风、绿色设计（图 13-9）等设计风尚，就把设计对人生活的关注转向为对人文精神的关照。由此可见，设计批评的经济价值和精神价值标准是评判一个设计是否成功的综合性标准，它全面地评判设计的好坏与优劣。

13.5　设计批评的意义

设计批评是设计活动中非常重要的组成部分，是现代设计活动和设计理论研究中的一个重要环节，是对具体的设计作品、设计思潮、设计运动等进行判断和评价。它是伴随着设计的发展而产生的，同时也推动和指导着设计思想的进一步发展，可以说设计批评是由实践上升到理论，又由理论来指导实践的关键环节。

设计批评具有非常广泛的社会性，它有助于提高社会结构中大众的素质和欣赏水平；同时，通过对设计作品的全面而深入的评论，也能指导设计师的设计创作，有利于促进设计的繁荣和健康发展。

学术性较强的设计批评，更能有效地升华和提高欣赏者的内在情感和欣赏水平。设计批评能引导、启迪和激励设计师对自己的设计观念、设计形式及设计作品进行再认识、再思考，从而激励设计师的设计创作。

世界国际博览会主要是检阅世界最新的设计成就，广泛地引发社会各界对产品设计的批评。第一届世界博览会在英国“水晶宫”举办。这次博览会在世界设计史上产生了重要的影响。“水晶宫”世博会于 1851 年在英国伦敦海德公园举行，它暴露了新时代设计中的问题，并引发了设计理论家致力设计批评的研究。此后这种形式固定下来，每过一段时间，在不同的国家和地区举办世界博览会，这个组织由几个国家发展到全球性的国家参与。在世博会上展出的展品是由博览会展品评审团的专家认定的，在博览会期间的展品由各参展团、观众、主办机构、各国政府官员评论（图 13-10）。

1. 设计批评指导作品评价

设计批评可以帮助大众深入地理解和感受设计，设计批评者一般具有很高的专业知识素养和人文科学水平，能够准确地理解设计作品的优劣好坏，他们把自己对设计作品的感受和理解通过评论的形式表达出来，有利于大众更好地理解设计作品，从而促进设计朝着健康的方向发展。

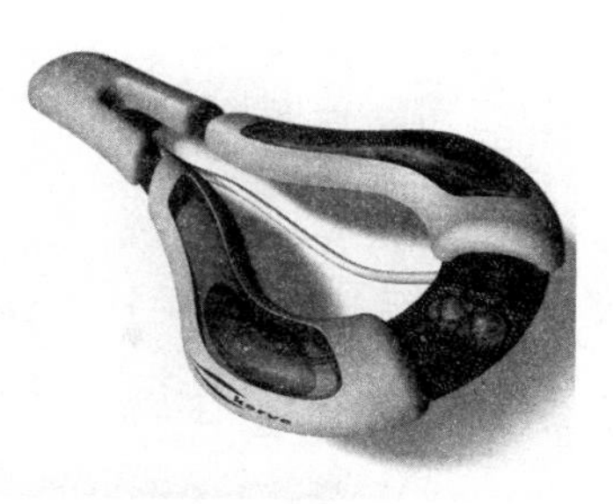
图 13-11 Kerve 自行车车座

当今是设计迅猛发展的时代，设计作品日新月异，层出不穷、浩如烟海（图 13-11）。同样的产品，设计的样式可谓是五花八门、千奇百怪。在这么多数量的设计作品中，有很大一部分作品，显得十分前卫与怪诞。其中不乏一些超越我们所处时代的设计作品出现，一时间让大家难以接受和理解，而只有少数人能够鉴别和判断其优劣。在这种情况下，由于设计批评家掌握着大量的信息、具备广博的知识面，并拥有较高的专业素养，他们往往能够比较好地选择和鉴别这些设计作品，通过感性的认识和理性的分析，进而做出客观的设计评价与判断，这些都为大众更好的选择和鉴别设计作品提供了有益的帮助。

2. 设计批评调节设计创作

设计批评者可以通过对设计作品进行评判与分析，向设计师提供反馈信息，以建议他们修改或调整设计方案或计划，从而设计出更符合大众意愿、更好的设计。

首先，设计师通过自己独特的设计创意与构思，将作品推向所服务的大众和市场，而这个时候，设计师关注的是，该设计作品是否被大众和市场所认可和接受。于是，设计师就将面对大众以及市场这个更大范围的评判与批评。大众和市场对设计作品的看法和评论，直接意味着设计的成功或是失败。

另外，设计批评可以帮助设计师总结创作上的经验和教训。一般来讲，设计师都会对自己的作品有着一定的评判与甄别的能力，但是，对自己的设计作品进行批评，这对于设计创作者本身而言，是极其困难的。因此，设计师在正确认识自己的作品以及提高设计创作能力方面，显然需要批评家的帮助。这是因为，设计批评家不但可以在设计师的创作过程中给予及时评价和总结，而且还可以很客观地指出他们的创作误区和缺陷，这无疑会有利于设计师创作出更好的设计作品。

3. 设计批评推动设计发展

回顾设计史的发展，其历程无不是由一系列的设计运动、设计革命所构成和推动的，而每一次设计的革新、改良，又是由当时具有超前设计思想的设计师、设计理论家，以及设计批评家们，对当时的设计作品、设计思想进行鉴赏、评判，从而提出新的设计思想、设计理论来推动设计运动向前发展。

在设计史的发展过程中，设计批评伴随着设计发展的整个过程，作为激发新的设计思想产生的内部动因，推动设计不断出现新的创意、开拓新的研究领域，设计批评发挥着极为重要的作用。像生态设计、设计心理学、设计管理、设计伦理学等这些设计的新兴领域，正是设计理论家、设计批评家对已有的设计进行评判和思考的结果。

4. 设计批评指导大众消费

设计批评是通过对设计评判，提出更好、更为先进的理念，将设计进行改

图 13–12　包豪斯校舍

进，从而满足大众日益增长的物质文化需要，改善人们的生活，促进社会的发展。设计批评通过分析大众的消费行为与心理，从而对现有的设计产品进行形式、功能以及价值等多个指标进行评估与判断，并提出建设性的意见与建议，进而指导消费者进行设计产品的消费。

设计批评提高大众审美能力，通过对设计进行批评，分析设计作品和设计思想的不足，能够提高设计人员自身和大众对设计的洞察力、分析力、判断力。设计批评是推动设计思想发展的驱动力，通过设计批评能促成某种设计思想的出现与成熟，设计思想的繁荣要归功于设计批评的活跃，设计批评能让设计师从理性的角度重新审视设计思想。

展望未来，批评家能紧扣当代的设计思潮，发现并推动代表新思想、新方向、新风格的设计，在设计批评中表达自己前瞻性理念，从而构建理想的未来设计，创造设计的新境界。

13.6　基于社会学视野的设计批评功能

设计批评可以一般性地界定为对设计对象的描述、解释和判断。描述功能指的是批评家以中立的态度、清晰的语言，对设计的功能、形式、构造等作说明性表述，使大众得以理解。解释功能则是批评家多角度分析设计师的思想、观念及形成这种思想观念的社会环境。判断功能就是以社会与人的需求为标准，对作品或未来的作品做出审美的、功能的、技术的、经济的等各个方面的价值判断和规范判断。对批评对象的批评过程，实际上是一种价值的判断性运作。

设计批评对设计、设计师和消费者究竟具有哪些功能作用，至今仍有不同的看法。

郑时龄在其《建筑批评学》一书中提出了建筑批评具有下列基本功能：一、说明与分析功能；二、解释功能；三、判断功能；四、预测功能；五、选择功能；六、导向功能；七、教育功能。他认为，这几种基本功能是互相渗透、互为因果的关系，判断、预测、选择或教育功能，归根结底是一种导向功能。

黄厚石在《设计批评》一书中，提出了设计批评具有宣传功能、教育功能、预测功能、发现功能以及刺激功能等基本功能。这些关于设计批评功能的观点，都具有一定的意义。设计批评的功能，即是设计批评所发挥的作用。

从设计批评发生作用的对象看，主要体现在人、物和环境三个层面。设计师、消费者、业主等属于“人”的层面；设计作品、设计材质等属于“物”的层面；设计产业、设计政策、设计现象、设计思潮等属于“环境”的层面。这三个层面是互为因果、互相作用、互相影响的关系，具体的设计批评会牵涉其中任何一个层面。

因此，可以认为设计批评的功能指向“人、物和环境”三个基本维度，并且表现为以下基本功能：一、描述的功能；二、判断的功能；三、批判的功能；四、预测的功能；五、引领的功能。这几种基本功能常常在具体的设计批评中互为交织、互为基础、互相演变。描述、判断、批判的功能主要指向“人”和“物”的维度，鉴赏的功能主要指向“物”的维度，预测和引领的功能主要指向“环境”的维度。

1．描述的功能

描述是设计批评的前提和基本功能，无论是哪种模式的设计批评，都离不开对设计相关问题的基本描述，无论是描述设计师的代表作品、个人风格，还是描述设计作品中的形式、功能问题等。美国学者维吉尔·奥尔德里奇说：“描述、解释和评价在实际进行的艺术谈论中是交织在一起的，并且很难加以区分。但是，对于艺术哲学来说，由于使用中的艺术谈论的语言中，存在着某些实际的逻辑差别，因此，作出某些有益的区分是可能的。我们可以形象地说，描述位于最底层，以描述为基础的解释位于第二层，评价处于最上层。”[①]

法国现象学美学代表人物米盖尔·杜夫海纳在《美学与哲学》一书中认为，批评家主要有三个使命：说明、解释和判断。批评的最主要任务是描述和说明作品的意义，批评家应该“回到作品去”，把作品当作作品自身的标准，而不要掺杂作品之外的东西，用外在的标准来衡量作品。

在意大利当代著名哲学家、美学家乔万尼·金蒂雷看来，批评有三个阶段：一是抽象内容的同化；二是趣味判断，进入作品最深处，达到与艺术家情感的统一；三是具体内容的重建，“只是在批评中艺术作品才找到了它的现实的存在，正如在思考对象的思考中对象才找到自己的居处一样。”[②]确实，作为设计批评最基本的功能，如何描述、描述得如何，直接影响到设计批评整体功能的发挥，解释、判断、评价等要建立在描述的基础之上。

作为设计批评常用的方法和设计批评的基本功能，描述指的是对设计师的设计思路、风格，设计作品和产品的外观、形式、功能，以及与设计相关问题的客观说明和描述。因此，如何进行描述，并不是一个简单的问题，必须要树立文化自觉意识，在设计批评中对批评对象进行描述时，要遵循客观性、适度性、简洁性、准确性、科学性的原则。

2．判断的功能

设计能够改变世界，在创造美好生活的同时，也有可能把世界变成一个巨型垃圾场。现实生活中，我们在享受优良设计的同时，也有大量低劣设计层出不穷。在消费者的需求中，既有一些科学合理的需求，也有一些偏颇的喜好。因此，在描述的基础上，对这些问题加以判断、分析、鉴别显得尤为重要。判断是批评的理性思考，批评者在对艺术设计的认识中，不仅要能认识蕴藏其中

---

① [美]V.C.奥尔德里奇.艺术哲学[M].程孟辉译.北京：中国社会科学出版社，1986：125.
② Giovanni Gentile. The Philosophy of Art[M]. Cormell University Press, 1972:222.

的美和善，也要善于认识其中的丑和恶，只有这样，才能真正把握健康的设计潮流和消费者的真正需求。当然，判断功能的发挥并非一定要对批评对象做出泾渭分明、非此即彼的结论，在实际生活中也是不可能的，判断是一种富于理性的文化自觉，是对设计批评对象做出的一种中肯评价。

在如何对设计批评对象进行判断的方法原则上，需要从整体性原则、针对性原则、历史性原则、发展性原则、对比性原则、互动性原则等六个方面进行把握。一、整体性原则，就是要从与批评对象相关的人、事、物及环境的整体出发，从而进行整体性的区分、审查和判断；二、针对性原则，就是要有重点地选择批评对象的某个环节、局部、细节进行深入透彻的分析，使判断具有针对性而不是泛泛而谈；三、历史性原则，由于“脱离时代要求，一成不变或太过超前的产品都不可能获得高的审美评价”，“技术美的审美趣味和审美理想均具有短暂性，几乎不可能有永恒的、几代人都认为是美的工业产品”。[1]所以，要立足历史和时代发展的语境，从历史的角度进行综合判断；四、发展性原则，由于设计是在设计不断发展变化的生活方式，设计是一个动态的过程，要用发展的眼光对设计进行评判；五、对比性原则，判断本身就是一个不断对比的过程，在判断和做出结论前，要围绕批评对象进行横向的、纵向的、多方位的对比分析，才能进一步增加判断的科学性；六、互动性原则，就是要调动设计批评各个方面，尤其是批评接受群体的积极参与，许多设计批评的判断之所以有意义，往往是由于批评接受方参与其中，接受者不是旁观者，而是批评的参与者和体验者，使批评在融入个体生活的同时，也具有了对社会生活的普遍性意义。

3. 批判的功能

《辞海》对“批判”一词的解释是：一、批示审断；二、评论，对于是非的判断；三、对被认为是错误的思想或言行批驳否定。从这几个释义来看，“批判”一词有着浓重的否定性色彩。

今天，我们正处在一个消费时代。由于市场经济的飞速发展，人们的生存方式发生了巨大的改变，人们在竞相追逐着漂亮、时尚和快感，“田园诗化”的传统美学被人和人、人和物、人和环境之间的“虚拟化”取而代之，满足于大众消费主义成为产品创新的口号。在更多的情况下，设计批评沦落为华丽的恭维，缺乏积极的精神力量建构和对生活真实的把握，批评中的道德感、诗意感以及批判的勇气在丧失。在这种状况下，人们要寻找自己的精神家园，拒绝异化的生存方式，就要呼唤真正的批判精神。

批判精神也是一种文化自觉，要按照超越性原则、实证原则、逻辑性原则，来进一步彰显设计批评的批判功能和批评精神。超越性原则，就是要辩证地看问题，要有一种“兼容性”，而不是一种盲目而简单的否定性结果，更要避免走入偏颇甚至偏激的思想误区；实证原则是科学认识形成的基础，不仅要着眼于“定性”式的分析，也要善于应用统计学、管理学、物理学、经济学等知识

---

① 陈望衡. 艺术设计美学 [M]. 武汉：武汉大学出版社，2000：105.

方法，在设计批评中进行“定量”化的分析；逻辑性原则，就是在设计批评中要善于对感性材料进行分析思考，通过对批评对象各个元素进行综合、比较、归纳、演绎和概括，进而发现和把握事物的本质和规律。

4．预测的功能

对于设计批评来说，“描述”意味着“是什么”，“判断”意味着“怎么样”，“鉴赏”意味着“好在哪”，“批判”意味着“为何差”。这几个功能显然都未能指向“预测”，即设计的未来发展究竟如何，当前流行的时尚设计未来究竟会怎样演化。

匈牙利艺术社会学家阿诺德·豪泽尔认为：“艺术批评必须符合时代的要求，但不一定是瞬时即逝的，它不仅可以作为过去的记录而保存其价值，而且在适当的条件下还会重放异彩。”[①]设计批评重放异彩的前提，就是对设计未来的发展趋势能否做出科学、正确的预测。

宏基集团创办人施振荣，在1992年提出了“微笑曲线”理论，从这个“微笑曲线”可以看出，品牌、研发和设计等环节，占据着曲线附加值的上游，而处于中间环节的制造附加值最低，这也是被经济社会发展所证明的重要规律。在消费经济需求模式下，技术开发的速度、社会时尚变化的速度、产品寿命周期的更新速度都在不断加快，企业和设计师需要根据消费者的需求、新材料的变化、新工艺的需求，对设计、工艺和技术不断地加以改进。对于企业来说，如何预测消费者的需求，预测未来产品的发展和流行趋势，无疑是企业推进产品创新设计的发展战略和重大课题。企业和设计师是设计批评的重要对象和接受对象，设计批评要真正发挥指导、推动设计和产业的积极作用，就需发挥预测的功能。

在过剩和丰裕经济时代，市场竞争十分激烈，商业机会越来越多，产品的需求和供给都呈现出越来越明显的多样性和丰富性。对产品发展趋势的预测越来越迫切，也越来越面临着方方面面的挑战。一是消费者个性化需求的挑战，消费者在产品消费中呈现出浓厚的个性化色彩，对设计的评价不再依赖外在的标准，而是服从于个人的兴趣、爱好和生活习惯，消费者正在日益成为个人生活方式的设计师，DIY设计、自主设计、个性化设计，已经成为时尚。尤其是在家庭装修设计中，这种情况尤为普遍，很多人在体验着自己当设计师的乐趣。因此，要对消费者的个性化需求进行科学预测，显然是很困难的。二是经济的发展使人们的生活状态和消费形态相应地发生了变化，消费者的需求观念已经超越产品本身，更加重视通过消费产品而获得的个性满足、精神愉悦以及优越感，消费者这种消费需求的变化，使对产品设计的发展预测更加复杂化。

在这种复杂的境况下，科学的预测离不开严谨的理论、研究和分析。开展设计批评，就要培养和树立对社会发展趋势、设计发展潮流的洞察力，善于运用统计分析等技术工具和技术路线，透过对社会现象、设计现象、消费现象的观察，敏锐地把握未来发展的大趋势，对设计的发展规律提出有创意的专业见

① [匈] 阿诺德·豪泽尔．艺术社会学 [M]．居延安译．上海：学林出版社，1987：163.

解。要遵循以下原则：一要把握规律性。设计产业的发展、消费者的消费心理等都有一定的规律性，预测就是对这种规律性的认识和把握，这就需要站在历史和未来的角度，对设计的历史发展过程和特征进行规律性的总结分析，从而建立对未来发展的清醒判断。二要善于运用技术工具。随着“设计学”的复合型和交叉型学科特征日益凸显，对设计发展规律的认识，越来越需要相应的技术手段，既要进行定性分析，也要进行定量分析。三要不断修正预测结果。预测的复杂性决定了预测结果的不确定性，就需要不断地对预测结果进行修正，设计批评中的辩驳、争鸣、讨论过程，应是一个修正观点、达成共识的过程，是一个反省、凝练和升华的过程。

5. 引领的功能

中国艺术历来具有形而上的功能和传统，对宇宙心灵、人的本质、人生本质的追问构成了中国艺术形而上的精神和境界。设计具有文化属性、艺术属性，也有着独特而深沉的精神境界。

与设计的三种境界相对应，设计批评也有功利的批评、审美的批评以及伦理的批评等种种表现形式。功利的批评以是否有用、价值如何为标准，常常表现为对设计相关问题的具体描述和功利价值的基本判断；审美的批评以美在哪里、怎样欣赏为目的，常常表现为对设计物美学意蕴的分析；伦理的批评以弘扬设计理想为目的，常常表现为对设计价值的判断、对设计本质的探寻以及对设计趋势的理性引领。

引领功能是设计批评的最高境界和根本目的。批评不仅要见证时代和产业的发展，还要承担起以学术引领市场、引领时代的重任。在设计批评中，描述指向现象，判断指向价值，鉴赏指向审美，批判指向谬误，预测指向趋势，这些功能最终都指向引领。

对于一件具体的设计作品或具体的设计现象，批评者在做出详细而深入的描述基础上，指出其优缺点，预测出其未来的发展方向。但是，这种发展方向或许是和社会主流价值相悖的，批评者只有对这种趋势继续进行深入的分析和批判，进而引领和推动设计的健康发展，才能最终体现设计批评的本质要求和最高境界。

设计批评通过对不良现象的批判和有效的信息反馈，对设计师的设计创作产生影响，提升消费者的鉴赏力，进而协调设计与其他学科领域的关系，引领设计发展趋势，推动设计创新，促进传统生活方式的当代更新和文脉延续，在引领社会中推动社会进步。社会需要设计批评以积极的姿态介入，通过对社会和设计中的是非观、价值观、生态观和美丑观的甄别和辨识，实现对人们精神生活方式、物质生活方式和交往生活方式的引领。因此，积极发挥引领作用，是设计批评的灵魂。批评需要使命和操守，需要学术精神和道德风范，需要坚守文化价值和文化理念，以真善美为判断是非、衡量优劣的准绳，弘扬社会主义核心价值观，这样才能深刻揭示和反映设计发展规律，适应新形势、新发展的要求，进而引导产业、引领消费、引领审美和引领社会。

13.7 中国当代设计发展与设计批评

从现代设计的变迁看，现代艺术设计的产生是设计批评推动的结果，正是对工业文明的反思和批评才催生了现代艺术运动。设计发展的每一步，总有设计批评在推动。从某种意义上说，批评决定着设计的发展方向，有什么样的批评，就有什么样的设计。如果没有对产品形式和功能的正确描述，产品就很难推向市场；如果没有对设计物的鉴赏，人们就无法真正认识设计的美学意蕴；如果没有对设计价值的判断和对不良设计的批判，平庸、粗劣的设计或许早已把地球变成了垃圾场；如果没有对未来发展有清晰的洞见和预测，没有核心理念和价值观的引领，设计就难以拥有真正的未来。

1. 设计发展和设计批评的关系

设计和批评关系的历史嬗变呈现着某种规律。从历史的维度看，设计批评从设计实践出发，又反作用于设计实践。具有核心理念和价值观的设计批评不仅能影响设计师认识和理解，设计艺术的性质、特点和规律，对设计师起到支持、鼓励和指导的作用，而且会对其创作思想、创作倾向产生深刻的影响，从而影响设计的发展。同时，通过对设计作品的分析、评论、鉴赏和判断，影响消费者对设计的理解和选择，从而直接影响到设计风格的形成和设计作用的发挥。

一些重要设计思潮的产生，往往离不开设计批评的推动。19世纪下半叶，发端于英国的工艺美术运动，就是在约翰·拉斯金、威廉·莫里斯等人的批评推动下产生和发展的。如果说工艺美术运动是在设计批评的推动下产生的，那么，1907年在德国成立的德意志制造联盟，则在不同的程度上为设计批评树立了新的观点，这个同盟中的设计师在实践中不断探索，逐步确立了设计的目的是人而不是物，要围绕批量生产和产品标准化进行设计等设计理论和原则，为设计批评奠定了理论基础。

现代设计和设计批评的发展历史表明，设计和设计批评是互相促进、互相制约的关系。一方面，设计的发展促进设计批评，设计所依存的社会环境、设计自身的发展、设计师的实践等，为设计批评提供视角、对象和素材，刺激着批评的产生和发展。没有经济高速增长的历史环境和对生态文明的集体反思，当代中国就不可能产生对奢侈包装的批评思潮；没有民族复兴的历史语境，"为中国而设计"也不可能成为当代中国设计批评的重要诉求。同时，设计批评也对设计起着巨大的推动作用，既作用于设计师，又作用于消费者，还作用于设计环境，是设计发展的外在动力和环境基础。无论是商业宣传手段的批评方式，还是严肃的学理性批评，中国当代设计纷繁复杂的发展恰恰说明了批评背后的力量。

另一方面，设计和设计批评又是互相制约的关系。设计批评对于设计发展的作用也可能是相反的。在经济利益的驱使下，由于批评主体的学识、修养和立场的不同，批评也会呈现出不同的价值观。批评的标准之所以模糊，主要是因为设计的范畴和部类存在很大差异，这种标准又往往随着时代的发展变化而变化。确实，在当前公认的设计范畴中，很难找到既能统摄建筑设计、公共艺术设计、环境艺术设计、产品设计，又能为平面设计、服装设计、广告设计、动漫设计所共同使用的价值标准。随着科学技术的飞速发展以及人类生活环境和生存方式的变化，设计作为一种具有物质和精神双重属性的文化和生活方式，必然会衍生和拓展出新的内涵，而这一切又具有不可确定性和复杂性。从世界各民族的审美观、价值观、人生观来看，由于地域条件和文化环境的差异，人们对于设计的评价，也存在一定的差异性、复杂性乃至相悖性。人们发现，时代越是发展，生活越是改善，科技越是发达，设计的评价标准似乎越是模糊。中国古代“以用为本”、“以天合天”的设计思想，作为一种主流思想一直存续于几千年的农耕文明中，但在当代社会奢侈设计的冲击下，已经失去了作为标准的语境。

2. 设计批评对设计的价值和意义

设计批评的价值主要体现在以下方面：

一是促进学科建设，改进设计教育。从设计学科的发展看，设计批评的学科构建是一个非常重要的问题，随着经济发展和社会进步，设计现象、设计思潮、设计消费正在大规模、深层次地介入当代生活。设计学作为一个复合型的交叉学科，包含了政治、经济、文化、艺术、科学乃至宗教的某一方面的知识，设计批评在学科构建中对其他学科体系的话语借鉴，将为人们理解设计、促进设计教育起到重要的推动作用。同时，科技进步和社会变化在时刻影响着设计的当代发展，设计原理和批评方法正在日益遭受设计实践的挑战和质疑，设计批评学的内涵和外延势必要做出相应的调整，也势必会渗透一些当代化、时代感的命题，对于进一步增强设计批评话语体系和设计教育的时代感，真正关注和解决当下的问题具有积极意义。

二是推动优良设计，促进产业发展。设计批评和设计实践紧密相连，它以设计的实践发展和当下现实为依据。有力的设计批评，不仅要深入到不同的设计门类，而且还要深入到设计师的设计实践和消费者的消费行为中，研究具体的生成机制，进一步总结、归纳和发现设计发展的规律和机制，是非常必要和有意义的。

因此，设计批评的一个重要作用是影响和引导公众：“通过评估，用更加广泛和有力的数据，对影响设计的情况做出说明或反驳，进一步提高社会对设计价值的认识和参与兴趣。”① 设计批评的重要意义在于，通过对现实生活方式、设计现象以及设计潮流进行分析研究、价值判断和前瞻把握，引领人们回归健康的生活方式，这是构建设计意义系统的基础。

---

① Carl Di-Salvo. Design and the Construction of Publics[J].Design Issues，2009，25（1）:48-63.

13.8　设计批评的特征规律

1. 反映经济社会发展

马克思历史唯物主义认为，经济基础决定上层建筑。上层建筑具有政治上层建筑和精神上层建筑两大部类，文学艺术作为一种精神形式，属于精神上层建筑。艺术设计作为人类在社会实践中获得的改造生活的能力和创造的文化成果，决定了其属于上层建筑的范畴。从经济基础与上层建筑的关系来看，经济基础决定上层建筑的产生、性质和变革，上层建筑为经济基础服务。艺术设计的发展规律也正是如此，一个时期设计的风格，总是留有那个时期政治、经济、文化、审美等时代的烙印，经济社会的发展状况决定着艺术设计风格的历史流变。

设计批评由艺术设计而产生，无论是从批评的主体、客体还是接受论的角度，设计批评的发展是经济基础决定上层建筑规律的必然反映。从设计批评的主体看，批评者的思想观念有其产生的时代背景，受经济基础和社会环境的影响，批评者不会用苹果公司2007年上市的iPhone的形态设计风格，来评价20世纪80年代摩托罗拉公司“大哥大”的设计风格；不会用露脐装、吊带裙的设计风格，来评价20世纪80年代初喇叭裤、蝙蝠衫的设计；也不会用田园主义、自然主义的家装风格，来评价当年风靡一时的欧式设计风格。同样，也不能用过去的流行和时尚来评价当下的潮流和喜好。因此，设计批评的标准总是在发生变化，批评者的思想观念也在发生着变化。

从设计批评的客体看，当代中国设计史的总体特征是跳跃、奔突、螺旋式的，改革开放三十多年间，设计风格嬗变的速度十分惊人，巴黎的一款服饰风格，不到一周可能就会出现在上海一家服饰店的橱窗。无论是潮流还是回归，中国设计已经和世界越来越同步。设计物在形态、风格、功能等方面的变化，必然会促使设计批评发生相应的变化。如随着中国城市建设的日新月异，越来越洋化的设计理念在深刻改变着中国社会面貌的同时，也使对传统文化的冲击成为近年来设计批评的重要关切，进而推动了用传统文化改善人居环境的种种设计实践和努力。这些，都体现了中国当代社会整体发展的时代特征。

从设计批评接受的角度看，随着政治经济发展，尤其是公民社会建设的不断深入，政府主管部门、产品制造商等，也逐渐在决策的过程中注重收集、听取方方面面的意见建议，并在设计实践中加以改进，产品制造商通过集团批评的方式收集、调研公众需求已成为市场竞争必不可少的手段。由于设计和市场越来越密不可分，更多的设计项目进入公众视野，设计师在设计过程中，不再仅仅受制于和业主方的契约关系，也开始注重吸取来自专业领域和社会公众领域的批评。社会公众作为设计物的使用者和最具效力的评价者，随着经济发展、社会进步，审美能力和独立的判断能力在逐步提升，在一些网络论坛上，公众表达出来的设计批评不乏真知灼见，这些都为设计批评的接受营造了良好的社会氛围。

2. 受重大设计项目驱动

中国当代设计批评发展的一个重要特征，就是重大设计项目和重要社会公益项目推动和促进了设计批评的发展。这些设计项目为设计批评提供了重要载体和平台，设计批评反过来也对这些设计项目的实施起到了积极的推动作用。两者是互为促进、互相作用的双向关系。

一方面，重大设计项目促进设计批评的开展。20 世纪 80 年代以来，随着社会发展和经济建设需要，由于信息资讯和信息获得渠道越来越便捷和发达，一些重大设计项目的公益性、社会影响力、公众关注度进一步提升。20 世纪 90 年代以来，全国各地面向国内外的设计竞赛和招投标设计项目开始大量出现，一些外籍人士也受邀成为竞赛的评委，国外颇具实力的知名设计师和设计公司逐渐进入到各个设计领域。由于评审机制、设计理念、审美心理等因素的影响，这些设计项目往往会引发诸多争议，经常会超越设计的范畴而演化为社会舆论的焦点。例如关于北京西客站、国家大剧院、央视新大楼等地标建筑的设计批评，关于郑东新区等城市规划和环境设计的批评，关于北京奥运会会徽、上海世博会标志的批评等，因为社会公益性强、关注度高，在设计项目的方案征集和实施的过程中，包括设计界在内的社会各界对这些设计方案提出了诸多批评。从形式、内涵、文化、经济和安全等不同的视角给予了正面或负面的评价，从不同的理论层面推动着设计批评的深入开展，丰富和拓展了设计批评的表现形式和传达渠道。由于社会公众和大众传媒的介入，也在一定程度上促进了设计批评的启蒙教育，优化了设计批评的社会环境，强化了设计批评的作用效果。这是中国当代设计批评发展的典型特征。因此，对中国当代设计批评中重大事件的起因、发展、效果等进行规律性研究，理应成为当代设计批评研究的重要范式。

3. 专业批评作用日益凸显

随着科学技术的发展和制造业的进步，艺术设计的专业化、科学化、精细化分工越来越明显。人们可以围绕某一设计，从很多知识领域对其进行评论、读解和批评，会产生广泛的社会影响。设计具有多学科属性的特点，无论从哪一个方面对设计进行批评，都有其合理性，但也有局限性。20 世纪 90 年代，西方社会兴起了文化研究的热潮，新世纪以后也成为我国学界讨论的热点问题。肥皂剧、流行时装、时尚杂志、影视广告、现代书法等，诸多跨学科的领域都被纳入文化研究的视野。当代设计也不例外，在关于大众文化与消费主义的讨论、关于日常生活审美化的讨论等当代主要的人文学术讨论中，工业设计、广告设计以及与之相关的符号设计与影像设计都成为讨论的内容。

专业批评是真正有力度、有价值的批评。近年来，人们越来越认识到专业批评对设计发展所起的积极作用。在一些设计大展中，评选规则越来越细化和专业化，具有专业背景的评委比例越来越多，以某一领域为主题的学术研讨会聚集了更多的具有共同语言的学者，针对室内设计、电子设计、船舶设计、机械设计等专业性、学术性的设计刊物，成为有关专业领域进行学术讨论和批评的重要载体。在网络上，基于共同兴趣的博客圈和虚拟社区，其成员大多由具有共同专业背景的人员组成，讨论的针对性、专业性很强，对于推动设计发展更具意义。在建筑及城市规划设计批评领域，专业批评的作用发挥得最为突出。一些具有学术修养和专业造诣的建筑专家，积极参与一些重要的地标建筑和规划设计思潮的批评，批评所体现出的理论深度、学术理性、价值判断，颇具专业批评和大师批评风范，为推动设计批评的健康发展和设计项目的科学改进作出了积极贡献。

4. 文化自觉意识逐步树立

中国当代设计的发展与世界现代设计的产生、发展密不可分，世界现代设计的理念、风格、流派都对中国当代设计产生了深刻影响。20 世纪 80 年代乃至以后相当长一段时期，中国设计大量仿造、复制外国的设计，使廉价的“中国制造”成为西方消费社会不可或缺的经济和社会现象。

实际上，中国当代设计批评并不缺乏文化自觉意识。即使是在中国设计“仿造、复制”的历史阶段，对中国传统文化价值的反思、对中国设计未来命运的思考，一直是中国当代设计批评的一条重要线索。20 世纪 80 年代，田自秉、王家树、张道一等对工艺美术、工艺文化的形式要素、装饰美感、创新价值的思考，是对传统文化的来历、价值和未来命运的深沉思考；柳冠中等敏锐地把握了当代世界经济社会发展的重要趋势，以及中国经济振兴、工业设计发展的迫切需要，为工业设计引入中国鼓与呼。这是中国当代老一辈设计教育和设计实践工作者体现出来的文化自觉意识，在中国当代设计批评史上留下了浓墨重彩的一笔，开启了中国当代设计的文化自觉之路。

20 世纪 90 年代冷战结束后，中国经济社会发展模式深受西方自由化、市场化与现代化的影响，当一味追求经济发展的目标，却由此而带来一系列人文、环境、伦理问题。民族设计、中国设计逐渐进入设计批评的主流话语，成为中国当代设计批评重要的关键词。这是中国当代设计批评的一个重要思潮和历史特征，也是中国设计批评发展的一个基本规律——随着经济的发展和物质的丰裕，对人的精神世界、文化命运的反思，会上升为设计批评的重要内容。设计提出一系列问题：“为什么我们这样生活？这样生活有什么意义？究竟应该确定什么样的生活方式和发展目标？怎样实现这样的生活方式和发展目标？”[①]

21 世纪，人类已经进入了一个新的设计时代，时代呼唤设计批评。只有提供广泛的批评言论空间，才有可能真正地调动起社会各界的言论积极性，发挥设计批评的效力。

---

① 费孝通 . 文化与文化自觉 [M]. 北京：群言出版社，2010：249.

第 14 章　设计与安全

14.1　设计与安全的关系

设计无处不在，在当今人们的生活中，“设计”已经成为最为普遍的词汇。我们能够“设计”的事物包罗万象，大到国家的宏观规划，小到人们日常生活中的点点滴滴。可以说，“设计”已经成为人们生活品质的象征，相比起“生产”之物，人们更希望获得“设计”之物。

设计所涉及的学科范围极其广泛，包括政治学、经济学、建筑学、医学、材料学、伦理学、艺术学等。它体现出来的是人与物之间的关系，“它为人类生存的合理、舒适、环保等因素而设计，为人类的更高需求而设计，为人类设计出全新的生活方式。设计是人本能的体现，是人类审美意识的驱动，是人类进步与科技发展的产物，是人类生活质量的保证，是人类文明进步的标志。”[①]而在人们“设计”的过程中如何保证设计活动的“安全”是其最为基本的要求之一。设计师在进行创造性活动之时，既要通过设计来解决目前所存在的安全问题，又要尽可能地避免因新的设计之物而带来新的安全隐患。具体说来，设计一方面需要保证人在使用过程中的安全，另一方面，设计还需要确保设计之物与环境、社会、经济等多方面之间达到和谐，从而真正实现设计推动人类文明的发展。

14.1.1　“安全”与安全科学

“安全”一词在《现代汉语词典》中解释为“没有危险；不受威胁；不出事故。”[②]而在《安全文化百问百答——理论 · 方法 · 应用》中对“安全”做了更为详细的解释：“‘安’字指不受威胁，没有危险、太平、安适、稳定等，可谓无危则安；‘全’字指完满、完整或指没有伤害，无残缺等，可谓无损则全”[③]

在英语中，“安全”翻译为“Safety”。《韦伯斯特词典》将 Safety 的首要含义解释为“处于安全的环境中免受伤害或损失。”[④]而《大英百科全书》对

---

① 杨先艺 . 设计概论 [M]. 北京：清华大学出版社、北京交通大学出版社，2010:3.

② 中国社会科学院语言研究所词典编辑室 . 现代汉语词典 [M]. 北京：商务印书馆，1998:7.

③ 罗云等 . 安全文化百问百答——理论 · 方法 · 应用 [M]. 北京：北京理工大学出版社，1995:4-25.

④ Dictionary and Thesaurus-Merriam-Webster Online . [EB/OL] .[2013-3-19] http://www.merriam-webster.com/dictionary/safety?show=0&t=1363168474

Safety 的解释更为具体："安全是各种寻求减少或者消除危险情况下可能对人体造成伤害的活动。安全预防措施主要分为两类：职业安全和公共安全。职业安全主要是人们在办公室、工厂、农场、建筑工地、商业和零售设施等工作场所中可能遇到的各类危险情况。公共安全主要涉及人在家庭、旅途、娱乐场所以及其他不属于职业安全范围内的各种场所中可能遇到的危险情况"。[①]而"安全在希腊文中的意思是'完整',而在梵文中的意思是'没有受伤'或'完整'"。[②]

由此我们可以看出，在不同的文化背景下，人们对于"安全"含义的解释是大体相同的，都是不危险，不受伤害。而从社会这个大的范围来看，"安全"具有更为广泛的含义——"人们随着社会文明、科技进步、经济发展、生活富裕的程度而对安全需求的水平和质量具有不同的标准，并且随着时代的改变会具有全新的内容。"[③]

对于"安全"的理解世界有着基本一致的认识，而将"安全"作为一门科学进行系统化地研究，则是到了 1990 年 9 月 24 日至 26 日在科隆召开的第一届世界安全科学大会上才提出的。这次大会吸引了来自世界 40 多个国家和地区的近 1400 位专家学者参与，在大会上首次从世界范围内提出"安全科学"一词，并系统地探讨"安全科学"相关问题。这其中包括对安全科学的任务、概念、实践、结构等相关学科界定的探讨，也包括对交通运输、生产、能量转换与利用，以及人为排放物和环境原生物领域中的安全问题，还包括安全科学在这些领域中的任务和作用的探讨。这次大会的召开，是安全科学发展的里程碑。会上各国专家一致认为安全科学是一门多学科相互交叉的新兴科学。

安全科学的研究对象并非只局限于"不安全"或是"事故"，"相对于大量的安全研究、安全管理工作，更多更长的时间是安全状态转化为更安全或孕育着事故的动态过程和趋势。"[④]但大体上讲，我们可以将安全科学的研究对象划分为与"天灾"和"人祸"相关的安全问题。"天灾"是指非人为和不受人控制的自然规律，如地震、火山喷发、洪水、风暴等。而"人祸"是指与人有关的行为活动，"人祸"的产生其行为主体是"人"或是"人造物"，这包括水体污染、产品安全、公共安全、交通事故以及战争等。

对安全科学的研究，美国、日本以及欧洲经济发达国家的起步较早，其研究成果和实践也相对较多。而我国在安全科学的研究条件以及发展形势上并不落后于发达国家，但在实践方式以及理论成果上还是有一段距离。从安全科学的研究角度来看，主要集中在安全学、医学、农业科学、建筑学、材料学、环境生态学以及心理学、社会学等学科领域，而很少从设计学角度来研究安全科学。所以，将安全科学融入设计学研究，既是设计学突破性发展的需求，也是

① Britannica Online Encyclopedia. [EB/OL] .[2013-3-19] http://global.britannica.com/EBchecked/topic/516063/safety

② 罗云等 . 安全文化百问百答——理论 · 方法 · 应用 [M]. 北京：北京理工大学出版社，1995:51-52.

③ 徐德蜀，邱成 . 安全文化通论 [M]. 北京：化学工业出版社，2004:34.

④ 张景林 . 安全学 [M]. 北京：化学工业出版社，2009:2.

人、社会价值实现的保障。

现代安全科学将“安全”分为物质和文化两个层次。

物质是人赖以生存的基础，是人类社会文明前进的保障。物质并非静止、孤立而存在，它存在于联系、发展、变化之中。因此，实现物质的安全是构建完全安全观的基本目标。影响产品设计中的物质安全因素主要包括功能和造型各方面。

功能因素：主要是指在具体的环境和文化背景下，产品所应当具备的物理性能，以及在使用过程中表现出的实用性、适用性。功能的安全与否，直接关系到使用者能够顺利地生存与生活，能否通过产品实现自己的期望目标与价值，能否不在自身的活动中给周围环境带去负面的影响。情感大师唐纳德·诺曼（Donald Arthur Norman）曾说过：“我们有证据证明极具美感的物品能使人工作更加出色并且让我们感觉良好的物品和体系更容易相处，并能够创造出更和谐的氛围”[①]审美功能——更高层次的产品功能——的完整实现，来自于产品物质功能的成功，而物质的安全是所有功能实现的前提。

造型因素：主要包括产品的外部视觉特征（形态、色彩、质地、尺寸等）和内部的物理特性（材质、结构等）。产品的外部特征能够直接地作用于使用者的视觉、听觉、触觉而内部的特性一般在使用过程中间接地与使用者产生互动，与产品的使用性能与工作效率相关联。相对于功能因素而言，产品的造型因素与产品设计师的联系更为密切，设计师不但需要考虑到消费者对于产品的期望，同时更应该在产品设计创意、目标消费群体和市场、产品的功能和成本等关系利益之间取得一种平衡，而此种平衡的实现来自于设计师对于产品设计的深刻认识，尤其是对产品功能与造型因素的综合把握与成熟的运用，在确保产品基本的物质安全的基础之上再来进行外部视觉审美以及内在文化价值与观念的创新。

文化安全是从广义的层面上来探讨设计中的安全性问题，由于文化不像物质直观、具体，它常常需要大众进行分析、解读、领悟，因而经常被人忽视且在传播的过程中容易产生分歧与误读。文化安全可分为以下两个层次，其一，表现为可观、可感的行为方式或行为模式以及蕴藏在物质产品中的价值观念、风俗传统以及审美标准等，它不像物质安全完全显现而是需要受众结合自身的知识储备、生活阅历、价值评判标准等进行综合地解读；其二，表现为人的意识形态，即人的精神范畴，不易察觉，是抽象的思想与思维，但它也能够通过物质显现出来，同时传播中的干扰因素（噪源）也更多，受众的解读过程也更为复杂，产生传播隔阂即无意的误解和有意地曲解几率也更高。

而“现代商业设计在经过大众传媒等到达受众之时，并不像普通商品那样被物化地消费掉了，而是继续沉淀和浸渍于他们的日常生活中。”[②]大众的积累

---

① 张景林 . 安全学［M］. 北京：化学工业出版社 . 2009：2.

② Donald A. Norman. Emotional Design: Why We Love (or Hate) Everyday Things 2005 [M]. USA: Basic Books.

和沉淀显然是通过文化的传播与解读过程实现的，同时，这个过程的形成之久以及产生的影响之深远以至于决定文化的传播不仅是在塑造个人，也是在塑造整个社会的文化环境。在一定程度上讲，文化的安全产生的潜在作用与效力比物质更为强大，文化安全的问题产生会造成社会成员的认知、判断以及行为、行动的错误与混乱，进而导致一系列社会问题的产生。一旦处理不当，就必然影响到社会的健康发展。因此，文化的安全问题是产品设计传播中所要关注和解决的重要方面。

14.1.2 设计与人类安全

从设计学角度看，安全不仅具有物质层面的含义，更重要的是在知识经济时代的背景下，对于设计领域中的安全科学的研究不能仅停留在具体物质产品的安全问题解决上，更应拓展到信息、知识、文化等领域的安全设计中，关注到人的精神层面对安全的需求。

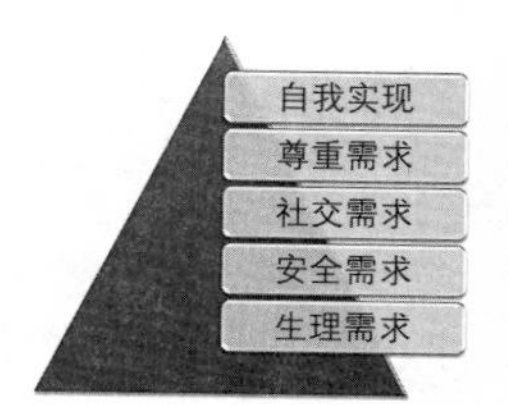

图 14-1 马斯洛需求层次理论模型

从社会心理学角度来看，安全与人的生存与发展之间有着密切的联系，它是人类存在的基础之一。设计作为人类生产方式的重要载体，在满足人类高级的精神需求、协调、平衡情感方面发挥着至关重要的作用。1943 年，美国社会心理学家亚伯拉罕·马斯洛（Abraham Harold Maslow）在其论文《人类激励理论》中首次提出需求层次学说（Maslow's hierarchy of needs）。该理论认为，人类的动机是有规律可循的有机系统，而动机是人发展的内在动力。人的需要是人内心动机的最主要的组成部分，根据不同需要之间的差异性，马斯洛按照层次的高低依次将其分为：生理需求（如水、空气、食物、着装等）、安全需求（如人身安全、心理安全、生活稳定、没有灾难等）、社交需求（如家庭、团体、友情、爱情等）、尊重需求（如自尊、他尊）以及自我实现（对完美、公正、丰富、自主、独立的人生意义、价值、境界的追求）五个级别（图 14-1）。

一、生理需求：这是人类需求中最基本、最强烈、最原始、最显著的一种需求，是人类赖以生存的基本前提和保障，它涉及人类生活的吃、穿、住、用、行等多个领域。生理需求也为人类的发展提供最强大、最永恒的动力。

二、安全需求：这种安全包括生理和心理两个方面，它是人类的第二级需求，人类在满足了基本的生存条件之后，自然会寻求自身安全的保障，安全需求的满足为人类的发展提供了可能。

三、社会需求：人与人之间必然发生着千丝万缕的联系，而找寻心灵上的归属感成为社会重要的心理要求。人是社会性极强的生物，个人的生存与发展离不开所处社会大环境的影响和制约。

四、尊重需求：尊重需求有两个层面的涵义。一是对自己的尊重；二是希望得到他人的尊重。而后者往往能够激励人们进步，这对社会的发展都有着十分积极的意义。

五、自我实现：自我实现需求能够最大化的体现人生的价值和意义，社会中的每个人都有着自己的人生观和价值观，而且都渴望通过自身的努力将其实现。

其中，前四种需求被列为基本需求，而第五种需要被列为发展需求，这是因为，自我实现需求是人在前四项需求都满足后出现的对于人生、生命价值的追求，它是一种积极的使人活着更具社会意义的价值目标，而不是由于缺乏基本生存条件而产生的。在需要层次理论模型中，越底部的需求对人的生存影响越大，只有在最为基础的生理需求得到满足后，人才会表现出寻求更高层次需求动机。

在马斯洛需求层次理论中，将安全需求列在生理需求之后，是人除生理需求这个最为基础的需求之外最为重要的需求。即人在满足一切生存条件之后，进而才产生对安全和安全感要求，而马斯洛之所以这样排列是源于当时的时代环境。

如今，在物质产品较为丰裕的社会环境下，部分学者提出了新的需求观点，他们认为“安全是人类生存的第一要素，也是人类生存质量的主要指标之一。”[①]它主要是指“在外界条件下使人处于健康状况，或人的身心处于健康、舒适和高效率活动状态的客观保障条件。”[②]虽然马斯洛的需要层次理论并未经过实验研究进行充分地论证，并且随着时代的发展对其产生了质疑的声音。但是，不可否认的是，“这一理论对于人们理解和预测人类动机之间的各种相互作用有着很大的影响……1980 年代的中国曾出现过‘马斯洛热’，它所表达的也许是正处在计划经济向市场经济模式转轨中的年轻一代渴望发挥自身潜能的意向。而今天，马斯洛的心理学不仅与科研或管理有关，它也将有助于每个普通人对自我的重新认识和定位”。[③]因此，对于设计师来说，不仅需要把握当下人的心理状态，进行合理、创新的产品设计，还需要对自身具有清醒的认识和定位，只有这样才能够将广义上的“安全”概念融入到设计活动之中。

从安全科学的角度来看，安全系统由人、机、环境三者共同构成。人对于安全的需求决定了安全具有自然属性和社会属性。“在安全的自然属性占主导地位时，人类追求的安全是盲目的，安全问题的解决是被动的。当安全的社会属性占主导地位时，人们对安全问题的解决就变为主动了，对安全目标的追求就变为理智的。”[④]而事故的发生又具有随机性、因果性、潜伏性以及可预防性。因此，设计所要解决的问题不仅仅是所设计生产出来的产品在有限的使用期限内对人、环境是安全的，更要确保在产品的设计过程中，没有安全问题的产生。而从安全科学的角度来看，没有理想化中的绝对安全，而安全仅是在特定的时间、空间等环境条件下的一种状态，我们通过设计所能解决的是安全性能的提高，以及对安全行为的引导和安全条件的创造，从而促进人、物之间产生一种安全的关系。

从设计学的角度来看，设计的发展与人对安全需要的提升之间相互促进，

---

① 张景林，蔡天富 . 构思“安全学”[N]，中国安全科学学报 .2004，10 ：8-9.
② 张景林，王桂吉 . 安全的自然属性和社会属性 [N]，中国安全科学学报 .2001，5:6-9.
③ 黄希庭，郑涌 . 心理学十五讲 [M]. 北京 ：北京大学出版社 .2007:279.
④ 张景林 . 安全学 [M]. 北京 ：化学工业出版社 .2009:36.

共同发展。人类在追求更安全、更高效的产品过程中促进了对设计形式的创新以及设计内容的变革。而设计上的革新，尤其是在设计安全上的提升，使人们旧时存在的生活方式或习惯得到改良，进而提高人的生活品质，影响到人的精神需求，产生新的更高层次的生活理想，从而使安全原理以及安全设计法则更为具体化、时代化。

在设计过程中，设计师理应通过设计来提高产品的安全规范性，降低产品在使用过程中的危险性。设计的产品不仅需要产品本身做到安全可靠，还要让产品在不同的使用者使用过程中做到安全可靠。而要想完全实现后者，其难度是极大的，因为不同的使用者其受教育水平、社会经历、行为习惯、使用环境等都不尽相同。在大机器批量生产的条件下，设计能够做到的是杜绝容易发生的危险、预防潜在的危险以及当危险发生后尽可能地减少其不良影响，来提高产品的安全系数，保障使用者的人身安全。除此之外，设计师还应通过设计来促进人与自然之间的和谐发展，即在设计活动中履行生态设计、绿色设计、可持续设计的设计理念，实现人类设计活动与自然生态环境之间的相互安全。

14.2 设计类型与设计安全

在设计史上，不同的理论家根据自己的观点对设计的类型进行了不同方式的划分。而目前，我们更倾向于按照设计的目的来对其进行划分，分为产品设计、环境设计以及视觉传达设计三大类型。“这种划分方法的原理，是将构成世界的三大要素‘自然——人——社会’作为设计类型划分的坐标点，由它们的对应关系而形成相应的三大基本设计类型。这种划分具有相对广泛的包容性、合理性和科学性。”[①]人在进行设计的过程中对社会以及自然产生影响，与此同时，社会和自然又会对人的设计活动产生反馈，影响到人自身的发展（图 14-2）。在人、社会、自然三者之间以设计作为其中介，相互作用，形成循环机制。而不同的设计类型又具有其各自独特的设计原则以及设计要求，需要设计师因地制宜、因时制宜地进行设计活动，方能最终实现设计安全。对不同类型的设计活动进行相对应的设计安全分析，能够有助于分析比较其之间的差别与特点，能够更好地帮助设计师把握与实践设计安全原则，最终使“设计”与“安全”之间形成相互联系、相互促进、相互渗透的良性关系，提高各类型设计的安全水准，推进安全设计观念下的设计繁荣。

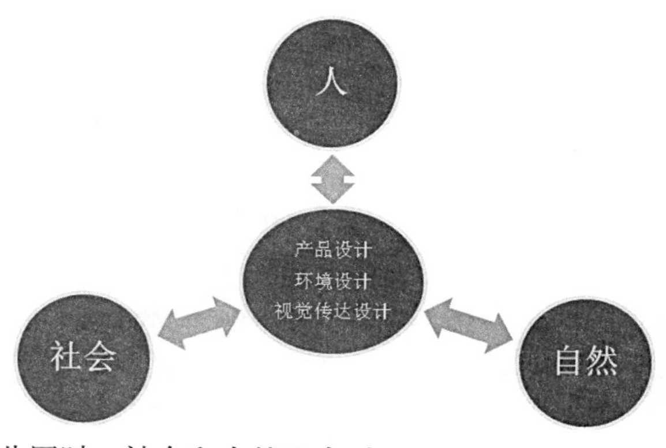

图 14-2　设计与“自然—人—社会”

① 尹定邦 . 设计学概论 [M]. 湖南：湖南科学技术出版社，2011:177.

14.2.1　产品设计与安全

"所谓产品，是指人类生产制造的物质财富。它是由一定物质材料以一定结构形式结合而成的、具有相应功能的客观实体，是人造物，不是自然而成的物质，也不是抽象的精神产品。"[①]而产品设计是以工业产品为主要对象，对其进行一系列的造型活动，使产品在造型、结构、功能等方面达到最佳的效果。其中，最主要的方面就是要考虑所设计出的产品需要符合人类的价值标准、符合自然生态的发展要求、符合社会前进的基本方向。在产品设计中，设计师需要注意到"产品虽然是人与外在的中介，但是作为人类实践活动的产品，其必然为人类所支配。这种支配表现在两方面：一是产品活动的目的由人确定，也就是产品的功能是满足人的需要的；二是产品活动是由人操纵的，就是产品由人控制。这种控制又可以分为三种形式：直接控制、间接控制、自动控制。"[②]虽然说，产品能够被人所支配、控制，但这种控制有时并不一定能够按照使用者的主观意识而达到。尤其是在设计出的产品在某些方面，如使用材料、人机工程、生产工艺等因为没有做到足够的安全而造成一些负面影响。

以人们日常生活中最为常见的塑料水杯为例，在设计过程中，设计师首先需要确定塑料水杯的目标群体并限定使用范围及年限，然后据此来选择相应的塑料原料。用于制造一次性水杯时，通常采用聚对苯二甲酸乙二醇脂（PET），即"1 号"塑料。因为这种原料相对便宜，但是它只能耐 70 摄氏度以下的温度，否则会因高温而释放出对人体有害的物质。此外，用 PET 制造的水杯在多次使用后会释放出致癌物邻苯二甲酸二（DEHP），所以，设计师在设计时需要提醒使用者这类水杯最好只使用一次。而在设计运动水杯、搅拌杯这类需要使用较长时间的水杯产品时，应该使用聚丙烯（PP），即"5 号"塑料。此种材料是唯一可以在微波炉中使用的塑料，它在多次使用后相对安全。除了对材料的选择外，设计师还应该设计出适合握在不同类型人的手中的产品，来满足不同人群的需要。同时，防滑垫、过滤网、吸管等这些产品的细节设计方面也不能忽视，它们与水杯使用过程中人的行为习惯有着很大的关系。最后，好的塑料水杯还要做到防漏、易清洗。由此可以看出，小小的塑料水杯中，各个环节都与设计和安全有关，只有设计师充分地考虑到人的安全需求才能将水杯的功能、审美等方面发挥出来，让人们安心使用。

当代设计师对于设计产品的安全性能方面的优化可以从以下几个方面展开。

首先，安全与危险两个相对的状态，没有对危险的分析也就没有对安全的深刻认识。因而，建立完善的、标准化的危害性分析系统以及危险评估程序是当代工业产品设计师所需要加强的方面。设计师所建立的评估标准或是评估原则与国家行业标准化委员会制定的原则之间应有所差异，其表现为"设计师更专注于某

① 尹定邦．设计学概论 [M]. 湖南：湖南科学技术出版社，2011:188.
② 江牧．工业产品与人类社会及外在的安全关联 [J]. 装饰，2009（4）:26.

一具体的产品，专注于产品的创新并在一定的时间范围内达到一个可以被人所接受的安全水平。”① 设计师不仅需要在设计产品之前查阅最新的行业标准，同时也需要将其与具体的设计产品相结合，在确保安全设计的基础上进行创新与革新。

其次，产品设计需要准确定位其使用群体。通常上，产品设计服务的对象大致可以分为两大类。一类是专业的从业者，另一类是普通的消费者。以工业生产和生活中常见的听力防护产品——耳罩为例。在周围环境超过 85dB 时，人的耳部会感到不适，长时间处于高分贝的环境中不但会导致听力损伤同时也会造成身体不适甚至破坏神经细胞。因此隔音耳罩成为人们降低工作、生活中噪音的首选，而耳罩的合适与否需要根据具体的环境而确定，并非降噪效果越好的耳罩最为合适，过度的隔音会让使用者感到脱离环境，失去安全感。在工厂车间以及建筑工地等超过 100dB 的环境使用的耳罩需要加强降噪效果，而它们并不适合于 80dB 左右的吵闹生活环境中使用，其原因在于，降噪效果越好，对耳朵的压迫感也越强，虽然效果好，但长时间佩戴同样也会造成耳部和头部的不适。另外，根据不同环境声音频率的不同，耳罩也需要区别设计。由此可见，同一件产品，设计师在进行安全设计时需要仔细区分使用群体的特性，进行差异化设计，并在产品上做恰当的使用指导，以确保产品的安全性和使用过程中的安全性。

再次，设计师应鼓励参与式设计。参与式设计是向具有特定、足够与设计项目相关知识与能力的人参与到设计的一系列过程中，对设计的程序以及最终的结果和目标提出建议，产生积极的效用，尤其是在设计的早期阶段的效果最为明显。有学者指出“尽管参与式设计被证实能够降低项目成本和执行时间但是其效率较低。”② 而这并不能阻碍参与式设计的发展，尤其对于创意程度高的产品而言，更需要用户的参与设计。用户在积极参与到设计过程中时，设计师能够更详细、深入、客观地分析设计中的面临问题（包括目标人群的特性、对产品信息理解的差异性、产品的成本销售等），同时用户也能够在探讨过程中获取设计文化信息和未来产品的信息，减少在产品投入市场后使用者对产品的陌生感，增强产品的易用性和适用性，进而间接提高产品使用过程中安全事故产生的概率。

最后，设计师需要落实安全人机工程学。人机工程学（Ergonomics）是近 50 年发展起来的一门新兴学科，安全人机工程学是其分支之一。安全人机工程学强调以安全作为研究人——机——环境三者关系的出发点，综合运用心理学、生理学、测量学、安全学等相关学科理论，在最大程度上保证人在生产、生活、劳动过程中的安全与健康。具体包括：(1) 对于人的研究。在人机系统中，人是主角与核心，对人的尺度、身体活动范围等物理方面以及对人在使用过程中的状态、限度以及适应能力等心理方面的研究能够有助于提高设计产品的可靠性和安全性。(2) 对机器的研究。研究设计产品的功能、外观如何适应使用者的生理、心理的特点，并着重分析人机系统中的不安全因素以做到有针

① Aken D V. Consumer product: Hazard analysis, standardization and (re) design [J]. Safety Science, 1997, 26(1): 88.

② Fadier E, Garza C D L. Safety design: Towards a new philosophy[J]. Safety Science, 2006(44): 66.

对性地解决安全问题的产生。(3) 对使用环境的研究。人机系统存在于一定的环境之中，通过对环境的分析研究，创造出合适的使用环境并有针对性地清除或控制环境中的不利因素，以确保人机系统的平稳、可靠地运行。

同时，产品设计与企业之间有着极为密切的联系，它是产品、服务投入市场的最后安全把关人之一。因而，产品设计的安全与企业之间也密不可分。从企业建设方面看，企业安全文化建设，对提高设计安全有着积极意义。建设企业安全文化对于企业立足于激烈的竞争市场有着关键性的作用。对于企业安全文化的建设，应从物质、制度、精神三个层面展开。首先，建设物质层面的安全文化是实现物——环境——机系统的安全化，是企业长期追求的目标之一，也是产品设计安全的基础性保障。物质建设包括：对企业产品生产过程中的工艺技术的提升；严格遵照国家颁布的相关文件进行原材料的采购、使用；引进国内外先进的工艺处理方式与手段以不断提高产品制造水平和产品质量等级；加强企业各类设备的维护，引进先进的生产、研发设备，用安全、稳定、高效、前沿的设备、设施进行产品生产以提升产品品质；严格检测、检验出厂产品；强化企业员工的安全操作技能以及化解安全事故问题的能力；创造安全、高效的办公、生产环境；建立健全深度事故分析“包括对其根本原因的分析，给工程师提供有效的设计信息”[①]等方面。

其次，制度集中体现了企业文化的要求，建设制度层面的安全文化须从企业制度和企业风俗两方面进行。在制度方面，企业的领导制度、奖惩制度、责任制度尤其是生产管理制度和设备管理制度都要以“安全”为主题、为中心，围绕企业的特性、社会环境、发展方向来因地制宜、因时制宜地拟定、确立。而在企业的风俗方面，它是企业长期约定俗成的一种活动，如：素质拓展、素质培训等。企业需要充分利用轻松的环境氛围，以友好、极具亲和力的方式将企业的安全文化传递给每位参与的员工，让员工在娱乐、舒适的情境下对企业的安全文化和产品的安全设计有深入的认识，从实践中提高自身的安全设计、安全生产意识。

最后，精神层是企业文化的精髓，是物质、制度层次的主导。它包含了企业的宗旨、经营哲学、道德、目标等方面，它是企业发展的内在动力以及企业魅力的所在。企业树立安全的经营道德、哲学是对企业文化的积极引导，是对消费者、对社会、对人类未来负责的体现，更是企业品牌能够经久不衰、驰名世界的重要因素之一。

例如，美国杜邦公司就是其中的典型。成立于 1802 年的杜邦公司是一家科学企业，涉及食品、农业、建筑、交通等多个领域。杜邦公司之所以能够成为跨越两个世纪至今仍然充满生机的根源在于它们建立了完善的企业安全理念，将“安全”作为企业的核心价值观之一，企业运营的各个环节中“安全”都占据极为重要的地位，形成了著名的“杜邦安全理念”即：“所有安全事故

---

① Wayne C.Christensen, Safety through design [J], Professional Safety, Mar 2003 P32-39.

是可以预防的；各级管理层对各自的安全直接负责；所有安全操作隐患是可以控制的；安全是被雇佣一个条件；员工必须接受严格的安全培训；各级主管必须进行安全审核；发现的安全隐患必须及时改正；员工的直接参与是关键；工作外的安全和工作中的安全同样重要；良好的安全创造良好的业绩"这十条安全原则精炼而全面地浓缩了企业运营中的安全原则。而杜邦公司荣获的美国国家安全协会授予的安全奖章、荣获最受赞赏的化学类公司等诸多荣誉，正是企业重视、加强安全文化科学建设的结果（图 14-3）。

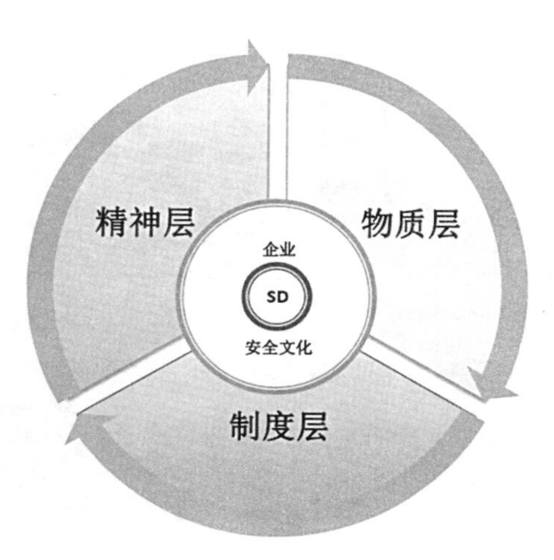

产品是人与外在之间的沟通中介，产品设计的最终目的是为人服务的。因此，对于不同的人群我们需要根据其特点在产品设计的外形、功能、经济性、适应性等方面做出相应的变化与调整，从而让产品安全地实现其应有的功能与价值。

1. 产品设计安全之针对普通人群

对于每一位生活在当今社会的普通人来说，批量化的生产方式给我们带来物质上的极大丰富与满足。工业产品的研发、设计、生产、销售过程也随之加快，这就使得一部分产品的生命周期有所缩短，而另一部分的产品生命周期有所延长，但不管是何种变化，产品的质量与品质是其决定性的因素。随着产品功能多样化的发展趋势，产品在使用过程中的安全性成为人们做出购买决策的重要影响因素。在这里，产品的安全性不仅包括了产品的物理上的安全性，还包含产品中的安全伦理问题（图 14-4）。

图 14-3 企业安全文化建设与设计安全（上）
图 14-4 人机工程学剪刀工具设计（中）
图 14-5 "手指救星"——安全电锯（下）

从产品的物理上的安全性来看，主要是指产品在使用过程中对人身体的保护程度。以美国时代周刊所评选出来的诸多创新设计发明为例，它们都无一不向世人展现出设计在产品安全性上的强大力量。在家具制造厂内极为常用的桌上型电锯一直是众多工人们心头的安全隐患。传统的电锯以每小时高达 120 英里的速度急速旋转，这让木料的切割过程非常容易，但是，这也非常容易在切割木料时连同工人的手指一起切断，酿成悲剧。由 SawStop 设计的安全电锯就能够在刀片与手指接触的瞬间停止运转，减少悲剧的发生，从而降低手指被切断的安全事故发生率，因而被人们形象地称为"手指救星"。SawStop 设计的这款安全电锯的功能实现源自于在设计中采用了最新的传感技术，使电锯的反应更为敏捷。在此之后，SawStop 并未止步，他们通过前沿的科技手段与合理的设计方式从最大程度上保障了使用者的人身安全（图 14-5）。

在跑步运动员或是跑步爱好者看来，一双轻便、舒适、保护性好的跑鞋必然是最佳的运动装备所具备的关键因素。2012 年，Nike 公司推出的 FlyKnit 跑

图 14-6 Nike Flyknit 跑步鞋（上）
图 14-7 激光灭蚊器（中）
图 14-8 "Open the safety"（下）

鞋可以说是鞋类设计中的创新与突破。鞋体的支撑结构通过编织融入鞋面中，这样设计不仅需要缝合线，更重要的是能够有效地减轻鞋体的重量（整个鞋仅重 160 克）以及避免摩擦区的产生，而轻便的鞋体意味着更少的原料的使用，这从另一方面又减少了生产时废料的产生，对生态环境相当友好。另外，最具创新的是 Dynamic Flywire 设计，即动态飞线科技的运用。该项技术的使用使得鞋面、鞋带、飞线之间紧密相连，在最大程度上提高鞋面的贴合度，减少因鞋与脚之间贴合度不高而造成的摩擦损伤。而在跑步过程中，鞋底的减震效果也极为重要，良好的减震设计不仅能够保护跑步者的膝盖与脚踝等关节，更能够提高跑步者的运动效率。在 Nike FlyKnit 跑鞋中，Nike Zoom 气垫的使用给予足底足够的缓冲，产生优秀的缓冲效果，减少运动疲劳的产生。最后，在鞋底设计方面，Nike FlyKnit 跑鞋采用了菱形和华夫纹路设计，确保在运动过程中提供极佳的抓地力（图 14-6）。

每年，世界上因蚊子而导致约 2.5 亿疟疾病例的发生，约 100 万人死亡。可见，蚊子虽小，带来的灾难可不少。为此，前微软公司首席技术官内森 · 麦沃尔德（Nathan Myhrvold）及其团队研制了激光灭蚊器，来减少疟疾病的发生率。他们从 2008 年就开始研发这种灭蚊器，在 2010 年 2 月的 TED 会议上，麦沃尔德向人们演示了灭蚊器的使用方式以及工作原理(图 14-7)。麦沃尔德称，激光灭蚊器每秒可以击毙约 50 到 100 只蚊子，并且机器能够智能地区分蚊子与其他昆虫。而效率如此高的产品，其造价并不昂贵，仅 50 美元，这与每年世界在疟疾病上的投入相比，可以称得上是微乎其微。从以上历年美国时代周刊所评选出的最佳发明创造我们可以看出，设计师通过对原有产品的改良设计能够极大地提高产品使用过程中的安全性，而设计师通过对科学技术的创新性使用能够为我们生活提供新的安全保障，改善生态环境。

在日常出行中，不良习惯经常会导致交通事故的发生。而在不观察车后的情况就打开车门的行为往往容易引发撞车事故。红点奖作品"Open the safety"就能很好地通过设计来解决这一问题。该设计原理非常简单，但也非常巧妙。"Open the safety"是一个检测和固定的装置，它能够吸附并直接地安装到车门的金属板上。装置内部包含一个红外探测器以及警示灯。当车门打开之时，探测器就能够迅速探测车后方 30 米范围内的障碍物，一旦后方有车，它就会立刻发出警告声，提示车主不要下车。在 3 秒后，该装置可以进行下一次的探测，只有在确保安全的前提下，车主才能完全将车门打开（图 14-8）。

同样一个构思巧妙的电源扩展线路设计也能够大大降低建筑工地上建筑工

人因疏忽大意而造成的不必要损伤。“心理学的研究表明，‘不注意’并不是一种孤立的心理过程，它总是和注意相伴的，是‘注意—不注意—注意’心理反应的一个组成部分，并且和‘注意的选择性、转移性、分配性等特征密切相关。’”①在建筑工地施工过程中，由于环境嘈杂、粉尘较大、工作强度大以及其他一些因素，导致工人在施工过程中难免会有“心不在焉”、“漫不经心”以及“不注意”等心理现象的产生，尤其是当工人在判断电源电线是否通电的时候，常常会因一时的疏忽大意而导致触电身亡。为了解决这类安全事故的发生，设计师通过对电线的改进而设计出“Watchman Safe”电源扩展线路。如图所示，“Watchman Safe”电源扩展线路是一款非常人性化、安全的工业设计产品。它最主要的特点就是在通电情况下，电线会发出橙色的光，从视觉上直接地告诉工人，该条扩展线路处于通电状态，从而省去了工人判断的过程。另外，扩展电路的可伸缩接线插头设计以及安全工业材料的使用也提升了产品的安全性能，保障工人的施工安全。而“Watchman Safe”的设计方式也能够应用在家庭日常使用的接线板设计上，进而促进家庭电器在使用过程中的安全性（图 14-9）。

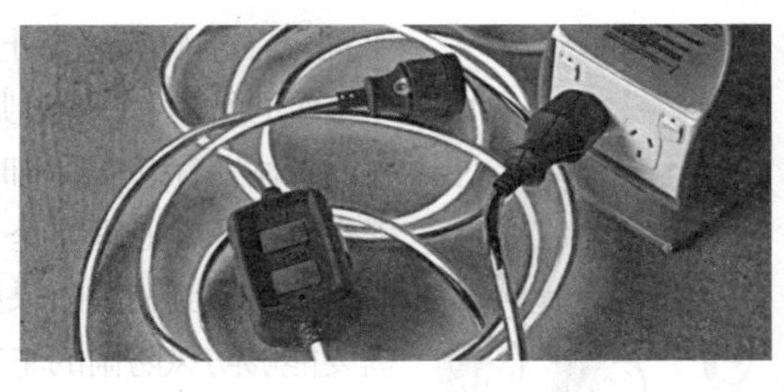

图 14-9 “Watchman Safe”电源扩展线路

2．产品设计安全之针对特殊人群

在上文中，探讨了普通人日常生活中所接触到的有形产品和无形产品的安全性。而作为设计师，不能忽视的是社会中的另一部分人群，即儿童、老人以及残障群体（残障群体的设计安全将在后文论述）。相对来说，这类人群在社会中比较特殊，他们对产品的设计要求与普通人群有所不同。接下来将分别阐述针对儿童以及老人设计的产品的安全性。

对于儿童年龄段的划分有多种，而综合医学界和我国全国人口普查数据报告的年龄构成来看，设计中的儿童主要是针对 0 ～ 14 岁的人群。根据国家统计局 2010 年第六次全国人口普查主要数据公报（第 1 号），在“大陆 31 个省、自治区、直辖市和现役军人的人口中，0-14 岁人口为 222459737 人，占 16.60%”②可以看出，儿童在社会中占据较大的比重。对于儿童来说，他们在生理和心理上还未发育完全，其思维方式与行为方式与成年人有着较大的差别。在儿童的成长发育阶段，生活中所接触的事物将会对其将来价值观的形成以及行为方式等方面产生重要的影响。虽然，在目前市场上，打着“专为儿童设计”的产品数不胜数，但在其中却存在着滥竽充数、以次充好、假冒伪劣等诸多问题，真正地从儿童需求方面设计的产品还是比较缺乏。因此，作为设计师，我们需要根据不同年龄阶段的儿童来设计安全的、符合他们需要的产品，来促进儿童的健康成长。

以儿童在年幼期经常使用的手推车为例，其设计就有着多种讲究。首先，

① 陈士俊．安全心理学 [M]. 天津：天津大学出版社，1999:176.

② 2010 年第六次全国人口普查主要数据公报（第 1 号）. 中华人民共和国国家统计局，[EB/OL] .[2011-4-28] . http://www.stats.gov.cn/tjgb/rkpcgb/qgrkpcgb/t20110428_402722232.htm

图 14–10　儿童手推车（一）

图 14–11　儿童手推车（二）

手推车在材质的选择上应该符合国家的执行标准，做到安全无污染。其次，在手推车的结构上，设计师应根据儿童坐、躺、卧等不同姿势的需求来设计，保障儿童的身体发育以及乘坐时的安全。而部分手推车能够让家长面对孩子推行，则充分考虑到孩子在心理安全上的需求。在手推车的轮胎设计上，应该充分考虑到不同的路况，做到避震效果好、使用寿命长。再次，针对不同的外出环境，手推车还需要能够防风防雨的车罩以及能够抵御强烈紫外线照射的顶篷。最后，车体的刹车、座椅、储物盒等也需要做到绝对的安全有效（图 14-10，图 14-11）。

除此之外，手推车的色彩设计方面，常常容易忽视。目前销售的手推车虽然品种多样，配色可选择的范围也较多，但是符合儿童使用需求的合理配色并不多。家长在选择时也往往凭借自己的喜好以及经验来选择手推车的颜色。著名德国艺术家约翰内斯·伊顿在《色彩艺术》中说："在眼前和头脑里开始的光学、电磁学和化学作用，常常是同心理学领域的作用平行并进的。色彩经验的这种反响可传达到最深处的神经中枢，因而影响到精神和情感体验的主要领域"[①]因而，手推车的色彩设计涉及儿童的生长发育。不同的色彩和不同的色调其传达的信息以及给人带来的视觉、心理感受都不尽相同，如表 14-1 所示。所以，在设计时，设计师应该将车体内部的颜色设计成较为温和、平静的浅色，这样能够让儿童在乘坐过程中避免因颜色过深或过亮而造成的孤独、恐惧以及躁动。在车体外部方面，深色的选择则能够有效地阻挡强烈的光照，保护儿童。由此可见，儿童使用的产品在设计过程中需要进行更为深入的研究，只有把握儿童的生理以及心理特点，方能让儿童的设计产品在使用的过程中做到安全可靠。

如下图，设计师设计的这款带行车安全提示表情的背包，通过一个挂在自行车头上的电子设备可以控制背包后面所显示的表情，当骑车者需要做出什么动作的时候，都可以通过这个设备来控制，并以 LED 高亮图标的形式显示在背包上，让后面的车辆一清二楚地知道你要做什么了（图 14-12）。

图 14–12　LED 背包设计

表 14–1

色彩	视觉联想
红色	让人联想到太阳、火焰，使人兴奋。红色醒目，在喜庆场面中给人以热情、活力、愉悦之感。在交通指示设计中给人以警示。
黄色	黄色类似于阳光的颜色，给人以开放、明朗、希望之感。同时，黄色又象征着丰收，生命之源，因此也有希望、收获、野性、警惕、猜疑的含义。
橙色	常给人欢乐、温暖、华丽、冲动的感觉。在设计与传播中，橙色有时可以代表危险，有时可以给人安全与活力感觉。
绿色	象征着宁静、安全、和平、舒适、活力、新鲜、清新、年轻、生机。
青色	常让人联想到凉爽、安宁、沉静、清淡、高洁、警戒。
蓝色	常具有深远、沉稳、透明、开朗、和平、权威、理性、智慧的含义。
紫色	常具有高雅、不安、神秘、庄重、华丽、权贵的含义。
白色	常给人以清洁、干净、平静、肃静、平淡、纯洁之感。
黑色	容易造成沉重、失望、严肃、焦苦之感。但同时，在某些场合下，黑色也能够给人以高贵、沉稳、大气、庄重、威武之感。

① ［德］约翰内斯·伊顿．色彩艺术 [M]. 杜定宇译．上海：世界图书出版公司 .1999:177.

随着私家车数量的增多，越来越多的家庭选择自驾方式出行。对于儿童而言，针对成年人设计的座椅并不适合乘坐。因此，在儿童乘坐汽车出行时，需要增加专为儿童设计的安全座椅。在儿童安全座椅的安全性方面，其五点式安全带的设计能够最大地分散因撞击而产生的冲击力，从而减少行车过程中对儿童尚未发育完全的身体产生影响。而在儿童头部高度处的侧面海绵减震挡板的设计，能够让儿童在摇晃的车体中保证头部的安全，有效减少侧面撞击。另外，采用防滑材料设计的护肩也能够减少儿童在发生意外时受到的伤害。而将座椅的靠背以及肩带的可调节设计能够适应儿童不同年龄阶段的乘坐需要。儿童安全座椅的设计可以说是满足了儿童这一特殊群体对乘车安全性的需求。通过对座椅的人性化、合理化以及根据不同使用的条件可以灵活变动的设计，在最大程度上保证儿童的乘车安全，降低儿童安全事故的发生率（图 14-13）。

图 14-13 儿童汽车安全座椅

在我国，“60 岁及以上人口为 177648705 人，占 13.26%，其中 65 岁及以上人口为 118831709 人，占 8.87%。60 岁及以上人口的比重上升 2.93 个百分点，65 岁及以上人口的比重上升 1.91 个百分点。”①人口老龄化的趋势正在发展，60 岁以上的老人数量也在增加，为老人设计已经逐渐成为众多企业设计所关注的一个重要方面。

老年人的身体逐渐趋于老化，各项身体机能均不能和年轻人相比。尤其是视力、听力减退，触觉、味觉等反应迟钝，行动以及操作技能变得迟缓、笨拙等，使得老年人的生活需要更多的安全关怀与安全设计。而老年人的记忆退化、注意力不集中等问题，让部分老年人在一定程度上变得孤独、自卑，进而逐渐减少与人之间的交流，最终产生心理问题，容易导致老年人群中特有的生活安全问题的出现。

高血压是老年人群中常见的慢性病，如果血压控制不好就会引起一系列的心脑血管并发症。因此，大多数老年人都会为自己购买一台电子血压计，以便方便而直接地掌握自己的身体状况。如图中的欧姆龙牌血压计，在传统的血压计设计的基础上，做到了多方面的革新，使老人使用起来更为安全。该款血压计使用了新型的 Fitcuff 袖带，与传统的袖带不同的是，Fitcuff 袖带只需要单手就能够完成正确的佩戴过程，这种设计使用方式极大地简化了老年人佩戴的过程。另外，在佩戴袖带过程中，袖带的自检功能设计能够自动检测出使用者的佩戴正确与否，在佩戴正确后会在屏幕上显示出“OK”的图样，否则不会显现。这项新的功能的设计可以避免因佩戴而造成检测结果不准确的问题出现。除了在准备工作中做到人性化设计，在使用中，这款血压计的“误动作提示”功能设计更是保证检测误差不出现的法宝。此外，在欧姆龙 HEM-7430 血压计中，还有诸如“清晨血压提示”“记忆测量值”“智能加压”等多项人性化的设计来确保检测出准确的血压值，做到科学、安全地控制自己的血压（图 14-14）。

图 14-14 欧姆龙 HEM-7430 血压计

① 2010 年第六次全国人口普查主要数据公报（第 1 号）. 中华人民共和国国家统计局，[EB/OL] .[2011-4-28] . http://www.stats.gov.cn/tjgb/rkpcgb/qgrkpcgb/t20110428_402722232.htm

图 14-15 纽曼 Newpad F1 平板电脑

图 14-16 带放大镜的指甲剪

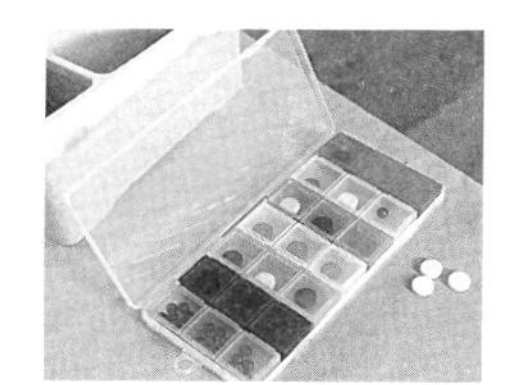

图 14-17 分格药盒

图 14-18 GPS 卫星定位手表

在老人的生活中同样不能没有时代潮流的身影。设计的深入发展让老人们的心灵与时俱进，永葆年轻。纽曼 Newpad F1 是一款专为老年人设计的平板电脑，它具有操作简单、上手容易的优点。在屏幕尺寸方面，9.7 英寸的选择既具有便于携带性，又同时能够让老人清晰地观看电脑上的内容并在较大的范围内选择相应的程序应用。而 1024×768 的屏幕分辨率和较大的可视角度让老年人的操作更为便捷。值得一提的是，在 Newpad F1 中，专为老人设计了语音系统和超大字体设计，这提高了老人使用过程中的效率，降低操作失误率。此外，还根据老年人的娱乐生活习惯而设计“生活饮食”、“新闻资讯”、“保健养生”等内容。总体来说，这款平板电脑能够保证老人在安全、便利的环境下获得生活中的娱乐（图 14-15）。

除了关注老年人的医疗以及娱乐产品的设计安全外，一些设计师也非常关注老年人使用的日常生活小物品的设计安全。他们往往是通过对传统生活器物的细节上的改造，使这些物品更加符合老年人的使用习惯，从而保证器物在使用过程中的安全。

老年人的视力水平远不及年轻人，剪指甲对于多数老年人来说是件既费工夫又不安全的事。针对这种特殊的情况，设计师在原有的指甲剪基础上设计了一个磁铁放大镜，这样就能够让老人方便地看到指甲尖部，避免因指甲剪的过深而导致发炎出血等情况的发生。放大镜的基部可以根据具体使用情况来进行上下、左右、高低的调节，使老年人可以更为自由地控制使用范围。此外，在指甲剪的内部还设计有甲屑储存盒，方便使用后的清理，避免指甲壳到处飞溅（图 14-16）。

在老年人的生活中，难免需要服用一些药品来保证身体的健康。而一旦药品数量增加以及各类服用的方式不一致之时，老年人有时难免会出错，进而影响身体健康状况。为了解决这一难题，“分格药盒”就此诞生。设计师使用鲜明的色彩来区分一周七天，每个色彩有 3 个小格，共计 21 个，分别可以盛放一周七天，每天三次的药方。在每个小格的盖子上还能贴上注意事项，以提醒老人。在“分格药盒”制造中 PP 材料的使用不仅保证药盒具有良好的密封性，还确保药品盛放过程中不会因材料的问题而污染药品（图 14-17）。

在老人外出游玩时，设计也能在最大程度上给予老人以安全。GPS 卫星定位手表（同样能够用于其他人群）就是将手机与手表相结合而产生的新型产品。我们能够通过手机短信、电话以及互联网查询平台来跟踪定位老人所处的地理范围，还能通过指令代码来掌握老人周边的实时情况。当老人遇到紧急情况时，能够通过手表拨打 SOS 紧急求助以及预先设定的亲情号，来获得与外界的联系。GPS 卫星定位手表还具有闹钟、MP3、收音机等娱乐功能，让老人在安全的环境下进行活动。可以说，这款产品的产生是设计与科技、设计与安全完美结合的产物（图 14-18）。

综上所述，不难看出，设计师在设计过程中需要将受众的生理、心理等客观因素与设计师的主观因素相结合，运用合理、先进的设计方式以及科学技术，针对不同的群众的行为方式、消费习惯等设计出在形态、色彩、材料以及功能方面都能够符合使用者的产品，真正做到产品设计的安全性。

图 14-19 警示色安全服设计

14.2.2 环境设计与安全

环境与人的生活有着密切的关系，按照其形成，我们可以粗略地将环境分为自然环境和人工环境。"一般地理解，环境设计是对人类的生存空间进行的设计。区别于产品设计的是：环境设计创造的是人类的生存空间，而产品设计创造的是空间中的要素。"[①]环境设计包括城市规划设计、城市生态设计、建筑设计以及公共设施设计等。它们的设计安全关系到每一个人。以下就按照环境设计的几种主要类型来分别探讨环境设计的安全性。

图 14-20 为红、绿色盲朋友设计的人性化交通信号灯

1. 公共环境设计的安全

在城市中，公共设施反映的是城市文明的发展水平、市民公共出行安全性程度以及城市生活便利性等多方面的情况。具体说来，公共设施包括：公共安全设施，如城市监控、交通信号灯、消防栓、治安亭等；信息交流设施，如宣传栏、报刊专栏、指示牌等；文化娱乐设施，如流动图书馆、健身器材、公共艺术景观等；商业设施，如自动存取款机、自动售货机、自助多功能充电站等；无障碍设施，如盲道、残障人专用卫生间等。在设计过程中，我们不仅需要将它们的形态、色彩、功能等方面做到与城市环境相融合，更要在它们的环保性、便利性以及安全性上做到尽量完美。

图 14-21 高速铁路黄色警示线

在公共设施的设计中，视觉导向占据了非常重要的地位。广告、招贴、霓虹灯、电视墙等充斥着我们的视野，不断地刺激着我们的视觉。因此，在浓厚的商业文化背景下，如何提高公共设施的安全性成为人们关注的焦点。如何做到城市中的公共设施在既不影响城市整体的环境下，又能便捷、正确、规范、安全地引导人们的出行活动是环境设计师们所要解决的关键问题（图 14-19）。

公共设施的设计首先要考虑的是它的色彩。如上文所述，色彩在产品设计中非常重要，同样，在公共设施中也是如此。色彩能够直接地影响到人们对环境的感知情况，对于不同区域、民族的人，需要进行特殊化的色彩设计以保证环境的安全性。例如在给阿拉伯国家地区进行设计时，我们需要以阿拉伯国家地区的文化作为主要的设计原则，依据当地的风俗传统来合理地使用色彩系统，从而避免因色彩的忌讳问题而造成民族冲突。其次，图形也非常重要。图形用一种抽象化、简明的方式来传达信息，在部分场合，安全合理的图形设计能够完全取代文字进行信息传播。所以，在公共设施的设计中，设计师的图形设计需要在容易理解、避免误区的前提下做到具有形式美感、便于记忆以及富有创意和文化意蕴。如图用三角形、圆形、正方形，改变灯光的形状，就是一种很好的辨别方法，是非常好的设计（图 14-20，图 14-21）。

---

① 尹定邦 . 设计学概论 [M]. 湖南：湖南科学技术出版社，2011:197.

图 14–22 卫生间指示牌设计（一）

图 14–23 卫生间指示牌设计（二）

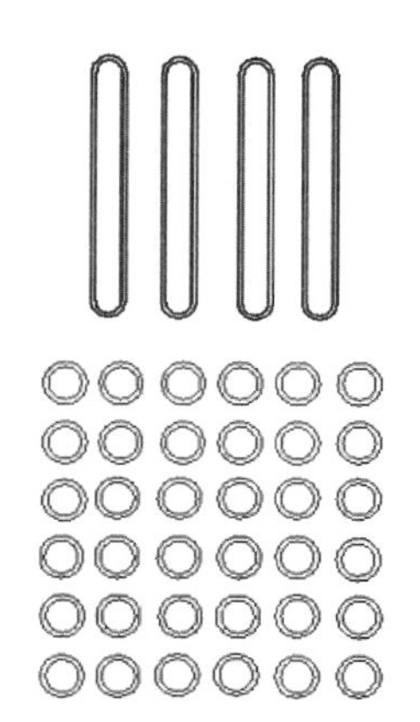
图 14–24 行进盲道（上）和提示盲道（下）

又如以常见的公共卫生间指示牌设计为例，不同的设计方式直接影响着传递的信息。如图 14-22 选择了卡通人物造型作为主要的设计元素，色彩选择了淡蓝色和粉红色，并配以中英文来区分男女卫生间。整个指示牌容易分辨且造型友好，具有较好的亲和力。而图 14-23 的指示牌也做到了造型简洁、色彩设计明确且容易分辨。但是在指示牌中，代表“男”性的图形设计并不合理。设计师将其设计成双手攀在卫生间间隔墙上并有窥视女性卫生间行为的人物造型，可能设计师在设计前处于一种风趣幽默的目的，而这种所谓的“风趣幽默”是不符合社会伦理道德的，它所传递出的是一种庸俗、低劣的思想，应该摒弃。如果这类设计指示牌出现在公共场所，它不仅不会起到应有的“指示”作用，更会影响到青少年男性的心理健康发育，影响到女性的人身安全以及个人隐私安全，甚至危害社会上男女之间的和谐发展。

对于社会上的弱势群体之一的盲人来说，出行的安全至关重要。为此，在世界诸多国家中都有为盲人设计的“盲道”。盲道分为行进盲道和提示盲道两类（图 14-24）。行进盲道呈条状，而提示盲道呈均匀分布的点状。这两种盲道的配合使用，能够有效地解决盲人出行中的部分问题。而盲道的铺设以及盲道线路的设计有着严格的标准和要求。总体上来说，盲道一般为黄色，应连续铺设，中途不能有障碍物，其基部应与人行道之间保持水平。

在行进盲道位置的选择上，国家有着严格的标准：

“1. 人行道外侧有围墙、花台或绿地带，行进盲道宜设在距围墙、花台、绿地带 0.25 ~ 0.50m 处。

2. 人行道内侧有树池，行进盲道可设在距树池 0.25 ~ 0.50m 处。

3. 人行道没有树池，行进盲道距立缘石不应小于 0.50m。

4. 行进盲道的宽度宜为 0.30 ~ 0.60m，可根据道路宽度选择低限或高限。

5. 人行道成弧线形路线时，行进盲道宜与人行道走向一致。

6. 行进盲道触感条规格应符合表 14-2 要求。”[①]

盲道触感条规格[②] 表 14–2

部位	设计要求（mm）
面宽	25
底宽	35
高度	5
中心距	62 ~ 75

同样，对于提示盲道的设置也有着相应的规定：

“1. 行进盲道的起点和终点处应设提示盲道，其长度应大于行进盲道的宽度。

2. 行进盲道在转弯处应设提示盲道，其长度应大于行进盲道的宽度。

3. 人行道中有台阶、坡道和障碍物等，在相距 0.25 ~ 0.50m 处，应设提

① 中华人民共和国建设部，中华人民共和国民政部，中国残疾人协会合著 JGJ 50-2001 城市道路和建筑物无障碍设计规范 [M]. 北京：中国建筑工业出版社，2001.

② 同上 .

示盲道。

4. 距人行横道入口、广场入口、地下铁道入口等 0.25 ～ 0.50m 处应设提示盲道，提示盲道长度与各入口的宽度应相对应。

5. 提示盲道的宽度宜为 0.305 ～ 0.60m。

6. 提示盲道触感圆点规格应符合表 14-3 的规定。”①

触感圆点规格② **表 14–3**

部位	设计要求（mm）
表面直径	25
底面直径	35
圆点高度	5
圆点中心距	50

图 14–25 不合理的盲道设计（一）（上）
图 14–26 不合理的盲道设计（二）（中）
图 14–27 盲人触摸式公交站牌（下）

虽然《JGJ 50-2001 城市道路和建筑物无障碍设计规范》中对盲道的设计有着非常严格的要求，但是在现实中，仍然存在着许多设计不规范、不合理、不安全的现象，如盲道被占用、不连续、破损等。这些不规范的设计严重地影响到盲人的出行，造成他们生活上的不便。其中，最为突出的问题是没有尽量地将盲道设计成直道，而设计成“Z”“S”型，这加大盲人出行难度，增加出行危险。（图 14-25，图 14-26）

而随着设计人性化的发展以及社会对盲人出行方便性的关注，部分城市中还出现了针对盲人乘车的“盲人触摸式公交站牌”。这种站牌在传统公交站牌的基础上增加盲人触摸区域，并通过盲道引导盲人到达触摸式公交站牌处，方便盲人乘坐公交。同时，还有部分盲人触摸式公交站牌带有语音播报的功能，在最大程度上提高盲人的出行效率，确保盲人出行安全（图 14-27）。

另外，在公路上常见的“减速带”设计上，也需要引起设计师的注意。减速带是安装在公路上的减速设施，其主要的作用是引起过往司机的注意并起到缓冲减速的目的。减速带通常设置在学校、居民住宅以及人流量大和交通事故多发的需要车辆慢行的区域。

在减速带的设计上，通常使用黄、黑两色，并相间分布以提高视觉上的冲击力，引起人的注意。在材料的选择上有橡胶、铸钢以及混凝土等，而以橡胶的使用效果最佳，尤其是在橡胶减速带内部安装反光珠，使得

① 中华人民共和国建设部，中华人民共和国民政部，中国残疾人协会合著 JGJ 50-2001 城市道路和建筑物无障碍设计规范 [M]. 北京：中国建筑工业出版社，2001.

② 同上 .

图 14-28 减速带（一）（上）
图 14-29 减速带（二）（下）

减速带不仅在白天能够清晰可见而且在光线条件较差的情况下也能看见。而在瑞典，有一种更为安全的减速带设计。这种减速带的设计特殊之处在于其形式——中间设计了一排竖钉。竖钉采用单方向倒下设计，这样做不仅能够在顺向行驶的司机视觉和心理上产生减速的意识，让其安全通过，而且还能有效地避免道路上逆向行驶的情况出现，确保双向公路的行驶安全。（图 14-28，图 14-29）

对于一座城市的设计规划来说，通过合理的公共设施设计不仅需要做到减少日常安全问题的产生，而且还需要考虑到对城市安全带来潜在威胁的因素，如非暴力犯罪行为、工作场所的暴力行为或是化学品、生物品的攻击等。而这些潜在威胁因素都能通过预先的公共环境设计来预防。从 1960 年代起，在不同行业专家学者，如犯罪学家雷·杰弗里（C. Ray Jeffery）和建筑家奥斯卡·纽曼（Oscar Newman）等的共同努力下，环境设计的安全理论——CPTED（Crime Prevention Through Environmental Design）理论，即通过环境设计来预防犯罪理论方法诞生了。该理论吸取了社会科学和自然科学以及设计学的相关理论，旨在通过对公共环境中的不同元素之间的规划、管理和配合，达到降低犯罪行为发生的目的。CPTED 理论的产生经过了一段较长的时间，最初公开发表理论的是雷·杰弗里，他在 1971 年出版著作《通过环境设计来预防犯罪的产生》（*Crime Prevention Through Environmental Design*），但是在当时因为没有引起人们的关注而被遗忘。而纽曼在继承杰弗里的理论基础上于 1972 年出版的著作《通过城市设计来预防犯罪》（*Crime Prevention through Urban Design*）却获得了社会的广泛关注。在此之后，杰弗里又反复研究深化自己的理论，并于 1990 年将最新的研究成果发表。到 2004 年为止，CPTED 理论获得了广泛的验证和使用，在融合了社会生态学以及心理学的基础上，产生了第二代 CPTED 理论。如今，CPTED 理论已经广泛运用于房地产、商业区、教育环境等规划设计中。

在城市商业区域，通过环境的设计能够有效地减少事故的发生，提高人的安全。如在步行街的主干道中，由于交通公路的穿插使得人流量较大的商业步行街上的行人安全问题格外突出。为此，在交通街道的入口处设置大理石球、锚固金属护栏、铁链围栏的安全组合阻隔并在各个安全装置之间设置较大的缓冲区域，使得步行街道上的行人能够有效地意识到前端路口的情况，避免误入交通通道，进而选择人行天桥通过。同时，大理石球和锚固金属护栏的组合使用还能避免因车辆行驶失控误入步行街到的情况发生。因此，在步行街与交通公路交叉的路口进行合理的安全阻隔以及立体化的街道设计不仅保障了行人的安全，而且还能够保持过往车辆的畅通。

而在城市行政区域，政府大楼前的环境安全设计表现得则更为明显。如美国白宫前的层层安全护栏组合设计中，不仅使用了锚固金属护栏、铁链围栏，还通过将护栏固定在岩石的底座上的方式来增强护栏的强度。层层护栏之间的较长间隙以及不同护栏的之间的高低组合排列设计能够在最大程度上扩大阻隔的范围、增强阻隔的效果。而在护栏与白宫主体建筑之间的广阔草坪设计也为行政楼设下外部的保护屏障。白宫前宽广草坪以及周围的树木之间的高低组合能够有效地监视周围的情况，而整体使得布局能够达到领域强化的目标。白宫前的安全阻隔设计是 CPTED 理论应用的典型代表之一，通过对周围环境的设计以及对自然领域的强化使得白宫这一政府大楼的安全性得到有效的保障（图 14-30，图 14-31）。

图 14-30 步行街的安全阻隔设计（上）
图 14-31 白宫前安全阻隔设计（下）

此外，在对公共环境进行绿化设计时，还需要考虑绿化植被与当地环境之间的发展问题，不可盲目选择植物品种，导致其不能适应环境而枯死。对于绿化植被品种的选择上，设计师还应注意各类植物之间的组合关系，不仅是高低、色彩上的组合，还有植物生长之间的组合，让不同植物之间能够相互补充，提供生长所需，最终实现绿化环境的可持续发展。而最为关键的是，设计时需要对各种植物有充分的了解，不种植对人体产生危害的植物，如图表 14-4 所示。而在由中国疾病预防控制中心病毒所曾毅院士和一些科研人员发现的 52 种促癌植物中，有很多是人们日常公园或是小区绿化中常用的植物，如油桐、铁海棠、结香等而应尽量避免使用（图 14-32，图 14-33）。

52 种促癌植物 　　**表 14-4**

石粟、变叶木、细叶变叶木、蜂腰榕、石山巴豆、毛果巴豆、巴豆、麒麟冠、猫眼草、泽漆、甘遂、续随子、高山积雪、铁海棠、千根草、红背桂花、鸡尾木、多裂麻疯树、红雀珊瑚、山乌桕、乌桕、圆叶乌桕、油桐、木油桐、火殃勒、芫花、结香、狼毒、黄芫花、了哥王、土沈香、细轴芫花、苏木、广金钱草、红芽大戟、猪殃殃、黄毛豆付柴、假连翘、射干、鸢尾、银粉背蕨、黄花铁线莲、金果榄、曼陀罗、三梭、红凤仙花、剪刀股、坚荚树、阔叶猕猴桃、海南蒌、苦杏仁、怀牛膝

图 14-32 油桐

2. 建筑设计的安全

建筑设计安全主要指的是建筑物本身应该具有安全的属性，是建筑设计最为重要的一部分。建筑设计安全不仅需要建筑师、工程师系统地掌握建筑安全工程以及安全知识，设计师、规划师等也需要对建筑的安全性有全面的认识，并在具体的建筑设计与实践中应用并发挥各自的长处，从全方位保证建筑建造以及今后使用过程中的安全性。“在安全系统中建筑最基本的要素有：墙、窗、门、屋顶。这些都是在设计中建筑师的调色板。同样的，墙、围栏、大门、景

图 14-33 铁海棠

观、高露台、场地周围有巨大的台阶，这些都有安全作用。建筑师这些符号来展现建筑宏伟的同时，又利用他们起到保护建筑的作用。”[①]而能够对建筑的安全性造成影响的因素有很多，其中包括地震、火山、雪灾、泥石流等自然因素，也包括火灾、污染以及袭击等非自然因素造成的建筑坍塌等人为因素。

对于建筑设计的安全性，国家对此有着严格的要求。2003 年 11 月 12 日国务院第 28 次常务会议通过的《建设工程安全生产管理条例》中就对建筑的设计单位提出的明确的要求。“设计单位应当按照法律、法规和工程建设强制性标准进行设计，防止因设计不合理导致生产安全事故的发生。设计单位应当考虑施工安全操作和防护的需要，对设计施工安全的重点部位和环节在设计文件中注明，并对防范生产安全事故提出指导意见。采用新结构、新材料、新工艺的建设工程和特殊结构的建设工程，设计单位应当在设计中提出保障施工作业人员和预防生产安全事故的措施建议。设计单位和注册建筑师等注册执业人员应当对其设计负责。”[②]由此我们可以看出，设计师在建筑设计安全中应当具备安全责任意识，认真贯彻实施建筑安全的法律条例，担负起保证建筑设计安全的重任。

一般来说，在建筑安全设计中重点考虑的是建筑设计防火以及建筑设计抗震。建筑设计防火主要包括以下几个方面。首先，在建筑的平面布局以及总体规划中应根据建筑物的使用目的以及周围的环境情况来进行合理的布局，特别是在设计人员密集区的建筑时，更应该考虑到容易引起火灾的区域以及主要的消防设施之间的布局。在建筑的布局中要留有足够的安全疏散空间，以避免火灾发生时，人流堆积。其次，建筑物的耐火设计也尤为关键，对于不同的建筑如单层建筑、多层建筑、高层建筑以及钢架结构建筑等，都有着相应的耐火等级设计。它要求的是不同类型的建筑之火灾高温环境下，建筑的主要结构在一定的时间范围内不受破坏，能够留给救援消防以及逃生足够的时间。再次，建筑设计中还应具有防火分区和防火分隔的设计，其目的是在火灾发生时，把受灾区域控制在建筑的一定范围内，减少对整个建筑的损害。最后，建筑的室内装修也应当考虑到防火安全性。室内的装修建材在做到环保的同时也应具有一定的阻燃性，其目的是避免室内着火，而当建筑室内失火时能够尽量控制火势的蔓延。

2009 年 2 月 9 日正是农历正月十五，中国传统佳节元宵节。在当晚 20 时 27 分，北京新地标建筑——央视大楼在建的附属文化中心大楼起火。据国务院事故调查组的分析，可以看出，这场长达 3 个多小时的火灾有着多方面的原因。元宵节是北京地区五环区内可以燃放烟花爆竹的最后一天，在中国传统上，人们有在元宵节夜晚赏花灯、放烟火的风俗习惯。而在此前的较长一段时期内，北京市已多天没有降水，空气非常干燥，极容易产生火灾。建设施工单位违反

① [德] 约瑟夫 · A · 德姆金 . 建筑安全规划与设计 [M]. 胡斌等译 . 北京：中国建筑工业出版社，2008:13-14.

② 朱建军 . 建筑安全工程 [M]. 北京：化学工业出版社 .2007:335.

《烟花爆竹安全管理条例》中的相关规定，在当晚组织大型的烟花燃放活动，这是导致火灾产生的直接因素。同时，央视大楼的附属文化中心大楼的相关施工单位在设计建造大楼的过程中使用了不合格的建设材料，没有达到安全标准，这为这场火灾的产生埋下伏笔。幸运的是，当晚没有大风，使得火势不会在较短的时间内迅速扩散，这有利于消防人员对火势的控制。最终，这幢即将不久投入使用的大楼在这场火灾中损失严重，楼内有数十层的楼板坍塌，已经安装好的电子设备也被烧毁，直接造成高达 16383 万元的经济损失，给北京市的形象造成严重影响（图 14-34）。

图 14–34 央视大楼附属文化中心火灾现场

地震是地球板块运动的结果，板块与板块交接处以及火山活跃地带是地震高发地区。我国地处于环太平洋火山地震带，为自然灾害多发地区。因此，建筑设计抗震显得尤为必要。根据《建筑工程抗震设防分类标准》（GB 50223-2008）的规定，建筑工程分为特殊设防类、重点设防类、标准设防类以及适度设防类四个级别。它们分别应符合以下的要求：

"1. 标准设防类，应按本地区抗震设防烈度确定其抗震措施和地震作用，达到在遭遇高于当地抗震设防烈度的预估罕遇地震影响时不致倒塌或发生危及生命安全的严重破坏的抗震设防目标。

2. 重点设防类，应按高于本地区抗震设防烈度一度的要求加强其抗震措施；但抗震设防烈度为 9 度时应按比 9 度更高的要求采取抗震措施；地基基础的抗震措施，应符合有关规定。同时，应按本地区抗震设防烈度确定其地震作用。

3. 特殊设防类，应按高于本地区抗震设防烈度提高一度的要求加强其抗震措施；但抗震设防烈度为 9 度时应按比 9 度更高的要求采取抗震措施。同时，应按批准的地震安全性评价的结果且高于本地区抗震设防烈度的要求确定其地震作用。

4. 适度设防类，允许比本地区抗震设防烈度的要求适当降低其抗震措施，但抗震设防烈度为 6 度时不应降低。一般情况下，仍应按本地区抗震设防烈度确定其地震作用。" ①

针对多层、高层等不同的建筑类别以及钢筋混凝土、砌块房屋等不同的结构类型，建筑师、设计师应该依据具体的情况，在建筑的场地、地基、结构、体型、尺寸、材料等方面做到合理设计，达到国家建筑工程的安全设置级别。

2008 年 5 月 12 日，四川省汶川县发生了里氏 8.0 级地震。在这场地震中，凸显出我国房屋建设安全的巨大问题漏洞。砌体结构是我国主要的住房结构类

① 中华人民共和国住房和城乡建设部，国家质量监督检验检疫总局 . 建筑工程抗震设防分类标准 [M]. 北京：中国建筑工业出版社，2008.

图 14-35　汶川大地震(上)
图 14-36　坍塌的韩国三丰百货公司大楼（下）

型，相比起其他建筑结构类型，这种结构设计具有保温、耐火、经济等多方面的优势，因而在众多的房屋设计建造中使用。但是，砌体结构的缺点也非常明显，即抗震能力较弱，房屋一旦出现裂痕而没有及时弥补就会降低其整体的抗震能力。而处在经济水平不发达的汶川县，采用砌体结构修建的房屋几乎都遭到毁灭性的破坏。为此，在灾后重建中，建筑师、设计师需要严格执行国务院颁发的《汶川地震灾后恢复重建条例》及抗震设防新标准来重新修建房屋，增强房屋的抗震性。要积极探索新的防震结构、防震技术，开发新的材料、建造工艺来提高建筑的安全建造标准，在地震多发地区要尽量避免使用传统砌体结构建造房屋。在房屋设计中要多增加抗震防线、抗震结构柱梁，以提高房屋在地震中的稳定性（图 14-35）。

而在建筑设计中，设计师不仅要考虑到地震对建筑的危害，同时还需要考虑建筑本身内部的震动对整体建筑产生的影响。1995 年 6 月 29 日，韩国首都最为繁华地段的三丰百货大楼在短短 30 秒的时间内变为平地。据调查人员研究发现，建筑事故的发生来自于建筑物体本身。三丰百货公司的建造采用了当时最新的建造结构类型——“平板”结构，这种结构有着建造成本低、建造速度快且室内布局灵活等优点。但是这种建筑需要建筑师和设计师对建筑内部的各个部分进行精确布局，一旦出现布局方面的不合理就会酿成灾难。而三丰百货公司在后期对设计师的内部布局的随意更变，是这场灾难的直接导火索。公司将五楼原本作为溜冰场的区域作为传统餐厅，这个不经意的临时变动，给楼层支柱的重量增加了 3 倍之多。另外，餐厅的厨房的大型设施的安装以及使用又会给楼层增加重量并且会带来震动。此外，建造时没有根据楼层的变化而对楼层间的支撑柱梁进行相应的增强设计反而有所缩水，这使得大楼楼层的坍塌可能性大幅度提高。最后，三丰百货公司对大楼进行的一系列的建筑结构上的改变，使得大楼最终无法承担重量以及室内产生的震动，进而导致悲剧的产生（图 14-36）。

在建筑的安全设计过程中除了要做到防火、抗震等方面外，还应做到建筑材料上的安全，以保护居住者以及居住环境的安全。“在城市里，主要公众健康问题是室外环境中的大气污染。这里包括悬浮颗粒、二氧化硫和硫酸盐以及氮的氧化物所形成的混合物，他们大部分是由制造业和运输部门燃烧化石燃料引起的。”[①]对于建筑建造来说，混凝土、黏土制品、石棉、木材防腐剂、沥青等是常见的建筑原材料，但是这些材料一旦使用不当或者使用了一些明令禁止

① [英] 史蒂夫·柯韦尔，鲍勃·福克斯，莫里斯·格林伯格，克里斯·马奇 . 建筑材料安全性——环保建材选用指南 [M]. 丁济新译 . 北京：化学工业出版社，2005:10.

使用的材料，则会对人体以及周边环境产生严重污染。以石棉为例，“接触温石棉的人，患石棉沉滞症、肺癌和间皮瘤的风险很大，而且和接触的剂量有关。但致癌风险的限制值尚未确定。”[①]所以，在石棉的使用上世界各国都有所限制，甚至是禁止使用。“1999 年欧盟发布了指令最终禁止使用温石棉，接着，英国从 1999 年 11 月起禁止进口和使用石棉，还限时销毁了一些。石棉水泥板、石棉瓦和其他制品也被禁止使用，用过的石棉水泥制品也不准买卖。”[②]由此可见，日常中经常提到的一些材料看似普通，但为了保障人、环境的安全，建筑师、设计师都必须全面认识各种建材。

建筑材料的使用不当对室内居住的人和环境的安全影响较大，而建筑的生命周期设计对生态安全也会产生重大的影响。建筑的生命周期包括材料准备、施工、使用以及循环。其每一个阶段都会给生态环境造成不同程度的影响。具体说来，建筑建造所需要的各种材料的开采、加工以及制作过程会产生粉尘、废气以及化学垃圾，而这些污染物的产生本身就是对生态的一种破坏，加之在建造过程中又会产生运输、损耗以及噪声等污染。随后，在建筑修建完工后，使用者又需要对室内进行装修，无疑再一次地加大对生态安全的威胁。最后，建筑到达使用期限后，会对建筑进行拆除或是再利用，这样又会产生粉尘、垃圾以及能源的消耗，又一次威胁生态系统的安全。所以，作为设计师，在设计建筑时需要将建筑的生命周期以及维护费用贯穿到整个设计过程。

除此之外，“建筑安全，在另一个方面来讲，也是关于如何保护各种资产（人、信息和财产）不受个人或团体（如暴力人群、犯罪、极端主义者，以及恐怖主义分子）所实施的恶意行为的影响。”[③]在美国以及国际的恐怖主义事件频频发生的情况下，尤其是在 2000 年“9 · 11 事件”后，使得人们对于建筑以及建筑周围环境的安全性问题关注度不断提高。这就迫使建筑师、环境设计师以及城市规划者等人士需要将建筑安全问题放在设计活动中更为突出的位置。同时，也要求他们要对安全科学的相关知识及技术做更为深入地了解与应用，将安全科学与之真正结合，发挥、创造出学科综合应用所应有的社会价值。

在美国“保证家家户户拥有体面的住宅和适宜、安全的生活居室环境的国会目标，始终是规划界所奉行的准则和所追求的最高目标。”社会效益优先原则促使现代城市空间设计必须考虑居民的安全的需要，必须与犯罪预防相结合。1973 年美国犯罪学家和行为建筑学家奥斯卡 · 纽曼在《可防御的空间 ：通过城市设计预防犯罪》一书中提出，任何犯罪都是在一定的空间内发生的，因此有必要通过环境设计，制造一种防卫空间以预防犯罪的发生。书中提出了“防卫空间理论”并将这种方法系统化，“可防御的空间”这一思想的理论根据是 ：利用环境设计改变物理环境的空间样式的功能，以此改变居民的行动方式和增

---

① [英] 史蒂夫 · 柯韦尔，鲍勃 · 福克斯，莫里斯 · 格林伯格，克里斯 · 马奇 . 建筑材料安全性——环保建材选用指南 [M]. 丁济新译 . 北京 ：化学工业出版社，2005:10.

② 同上 .

③ [德] 约瑟夫 · A · 德姆金 . 建筑安全规划与设计 [M]. 胡斌等译 . 北京 ：中国建筑工业出版社，2008:34.

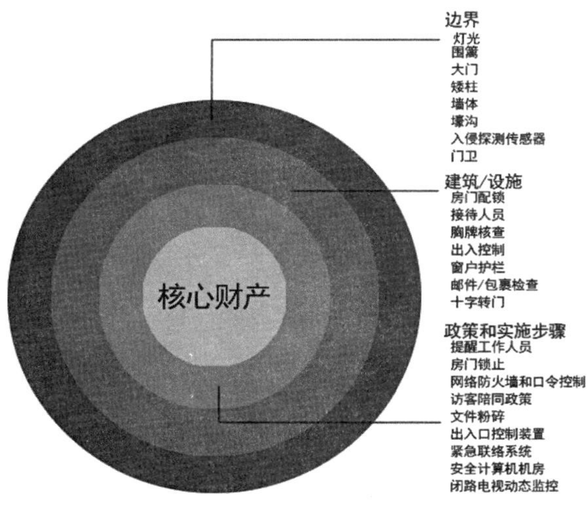

图 14-37 深层次防卫的概念

加相互间的社会联系，达到预防犯罪的目的。[①]

建筑安全的“全面防护、分层次”概念从最初保证基地边界的安全，转向建筑物外部和内部，以及人员和核心资产。每个同心圆所组成的保护圈是通过安保人员、各种程序，以及实体安全要素和技术组成。”[②]这种以保护核心财产为主要形式的建筑安全设计，主要通过层层的控制与保护，使得潜在犯罪者难以轻易侵入建筑主体，同时也可以延长入侵的时间。一般情况下，边界以及建筑设施中的灯光、门卫、入侵探测传感器、十字转门等人员装置都能够有效地阻止犯罪者对核心财产的侵害。而一旦有人入侵到更深的层次，管理者就可以通过建筑内部的物联网迅速锁定犯罪者，减少逃出的可能性（图 14-37）。

在建筑空间的安全防御所采用标准也产生了突破性的发展。从以往依赖于增加建筑的墙面厚度以及通过壕沟等不让人轻易接近等措施发展为更为人性化、更为自然的方法。这种评估方法称为“3-D”方法。“3-D”即 Designation（指定），Definition（定义），Design（设计）。指定，即给空间定位，明确建筑空间的使用目的；定义，即进一步阐释空间，从不同的视角对空间进行描述；设计，包括了对两者的反馈以及评估。建筑师以及设计师在对建筑及周围环境进行设计规划过程中，将“3-D”方法与其他的安全评估方法相结合，能够较为充分地把握设计方案的安全性，如有不足之处，能够尽早完善。而建筑的设计过程往往是一项极为复杂的过程，通常建筑师需要在不同的要素之间相互衡量，尤其是当涉及审美形式与使用功能之间的取舍问题之时，建筑安全的评估方法就能够给予较好的建议与参考。

随着时代以及人对生存环境之间各个要素的认识的深入发展，对于建筑设计上的安全性也有了新的要求，除了在预防“天灾”和“人祸”外，还需要建筑做到生态上的可持续，即建筑的生态安全。在国际上，由联合国发起的“国际生态安全示范社区”的评选就是促进世界各国住房建筑以及居住环境改善、改良的重要举措之一。重视建筑环境的可持续发展与安全，防止污染产生。在评选过程中，我国有多家房地产商设计的小区获此殊荣。2003 年 10 月 1 日，北京的山水文园被确认中国国内首个生态安全社区示范单位。小区设计本着“健康、生态、绿色、环保”和“以人为本”的理念，将整个山水文园打造成现代北京城内的山水风景园林小区（图 14-38）。而在此之后，以“国际水都、生态人居”为设计理念的昆山世茂·蝶湖湾也被评为“国际生态安全示范社区”。

---

① [日] 伊藤滋 . 城市与犯罪 [M]. 北京：群众出版社，1988：187.

② [德] 约瑟夫·A·德姆金 . 建筑安全规划与设计 [M]. 胡斌等译 . 北京：中国建筑工业出版社，2008：70.

图 14-38 北京山水文园（左）
图 14-39 伦敦"零碳馆"（右）

而在国外，也有不少基于安全的生态社区设计，其中伦敦的贝丁顿零碳社区就是最为著名的代表。这座社区于 2002 年完工，设计师通过巧妙的设计将建筑材料、生活垃圾以及能源等实现可循环利用。基于这座零碳社区的设计之上，2010 年上海世界博览会上的伦敦"零碳馆"，再一次向人们展现出设计带给人们的安全（图 14-39）。在"零碳馆"的设计上，设计师对其进行了创新，在设计建造时结合当地的具体环境特征进行合理化的改造，使其能够完全适应地区环境的发展并实现零排放，最终实现建筑、环境、生态、人、社会等多方面的安全协调发展。此外，马德里的生态"竹屋"以及法国阿尔萨斯案例馆也都从不同的方面展示设计在环境生态安全方面的巨大推动作用。

随着时代的发展，设计安全的研究不能仅局限在物质、技术层面，需要拓展到信息、文化、传播等方面，而这种转变也是人类社会和谐发展的必须。设计安全的实现靠设计师的力量显然是不够的，设计师能解决和实现的仅仅是其局部，它需要广泛的社会力量，包括消费者、企事业单位人员、政府以及科研工作者等的支持。希望有更多的设计师和设计研究者以及其他社会人士能够对设计的安全性做更深入的研究，以不断地推动人类社会发展的前进脚步！

参考文献

中文文献：

[1] （唐）慧立，彦悰．大慈恩寺三藏法师传．北京：中华书局，1983.

[2] （明）申时行．明会典 [M]. 北京：中华书局，1989.

[3] 钦定大清会典．吉林：吉林出版集团有限责任公司，2005.

[4] 杨伯峻．论语译注 [M]. 北京：中华书局，2009.

[5] 杨伯峻．春秋左传注 [M]. 北京：中华书局，2009.

[6] 孙通海．庄子 [M]. 北京：中华书局，2007.

[7] 李渔．闲情偶寄 [M]. 杭州：浙江古籍出版社，2011.

[8] 孙中山．孙中山选集（下）[M]. 北京：人民出版社，1981.

[9] 李砚祖．造物之美 [M]. 北京：中国人民大学出版社，2000.

[10] 李砚祖．设计之维 [M]. 重庆：重庆大学出版社，2007.

[11] 李砚祖．工艺美术概论 [M]. 北京：中国轻工业出版社，2007.

[12] 李砚祖．外国设计艺术经典论著选读——有机建筑语言 [M]. 北京：清华大学出版社，2006.

[13] 梁思成．清式营造则例 [M]. 北京：中国建筑工业出版社，1981.

[14] 鲁迅．且介亭杂文·门外文谈 [M]. 上海：上海天马书店，1936.

[15] 宗白华．美学散步 [M]. 上海人民出版社，1981.

[16] 张光直．青铜时代 [M]. 北京：三联书店，1983.

[17] 尹定邦．设计学概论（修订版）[M]. 长沙：湖南科学技术出版社，2011.

[18] 王国维．殷周制度论．北京大学百年国学文萃（史学卷）．北京：北京大学出版社，1998.

[19] 周维权．中国古典园林史（第二版）[M]. 北京：清华大学出版社，1999.

[20] 孙大章．中国古代建筑史话 [M]. 北京：中国建筑工业出版社，1987.

[21] 孙大章．中国古代建筑史（第五卷）[M]. 北京：中国建筑工业出版社，2009.

[22] 中国建筑工业出版社，佛教建筑：佛陀香火塔寺窟 [M]. 北京：中国建筑工业出版社，2010.

[23] 潘谷西．中国古代建筑史（第四卷）[M]. 北京：中国建筑工业出版社，2009.

[24] 田自秉．中国工艺美术史 [M]. 上海：东方出版中心，1985.

[25] 蔡元培．中国伦理学史 .[M]. 北京：商务印书馆，2004.

[26] 奚传绩．设计艺术经典论著选读（第二版）[M]. 南京：东南大学出版社，2005.

[27] 王受之 . 世界现代设计史 [M]. 北京：中国青年出版社，2002.
[28] 王受之 . 世界现代建筑史 [M]. 北京：中国建筑工业出版社，1999.
[29] 王受之 . 世界平面设计史 [M]. 北京：中国青年出版社，2002.
[30] 徐恒醇 . 设计美学 [M]. 北京：清华大学出版社，2006.
[31] 刘湘溶 . 人与自然的道德对话——环境伦理学的进展与反思 [M]. 长沙：湖南师范大学出版社，2004.
[32] 冯学成 . 禅说庄子（四）知北游 [M]. 广州：南方日报出版社，2008.
[33] 陈志华 . 外国建筑史（第四版）[M]. 北京：中国建筑工业出版社，2010.
[34] 杨先艺 . 艺术设计史 [M]. 武汉：华中科技大学出版社，2006.
[35] 杨先艺 . 设计艺术历程 [M]. 北京：人民美术出版社，2004.
[36] 何人可 . 工业设计史 [M]. 北京：北京理工大学出版社，2000.
[37] 凌继尧 . 艺术设计十五讲 [M]. 北京：北京大学出版社，2006.
[38] 翟墨 . 人类设计思潮 [M]. 石家庄：河北美术出版社，2007.
[39] 倪建林 . 中西设计艺术比较 [M]. 重庆：重庆大学出版社，2007.
[40] 丛日云 . 西方政治文化传统 [M]. 吉林：吉林出版集团，2007.
[41] 徐大同 . 西方政治思想史 [M]. 天津：天津教育出版社，2005.
[42] 徐新 . 西方文化史 [M]. 北京：北京大学出版社，2007.
[43] 刘志峰，刘光复 . 绿色设计 [M]. 北京：机械工业出版社，1997.
[44] 王柯，夏健，杨海 . 城市广场设计 [M]. 南京：东南大学出版社，1997.
[45] 田秀云 . 社会道德与个体道德 [M]. 北京：人民出版社，2004.
[46] 斐广川 . 环境伦理学 [M]. 北京：高等教育出版社，2002.
[47] 陈喆 . 建筑伦理学概论 [M]. 北京：中国电力出版社，2007.
[48] 马振铎，徐远和，郑家栋 . 儒家文明 [M]. 北京：中国社会科学出版社，1999.
[49] 朱义禄 . 儒家理想人格与中国文化 [M]. 上海：复旦大学出版社，2006.
[50] 崔大华 . 道家与中国文化精神 [M]. 郑州：河南人民出版社，2003.
[51] 李超德 . 设计美学 [M]. 合肥：安徽美术出版社，2004.
[52] 车文博 . 心理咨询大百科全书 [M]. 南京：浙江科学技术出版社，2001.
[53] 刘松茯 . 扎哈 · 哈迪德 [M]. 北京：中国建筑工业出版社，2008.
[54] 耿幼壮 . 女性主义 [M]. 北京：人民美术出版社，2003.
[55] 张宏 . 性 · 家庭 · 建筑 · 城市——从家庭到城市的住居学研究 [M]. 南京：东南大学出版社，2002.
[56] 韦氏高阶英语词典 [M]. 北京：中国大百科全书出版社，2009.
[57] 甘波、孙黎 .CI 策划：企业形象新境界 [M]. 北京：企业管理出版社，1993.
[58] 黄厚石，孙海燕 . 设计原理 [M]. 南京：东南大学出版社，2010.
[59] 清华大学美术学院中国艺术设计教育发展策略研究课题组，中国艺术设计教育发展策略研究 [M]. 北京：清华大学出版社，2010.
[60] 陈瑞林 . 中国现代艺术设计史 [M]. 长沙：湖南科学技术出版社，2003.
[61] 诸葛铠 . 设计艺术学十讲 [M]. 济南：山东画报出版社，2006.

[62] 诸葛铠 . 图案设计原理 [M]. 南京：江苏美术出版社，1998.
[63] 王岳川 . 后现代主义文化与美学 [M]. 北京：北京大学出版社，1992.
[64] 薛娟 . 中国近现代设计艺术史论 [M]. 北京：中国水利水电出版社，2009.
[65] 陈聿东 . 外国美术通识 [M]. 郑州：河南人民出版社，2005.
[66] 张育英 . 中西宗教与艺术 [M]. 南京：南京大学出版社，2003.
[67] 李当岐 . 西洋服装史 [M]. 北京：高等教育出版社，2005.
[68] 要彬 . 西方工艺美术史 [M]. 天津：天津人民出版社，2006.
[69] 李春 . 欧洲 17 世纪美术 [M]. 北京：中国人民大学出版社，2010.
[70]《大师》编辑部 . 菲利普 · 约翰逊 [M]. 武汉：华中科技大学出版社，2007.
[71] 张弓 . 汉唐佛寺文化史 · 上 [M]. 北京：中国社会科学出版社，1997.
[72] 刘一虹，齐前进 . 伊斯兰教艺术百问 [M]. 北京：今日中国出版社，1996.
[73] 张夫也，肇文兵等 . 外国建筑艺术史 [M]. 长沙：湖南大学出版社，2007.
[74] 萧默 . 华彩乐章——古代西方与伊斯兰建筑艺术 [M]. 北京：机械工业出版社，2007.
[75] 蔡永杰 . 城市广场 [M]. 南京：东南大学出版社，2006.
[76] 朱伯雄 . 世界美术史 [M]. 济南：山东美术出版社，2006.
[77] 洪亮 . 城市设计历程 [M]. 北京：中国建筑工业出版社，2002.
[78] 梁雪，肖连望，城市空间设计 [M]. 天津：天津大学出版社，2000.
[79] 毛培琳，李雷 . 水景设计 [M]. 北京：中国林业出版社，1993.
[80] 安昌奎，韩志丹 . 外部空间设计 [M]. 沈阳：辽宁科学技术出版社，1995.
[81] 彭一刚 . 建筑空间组合论 [M]. 北京：中国建筑工业出版社，1998.
[82] 梁永基，王莲清 . 道路广场园林绿地设计 [M]. 北京：中国林业出版社，2001.
[83] 王建，周凡 . 女权 空间 城市 [J]. 中外建筑，2007.
[84] 夏祖华，黄伟康 . 城市空间设计 [M]. 南京：东南大学出版社，1994.
[85] 刘晓陶 . 生态设计 [M]. 济南：山东美术出版社，2006.
[86] 张德，吴剑平 . 企业文化与 CI 策划 [M]. 北京：清华大学出版社，2000.
[87] 姜雪琴 . 试论中西设计艺术的价值取向 [J]. 常州工学院学报，2004.
[88] 甘碧群 . 市场营销学 [M]. 武汉：武汉大学出版社，2001.
[89] 杨献平 . 企业特点营销 [M]. 北京：中国广播电视出版社，1999.
[90] 杭间 . 设计道 [M]. 重庆：重庆大学出版社，2009.
[91] 刘兰 . 设计概论 [M]. 珠海：珠海出版社，2008.
[92] 章利国 . 现代设计社会学 [M]. 长沙：湖南科学技术出版社，2005.
[93] 丁俊杰、康瑾 . 现代广告通论 [M]. 北京：中国传媒大学出版社，2007.
[94] 蒋晓丽 . 传媒文化与媒介影响研究 [M]. 成都：四川大学出版社，2009.
[95] 钟强 . 网络广告 [M]. 重庆：重庆大学出版社，2006.
[96] 于刃刚、魏超 . 网络广告 [M]. 石家庄：河北人民出版社，2000.
[97] 中国社会科学院语言研究所词典编辑室 . 现代汉语词典 [M]. 北京：商务印书馆，1996.
[98] 孙振华 . 公共艺术时代 [M]. 南京：江苏美术出版社，2003.

[99] 张国良 . 全球化背景下的新媒体传播 [M]. 上海 ：上海人民出版社，2008.
[100] 王红媛 . 世界艺术史（雕塑卷）[M]. 北京 ：东方出版社，2003.
[101] 温洋 . 公共雕塑 [M]. 北京 ：机械工业出版社，2006.
[102] 王朋 . 环境艺术设计 [M]. 北京 ：中国纺织出版社，1998.
[103] 王曜 . 公共艺术日本行 [M]. 北京 ：中国电力出版社，2008.
[104] 广林茂 . 生态雕塑 [M]. 济南 ：山东美术出版社，2006.
[105] 王娟 . 神话与中西建筑文化差异 [M]. 北京 ：中国电力出版社，2007.
[106] 郑楚宣 . 政治学基本理论 [M]. 广州 ：广东人民出版社，2002.
[107] 王浦劬 . 政治学基础 [M]. 北京 ：北京大学出版社，2006.
[108] 杨寿堪 . 二十世纪西方哲学：科学主义与人本主义 [M]. 北京：北京师范大学出版社，2003.
[109] 唐济川 . 现代艺术设计思潮 [M]. 北京 ：中国轻工业出版社，2007.
[110] 罗小未 . 外国近现代建筑史 [M]. 北京 ：中国建筑工业出版社，2004.
[111] 赵鑫珊 . 希特勒与艺术 [M]. 北京 ：百花文艺出版社，2004.
[112] 赵鼎新 . 社会与政治运动讲义 [M]. 北京 ：社会科学文献出版社，2006.
[113] 王沪宁 . 政治的逻辑 ：马克思主义政治学原理 [M]. 上海 ：上海人民出版社，2004.
[114] 从云日 . 中西政治思想与政治文化 [M]. 北京 ：社会科学文献出版社，2009.
[115] 徐迅 . 民族主义 [M]. 北京 ：中国社会科学出版社，2005.
[116] 易晓 . 北欧设计的风格与历程 [M]. 武汉 ：武汉大学出版社，2005.
[117] 王浦劬 . 政治学基础 [M]. 北京 ：北京大学出版社，2006.
[118] 李砚祖 . 设计之仁——对设计伦理学观的思考 [J]，装饰 .2007.
[119] 梁思成 . 中国的佛教建筑 . 清华大学学报 [J].55.
[120] 刘湘溶 . 人与自然的道德对话——环境伦理学的进展与反思 [M]. 长沙 ：湖南师范大学出版社，2004.
[121] 都胜君 . 建筑与空间的性别差异研究 [J]. 山东建筑工程学院学报 .2005.
[122] 楼宇烈 . 中国文化的艺术精神 [J]. 民主与科学 .1992.
[123] 汪原 . 女性主义与建筑学 [J]. 新建筑，2004.
[124] 沈幼菁 . 女性与女性建筑师 [J]. 新建筑，2005.
[125] 郝时远 .20 世纪三次民族主义浪潮平息 [J]. 世界民族，1996.
[126] 王缉思 . 民族与民族主义 [J]. 欧洲，1993.
[127] 沈睿 . 消费文化与女性消费 [J]. 苏红军编 . 西方后学语境中的女权主义 [C]. 桂林 ：广西师范大学出版社，2006.
[128] 袁运甫 . 公共艺术的观念 · 传统 · 实践 [J]. 美术研究，1998.
[129] 余建荣，王爱红 . 论陶瓷产品的设计因素 [J]. 中国陶瓷，2004.
[130] 谭小芳 . 色彩营销是一把双刃剑 [J]. 中小企业管理与科技，2011.
[131] 包林 . 艺术何以公共 [J]. 装饰，2003.
[132] 付志勇 . 新媒体艺术的建构与观念 [J]. 苏州工艺美术职业技术学院学报，2004.
[133] 韩勇 . 城市广场与城市空间结构关系初探 [J]. 安徽建筑，2001.

[134] 刘和山 . 周坤鹏 . 论影响中国古代设计的儒家美学思想 [J]. 装饰 .2005.
[135] 何锡光 . 论墨子学说 [J]. 周口 ：周口师范高等专科学校学报，2002.
[136] 吕杰锋 . 以人为本：人欲、人性，还是人道？——论设计人本主义的层次及定位 [J]. 美苑 .
[137] 许喜华 . 论产品设计的文化本质 [J]. 浙江大学学报（人文社会科学版），2002.
[138] 田申申 .“计白当黑”—— 透视女性主义空间与女性设计师的“她者”表达 [J]. 室内设计，2011.
[139] 夏建中 . 新城市社会学的主要理论 [J]. 社会学研究，1998.
[140] 黄春晓、顾朝林 . 基于女性主义的空间透视 [J]. 城市规划，2003.
[141] 司敏 . 社会空间视角 ：当代城市社会学研究的新视角 [J]. 社会，2004.
[142] 王小波 . 城市社会学研究的女性主义视角 [J]. 社会科学研究，2006.
[143] 袁熙旸 . 当设计史遭遇女性主义批评 [J]. 装饰，2012.
[144] 柴彦威，翁桂兰，刘志林 . 中国城市女性居民行为空间研究的女性主义视角 [J]. 人文地理，2003.
[145] 王国元，美国的种族歧视与住房政策 [J]. 同济大学学报（社会科学版），1998.
[146] 刘新利，王肇伟 . 论纳粹德国的农业思想及政策 [J]. 世界历史，1997.
[147] 蒲实 . 柏林建筑空间中的秩序——从新古典主义到柏林斯大林大街 [J]. 经略 .
[148] 黄匡时，嘎日达 . 社会融合理论研究综述 [J]. 新视野，2010.
[149] 刘卷 . 解析设计的经济性 [J]. 企业经济，2006.
[150] 黄亚琴 . 解读服装设计中的文化因子 [J]. 东南文化，2007.
[151] 蔡军 . 适应于转换—高速经济发展下的中国设计教育 [C]. 国际设计教育大会 ICSID 论文，清华大学，2001.
[152] 蔡军 . 关于艺术与设计的思考 [J]. 美术观察，1999.
[153] 彭亮 . 英国的高等教育设计教育模式的考察及思考载 [J]. 家具与室内装饰 .2003.
[154] 朱雯 . 从中世纪服装史看宗教文化对服饰设计的影响 [J]. 美与时代 . 2009.
[155] 罗奇，黄俊华 . 浅析伽登格罗芙社区教堂和千禧教堂 [J].2008.
[156] 边吉 . 封面故事 : 水晶大教堂 [J]. 城市，2007.
[157] 任留柱，何淼淼 . 中国古代佛教建筑设计的思想特色与风格分析 . 郑州轻工业学院学报（社会科学版）.2006.
[158] 李建敏 . 中国佛教建筑艺术美学思想初探 [J]. 文博，1991.
[159] 赵坤利 . 穿着绚丽衣裳的建筑——漫游世界最美伊斯兰风格建筑 [J]. 西部广播电视，2008.
[160] 齐前进，刘一虹 . 伊斯兰宫殿艺术 [J]. 阿拉伯世界，1998.
[161] 苏晓梅，李纶，李楠 . 浅谈伊斯兰建筑中的装饰艺术 [J]. 黑龙江科技信息，2008.
[162] 许政 . 玉宇琼楼泰姬陵 [J]. 世界建筑 .1982.
[163] 阿依先 . 伊斯兰教圣墓与巴巴寺 [J]. 世界宗教文化 .1997.
[164] 陈达生 . 关于元末泉州伊斯兰教研究的几个问题 [J]. 伊斯兰教在中国，宁夏人民出版社，1982.

[165] 许政 . 玉宇琼楼泰姬陵 [J]. 世界建筑，1982.
[166] 谢宜 .《国画意境论对中国当代图形设计的影响 [D]. 湖南大学，2006.
[167] 马丽蓉 . 清真寺与伊斯兰文明的构建、传播和发展 [J]. 西亚非洲 .2009.
[168] 孙国栋，王海龙 . 伊斯兰风格建筑典型施工方法及特性 [J]. 科技咨询 .2010
[169] 马麒 . 大象无形 大道圆通——清真寺建筑风格及其美学思想 [J]. 中国宗教 .2005.
[170] 赵坤利 . 穿着绚丽衣裳的建筑——漫游世界最美伊斯兰风格建筑 [J]. 西部广播电视，2008.
[171] 张伟达，冯今源 . 清真寺建筑艺术 [J]. 中国宗教 .1996.
[172] 姚维新 . 大马士革古建筑与伊斯兰建筑艺术 [J]. 阿拉伯世界 .1995.
[173] 王厂大 . 阿拉伯伊斯兰艺术的特点 [J]. 世界宗教文化 .2002.
[174] 吕超峰，马良钰 . 浅谈清真寺的装饰纹样 [J]. 大众文艺 .2011.
[175] 何芳 . 浅谈伊斯兰建筑中的装饰艺术 [J]. 内蒙古大学艺术学院学报 .2002.
[176] 丁希凡 . 伊斯兰服饰的审美特征及其表现形式 [J]. 装饰 .2005.
[177] 赵伟明 . 伊斯兰服饰点滴 [J]. 阿拉伯世界 .1991.
[178] 王英男 . 伊斯兰服饰文化对现代服装的影响 [J]. 装饰 .2006.
[179] 谢翠琴 . 景观小品设计艺术多元化的创作思路 [J]. 大舞台，2010.
[180] 刘桂龄 . 浅谈城市文化广场的设计原则 [J]. 科技资讯，2008.
[181] 王雪梅 . 意大利的城市广场 [J]. 北京规划建设，2003.
[182] 叶珉 . 城市的广场 [J]. 新建筑，2002.
[183] 韩勇 . 城市广场与城市空间结构关系初探团 . 安徽建筑，2001.
[184] 陈亮 . 城市广场的人性化设计探讨 [J]. 江苏城市规划，2009.
[185] 汤移平 . 人文、生态、社会——现代城市广场设计初探 [J]. 长安大学学报（建筑与环境科学版），2004.
[186] 彭亮 . 中国当代设计教育反思 [J]. 清华大学美术学院学报，装饰，2007（05）.
[187] 李琰 . 中国伊斯兰教建筑艺术研究 [D]. 西北民族大学，2005.
[188] 韩嘉为 . 汉地佛教建筑世俗化研究 [D]. 天津 ：天津大学，2003.
[189] 中国社会科学院语言研究所词典编辑室 . 现代汉语词典 [M]. 北京 ：商务印书馆，1998.
[190] 罗云等 . 安全文化百问百答——理论·方法·应用 [M]. 北京 ：北京理工大学出版社，1995.
[191] 徐德蜀、邱成 . 安全文化通论 [M]. 北京 ：化学工业出版社，2004.
[192] 张景林、蔡天富 . 构思“安全学”[N]，中国安全科学学报 . 2004.
[193] 景林、王桂吉 . 安全的自然属性和社会属性 [N]，中国安全科学学报 . 2001.
[194] 黄希庭、郑涌 . 心理学十五讲 [M]. 北京 ：北京大学出版社 . 2007.
[195] 江牧 . 工业产品与人类社会及外在的安全关联 [J]，装饰 . 2009.
[196] 中华人民共和国建设部，中华人民共和国发证部，中国残疾人协会合著 JGJ 50-2001 城市道路和建筑物无障碍设计规范 [M]. 北京 ：中国建筑工业出版社 .2001.
[197] 中华人民共和国住房和城乡建设部，国家质量监督检验检疫总局（合著）[M]. 北京：

中国建筑工业出版社 . 2008.
[198] 朱建军 . 建筑安全工程 [M]. 北京 ：化学工业出版社 .2007.
[199] 滕守尧、聂振斌等 . 知识经济时代的美学与设计 [M]. 1. 南京 : 南京出版社，2006.
[200] 韩欣，郝传宝，周传洪 . 中西方城市起源比较浅论 [J]. 石油大学学报（社会科学版），1994.
[201] 王旭 . 人文主义的回归，西方城市公共空间特性演变探究 [J]. 城市发展研究，2012.
[202] 纪晓岚 . 论城市本质 [D]. 中国社会科学院研究院，2001.
[203] 邹德慈 . 人性化的城市公共空间 [J]. 城市规划学刊，2006.
[204] 黄阳，吕庆华 . 城市公共空间创意氛围影响因素实证研究 [J]. 商业时代，2012.
[205] 周佳 . 浅谈园林景观中的人性化设计 [D]. 西北农林科技大学，2012.
[206] 荆宝洁 . 城市规划矛盾引发“超级城市病”[J]. 今日国土，2011.
[207] 青红岭 . 建筑的伦理意蕴 [M]. 北京 : 中国建筑工业出版社，2005.
[208] 赵鑫珊 . 建筑是首哲理诗 [M]. 天津 ：百花文艺出版社，1998.
[209] 江曼琦 . 城市空间结构优化的经济分析 [M]. 北京 ：人民出版社，2000.
[210] 毕光庆 . 新时期绿色城市的发展趋势研究 [J]. 天津城市建设学院学报，2005（4）.
[211] 刘坤雁 . 思想政治教育价值意蕴的多重解读 [J]. 黑龙江高教研究，2007（4）.

外文文献：

[1] [日] 冈大路 . 中国宫苑林史考 [M]. 北京 ：中国农业出版社，1988.
[2] [日] 白石和也 . 视觉传达设计史 [M]. 北京 ：机械工业出版社，2010.
[3] [日] 端木义万 . 美国传媒文化 [M]. 北京大学出版社，2001:128.
[4] [日] 伊藤滋编 . 城市与犯罪 [M]. 北京 ：群众出版社 1988.
[5] [美] 亨利 · 佩卓斯基 . 器具的进化 [M]. 丁佩芝、陈月霞译，北京 ：中国社会科学出版社，1999.
[6] [美] 海斯 . 世界史（上册）[M]. 冰心，吴文藻等 译 . 北京 ：三联书店，1974.
[7] [美] 唐纳德 · 沃森 . 建筑设计数据手册（第七版）[M]. 方晓风、杨军译，北京 ：中国建筑工业出版社，2007.
[8] [美] 欧文 · 埃德曼（著）. 任和（译）. 艺术与人 [M]. 北京 ：工人出版社，1988.
[9] [美] 肯尼斯 · 弗兰姆普敦 . 现代建筑 : 一部批判的历史 [M]. 上海 : 三联书店 .2012.
[10] [美] 简 · 雅各布斯 . 美国大城市的死与生 [M]. 金衡山译，上海 : 上海译林出版社，2006.
[11] [美] 约翰 · 罗贝尔 . 静谧与光明 ：路易 · 康的建筑精神 [M]. 成寒译，北京 ：清华大学出版社，2010.
[12] [美] 亚伯拉罕 · 马斯洛 . 动机与人格 [M]. 许金声 译 . 北京 : 中国人民大学出版社，2007.
[13] [美] 贺萧 . 危险的愉悦——20 世纪上海的娼妓问题与现代性 [M]. 南京 ：江苏人民出版社，2003.
[14] [美] 威廉 · A · 哈维兰 . 当代人类学 [M]. 王铭铭等 译 . 上海 ：上海人民出版社，1987.
[15] [美] 列丝丽·坎尼斯·威斯曼 . 设计的歧视 [M]. 王志弘、张淑玫、魏庆嘉 译 . 台北：

巨流图书公司，1997.
[16] [美] 伊恩 · 罗伯逊 . 社会学 [M]. 黄育馥 译 . 北京 ：商务印书馆，1991.
[17] [美] 肯尼斯 · 弗兰姆普敦 . 现代建筑 ：一部批判的历史 [M]. 张钦楠 译 . 北京 ：三联书店出版社，2004.
[18] [美] 迪耶 · 萨迪奇 . 建筑与民主 [M]. 上海人民出版社，2006.
[19] [美] 赫尔曼·E·戴利 . 超越增长——可持续发展的经济学 [M]. 诸大建、张杰 译 . 北京 ：中国友谊出版公司，2002.
[20] [美] 保罗·福塞尔 . 格调:社会等级与生活品味 [M]. 梁丽真、乐涛、石涛 译 . 南宁：广西人民出版社，2002.
[21] [美] 约翰 · 菲斯克 . 解读大众文化 [M]. 杨全强 译 . 南京 ：南京大学出版社，2001.
[22] [美] 戴维 · 斯沃茨 . 文化与权力 [M]. 陶东风译 . 上海 ：上海译文出版社 .2006.
[23] [美] 伊丽莎白 · 巴洛 · 罗杰斯 . 世界景观设计 [M]. 韩炳越，曹娟等译，北京 ：中国林业出版社，2005.
[24] [美] 詹金斯 . 广场尺度 [M]. 李哲 译 . 天津 ：天津大学出版社，2009.
[25] [美] 诺曼 · 摩尔 . 奇特新世界——世界著名城市规划与建筑 [M]. 大连 ：大连理工大学出版社 .2002.
[26] [美] 菲利普 · 科特勒 . 营销管理 [M]. 上海 ：上海人民出版社 .1999
[27] [美] 维克多 · 马格林 . 人造世界的策略—设计与设计研究论文集 [C]. 金晓雯，熊译 . 南京 ：江苏美术出版社，2009.
[28] [美] 阿尔 · 戈尔 . 濒临失衡的地球 [M.] 陈嘉映 译 . 北京 ：中央编译出版社，1997.
[29] [美] 道格拉斯 · 凯尔纳 . 媒体文化——介于现代与后现代之间的文化研究、认同性与政治 [M]. 丁宁 译 . 北京 ：商务印书馆，2004.
[30] [美] 利昂 · P · 巴拉达特 . 意识形态起源和影响 [M]. 张慧芝，张露璐 译 . 北京 ：世界图书出版公司，2010.
[31] [美] 大卫 · 瑞兹曼 . 现代设计史 [M]. 王栩宇 译 . 北京 ：中国人民大学出版社，2007.
[32] [美] 安 · 达勒瓦 . 艺术史方法与理论 [M]. 李震 译 . 南京 ：江苏美术出版社，2009.
[33] [美] 丹尼尔 · 贝尔 . 资本主义文化矛盾 [M]. 严蓓雯 译 . 南京 ：江苏人民出版社，2007.
[34] [美] 斯蒂芬 · 贝利，利普 · 加纳 .20 世纪风格与设计 [M]. 罗筠筠 译 . 成都 ：四川人民出版社，2000.
[35] [美] 戴维 · 里维尔 · 麦克法登 . 斯堪的纳维亚百年设计概况 [J]. 装饰，2000（04）.
[36] [英] 贝尔纳 . 历史上的科学 [M]. 伍况普 译，北京 ：科学出版社，1983.
[37] [英] 安东尼 · 吉登斯 . 社会学（第四版）[M]. 赵东旭等 译，北京：北京大学出版社，2003.
[38] [英] 安东尼 · D · 史密斯 . 全球化时代的民族与民族主义 [M]. 龚维斌 译 . 北京 ：中央编译社，2002.
[39] [英] 杰拉德 · 德兰迪、恩靳 · 伊辛 . 历史社会学手册 [M]. 李霞、李恭忠译，北京 ：中国人民大学出版社，2009.
[40] [英] 布罗尼斯拉夫 · 马林诺夫斯基 . 于嘉云 译 . 南海舡人 [M]. 台北 ：远流出版社，

1991.
[41] [英] 马修·阿诺德 . 文化和无政府状态 [M]. 韩敏中 译，北京：生活·读书·新知三联书店，2008.
[42] [英] 约翰·沃克、朱迪·阿特菲尔德 . 设计史与设计的历史 [M]. 周丹丹、易菲译，南京：江苏美术出版社，2011.
[43] [英] 休谟 . 休谟政治论文选 [M]. 张若衡 译 . 北京：商务印书馆，1993.
[44] [英] 尼古拉斯·佩夫斯纳 . 现代设计的先驱者：从威廉·莫里斯到格罗皮乌斯 [M]. 王申祜，王晓京 译 . 北京：中国建筑工业出版社，2004.
[45] [英] 尼古斯·斯坦戈斯 . 现代艺术观念 [M]. 侯翰如 译 . 成都：四川美术出版社，1988.
[46] [英] 迈克·费瑟斯通 . 消费社会与后现代社会 [M]. 刘精明 译 . 上海：上海译林出版社，2000.
[47] [英] 埃德温·希思科特，艾奥娜·斯潘丝 . 教堂建筑 [M]. 瞿晓高译 . 大连理工大学出版社，2003.
[48] [英] 丹尼斯·麦奎尔 . 大众传播模式论 [M]. 祝建华等 译 . 上海：上海译文出版社，1987.
[49] [英] 格雷姆·伯顿 . 媒体与社会：评判的视角 [M]. 北京：清华大学出版社，2007.
[50] [英] 汤因比，[日] 池田大作 . 展望二十一世纪——汤因比与池田大作对话录 [M]. 荀春生等 译 . 北京：国际文化出版公司，1986.
[51] [英] 奥斯汀·哈灵顿 . 艺术与社会理论 [M]. 张一兵 译 . 南京：南京大学出版社，2010.
[52] [英] 阿伦·布洛克 . 西方人文主义传统 [M]. 北京：生活·读书·新知三联书店，1997.
[53] [英] 彼得·沃森 .20 世纪思想史 [M]. 上海：上海译文出版社，2008.
[54] [英] 谢丽尔·巴克利 . 父权制的产物：一种妇女和设计的女性主义分析 [J]. 丁亚雷译，美术馆 .2003.
[55] [英] 玛丽·道格拉斯，贝伦·依舍伍德 . 物品的世界 [J]. 消费文化读本 [C]. 北京：中国社会科学出版社，2003.
[56] [英] 史蒂夫·柯韦尔，鲍勃·福克斯，莫里斯·格林伯格，克里斯·马奇（著），丁济新（译）. 建筑材料安全性——环保建材选用指南 [M]. 北京：化学工业出版社 .2005.
[57] [德] 弗里德·森佩尔 . 建筑四要素 [M]. 罗德胤、赵雯雯、包志禹译，北京：中国建筑工业出版社，2010.
[58] [德] 约瑟夫·A·德姆金著，胡斌等译 . 建筑安全规划与设计 [M]. 北京：中国建筑工业出版社 .2008.
[59] [德] 康德 . 实用人类学 [M]. 邓晓芒 译 . 上海：上海人民出版社，2002.
[60] [德] 黑格尔 . 美学（第三卷）上册 [M]. 朱光潜 译 . 北京：商务印书馆，1981.
[61] [德] 马克思 .〈政治经济学批判〉导言 [M]. 马克思恩格斯选集（第二卷）[M]. 北京：人民出版社，1972.

[62] [德] 恩格斯著 . 家庭、私有制和国家的起源 [M]. 中共中央马克思恩格斯列宁斯大林著作编译局 译 . 北京 : 人民出版社，2003.

[63] [德] 鲍里斯 · 弗里德瓦尔德 . 包豪斯 [M]. 宋昆 译 . 天津 : 天津大学出版社，2011.

[64] [德] 奥特弗里德·赫费 . 作为现代化之代价的道德 [M]. 邓安庆，朱更生 译 . 上海 : 上海译文出版社，2005.

[65] [德] 西美尔 . 金钱、性别、现代生活风格 [M]. 顾仁明 译 . 上海 : 学林出版社，2000.

[66] [德] 马克思 · 韦伯 . 民族国家与经济政策 [M]. 甘阳 译 . 北京 : 三联书店，1997.

[67] [法] 米歇尔 · 福柯 . 不同的空间 [M]. 周宪 译，北京 : 中国人民大学出版社，2003.

[68] [法] 奥古斯特 · 孔德 . 论实证精神 [M]. 黄建华 译，北京 : 商务印书馆 .1996.

[69] [法] 列斐伏尔 . 空间 : 社会产物与使用价值 [A]. 鲍亚明 . 现代性与空间的生产——都市与文化 : 第二辑 [M]. 上海 : 上海出版社，2002.

[70] [法] 皮埃尔 · 安德烈 · 塔机耶夫 . 种族主义源流 [M]. 高凌瀚 译 . 北京 : 三联书店出版社，2005.

[71] [法] 伏尔泰 . 风俗论 .[M]. 蒋守锵 译 . 北京 : 商务印书馆，1994.

[72] [法] 勒 · 柯布西耶 . 走向新建筑 [M]. 陈志华 译 . 天津 : 天津科学技术出版社，1998.

[73] [法] 托克维尔 . 论美国的民主（下卷）[M]. 董果良 译 . 北京 : 商务印书馆，1988.

[74] [法] 让 · 鲍德里亚 . 符号的政治经济学批判 [M]// 消费文化读本 . 北京 : 中国社会科学出版社，2003.

[75] [法] 让 · 鲍德里亚 . 消费社会 [M]. 刘成富，金志钢 译 . 南京 : 南京大学出版社，2001.

[76] [法] 罗兰 · 巴特 . 符号学原理 [M]. 王东亮 译 . 北京 : 三联书店，1999.

[77] [法] 艾黎 · 福尔 . 法国人眼中的艺术史 : 中世纪艺术 [M]. 张昕 译 . 吉林 : 吉林出版集团有限责任公司 .2010.

[78] [加] 哈罗德 · 伊尼斯 . 传播的偏向 [M]. 何道宽 译 . 北京 : 中国人民大学出版社，2003.

[79] [苏] 罗琴斯卡娅 . 法国史纲 [M]. 刘立勋 译 . 北京 : 三联书店，1962.

[80] [印] 泰戈尔 . 民族主义 [M]. 谭仁侠 译 . 北京 : 商务印书馆，2009.

[81] [俄] 托尔斯泰 . 安娜 · 卡列尼娜 [M]. 草婴 译 . 上海 : 上海文艺出版社，2007.

[82] [俄] 金兹堡 . 风格与时代 [M]. 陈志华 译 . 西安 : 陕西师范大学出版社，2004.

[83] [奥] 西格蒙德 · 弗洛伊德 . 歇斯底里的研究 [M]. 金星明 译 .2000.

[84] [古罗马] 维特鲁威 . 建筑十书 [M]. 高履泰 译 . 北京 : 知识产权出版社，2001.

[85] [古希腊] 柏拉图 . 法律篇 [M]. 张智仁，何勤华 译 . 上海 : 上海人民出版社，2001.

[86] [西] 派拉蒙出版社组织 . 拜占庭艺术 [M] 王嘉利 译 . 济南 : 山东美术出版社，2002.

[87] [挪] 克里斯蒂安·诺伯格 . 巴洛克建筑 [M]. 刘念雄 译 . 北京: 中国建筑工业出版社，1999.

[88] [德] 约翰内斯 · 伊顿著，杜定宇译 . 色彩艺术 [M]. 上海 : 世界图书出版公司 .1999

[89] [瑞士] 勒 · 柯布西耶，博奥席耶，斯通诺霍 · 勒 · 柯布西耶全集（第 7 卷）[M].

中国建筑工业出版社，2005.

[90] Hans KohnAm. erica Nationalism—an Interpretative Essay[M].The Macmillan Company，1957.

[91] Cliff Moughtin. Urban Design: Street and Square [M]. Architectural Press，2001.

[92] Diana Agrest, Patricia Conway and Leslie Kanes Weisman. The Gender of Architect [M]. Harry N.Abrams.1996.

[93] Leslie Weisman. Discrimination by Design: A Feminist Critique of the Man-Made Environment [M]. University of Illinois Press.1994.

[94] Darke J Women，Architecture and Feminism In Matrix Group（ed.）Making Space: Women and the Manmade Environment. London: Pluto Press，1984.

[95] Virginia Woolf. A Room of One's Own [M]. Mariner Books，1989.

[96] Christine Zmroczek and Pat Mahony. Women and Social Class: International Feminist [M].London: UCL Press，1999.

[97] Meaghan Morris. The Pirate' s Fiancée: Feminism，Reading，Postmodernism [M]. London: Verso，1988.

[98] Male Order. Unwrapping Masculinity [M].London: Lawrence & Wishart，1988.

[99] Jane Flax. Thinking Fragments: Psychoanalysis，Feminism，and Postmodernism in the Contemporary West [M].Berkeley and Los Angeles: University of California Press，1990.

[100] Susan Faludi. Backlash[M].New York: Crown，1991.

[101] John Walker. Design History and History of Design [M].London: Pluto，1989.

[102] Judy Attfield and Pat Kirkham. A View from the Interior: Women and Design [M]. London: Women' s Press，1989.

[103] Joan Rothschild and Victoria Rosner. Design and Feminism: Re-visioning Spaces，Places，and Everyday Things [M]. Rutgers University Press，1999.

[104] Barbara Hooper. Split at the Roots' : A Critique of the Philosophical and Political Sources of Modern Planning Doctrine [M].Frontiers.1992.

[105] Susana Torre. Women in American Architecture: An Historic and Contemporary Perspective [M].New York: Whitney Library of Design.1977.

[106] Elizabeth Grosz. Space，Time and Perversion [M]. New York and London: Routledge，1995.

[107] Diana Agrest. Sex of Architecture [M]. University of Michigan，2007.

[108] Dana Cuff. Architecture: The Story of Practice [M].Cambridge，Mass: MIT Press.1991.

[109] Margaret Mead. Male and Female: A Study of the Sexes in a Changing World [M]. New York: Morrow Quill Paperbacks. 1967.

[110] Joan Rothschild. Design and Feminism [M]. Rutgers University Press.1999.

[111] Ulrike Muller，Ingrid Radewaldt. Bauhaus Women: Art，Handicraft，Design [M]. Flammarion，2009.

[112] Bauhaus Archiv，Magdalena Droste. Bauhaus 1919-1933[M].The Museum of Modern Art，New York，2009.

[113] Peter N Stearns. Consumerism in World History: The Global Transformation of Desire [M], London: Routledge, 2001.

[114] John Brewer. Consumption and the World of Goods [M]. London: Routledge, 1994.

[115] Daniel Horowitz. The Morality of Spending: Attitudes Towards the Consumer Society [M]. Baltimore: Johns Hopkins University Press, 1998.

[116] Vincent Vinikas, Soft Soap, Hard Sell: American Hygiene in an Age of Advertisement [M]. Ames: Iowa State University Press, 1992.

[117] Norman Myers, Jennifer Kent. The New Consumers: The Influence of Affluence on the Environment [M].Washington: Island Press. 2004.

[118] Kowaleski Wallace. Consuming Subjects: Women, Shopping and Business in the Eighteenth Century [M]. New York: Columbia University Press, 1997.

[119] Rappaport Erika. Shopping for Pleasure: Women in the Making of London's West End[M]. Princeton University Press, 2001.

[120] Stuart Ewen. Captains of Consciousness Advertising and the Social Roots of the Consumer Culture [M]. Basic Books, 2001.

[121] Gabriel Yiannis. The Unmanageable Consumer: Contemporary Consumption and Its Fragmentation [M]. SAGE Publications, 1995.

[122] Morris Meaghan. Things to Do with Shopping Centers [A]. Simon During. In The Cultural Studies Reader[C]. London: Routledge. 1993.

[123] Walter Lippmann. Public Opinion by Walter Lippmann[M]. Eigal Meirovich, 2010.

[124] M. B. Berwer. The Social Self: On Being the Same and Different at the Same Time [J]. Personality and Social PsychologyBulletin, 1991.

[125] J.C. Turner. Rediscovering the Social Group: A Self-Categorization Theory [M].Basil Blackwell, 1987.

[126] Robert E. Goodin. Protecting the Vulnerable: A Reanalysis of Our Social Responsibilities Chicago [M]. IL: University of Chicago Press, 1985.

[127] Robert E. Park. Race and Culture [M].The Free Press, 1950.

[128] Milton M. Gordon. Assimilation in American Life[M]. Oxford Univ Pr on Demand, 1964.

[129] Martin Bulmer and John Solomos. Ethnic and Racial Studies Today[M].New York:Routlrdge, 1999.

[130] Quoted in H.M.Wingler, the Bauhaus [M].Cambridge: MIT Press, 1979.

[131] C. Morris, The Intellectual Program of the New Bauhaus[M]. University of Illinois at Chicago Special Collection, 1937.

[132] T. Maldonado, Neue Entwicklungen inder Industrie und die Ausbildung des Produktgestalters[M].1958.

[133] H. Simon. The Sciences of the Artificial[M].Cambridge: MIT Press, 1996.

[134] Moholy-Nagy, Why Bauhaus Education? [M].Shelter March.1938.

[135] Hickling. Beyond a Linear Iterative Process?[M]. Changing Design Chichester, 1982.

[136] A. Findeli，Prométhée éclairé. Éthique，technique et responsabilité professionnelle en design[M].Montréal，Éd: Informel，1993.

[137] E · Panofsky，Gothic Architecture[M]. Latrobe，1951.

[138] P. J. Tichenor. Mass communication and differential Growth in Knowledge. [M].Public Opinion.1992.

[139] Christina Ladder. Russian Constructivism[M].Yale University. Fourth printing 1990.

[140] 330. Aken D V. Consumer product: Hazard analysis，standardization and（re）design[J]. Safety Science，1997，26（1）:88.

[141] Fadier E，Garza C D L. Safety design: Towards a new philosophy[J]. Safety Science，2006（44）:66.

[142] 332.Wayne C. Christensen，Safety through design[J]，Professional Safety，Mar 2003 P32-39

网络文献：

1. Dictionary and Thesaurus - Merriam-Webster Online . [EB/OL] .[2013-3-19] http://www.merriam-webster.com/dictionary/safety?show=0&t=1363168474

2. Britannica Online Encyclopedia. [EB/OL] .[2013-3-19] http://global.britannica.com/EBchecked/topic/516063/safety

3. 中国质量认证中心，[EB/OL] .[2013-3-19] . http://www.cqc.com.cn/chinese/cprz/CCCcprz/rzjj/A01030908index_1.htm

4. 中国质量认证中心，[EB/OL] .[2013-3-19] . http://www.cqc.com.cn/chinese/cprz/zyxcprz/rzjj/webinfo/2009/12/1260676238402904.htm

5. 中国质量认证中心，[EB/OL] .[2013-3-19] . http://www.cqc.com.cn/chinese/cprz/gjtx/gtrohs/jianjie/webinfo/2012/07/1339642677401412.htm

6. 中国质量认证中心，[EB/OL] .[2013-3-19] . http://www.cqc.com.cn/chinese/gjrz/ce/rzjj/webinfo/2009/12/1260407421624861.htm

7. 中国质量认证中心，[EB/OL] .[2013-3-19] . http://www.cqc.com.cn/chinese/gjrz/pse/rzjj/webinfo/2007/06/1260325225605261.htm

8. 中国国家认证认可监督管理委员会，[EB/OL] .[2013-3-19] . http://www.cnca.gov.cn/cnca/zwxx/bzpj/12/236505.shtml

9. 国家质量监督检验检疫总局，[EB/OL] .[2013-3-19] . http://www.aqsiq.gov.cn/xxgk_13386/jlgg_12538/zjl/20052006/200610/t20061027_239288.htm

10. 安卓系统手机应用软件严重窃取用户资料 . 中国网络电视台，[EB/OL] .[2013-3-15] . http://jingji.cntv.cn/2013/03/15/ARTI1363354929366253.shtml

11. 010 年第六次全国人口普查主要数据公报（第 1 号）. 中华人民共和国国家统计局，[EB/OL] .[2011-4-28] . http://www.stats.gov.cn/tjgb/rkpcgb/qgrkpcgb/t20110428_402722232.htm

12. 中国互联网络信息中心（CNNIC），CNNIC 第 79 期《互联网发展信息与动态》，2012（06）.

13. 杜邦安全理念 [S/OL]. [2014-3-20]. http://www2.dupont.com/DuPont_Safety_Resources/zh_CN/managementsystem/safetyprinciples/safetyprinciples.html

后　记

在我国当前的社会文化发展建设中，设计社会学研究已经成为设计学科中极为突出的一部分，占有举足轻重的地位，其内容涵盖设计与社会、设计与政治、设计与审美、设计与性别、设计与经济、设计与宗教、设计与教育、设计与城市、设计与生态、设计与大众传播、设计与批评、设计与安全等多个方面。

参与编写这本“设计社会学”书籍的成员，有的来自各类高校的教师，有的是博士生、研究生，其中编写该书的主要成员有青岛大学的刘洋博士，她参与撰写了第2、3、4、6等章节的内容；河南工程学院的刘永涛博士也参与撰写了第13章的一部分；武汉理工大学的在读博士研究生朱河参与撰写了第8章，武汉理工大学的在读博士研究生王文萌参与撰写了第12章和第14章，硕士研究生王晓丽参与撰写了第6章，硕士研究生彭磊参与撰写了第10章，此外还有硕士研究生龚玲玲、张颖华、柳芳、阮芳、陈成玉、徐瑶、姚冰纯、刘瑞颖，本科生张媛、周航也参与了部分内容的撰写工作，感谢他们的辛劳。

这本“设计社会学”书稿，由武汉理工大学艺术与设计学院的杨先艺教授编著，具体参与编写人员分工如下：

第1章　杨先艺、龚玲玲、王晓丽、张颖华撰写
第2章　杨先艺、刘洋、张颖华、王晓丽撰写
第3章　杨先艺、刘洋、张颖华撰写
第4章　刘洋、王晓丽撰写
第5章　杨先艺撰写
第6章　王晓丽、刘洋、陈成玉撰写
第7章　杨先艺、龚玲玲、柳芳撰写
第8章　朱河撰写
第9章　杨先艺、阮芳、姚冰纯撰写
第10章　彭磊、张媛、周航撰写
第11章　杨先艺、刘瑞颖、龚玲玲撰写
第12章　王文萌撰写
第13章　杨先艺、刘永涛撰写
第14章　王文萌撰写

本书在编写过程中，参阅了大量专家、学者的书籍和文献资料，特在参考文献中列举，在此深表谢意。

图 1-3　刀具　尔格诺米设计公司

图 1-4　巴克明斯特·富勒和他的圆屋顶

图 1-11　可拆卸的环保自行车

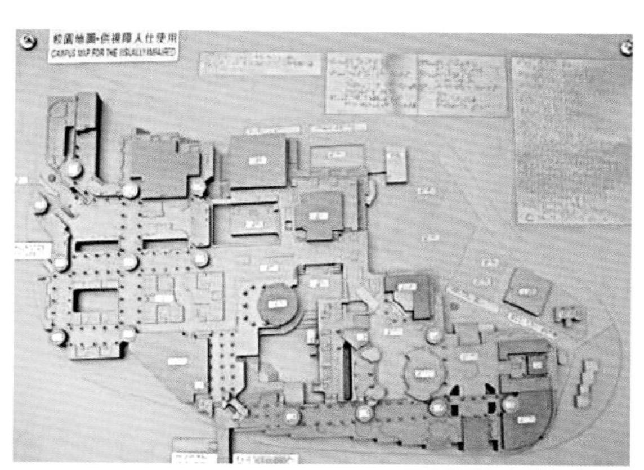

图 1-18　香港理工大学校园内的触摸式地图　为视力有残疾的人士设计

图 1-22　"生命吸管"

图 1-24　灾后紧急庇护所

图 1-34　流线型火车设计　雷蒙 · 罗维

图 1-35　萨伏伊别墅　勒 · 柯布西耶

图 2-1　明代家具—交椅

图 2-9　故宫的中轴线对称设计

图 2–30　主次分明的故宫

图 3–30　美国流线型火车　米斯特 · 史密斯

图 4–24　巴塞罗那世博会德国馆　密斯

图 4–2 《我要你为美国参军》

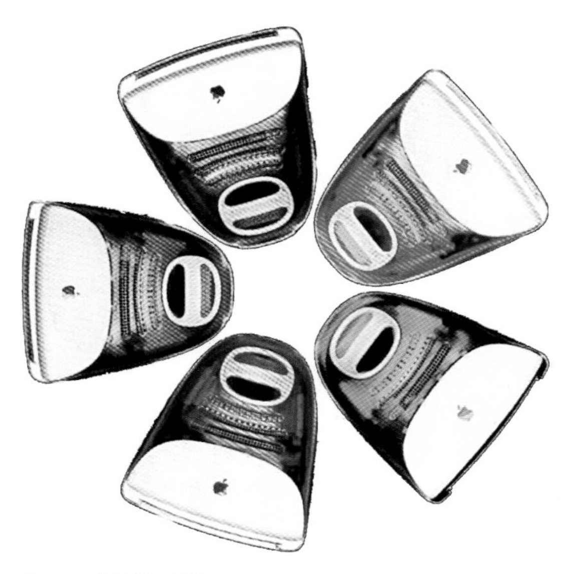

图 5–2　苹果 iMac 电脑

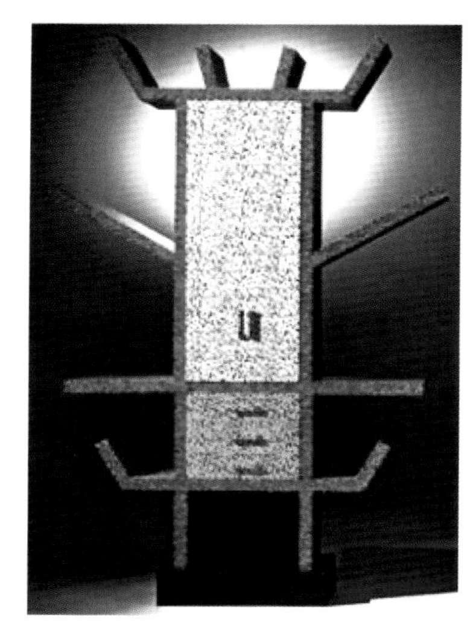

图 5–3 “孟菲斯”设计的家具

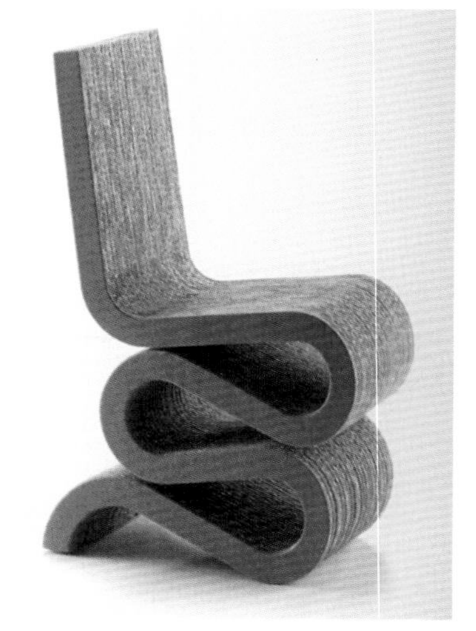

图 5–15 扭曲的椅子 盖里

图 6–5 圣家族教堂 安东尼奥 · 高迪

图 6–49 《我们能做到》海报

图 6–27 针对女性设计的液晶电脑

图 7–3 “冰点”电冰箱 罗维

图 7–8 苹果公司的手机设计

图 7–13　美国流线型风格汽车设计

图 8–13　朗香教堂

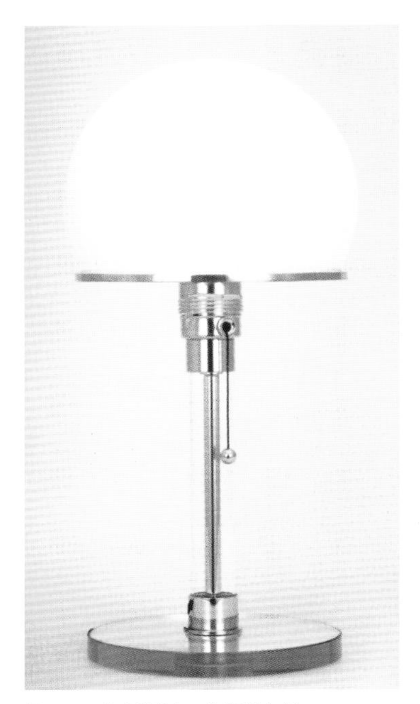

图 9-4　灯具设计　华根菲尔德

图 9-5　包豪斯招贴画设计

图 11-6　深泽直人设计的 CD 播放器

图 10-17　旧金山联合广场

图 11-1
生态破坏与环境污染

图 11-29　Eco 椅子

图 11-21　陶瓷椅子

图 12-3 《英国女性的呼吁——向前进！》

图 12-10　NKF 公司广告

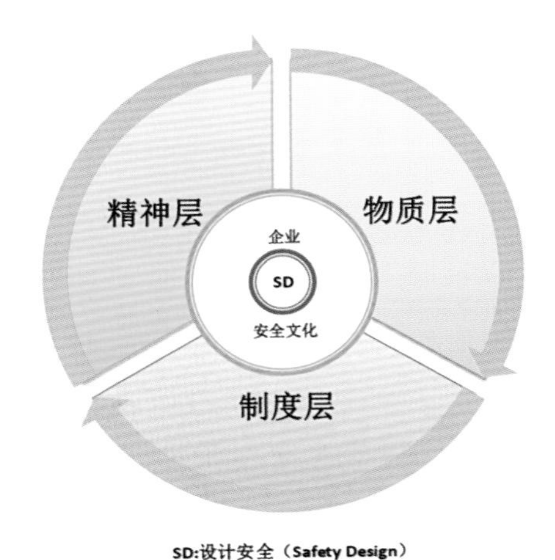

图 14-3　企业安全文化建设与设计安全

图 12-15　保护地球公益海报

图 12-20　《改变——我们可以相信》

图 14-19　警示色安全服设计

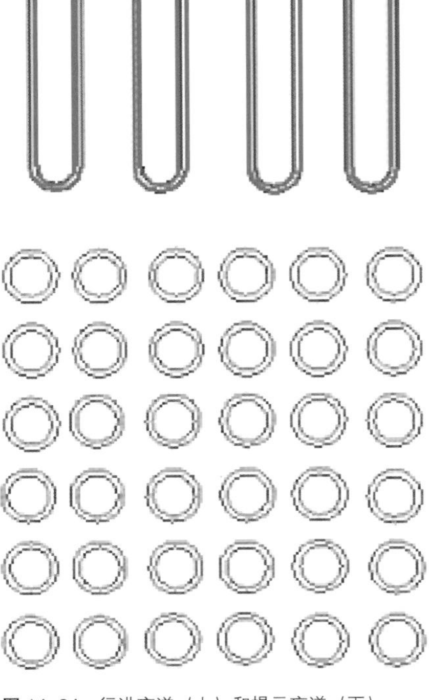

图 14-24　行进盲道（上）和提示盲道（下）